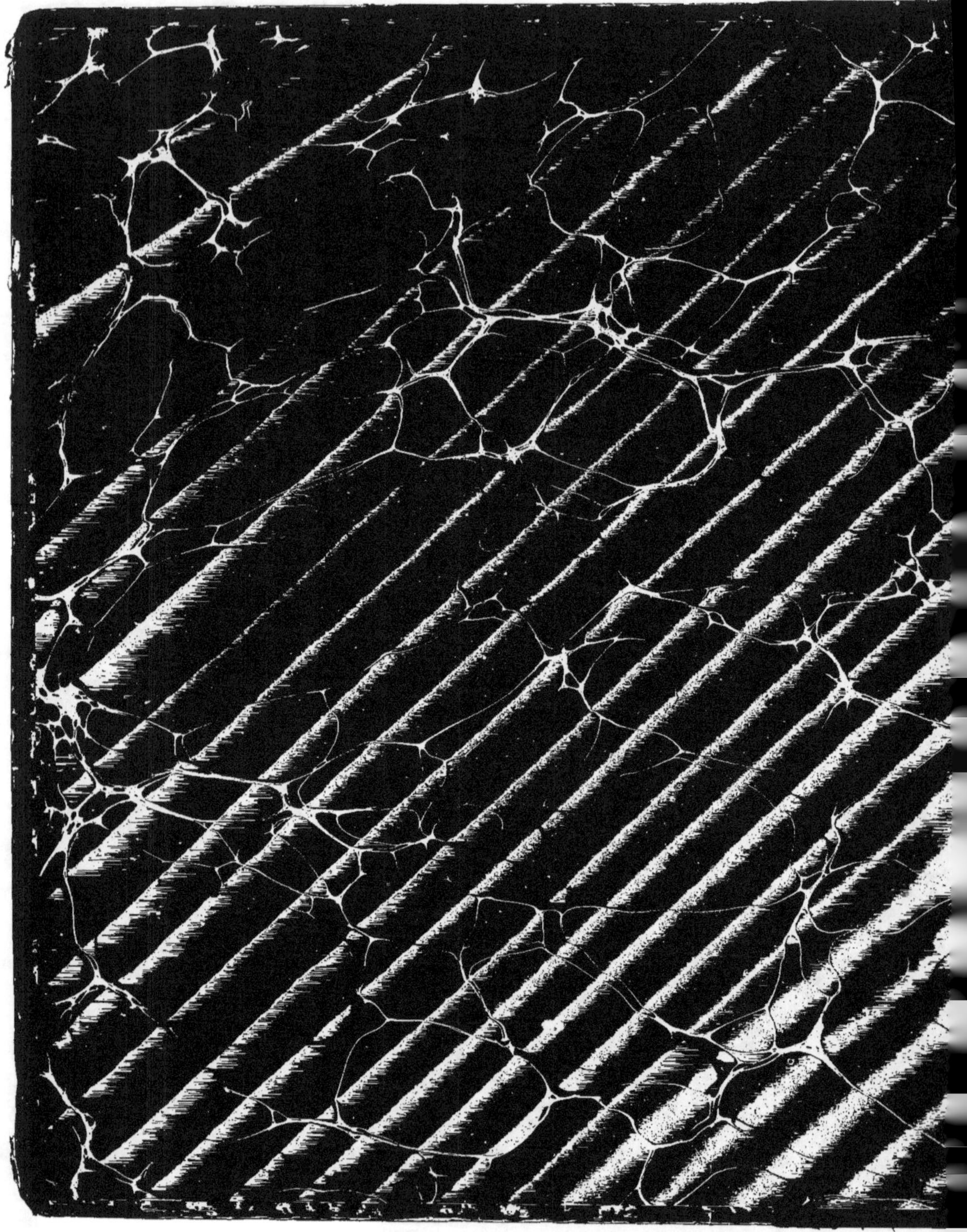

TRAITÉ

DE

MÉCANIQUE CÉLESTE.

—

TOME I.

13649   PARIS. — IMPRIMERIE GAUTHIER-VILLARS ET FILS,
Quai des Grands-Augustins, 55.

TRAITÉ

DE

MÉCANIQUE CÉLESTE

PAR

F. TISSERAND,

MEMBRE DE L'INSTITUT ET DU BUREAU DES LONGITUDES,
PROFESSEUR A LA FACULTÉ DES SCIENCES.

TOME I.

**PERTURBATIONS DES PLANÈTES D'APRÈS LA MÉTHODE DE LA VARIATION
DES CONSTANTES ARBITRAIRES.**

PARIS,

GAUTHIER-VILLARS ET FILS, IMPRIMEURS-LIBRAIRES

DU BUREAU DES LONGITUDES, DE L'ÉCOLE POLYTECHNIQUE,

Quai des Grands-Augustins, 55.

1889

PRÉFACE.

Le *Traité de Mécanique céleste,* dont je publie aujourd'hui la première Partie, a pour base les Leçons que j'ai faites à la Sorbonne depuis 1883 comme suppléant, puis comme successeur de M. V. Puiseux. Les Leçons de ce Maître éminent brillaient par une clarté incomparable, et c'est un grand dommage pour la Science qu'elles n'aient jamais été publiées. Je suis heureux de les avoir suivies pendant plusieurs années, et les élèves de M. Puiseux en retrouveront des traces nombreuses dans mon Ouvrage.

Le Tome I comprend la théorie générale des perturbations, fondée sur la méthode de la variation des constantes arbitraires.

Dans le Tome II, je traiterai de la figure des corps célestes et de leurs mouvements de rotation.

Le Tome III sera consacré à la théorie de la Lune, à un abrégé de la théorie des satellites de Jupiter, à la méthode de Hansen pour le calcul des perturbations des petites planètes et aux divers travaux qui ont enrichi le domaine de la Mécanique céleste dans ces dernières années.

Le présent Volume est susceptible, je l'espère du moins, d'intéresser les géomètres et les astronomes. J'ai présenté la méthode de la variation des constantes arbitraires, ou plutôt son application à la Mécanique céleste, de deux façons différentes, en me reportant aux travaux de Jacobi ou à ceux de Lagrange.

Cette méthode n'offre peut-être pas toujours le moyen le plus rapide d'arriver au calcul des perturbations, notamment quand il s'agit des astéroïdes; cependant, au point de vue de l'enseignement, elle est d'une grande simplicité.

Du reste, elle a permis à Le Verrier d'édifier ses théories des anciennes planètes. Les formules qui lui ont servi constamment dans l'ensemble imposant de ses recherches sont adaptées avec un rare talent aux besoins de la pratique, et j'ai jugé utile de m'y conformer.

J'espère que les jeunes astronomes qui voudront étudier ce premier Volume n'éprouveront aucune peine à s'assimiler ensuite tous les détails des théories de Le Verrier, telles qu'elles ont été publiées dans les *Annales de l'Observatoire*.

J'ai cru devoir consacrer un Chapitre à la découverte de Neptune, qui a fourni la confirmation la plus éclatante de la théorie de la gravitation.

Bien que le Volume actuel traite surtout de l'application de la méthode de la variation des constantes arbitraires, j'y ai donné nombre de résultats qui appartiennent aux méthodes de Hansen, dont l'exposition dans le Tome III aura été ainsi notablement facilitée.

Il va sans dire que, si le lecteur peut, avec le Traité actuel, s'initier assez facilement aux détails d'une science ardue, il ne sera pas dispensé, s'il veut la pénétrer plus profondément, de recourir au grand Traité de Laplace, dont tous les Chapitres présentent encore aujourd'hui aux astronomes les plus exercés des sujets variés de méditations fécondes.

Je dois adresser de vifs remerciements à MM. Gauthier-Villars, qui ont apporté à l'impression des soins minutieux et auront contribué ainsi à faciliter la lecture de l'Ouvrage.

J'ai plaisir à remercier aussi tout particulièrement M. O. Callandreau, qui ne s'est pas borné à m'aider dans la revision des épreuves, mais m'a donné souvent des conseils judicieux.

10 novembre 1888.

TABLE DES MATIÈRES

DU TOME I.

INTRODUCTION.

CHAPITRE I.

CHAPITRE II.

CHAPITRE III.

T. — I.   b

CHAPITRE IV.

CHAPITRE V.

CHAPITRE VI.

CHAPITRE VII.

CHAPITRE VIII.

CHAPITRE IX.

CHAPITRE X.

CHAPITRE XI.

CHAPITRE XII.

CHAPITRE XIII.

CHAPITRE XIV.

CHAPITRE XV.

CHAPITRE XVI.

CHAPITRE XVII.

CHAPITRE XVIII.

CHAPITRE XIX.

CHAPITRE XX.

CHAPITRE XXI.

CHAPITRE XXII.

CHAPITRE XXIII.

CHAPITRE XXIV.

CHAPITRE XXV.

CHAPITRE XXVI.

CHAPITRE XXVII.

CHAPITRE XXVIII.

CHAPITRE XXIX.

FIN DE LA TABLE DES MATIÈRES DU TOME I.

TRAITÉ

DE

MÉCANIQUE CÉLESTE.

TOME I.

INTRODUCTION.

1. Équation générale de la Dynamique. — En combinant le principe de d'Alembert avec celui des vitesses virtuelles, Lagrange a pu condenser en une seule équation symbolique les équations du mouvement d'un système quelconque de points matériels soumis tous, ou quelques-uns seulement, à des forces données.

Cette équation est

$$\sum \left[\left(X - m\frac{d^2x}{dt^2}\right) \delta x + \left(Y - m\frac{d^2y}{dt^2}\right) \delta y + \left(Z - m\frac{d^2z}{dt^2}\right) \delta z \right] = 0$$

ou encore

$$(1) \qquad \sum m\left(\frac{d^2x}{dt^2}\delta x + \frac{d^2y}{dt^2}\delta y + \frac{d^2z}{dt^2}\delta z\right) = \sum (X\delta x + Y\delta y + Z\delta z).$$

x, y, z désignent les coordonnées rectangulaires d'un point quelconque du système; m sa masse; X, Y, Z les composantes parallèles aux axes de la résultante des forces directement appliquées à ce point. Cette équation (1) doit avoir lieu pour tous les systèmes de valeurs des variations infiniment petites δx, δy, δz, ... des coordonnées x, y, z, ... compatibles avec les liaisons du système; dans cette même équation, le $\sum$ du premier membre s'étend à tous les points du système, et celui du second seulement à ceux de ces points auxquels des forces sont appliquées.

T. — I. $\qquad\qquad\qquad\qquad\qquad\qquad\qquad$ 1

Les liaisons seront représentées par un certain nombre d'équations, telles que

$$(2) \quad \begin{cases} f(t,\ x,\ y,\ z;\ x',\ \ldots) = o, \\ \varphi(t,\ x,\ y,\ z;\ x',\ \ldots) = o, \\ \ldots\ldots\ldots\ldots\ldots\ldots\ldots \end{cases}$$

Les variations δx, δy, ... devront vérifier les équations suivantes

$$\frac{\partial f}{\partial x}\,\delta x + \frac{\partial f}{\partial y}\,\delta y + \ldots = o,$$

$$\frac{\partial \varphi}{\partial x}\,\delta x + \frac{\partial \varphi}{\partial y}\,\delta y + \ldots = o,$$

$$\ldots\ldots\ldots\ldots\ldots\ldots\ldots,$$

obtenues en différentiant les équations (2) par rapport à la caractéristique δ sans faire varier le temps t.

On sait comment, en introduisant les facteurs indéterminés de Lagrange, on tire de ce qui précède les équations différentielles du mouvement des divers points du système.

Nous allons transformer l'équation (1) de manière à en déduire le principe d'Hamilton.

2. Principe d'Hamilton. — Soit, dans le système considéré, n le nombre des points matériels et, par suite, $3n$ le nombre des coordonnées x, y, ...; si $3n - k$ désigne le nombre des équations (2) de liaison, on pourra tirer de ces équations les valeurs de $3n - k$ coordonnées en fonction de t et des k autres qui pourront être considérées comme des variables indépendantes; pour plus de symétrie, on pourra dire que, en partant des équations (2), il est possible d'exprimer toutes les coordonnées en fonction de t et de k variables *indépendantes* q_1, q_2, ..., q_k; on aura, par exemple,

$$x = F(t,\ q_1,\ q_2,\ \ldots,\ q_k).$$

Les variations infiniment petites δq_1, δq_2, ..., δq_k pourront être absolument quelconques; quant aux variations δx, δy, qui figurent dans l'équation (1), on les calculera ensuite par des équations analogues à la suivante

$$(3) \quad \delta x = \frac{\partial F}{\partial q_1}\,\delta q_1 + \frac{\partial F}{\partial q_2}\,\delta q_2 + \ldots + \frac{\partial F}{\partial q_k}\,\delta q_k,$$

obtenues en différentiant l'expression de x par rapport à la caractéristique δ sans faire varier le temps.

Pour arriver au principe d'Hamilton, nous allons considérer les δq_i, qui peuvent être quelconques, comme des fonctions de t, fonctions arbitraires, mais infiniment petites; en partant de là, nous transformerons l'équation (1); les δx, δy, ... seront des fonctions de t déterminées par les formules (3), et nous pourrons écrire

$$\frac{d^2 x}{dt^2}\,\delta x = \frac{d}{dt}\left(\frac{dx}{dt}\,\delta x\right) - \frac{dx}{dt}\,\frac{d\,\delta x}{dt}.$$

Pour une valeur donnée de t, quand on change x en $x + \delta x$, il en résulte dans $\frac{dx}{dt}$ le changement $\delta\frac{dx}{dt}$; on aura donc

$$\delta\frac{dx}{dt} = \frac{d(x + \delta x)}{dt} - \frac{dx}{dt}$$

ou bien

$$\frac{d\,\delta x}{dt} = \delta\frac{dx}{dt};$$

on en conclut

$$\frac{dx}{dt}\,\frac{d\,\delta x}{dt} = \frac{dx}{dt}\,\delta\frac{dx}{dt} = \tfrac{1}{2}\delta\left(\frac{dx}{dt}\right)^2,$$

et l'expression de $\frac{d^2 x}{dt^2}\,\delta x$ devient

$$(4) \qquad \frac{d^2 x}{dt^2}\,\delta x = \frac{d}{dt}\left(\frac{dx}{dt}\,\delta x\right) - \tfrac{1}{2}\delta\left(\frac{dx}{dt}\right)^2.$$

De cette équation et des équations analogues concernant y, z, x', ..., on déduit

$$(5) \quad \left\{\begin{aligned} &\sum m\left(\frac{d^2 x}{dt^2}\,\delta x + \frac{d^2 y}{dt^2}\,\delta y + \frac{d^2 z}{dt^2}\,\delta z\right)\\ &= \frac{d}{dt}\sum m\left(\frac{dx}{dt}\,\delta x + \frac{dy}{dt}\,\delta y + \frac{dz}{dt}\,\delta z\right) - \delta\left\{\frac{1}{2}\sum m\left[\left(\frac{dx}{dt}\right)^2 + \left(\frac{dy}{dt}\right)^2 + \left(\frac{dz}{dt}\right)^2\right]\right\}. \end{aligned}\right.$$

On voit s'introduire dans cette équation la demi-force vive du système; nous la représenterons par T :

$$(6) \qquad T = \frac{1}{2}\sum m\left[\left(\frac{dx}{dt}\right)^2 + \left(\frac{dy}{dt}\right)^2 + \left(\frac{dz}{dt}\right)^2\right] = \frac{1}{2}\sum mv^2.$$

Si nous posons

$$(7) \qquad \sum(X\,\delta x + Y\,\delta y + Z\,\delta z) = U',$$

l'équation (1) donnera, en ayant égard aux formules (5), (6) et (7),

$$(8) \qquad \frac{d}{dt} \sum m \left(\frac{dx}{dt} \delta x + \frac{dy}{dt} \delta y + \frac{dz}{dt} \delta z \right) = \delta T + U'.$$

Le second membre de cette équation ne contient plus rien qui se rapporte au système de coordonnées employé, car $T = \frac{1}{2} \sum m v^2$ n'en dépend pas, et il en est ainsi de U' qui, par sa définition même, représente la somme des travaux des forces pour le déplacement virtuel caractérisé par δx, δy, ...

Il en est de même aussi du premier membre de l'équation (8), car l'expression

$$\frac{dx}{dt} \delta x + \frac{dy}{dt} \delta y + \frac{dz}{dt} \delta z$$

représente le produit de la vitesse v du point M par la projection, sur la direction de cette vitesse, du déplacement virtuel δs du même point M (δs a pour projections sur les axes δx, δy, δz).

Multiplions l'équation (8) par dt et intégrons entre t_0 et t_1 deux valeurs quelconques de t; nous trouverons

$$(9) \qquad \left[\sum m \left(\frac{dx}{dt} \delta x + \frac{dy}{dt} \delta y + \frac{dz}{dt} \delta z \right) \right]_{t_0}^{t_1} = \int_{t_0}^{t_1} (\delta T + U') \, dt,$$

où le premier membre représente la différence des valeurs que prend, pour $t = t_0$ et $t = t_1$, l'expression $\sum m \left(\frac{dx}{dt} \delta x + \frac{dy}{dt} \delta y + \frac{dz}{dt} \delta z \right)$.

Si nous imposons aux variations δq_i la condition de s'annuler pour $t = t_0$ et $t = t_1$, il en sera de même des variations δx, δy, ..., et l'équation (9) donnera

$$(10) \qquad \int_{t_0}^{t_1} (\delta T + U') \, dt = 0;$$

cette formule constitue ce qu'on appelle le *principe d'Hamilton*.

Dans un cas très général, il est permis de simplifier l'équation (10) : c'est le cas où il existe une *fonction des forces* U, c'est-à-dire où l'on a

$$X = \frac{\partial U}{\partial x}, \qquad Y = \frac{\partial U}{\partial y}, \qquad Z = \frac{\partial U}{\partial z},$$

$$X' = \frac{\partial U}{\partial x'}, \qquad \ldots\ldots\ldots \qquad \ldots\ldots\ldots$$

$$\ldots\ldots\ldots \qquad \ldots\ldots\ldots \qquad \ldots\ldots\ldots;$$

la fonction U est supposée ne dépendre que des coordonnées x, y, z, x', ... des divers points du système et du temps t qui peut y figurer explicitement.

En se reportant à la définition de U', on trouvera

$$U' = \sum \left(\frac{\partial U}{\partial x} \delta x + \frac{\partial U}{\partial y} \delta y + \frac{\partial U}{\partial z} \delta z \right) = \delta U,$$

et l'équation (10) s'écrira

$$\int_{t_0}^{t_1} (\delta T + \delta U) = 0$$

ou, plus simplement,

$$(11) \qquad \delta \int_{t_0}^{t_1} (T + U) \, dt = 0;$$

ainsi la variation de l'intégrale $\int_{t_0}^{t_1} (T + U) \, dt$ doit être nulle.

Nous supposerons désormais l'existence d'une fonction des forces, de la nature indiquée, ce qui se trouvera réalisé dans les applications à l'Astronomie dont nous aurons à nous occuper.

3. Équations de Lagrange. — Le principe d'Hamilton se prête très facilement à la transformation des équations différentielles du mouvement d'un système, lorsqu'au lieu des coordonnées rectangulaires on introduit d'autres variables pour déterminer les positions des divers points du système.

Supposons que, à l'aide des équations de liaison (2), on ait exprimé les coordonnées x, y, z, x', ... de tous les points du système en fonction de t et des k variables *indépendantes* q_1, q_2, ..., q_k. Posons d'une manière générale

$$\frac{dq_i}{dt} = q'_i;$$

l'expression (6) de T prouve que cette quantité deviendra une fonction de t, de q_1, q_2, ..., q_k et de q'_1, q'_2, ..., q'_k; U ne dépendra que de t et de q_1, q_2, ..., q_k. On sait qu'en différentiant par rapport à la caractéristique δ on doit regarder comme constant le temps qui figure explicitement dans les équations de liaison; on aura donc

$$(12) \qquad \delta U = \frac{\partial U}{\partial q_1} \delta q_1 + \frac{\partial U}{\partial q_2} \delta q_2 + \ldots + \frac{\partial U}{\partial q_k} \delta q_k = \sum_{i=1}^{i=k} \frac{\partial U}{\partial q_i} \delta q_i,$$

puis

$$\delta T = \sum_{i=1}^{i=k} \frac{\partial T}{\partial q_i} \delta q_i + \sum_{i=1}^{i=k} \frac{\partial T}{\partial q'_i} \delta q'_i;$$

en portant ces expressions de δU et de δT dans (11), il viendra

$$(13) \quad \begin{cases} \displaystyle\int_{t_0}^{t_1} \left[\left(\frac{\partial T}{\partial q_1} + \frac{\partial U}{\partial q_1} \right) \delta q_1 + \ldots + \left(\frac{\partial T}{\partial q_k} + \frac{\partial U}{\partial q_k} \right) \delta q_k \right] dt \\ \qquad\qquad + \displaystyle\int_{t_0}^{t_1} \left(\frac{\partial T}{\partial q'_1} \delta q'_1 + \ldots + \frac{\partial T}{\partial q'_k} \delta q'_k \right) dt = 0; \end{cases}$$

or on a

$$\int_{t_0}^{t_1} \frac{\partial T}{\partial q'_i} \delta q'_i \, dt = \int_{t_0}^{t_1} \frac{\partial T}{\partial q'_i} \delta \left(\frac{dq_i}{dt} \right) dt = \int_{t_0}^{t_1} \frac{\partial T}{\partial q'_i} \frac{d \delta q_i}{dt} \, dt$$

ou bien, en intégrant par parties,

$$= \left[\frac{\partial T}{\partial q'_i} \delta q_i \right]_{t_0}^{t_1} - \int_{t_0}^{t_1} \frac{d \left(\dfrac{\partial T}{\partial q'_i} \right)}{dt} \delta q_i \, dt.$$

Mais, puisque les variations δq_i sont supposées nulles pour $t = t_0$ et pour $t = t_1$, il vient

$$\int_{t_0}^{t_1} \frac{\partial T}{\partial q'_i} \delta q'_i \, dt = - \int_{t_0}^{t_1} \frac{d \left(\dfrac{\partial T}{\partial q'_i} \right)}{dt} \delta q_i \, dt,$$

et l'équation (13) peut s'écrire

$$(14) \quad \int_{t_0}^{t_1} \left\{ \left[\frac{d \left(\dfrac{\partial T}{\partial q'_1} \right)}{dt} - \frac{\partial (T + U)}{\partial q_1} \right] \delta q_1 + \ldots + \left[\frac{d \left(\dfrac{\partial T}{\partial q'_k} \right)}{dt} - \frac{\partial (T + U)}{\partial q_k} \right] \delta q_k \right\} dt = 0.$$

Cette équation doit avoir lieu quelles que soient les variations infiniment petites δq_1, δq_2, ... qui sont indépendantes les unes des autres; on en conclut que l'on doit avoir identiquement

$$(15) \quad \begin{cases} \dfrac{d \left(\dfrac{\partial T}{\partial q'_1} \right)}{dt} - \dfrac{\partial T}{\partial q_1} - \dfrac{\partial U}{\partial q_1} = 0, \\[2ex] \dfrac{d \left(\dfrac{\partial T}{\partial q'_2} \right)}{dt} - \dfrac{\partial T}{\partial q_2} - \dfrac{\partial U}{\partial q_2} = 0, \\[1ex] \dotfill, \\[1ex] \dfrac{d \left(\dfrac{\partial T}{\partial q'_k} \right)}{dt} - \dfrac{\partial T}{\partial q_k} - \dfrac{\partial U}{\partial q_k} = 0, \end{cases}$$

car, si ces quantités n'étaient pas identiquement nulles, on pourrait donner aux variations δq_1, δq_2, ... des signes tels que, pour toutes les valeurs de t comprises entre t_0 et t_1, chacune des expressions

$$\left[\frac{d\left(\frac{\partial T}{\partial q'_i}\right)}{dt} - \frac{\partial(T + U)}{\partial q_i} \right] \delta q_i$$

soit constamment positive, et alors, tous les éléments de l'intégrale (14) ayant le même signe, cette intégrale ne pourrait pas être nulle.

Les équations (15) sont dites *équations de Lagrange*; elles ont été données pour la première fois par ce grand géomètre.

On voit donc qu'aussitôt que, dans les problèmes de Dynamique considérés, on a fixé le choix des variables indépendantes à l'aide desquelles on peut exprimer les coordonnées de tous les points du système, on est à même de former sans élimination, par un calcul élégant et facile, les équations différentielles propres à déterminer les variables introduites.

4. **Forme canonique d'Hamilton**. — Nous considérons maintenant les problèmes de Dynamique dans lesquels les liaisons sont indépendantes du temps; nous admettons toujours qu'il existe une fonction des forces, dépendant seulement, comme nous l'avons dit, des coordonnées des divers points, et pouvant contenir explicitement le temps.

Soient q_1, q_2, ..., q_k les variables indépendantes à l'aide desquelles on peut exprimer les coordonnées de tous les points; on aura, puisque les liaisons sont indépendantes du temps, des expressions de cette forme

$$x = F(q_1, q_2, \ldots, q_k),$$
$$y = \Phi(q_1, q_2, \ldots, q_k),$$
$$\ldots\ldots\ldots\ldots\ldots\ldots,$$

d'où, en représentant comme précédemment par q'_i la dérivée $\frac{dq_i}{dt}$,

$$\frac{dx}{dt} = q'_1 \frac{\partial F}{\partial q_1} + q'_2 \frac{\partial F}{\partial q_2} + \ldots + q'_k \frac{\partial F}{\partial q_k},$$
$$\frac{dy}{dt} = q'_1 \frac{\partial \Phi}{\partial q_1} + q'_2 \frac{\partial \Phi}{\partial q_2} + \ldots + q'_k \frac{\partial \Phi}{\partial q_k},$$
$$\ldots\ldots\ldots\ldots\ldots\ldots\ldots\ldots\ldots\ldots$$

En portant ces valeurs dans

$$2T = \sum m \left[\left(\frac{dx}{dt}\right)^2 + \left(\frac{dy}{dt}\right)^2 + \left(\frac{dz}{dt}\right)^2 \right],$$

on trouvera un résultat de cette forme

$$(16) \quad \begin{cases} 2\,\mathrm{T} = \mathrm{A}_{1,1}\,q_1'^2 + 2\,\mathrm{A}_{1,2}\,q_1'\,q_2' + 2\,\mathrm{A}_{1,3}\,q_1'\,q_3' + \ldots + 2\,\mathrm{A}_{1,k}\,q_1'\,q_k' \\ \qquad + \ \mathrm{A}_{2,2}\,q_2'^2 \ + 2\,\mathrm{A}_{2,3}\,q_2'\,q_3' + \ldots + 2\,\mathrm{A}_{2,k}\,q_2'\,q_k' \\ \qquad + \ldots\ldots\ldots\ldots\ldots\ldots\ldots\ldots\ldots\ldots \\ \qquad\qquad\qquad\qquad\qquad\qquad + \ \mathrm{A}_{k,k}\,q_k'^2. \end{cases}$$

On voit que T est une fonction homogène et du second degré des variables q'; les coefficients $\mathrm{A}_{1,1}$, $\mathrm{A}_{1,2}$, ... sont des fonctions des variables q ne contenant pas le temps explicitement.

Les variables q seront déterminées par k équations différentielles, telles que

$$(17) \quad \frac{d\left(\dfrac{\partial \mathrm{T}}{\partial q_i'}\right)}{dt} - \frac{\partial \mathrm{T}}{\partial q_i} = \frac{\partial \mathrm{U}}{\partial q_i};$$

quand, après avoir formé la dérivée partielle $\left(\dfrac{\partial \mathrm{T}}{\partial q_i'}\right)$, on remplacera q_1', q_2', ... respectivement par $\dfrac{dq_1}{dt}$, $\dfrac{dq_2}{dt}$, ..., on voit que l'équation (17) sera une équation différentielle du second ordre. Le problème dépendra donc de l'intégration de k équations différentielles simultanées du second ordre.

Nous allons actuellement faire un nouveau changement de variables en posant

$$(18) \quad \frac{\partial \mathrm{T}}{\partial q_1'} = p_1, \qquad \frac{\partial \mathrm{T}}{\partial q_2'} = p_2, \qquad \ldots; \qquad \frac{\partial \mathrm{T}}{\partial q_k'} = p_k;$$

nous remplacerons les k variables q_i' par les k nouvelles variables p_i.

Si l'on tient compte de (16), les équations (18) pourront s'écrire

$$(19) \quad \begin{cases} p_1 = \mathrm{A}_{1,1}\,q_1' + \mathrm{A}_{1,2}\,q_2' + \ldots + \mathrm{A}_{1,k}\,q_k', \\ p_2 = \mathrm{A}_{1,2}\,q_1' + \mathrm{A}_{2,2}\,q_2' + \ldots + \mathrm{A}_{2,k}\,q_k', \\ \ldots\ldots\ldots\ldots\ldots\ldots\ldots\ldots\ldots \end{cases}$$

En résolvant ces k équations du premier degré, on aura les valeurs de q_1', q_2', ..., q_k' en fonction de $p_1, p_2, \ldots, p_k$ et de $q_1, q_2, \ldots, q_k$, et si l'on reporte ces valeurs dans (16), on trouvera un résultat de la forme

$$(16') \quad \begin{cases} 2\,\mathrm{T} = \mathrm{B}_{1,1}\,p_1^2 + 2\,\mathrm{B}_{1,2}\,p_1\,p_2 + \ldots + 2\,\mathrm{B}_{1,k}\,p_1\,p_k \\ \qquad + \ \mathrm{B}_{2,2}\,p_2^2 \ + \ldots + 2\,\mathrm{B}_{2,k}\,p_2\,p_k \\ \qquad + \ldots\ldots\ldots\ldots\ldots\ldots\ldots\ldots\ldots \\ \qquad\qquad\qquad\qquad\qquad\qquad + \ \mathrm{B}_{k,k}\,p_k^2, \end{cases}$$

où les coefficients $\mathrm{B}_{1,1}$, $\mathrm{B}_{1,2}$, ... seront des fonctions de $q_1, q_2, \ldots, q_k$.

Quant à la fonction U, elle ne changera pas, puisqu'elle est supposée ne pas contenir les variables q'.

T, qui était d'abord une fonction des variables q_i et q'_i, devient maintenant une fonction des variables q_i et p_i; d'après ce qu'on a dit plus haut, q_i n'entre pas de la même manière dans les deux expressions de T; il convient de désigner par $\left[\dfrac{\partial T}{\partial q_i}\right]$ la dérivée partielle de T prise dans l'hypothèse des variables q_i et q'_i; la dérivée prise dans l'hypothèse des variables q_i et p_i sera représentée simplement par $\dfrac{\partial T}{\partial p_i}$.

L'équation (17), en ayant égard à (18), s'écrira donc

$$(20) \qquad \frac{dp_i}{dt} - \left[\frac{\partial T}{\partial q_i}\right] = \frac{\partial U}{\partial q_i}.$$

On aura, pour la différentielle totale de T prise dans le premier cas,

$$d\mathrm{T} = \sum \left[\frac{\partial T}{\partial q_i}\right] dq_i + \sum \frac{\partial T}{\partial q'_i} dq'_i$$

ou

$$(21) \qquad d\mathrm{T} = \sum \left[\frac{\partial T}{\partial q_i}\right] dq_i + \sum p_i \, dq'_i,$$

et, pour la même différentielle totale prise dans le second cas,

$$(22) \qquad d\mathrm{T} = \sum \frac{\partial T}{\partial q_i} dq_i + \frac{\partial T}{\partial p_i} dp_i.$$

On a enfin, en appliquant le théorème des fonctions homogènes à T,

$$2\,\mathrm{T} = \sum q'_i \frac{\partial T}{\partial q'_i}$$

ou bien

$$(23) \qquad 2\,\mathrm{T} = \sum p_i q'_i,$$

d'où

$$2\,d\mathrm{T} = \sum p_i \, dq'_i + \sum q'_i \, dp_i.$$

En retranchant de cette équation l'équation (21), il vient

$$(24) \qquad d\mathrm{T} = -\sum \left[\frac{\partial T}{\partial q_i}\right] dq_i + \sum q'_i \, dp_i,$$

T. — 1.

et, en comparant les deux expressions (22) et (24) de dT, on trouve

$$(25) \qquad \left[\frac{\partial T}{\partial q_i}\right] = -\frac{\partial T}{\partial q_i},$$

$$q_i' = \frac{\partial T}{\partial p_i};$$

cette dernière équation peut s'écrire

$$(26) \qquad \frac{dq_i}{dt} = \frac{\partial T}{\partial p_i}.$$

On tire, du reste, de (20) et (25),

$$(27) \qquad \frac{dp_i}{dt} = -\frac{\partial T}{\partial q_i} + \frac{\partial U}{\partial q_i}.$$

En donnant à i les valeurs $1, 2, \ldots, k$, les équations (26) et (27) présentent le résultat cherché sous la forme de $2k$ équations différentielles simultanées du premier ordre, d'aspect très simple.

Mais on peut obtenir encore plus de symétrie en introduisant une notation spéciale pour représenter la différence $T - U$ et posant

$$H = T - U;$$

si l'on remarque que, par hypothèse, U ne contient pas les variables p_i, on voit que

$$\frac{\partial H}{\partial p_i} = \frac{\partial T}{\partial p_i}.$$

On a, du reste,

$$\frac{\partial H}{\partial q_i} = \frac{\partial T}{\partial q_i} - \frac{\partial U}{\partial q_i},$$

et les formules (26) et (27) deviendront le type des équations du groupe suivant :

$$(28) \qquad
\begin{cases}
\qquad\qquad H = T - U, \\[1ex]
\dfrac{dq_1}{dt} = +\dfrac{\partial H}{\partial p_1} \quad\bigg|\quad \dfrac{dp_1}{dt} = -\dfrac{\partial H}{\partial q_1}, \\[2ex]
\dfrac{dq_2}{dt} = +\dfrac{\partial H}{\partial p_2} \quad\bigg|\quad \dfrac{dp_2}{dt} = -\dfrac{\partial H}{\partial q_2}, \\[1ex]
\quad\cdots\cdots\cdots \qquad\qquad \cdots\cdots\cdots, \\[1ex]
\dfrac{dq_k}{dt} = +\dfrac{\partial H}{\partial p_k} \quad\bigg|\quad \dfrac{dp_k}{dt} = -\dfrac{\partial H}{\partial q_k}.
\end{cases}$$

Il résulte de là que la résolution d'un problème quelconque de Dynamique (avec les restrictions énoncées) se ramène à l'intégration d'un système de $2k$ équations différentielles simultanées du premier ordre dans lequel les variables sont conjuguées deux à deux; la dérivée de l'une quelconque des variables par rapport au temps est égale à la dérivée partielle d'une même fonction H, prise par rapport à la variable conjuguée, ou à cette dérivée changée de signe.

Ces équations (28) sont dites ramenées à la forme *canonique*.

5. Théorème d'Hamilton. — Supposons que l'on ait intégré les $2k$ équations différentielles simultanées (28); on aura donc exprimé les variables q_i et p_i en fonction de t et de $2k$ constantes arbitraires c_1, c_2, ..., c_{2k}; on pourra exprimer de la même manière la fonction H. Cherchons, dans cette supposition, la dérivée partielle $\dfrac{\partial H}{\partial c_i}$; nous aurons

$$\frac{\partial H}{\partial c_i} = \frac{\partial H}{\partial p_1}\frac{\partial p_1}{\partial c_i} + \frac{\partial H}{\partial p_2}\frac{\partial p_2}{\partial c_i} + \ldots + \frac{\partial H}{\partial p_k}\frac{\partial p_k}{\partial c_i}$$
$$+ \frac{\partial H}{\partial q_1}\frac{\partial q_1}{\partial c_i} + \frac{\partial H}{\partial q_2}\frac{\partial q_2}{\partial c_i} + \ldots + \frac{\partial H}{\partial q_k}\frac{\partial q_k}{\partial c_i}$$

ou bien, en tenant compte des équations (28),

$$\frac{\partial H}{\partial c_i} = + \frac{dq_1}{dt}\frac{\partial p_1}{\partial c_i} + \frac{dq_2}{dt}\frac{\partial p_2}{\partial c_i} + \ldots + \frac{dq_k}{dt}\frac{\partial p_k}{\partial c_i}$$
$$- \frac{dp_1}{dt}\frac{\partial q_1}{\partial c_i} - \frac{dp_2}{dt}\frac{\partial q_2}{\partial c_i} - \ldots - \frac{dp_k}{dt}\frac{\partial q_k}{\partial c_i},$$

ce que l'on peut encore écrire

$$\frac{\partial H}{\partial c_i} = + \frac{\partial}{\partial c_i}\left(p_1\frac{dq_1}{dt} + p_2\frac{dq_2}{dt} + \ldots + p_k\frac{dq_k}{dt}\right)$$
$$- \frac{d}{dt}\left(p_1\frac{\partial q_1}{\partial c_i} + p_2\frac{\partial q_2}{\partial c_i} + \ldots + p_k\frac{\partial q_k}{\partial c_i}\right)$$

ou encore, à cause de la relation (23),

$$\frac{\partial H}{\partial c_i} = 2\frac{\partial T}{\partial c_i} - \frac{d}{dt}\left(p_1\frac{\partial q_1}{\partial c_i} + p_2\frac{\partial q_2}{\partial c_i} + \ldots + p_k\frac{\partial q_k}{\partial c_i}\right).$$

On en tire, en remplaçant H par $T - U$,

$$\frac{\partial(T + U)}{\partial c_i} = \frac{d}{dt}\left(p_1\frac{\partial q_1}{\partial c_i} + p_2\frac{\partial q_2}{\partial c_i} + \ldots + p_k\frac{\partial q_k}{\partial c_i}\right);$$

Multiplions cette équation par dt et intégrons entre les limites t_0 et t, t_0 étant supposé indépendant des constantes c_i; nous trouverons

$$(29) \quad \begin{cases} \dfrac{\partial}{\partial c_i} \displaystyle\int_{t_0}^{t} (T + U)\,dt = + \left(p_1 \dfrac{\partial q_1}{\partial c_i} + p_2 \dfrac{\partial q_2}{\partial c_i} + \ldots + p_k \dfrac{\partial q_k}{\partial c_i} \right)_t \\[2ex] \qquad\qquad\qquad - \left(p_1 \dfrac{dq_1}{\partial c_i} + p_2 \dfrac{\partial q_2}{\partial c_i} + \ldots + p_k \dfrac{\partial q_k}{\partial c_i} \right)_{t_0}, \end{cases}$$

les indices t_0 et t placés au-dessous des parenthèses indiquant qu'il faut y remplacer t successivement par t et t_0.

Posons

$$(30) \qquad\qquad\qquad S = \int_{t_0}^{t} (T + U)\,dt;$$

cette fonction a été appelée par Hamilton *fonction principale;* elle est, d'après ce
qui précède, exprimée à l'aide de t et des $2k$ constantes arbitraires c_1,
$c_2, \ldots, c_i, \ldots, c_{2k}$. Donnons à ces constantes des variations infiniment petites δc_i
indépendantes les unes des autres ; désignons par δq_i et δS les variations correspondantes de q_i et de S; nous aurons

$$\delta S = \frac{\partial S}{\partial c_1} \delta c_1 + \frac{\partial S}{\partial c_2} \delta c_2 + \ldots + \frac{\partial S}{\partial c_i} \delta c_i + \ldots + \frac{\partial S}{\partial c_{2k}} \delta c_{2k},$$

$$\delta q_1 = \frac{\partial q_1}{\partial c_1} \delta c_1 + \frac{\partial q_1}{\partial c_2} \delta c_2 + \ldots\ldots\ldots\ldots\ldots\ldots\ldots\ldots,$$

$$\delta q_2 = \ldots\ldots\ldots\ldots\ldots\ldots\ldots\ldots\ldots\ldots\ldots\ldots\ldots\ldots\ldots,$$

$$\ldots\ldots\ldots\ldots\ldots\ldots\ldots\ldots\ldots\ldots\ldots\ldots\ldots\ldots\ldots\ldots$$

Désignons par $(p_i)_0$, $(q_i)_0$, $(\delta q_i)_0$ ce que deviennent les expressions de p_i, q_i
et δq_i quand on y fait $t = t_0$; si nous multiplions l'équation (29) par δc_i et si,
attribuant à l'indice i les valeurs 1, 2, ..., $2k$, nous faisons la somme des
équations obtenues, nous trouverons

$$(31) \quad \delta S = p_1 \delta q_1 + p_2 \delta q_2 + \ldots + p_k \delta q_k - (p_1)_0 (\delta q_1)_0 - (p_2)_0 (\delta q_2)_0 - \ldots - (p_k)_0 (\delta q_k)_0.$$

S était d'abord, comme nous l'avons dit, une fonction de t et des $2k$ constantes
arbitraires; or, en désignant par ζ_i une certaine fonction de t et des constantes,
on a

$$(32) \qquad\qquad\qquad q_i = \zeta_i(t, c_1, c_2, \ldots, c_{2k}),$$

d'où l'on déduit

$$(33) \qquad\qquad\qquad (q_i)_0 = \zeta_i(t_0, c_1, c_2, \ldots, c_{2k}).$$

On a k équations telles que (32) et k telles que (33); on en peut tirer les va-
leurs des $2k$ constantes $c_1, c_2, \ldots, c_{2k}$ en fonction de t, t_0, q_1, q_2, ..., q_k et de

$(q_1)_0$, $(q_2)_0$, ..., $(q_k)_0$ et les reporter dans S, qui deviendra une fonction des mêmes quantités; on aura donc, en remarquant que dans le calcul de δS on ne doit faire varier ni t ni t_0,

$$(34) \quad \begin{cases} \delta S = \dfrac{\partial S}{\partial q_1}\delta q_1 + \dfrac{\partial S}{\partial q_2}\delta q_2 + \ldots + \dfrac{\partial S}{\partial q_k}\delta q_k \\[2mm] \quad + \dfrac{\partial S}{\partial(q_1)_0}(\delta q_1)_0 + \dfrac{\partial S}{\partial(q_2)_0}(\delta q_2)_0 + \ldots + \dfrac{\partial S}{\partial(q_k)_0}(\delta q_k)_0. \end{cases}$$

En comparant les expressions (31) et (34) de δS, on trouve

$$(35) \qquad \frac{\partial S}{\partial q_1} = p_1, \qquad \frac{\partial S}{\partial q_2} = p_2, \qquad \ldots, \qquad \frac{\partial S}{\partial q_k} = p_k,$$

$$(36) \qquad \frac{\partial S}{\partial(q_1)_0} = -(p_1)_0, \qquad \frac{\partial S}{\partial(q_2)_0} = -(p_2)_0, \qquad \ldots, \qquad \frac{\partial S}{\partial(q_k)_0} = -(p_k)_0.$$

On peut maintenant, si l'on veut, regarder les $2k$ quantités $(q_1)_0$, $(q_2)_0$, ..., $(q_k)_0$, $(p_1)_0$, $(p_2)_0$, ..., $(p_k)_0$ comme de nouvelles constantes arbitraires pouvant remplacer les anciennes c_1, c_2, ..., c_{2k}; alors les $2k$ équations (35) et (36) seront les intégrales générales des équations (28). En se plaçant au point de vue spécial du problème de Dynamique considéré, on pourra dire que les équations (36) sont les intégrales de ce problème; car, à elles seules, elles donnent les valeurs de q_1, q_2, ..., q_k et, par suite, les valeurs des coordonnées de tous les points du système exprimées en fonction de t et de $2k$ constantes arbitraires. La forme remarquable sous laquelle se présentent les équations (36) donne lieu au théorème suivant, dû à Hamilton :

Les intégrales d'un problème de Dynamique, dans lequel les liaisons sont indépendantes du temps et où il existe une fonction des forces indépendante des vitesses, peuvent toutes s'exprimer en égalant à des constantes les dérivées partielles d'une autre fonction S prise par rapport à d'autres constantes.

D'après la manière dont la fonction S a été introduite, il semble que, pour la connaître, il soit nécessaire d'avoir préalablement résolu le problème proposé; il paraît en effet nécessaire d'exprimer d'abord $T + U$ en fonction de t et des $2k$ constantes c_i, d'effectuer la quadrature $\displaystyle\int_{t_0}^{t}(T + U)\,dt$ et d'exprimer ensuite le résultat, en fonction de t, des k variables q_1, q_2, ..., q_k et des k constantes $(q_1)_0$, $(q_2)_0$, ..., $(q_k)_0$; heureusement, on peut opérer autrement. Hamilton a prouvé, en effet, que cette fonction S vérifie une certaine équation aux dérivées partielles du premier ordre.

Pour le faire voir, remarquons que l'équation (30) donne

$$(37) \qquad \frac{dS}{dt} = T + U.$$

D'après ce qu'on a dit plus haut, S est une fonction de t, des variables q_i et des constantes $(q_i)_0$; S contient donc le temps explicitement et implicitement, et l'on aura

$$\frac{dS}{dt} = \frac{\partial S}{\partial t} + \sum \frac{\partial S}{\partial q_i}\frac{dq_i}{dt}$$

ou bien, en tenant compte de (35) et (37),

$$T + U = \frac{\partial S}{\partial t} + \sum p_i q_i'$$

ou encore, en ayant égard à la formule (23),

$$T + U = \frac{\partial S}{\partial t} + 2T.$$

Posons comme précédemment $H = T - U$, et nous aurons

$$(38) \qquad \frac{\partial S}{\partial t} + H = 0.$$

La fonction U ne contient que le temps t et les variables q_i; mais T dépend des variables q_i et q_i' ou bien des variables q_i et p_i; on peut donc écrire l'équation (38) comme il suit :

$$\frac{\partial S}{\partial t} + H(t, q_1, q_2, \ldots, q_k; p_1, p_2, \ldots, p_k) = 0,$$

ou encore, en ayant égard aux formules (35),

$$(39) \qquad \frac{\partial S}{\partial t} + H\left(t, q_1, q_2, \ldots, q_k; \frac{\partial S}{\partial q_1}, \frac{\partial S}{\partial q_2}, \ldots, \frac{\partial S}{\partial q_k}\right) = 0.$$

On voit donc que la fonction S est une intégrale complète d'une équation aux dérivées partielles du premier ordre, dans laquelle figurent les $k + 1$ variables indépendantes $t, q_1, q_2, \ldots, q_k$; cette intégrale contient les k constantes $(q_1)_0$, $(q_2)_0, \ldots, (q_k)_0$, sans compter la constante qu'on peut lui ajouter directement, puisque l'équation (39) ne contient pas S, mais seulement ses dérivées partielles.

Remarque. — L'équation (39) est du second degré par rapport aux dérivées $\frac{\partial S}{\partial q_1}, \frac{\partial S}{\partial q_2}, \ldots, \frac{\partial S}{\partial q_k}$; cela est une conséquence des formules (16') et (35).

6. Réciproque de Jacobi. — Il y avait lieu de se demander si, en prenant pour S une intégrale complète quelconque de l'équation (39), on aurait encore les intégrales du mouvement sous la forme remarquable exprimée par les équations (35) et (36); c'est ce qu'a fait Jacobi en démontrant le beau théorème suivant :

Soit l'équation

$$(40) \qquad \frac{\partial S}{\partial t} + H = 0,$$

dans laquelle $H = T - U$ *est une fonction de t et des $2k$ variables $q_1, q_2, \ldots, q_k$, $p_1, p_2, \ldots, p_k$; en faisant $p_i = \dfrac{\partial S}{\partial q_i}$, on obtient une équation aux dérivées partielles du premier ordre contenant $k + 1$ variables indépendantes $t, q_1, q_2, \ldots, q_k$. Supposons que l'on ait obtenu une intégrale complète S de cette équation, c'est-à-dire une solution fonction de t et des k variables q_i et contenant k constantes arbitraires, $\alpha_1, \alpha_2, \ldots, \alpha_k$, indépendamment de la constante que l'on peut toujours ajouter directement à S; alors les équations*

$$(41) \qquad \frac{\partial S}{\partial \alpha_1} = \beta_1, \qquad \frac{\partial S}{\partial \alpha_2} = \beta_2, \qquad \ldots, \qquad \frac{\partial S}{\partial \alpha_k} = \beta_k,$$

$$(42) \qquad \frac{\partial S}{\partial q_1} = p_1, \qquad \frac{\partial S}{\partial q_2} = p_2, \qquad \ldots, \qquad \frac{\partial S}{\partial q_k} = p_k,$$

dans lesquelles $\beta_1, \beta_2, \ldots, \beta_k$ désignent k nouvelles constantes, seront les intégrales générales du système des $2k$ équations différentielles simultanées

$$(43) \qquad \begin{cases} \dfrac{dq_1}{dt} = \dfrac{\partial H}{\partial p_1}, & \dfrac{dp_1}{dt} = -\dfrac{\partial H}{\partial q_1}, \\ \ldots\ldots\ldots, & \ldots\ldots\ldots, \\ \dfrac{dq_k}{dt} = \dfrac{\partial H}{\partial p_k}, & \dfrac{dp_k}{dt} = -\dfrac{\partial H}{\partial q_k}. \end{cases}$$

Différentions en effet les équations (41) complètement par rapport au temps : nous aurons

$$(44) \qquad \begin{cases} \dfrac{\partial^2 S}{\partial \alpha_1 \partial t} + \dfrac{\partial^2 S}{\partial \alpha_1 \partial q_1} \dfrac{dq_1}{dt} + \dfrac{\partial^2 S}{\partial \alpha_1 \partial q_2} \dfrac{dq_2}{dt} + \ldots + \dfrac{\partial^2 S}{\partial \alpha_1 \partial q_k} \dfrac{dq_k}{dt} = 0, \\ \dfrac{\partial^2 S}{\partial \alpha_2 \partial t} + \dfrac{\partial^2 S}{\partial \alpha_2 \partial q_1} \dfrac{dq_1}{dt} + \dfrac{\partial^2 S}{\partial \alpha_2 \partial q_2} \dfrac{dq_2}{dt} + \ldots + \dfrac{\partial^2 S}{\partial \alpha_2 \partial q_k} \dfrac{dq_k}{dt} = 0, \\ \ldots\ldots\ldots\ldots\ldots\ldots\ldots\ldots\ldots\ldots\ldots\ldots\ldots\ldots\ldots\ldots\ldots, \\ \dfrac{\partial^2 S}{\partial \alpha_k \partial t} + \dfrac{\partial^2 S}{\partial \alpha_k \partial q_1} \dfrac{dq_1}{dt} + \dfrac{\partial^2 S}{\partial \alpha_k \partial q_2} \dfrac{dq_2}{dt} + \ldots + \dfrac{\partial^2 S}{\partial \alpha_k \partial q_k} \dfrac{dq_k}{dt} = 0. \end{cases}$$

Si, dans l'équation (40), on suppose S remplacé par sa valeur en fonction de t, des variables q_i et des constantes α_i, on aura une identité; on peut donc différentier relativement aux constantes α_i ou par rapport aux variables q_i'. Faisons-le d'abord par rapport à α_1 : nous trouverons

$$\frac{\partial^2 S}{\partial t\,\partial\alpha_1} + \frac{\partial H}{\partial p_1}\frac{\partial p_1}{\partial\alpha_1} + \frac{\partial H}{\partial p_2}\frac{\partial p_2}{\partial\alpha_1} + \ldots + \frac{\partial H}{\partial p_k}\frac{\partial p_k}{\partial\alpha_1} = o$$

ou bien, en tenant compte de (42),

$$\frac{\partial^2 S}{\partial t\,\partial\alpha_1} + \frac{\partial H}{\partial p_1}\frac{\partial^2 S}{\partial q_1\,\partial\alpha_1} + \frac{\partial H}{\partial p_2}\frac{\partial^2 S}{\partial q_2\,\partial\alpha_1} + \ldots + \frac{\partial H}{\partial p_k}\frac{\partial^2 S}{\partial q_k\,\partial\alpha_1} = o.$$

On trouvera d'autres équations toutes pareilles en différentiant (40) par rapport à α_2, α_3, ..., α_k, et l'on pourra écrire cet ensemble d'équations

$$(45)\quad\begin{cases}
\dfrac{\partial^2 S}{\partial t\,\partial\alpha_1} + \dfrac{\partial^2 S}{\partial q_1\,\partial\alpha_1}\dfrac{\partial H}{\partial p_1} + \dfrac{\partial^2 S}{\partial q_2\,\partial\alpha_1}\dfrac{\partial H}{\partial p_2} + \ldots + \dfrac{\partial^2 S}{\partial q_k\,\partial\alpha_1}\dfrac{\partial H}{\partial p_k} = o,\\[2ex]
\dfrac{\partial^2 S}{\partial t\,\partial\alpha_2} + \dfrac{\partial^2 S}{\partial q_1\,\partial\alpha_2}\dfrac{\partial H}{\partial p_1} + \dfrac{\partial^2 S}{\partial q_2\,\partial\alpha_2}\dfrac{\partial H}{\partial p_2} + \ldots + \dfrac{\partial^2 S}{\partial q_k\,\partial\alpha_2}\dfrac{\partial H}{\partial p_k} = o,\\[2ex]
\cdots\cdots\cdots\cdots\cdots\cdots\cdots\cdots\cdots\cdots\cdots\cdots\cdots\cdots\cdots\cdots,\\[2ex]
\dfrac{\partial^2 S}{\partial t\,\partial\alpha_k} + \dfrac{\partial^2 S}{\partial q_1\,\partial\alpha_k}\dfrac{\partial H}{\partial p_1} + \dfrac{\partial^2 S}{\partial q_2\,\partial\alpha_k}\dfrac{\partial H}{\partial p_2} + \ldots + \dfrac{\partial^2 S}{\partial q_k\,\partial\alpha_k}\dfrac{\partial H}{\partial p_k} = o.
\end{cases}$$

On va comparer ce système d'équations avec le système (44); on sait que l'on a

$$\frac{\partial^2 S}{\partial\alpha_i\,\partial t} = \frac{\partial^2 S}{\partial t\,\partial\alpha_i},$$

$$\frac{\partial^2 S}{\partial q_i\,\partial\alpha_j} = \frac{\partial^2 S}{\partial\alpha_j\,\partial q_i};$$

il en résulte que, si l'on considère, dans les équations (44), $\dfrac{dq_1}{dt}$, $\dfrac{dq_2}{dt}$, ..., $\dfrac{dq_k}{dt}$ comme les inconnues et si l'on prend pour inconnues, dans les équations (45), $\dfrac{\partial H}{\partial p_1}$, $\dfrac{\partial H}{\partial p_2}$, ..., $\dfrac{\partial H}{\partial p_k}$, on aura deux systèmes de k équations du premier degré à k inconnues. Dans les deux systèmes, les coefficients des inconnues et les termes tous connus seront les mêmes; donc les inconnues correspondantes auront les mêmes valeurs dans les deux systèmes. On en conclut, d'une manière générale,

$$(46)\qquad\qquad \frac{dq_i}{dt} = \frac{\partial H}{\partial p_i};$$

la première moitié des formules (43) est ainsi démontrée.

Partons maintenant de l'équation

$$p_i = \frac{\partial S}{\partial q_i};$$

nous en déduirons

$$\frac{dp_i}{dt} = \frac{\partial^2 S}{\partial q_i\,\partial t} + \frac{\partial^2 S}{\partial q_i\,\partial q_1}\frac{dq_1}{dt} + \frac{\partial^2 S}{\partial q_i\,\partial q_2}\frac{dq_2}{dt} + \ldots + \frac{\partial^2 S}{\partial q_i\,\partial q_k}\frac{dq_k}{dt},$$

ou, en ayant égard à (46),

$$(47) \qquad \frac{dp_i}{dt} = \frac{\partial^2 S}{\partial q_i\,\partial t} + \frac{\partial^2 S}{\partial q_i\,\partial q_1}\frac{\partial H}{\partial p_1} + \frac{\partial^2 S}{\partial q_i\,\partial q_2}\frac{\partial H}{\partial p_2} + \ldots + \frac{\partial^2 S}{\partial q_i\,\partial q_k}\frac{\partial H}{\partial p_k}.$$

Or, en différentiant (40) par rapport à q_i, on trouve

$$0 = \frac{\partial^2 S}{\partial t\,\partial q_i} + \frac{\partial H}{\partial q_i} + \frac{\partial H}{\partial p_1}\frac{\partial p_1}{\partial q_i} + \frac{\partial H}{\partial p_2}\frac{\partial p_2}{\partial q_i} + \ldots + \frac{\partial H}{\partial p_k}\frac{\partial p_k}{\partial q_i},$$

ou bien

$$0 = \frac{\partial^2 S}{\partial t\,\partial q_i} + \frac{\partial H}{\partial q_i} + \frac{\partial^2 S}{\partial q_1\,\partial q_i}\frac{\partial H}{\partial p_1} + \ldots + \frac{\partial^2 S}{\partial q_k\,\partial q_i}\frac{\partial H}{\partial p_k},$$

en remarquant que (42) donne

$$\frac{\partial p_j}{\partial q_i} = \frac{\partial^2 S}{\partial q_j\,\partial q_i}.$$

En rapprochant cette équation de l'équation (47), on obtient

$$\frac{dp_i}{dt} = -\frac{\partial H}{\partial q_i};$$

donc la seconde moitié des formules (43) est démontrée.

On voit donc que les équations (41) et (42), qui déterminent les $2k$ variables p_i et q_i en fonction de t et *des $2k$ constantes arbitraires α_i et β_i*, sont bien les *intégrales générales* des équations différentielles simultanées (43).

Remarque. — Les équations (41) déterminent q_1, q_2, ... et, par suite, les coordonnées de tous les points du système en fonction de t et des $2k$ constantes arbitraires ; elles suffisent à résoudre le problème proposé. Les équations (42) déterminent ensuite les inconnues auxiliaires p_1, p_2, ... ; on les appelle *intégrales intermédiaires*.

Tout problème de Dynamique dans lequel les liaisons sont indépendantes du temps et où il existe une fonction des forces (pouvant contenir le temps explicitement) se ramène, comme on l'a vu, à un système d'équations différentielles simultanées, tel que (43) ; on peut donc en conclure que la solution de chacun des problèmes de Dynamique considérés plus haut se ramène à la détermination d'une intégrale complète d'une certaine équation aux dérivées partielles du premier ordre.

Cette équation n'étant pas linéaire, on n'a pas de méthode générale pour en trouver une intégrale complète; on peut néanmoins l'obtenir dans un certain nombre de cas et, par suite, résoudre le problème correspondant, comme nous le montrerons dans la suite de ce Traité.

7. Cas où la fonction des forces ne contient pas le temps explicitement. — T est déjà supposé ne pas contenir le temps explicitement; il en sera donc de même de $H = T - U$, et l'équation aux dérivées partielles sera

$$(48) \qquad \frac{\partial S}{\partial t} + H\left(q_1, q_2, \ldots, q_k; \frac{\partial S}{\partial q_1}, \frac{\partial S}{\partial q_2}, \ldots, \frac{\partial S}{\partial q_k}\right) = 0.$$

En désignant par α une constante, nous poserons

$$(49) \qquad S = -\alpha t + S',$$

et nous supposerons que S' ne contienne pas le temps explicitement; on aura

$$\frac{\partial S}{\partial q_i} = \frac{\partial S'}{\partial q_i},$$

et l'équation (48) deviendra

$$(50) \qquad H\left(q_1, q_2, \ldots, q_k, \frac{\partial S'}{\partial q_1}, \frac{\partial S'}{\partial q_2}, \ldots, \frac{\partial S'}{\partial q_k}\right) = \alpha.$$

S contenant déjà la constante α, il suffira de trouver une solution S' de l'équation (50) renfermant $k - 1$ constantes arbitraires $\alpha_1, \alpha_2, \ldots, \alpha_{k-1}$; on aura ensuite, en désignant par $\beta_1, \beta_2, \ldots, \beta_{k-1}, \beta$, k nouvelles constantes arbitraires,

$$\frac{\partial S}{\partial \alpha_1} = \beta_1, \quad \ldots \quad \frac{\partial S}{\partial \alpha_{k-1}} = \beta_{k-1}, \qquad \frac{\partial S}{\partial \alpha} = \beta,$$

ce qui devient, en remplaçant S par sa valeur (49),

$$(51) \quad \frac{\partial S'}{\partial \alpha_1} = \beta_1, \qquad \frac{\partial S'}{\partial \alpha_2} = \beta_2, \qquad \ldots, \qquad \frac{\partial S'}{\partial \alpha_{k-1}} = \beta_{k-1}, \qquad \frac{\partial S'}{\partial \alpha} = t + \beta.$$

On voit donc qu'on est ramené à la recherche d'une intégrale complète d'une équation aux dérivées partielles contenant $k - 1$ variables indépendantes au lieu de k.

Voyons ce que deviennent les résultats ci-dessus dans le cas de n points matériels *entièrement libres*.

Nous supposons toujours qu'il existe une fonction des forces pouvant contenir le temps explicitement, mais ne dépendant que des coordonnées des points considérés.

Soient x_i, y_i, z_i, m_i les coordonnées rectangulaires et la masse de l'un quelconque de ces points; on aura $3n$ coordonnées et $3n$ équations différentielles, telles que

$$(52) \quad \left\{ \begin{array}{l} m_i \dfrac{d^2 x_i}{dt^2} = \dfrac{\partial U}{\partial x_i}, \\[2mm] m_i \dfrac{d^2 y_i}{dt^2} = \dfrac{\partial U}{\partial y_i}, \\[2mm] m_i \dfrac{d^2 z_i}{dt^2} = \dfrac{\partial U}{\partial z_i}. \end{array} \right.$$

Soit $2T$ la somme des forces vives des n points du système; on aura

$$(53) \quad 2T = \sum m_i (x_i'^2 + y_i'^2 + z_i'^2),$$

en posant

$$\frac{dx_i}{dt} = x_i', \qquad \frac{dy_i}{dt} = y_i', \qquad \frac{dz_i}{dt} = z_i'.$$

Puisqu'il n'y a pas de liaisons, on pourra prendre x_i, y_i, z_i pour les variables q; on tire de (53)

$$\frac{\partial T}{\partial x_i'} = m_i x_i';$$

les variables p seront donc $m_i x_i'$, $m_i y_i'$, $m_i z_i'$.

On aura

$$m_i x_i' = \frac{\partial S}{\partial x_i}, \qquad m_i y_i' = \frac{\partial S}{\partial y_i}, \qquad m_i z_i' = \frac{\partial S}{\partial z_i},$$

et la formule (53) donnera

$$2T = \sum_{i=1}^{i=n} \frac{1}{m_i} \left[\left(\frac{\partial S}{\partial x_i} \right)^2 + \left(\frac{\partial S}{\partial y_i} \right)^2 + \left(\frac{\partial S}{\partial z_i} \right)^2 \right];$$

l'équation (40) sera donc, dans le cas actuel,

$$(54) \quad \frac{\partial S}{\partial t} + \frac{1}{2} \sum_{i=1}^{i=n} \frac{1}{m_i} \left[\left(\frac{\partial S}{\partial x_i} \right)^2 + \left(\frac{\partial S}{\partial y_i} \right)^2 + \left(\frac{\partial S}{\partial z_i} \right)^2 \right] = U,$$

où U désigne une fonction connue de t et des $3n$ variables indépendantes x_i, y_i, z_i.

Pour obtenir les mouvements des n points du système, il suffira donc de trouver une solution S de l'équation (54) aux dérivées partielles contenant le temps t, les $3n$ coordonnées x_i, y_i, z_i et $3n$ constantes arbitraires α_1, α_2, ..., α_{3n}; après quoi, en désignant par β_1, β_2, ..., β_{3n}, $3n$ nouvelles constantes arbitraires, les intégrales générales seront fournies par les formules

$$\frac{\partial S}{\partial \alpha_1} = \beta_1, \qquad \frac{\partial S}{\partial \alpha_2} = \beta_2, \qquad \ldots, \qquad \frac{\partial S}{\partial \alpha_{3n}} = \beta_{3n};$$

les intégrales intermédiaires seront

$$m_i \frac{dx_i}{dt} = \frac{\partial S}{\partial x_i}, \qquad m_i \frac{dy_i}{dt} = \frac{\partial S}{\partial y_i}, \qquad m_i \frac{dz_i}{dt} = \frac{\partial S}{\partial z_i}, \qquad \ldots.$$

Si la fonction des forces ne contient pas le temps explicitement, ce qui arrivera si les points matériels sont soumis seulement à leurs attractions mutuelles, on devra considérer, au lieu de (54), l'équation aux dérivées partielles suivante

$$\frac{1}{2} \sum_{i=1}^{i=n} \frac{1}{m_i} \left[\left(\frac{\partial S'}{\partial x_i} \right)^2 + \left(\frac{\partial S'}{\partial y_i} \right)^2 + \left(\frac{\partial S'}{\partial z_i} \right)^2 \right] = U + \alpha,$$

où α désigne une constante arbitraire, et en trouver une solution S' contenant les $3n$ variables x_i, y_i, z_i et $3n - 1$ constantes arbitraires α_1, α_2, ..., α_{3n-1} en dehors de la constante α ; les intégrales générales seront

$$\frac{\partial S'}{\partial \alpha_1} = \beta_1, \qquad \frac{\partial S'}{\partial \alpha_2} = \beta_2, \qquad \ldots \qquad \frac{\partial S'}{\partial \alpha_{3n-1}} = \beta_{3n-1}, \qquad \frac{\partial S'}{\partial \alpha} = t + \beta.$$

8. Relations de Jacobi. — Nous allons démontrer un théorème qui nous sera utile dans la suite.

Soit S une fonction de n quantités q_1, q_2, ..., q_n et de n autres α_1, α_2, ..., α_n ; posons

$$(a) \qquad p_1 = \frac{\partial S}{\partial q_1}, \qquad p_2 = \frac{\partial S}{\partial q_2}, \qquad \ldots, \qquad p_n = \frac{\partial S}{\partial q_n},$$

$$(b) \qquad \beta_1 = \frac{\partial S}{\partial \alpha_1}, \qquad \beta_2 = \frac{\partial S}{\partial \alpha_2}, \qquad \ldots, \qquad \beta_n = \frac{\partial S}{\partial \alpha_n}.$$

On pourra tirer de ces équations

$$\begin{pmatrix} p_1, p_2, \ldots, p_n \\ q_1, q_2, \ldots, q_n \end{pmatrix} \text{ en fonction de } \begin{pmatrix} \alpha_1, \alpha_2, \ldots, \alpha_n \\ \beta_1, \beta_2, \ldots, \beta_n \end{pmatrix},$$

et, en portant ces valeurs dans les équations (b), on aura des identités que l'on pourra différentier par rapport à l'une quelconque des quantités α et β. On pourra tirer aussi des formules (a) et (b)

$$\begin{pmatrix} \alpha_1, \alpha_2, \ldots, \alpha_n \\ \beta_1, \beta_2, \ldots, \beta_n \end{pmatrix} \text{ en fonction de } \begin{pmatrix} p_1, p_2, \ldots, p_n \\ q_1, q_2, \ldots, q_n \end{pmatrix},$$

et, en portant ces valeurs dans les équations (a), on aura des identités que l'on pourra différentier par rapport à l'une quelconque des quantités p et q.

Il en résultera, en désignant par i et k deux indices quelconques de la série
1, 2, ..., n, des dérivées partielles, au nombre de $4n^2$, de l'une de ces formes

$$(c) \qquad \frac{\partial p_i}{\partial \alpha_k}, \quad \frac{\partial p_i}{\partial \beta_k}, \quad \frac{\partial q_i}{\partial \alpha_k}, \quad \frac{\partial q_i}{\partial \beta_k},$$

et un second groupe de $4n^2$ dérivées partielles de la forme

$$(d) \qquad \frac{\partial \alpha_k}{\partial p_i}, \quad \frac{\partial \alpha_k}{\partial q_i}, \quad \frac{\partial \beta_k}{\partial p_i}, \quad \frac{\partial \beta_k}{\partial q_i}.$$

Les relations suivantes, dues à Jacobi, permettent d'exprimer d'une manière fort
simple l'une quelconque des dérivées (c) au moyen de l'une des dérivées (d) :

$$(e) \qquad \frac{\partial p_i}{\partial \alpha_k} = \frac{\partial \beta_k}{\partial q_i}, \qquad\qquad (g) \qquad \frac{\partial q_i}{\partial \beta_k} = \frac{\partial \alpha_k}{\partial p_i},$$

$$(f) \qquad \frac{\partial p_i}{\partial \beta_k} = -\frac{\partial \alpha_k}{\partial q_i}, \qquad\qquad (h) \qquad \frac{\partial q_i}{\partial \alpha_k} = -\frac{\partial \beta_k}{\partial p_i}.$$

Tel est le théorème qu'il s'agit de démontrer.

Différentions les n équations (a) par rapport à q_i, puis les n équations (b)
par rapport à α_k; nous trouverons

$$(55) \qquad \begin{cases} \dfrac{\partial^2 S}{\partial q_1\,\partial q_i} + \dfrac{\partial^2 S}{\partial q_1\,\partial \alpha_1}\dfrac{\partial \alpha_1}{\partial q_i} + \dfrac{\partial^2 S}{\partial q_1\,\partial \alpha_2}\dfrac{\partial \alpha_2}{\partial q_i} + \ldots = 0, \\[2ex] \dfrac{\partial^2 S}{\partial q_2\,\partial q_i} + \dfrac{\partial^2 S}{\partial q_2\,\partial \alpha_1}\dfrac{\partial \alpha_1}{\partial q_i} + \dfrac{\partial^2 S}{\partial q_2\,\partial \alpha_2}\dfrac{\partial \alpha_2}{\partial q_i} + \ldots = 0, \\[2ex] \cdots\cdots\cdots\cdots\cdots\cdots\cdots\cdots\cdots\cdots\cdots\cdots\cdots, \end{cases}$$

$$(56) \qquad \begin{cases} \dfrac{\partial^2 S}{\partial \alpha_1\,\partial \alpha_k} + \dfrac{\partial^2 S}{\partial \alpha_1\,\partial q_1}\dfrac{\partial q_1}{\partial \alpha_k} + \dfrac{\partial^2 S}{\partial \alpha_1\,\partial q_2}\dfrac{\partial q_2}{\partial \alpha_k} + \ldots = 0, \\[2ex] \dfrac{\partial^2 S}{\partial \alpha_2\,\partial \alpha_k} + \dfrac{\partial^2 S}{\partial \alpha_2\,\partial q_1}\dfrac{\partial q_1}{\partial \alpha_k} + \dfrac{\partial^2 S}{\partial \alpha_2\,\partial q_2}\dfrac{\partial q_2}{\partial \alpha_k} + \ldots = 0, \\[2ex] \cdots\cdots\cdots\cdots\cdots\cdots\cdots\cdots\cdots\cdots\cdots\cdots\cdots. \end{cases}$$

En multipliant les équations (55) respectivement par $\dfrac{\partial q_1}{\partial \alpha_k}$, $\dfrac{\partial q_2}{\partial \alpha_k}$, $\cdots$ et ajoutant,
il vient

$$0 = \frac{\partial^2 S}{\partial q_1\,\partial q_i}\frac{\partial q_1}{\partial \alpha_k} + \frac{\partial^2 S}{\partial q_2\,\partial q_i}\frac{\partial q_2}{\partial \alpha_k} + \cdots + \frac{\partial \alpha_1}{\partial q_i}\left(\frac{\partial^2 S}{\partial q_1\,\partial \alpha_1}\frac{\partial q_1}{\partial \alpha_k} + \frac{\partial^2 S}{\partial q_2\,\partial \alpha_1}\frac{\partial q_2}{\partial \alpha_k} + \cdots\right)$$
$$+ \frac{\partial \alpha_2}{\partial q_i}\left(\frac{\partial^2 S}{\partial q_1\,\partial \alpha_2}\frac{\partial q_1}{\partial \alpha_k} + \frac{\partial^2 S}{\partial q_2\,\partial \alpha_2}\frac{\partial q_2}{\partial \alpha_k} + \cdots\right)$$
$$+\cdots\cdots\cdots\cdots\cdots\cdots\cdots\cdots\cdots\cdots\cdots,$$

ce qui, à cause des formules (56), se réduit à

$$0 = \frac{\partial^2 S}{\partial q_1\,\partial q_i}\frac{\partial q_1}{\partial \alpha_k} + \frac{\partial^2 S}{\partial q_2\,\partial q_i}\frac{\partial q_2}{\partial \alpha_k} + \cdots - \left(\frac{\partial^2 S}{\partial \alpha_1\,\partial \alpha_k}\frac{\partial \alpha_1}{\partial q_i} + \frac{\partial^2 S}{\partial \alpha_2\,\partial \alpha_k}\frac{\partial \alpha_2}{\partial q_i} + \cdots\right);$$

si l'on ajoute et si l'on retranche $\dfrac{\partial^2 S}{\partial q_i \partial \alpha_k}$, on peut écrire encore

$$\frac{\partial}{\partial \alpha_k}\left(\frac{\partial S}{\partial q_i}\right) - \frac{\partial}{\partial q_i}\left(\frac{\partial S}{\partial \alpha_k}\right) = 0$$

ou bien, en ayant égard à (a) et (b),

$$\frac{\partial p_i}{\partial \alpha_k} = \frac{\partial \beta_k}{\partial q_i};$$

c'est la formule (e).

Différentions les n équations (b) par rapport à β_k; nous aurons

$$(57)\quad
\left\{
\begin{aligned}
&\frac{\partial^2 S}{\partial \alpha_1 \partial q_1}\frac{\partial q_1}{\partial \beta_k} + \frac{\partial^2 S}{\partial \alpha_1 \partial q_2}\frac{\partial q_2}{\partial \beta_k} + \ldots = 0,\\
&\frac{\partial^2 S}{\partial \alpha_2 \partial q_1}\frac{\partial q_1}{\partial \beta_k} + \frac{\partial^2 S}{\partial \alpha_2 \partial q_2}\frac{\partial q_2}{\partial \beta_k} + \ldots = 0,\\
&\dotfill\\
&\frac{\partial^2 S}{\partial \alpha_k \partial q_1}\frac{\partial q_1}{\partial \beta_k} + \frac{\partial^2 S}{\partial \alpha_k \partial q_2}\frac{\partial q_2}{\partial \beta_k} + \ldots = 1,\\
&\dotfill
\end{aligned}
\right.$$

Multiplions ces équations (57) respectivement par $\dfrac{\partial \alpha_1}{\partial q_i}$, $\dfrac{\partial \alpha_2}{\partial q_i}$, $\cdots$ et ajoutons, il viendra

$$\begin{aligned}
\frac{\partial \alpha_k}{\partial q_i} =\; & + \frac{\partial q_1}{\partial \beta_k}\left(\frac{\partial^2 S}{\partial \alpha_1 \partial q_1}\frac{\partial \alpha_1}{\partial q_i} + \frac{\partial^2 S}{\partial \alpha_2 \partial q_1}\frac{\partial \alpha_2}{\partial q_i} + \ldots\right)\\
& + \frac{\partial q_2}{\partial \beta_k}\left(\frac{\partial^2 S}{\partial \alpha_1 \partial q_2}\frac{\partial \alpha_1}{\partial q_i} + \frac{\partial^2 S}{\partial \alpha_2 \partial q_2}\frac{\partial \alpha_2}{\partial q_i} + \ldots\right)\\
& + \dotfill
\end{aligned}$$

ce qui, à cause de (55), se réduit à

$$\frac{\partial \alpha_k}{\partial q_i} = -\left(\frac{\partial^2 S}{\partial q_1 \partial q_i}\frac{\partial q_1}{\partial \beta_k} + \frac{\partial^2 S}{\partial q_2 \partial q_i}\frac{\partial q_2}{\partial q_k} + \ldots\right) = -\frac{\partial}{\partial \beta_k}\left(\frac{\partial S}{\partial q_i}\right) = -\frac{\partial p_i}{\partial \beta_k};$$

c'est la formule (f).

Différentions les équations (a) par rapport à p_i, nous trouverons

$$(58\quad
\left\{
\begin{aligned}
&\frac{\partial^2 S}{\partial q_1 \partial \alpha_1}\frac{\partial \alpha_1}{\partial p_i} + \frac{\partial^2 S}{\partial q_1 \partial \alpha_2}\frac{\partial \alpha_2}{\partial p_i} + \ldots = 0,\\
&\frac{\partial^2 S}{\partial q_2 \partial \alpha_1}\frac{\partial \alpha_1}{\partial p_i} + \frac{\partial^2 S}{\partial q_2 \partial \alpha_2}\frac{\partial \alpha_2}{\partial p_i} + \ldots = 0,\\
&\dotfill\\
&\frac{\partial^2 S}{\partial q_i \partial \alpha_1}\frac{\partial \alpha_1}{\partial p_i} + \frac{\partial^2 S}{\partial q_i \partial \alpha_2}\frac{\partial \alpha_2}{\partial p_i} + \ldots = 1,\\
&\dotfill
\end{aligned}
\right.$$

Multiplions ces équations respectivement par $\dfrac{\partial q_1}{\partial \beta_k}$, $\dfrac{\partial q_2}{\partial \beta_k}$, $\cdots$ et ajoutons, cela nous donnera

$$\frac{\partial q_i}{\partial \beta_k} = +\frac{\partial \alpha_1}{\partial p_i}\left(\frac{\partial^2 S}{\partial q_1\,\partial \alpha_1}\frac{\partial q_1}{\partial \beta_k} + \frac{\partial^2 S}{\partial q_2\,\partial \alpha_1}\frac{\partial q_2}{\partial \beta_k} + \ldots\right)$$
$$+\frac{\partial \alpha_2}{\partial p_i}\left(\frac{\partial^2 S}{\partial q_1\,\partial \alpha_2}\frac{\partial q_1}{\partial \beta_k} + \frac{\partial^2 S}{\partial q_2\,\partial \alpha_2}\frac{\partial q_2}{\partial \beta_k} + \ldots\right)$$
$$+\ldots\ldots\ldots\ldots\ldots\ldots\ldots\ldots\ldots\ldots ;$$

en vertu des relations (57), cela se réduit à

$$\frac{\partial q_i}{\partial \beta_k} = \frac{\partial \alpha_k}{\partial p_i};$$

c'est la formule (g).

Multiplions enfin les équations (58) respectivement par $\dfrac{\partial q_1}{\partial \alpha_k}$, $\dfrac{\partial q_2}{\partial \alpha_k}$, $\cdots$ et ajoutons, il viendra

$$\frac{\partial q_i}{\partial \alpha_k} = +\frac{\partial \alpha_1}{\partial p_i}\left(\frac{\partial^2 S}{\partial q_1\,\partial \alpha_1}\frac{\partial q_1}{\partial \alpha_k} + \frac{\partial^2 S}{\partial q_2\,\partial \alpha_1}\frac{\partial q_2}{\partial \alpha_k} + \ldots\right)$$
$$+\frac{\partial \alpha_2}{\partial p_i}\left(\frac{\partial^2 S}{\partial q_1\,\partial \alpha_2}\frac{\partial q_1}{\partial \alpha_k} + \frac{\partial^2 S}{\partial q_2\,\partial \alpha_2}\frac{\partial q_2}{\partial \alpha_k} + \ldots\right)$$
$$+\ldots\ldots\ldots\ldots\ldots\ldots\ldots\ldots\ldots\ldots ;$$

ce qui devient, à cause des formules (56),

$$\frac{\partial q_i}{\partial \alpha_k} = -\frac{\partial^2 S}{\partial \alpha_1\,\partial \alpha_k}\frac{\partial \alpha_1}{\partial p_i} - \frac{\partial^2 S}{\partial \alpha_2\,\partial \alpha_k}\frac{\partial \alpha_2}{\partial p_i} - \ldots = -\frac{\partial}{\partial p_i}\left(\frac{\partial S}{\partial \alpha_k}\right) = -\frac{\partial \beta_k}{\partial p_i};$$

c'est la formule (h).

On pourra faire usage des relations (e), (f), (g), (h), quand on aura intégré les équations d'un problème de Dynamique par la méthode de Hamilton-Jacobi; en effet, les conditions (a) et (b) seront bien remplies, S étant une fonction de $q_1, q_2, \ldots, q_n, \alpha_1, \alpha_2, \ldots, \alpha_n$ et de t; en prenant les dérivées partielles, on n'aura pas, bien entendu, à se préoccuper de t.

CHAPITRE I.

DE LA LOI DE LA GRAVITATION UNIVERSELLE
TIRÉE DES OBSERVATIONS.

1. Les planètes, dans leurs mouvements autour du Soleil, obéissent aux lois suivantes, que le génie de Kepler a fait jaillir des observations de Tycho-Brahé :

1° *Les planètes se meuvent dans des courbes planes et leurs rayons vecteurs décrivent des aires proportionnelles aux temps;*

2° *Les orbites des planètes sont des ellipses dont le Soleil occupe un foyer;*

3° *Les carrés des durées des révolutions sidérales des planètes autour du Soleil sont entre eux comme les cubes des grands axes de leurs orbites.*

Nous allons appliquer aux mouvements des planètes les théorèmes de la *Mécanique rationnelle;* ces théorèmes reposent sur le *principe de l'inertie* et sur le *principe des mouvements relatifs.*

D'après la seconde partie du principe de l'inertie, *quand un point matériel est en mouvement, si aucune force n'agit sur lui, son mouvement est rectiligne et uniforme.*

Considérons une planète P dans son mouvement autour du Soleil; ce mouvement n'est pas rectiligne. Donc une force R agit sur elle à chaque instant pour l'éloigner de la ligne droite qu'elle décrirait si elle était absolument libre; nous nous proposons de trouver les lois qui régissent cette force, sa direction et son intensité. Chacune des lois de Kepler va nous fournir, à ce sujet, un renseignement important. Je rappelle d'abord le théorème suivant de la *Mécanique rationnelle :*

Si la trajectoire d'un mobile est plane et si le rayon vecteur mené du mobile à un point fixe du plan de la trajectoire décrit des aires proportionnelles au temps, la force motrice est constamment dirigée vers ce point fixe.

T. — I. 4

En appliquant ce théorème à la première loi de Kepler, nous voyons que la force R, que nous savons agir à chaque instant sur la planète P, est constamment dirigée vers le centre S du Soleil. Le *théorème des aires*, mentionné plus haut, nous apprend seulement que la direction de la force coïncide avec la droite SP ; pour en conclure que la force R est bien dirigée vers le point S et non en sens contraire, il suffit de remarquer que la trajectoire elliptique de la planète tourne sa concavité vers le point S. La force qui éloigne à chaque instant la planète de la tangente à son orbite tend donc à la rapprocher du Soleil : *c'est une force attractive*.

Puisque nous avons affaire à une force *centrale*, nous pouvons employer l'expression suivante de la force R

$$(1) \qquad R = \frac{mc^2}{r^2}\left(\frac{1}{r} + \frac{d^2\frac{1}{r}}{d\theta^2}\right);$$

m désigne la masse du point matériel P soumis à la force R dirigée constamment vers le centre fixe S ; r la distance SP et θ l'angle XSP que fait le rayon vecteur r avec une droite fixe SX passant par le point S et située dans le plan de la trajectoire ; enfin c désigne le double de l'aire décrite par le rayon vecteur SP dans l'unité de temps ; dans la formule (1), on a pris θ comme variable indépendante.

D'après la seconde loi de Kepler, l'orbite de la planète est une ellipse ayant le point S pour foyer. Soient (*fig.* 1) A le point de l'orbite le plus rapproché du

Fig. 1.

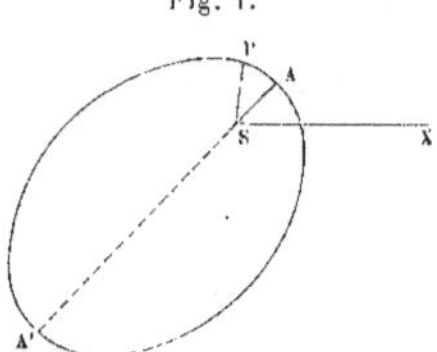

foyer S, point que l'on nomme le *périhélie* (A', le point le plus éloigné de S, reçoit le nom d'*aphélie*) ; on aura

$$SP = r; \qquad XSP = \theta.$$

Soient ω l'angle constant XSA, v l'angle ASP, e l'excentricité, p le paramètre de l'orbite, on aura, par un théorème connu de la Géométrie analytique à deux dimensions,

$$r = \frac{p}{1 + e\cos v};$$

or

$$v = \theta - \omega.$$

On aura donc

$$\frac{1}{r} = \frac{1}{p} + \frac{e}{p}\cos(\theta - \omega);$$

d'où

$$\frac{d^2\frac{1}{r}}{d\theta^2} = -\frac{e}{p}\cos(\theta - \omega).$$

Si l'on porte ces valeurs de $\frac{1}{r}$ et de $\dfrac{d^2\frac{1}{r}}{d\theta^2}$ dans la formule (1), elle devient

$$R = \frac{mc^2}{p}\,\frac{1}{r^2}$$

ou bien

$$R = \frac{m\mu}{r^2},$$

en posant

$$\mu = \frac{c^2}{p}.$$

Or, pour une même planète, m, c et p sont des constantes; donc *la force qui retient une planète dans son orbite varie en raison inverse du carré de la distance de cette planète au Soleil.*

On voit que les deux premières lois de Kepler nous ont fourni des résultats importants; adressons-nous maintenant à la troisième loi. Soient a et b les longueurs des demi-axes de l'orbite de la planète P, T la durée de la révolution de cette planète sur son orbite; l'aire de l'ellipse étant égale à πab, l'aire décrite par le rayon vecteur r dans l'unité de temps est égale à $\dfrac{\pi ab}{T}$; on aura donc

$$c = \frac{2\pi ab}{T}.$$

On a du reste

$$p = \frac{b^2}{a};$$

il en résulte

$$\mu = \frac{c^2}{p} = \frac{4\pi^2 a^3}{T^2}.$$

En considérant le mouvement d'une autre planète P' autour du Soleil et désignant pour cette planète par R', r', m', μ', a', T' les quantités analogues à R, r, m, μ, a, T, on aura

$$R' = \frac{m'\mu'}{r'^2},$$

$$\mu' = \frac{4\pi^2 a'^3}{T'^2}.$$

Or la troisième loi de Kepler nous fournit la relation

$$\frac{a^3}{T^2} = \frac{a'^3}{T'^2};$$

il en résulte

$$\mu' = \mu$$

et

$$R' = \frac{m'\mu}{r'^2}.$$

Ainsi μ est le même pour toutes les planètes, et la loi de la force R' rentre dans celle de la force R ; nous arrivons donc au résultat suivant :

Soient P *l'une quelconque des planètes,* m *sa masse; dans chacune de ses positions, elle est sollicitée vers le centre du Soleil par une force dont l'expression est* $\frac{m\mu}{r^2}$, μ *désignant une constante commune à toutes les planètes.*

Si nous considérons que les positions occupées successivement par la planète P sont comprises entre deux cercles concentriques de rayon $a(1-e)$ et $a(1+e)$, de même que celles de la planète P' sont comprises entre les cercles de rayons $a'(1-e')$ et $a'(1+e')$, ..., nous sommes conduits à admettre que, partout où se trouvera une molécule matérielle M, de masse m, située à la distance r du centre S du Soleil, elle sera nécessairement soumise à l'action d'une force dirigée suivant la droite MS et ayant pour expression $\frac{m\mu}{r^2}$.

2. Après être arrivé au résultat précédent, Newton s'est proposé la question inverse :

Un point matériel de masse m *est soumis constamment à l'action d'une force dirigée vers le centre du Soleil et variant en raison inverse du carré de la distance : trouver sa trajectoire.*

On voit, par raison de symétrie, que la trajectoire doit être plane, son plan étant astreint à passer par le centre du Soleil et par la vitesse initiale du point matériel. Soit $R = \frac{m\mu}{r^2}$ la force donnée; on aura, par la formule (1),

$$\frac{m\mu}{r^2} = \frac{mc^2}{r^2}\left(\frac{1}{r} + \frac{d^2\frac{1}{r}}{d\theta^2}\right),$$

d'où

$$\frac{d^2\left(\frac{1}{r} - \frac{\mu}{c^2}\right)}{d\theta^2} + \left(\frac{1}{r} - \frac{\mu}{c^2}\right) = 0.$$

On en tire, en intégrant et désignant par e et ω deux constantes arbitraires,

$$\frac{1}{r} - \frac{\mu}{c^2} = \frac{\mu}{c^2} e \cos(\theta - \omega),$$

$$(2) \qquad r = \frac{\dfrac{c^2}{\mu}}{1 + e \cos(\theta - \omega)};$$

donc la courbe est une section conique ayant le point S pour foyer.

Remarque. — On peut supposer $e > 0$; car, si la constante e était négative, on la changerait en une autre égale et de signe contraire en remplaçant dans l'équation (2) ω par $\omega + \pi$.

Demandons-nous si l'on peut disposer des données initiales de manière que la trajectoire soit l'une quelconque des trois sections coniques.

Soient θ_0 et r_0 les valeurs initiales de θ et de r pour $t = t_0$, V_0 la valeur initiale de la vitesse du mobile, et η_0 l'angle que fait cette vitesse avec le prolongement du rayon vecteur. On a, par les formules connues de la théorie des forces centrales,

$$V_0 \sin \eta_0 = \frac{c}{r_0},$$

$$V_0 \cos \eta_0 = - c \left(\frac{d \dfrac{1}{r}}{d\theta} \right)_0.$$

On en conclut, en ayant égard à l'équation (2),

$$(3) \qquad \begin{cases} e \sin(\theta_0 - \omega) = \dfrac{V_0^2}{\mu} r_0 \sin \eta_0 \cos \eta_0, \\[2ex] e \cos(\theta_0 - \omega) = \dfrac{V_0^2}{\mu} r_0 \sin^2 \eta_0 - 1; \end{cases}$$

ces équations déterminent sans ambiguïté les constantes e et ω; e est l'excentricité de l'orbite, comme le montre l'équation (2), et ω est l'angle polaire qui correspond au périhélie; $\dfrac{c^2}{\mu}$ est égal au paramètre p ou à

$$\frac{b^2}{a} = a(1 - e^2);$$

on aura donc

$$(4) \qquad a(1 - e^2) = \frac{V_0^2}{\mu} r_0^2 \sin^2 \eta_0.$$

En élevant au carré les équations (3) et les ajoutant, on trouve

$$e^2 = \frac{V_0^4}{\mu^2} r_0^2 \sin^2 \eta_0 + 1 - \frac{2 V_0^2}{\mu} r_0 \sin^2 \eta_0,$$

$$1 - e^2 = \frac{V_0^2}{\mu^2} r_0^2 \sin^2 \eta_0 \left(\frac{2\mu}{r_0} - V_0^2 \right);$$

la trajectoire sera une ellipse, une parabole ou une hyperbole, suivant que la valeur de $1 - e^2$ sera positive, nulle ou négative; si donc on a

$$V_0^2 < \frac{2\mu}{r_0}, \quad \text{la trajectoire sera une ellipse;}$$

$$V_0^2 = \frac{2\mu}{r_0}, \qquad \text{»} \qquad \text{»} \qquad \text{parabole;}$$

$$V_0^2 > \frac{2\mu}{r_0}, \qquad \text{»} \qquad \text{»} \qquad \text{hyperbole.}$$

On voit que le genre de la section conique ne dépend que des données initiales r_0 et V_0 et nullement de η_0.

La formule (4) donnera ensuite, avec la valeur ci-dessus de $1 - e^2$,

$$\frac{1}{a} = \frac{2}{r_0} - \frac{V_0^2}{\mu};$$

le grand axe de l'orbite est indépendant de η_0.

3. Orbites des comètes. — Kepler avait négligé d'étudier les mouvements des comètes, sans doute parce qu'il attachait une médiocre importance à ces astres qu'il considérait comme des « météores engendrés dans l'éther ». Newton voyant que, sous l'influence de la force considérée ci-dessus, un point matériel peut décrire autour du Soleil, non seulement une ellipse voisine d'un cercle, comme le sont les orbites des planètes, mais une ellipse très allongée ou même une parabole, Newton, disons-nous, fut amené à penser que, comme les planètes, les comètes décrivent des ellipses dont le Soleil occupe un foyer, toute la différence consistant en ce que les orbites planétaires sont peu excentriques, peu inclinées sur l'écliptique, tandis que les comètes décrivent des ellipses très allongées et situées dans des plans quelconques. On s'expliquera ainsi pourquoi les comètes ne sont visibles que pendant un temps limité; c'est le temps pendant lequel elles sont assez voisines à la fois et du Soleil et de la Terre pour que leur éclat permette de les apercevoir.

On sait que la parabole est la limite d'une ellipse ayant même sommet et même foyer, et dont le grand axe augmente indéfiniment; il en résulte que, dans le voisinage du périhélie, l'orbite d'une comète, supposée elliptique et très allongée, différera fort peu d'une parabole ayant le Soleil pour foyer. Newton fut donc amené à penser que les orbites des comètes peuvent être considérées comme paraboliques. Il eut bientôt l'occasion de mettre ses idées à l'épreuve : le 14 novembre 1680 parut une comète qui se rapprocha rapidement du Soleil et disparut dans ses rayons le 5 décembre. Le 22 décembre suivant, une comète très brillante apparaissait de l'autre côté du Soleil. En calculant les observations des deux comètes, Newton démontra qu'elles ne formaient qu'un seul et même astre; elles avaient décrit chacune un arc d'une même parabole.

On a observé depuis un nombre considérable de comètes paraboliques; pour chacune d'elles, le centre du Soleil coïncide avec le foyer de la parabole et le rayon vecteur décrit des aires proportionnelles aux temps. Donc chaque comète, dans l'une quelconque de ses positions, est soumise à une force R dirigée vers le Soleil et ayant pour expression

$$R = \frac{mc^2}{p} \frac{1}{r^2}.$$

Si l'on compare aux quantités c et p les quantités c' et p', c'' et p'', ..., qui correspondent à d'autres comètes, on constate que l'on a

$$\frac{c^2}{p} = \frac{c'^2}{p'} = \frac{c''^2}{p''} = \ldots;$$

de plus, la valeur commune de ces rapports est égale à la quantité correspondante

$$\mu = \frac{c^2}{p} = \frac{4\pi^2 a^3}{T^2},$$

commune à toutes les planètes.

Nous retrouvons donc la même loi d'attraction $R = \frac{m\mu}{r^2}$, où μ est une constante pour tout le système planétaire, et nous sommes en droit de considérer le centre du Soleil comme le foyer d'une force attractive qui s'exerce dans toutes les directions, sur tous les corps, proportionnellement à leur masse et en raison inverse du carré de la distance.

On voit quelle force les comètes apportent à cette démonstration : à l'aide des planètes, on ne pouvait démontrer l'existence de l'attraction que pour des points situés dans le voisinage de l'écliptique; les comètes, au contraire, sillonnent l'espace dans tous les sens et, partout où elles pénètrent, elles nous montrent la même loi d'attraction qui les accompagne.

4. Pour passer de la loi d'attraction exercée par le Soleil à la loi de la gravitation universelle, il restait un pas difficile à franchir; voyons quelles sont les idées qui ont guidé Newton dans cette voie.

Les observations démontrent que les satellites obéissent à très peu près aux lois de Kepler dans leurs mouvements autour des planètes. Considérons, par exemple, Jupiter et l'un de ses quatre satellites; nous désignerons par m_1 la masse de ce satellite et par r_1 sa distance au centre de Jupiter. On déduira des deux premières lois de Kepler concernant le mouvement relatif de ce satellite que, dans chacune de ses positions, il est soumis à l'action d'une force R_1 dirigée vers le centre de la planète et ayant pour expression

$$R_1 = \frac{m_1 \mu_1}{r_1^2}.$$

On démontrera l'existence d'une force analogue pour chacun des trois autres

satellites, et, en partant de la troisième loi de Kepler, on prouvera que μ_1 est le
même pour les satellites. Voilà donc le centre de Jupiter qui est le siège d'une
force analogue à celle que nous avons reconnue dans le Soleil; les deux forces
suivent la même loi : il n'y a de différence que pour les constantes μ et μ_1.

On peut en dire autant de toutes les planètes qui ont plus d'un satellite,
savoir de Mars, de Saturne et d'Uranus; pour les planètes qui n'ont qu'un
satellite, la Terre et Neptune, on ne peut appliquer que les deux premières lois
de Kepler. On démontrera donc seulement que le satellite, dans chacune de ses
positions, est soumis à l'action d'une force R_1 dirigée vers le centre de la planète
et ayant pour expression

$$R_1 = \frac{m_1 \mu_1}{r_1^2}.$$

Si l'excentricité de l'orbite du satellite était très forte, r_1 varierait dans des limites très étendues, et il serait bien démontré que la planète exerce une attraction variant en raison inverse du carré de la distance; mais, si l'excentricité est
petite, et c'est le cas, les deux premières lois de Kepler ne permettraient guère
de trouver la loi de variation de la force; elles prouveraient seulement son existence et permettraient de calculer son intensité moyenne.

Il convient ici de faire une remarque au sujet des mouvements des satellites.
Soient (*fig.* 2) S le Soleil, P Jupiter, M l'un de ses satellites : le rapport $\dfrac{PM}{PS}$

Fig. 2.

étant très petit, les droites PS et MS peuvent être considérées sensiblement
comme égales et parallèles. La force $R = \dfrac{m\mu}{r^2}$, émanant du centre du Soleil, doit
s'exercer sur P et sur M. D'après ce qu'on vient de dire sur les droites PS et MS,
les forces PA et MB, appliquées respectivement à l'unité de masse de P et à
l'unité de masse de M, pourront être considérées comme sensiblement égales et
parallèles; ces forces auront donc seulement pour effet d'imprimer un mouvement de translation au système formé par Jupiter et ses satellites. D'après le
principe des mouvements relatifs, les mouvements des satellites autour de la
planète seront donc à peu près les mêmes que si la planète était immobile.

Considérons actuellement la Terre et son satellite unique, la Lune; les deux
premières lois de Kepler étant vérifiées, il en résulte que, dans chacune de ses
positions, la Lune est sollicitée par une force R ayant pour expression

$$m_1 \frac{c_1^2}{p_1} \frac{1}{r_1^2} = \frac{4\pi^2 a_1^3}{T_1^2} \cdot \frac{m_1}{r_1^2}$$

et dirigée vers le centre de la Terre. L'excentricité de l'orbite de la Lune étant assez petite, on peut ne considérer que la valeur moyenne de R_1 et y faire $r_1 = a_1$; on aura ainsi

$$R_1 = \frac{4\pi^2 a_1}{T_1^2} m_1.$$

L'accélération moyenne correspondante à cette force sera

$$\varphi_1 = \frac{4\pi^2 a_1}{T_1^2};$$

évaluons-la en prenant pour unité de longueur le mètre et pour unité de temps la seconde sexagésimale de temps moyen; soit ρ le rayon de la Terre supposée sphérique. On a, à fort peu près, pour la distance moyenne de la Lune à la Terre,

$$a_1 = 60\rho;$$

on a du reste

$$2\pi\rho = 40\,000\,000^{\mathrm{m}}.$$

Enfin, la durée de la révolution sidérale de la Lune est

$$T_1 = 27^{\mathrm{j}}\,7^{\mathrm{h}}\,43^{\mathrm{m}} = 39\,343^{\mathrm{m}} = 39\,343 \times 60^{\mathrm{s}};$$

on trouvera ainsi

$$\varphi_1 = \frac{4\pi^2 \times 60 \times 40\,000\,000}{2\pi \times (39\,343 \times 60)^2} = 0^{\mathrm{m}},002706.$$

Nous sommes évidemment portés à admettre que la Terre exercerait son attraction sur tout autre corps que la Lune et que cette force suivrait la loi de la raison inverse du carré de la distance. Demandons-nous ce qu'elle serait à la surface même de la Terre, c'est-à-dire à une distance du centre de la Terre soixante fois plus petite que dans le cas de la Lune; l'attraction sera $\overline{60}^2$ fois plus grande et l'accélération correspondante sera égale à $0^{\mathrm{m}},002706 \times \overline{60}^2 = 9^{\mathrm{m}},74$. Or l'accélération moyenne de la pesanteur à la surface de la Terre est $g = 9^{\mathrm{m}},82$, nombre très peu différent du précédent. Lorsqu'on tient compte de plusieurs causes secondaires que nous avons laissées de côté pour simplifier, on trouve entre les deux nombres une identité absolue.

Que faut-il en conclure? Évidemment que *la force qui retient la Lune dans son orbite n'est autre chose que la pesanteur terrestre affaiblie en raison inverse du carré de la distance.*

Ainsi la loi de la diminution de la pesanteur qui, pour les planètes accompagnées de plusieurs satellites, est prouvée par la comparaison des durées de leurs révolutions et de leurs distances, se trouve démontrée, dans le cas de la

Terre, par la comparaison du mouvement de la Lune avec celui des projectiles à la surface de la Terre.

Les forces d'attraction dont le Soleil et les planètes sont le siège ne doivent plus nous paraître aussi mystérieuses, puisque nous sommes familiarisés avec l'une d'elles, la pesanteur, par l'expérience journalière.

L'analogie nous porte évidemment à admettre que les planètes qui n'ont pas de satellites, Mercure et Vénus, sont douées de la même force attractive. Nous ferons un nouveau pas en avant par la considération suivante : le Soleil attire Jupiter et ses satellites; Jupiter attire ses satellites, cela est démontré; mais on doit admettre que l'attraction de Jupiter s'exerce à toute distance et se fait sentir même sur le Soleil; ainsi, si le Soleil attire Jupiter, Jupiter aussi doit attirer le Soleil, et, d'après le principe de l'égalité de l'action et de la réaction, ces deux forces doivent être égales. Soient donc M la masse du Soleil, m celle de Jupiter, r leur distance, μ la constante qui figure dans la loi de l'attraction exercée par le Soleil, μ_1 la constante correspondante pour Jupiter; on devra avoir

$$\frac{\mu\, m}{r^2} = \frac{\mu_1 \mathrm{M}}{r^2}.$$

On en conclut, en désignant par f une autre constante,

$$\frac{\mu}{\mathrm{M}} = \frac{\mu_1}{m} = f,$$

$$\mu = f\mathrm{M};$$

ainsi la valeur commune des deux attractions réciproques du Soleil et de Jupiter est

$$\mathrm{R} = \frac{f\mathrm{M}\, m}{r^2};$$

les deux corps s'attirent donc proportionnellement à leurs masses et en raison inverse du carré de la distance.

Nous avons fait abstraction jusqu'ici des dimensions des corps célestes que nous avons réduits à leurs centres respectifs; mais la propriété attractive ne réside pas seulement dans ces centres : elle est propre à chacune des molécules des corps considérés. On peut le prouver pour l'attraction exercée par l'un de ces corps, la Terre; on démontre en effet que, dans le vide, tous les corps tombent avec la même vitesse. On peut diviser un corps en un nombre quelconque de fragments; le poids total est égal à la somme des poids des divers fragments; chacun d'eux, abandonné à lui-même, tombe dans le vide avec la même vitesse que le corps primitif; la pesanteur s'exerce donc sur les moindres parties des corps, et l'on doit admettre qu'il en est de même de l'attraction d'une manière générale. Ainsi le Soleil doit attirer toutes les molécules de chacune des planètes, de chacun des satellites; de même une planète doit attirer toutes les molécules du

Soleil. C'est de cette manière que Newton a été conduit à *la loi de la gravitation universelle* à laquelle souvent on donne simplement le nom de *loi de Newton* :

Deux points matériels quelconques s'attirent mutuellement, proportionnellement à leurs masses et en raison inverse du carré de la distance.

Soient M et M' les deux points, m et m' leurs masses, r leur distance; le point M est soumis à l'action d'une force MA dirigée vers le point M'; le point M', à l'action d'une force M'A' dirigée vers le point M; on a

$$M'A' = MA = \frac{f\,mm'}{r^2};$$

la constante f est l'attraction de deux unités de masse à l'unité de distance.

5. Nous allons traiter une question intéressante qui se présente naturellement.

La loi de Newton mérite-t-elle réellement la qualification d'*universelle?* Préside-t-elle aux mouvements des systèmes éloignés et, en particulier, aux mouvements observés avec tant de soin depuis W. Herschel dans les étoiles doubles.

Pour se prononcer, il faut voir d'abord quelles sont les données précises de l'observation; elles sont résumées dans les deux lois suivantes :

(*a*) Dans tous les systèmes binaires, la projection du rayon vecteur mené de l'étoile principale au satellite, sur le plan tangent à la sphère céleste, décrit des aires proportionnelles aux temps.

(*b*) L'orbite *apparente* du satellite est une ellipse.

Il convient d'insister sur ce point que l'observation nous donne ce qui se rapporte à l'orbite *apparente* et non pas à l'orbite *réelle;* c'est qu'en effet les mesures des astronomes se rapportent à la projection du satellite sur le plan tangent à la sphère céleste mené par l'étoile principale; le satellite pourrait occuper une position quelconque sur le rayon qui le joint à la Terre, en avant ou en arrière du plan tangent considéré. Au point de vue strictement rigoureux, il serait impossible de déterminer l'orbite *réelle;* il faut faire une hypothèse, et la plus naturelle est d'admettre que cette orbite est plane (¹); il en résulte aussitôt que la loi des aires a lieu pour l'orbite réelle, et que cette orbite est une

---

(¹) La loi des aires ayant lieu pour la projection sur le plan tangent à la sphère, il en résulte que la force rencontre la droite SO (S désignant la Terre, ou plutôt le Soleil, et O l'étoile principale). On peut dire la même chose pour les autres étoiles doubles; S est d'ailleurs un point quelconque, n'ayant aucun rapport avec les points tels que O; il est donc tout naturel d'admettre que la force passe toujours par le point O; la force étant centrale, l'orbite est plane.

ellipse, puisque sa projection sur le plan tangent, qui n'est autre que l'orbite apparente, est elle-même une ellipse; mais, dans l'orbite apparente, l'étoile principale est un point quelconque; la position du plan de l'orbite réelle est inconnue, et il nous est impossible de décider, par les observations usuelles, si l'étoile principale occupe réellement l'un des foyers de l'ellipse réelle.

On démontrera immédiatement, de la même manière que pour les planètes, que, dans chacune de ses positions, l'étoile satellite est soumise à l'action d'une force R dirigée vers l'étoile principale; mais il ne sera pas possible d'arriver à la connaissance de l'intensité de R en partant de cette unique donnée, que le satellite décrit une ellipse. Toutefois, on peut généraliser les conclusions des observations en remarquant que les étoiles doubles dont on connaît les mouvements relatifs sont nombreuses; que ces mouvements sont très différents d'un système binaire à un autre, pour ce qui concerne les dimensions, les excentricités, etc. des ellipses, et il est naturel d'admettre que la force R est telle qu'elle ferait décrire à un satellite quelconque une conique, quelles que soient, à l'époque initiale, la position du satellite et sa vitesse, en grandeur et en direction. Nous admettrons enfin que l'intensité R de la force ne dépend pas de la vitesse du satellite, mais seulement de sa position.

Soient :

Ox, Oy deux axes rectangulaires menés par l'étoile principale O dans le plan de l'orbite réelle;

x et y les coordonnées du satellite M à l'époque t;

r la distance OM.

Les équations différentielles du mouvement de M seront

$$(5) \qquad \begin{cases} m\dfrac{d^2 x}{dt} = - R\,\dfrac{x}{r}, \\[2mm] m\dfrac{d^2 y}{dt^2} = - R\,\dfrac{y}{r}, \end{cases}$$

où $R = \Phi(x, y)$ est une fonction inconnue des deux variables indépendantes x et y; il s'agit de déterminer cette fonction de manière que l'orbite qui résulte de ces équations différentielles soit une conique, quelles que soient les valeurs initiales x_0, y_0, $x'_0 = \left(\dfrac{dx}{dt}\right)_0$, $y'_0 = \left(\dfrac{dy}{dt}\right)_0$ des coordonnées et des composantes de la vitesse.

Ce beau problème a été proposé par M. J. Bertrand, dans le tome LXXXIV des *Comptes rendus de l'Académie des Sciences;* ce même volume renferme deux solutions complètes et entièrement différentes, dues à M. Darboux et à M. Halphen. Depuis, M. Darboux a développé sa méthode dans l'une des Notes remarquables dont il a enrichi la *Mécanique* de M. Despeyrous. Nous allons reproduire ici la solution de M. Halphen, avec quelques modifications qui rendent peut-être la démonstration un peu plus longue, mais lui donnent, à ce qu'il nous semble, plus d'homogénéité.

Nous ferons

$$(6) \qquad \begin{cases} \dfrac{dx}{dt} = x', \qquad \dfrac{dy}{dt} = y', \\[2mm] R = -\,mur\,; \end{cases}$$

u sera comme R une fonction inconnue de x et y; les équations différentielles (5) se trouveront donc remplacées par le système suivant :

$$(A) \qquad \begin{cases} \dfrac{dx}{dt} = x', \qquad \dfrac{dy}{dt} = y', \qquad \dfrac{dx'}{dt} = ux, \qquad \dfrac{dy'}{dt} = uy, \\[2mm] u = \Psi(x, y). \end{cases}$$

Nous aurons dans la suite à prendre les dérivées par rapport au temps de fonctions des quatre quantités x, y, x', y'; nous les calculerons par la formule suivante, qui se déduit immédiatement des équations (A)

$$(7) \qquad \frac{d}{dt} F(x, y, x', y') = x'\frac{\partial F}{\partial x} + y'\frac{\partial F}{\partial y} + u\left(x\frac{\partial F}{\partial x'} + y\frac{\partial F}{\partial y'}\right);$$

dans le cas où la fonction F ne contient que x, cela se réduit à

$$(7') \qquad \frac{d}{dt} F(x) = x'\frac{d\,F(x)}{dx}.$$

Lemme. — *Trouver l'équation différentielle commune à toutes les coniques.*

L'équation générale des coniques est

$$(8) \qquad A x^2 + 2B xy + C y^2 + 2F x + 2G y + H = 0;$$

elle définit y en fonction de x et de cinq constantes arbitraires. Prenons x pour variable indépendante et différentions cinq fois de suite, nous trouverons, en désignant les dérivées par la notation de Lagrange,

$$(9) \qquad \begin{cases} C yy' & + B(xy' + y) & + Ax + Gy' + F = 0, \\ C(yy'' + y'^2) & + B(xy'' + 2y') & + A \quad + Gy'' = 0, \\ C(yy''' + 3y'y'') & + B(xy''' + 3y'') & + Gy''' = 0, \\ C(yy^{IV} + 4y'y''' + 3y''^2) & + B(xy^{IV} + 4y''') & + Gy^{IV} = 0, \\ C(yy^{V} + 5y'y^{IV} + 10y''y''') & + B(xy^{V} + 5y^{IV}) & + Gy^{V} = 0. \end{cases}$$

Il reste à éliminer entre les six équations (8) et (9) les cinq quantités $\frac{A}{H}$, ...,
$\frac{G}{H}$; les trois dernières des équations (9) contiennent seulement, et sous forme homogène, les trois quantités B, C, G ; on aura donc le résultat de l'élimination en égalant à zéro le déterminant

$$\Delta = \begin{vmatrix} yy''' + 3y'y'' & xy''' + 3y'' & y''' \\ yy^{IV} + 4y'y''' + 3y''^2 & xy^{IV} + 4y'' & y^{IV} \\ yy^{V} + 5y'y^{IV} + 10y''y''' & xy^{V} + 5y^{IV} & y^{V} \end{vmatrix}.$$

On trouve aisément, en partant des propriétés élémentaires des déterminants, que Δ se réduit à

$$\Delta = \begin{vmatrix} 0 & 3y'' & y''' \\ 3y''^2 & 4y''' & y^{IV} \\ 10y''y''' & 5y^{IV} & y^{V} \end{vmatrix} ;$$

en supprimant le facteur y'' et revenant à la notation différentielle, il vient

$$(B) \qquad 9\left(\frac{d^2y}{dx^2}\right)^2 \frac{d^5y}{dx^5} - 45 \frac{d^2y}{dx^2} \frac{d^3y}{dx^3} \frac{d^4y}{dx^4} + 40\left(\frac{d^3y}{dx^3}\right)^3 = 0.$$

L'ordonnée d'une conique quelconque vérifie cette équation, et, réciproquement, toute fonction de x qui y satisfait pourra être considérée comme l'ordonnée d'un point quelconque d'une conique dont x serait l'abscisse.

Il faut maintenant considérer l'une quelconque des trajectoires qui résultent des équations (A), regarder y comme une fonction de x, former les dérivées $\frac{d^2y}{dx^2}$, ..., $\frac{d^5y}{dx^5}$, et les substituer dans la relation (B).

On a d'abord, en tenant compte des formules (A) et (7),

$$\frac{dy}{dx} = \frac{y'}{x'},$$

$$x'\frac{d^2y}{dx^2} = \frac{x'uy - y'ux}{x'^2}$$

ou bien

$$(10) \qquad x'^3 \frac{d^2y}{dx^2} = (x'y - y'x)u.$$

Remarquons que, d'après la loi des aires, le binôme $x'y - y'x$ est constant; en ayant égard à cette remarque et aux formules (7) et (7'), on déduira aisément de la formule (10), différentiée plusieurs fois par rapport au temps, les formules suivantes :

$$(11) \begin{cases} x'^3 \dfrac{d^3 y}{dx^3} = (x'y - y'x)\left(x' \dfrac{du}{dt} - 3\,u^2 x \right) \\[2mm] x'^7 \dfrac{d^4 y}{dx^4} = (x'y - y'x)\left(x'^2 \dfrac{d^2 u}{dt^2} - 10\,u x x' \dfrac{du}{dt} - 3\,u^2 x'^2 + 15\,u^3 x^2 \right), \\[2mm] x'^9 \dfrac{d^5 y}{dx^5} = (x'y - y'x)\left[x'^3 \dfrac{d^3 u}{dt^3} - 15\,u x x'^2 \dfrac{d^2 u}{dt^2} - 10\,x x'^2 \left(\dfrac{du}{dt} \right)^2 \right. \\[2mm] \left. \qquad\qquad + \dfrac{du}{dt}\left(105\,u^2 x^2 x' - 16\,u x'^3 \right) + 45\,u^3 x x'^2 - 105\,u^4 x^3 \right]. \end{cases}$$

Portons ces valeurs (10) et (11) dans l'équation (B); nous apercevons de suite le facteur commun $\dfrac{(x'y - y'x)^3}{x'^{15}}$; supprimons-le et effectuons les calculs; il y aura, après les réductions, encore un facteur x'^3, et il restera seulement

$$(12) \qquad u^2 \frac{d^3 u}{dt^3} - 45\,u \frac{du}{dt}\frac{d^2 u}{dt^2} + 40\left(\frac{du}{dt} \right)^3 = 9\,u^3 \frac{du}{dt}.$$

Cette équation se simplifie notablement en posant

$$(13) \qquad u = w^{-\frac{3}{2}};$$

w sera, comme u, une fonction de x et y; on trouve sans difficulté que l'équation (12) devient simplement

$$(C) \qquad \frac{d^3 w}{dt^3} = w^{-\frac{3}{2}} \frac{dw}{dt}.$$

Il nous reste à calculer $\dfrac{dw}{dt}$ et $\dfrac{d^3 w}{dt^3}$; en ayant égard aux formules

$$\frac{dx'}{dt} = x w^{-\frac{3}{2}}, \qquad \frac{dy'}{dt} = y w^{-\frac{3}{2}},$$

on trouve

$$\frac{dw}{dt} = x' \frac{\partial w}{\partial x} + y' \frac{\partial w}{\partial y},$$

$$\begin{aligned} \frac{d^3 w}{dt^3} = {}& x'^3 \frac{\partial^3 w}{\partial x^3} + 3\,x'^2 y' \frac{\partial^3 w}{\partial x^2\,\partial y} + 3\,x' y'^2 \frac{\partial^3 w}{\partial x\,\partial y^2} \\ & + y'^3 \frac{\partial^3 w}{\partial y^3} + w^{-\frac{3}{2}}\left(x' \frac{\partial w}{\partial x} + y' \frac{\partial w}{\partial y} \right) + 3\,w^{-\frac{3}{2}}(x'y + y'x) \frac{\partial^2 w}{\partial x\,\partial y} \\ & + 3\,w^{-\frac{3}{2}}\left(x x' \frac{\partial^2 w}{\partial x^2} + y y' \frac{\partial^2 w}{\partial y^2} \right) \\ & - \frac{3}{2}\,w^{-\frac{5}{2}}\left(x \frac{\partial w}{\partial x} + y \frac{\partial w}{\partial y} \right)\left(x' \frac{\partial w}{\partial x} + y' \frac{\partial w}{\partial y} \right); \end{aligned}$$

en portant ces deux dérivées dans l'équation (C), il vient

$$(D) \quad \left\{ \begin{aligned} 0 =\ & x'^3 \frac{\partial^3 w}{\partial x^3} + 3x'^2 y' \frac{\partial^3 w}{\partial x^2 \partial y} + 3x' y'^2 \frac{\partial^3 w}{\partial x \partial y^2} + y'^3 \frac{\partial^3 w}{\partial y^3} \\ & + \frac{3}{2} x' w^{-\frac{5}{2}} \left[2w \left(x \frac{\partial^2 w}{\partial x^2} + y' \frac{\partial^2 w}{\partial x \partial y} \right) - \frac{\partial w}{\partial x} \left(x \frac{\partial w}{\partial x} + y' \frac{\partial w}{\partial y} \right) \right] \\ & + \frac{3}{2} y' w^{-\frac{5}{2}} \left[2w \left(y' \frac{\partial^2 w}{\partial y^2} + x \frac{\partial^2 w}{\partial x \partial y} \right) - \frac{\partial w}{\partial y} \left(x \frac{\partial w}{\partial x} + y' \frac{\partial w}{\partial y} \right) \right]. \end{aligned} \right.$$

Cette équation doit avoir lieu quel que soit t, et en particulier pour $t = 0$, auquel cas, comme on l'a vu, x, y, x', y' peuvent être quatre quantités quelconques, indépendantes les unes des autres. L'équation (D) donnera donc les six équations suivantes :

$$(14) \qquad \frac{\partial^3 w}{\partial x^3} = 0, \qquad \frac{\partial^3 w}{\partial x^2 \partial y} = 0, \qquad \frac{\partial^3 w}{\partial x \partial y^2} = 0, \qquad \frac{\partial^3 w}{\partial y^3} = 0;$$

$$(15) \quad \left\{ \begin{aligned} & 2w \left(x \frac{\partial^2 w}{\partial x^2} + y' \frac{\partial^2 w}{\partial x \partial y} \right) - \frac{\partial w}{\partial x} \left(x \frac{\partial w}{\partial x} + y' \frac{\partial w}{\partial y} \right) = 0, \\ & 2w \left(y' \frac{\partial^2 w}{\partial y^2} + x \frac{\partial^2 w}{\partial x \partial y} \right) - \frac{\partial w}{\partial y} \left(x \frac{\partial w}{\partial x} + y' \frac{\partial w}{\partial y} \right) = 0. \end{aligned} \right.$$

Les formules (14) montrent qu'en désignant par a, b, c, f, g, h six constantes arbitraires, w est de la forme

$$(E) \qquad w = ax^2 + 2bxy + cy^2 + 2fx + 2gy + h.$$

Substituons cette expression dans les relations (15), et nous trouverons, après réduction,

$$(bf - ag) xy + (cf - bg) y^2 + (f^2 - ah) x + (fg - bh) y = 0,$$
$$(bg - cf) xy + (ag - bf) x^2 + (fg - bh) x + (g^2 - ch) y = 0.$$

Ces deux équations devant avoir lieu quels que soient x et y, on en conclut

$$(16) \qquad \left\{ \begin{aligned} ag - bf &= 0, \\ bg - cf &= 0; \end{aligned} \right.$$

$$(17) \qquad \left\{ \begin{aligned} f^2 - ah &= 0, \\ g^2 - ch &= 0, \\ fg - bh &= 0. \end{aligned} \right.$$

On tire des formules (17)

$$fh(ag - bf) = 0, \qquad gh(bg - cf) = 0;$$

si donc aucune des quantités f, g, h n'est nulle, les relations (16) sont une conséquence de (17), et il suffit de vérifier ces dernières.

Or l'équation (E) donne

$$(18) \quad w = \frac{1}{h}\left[(fx + gy + h)^2 - (f^2 - ah)\,x^2 - (g^2 - ch)\,y^2 - 2\,(fg - bh)\,xy\right],$$

ce qui, à cause des formules (17), se réduit à

$$w = \frac{(fx + gy + h)^2}{h}.$$

Les formules (6) et (13) donnent ensuite

$$(F_1) \qquad R_1 = mh^{\frac{3}{2}}\,\frac{r}{(fx + gy + h)^3};$$

c'est une première loi pour la force cherchée; quelles que soient les quantités f, g, h, la trajectoire sera une conique.

Supposons maintenant $h = 0$; les formules (17) entraînent $f = 0$, $g = 0$; elles sont alors vérifiées, ainsi que les relations (16); on a donc

$$w = ax^2 + 2bxy + cy^2,$$

$$(F_2) \qquad R_2 = m\,\frac{r}{(ax^2 + 2bxy + cy^2)^{\frac{3}{2}}};$$

c'est une autre loi de la force; les constantes a, b, c peuvent être quelconques. Dans le cas où $f = 0$, (16) et (17) donnent

$$ag = bg = ah = bh = 0, \qquad g^2 = ch,$$

d'où

$$a = b = 0;$$

en portant dans la formule (18), il vient

$$w = \frac{(gy + h)^2}{h};$$

la valeur correspondante de R s'obtient donc en faisant $f = 0$ dans la formule (F_1). Ainsi il y a deux lois de forces, et rien que deux, qui répondent à la question; mais les forces R_1 et R_2 contiennent non seulement r, mais encore l'angle polaire $\theta = \operatorname{arc\,tang}\frac{y}{x}$.

Si l'on veut que ces forces ne dépendent que de r, ce qu'il est naturel d'admettre, on devra faire, dans (F_1), $f = g = 0$, et, dans (F_2), $a = c$ et $b = 0$; on

T. — I. 6

trouve ainsi

$$R_1 = m\,\mu\,r,$$
$$R_2 = \frac{m\,\mu}{r^2}.$$

La première de ces lois est incompatible avec les observations, car, si elle avait lieu, le satellite décrirait toujours une ellipse ayant pour centre l'étoile principale, et cette propriété se conserverait dans l'orbite apparente; or les observations montrent qu'en général cela n'a pas lieu; il ne reste donc que $R_2 = \frac{m\,\mu}{r^2}$ ou la loi de Newton.

Conclusion au point de vue de l'Astronomie. — On voit par ce qui précède qu'il est impossible de conclure d'une façon *rigoureuse* que la loi de Newton préside aux mouvements des étoiles doubles; toutefois, cela est très vraisemblable, puisque les autres forces qui pourraient expliquer les mouvements observés seraient telles, qu'à des distances égales une même étoile exercerait sur des masses égales des attractions variables suivant les diverses directions.

Remarque. — Dans les *Additions à la Connaissance des Temps* de 1852 se trouve un Mémoire de M. Yvon Villarceau ayant pour titre : *Du mouvement des étoiles doubles, considéré comme propre à fournir la preuve de l'universalité des lois de la gravitation planétaire.*

M. Villarceau s'était demandé déjà si la force qui produit les mouvements observés dans les étoiles doubles rentre nécessairement dans la loi de Newton; il avait vu que d'autres forces centrales, dépendant des deux coordonnées du satellite, peuvent lui faire décrire une ellipse autour de l'étoile principale; mais il avait laissé subsister dans l'expression de la force les paramètres qui figurent dans l'équation de l'ellipse considérée, et n'avait pu ainsi s'élever aux deux lois générales exprimées par les formules (F_1) et (F_2).

Dans un Travail inséré au tome XXXIX des *Monthly Notices of the Royal astronomical Society*, M. Glaisher a fait observer, à l'occasion des beaux résultats obtenus par MM. Darboux et Halphen, que Newton avait montré (*Principes,*

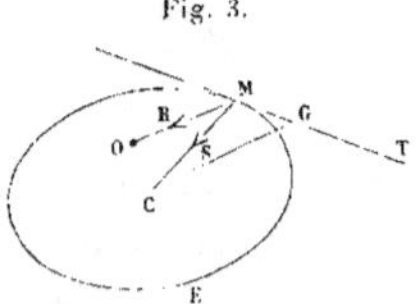

Fig. 3.

Livre I, scolie de la Proposition XVII) que, si une ellipse E (*fig.* 3) est décrite par un mobile M sous l'action d'une force S proportionnelle à la distance et dirigée constamment vers le centre C de cette ellipse, elle peut être décrite aussi sous l'action d'une autre force R dirigée constamment vers un point fixe O choisi à volonté, pourvu qu'entre les intensités R et S on ait toujours la relation

$$\frac{S}{R} = \frac{\overline{OM}^2.CM}{\overline{CG}^3},$$

G désignant le point où la tangente MT est rencontrée par le rayon CG parallèle à OM ; on a, par hypothèse,

$$S = \mu.CM;$$

il en résulte donc

$$R = \mu.OM \left(\frac{CG}{OM}\right)^3.$$

M. Glaisher montre géométriquement, et l'on peut le faire par un calcul des plus simples, que $\frac{OM}{CG}$ est une fonction du premier degré des coordonnées rectangulaires du point M ; on voit donc que la force R qui résulte de la remarque de Newton rentre dans la formule (F_1).

Enfin, M. Glaisher rappelle que W. Hamilton avait prouvé que, si un mobile est attiré vers un point fixe par une force qui soit directement proportionnelle à la distance comptée du point fixe et inversement proportionnelle au cube de la distance du mobile à un plan fixe, ce mobile décrira toujours une conique ; c'est en quelque sorte la réciproque du théorème qui résulte de la remarque de Newton.

Il est inutile d'insister sur la différence de ces résultats, et de la réponse générale donnée par MM. Darboux et Halphen au problème nouveau proposé par M. Bertrand.

6. On vient de voir qu'on peut trouver l'expression de la force capable de produire les mouvements des planètes, quand, au lieu de se donner les trois lois de Kepler complètes, on n'en regarde qu'une partie comme démontrée par l'observation.

M. Bertrand a été plus loin dans cette voie (*Comptes rendus de l'Académie des Sciences*, t. LXXVII, 1873) en résolvant le problème suivant :

On considère une planète attirée par le Soleil suivant une force dont l'intensité ne dépend que de la distance. On suppose connu ce seul fait : que la planète décrit une courbe fermée, quelles que soient à l'époque initiale la position de la planète et sa vitesse, en grandeur et en direction. On demande de trouver la loi d'attraction d'après cette seule donnée.

Il est entendu toutefois que la vitesse initiale V_0 doit être inférieure à une certaine limite.

Le mouvement s'effectue dans un plan passant par le centre O du Soleil; il est produit par une force centrale; donc la loi des aires a lieu. Soient r et θ les coordonnées polaires de la planète à l'époque t, l'origine de ces coordonnées étant placée en O: représentons l'intensité R de la force motrice par

$$\mathrm{R} = m\, f(r),$$

et par k la constante des aires; nous aurons, par une formule connue, en ayant égard à l'intégrale des forces vives et désignant par r_0 la valeur initiale de r,

$$\mathrm{V}^2 = k^2 \left[\left(\frac{1}{r}\right)^2 + \left(\frac{d\frac{1}{r}}{d\theta}\right)^2 \right] = \mathrm{V}_0^2 - 2\int_{r_0}^{r} f(r)\, dr.$$

Nous ferons

$$\frac{1}{r} = z, \qquad \frac{1}{r_0} = z_0, \qquad r^2 f(r) = \varphi(z),$$

et il viendra

$$k^2 \left(\frac{dz^2}{d\theta^2} + z^2\right) = \mathrm{V}_0^2 + 2\int_{z_0}^{z} \varphi(z)\, dz;$$

d'où

$$d\theta = \frac{k\, dz}{\sqrt{\mathrm{V}_0^2 - k^2 z^2 + 2\int_{z_0}^{z} \varphi(z)\, dz}}\cdot$$

Nous poserons encore

$$2\int_{z_0}^{z} \varphi(z)\, dz = \psi(z),$$

et nous supposerons que l'axe polaire passe par le rayon vecteur initial; nous aurons ainsi

$$(19) \qquad \theta = k \int_{z_0}^{z} \frac{dz}{\sqrt{\mathrm{V}_0^2 - k^2 z^2 + \psi(z)}}\cdot$$

On trouvera aisément, par les formules ci-dessus,

$$(20) \qquad \mathrm{R} = \tfrac{1}{2} m z^2\, \psi'(z);$$

on aura enfin

$$(21) \qquad k = r_0 \mathrm{V}_0 \sin \eta_0 = \frac{\mathrm{V}_0 \sin \eta_0}{z_0},$$

en désignant par η_0 l'angle que fait la vitesse initiale avec le prolongement du rayon r_0.

Si l'angle η_0 est obtus, r commencera par décroître, et z par croître à partir de z_0; on suppose essentiellement que la trajectoire est fermée et ne rencontre pas le Soleil; z ne croit donc pas indéfiniment, mais seulement jusqu'à un maximum β; la quantité β doit annuler le radical qui figure dans la formule (19). Ainsi, on a la relation

$$(22) \qquad V_0^2 - k^2\beta^2 + \psi(\beta) = 0.$$

Pour $z > \beta$, le radical considéré deviendrait imaginaire; z va donc décroître et repasser d'abord par les valeurs précédentes jusqu'à $z = z_0$; on voit aisément que le rayon vecteur minimum $r_1 = \dfrac{1}{\beta}$ sera un axe de symétrie de la courbe; r croîtra encore au delà de $r_0 = \dfrac{1}{z_0}$, mais pas indéfiniment, puisque la courbe est supposée fermée; z décroîtra donc jusqu'à une valeur α qui annulera aussi le radical considéré plus haut. On aura donc

$$(23) \qquad V_0^2 - k^2\alpha^2 + \psi(\alpha) = 0, \qquad (\alpha < \beta);$$

le rayon vecteur maximum $r_2 = \dfrac{1}{\alpha}$ sera aussi un axe de symétrie de la courbe. Soient OM_1 le rayon vecteur minimum r_1 (*fig.* 4), OM_2 le rayon vecteur maxi-

Fig. 4.

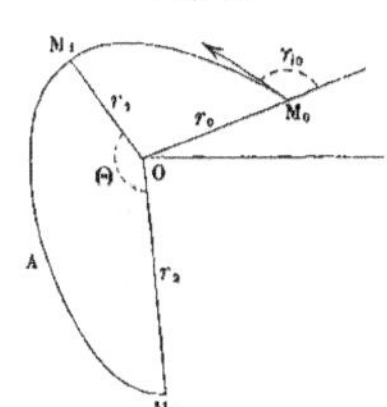

mum r_2, Θ l'angle $M_1 O M_2$; la courbe se composera d'une série d'arcs égaux à $M_1 A M_2$, et l'on aura

$$(24) \qquad \Theta = k \int_\alpha^\beta \frac{dz}{\sqrt{V_0^2 - k^2 z^2 + \psi(z)}}.$$

Pour que la courbe se ferme d'elle-même, il faut que l'angle Θ soit commensurable avec π; on devra donc avoir, en désignant par λ le quotient de deux nombres entiers,

$$\Theta = \lambda\pi,$$

d'où

$$(25) \qquad \lambda\pi = k \int_\alpha^\beta \frac{dz}{\sqrt{V_0^2 - k^2 z^2 + \psi(z)}}.$$

Cette équation devra avoir lieu, quelles que soient les conditions initiales; donc, quelles que soient les quantités V_0 et k [(cette dernière dépendant des données initiales par la formule (21)].

Or on tire de (22) et (23)

$$k^2 = \frac{\psi(\beta) - \psi(\alpha)}{\beta^2 - \alpha^2},$$

$$V_0^2 = \frac{\alpha^2 \psi(\beta) - \beta^2 \psi(\alpha)}{\beta^2 - \alpha^2},$$

et, en reportant dans (25), il vient

$$(26) \qquad 2\pi = \int_\alpha^\beta \frac{\sqrt{\psi(\beta) - \psi(\alpha)}\, dz}{\sqrt{\alpha^2 \psi(\beta) - \beta^2 \psi(\alpha) - z^2[\psi(\beta) - \psi(\alpha)] + (\beta^2 - \alpha^2)\psi(z)}} = \Theta;$$

il faut déterminer la fonction $\psi(z)$ de manière que cette équation ait lieu quelles que soient α et β.

Remarquons d'ailleurs que le nombre fractionnaire λ devra être indépendant de α et β; car, s'il changeait d'une orbite à l'autre, une variation infiniment petite de α et β, ou bien des conditions initiales, apporterait un changement fini dans le nombre des arcs égaux à $M_1 A M_2$ dont se compose la courbe.

Posons

$$(27) \qquad\qquad \beta = h + e, \qquad \alpha = h - e, \qquad z = h + e\zeta;$$

l'équation (28) devra avoir lieu quels que soient h et e; aux limites α et β de z correspondront les limites -1 et $+1$ de ζ; nous allons développer suivant les puissances de e, par la série de Taylor, les quantités

$$\psi(\beta) = \psi(h + e), \qquad \psi(\alpha) = \psi(h - e), \qquad \psi(z) = \psi(h + e\zeta);$$

les séries seront convergentes si e est assez petit. Écrivons d'abord l'équation (26) comme il suit :

$$(28) \qquad\qquad \lambda\pi = \int_\alpha^\beta \frac{dz}{\sqrt{(\beta^2 - \alpha^2)\dfrac{\psi(z) - \psi(\alpha)}{\psi(\beta) - \psi(\alpha)} - (z^2 - \alpha^2)}} = \Theta.$$

Nous négligerons e^5 sous le radical; $\beta^2 - \alpha^2$ contenant e en facteur, on pourra prendre

$$\frac{\psi(z) - \psi(\alpha)}{\psi(\beta) - \psi(\alpha)} = \frac{\left[\begin{array}{l} \psi + e\zeta\psi' + \dfrac{e^2\zeta^2}{1.2}\psi'' + \dfrac{e^3\zeta^3}{1.2.3}\psi''' + \dfrac{e^4\zeta^4}{1.2.3.4}\psi^{\mathrm{IV}} + \ldots \\[2mm] \quad - \left(\psi - \dfrac{e}{1}\psi' + \dfrac{e^2}{1.2}\psi'' - \dfrac{e^3}{1.2.3}\psi''' + \dfrac{e^{\mathrm{IV}}}{1.2.3.4}\psi^{\mathrm{IV}} - \ldots\right) \end{array}\right]}{\left[\begin{array}{l} \psi + \dfrac{e}{1}\psi' + \dfrac{e^2}{1.2}\psi'' + \dfrac{e^3}{1.2.3}\psi''' + \dfrac{e^4}{1.2.3.4}\psi^{\mathrm{IV}} + \ldots \\[2mm] \quad - \left(\psi - \dfrac{e}{1}\psi' + \dfrac{e^2}{1.2}\psi'' - \dfrac{e^3}{1.2.3}\psi''' + \dfrac{e^4}{1.2.3.4}\psi^{\mathrm{IV}} - \ldots\right) \end{array}\right]},$$

où l'on a écrit, pour abréger, ψ, ψ', … au lieu de $\psi(h)$, $\psi'(h)$, …; en réduisant et développant le dénominateur suivant la puissance de e, il vient

$$\frac{\psi(z)-\psi(\alpha)}{\psi(\beta)-\psi(\alpha)} = \frac{(1+\zeta)\,\psi' - \dfrac{1-\zeta^2}{2}\,e\psi'' + \dfrac{1+\zeta^3}{6}\,e^2\psi''' - \dfrac{1-\zeta^4}{24}\,e^3\psi^{\mathrm{iv}} + \cdots}{2\,\psi' + \dfrac{e^2}{3}\,\psi''' + \cdots}$$

$$= \left(\frac{1+\zeta}{2} - \frac{1-\zeta^2}{4}\,e\,\frac{\psi''}{\psi'} + \frac{1+\zeta^3}{12}\,e^2\,\frac{\psi'''}{\psi'} - \frac{1-\zeta^4}{48}\,e^3\,\frac{\psi^{\mathrm{iv}}}{\psi'} + \cdots\right)\left(1 - \frac{e^2}{6}\,\frac{\psi'''}{\psi'} + \cdots\right)$$

$$= \frac{1+\zeta}{2} - \frac{1-\zeta^2}{4}\,e\,\frac{\psi''}{\psi'} - \zeta\,\frac{1-\zeta^2}{12}\,e^2\,\frac{\psi'''}{\psi'} - \frac{1-\zeta^4}{48}\,e^3\,\frac{\psi^{\mathrm{iv}}}{\psi'} + \frac{1-\zeta^2}{24}\,e^3\,\frac{\psi''\psi'''}{\psi'^2} + \cdots.$$

La quantité placée sous le radical de la formule (28) se réduit à

$$e^2(1-\zeta^2) - (1-\zeta^2)\,he^2\,\frac{\psi''}{\psi'} - \zeta\,\frac{1-\zeta^2}{3}\,he^3\,\frac{\psi'''}{\psi'} - \frac{1-\zeta^4}{12}\,he^4\,\frac{\psi^{\mathrm{iv}}}{\psi'} + \frac{1-\zeta^2}{6}\,he^4\,\frac{\psi''\psi'''}{\psi'^2} + \cdots;$$

$e^2(1-\zeta^2)$ est un facteur commun à tous les termes; on a ensuite

$$\Theta = \lambda\pi = \int_{-1}^{+1} \frac{d\zeta}{\sqrt{1-\zeta^2}\;\sqrt{1 - h\dfrac{\psi''}{\psi'} - \dfrac{\zeta}{3}\,he\,\dfrac{\psi'''}{\psi'} - \dfrac{1+\zeta^2}{12}\,he^2\,\dfrac{\psi^{\mathrm{iv}}}{\psi'} + \dfrac{1}{6}\,he^2\,\dfrac{\psi''\psi'''}{\psi'^2} + \cdots}}$$

ou bien, en faisant $\zeta = \sin\xi$ et développant en série suivant les puissances de e,

$$\Theta = \lambda\pi = \frac{1}{\sqrt{1 - h\dfrac{\psi''}{\psi'}}} \int_{-\frac{\pi}{2}}^{+\frac{\pi}{2}} \left[1 + \frac{\sin\xi}{6}\,\frac{he\psi'''}{\psi'-h\psi''} + \frac{1+\sin^2\xi}{24}\,\frac{he^2\psi^{\mathrm{iv}}}{\psi'-h\psi''} \right.$$
$$\left. - \frac{1}{12}\,he^2\,\frac{\psi''\psi'''}{\psi'(\psi'-h\psi'')} + \frac{\sin^2\xi}{24}\,\frac{h^2e^2\psi''^2}{(\psi'-h\psi'')^2} + \cdots\right] d\xi.$$

Or on a

$$\int_{-\frac{\pi}{2}}^{+\frac{\pi}{2}} d\xi = \pi, \qquad \int_{-\frac{\pi}{2}}^{+\frac{\pi}{2}} \sin\xi\,d\xi = 0, \qquad \int_{-\frac{\pi}{2}}^{+\frac{\pi}{2}} \sin^2\xi\,d\xi = \frac{\pi}{2};$$

il vient ainsi

$$(29)\qquad \Theta = \lambda\pi = \frac{\pi}{\sqrt{1 - h\dfrac{\psi''}{\psi'}}}\left[1 + \frac{he^2}{48(\psi'-h\psi'')}\left(\frac{h\psi'''^2}{\psi'-h\psi''} + 3\psi^{\mathrm{iv}} - \frac{4\psi''\psi'''}{\psi'}\right) + \cdots\right].$$

Cette équation doit avoir lieu quels que soient e et h, en particulier quel que soit e; on en conclut

$$(30) \qquad \lambda = \frac{1}{\sqrt{1 - h\dfrac{\psi''}{\psi'}}},$$

$$(31) \qquad \frac{h\psi''^2}{\psi' - h\psi''} + 3\psi^{\mathrm{iv}} - \frac{4\psi''\psi''}{\psi'} = 0.$$

La formule (30) donne, en remettant h en évidence sous les signes ψ' et ψ'',

$$\frac{\psi''(h)}{\psi'(h)} = \frac{1}{h}\left(1 - \frac{1}{\lambda^2}\right);$$

d'où, en désignant par C une constante arbitraire,

$$(32) \qquad \psi'(h) = C\, h^{1 - \frac{1}{\lambda^2}};$$

si l'on porte dans l'équation (31) cette valeur de $\psi'(h)$ et les expressions qui en résultent pour $\psi''(h)$, $\psi'''(h)$ et $\psi^{\mathrm{iv}}(h)$, on trouve aisément

$$\frac{2\,C}{\lambda^2}\left(1 - \frac{1}{\lambda^2}\right)\left(4 - \frac{1}{\lambda^2}\right) h^{-2 - \frac{1}{\lambda^2}} = 0,$$

d'où ces deux valeurs

$$\lambda = 1, \qquad \lambda = \tfrac{1}{2},$$

qui sont bien commensurables. La formule (32) donne ensuite ces deux valeurs de $\psi'(h)$

$$\psi'(h) = C; \qquad \psi'(h) = C\, h^{-3};$$

et, en employant ensuite la formule (20), il vient

$$R_2 = \frac{m\,C}{2\,r^2} = \frac{m\mu}{r^2},$$

$$R_1 = \frac{m\,C}{2}\, r = m\mu r.$$

Telles sont les deux seules lois d'attraction qui permettent au mobile de décrire une courbe fermée quelles que soient les données initiales (la vitesse étant cependant au-dessous d'une certaine limite); si l'on suppose l'attraction nulle à une distance infinie, il ne reste que

$$R_2 = \frac{m\mu}{r^2},$$

ou la loi de Newton, qui aurait pu être ainsi déduite de ce seul fait conclu de l'observation : qu'une planète quelconque décrit une courbe fermée, sans qu'on soit obligé de connaître la nature de cette courbe.

7. Théorème de Newton. — Supposons qu'un point matériel M de masse m soit attiré vers un centre fixe O par une force d'intensité

$$(33) \qquad \mathrm{R} = m\,\mu\,r^n;$$

les calculs du numéro précédent seront applicables en remplaçant $f(r)$ par $\mu\,r^n$; le rayon vecteur r restera toujours compris entre un minimum $OM_1 = r_1 = \dfrac{1}{\beta}$ et un maximum $OM_2 = r_2 = \dfrac{1}{\alpha}$; la courbe se composera d'une série d'arcs égaux à $M_1 A M_2$. Soit encore Θ l'angle $M_1 O M_2$; on trouvera sa valeur en partant de la formule (29) et remplaçant $\psi'(h)$ par son expression

$$\psi'(h) = 2\mu\,h^{-n-2}$$

conclue des formules (20) et (33). On aura

$$\frac{h\,\psi''(h)}{\psi'(h)} = -n - 2,$$

$$\frac{h}{\psi' - h\psi''}\left(\frac{h\psi''^2}{\psi' - h\psi''} + 3\psi^{iv} - 4\frac{\psi''\psi'''}{\psi'} \right) = \frac{2(n-1)(n+2)}{h^2};$$

il viendra donc

$$\Theta = \frac{\pi}{\sqrt{n+3}}\left[1 + \frac{(n-1)(n+2)}{24}\frac{e^2}{h^2} + \dots \right].$$

Les formules (27) donneront d'ailleurs

$$\frac{e}{h} = \frac{\beta - \alpha}{\beta + \alpha} = \frac{r_2 - r_1}{r_2 + r_1};$$

on trouvera ainsi

$$(34) \qquad \Theta = \frac{\pi}{\sqrt{n+3}}\left[1 + \frac{(n-1)(n+2)}{24}\left(\frac{r_2 - r_1}{r_2 + r_1} \right)^2 + \dots \right].$$

Telle est l'expression de l'angle compris entre un rayon vecteur minimum r_1 et le rayon vecteur maximum suivant r_2, lorsque la force centrale est représentée par la formule (33); si les données initiales varient de telle façon que la différence $r_2 - r_1$ tende vers zéro, on aura

$$(35) \qquad \lim \Theta = \frac{\pi}{\sqrt{n+3}}\cdot$$

C'est dans cette relation que consiste le théorème de Newton; on voit qu'il se rapporte à une orbite presque circulaire décrite sous l'influence d'une force centrale proportionnelle à une puissance de la distance.

Pour les mouvements des planètes autour du Soleil, on a $n = -2$, $\mathrm{R} = \dfrac{m\mu}{r^2}$, et la relation $\Theta = \pi$ est rigoureuse; mais on peut se demander ce qui arriverait si l'on modifiait d'une très petite quantité l'exposant -2 de la loi d'attraction;

T. — I.

si l'on supposait par exemple $n = -2,001$, il en résulterait

$$\lim \Theta = \frac{\pi}{\sqrt{1 - 0,001}} = \pi \left(1 + \frac{0,001}{2} + \dots \right) = 180° \, 5' \, 24''.$$

On voit donc que, si l'exposant de la loi d'attraction différait de 2 seulement de 0,001, l'angle formé par deux rayons vecteurs maxima et minima consécutifs de l'orbite d'une planète différerait de 180° de plus de 5'. Nous supposerons l'orbite peu excentrique; le second terme de la formule (34) est très petit à cause des facteurs $(r_2 - r_1)^2$ et $n + 2 = 0,001$, de sorte qu'on peut employer la formule (35). L'orbite se composant d'une infinité de parties identiques à celle qui est comprise entre un rayon vecteur maximum et le rayon vecteur minimum suivant, on voit que le point le plus rapproché du Soleil, le périhélie (*fig.* 5),

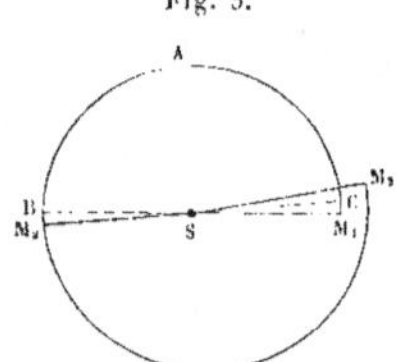

Fig. 5.

$$\mathrm{M_1\,A\,B} = 180°, \qquad \mathrm{M_2\,A\,C} = 180°,$$
$$\mathrm{B\,S\,M_2} = 5'\,24''; \qquad \mathrm{M_1\,S\,M_2} = 10'\,48''.$$

se déplacerait à chaque révolution de $10'\,48''$, c'est-à-dire d'une quantité considérable et tout à fait incompatible avec les observations. La fixité des périhélies planétaires prouverait donc à elle seule que, si l'attraction solaire est de la forme $\frac{m\mu}{r^p}$, on doit avoir $n = 2$.

Les résultats précédents sont dus à Newton (*Principes*, Livre I, Prop. XLV).

Remarque. — Le terme en $\left(\frac{r_2 - r_1}{r_2 + r_1} \right)^2$ disparaît de la formule (34) pour $n = 1$ et $n = -2$; il en serait de même des termes suivants en $\left(\frac{r_2 - r_1}{r_2 + r_1} \right)^4$, $\left(\frac{r_2 - r_1}{r_2 + r_1} \right)^6$, $\dots$; car, pour $n = 1$, l'attraction est proportionnelle à la distance, la trajectoire est une ellipse ayant pour centre le centre d'attraction; on a donc toujours $\Theta = \frac{\pi}{2}$, quel que soit le rapport $\frac{r_2 - r_1}{r_2 + r_1}$; c'est bien à quoi se réduit alors l'expression $\frac{\pi}{\sqrt{n+3}}$. Pour $n = -2$, cette même expression est égale à π; la trajectoire est une ellipse ayant l'un de ses foyers au centre fixe, et l'on doit avoir $\Theta = \pi$, quel que soit $\frac{r_2 - r_1}{r_2 + r_1}$.

CHAPITRE II.

GÉNÉRALITÉS SUR L'ATTRACTION. — ATTRACTION DES COUCHES SPHÉRIQUES. ATTRACTION D'UN CORPS SUR UN POINT ÉLOIGNÉ.

8. Newton a donné à sa loi une généralité que n'exigeaient pas les lois de Kepler. Il en résulte que les planètes ne peuvent plus se mouvoir dans des ellipses, obligées qu'elles sont d'obéir, non seulement à l'attraction du Soleil, mais encore aux attractions des autres planètes, c'est-à-dire à des forces nombreuses, complexes et variables à chaque instant. Les lois de Kepler cesseront donc d'être vérifiées rigoureusement ; elles ne représenteront plus qu'une première approximation des mouvements.

Il faut maintenant prendre la loi de Newton comme point de départ et en déduire par l'Analyse les mouvements des corps célestes ; on aura ensuite à comparer les résultats du calcul à ceux de l'observation.

Nous ferons une première simplification en nous bornant à considérer seulement les corps qui composent notre système planétaire, et laissant de côté les étoiles. Les distances des étoiles au Soleil sont très grandes par rapport aux dimensions du système solaire ; ainsi l'étoile la plus rapprochée est environ 7000 fois plus éloignée du Soleil que ne l'est Neptune. Dans ces conditions, les attractions provenant des étoiles, avec les données admissibles sur leurs masses, pourront modifier un peu le mouvement de translation du système solaire dans l'espace, mais ne dérangeront pas d'une façon appréciable les mouvements relatifs dans l'intérieur du système, et ce sont ces mouvements qui nous intéressent.

Considérons l'un des corps de notre système ; nous pouvons décomposer son mouvement en deux autres : le mouvement de son centre de gravité et le mouvement du corps autour de son centre de gravité. De là les deux principaux problèmes de la Mécanique céleste :

1° *Déterminer les mouvements des centres de gravité des corps célestes ;*

2° *Déterminer les mouvements des corps célestes autour de leurs centres de gravité.*

Nous commencerons par le premier problème, qui fera l'objet du tome I de cet Ouvrage; la solution du second ne sera donnée que dans le tome II.

Nous nous appuierons sur le théorème du mouvement du centre de gravité :

Les équations différentielles du mouvement du centre de gravité d'un système sont les mêmes que si toute sa masse y était concentrée et si toutes les forces qui agissent sur les divers points du système y étaient transportées parallèlement à elles-mêmes.

Soient A et A₁ (*fig.* 6) deux des corps célestes, M un élément de masse déterminé du premier, M_1, M'_1, ... les éléments de masse du second; le point M

Fig. 6.

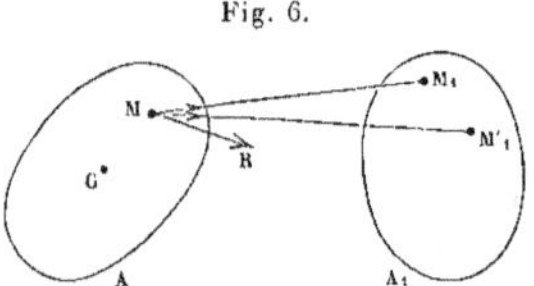

sera soumis à l'action de forces connues dirigées suivant les droites MM₁, MM'₁, ... Il faudra d'abord trouver la résultante MR de toutes ces forces, puis déterminer la résultante générale des forces MR qui correspondent à tous les éléments M du corps A, toutes ces forces étant transportées parallèlement à elles-mêmes au centre de gravité G de ce corps.

On voit donc que la première question qui se présente est la détermination de l'attraction d'un corps sur un point extérieur; on est amené tout naturellement à considérer en particulier le cas où ce corps est sphérique et homogène, ou composé de couches sphériques concentriques homogènes; on y est conduit par l'observation qui nous montre les corps célestes sous des figures peu différentes de la sphère, et par l'hypothèse de la fluidité primitive.

9. Soient A (*fig.* 7) un corps dont on veut calculer l'attraction R sur un point

Fig. 7.

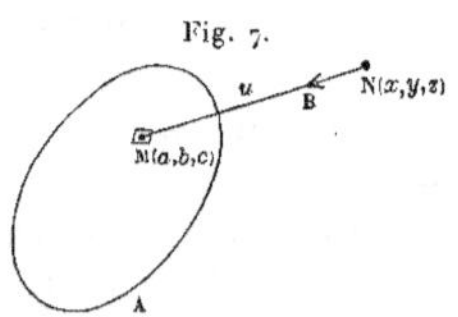

extérieur N, *dm* l'élément de masse qui correspond au point M, μ la masse du point N, u la distance MN; l'élément M exerce sur le point N une attraction NB dirigée suivant NM et ayant pour intensité

$$\frac{f\mu\,dm}{u^2}.$$

Il faut trouver la résultante de toutes les forces, telles que NB, appliquées au point N, quand l'élément M parcourt toute la masse du corps A.

Pour y arriver, prenons trois axes de coordonnées rectangulaires Ox, Oy, Oz; désignons par x, y, z les coordonnées du point N, par a, b, c celles du point M, par ρ la densité du corps au point M, enfin par X, Y, Z les composantes parallèles aux axes de l'attraction cherchée R. Décomposons la force NB en trois autres parallèles aux axes; elles auront pour expressions, en grandeur et en signe,

$$f\mu\,\frac{dm}{u^2}\,\frac{a-x}{u}, \qquad f\mu\,\frac{dm}{u^2}\,\frac{b-y}{u}, \qquad f\mu\,\frac{dm}{u^2}\,\frac{c-z}{u}.$$

On peut maintenant faire la somme algébrique de toutes les composantes parallèles à Ox, et de même pour les deux autres axes. On trouve ainsi

$$(1)\qquad
\begin{cases}
X = f\mu \displaystyle\int \frac{a-x}{u^3}\,dm, \\[2mm]
Y = f\mu \displaystyle\int \frac{b-y}{u^3}\,dm, \\[2mm]
Z = f\mu \displaystyle\int \frac{c-z}{u^3}\,dm, \\[2mm]
\text{où} \\[1mm]
u = \sqrt{(a-x)^2 + (b-y)^2 + (c-z)^2}.
\end{cases}$$

En remplaçant dm par $\rho\,da\,db\,dc$, on peut écrire aussi

$$(1')\qquad
\begin{cases}
X = f\mu \displaystyle\iiint \frac{a-x}{u^3}\,\rho\,da\,db\,dc, \\[2mm]
Y = f\mu \displaystyle\iiint \frac{b-y}{u^3}\,\rho\,da\,db\,dc, \\[2mm]
Z = f\mu \displaystyle\iiint \frac{c-z}{u^3}\,\rho\,da\,db\,dc.
\end{cases}$$

On doit supposer que ρ est une fonction connue de a, b, c, $F(a, b, c)$; dans les formules ($1'$), les intégrations s'étendent à toute la masse du corps A.

On est donc ramené au calcul de *trois intégrales triples*.

On peut faire dépendre la détermination de X, Y, Z de celle d'*une seule* intégrale triple. Posons, en effet,

$$(2)\qquad V = \int \frac{dm}{u}$$

où

$$(2') \quad V = \int\int\int \frac{\rho\, da\, db\, dc}{u} = \int\int\int \frac{F(a, b, c)}{\sqrt{(a-x)^2 + (b-y)^2 + (c-z)^2}}\, da\, db\, dc,$$

les intégrations s'étendant à toute la masse du corps A ; on voit que V sera finalement une fonction de x, y, z ; c'est ce que l'on nomme la *fonction potentielle* ou simplement le *potentiel* relatif à l'attraction du corps A sur le point $M(x, y, z)$. La formule (2) montre que le potentiel représente la somme des éléments de masse du corps divisés par leurs distances au point attiré.

Nous supposerons essentiellement ici (¹) que le point N est extérieur au corps ou plutôt qu'il ne fait pas partie de la masse du corps ; dans ces conditions, les éléments différentiels, dans les formules (1') et (2'), sont toujours finis ; X, Y, Z et V sont des fonctions continues et finies de x, y, z. Cherchons la dérivée particlle de V par rapport à x. Dans la formule (2'), l'élément différentiel reste toujours fini ; les limites des intégrations sont indépendantes de x ; on peut différentier sous le signe $\int\int\int$; on trouve ainsi

$$(3) \quad \frac{\partial V}{\partial x} = \int\int\int \frac{\partial \frac{1}{u}}{\partial x} \rho\, da\, db\, dc.$$

Or on a

$$u^2 = (x - a)^2 + (y - b)^2 + (z - c)^2,$$

d'où

$$\frac{\partial \frac{1}{u}}{\partial x} = -\frac{1}{2\, u^3} \frac{\partial.u^2}{\partial x} = -\frac{x - a}{u^3};$$

l'équation (3) donnera donc

$$\frac{\partial V}{\partial x} = \int\int\int \frac{a - x}{u^3} \rho\, da\, db\, dc.$$

En comparant avec (1'), on obtient la première des trois formules suivantes :

$$(4) \quad X = f\mu \frac{\partial V}{\partial x}, \qquad Y = f\mu \frac{\partial V}{\partial y}, \qquad Z = f\mu \frac{\partial V}{\partial z}.$$

Il suffira donc de déterminer la fonction V pour que X, Y, Z, et par suite l'attraction R, soient connus en grandeur et en direction.

Désignons par r le rayon vecteur ON mené de l'origine O des coordonnées au point attiré N, par P la projection de la résultante R sur la direction ON, comptée positivement dans le sens ON et négativement dans le sens contraire.

(¹) Une théorie plus complète du potentiel sera donnée dans le tome II de cet Ouvrage.

On peut appliquer la première des équations (4) en supposant que, pour un moment, l'axe des x coïncide avec ON; on trouve ainsi la formule

$$(5) \qquad \mathrm{P} = \mathrm{f}\mu \frac{\partial \mathrm{V}}{\partial r};$$

la signification de la dérivée $\frac{\partial \mathrm{V}}{\partial r}$ est la suivante : soient, sur le prolongement de ON, N′ un point infiniment voisin de N, $\mathrm{NN'} = \delta r$, $\mathrm{V} + \delta\mathrm{V}$ la valeur du potentiel pour le point N′; on aura

$$\frac{\partial \mathrm{V}}{\partial r} = \lim \frac{\delta \mathrm{V}}{\delta r}.$$

10. Equation de Laplace. — Calculons l'expression $\frac{\partial^2 \mathrm{V}}{\partial x^2} + \frac{\partial^2 \mathrm{V}}{\partial y^2} + \frac{\partial^2 \mathrm{V}}{\partial z^2}$ en partant de la formule (2′). Nous pourrons différentier deux fois sous le signe $\int\int\int$; nous trouverons donc

$$\frac{\partial^2 \mathrm{V}}{\partial x^2} + \frac{\partial^2 \mathrm{V}}{\partial y^2} + \frac{\partial^2 \mathrm{V}}{\partial z^2} = \int\int\int \left(\frac{\partial^2 \frac{1}{u}}{\partial x^2} + \frac{\partial^2 \frac{1}{u}}{\partial y^2} + \frac{\partial^2 \frac{1}{u}}{\partial z^2} \right) \rho\, da\, db\, dc;$$

or on a

$$\frac{\partial^2 \frac{1}{u}}{\partial x^2} = - \frac{\partial \frac{x-a}{u^3}}{\partial x} = - \frac{1}{u^3} + 3 \frac{x-a}{u^4} \frac{x-a}{u},$$

d'où

$$\frac{\partial^2 \frac{1}{u}}{\partial x^2} + \frac{\partial^2 \frac{1}{u}}{\partial y^2} + \frac{\partial^2 \frac{1}{u}}{\partial z^2} = - \frac{3}{u^3} + \frac{3}{u^5}\left[(x-a)^2 + (y-b)^2 + (z-c)^2\right] = - \frac{3}{u^3} + \frac{3}{u^5} u^2 = 0.$$

On a donc, pour toutes les valeurs de x, y, z qui répondent à des points *ne faisant pas partie du corps attirant*, l'équation remarquable

$$(6) \qquad \frac{\partial^2 \mathrm{V}}{\partial x^2} + \frac{\partial^2 \mathrm{V}}{\partial y^2} + \frac{\partial^2 \mathrm{V}}{\partial z^2} = 0,$$

qui a été découverte par Laplace.

11. Attraction des couches sphériques homogènes. — Considérons une couche sphérique homogène d'épaisseur finie et cherchons son attraction sur un point N ne faisant pas partie de la couche, situé soit à l'extérieur, soit dans l'intérieur de cette couche.

Prenons le centre O de la couche pour origine des axes; il est évident *a priori* que le potentiel V ne doit dépendre que de la distance r du point N au point O; d'ailleurs la fonction V doit vérifier identiquement l'équation (6). On aura les formules suivantes :

$$r^2 = x^2 + y^2 + z^2,$$

$$\frac{\partial r}{\partial x} = \frac{x}{r},$$

$$\frac{\partial V}{\partial x} = \frac{dV}{dr}\frac{\partial r}{\partial x} = \frac{dV}{dr}\frac{x}{r},$$

$$\frac{\partial^2 V}{\partial x^2} = \frac{d^2 V}{dr^2}\left(\frac{x}{r}\right)^2 + \frac{dV}{dr}\left(\frac{1}{r} - \frac{x^2}{r^3}\right).$$

Ajoutons cette expression de $\dfrac{\partial^2 V}{\partial x^2}$ aux expressions analogues de $\dfrac{\partial^2 V}{\partial y^2}$ et $\dfrac{\partial^2 V}{\partial z^2}$, et portons dans (6); nous trouverons

$$\frac{d^2 V}{dr^2} + \frac{2}{r}\frac{dV}{dr} = 0$$

ou bien

$$r\frac{d^2 V}{dr^2} + 2\frac{dV}{dr} = 0$$

ou encore

$$\frac{d^2 V r}{dr^2} = 0.$$

On en tire, en désignant par A et B deux constantes arbitraires,

$$V r = A + B r,$$

(7)
$$V = \frac{A}{r} + B.$$

Détermination des constantes. — Supposons d'abord le point N placé dans l'intérieur de la couche; on devra avoir $A = 0$, sans quoi la formule (7) donnerait $V = \infty$ pour $r = 0$, c'est-à-dire pour le centre de la couche, ce qui est impossible, V restant évidemment fini par sa définition même. On aura donc, pour tous les points situés à l'intérieur de la couche,

$$V = B = \text{const.},$$

d'où

$$\frac{\partial V}{\partial x} = 0, \qquad \frac{\partial V}{\partial y} = 0, \qquad \frac{\partial V}{\partial z} = 0,$$

$$X = 0, \qquad Y = 0, \qquad Z = 0.$$

On a donc ce théorème dû à Newton :

Une couche sphérique homogène n'exerce pas d'action sur les points de son intérieur.

Supposons, en second lieu, le point N extérieur à la couche : soit r_1 le rayon extérieur de la couche; la plus petite valeur de u est $r - r_1$ et la plus grande $r + r_1$; on pourra donc écrire, en désignant par M la masse de la couche,

$$\int \frac{dm}{r + r_1} < \int \frac{dm}{u} < \int \frac{dm}{r - r_1}$$

ou bien

$$\frac{1}{r + r_1} \int dm < \int \frac{dm}{u} < \frac{1}{r - r_1} \int dm$$

ou encore

$$(8) \qquad \frac{M}{r + r_1} < V < \frac{M}{r - r_1}.$$

Si le point N s'éloigne indéfiniment, r tend vers l'infini; V reste toujours compris entre deux quantités qui se rapprochent indéfiniment de zéro; donc V tend vers zéro. Si, dans la formule (7), on fait $r = \infty$, $V = 0$, il vient $B = 0$; il en résulte

$$V = \frac{A}{r};$$

portons cette valeur de V dans les inégalités (8), et nous aurons

$$\frac{M}{1 + \dfrac{r_1}{r}} < A < \frac{M}{1 - \dfrac{r_1}{r}}.$$

Si nous faisons tendre r vers l'infini, nous voyons que A reste compris entre deux quantités qui tendent vers M; donc $A = M$, et l'on a, pour tous les points extérieurs à la couche,

$$V = \frac{M}{r};$$

la formule (5) donne ensuite

$$P = - \frac{f \mu M}{r^2}.$$

P désigne la projection de l'attraction R sur la direction ON; or, par raison de symétrie, l'attraction est dirigée suivant la droite NO. On a donc

$$R = - P$$

et, par suite,

$$R = \frac{f \mu M}{r^2};$$

cette attraction est égale à celle qu'exercerait sur le point N un point matériel de masse M placé en O. De là ce second théorème, dû également à Newton :

Une couche sphérique homogène attire les points extérieurs comme si toute sa masse était réunie à son centre.

Ce résultat a encore lieu pour un corps formé de couches sphériques concentriques homogènes, d'épaisseurs quelconques, finies ou infiniment petites, la densité de chaque couche variant d'une manière quelconque, du centre du corps à sa périphérie; car le théorème est vrai pour chacune des couches.

Ainsi le Soleil, les planètes et leurs satellites pouvant être considérés sensiblement comme des corps de la nature supposée ci-dessus, ils attirent à fort peu près les points extérieurs comme si l'on supposait leurs masses réunies à leurs centres de gravité respectifs.

Si nous nous reportons à la *fig.* 6, n° 8, en supposant les deux corps composés de couches sphériques concentriques homogènes, et si nous désignons par M_1 la masse du corps A_1, par G_1 son centre de gravité, par *dm* la masse de l'élément M, par Δ la distance MG_1, la résultante des attractions exercées sur M par tous les éléments du corps A_1, sera une force MR dirigée suivant la droite MG_1, ayant pour intensité

$$MR = \frac{f M_1\, dm}{\overline{MG_1}^2} = \frac{f M_1\, dm}{\Delta^2};$$

on aura (*fig.* 8) des forces analogues appliquées aux éléments M′, M″, …,

$$M'R' = \frac{f M_1\, dm'}{\Delta'^2},$$

$$M''R'' = \frac{f M_1\, dm''}{\Delta''^2},$$

$$\dots\dots\dots\dots\dots\dots$$

Il faudra maintenant transporter toutes ces forces parallèlement à elles-mêmes au point G, centre de gravité de A, et prendre leur résultante. On peut les

Fig. 8.

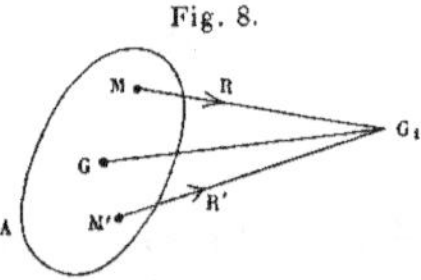

transporter d'abord au point G_1 par lequel passent toutes leurs directions; on voit que leur résultante $\mathcal{R}$ sera égale et opposée à la résultante des attractions exercées sur un point matériel de masse M_1 placé en G_1 par tous les éléments du corps A; d'après le second théorème de Newton, cette résultante est dirigée suivant la droite $G_1 G$ et a pour intensité

$$(9) \qquad \mathcal{R} = \frac{f M M_1}{\overline{GG_1}^2}.$$

Nous arrivons donc à cette conclusion que, si l'on transporte au point G, parallèlement à elles-mêmes, toutes les attractions exercées sur les divers éléments de A par les divers éléments de A_1, la résultante $\mathcal{R}$ sera dirigée suivant la droite GG_1 et aura une intensité déterminée par la formule (9).

Si donc la figure et la constitution des corps A, A_1, A_2, ... étaient celles qu'on a supposées plus haut, on pourrait faire abstraction des dimensions de ces corps et les remplacer par des points matériels G, G_1, G_2, ..., de masses M, M_1, M_2, ..., s'attirant mutuellement suivant la loi de Newton ; et, pour avoir les équations différentielles des mouvements des centres de gravité des corps considérés, il suffirait d'écrire les équations différentielles des mouvements d'autant de points matériels de masses données, soumis à leurs attractions mutuelles s'exerçant conformément à la loi de Newton.

On formera ces équations différentielles dans le Chapitre suivant.

Mais, en réalité, les corps célestes ne sont pas rigoureusement sphériques ; bien que les observations n'aient pu nous révéler encore un aplatissement sensible dans le Soleil ni dans un certain nombre de planètes, la Géodésie nous a appris à mesurer l'aplatissement de la Terre ; il suffit de regarder Jupiter et Saturne dans une lunette, sans faire aucune mesure, pour voir que ces corps s'éloignent notablement de la forme sphérique.

La réduction des corps célestes à leurs centres de gravité respectifs n'est donc qu'une approximation ; fort heureusement, une circonstance particulière rend cette approximation très voisine de la réalité ; cette circonstance est que les dimensions des corps célestes sont très petites par rapport aux distances qui les séparent les uns des autres ; nous allons développer ce point dans l'article suivant.

12. Attraction d'un corps sur un point éloigné. — Soit le corps A (*fig.* 9)

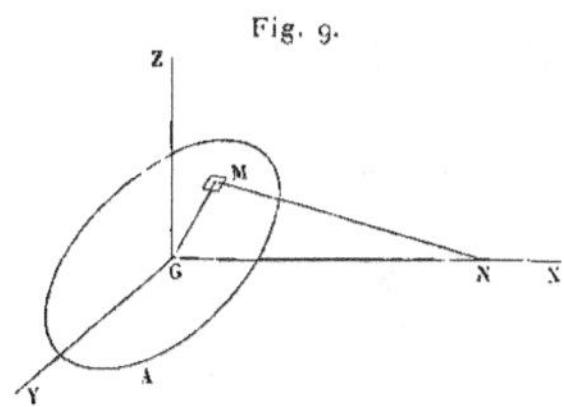

dont on cherche l'attraction sur un point matériel N dont la distance $GN = r$ au centre de gravité G est très grande par rapport aux dimensions du corps. Nous prendrons le point G pour origine des coordonnées et nous ferons passer l'axe GX par le point N; désignons par M l'un quelconque dm des éléments de masse du corps, par a, b, c ses coordonnées, par r' la distance GM, par u la distance MN et enfin par V le potentiel relatif à l'attraction du corps sur le point N. Nous aurons

$$V = \int \frac{dm}{u},$$

$$u^2 = (r-a)^2 + b^2 + c^2,$$

$$r'^2 = a^2 + b^2 + c^2,$$

$$u^2 = r^2 - 2ar + r'^2,$$

$$\frac{1}{u} = \frac{1}{r}\left(1 - \frac{2ar - r'^2}{r^2}\right)^{-\frac{1}{2}}.$$

D'après l'hypothèse, quel que soit le point M à l'intérieur ou sur la surface du corps A, le rapport $\frac{r'}{r}$ est très petit, et il en est de même, *a fortiori*, du rapport $\frac{a}{r}$; nous allons considérer $\frac{r'}{r}$ et $\frac{a}{r}$ comme de petites quantités du premier ordre suivant les puissances desquelles nous développerons l'expression de $\frac{1}{u}$ donnée ci-dessus. Nous trouverons aisément, en négligeant le troisième ordre,

$$\frac{1}{u} = \frac{1}{r}\left(1 + \frac{a}{r} + \frac{3a^2 - r'^2}{2r^2} + \ldots\right),$$

d'où, en multipliant par dm et intégrant pour tous les points du corps A,

$$V = \frac{1}{r}\int dm + \frac{1}{r^2}\int a\, dm + \frac{1}{2r^3}\int (3a^2 - r'^2)\, dm + \ldots$$

Or, si M désigne la masse du corps, on a

$$\int dm = M;$$

puisque l'origine des coordonnées coïncide avec le centre de gravité, on a aussi

$$\int a\, dm = 0,$$

et il en résulte

$$V = \frac{M}{r} + \frac{1}{2r^3}\int (3a^2 - r'^2)\, dm + \ldots$$

ou encore, en remplaçant a^2 par $r'^2 - (b^2 + c^2)$,

$$(10) \qquad V = \frac{M}{r} + \frac{1}{r^3} \int r'^2 \, dm - \frac{3}{2\,r^3} \int (b^2 + c^2) \, dm + \ldots$$

Désignons par I le moment d'inertie du corps par rapport à la droite GN et par A, B, C les moments d'inertie principaux de ce corps relatifs à son centre de gravité G; on a, comme on le voit aisément,

$$\int r'^2 \, dm = \frac{A + B + C}{2};$$

d'ailleurs

$$\int (b^2 + c^2) \, dm = 1 :$$

la formule (10) donnera donc

$$(11) \qquad V = \frac{M}{r} + \frac{A + B + C - 3I}{2\,r^3} + \ldots$$

Soient α, β, γ les angles que fait la droite OG avec les axes principaux d'inertie du point G; on a, par un théorème bien connu,

$$I = A \cos^2\alpha + B \cos^2\beta + C \cos^2\gamma = (A - C) \cos^2\alpha + (B - C) \cos^2\beta + C;$$

la formule (11) pourra donc s'écrire

$$V = \frac{M}{r} + \frac{(A - C)(1 - 3\cos^2\alpha) + (B - C)(1 - 3\cos^2\beta)}{2r^3} + \ldots$$

ou encore, en désignant par r'_1 la plus grande valeur de r' le long de la surface du corps,

$$(12) \qquad V = \frac{M}{r} \left[1 + \left(\frac{A - C}{M\,r'^2_1} \, \frac{1 - 3\cos^2\alpha}{2} + \frac{B - C}{M\,r'^2_1} \, \frac{1 - 3\cos^2\beta}{2} \right) \left(\frac{r'_1}{r} \right)^2 + \ldots \right].$$

Quand il s'agit de l'attraction d'un corps céleste sur un point très éloigné, la formule (12) se réduit à fort peu près à $V = \frac{M}{r}$, à cause d'abord du petit facteur $\left(\frac{r'_1}{r} \right)^2$, et ensuite parce que les quantités $\frac{A - C}{M\,r'^2_1}$, $\frac{B - C}{M\,r'^2_1}$ sont petites aussi, car ces quantités seraient nulles si le corps considéré était composé de couches sphériques concentriques homogènes, hypothèse peu éloignée de la réalité.

On pourra donc, le plus souvent, se borner à

$$V = \frac{M}{r},$$

d'où, relativement à un système quelconque d'axes Gx, Gy, Gz se coupant en G, en désignant par x, y, z les coordonnées du point N relatives à ces axes,

$$V = \frac{M}{\sqrt{x^2 + y^2 + z^2}},$$

$$X = f\mu \frac{\partial V}{\partial x} = \frac{f\mu M}{r^2}\left(-\frac{x}{r}\right),$$

et des expressions analogues pour Y et Z; le corps A attire donc à très peu près le point N comme si toute sa masse M était réunie à son centre de gravité G.

Pour nous faire une idée de la grandeur du coefficient de $\left(\frac{r'_1}{r}\right)^2$ dans la formule (12), supposons que le corps A soit un ellipsoïde homogène de révolution autour du diamètre auquel correspond le moment C et aplati suivant cet axe; on aura, comme on sait, en désignant par c' le rayon polaire et remarquant que $r'_1 = a'$ est le rayon équatorial,

$$B = A = M\frac{a'^2 + c'^2}{5},$$

$$C = 2M\frac{a'^2}{5},$$

et la formule (12) donnera

$$V = \frac{M}{r}\left[1 + \frac{a'^2 - c'^2}{10a'^2}(3\cos^2\alpha + 3\cos^2\beta - 2)\left(\frac{a'}{r}\right)^2 + \ldots\right]$$

ou encore, avec une précision suffisante, en supposant petit l'aplatissement $\varepsilon = \frac{a' - c'}{a'}$ de l'ellipsoïde,

$$V = \frac{M}{r}\left[1 + \frac{1}{5}\varepsilon(1 - 3\cos^2\gamma)\left(\frac{a'}{r}\right)^2 + \ldots\right].$$

Remarque I. — Dans le cas où l'on considère l'attraction exercée par une planète sur un point d'une autre planète, le rapport $\frac{a'}{r}$ est très petit, et l'on peut toujours se borner à

$$V = \frac{M}{r}.$$

Mais il n'en est plus ainsi pour l'attraction exercée par la Terre sur la Lune; $\frac{a'}{r}$ est environ $\frac{1}{60}$; pour l'attraction de Jupiter sur son premier satellite, $\frac{a'}{r} = \frac{1}{6}$; s'il s'agit enfin de Saturne et de son premier satellite, on a $\frac{a'}{r} = \frac{1}{3}$. C'est donc seulement dans l'étude des mouvements des satellites qu'il y aura lieu de compléter l'expression approchée $\dfrac{M}{r}$ du potentiel.

Remarque II. — Le système solaire se compose de planètes isolées et de systèmes secondaires formés chacun d'une planète et de ses satellites; les centres de gravité de ces systèmes particls sont très éloignés les uns des autres relativement aux distances respectives des corps de chacun d'eux; si donc on considère le potentiel relatif à l'attraction d'un de ces systèmes sur un point très éloigné, on pourra appliquer la formule (12) et la remplacer simplement par $V = \dfrac{M}{r}$, à cause de la petitesse du facteur $\left(\dfrac{r'_1}{r}\right)^2$; mais cette réduction sera moins approchée qu'elle ne l'était dans le cas d'un des corps célestes, parce que les quantités $\dfrac{A-C}{M r'^2_1}$ et $\dfrac{B-C}{M r'^2_1}$ ne sont plus très petites. On voit donc que les centres de gravité des planètes isolées et ceux des systèmes secondaires se meuvent à fort peu près comme si toutes leurs masses étaient réunies à leurs centres de gravité, ces divers centres s'attirant mutuellement deux à deux suivant la loi de Newton.

Nous pourrons donc introduire une simplification importante et considérer le système solaire comme formé d'un nombre limité de points matériels de masses données s'attirant mutuellement suivant la loi de Newton et correspondant : le premier au Soleil, le deuxième à Mercure, le troisième à Vénus, le quatrième à l'ensemble de la Terre et de la Lune, le cinquième à l'ensemble de Mars et de ses satellites, etc.

Quand on connaîtra le mouvement du centre de gravité d'un système secondaire et les mouvements relatifs dans ce système, il sera aisé d'en déduire le mouvement de la planète correspondante; ainsi la théorie générale fera connaître d'abord le mouvement du centre de gravité de la Terre et de la Lune; on déterminera ensuite le mouvement relatif de la Lune autour de la Terre, et c'est alors seulement qu'on sera à même de calculer complètement le mouvement de la Terre.

CHAPITRE III.

ÉQUATIONS DIFFÉRENTIELLES DES MOUVEMENTS DES CENTRES DE GRAVITÉ DES CORPS CÉLESTES.

13. Nous pouvons maintenant, après les simplifications précédentes, former aisément ces équations.

Prenons trois axes rectangulaires fixes $O\xi$, $O\eta$, $O\zeta$; soient, relativement à ces axes, ξ_0, η_0, ζ_0 les coordonnées du centre de gravité M_0 du Soleil dont la masse sera représentée par m_0; désignons par ξ_i, η_i, ζ_i, m_i les quantités analogues relatives au centre de gravité M_i de l'une quelconque des planètes ou au centre de gravité de cette planète et de ses satellites, l'indice i prendra les valeurs 1, 2, 3, ..., n, n désignant le nombre des planètes; nous représenterons d'une manière générale par $\Delta_{i,j}$ la distance des deux points M_i et M_j. Cherchons les équations différentielles du mouvement du point M_0; ce point est soumis à l'action de n forces dirigées suivant les droites $M_0 M_1$, $M_0 M_2$, ..., $M_0 M_n$; la première de ces forces a pour intensité $\dfrac{f m_0 m_1}{\Delta_{0,1}^2}$; ses projections sur les axes de coordonnées sont égales respectivement, en grandeur et en signe, à

$$\frac{f m_0 m_1}{\Delta_{0,1}^2} \frac{\xi_1 - \xi_0}{\Delta_{0,1}}, \quad \frac{f m_0 m_1}{\Delta_{0,1}^2} \frac{\eta_1 - \eta_0}{\Delta_{0,1}}, \quad \frac{f m_0 m_1}{\Delta_{0,1}^2} \frac{\zeta_1 - \zeta_0}{\Delta_{0,1}}.$$

On formera donc aisément l'équation suivante

$$(1) \qquad m_0 \frac{d^2 \xi_0}{dt^2} = f m_0 m_1 \frac{\xi_1 - \xi_0}{\Delta_{0,1}^3} + f m_0 m_2 \frac{\xi_2 - \xi_0}{\Delta_{0,2}^3} + \ldots + f m_0 m_n \frac{\xi_n - \xi_0}{\Delta_{0,n}^3}$$

et deux autres équations toutes pareilles en η et ζ.

De même,

$$m_1 \frac{d^2 \xi_1}{dt^2} = f m_1 m_0 \frac{\xi_0 - \xi_1}{\Delta_{1,0}^3} + f m_1 m_2 \frac{\xi_2 - \xi_1}{\Delta_{1,2}^3} + \ldots + f m_1 m_n \frac{\xi_n - \xi_1}{\Delta_{1,n}^3},$$

$$\ldots \ldots \ldots \ldots \ldots \ldots \ldots \ldots \ldots \ldots \ldots \ldots \ldots \ldots$$

Lagrange a donné à ces équations une forme très symétrique en introduisant la fonction

$$U = \frac{f m_0 m_1}{\Delta_{0,1}} + \frac{f m_0 m_2}{\Delta_{0,2}} + \ldots + \frac{f m_0 m_n}{\Delta_{0,n}}$$
$$+ \frac{f m_1 m_2}{\Delta_{1,2}} + \ldots + \frac{f m_1 m_n}{\Delta_{1,n}}$$
$$+ \ldots \ldots \ldots \ldots \ldots \ldots$$
$$+ \frac{f m_{n-1} m_n}{\Delta_{n-1,n}},$$

que nous écrirons plus simplement

$$(2) \qquad U = f \sum \sum \frac{m_i m_j}{\Delta_{i,j}};$$

on a du reste

$$(3) \qquad \Delta_{i,j}^2 = (\xi_i - \xi_j)^2 + (\eta_i - \eta_j)^2 + (\zeta_i - \zeta_j)^2.$$

On peut calculer les expressions des dérivées partielles $\frac{\partial U}{\partial \xi_0}$, $\frac{\partial U}{\partial \xi_1}$, $\ldots$, $\frac{\partial U}{\partial \xi_n}$, en partant de (2) et (3); on trouve aisément

$$\frac{\partial U}{\partial \xi_0} = - \frac{f m_0 m_1}{\Delta_{0,1}^2} \frac{\partial \Delta_{0,1}}{\partial \xi_0} - \frac{f m_0 m_2}{\Delta_{0,2}^2} \frac{\partial \Delta_{0,2}}{\partial \xi_0} - \ldots - \frac{f m_0 m_n}{\Delta_{0,n}^2} \frac{\partial \Delta_{0,n}}{\partial \xi_0},$$

$$\frac{\partial \Delta_{0,1}}{\partial \xi_0} = \frac{\xi_0 - \xi_1}{\Delta_{0,1}}, \qquad \frac{\partial \Delta_{0,2}}{\partial \xi_0} = \frac{\xi_0 - \xi_2}{\Delta_{0,2}}, \qquad \ldots, \qquad \frac{\partial \Delta_{0,n}}{\partial \xi_0} = \frac{\xi_0 - \xi_n}{\Delta_{0,n}};$$

d'où

$$\frac{\partial U}{\partial \xi_0} = f m_0 m_1 \frac{\xi_1 - \xi_0}{\Delta_{0,1}^3} + f m_0 m_2 \frac{\xi_2 - \xi_0}{\Delta_{0,2}^3} + \ldots + f m_0 m_n \frac{\xi_n - \xi_0}{\Delta_{0,n}^3};$$

après quoi l'équation (1) donnera

$$m_0 \frac{d^2 \xi_0}{dt^2} = \frac{\partial U}{\partial \xi_0}.$$

On pourra donc donner la forme suivante aux équations différentielles des mouvements des centres de gravité des $n + 1$ corps considérés

$$(a) \qquad
\begin{cases}
m_0 \dfrac{d^2 \xi_0}{dt^2} = \dfrac{\partial U}{\partial \xi_0}, \qquad m_0 \dfrac{d^2 \eta_0}{dt^2} = \dfrac{\partial U}{\partial \eta_0}, \qquad m_0 \dfrac{d^2 \zeta_0}{dt^2} = \dfrac{\partial U}{\partial \zeta_0}, \\[2mm]
m_1 \dfrac{d^2 \xi_1}{dt^2} = \dfrac{\partial U}{\partial \xi_1}, \qquad m_1 \dfrac{d^2 \eta_1}{dt^2} = \dfrac{\partial U}{\partial \eta_1}, \qquad m_1 \dfrac{d^2 \zeta_1}{dt^2} = \dfrac{\partial U}{\partial \zeta_1}, \\[2mm]
\ldots \ldots \ldots, \qquad \ldots \ldots \ldots, \qquad \ldots \ldots \ldots, \\[2mm]
m_n \dfrac{d^2 \xi_n}{dt^2} = \dfrac{\partial U}{\partial \xi_n}, \qquad m_n \dfrac{d^2 \eta_n}{dt^2} = \dfrac{\partial U}{\partial \eta_n}, \qquad m_n \dfrac{d^2 \zeta_n}{dt^2} = \dfrac{\partial U}{\partial \zeta_n}, \\[2mm]
U = f \sum \sum \dfrac{m_i m_j}{\Delta_{i,j}}, \\[2mm]
\Delta_{i,j}^2 = (\xi_i - \xi_j)^2 + (\eta_i - \eta_j)^2 + (\zeta_i - \zeta_j)^2.
\end{cases}$$

La fonction U est la *fonction des forces;* il est important de remarquer qu'elle ne contient explicitement ni le temps t ni les composantes $\dfrac{d\xi_0}{dt}$, $\cdots$ des vitesses.

La détermination des mouvements de M_0, M_1, ..., M_n dépend de l'intégration du système (a) de $3n + 3$ équations différentielles simultanées du second ordre; c'est le *problème des $n + 1$ corps.* Mais il n'a été possible jusqu'ici de faire l'intégration complète que dans le cas de $n = 1$; le système n'est alors formé que de deux corps, le Soleil et une planète. Dans les autres cas, même pour le fameux *problème des trois corps,* malgré les efforts des plus grands géomètres, on n'a pu obtenir qu'un petit nombre d'intégrales que nous allons faire connaître.

14. Commençons par une remarque sur la fonction des forces U. On a

$$\frac{\partial U}{\partial \xi_i} = f m_i \sum_j m_j \frac{\xi_j - \xi_i}{\Delta_{i,j}^3},$$

$$\frac{\partial U}{\partial \eta_i} = f m_i \sum_j m_j \frac{\eta_j - \eta_i}{\Delta_{i,j}^3},$$

d'où

$$\xi_i \frac{\partial U}{\partial \eta_i} - \eta_i \frac{\partial U}{\partial \xi_i} = f m_i \sum_j m_j \frac{\xi_i \eta_j - \eta_i \xi_j}{\Delta_{i,j}^3}.$$

On en conclut

$$\sum_i \frac{\partial U}{\partial \xi_i} = f \sum_i \sum_j m_i m_j \frac{\xi_i - \xi_j}{\Delta_{i,j}^3},$$

$$\sum_i \left(\xi_i \frac{\partial U}{\partial \eta_i} - \eta_i \frac{\partial U}{\partial \xi_i} \right) = f \sum_i \sum_j m_i m_j \frac{\xi_i \eta_j - \eta_i \xi_j}{\Delta_{i,j}^3};$$

si, dans les termes élémentaires des seconds membres, on change i en j et inversement, on voit que ces termes élémentaires sont égaux et de signes contraires. On en conclut donc

$$(4) \qquad \sum_i \frac{\partial U}{\partial \xi_i} = 0, \qquad \sum_i \left(\xi_i \frac{\partial U}{\partial \eta_i} - \eta_i \frac{\partial U}{\partial \xi_i} \right) = 0$$

et quatre autres relations analogues que l'on obtiendrait par des permutations de lettres.

Cela posé, on tire des équations (a), en ayant égard aux formules (4),

$$(5) \qquad \sum m_i \frac{d^2 \xi_i}{dt^2} = 0, \qquad \sum m_i \frac{d^2 \eta_i}{dt^2} = 0, \qquad \sum m_i \frac{d^2 \zeta_i}{dt^2} = 0$$

et

$$(6) \quad \begin{cases} \sum m_i \left(\eta_i \dfrac{d^2 \zeta_i}{dt^2} - \zeta_i \dfrac{d^2 \eta_i}{dt^2} \right) = 0, \\[2ex] \sum m_i \left(\zeta_i \dfrac{d^2 \xi_i}{dt^2} - \xi_i \dfrac{d^2 \zeta_i}{dt^2} \right) = 0, \\[2ex] \sum m_i \left(\xi_i \dfrac{d^2 \eta_i}{dt^2} - \eta_i \dfrac{d^2 \xi_i}{dt^2} \right) = 0. \end{cases}$$

Occupons-nous d'abord des formules (5); on en déduit, en désignant par a_1, b_1, c_1, a_2, b_2, c_2 six constantes arbitraires,

$$(b) \qquad a_1 = \sum m_i \dfrac{d\xi_i}{dt}, \qquad b_1 = \sum m_i \dfrac{d\eta_i}{dt}, \qquad c_1 = \sum m_i \dfrac{d\zeta_i}{dt};$$

$$(7) \qquad a_1 t + a_2 = \sum m_i \xi_i, \qquad b_1 t + b_2 = \sum m_i \eta_i, \qquad c_1 t + c_2 = \sum m_i \zeta_i,$$

d'où

$$(c) \quad \begin{cases} a_2 = \sum m_i \xi_i - t \sum m_i \dfrac{d\xi_i}{dt}, \\[2ex] b_2 = \sum m_i \eta_i - t \sum m_i \dfrac{d\eta_i}{dt}, \\[2ex] c_2 = \sum m_i \zeta_i - t \sum m_i \dfrac{d\zeta_i}{dt}. \end{cases}$$

Les formules (b) et (c) sont de la forme

$$\text{const.} = F\left(\xi_0, \eta_0, \zeta_0; \ \xi_1, \ \dots; \ \dfrac{d\xi_0}{dt}, \dfrac{d\eta_0}{dt}, \dfrac{d\zeta_0}{dt}; \dfrac{d\xi_1}{dt}, \dots \right);$$

ce sont donc des *intégrales* du système (a); elles sont au nombre de six et sont connues sous le nom d'*intégrales du mouvement du centre de gravité*; les formules (7) expriment en effet que le mouvement du centre de gravité des $n + 1$ points matériels considérés est rectiligne et uniforme.

Passons maintenant aux équations (6), multiplions-les par dt, intégrons-les et désignons par a_3, b_3, c_3 trois nouvelles constantes arbitraires; nous trouverons

$$(d) \quad \begin{cases} a_3 = \sum m_i \left(\eta_i \dfrac{d\zeta_i}{dt} - \zeta_i \dfrac{d\eta_i}{dt} \right), \\[2ex] b_3 = \sum m_i \left(\zeta_i \dfrac{d\xi_i}{dt} - \xi_i \dfrac{d\zeta_i}{dt} \right), \\[2ex] c_3 = \sum m_i \left(\xi_i \dfrac{d\eta_i}{dt} - \eta_i \dfrac{d\xi_i}{dt} \right). \end{cases}$$

Ces trois nouvelles intégrales sont les *intégrales des aires*; elles expriment que la somme algébrique des aires décrites par les projections sur chacun des plans coordonnés des rayons menés de l'origine aux $n+1$ points considérés est proportionnelle au temps.

Multiplions enfin les équations (a) respectivement par $2\dfrac{d\xi_0}{dt}$, $2\dfrac{d\eta_0}{dt}$, $2\dfrac{d\zeta_0}{dt}$; $2\dfrac{d\xi_1}{dt}$, ..., ajoutons-les et remarquons que la fonction U ne contenant explicitement que les quantités ξ_0, η_0, ζ_0; ξ_1, ..., on a

$$\frac{dU}{dt} = \frac{\partial U}{\partial \xi_0}\frac{d\xi_0}{dt} + \frac{\partial U}{\partial \eta_0}\frac{d\eta_0}{dt} + \frac{\partial U}{\partial \zeta_0}\frac{d\zeta_0}{dt} + \frac{\partial U}{\partial \xi_1}\frac{d\xi_1}{dt} + \cdots;$$

nous trouverons

$$m_0\left(2\frac{d\xi_0}{dt}\frac{d^2\xi_0}{dt^2} + 2\frac{d\eta_0}{dt}\frac{d^2\eta_0}{dt^2} + 2\frac{d\zeta_0}{dt}\frac{d^2\zeta_0}{dt^2}\right) + m_1\left(2\frac{d\xi_1}{dt}\frac{d^2\xi_1}{dt^2} + \cdots\right) + \cdots = 2\frac{dU}{dt}$$

ou bien

$$\frac{d}{dt}\sum m_i\left(\frac{d\xi_i^2}{dt^2} + \frac{d\eta_i^2}{dt^2} + \frac{d\zeta_i^2}{dt^2}\right) = 2\frac{dU}{dt}.$$

On peut intégrer après avoir multiplié par dt, et l'on trouve, en désignant par h une constante arbitraire,

$$(f) \qquad 2h = \sum m_i\left(\frac{d\xi_i^2}{dt^2} + \frac{d\eta_i^2}{dt^2} + \frac{d\zeta_i^2}{dt^2}\right) - 2U;$$

c'est une nouvelle intégrale, *l'intégrale des forces vives*.

Les dix intégrales (b), (c), (d), (f) sont les seules intégrales rigoureuses que l'on ait pu obtenir jusqu'ici.

15. Nous allons obtenir une formule dont Jacobi a tiré des conséquences intéressantes (*Vorlesungen über Dynamik von C.-G.-J. Jacobi*, herausgegeben von A. Clebsch, p. 26-30).

On déduit des équations (a) la formule suivante

$$\sum m_i\left(\xi_i\frac{d^2\xi_i}{dt^2} + \eta_i\frac{d^2\eta_i}{dt^2} + \zeta_i\frac{d^2\zeta_i}{dt^2}\right) = \sum\left(\xi_i\frac{\partial U}{\partial \xi_i} + \eta_i\frac{\partial U}{\partial \eta_i} + \zeta_i\frac{\partial U}{\partial \zeta_i}\right);$$

or, U étant, par sa définition même, une fonction homogène et de degré -1 des quantités ξ_0, η_0, ζ_0, ξ_1, ..., on a

$$\sum\left(\xi_i\frac{\partial U}{\partial \xi_i} + \eta_i\frac{\partial U}{\partial \eta_i} + \zeta_i\frac{\partial U}{\partial \zeta_i}\right) = -U,$$

ce qui permet d'écrire ainsi la relation précédente

$$\sum m_i\left(\xi_i\frac{d^2\xi_i}{dt^2} + \eta_i\frac{d^2\eta_i}{dt^2} + \zeta_i\frac{d^2\zeta_i}{dt^2}\right) = -U.$$

En rapprochant cette formule de l'équation (f), on en déduit

$$\sum m_i \left(\xi_i \frac{d^2\xi_i}{dt^2} + \eta_i \frac{d^2\eta_i}{dt^2} + \zeta_i \frac{d^2\zeta_i}{dt^2} \right) + \sum m_i \left(\frac{d\xi_i^2}{dt^2} + \frac{d\eta_i^2}{dt^2} + \frac{d\zeta_i^2}{dt^2} \right) = U + 2h$$

ou bien

$$\frac{d}{dt} \sum m_i \left(\xi_i \frac{d\xi_i}{dt} + \eta_i \frac{d\eta_i}{dt} + \zeta_i \frac{d\zeta_i}{dt} \right) = U + 2h$$

ou encore

$$\frac{d^2}{dt^2} \sum m_i (\xi_i^2 + \eta_i^2 + \zeta_i^2) = 2U + 4h.$$

Si l'on désigne par ρ_i la distance du point M_i à l'origine des coordonnées, on aura donc

$$(8) \qquad \frac{d^2 \sum m_i \rho_i^2}{dt^2} = 2U + 4h.$$

Il est possible de transformer le premier membre de cette équation de manière à n'y introduire que les distances mutuelles $\Delta_{i,j}$ des points matériels, au lieu de leurs distances à l'origine des coordonnées.

On a, en effet, ces identités bien connues et d'ailleurs faciles à vérifier

$$\sum m_i \sum m_i \xi_i^2 - \left(\sum m_i \xi_i \right)^2 = \sum \sum m_i m_j (\xi_i^2 + \xi_j^2 - 2\xi_i \xi_j),$$

$$\sum m_i \sum m_i \eta_i^2 - \left(\sum m_i \eta_i \right)^2 = \sum \sum m_i m_j (\eta_i^2 + \eta_j^2 - 2\eta_i \eta_j),$$

$$\sum m_i \sum m_i \zeta_i^2 - \left(\sum m_i \zeta_i \right)^2 = \sum \sum m_i m_j (\zeta_i^2 + \zeta_j^2 - 2\zeta_i \zeta_j);$$

en les ajoutant, on trouve

$$(9) \qquad \left\{ \begin{array}{l} \sum m_i \sum m_i (\xi_i^2 + \eta_i^2 + \zeta_i^2) - \left(\sum m_i \xi_i \right)^2 - \left(\sum m_i \eta_i \right)^2 - \left(\sum m_i \zeta_i \right)^2 \\[2mm] = \sum \sum m_i m_j [(\xi_i - \xi_j)^2 + (\eta_i - \eta_j)^2 + (\zeta_i - \zeta_j)^2] \end{array} \right.$$

ou bien, en ayant égard à la signification de ρ_i et de $\Delta_{i,j}$ et tenant compte des équations (7),

$$\sum m_i \sum m_i \rho_i^2 = \sum \sum m_i m_j \Delta_{i,j}^2 + (a_1 t + a_2)^2 + (b_1 t + b_2)^2 + (c_1 t + c_2)^2.$$

Tirons de là $\sum m_i \rho_i^2$ pour le porter dans la formule (8), et il viendra

$$\frac{1}{\sum m_i} \left[\frac{d^2 \sum \sum m_i m_j \Delta_{i,j}^2}{dt^2} + 2(a_1^2 + b_1^2 + c_1^2) \right] = 2U + 4h,$$

d'où, en désignant par h' une nouvelle constante arbitraire,

$$\frac{d^2 \sum m_i m_j \Delta_{i,j}^2}{dt^2} = (2\,\mathrm{U} + 4\,h') \sum m_i$$

ou bien

$$(10) \qquad \frac{d^2 \sum\sum m_i m_j \Delta_{i,j}^2}{dt^2} = \left(2\,\mathrm{f} \sum\sum \frac{m_i m_j}{\Delta_{i,j}} + 4\,h'\right) \sum m_i.$$

Il importe de remarquer que cette équation ne contient que les distances mutuelles des points matériels pris deux à deux et leurs dérivées premières et secondes par rapport au temps.

Si l'on nomme ρ_i' la distance du point M_i au centre de gravité du système, on tire aisément de l'équation (9) la formule

$$\sum\sum m_i m_j \Delta_{i,j}^2 = \sum m_i \sum m_i \rho_i'^2,$$

de telle sorte que l'équation (10) peut aussi s'écrire

$$\frac{d^2 \sum m_i \rho_i'^2}{dt^2} = 2\,\mathrm{U} + 4\,h'.$$

16. Les observations astronomiques ne nous font pas connaître les mouvements absolus des planètes, mais seulement leurs mouvements relatifs par rapport au Soleil; il importe donc de former les équations différentielles dont dépendent les mouvements relatifs; c'est ce qui va nous occuper maintenant.

Menons par le point M_0, centre de gravité du Soleil, trois axes $\mathrm{M}_0 x$, $\mathrm{M}_0 y$, $\mathrm{M}_0 z$ parallèles aux axes fixes; soient, relativement à ces axes qui sont mobiles mais conservent une direction invariable, x_1, y_1, z_1; x_2, y_2, z_2; ..., x_n, y_n, z_n les coordonnées des centres de gravité des n autres corps. Nous poserons en même temps

$$\mathrm{M}_0\mathrm{M}_1 = r_1 = \Delta_{0,1}, \qquad \mathrm{M}_0\mathrm{M}_2 = r_2 = \Delta_{0,2}, \qquad \ldots$$

Enfin nous aurons les relations

$$(11) \qquad \left\{ \begin{array}{lll} \xi_1 = \xi_0 + x_1, & \eta_1 = \eta_0 + y_1, & \zeta_1 = \zeta_0 + z_1, \\ \xi_2 = \xi_0 + x_2, & \eta_2 = \eta_0 + y_2, & \zeta_2 = \zeta_0 + z_2, \\ \ldots\ldots\ldots\ldots, & \ldots\ldots\ldots\ldots, & \ldots\ldots\ldots\ldots \end{array} \right.$$

L'équation (1) donnera

$$(12) \qquad \frac{d^2 \xi_0}{dt^2} = \mathrm{f} m_1 \frac{x_1}{r_1^3} + \mathrm{f} m_2 \frac{x_2}{r_2^3} + \ldots + \mathrm{f} m_n \frac{x_n}{r_n^3} = \mathrm{f} \sum \frac{m_i x_i}{r_i^3}.$$

La relation

$$\xi_k = \xi_0 + x_k$$

nous montre d'abord que x_k ne sera introduit que par ξ_k; on aura donc

$$(13) \qquad \frac{\partial U}{\partial x_k} = \frac{\partial U}{\partial \xi_k}.$$

La même relation nous donne

$$\frac{d^2 x_k}{dt^2} = \frac{d^2 \xi_k}{dt^2} - \frac{d^2 \xi_0}{dt^2}$$

ou, en ayant égard à la formule (12),

$$\frac{d^2 x_k}{dt^2} = \frac{d^2 \xi_k}{dt^2} - f \sum \frac{m_i x_i}{r_i^3};$$

les équations (a) nous donnent du reste, si nous tenons compte de (13),

$$\frac{d^2 \xi_k}{dt^2} = \frac{1}{m_k} \frac{\partial U}{\partial \xi_k} = \frac{1}{m_k} \frac{\partial U}{\partial x_k}.$$

Il viendra donc

$$(14) \qquad \frac{d^2 x_k}{dt^2} = \frac{1}{m_k} \frac{\partial U}{\partial x_k} - f \sum \frac{m_i x_i}{r_i^3}.$$

Il convient de mettre à part dans U les termes qui contiennent m_0 en facteur ; on trouve aisément

$$(15) \qquad U = f \sum \frac{m_0 m_i}{\Delta_{0,i}} + f \sum \sum \frac{m_i m_j}{\Delta_{i,j}} = f m_0 \sum \frac{m_i}{r_i} + U',$$

en posant

$$U' = f \sum \sum \frac{m_i m_j}{\Delta_{i,j}};$$

dans cette formule, les indices i et j ne peuvent plus prendre la valeur zéro. On trouve immédiatement

$$\frac{\partial}{\partial x_k} \sum \frac{m_i}{r_i} = m_k \frac{\partial \frac{1}{r_k}}{\partial x_k} = - m_k \frac{x_k}{r_k^3};$$

l'équation (14) pourra donc s'écrire

$$\frac{d^2 x_k}{dt^2} + f m_0 \frac{x_k}{r_k^3} + f \sum \frac{m_i x_i}{r_i^3} = \frac{1}{m_k} \frac{\partial U'}{\partial x_k}.$$

Les mouvements relatifs des centres de gravité des n corps considérés, par rapport au Soleil, dépendront donc des $3n$ équations différentielles suivantes :

$$(g) \begin{cases} \dfrac{d^2 x_1}{dt^2} + f m_0 \dfrac{x_1}{r_1^3} + f \sum \dfrac{m_i x_i}{r_i^3} = \dfrac{1}{m_1} \dfrac{\partial U'}{\partial x_1}, \\[2mm] \dfrac{d^2 y_1}{dt^2} + f m_0 \dfrac{y_1}{r_1^3} + f \sum \dfrac{m_i y_i}{r_i^3} = \dfrac{1}{m_1} \dfrac{\partial U'}{\partial y_1}, \\[2mm] \dfrac{d^2 z_1}{dt^2} + f m_0 \dfrac{z_1}{r_1^3} + f \sum \dfrac{m_i z_i}{r_i^3} = \dfrac{1}{m_1} \dfrac{\partial U'}{\partial z_1}, \\[2mm] \dfrac{d^2 x_2}{dt^2} + f m_0 \dfrac{x_2}{r_2^3} + f \sum \dfrac{m_i x_i}{r_i^3} = \dfrac{1}{m_2} \dfrac{\partial U'}{\partial x_2}, \\[2mm] \dotfill , \\[2mm] \text{où l'on a} \\[2mm] r_i^2 = x_i^2 + y_i^2 + z_i^2, \\[2mm] U' = f \sum \sum \dfrac{m_i m_j}{\Delta_{i,j}}, \\[2mm] \Delta_{i,j}^2 = (x_i - x_j)^2 + (y_i - y_j)^2 + (z_i - z_j)^2. \end{cases}$$

On voit que le nombre des équations différentielles (g) est inférieur de trois unités à celui des équations (a); il y aura donc dans les intégrales générales six constantes de moins que dans celles des équations (a); ces constantes sont précisément celles qui figuraient dans les intégrales du mouvement du centre de gravité.

17. On ne connait que quatre intégrales des équations (g); elles correspondent aux intégrales (d) et (f) du n° 14; nous allons les déduire de ces dernières.

Dans les formules (7), remplaçons ξ_i, η_i, ζ_i par leurs valeurs (11), et nous trouverons

$$a_1 t + a_2 = \xi_0 \left(m_0 + \sum m_i \right) + \sum m_i x_i,$$

d'où

$$(16) \begin{cases} \xi_0 = \dfrac{a_1 t + a_2 - \sum m_i x_i}{m_0 + \sum m_i}, \qquad \dfrac{d\xi_0}{dt} = \dfrac{a_1 - \sum m_i \dfrac{dx_i}{dt}}{m_0 + \sum m_i}, \\[4mm] \eta_0 = \dfrac{b_1 t + b_2 - \sum m_i y_i}{m_0 + \sum m_i}, \qquad \dfrac{d\eta_0}{dt} = \dfrac{b_1 - \sum m_i \dfrac{dy_i}{dt}}{m_0 + \sum m_i}, \\[4mm] \zeta_0 = \dfrac{c_1 t + c_2 - \sum m_i z_i}{m_0 + \sum m_i}, \qquad \dfrac{d\zeta_0}{dt} = \dfrac{c_1 - \sum m_i \dfrac{dz_i}{dt}}{m_0 + \sum m_i}. \end{cases}$$

En faisant la même substitution dans les formules (f) et (d), il viendra

$$(17) \quad \begin{cases} 2U + 2h = \left(\dfrac{d\xi_0^2}{dt^2} + \dfrac{d\eta_0^2}{dt^2} + \dfrac{d\zeta_0^2}{dt^2}\right)\left(m_0 + \sum m_i\right) + \sum m_i\left(\dfrac{dx_i^2}{dt^2} + \dfrac{dy_i^2}{dt^2} + \dfrac{dz_i^2}{dt^2}\right) \\[2mm] \qquad + 2\dfrac{d\xi_0}{dt}\sum m_i\dfrac{dx_i}{dt} + 2\dfrac{d\eta_0}{dt}\sum m_i\dfrac{dy_i}{dt} + 2\dfrac{d\zeta_0}{dt}\sum m_i\dfrac{dz_i}{dt}, \end{cases}$$

$$(18) \quad \begin{cases} a_3 = \left(\eta_0\dfrac{d\zeta_0}{dt} - \zeta_0\dfrac{d\eta_0}{dt}\right)\left(m_0 + \sum m_i\right) + \eta_0\sum m_i\dfrac{dz_i}{dt} - \zeta_0\sum m_i\dfrac{dy_i}{dt} \\[2mm] \qquad + \sum m\left(y_i\dfrac{dz_i}{dt} - z_i\dfrac{dy_i}{dt}\right) + \dfrac{d\zeta_0}{dt}\sum m_i y_i - \dfrac{d\eta_0}{dt}\sum m_i z_i \end{cases}$$

et deux autres formules analogues relatives à b_3 et c_3; l'indice i doit recevoir partout les valeurs $1, 2, \ldots, n$, n désignant le nombre des planètes.

Il suffit maintenant de porter les expressions (16) dans les formules (17) et (18). On trouve, après quelques réductions,

$$2U + 2h = \sum m_i\left(\dfrac{dx_i^2}{dt^2} + \dfrac{dy_i^2}{dt^2} + \dfrac{dz_i^2}{dt^2}\right)$$
$$+ \dfrac{1}{m_0 + \sum m_i}\left[a_1^2 + b_1^2 + c_1^2 - \left(\sum m_i\dfrac{dx_i}{dt}\right)^2 - \left(\sum m_i\dfrac{dy_i}{dt}\right)^2 - \left(\sum m_i\dfrac{dz_i}{dt}\right)^2\right],$$

$$a_3 = \sum m_i\left(y_i\dfrac{dz_i}{dt} - z_i\dfrac{dy_i}{dt}\right)$$
$$+ \dfrac{1}{m_0 + \sum m_i}\left[b_2 c_1 - c_2 b_1 + \sum m_i z_i\sum m_i\dfrac{dy_i}{dt} - \sum m_i y_i\sum m_i\dfrac{dz_i}{dt}\right];$$

en introduisant la fonction U' par la formule (15) et changeant de constantes, on trouve les quatre intégrales sous la forme suivante :

$$(d') \quad \begin{cases} a' = \sum m_i\left(y_i\dfrac{dz_i}{dt} - z_i\dfrac{dy_i}{dt}\right) \\[2mm] \qquad - \dfrac{1}{m_0 + \sum m_i}\left(\sum m_i y_i\sum m_i\dfrac{dz_i}{dt} - \sum m_i z_i\sum m_i\dfrac{dy_i}{dt}\right), \\[4mm] b' = \sum m_i\left(z_i\dfrac{dx_i}{dt} - x_i\dfrac{dz_i}{dt}\right) \\[2mm] \qquad - \dfrac{1}{m_0 + \sum m_i}\left(\sum m_i z_i\sum m_i\dfrac{dx_i}{dt} - \sum m_i x_i\sum m_i\dfrac{dz_i}{dt}\right), \\[4mm] c' = \sum m_i\left(x_i\dfrac{dy_i}{dt} - y_i\dfrac{dx_i}{dt}\right) \\[2mm] \qquad - \dfrac{1}{m_0 + \sum m_i}\left(\sum m_i x_i\sum m_i\dfrac{dy_i}{dt} - \sum m_i y_i\sum m_i\dfrac{dx_i}{dt}\right), \end{cases}$$

et

$$(f') \quad \begin{cases} 2h' = \sum m_i \left(\dfrac{dx_i^2}{dt^2} + \dfrac{dy_i^2}{dt^2} + \dfrac{dz_i^2}{dt^2} \right) - 2fm_0 \sum \dfrac{m_i}{r_i} - 2U' \\[2mm] \qquad - \dfrac{1}{m_0 + \sum m_i} \left[\left(\sum m_i \dfrac{dx_i}{dt} \right)^2 + \left(\sum m_i \dfrac{dy_i}{dt} \right)^2 + \left(\sum m_i \dfrac{dz_i}{dt} \right)^2 \right]. \end{cases}$$

On peut écrire ces intégrales d'une manière un peu différente ; on vérifie en effet aisément qu'en changeant encore une fois de constantes et posant

$$a'' = a' \left(1 + \frac{\sum m_i}{m_0} \right), \qquad b'' = b' \left(1 + \frac{\sum m_i}{m_0} \right), \qquad c'' = c' \left(1 + \frac{\sum m_i}{m_0} \right),$$

$$h'' = h' \left(1 + \frac{\sum m_i}{m_0} \right),$$

on a

$$(d'') \quad \begin{cases} a'' = \sum m_i \left(y_i \dfrac{dz_i}{dt} - z_i \dfrac{dy_i}{dt} \right) \\[2mm] \qquad + \dfrac{1}{m_0} \sum\sum m_i m_j \left[(y_i - y_j) \left(\dfrac{dz_i}{dt} - \dfrac{dz_j}{dt} \right) - (z_i - z_j) \left(\dfrac{dy_i}{dt} - \dfrac{dy_j}{dt} \right) \right], \\[3mm] b'' = \sum m_i \left(z_i \dfrac{dx_i}{dt} - x_i \dfrac{dz_i}{dt} \right) \\[2mm] \qquad + \dfrac{1}{m_0} \sum\sum m_i m_j \left[(z_i - z_j) \left(\dfrac{dx_i}{dt} - \dfrac{dx_j}{dt} \right) - (x_i - x_j) \left(\dfrac{dz_i}{dt} - \dfrac{dz_j}{dt} \right) \right], \\[3mm] c'' = \sum m_i \left(x_i \dfrac{dy_i}{dt} - y_i \dfrac{dx_i}{dt} \right) \\[2mm] \qquad + \dfrac{1}{m_0} \sum\sum m_i m_j \left[(x_i - x_j) \left(\dfrac{dy_i}{dt} - \dfrac{dy_j}{dt} \right) - (y_i - y_j) \left(\dfrac{dx_i}{dt} - \dfrac{dx_j}{dt} \right) \right], \end{cases}$$

$$(f'') \quad \begin{cases} 2h'' = \sum m_i \left(\dfrac{dx_i^2}{dt^2} + \dfrac{dy_i^2}{dt^2} + \dfrac{dz_i^2}{dt^2} \right) - 2 \left(1 + \sum \dfrac{m_i}{m_0} \right) \left(fm_0 \sum \dfrac{m_i}{r_i} + U' \right) \\[2mm] \qquad + \dfrac{1}{m_0} \sum\sum m_i m_j \left[\left(\dfrac{dx_i}{dt} - \dfrac{dx_j}{dt} \right)^2 + \left(\dfrac{dy_i}{dt} - \dfrac{dy_j}{dt} \right)^2 + \left(\dfrac{dz_i}{dt} - \dfrac{dz_j}{dt} \right)^2 \right]; \end{cases}$$

i et j désignent deux quelconques des nombres $1, 2, \ldots, n$.

Les formules (d') ou (d'') représentent les intégrales des aires et la formule (f') ou (f'') l'intégrale des forces vives dans le mouvement relatif des planètes autour du Soleil ; ces quatre intégrales sont les seules que l'on connaisse jusqu'ici.

18. La forme (g) des équations différentielles du mouvement relatif n'est pas la forme définitive ; pour arriver à cette dernière, considérons les trois premières des équations (g). En ayant égard à la valeur de U' et remarquant que les quantités $\Delta_{2,3}, \Delta_{2,4}, \ldots, \Delta_{3,4}, \ldots$ ne dépendent pas de x_i, y_i, z_i, nous pour-

rons les écrire ainsi :

$$(19)\begin{cases} \dfrac{d^2 x_1}{dt^2} + f(m_0 + m_1)\dfrac{x_1}{r_1^3} + f\left(\dfrac{m_2 x_2}{r_2^3} + \dfrac{m_3 x_3}{r_3^3} + \ldots\right) = f\dfrac{\partial}{\partial x_1}\left(\dfrac{m_2}{\Delta_{1,2}} + \dfrac{m_3}{\Delta_{1,3}} + \ldots\right), \\[2ex] \dfrac{d^2 y_1}{dt^2} + f(m_0 + m_1)\dfrac{y_1}{r_1^3} + f\left(\dfrac{m_2 y_2}{r_2^3} + \dfrac{m_3 y_3}{r_3^3} + \ldots\right) = f\dfrac{\partial}{\partial y_1}\left(\dfrac{m_2}{\Delta_{1,2}} + \dfrac{m_3}{\Delta_{1,3}} + \ldots\right), \\[2ex] \dfrac{d^2 z_1}{dt^2} + f(m_1 + m_1)\dfrac{z_1}{r_1^3} + f\left(\dfrac{m_2 z_2}{r_2^3} + \dfrac{m_3 z_3}{r_3^3} + \ldots\right) = f\dfrac{\partial}{\partial z_1}\left(\dfrac{m_2}{\Delta_{1,2}} + \dfrac{m_3}{\Delta_{1,3}} + \ldots\right); \end{cases}$$

r_2, r_3, ... ne dépendent pas de x_1, y_1, z_1; on a donc

$$\frac{x_2}{r_2^3} = \frac{\partial}{\partial x_1}\,\frac{x_1 x_2 + y_1 y_2 + z_1 z_2}{r_2^3},$$

$$\frac{x_3}{r_3^3} = \frac{\partial}{\partial x_1}\,\frac{x_1 x_3 + y_1 y_3 + z_1 z_3}{r_3^3},$$

$$\ldots\ldots\ldots\ldots\ldots\ldots\ldots\ldots\ldots\ldots\ldots$$

La première des équations (19) devient

$$\begin{aligned} \frac{d^2 x_1}{dt^2} + f(m_0 + m_1)\frac{x_1}{r_1^3} =\ & f m_2 \frac{\partial}{\partial x_1}\left(\frac{1}{\Delta_{1,2}} - \frac{x_1 x_2 + y_1 y_2 + z_1 z_2}{r_2^4}\right) \\[1ex] & + f m_3 \frac{\partial}{\partial x_1}\left(\frac{1}{\Delta_{1,3}} - \frac{x_1 x_3 + y_1 y_3 + z_1 z_3}{r_3^3}\right) \\[1ex] & + \ldots\ldots\ldots\ldots\ldots\ldots\ldots\ldots\ldots\ldots \end{aligned}$$

On obtient ainsi la forme suivante, la plus usitée, pour les mouvements relatifs des planètes autour du Soleil :

$$(A)\begin{cases} \dfrac{d^2 x_1}{dt^2} + f(m_0 + m_1)\dfrac{x_1}{r_1^3} = \dfrac{\partial R_1}{\partial x_1}, \\[2ex] \dfrac{d^2 y_1}{dt^2} + f(m_0 + m_1)\dfrac{y_1}{r_1^3} = \dfrac{\partial R_1}{\partial y_1}, \\[2ex] \dfrac{d^2 z_1}{dt^2} + f(m_0 + m_1)\dfrac{z_1}{r_1^3} = \dfrac{\partial R_1}{\partial z_1}; \\[2ex] \dfrac{d^2 x_2}{dt^2} + f(m_0 + m_2)\dfrac{x_2}{r_2^3} = \dfrac{\partial R_2}{\partial x_2}, \\[2ex] \dfrac{d^2 y_2}{dt^2} + f(m_0 + m_2)\dfrac{y_2}{r_2^3} = \dfrac{\partial R_2}{\partial y_2}, \\[2ex] \dfrac{d^2 z_2}{dt^2} + f(m_0 + m_2)\dfrac{z_2}{r_2^3} = \dfrac{\partial R_2}{\partial z_2}; \\[2ex] \ldots\ldots\ldots\ldots\ldots\ldots\ldots\ldots\ldots\ldots, \end{cases}$$

où l'on a posé

$$(A_1) \begin{cases} R_1 = f m_2 \left(\dfrac{1}{\Delta_{1,2}} - \dfrac{x_1 x_2 + y_1 y_2 + z_1 z_2}{r_2^3} \right) + f m_3 \left(\dfrac{1}{\Delta_{1,3}} - \dfrac{x_1 x_3 + y_1 y_3 + z_1 z_3}{r_3^3} \right) + \ldots, \\[2ex] R_2 = f m_1 \left(\dfrac{1}{\Delta_{2,1}} - \dfrac{x_2 x_1 + y_2 y_1 + z_2 z_1}{r_1^3} \right) + f m_2 \left(\dfrac{1}{\Delta_{2,3}} - \dfrac{x_2 x_3 + y_2 y_3 + z_2 z_3}{r_3^3} \right) + \ldots, \\[2ex] \cdots\cdots\cdots\cdots\cdots\cdots\cdots\cdots\cdots\cdots\cdots\cdots\cdots\cdots \\[2ex] \qquad\qquad r_i^2 = x_i^2 + y_i^2 + z_i^2, \\[1ex] \Delta_{i,j}^2 = \Delta_{j,i}^2 = (x_i - x_j)^2 + (y_i - y_j)^2 + (z_i - z_j)^2. \end{cases}$$

Ces équations (A) constituent un système de $3n$ équations différentielles simultanées du second ordre. Pour en déduire les valeurs les plus générales de x_1, y_1, z_1; x_2, y_2, z_2; ..., il faudrait obtenir $6n$ intégrales distinctes de ces équations; jusqu'ici, comme nous l'avons dit, on n'en connait que quatre, qui sont données par les formules (d') et (f') ou (d'') et (f'').

CHAPITRE IV.

FORME SYMÉTRIQUE DES ÉQUATIONS DIFFÉRENTIELLES
DU MOUVEMENT RELATIF DES PLANÈTES.

19. Les équations (A) du Chapitre précédent sont celles dont on se sert effectivement pour calculer les mouvements des planètes; dans certaines recherches théoriques, elles présentent toutefois un grave inconvénient, elles ne sont pas symétriques : leurs seconds membres contiennent en effet des fonctions R_1, R_2, ..., qui diffèrent d'une planète à l'autre. Il est possible d'obtenir pour les n planètes des équations différentielles dont les seconds membres ne contiennent qu'une seule et même fonction ou plutôt ses dérivées partielles du premier ordre.

Conservons les notations du Chapitre précédent; nous allons remplacer les variables ξ_0, η_0, ζ_0, ξ_1, η_1, ζ_1, ... par un système de coordonnées défini comme il suit.

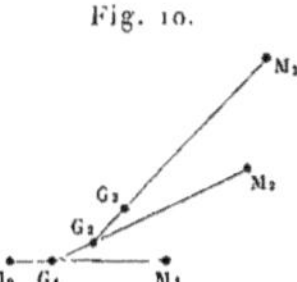

Fig. 10.

Soient (*fig.* 10) :

G_1 le centre de gravité des masses M_0 et M_1 (lesquelles sont condensées, comme on l'a dit, aux points M_0 et M_1);

G_2 le centre de gravité des masses M_0, M_1 et M_2;

. . . . ;

G_{n-1} le centre de gravité des masses M_0, M_1, M_2, ..., M_{n-1};

G celui de tout le système.

Nous prendrons comme nouvelles variables :

x_1, y_1, z_1, coordonnées de M_1 par rapport à trois axes parallèles aux axes fixes et passant par M_0 ;

x_2, y_2, z_2, coordonnées de M_2 par rapport à trois axes parallèles aux axes fixes et passant par G_1 ;

x_3, y_3, z_3, celles de M_3 par rapport à G_2 ;

. . . . :

x_n, y_n, z_n, celles de M_n par rapport à G_{n-1}.

Nous y ajouterons les coordonnées X, Y, Z du point G par rapport aux axes fixes.

La première chose à faire, c'est d'exprimer les anciennes variables en fonction des nouvelles.

Pour y arriver, représentons par X_i, Y_i, Z_i les coordonnées de G_i par rapport aux axes fixes et posons d'une manière générale

$$(1) \qquad m_0 + m_1 + m_2 + \ldots + m_i = \mu_i,$$

l'indice i pouvant prendre les valeurs 0; 1, 2, $\ldots$ n; nous aurons

$$(2) \quad \xi_1 = \xi_0 + x_1, \qquad \xi_2 = X_1 + x_2, \qquad \xi_3 = X_2 + x_3, \qquad \ldots, \qquad \xi_n = X_{n-1} + x_n.$$

Mais on a aussi, d'après les propriétés du centre de gravité,

$$(3) \quad \left\{ \begin{aligned} \mu_1 X_1 &= m_0 \xi_0 + m_1 \xi_1, \\ \mu_2 X_2 &= m_0 \xi_0 + m_1 \xi_1 + m_2 \xi_2, \\ &\ldots\ldots\ldots\ldots\ldots\ldots\ldots\ldots, \\ \mu_{n-1} X_{n-1} &= m_0 \xi_0 + m_1 \xi_1 + m_2 \xi_2 + \ldots + m_{n-1} \xi_{n-1}, \\ \mu_n X &= m_0 \xi_0 + m_1 \xi_1 + m_2 \xi_2 + \ldots + m_{n-1} \xi_{n-1} + m_n \xi_n. \end{aligned} \right.$$

Tirons de là les valeurs de X_1, X_2, $\ldots$, X_{n-1} et portons-les dans les relations (2) ; nous trouverons

$$\begin{aligned} \xi_1 &= \xi_0 + x_1, \\ \xi_2 &= \frac{m_0 \xi_0 + m_1 \xi_1}{\mu_1} + x_2, \\ \xi_3 &= \frac{m_0 \xi_0 + m_1 \xi_1 + m_2 \xi_2}{\mu_2} + x_3, \\ &\ldots\ldots\ldots\ldots\ldots\ldots\ldots\ldots, \\ \xi_n &= \frac{m_0 \xi_0 + m_1 \xi_1 + \ldots + m_{n-1} \xi_{n-1}}{\mu_{n-1}} + x_n. \end{aligned}$$

Résolvons ces n équations par rapport à ξ_1, ξ_2, ..., ξ_n, et il viendra

$$(4) \quad \left\{ \begin{aligned}
&\xi_1 = \xi_0 + x_1, \\
&\xi_2 = \xi_0 + m_1 \frac{x_1}{\mu_1} + x_2, \\
&\xi_3 = \xi_0 + m_1 \frac{x_1}{\mu_1} + m_2 \frac{x_2}{\mu_2} + x_3, \\
&\dots\dots\dots\dots\dots\dots\dots\dots\dots, \\
&\xi_{n-2} = \xi_0 + m_1 \frac{x_1}{\mu_1} + m_2 \frac{x_2}{\mu_2} + \dots + m_{n-3} \frac{x_{n-3}}{\mu_{n-3}} + x_{n-2}, \\
&\xi_{n-1} = \xi_0 + m_1 \frac{x_1}{\mu_1} + m_2 \frac{x_2}{\mu_2} + \dots + m_{n-3} \frac{x_{n-3}}{\mu_{n-3}} + m_{n-2} \frac{x_{n-2}}{\mu_{n-2}} + x_{n-1}, \\
&\xi_n = \xi_0 + m_1 \frac{x_1}{\mu_1} + m_2 \frac{x_2}{\mu_2} + \dots + m_{n-3} \frac{x_{n-3}}{\mu_{n-3}} + m_{n-2} \frac{x_{n-2}}{\mu_{n-2}} + m_{n-1} \frac{x_{n-1}}{\mu_{n-1}} + x_n.
\end{aligned} \right.$$

Portons ces valeurs de ξ_1, ξ_2, ..., ξ_n dans la dernière des équations (3), et nous en tirerons

$$\mu_n X = \mu_n \xi_0 + m_1(\mu_1 + m_2 + \dots + m_n) \frac{x_1}{\mu_1}$$
$$+ m_2(\mu_2 + m_3 + \dots + m_n) \frac{x_2}{\mu_2} + \dots + m_{n-1}(\mu_{n-1} + m_n) \frac{x_{n-1}}{\mu_{n-1}} + m_n x_n;$$

d'où

$$\xi_0 = X - m_1 \frac{x_1}{\mu_1} - m_2 \frac{x_2}{\mu_2} - \dots - m_{n-2} \frac{x_{n-2}}{\mu_{n-2}} - m_{n-1} \frac{x_{n-1}}{\mu_{n-1}} - m_n \frac{x_n}{\mu_n}.$$

Substituons cette valeur de ξ_0 dans les équations (4), et nous trouverons

$$(5) \quad \left\{ \begin{aligned}
&\xi_n = X + \mu_{n-1} \frac{x_n}{\mu_n}, \\
&\xi_{n-1} = X - m_n \frac{x_n}{\mu_n} + \mu_{n-2} \frac{x_{n-1}}{\mu_{n-1}}, \\
&\xi_{n-2} = X - m_n \frac{x_n}{\mu_n} - m_{n-1} \frac{x_{n-1}}{\mu_{n-1}} + \mu_{n-3} \frac{x_{n-2}}{\mu_{n-2}}, \\
&\dots\dots\dots\dots\dots\dots\dots\dots\dots\dots, \\
&\xi_2 = X - m_n \frac{x_n}{\mu_n} - m_{n-1} \frac{x_{n-1}}{\mu_{n-1}} - \dots - m_3 \frac{x_3}{\mu_3} + \mu_1 \frac{x_2}{\mu_2}, \\
&\xi_1 = X - m_n \frac{x_n}{\mu_n} - m_{n-1} \frac{x_{n-1}}{\mu_{n-1}} - \dots - m_2 \frac{x_2}{\mu_2} + \mu_0 \frac{x_1}{\mu_1}, \\
&\xi_0 = X - m_n \frac{x_n}{\mu_n} - m_{n-1} \frac{x_{n-1}}{\mu_{n-1}} - \dots - m_2 \frac{x_2}{\mu_2} - m_1 \frac{x_1}{\mu_1}.
\end{aligned} \right.$$

Ces formules et deux groupes tout pareils, relatifs aux coordonnées η et ζ, définissent les $3n + 3$ anciennes variables en fonction des nouvelles, qui sont

$$X, \; x_1, \; x_2, \; \ldots, \; x_n,$$
$$Y, \; y_1, \; y_2, \; \ldots, \; y_n,$$
$$Z, \; z_1, \; z_2, \; \ldots, \; z_n.$$

20. Les formules (5) rentrent dans le type suivant

$$
(6) \quad
\begin{cases}
\xi_0 = X + a_{0,1}\, x_1 + a_{0,2}\, x_2 + \ldots + a_{0,n}\, x_n, \\
\xi_1 = X + a_{1,1}\, x_1 + a_{1,2}\, x_2 + \ldots + a_{1,n}\, x_n, \\
\cdots\cdots\cdots\cdots\cdots\cdots\cdots\cdots\cdots\cdots\cdots\cdots, \\
\xi_i = X + a_{i,1}\, x_1 + a_{i,2}\, x_2 + \ldots + a_{i,n}\, x_n, \\
\cdots\cdots\cdots\cdots\cdots\cdots\cdots\cdots\cdots\cdots\cdots\cdots, \\
\xi_n = X + a_{n,1}\, x_1 + a_{n,2}\, x_2 + \ldots + a_{n,n}\, x_n
\end{cases}
$$

si l'on pose

$$
(7) \quad
\begin{cases}
a_{i,j} = -\dfrac{m_j}{\mu_j}, & \text{pour} \quad i < j, \\[2mm]
a_{i,j} = 0, & \text{pour} \quad i > j, \\[2mm]
a_{i,i} = +\dfrac{\mu_{i-1}}{\mu_i}.
\end{cases}
$$

Cela posé, formons l'expression de la quantité

$$H = m_0 \xi_0^2 + m_1 \xi_1^2 + m_2 \xi_2^2 + \ldots + m_n \xi_n^2,$$

en y remplaçant les quantités ξ par leurs valeurs (6); H deviendra ainsi une fonction du second degré des quantités X, x_1, x_2, ..., x_n.

Le coefficient de X^2 dans H sera

$$m_0 + m_1 + \ldots + m_n = \mu_n$$

on trouvera pour celui de $2X x_j$

$$m_0 a_{0,j} + m_1 a_{1,j} + \ldots + m_n a_{n,j} = \sum_{i=0}^{i=n} m_i a_{i,j};$$

pour celui de $2 x_j x_k$, j étant différent de k,

$$m_0 a_{0,j}\, a_{0,k} + m_1 a_{1,j}\, a_{1,k} + \ldots + m_n a_{n,j}\, a_{n,k} = \sum_{i=0}^{i=n} m_i a_{i,j}\, a_{i,k}$$

et enfin, pour le coefficient de x_j^2,

$$m_0 a_{0,j}^2 + m_1 a_{1,j}^2 + \ldots + m_n a_{n,j}^2 = \sum_{i=0}^{i=n} m_i a_{i,j}^2.$$

Or, en tenant compte des formules (7), on trouve aisément

$$\sum_{i=0}^{i=n} m_i a_{i,j} = m_0 a_{0,j} + m_1 a_{1,j} + \ldots + m_{j-1} a_{j-1,j} + m_j a_{j,j}$$
$$= -(m_0 + m_1 + \ldots + m_{j-1})\frac{m_j}{\mu_j} + m_j \frac{\mu_{j-1}}{|\mu_j} = 0,$$

$$\sum_{i=0}^{i=n} m_i a_{i,j}^2 = m_0 a_{0,j}^2 + m_1 a_{1,j}^2 + \ldots + m_{j-1} a_{j-1,j}^2 + m_j a_{j,j}^2$$
$$= (m_0 + m_1 + \ldots + m_{j-1})\left(\frac{m_j}{\mu_j}\right)^2 + m_j \left(\frac{\mu_{j-1}}{\mu_j}\right)^2 = \frac{\mu_{j-1} m_j}{\mu_j^2}(m_j + \mu_{j-1}) = \frac{\mu_{j-1}}{\mu_j} m_j$$

et, en supposant, pour fixer les idées, $j < k$,

$$\sum_{i=0}^{i=n} m_i a_{i,j} a_{i,k} = m_0 a_{0,j} a_{0,k} + m_1 a_{1,j} a_{1,k} + \ldots + m_{j-1} a_{j-1,j} a_{j-1,k} + m_j a_{j,j} a_{j,k}$$
$$= (m_0 + m_1 + \ldots + m_{j-1})\frac{m_j}{\mu_j}\frac{m_k}{\mu_k} - m_j \frac{\mu_{j-1}}{\mu_j}\frac{m_k}{\mu_k} = 0.$$

On a donc ces relations

$$(8) \quad \begin{cases} \displaystyle\sum_{i=0}^{i=n} m_i a_{i,j} = 0, \\[2mm] \displaystyle\sum_{i=0}^{i=n} m_i a_{i,j} a_{i,k} = 0, \quad \text{pour} \quad j \gtrless k, \\[2mm] \displaystyle\sum_{i=0}^{i=n} m_i a_{i,j}^2 = \frac{\mu_{j-1}}{\mu_j} m_j, \end{cases}$$

et il en résulte cette formule remarquable

$$(9) \quad m_0 \xi_0^2 + m_1 \xi_1^2 + \ldots + m_n \xi_n^2 = \mu_n X^2 + \frac{\mu_0}{\mu_1} m_1 x_1^2 + \frac{\mu_1}{\mu_2} m_2 x_2^2 + \ldots + \frac{\mu_{n-1}}{\mu_n} m_n x_n^2.$$

On en aurait deux autres toutes pareilles pour les coordonnées η et ζ.

On peut différentier les équations (6) par rapport au temps; on aura entre les dérivées $\frac{dX}{dt}, \frac{d\xi_i}{dt}, \frac{dx_i}{dt}$ des relations de même forme, telles que

$$m_0\left(\frac{d\xi_0}{dt}\right)^2 + m_1\left(\frac{d\xi_1}{dt}\right)^2 + \ldots + m_n\left(\frac{d\xi_n}{dt}\right)^2$$
$$= \mu_n\left(\frac{dX}{dt}\right)^2 + \frac{\mu_0}{\mu_1} m_1\left(\frac{dx_1}{dt}\right)^2 + \ldots + \frac{\mu_{n-1}}{\mu_n} m_n\left(\frac{dx_n}{dt}\right)^2,$$

On en conclut immédiatement l'expression de la force vive $2T$ du système des points matériels M_0, M_1, M_2, ..., M_n, exprimée avec les nouvelles variables; on a en effet

$$2T = m_0\left[\left(\frac{d\xi_0}{dt}\right)^2 + \left(\frac{d\eta_0}{dt}\right)^2 + \left(\frac{d\zeta_0}{dt}\right)^2\right] + \ldots + m_n\left[\left(\frac{d\xi_n}{dt}\right)^2 + \left(\frac{d\eta_n}{dt}\right)^2 + \left(\frac{d\zeta_n}{dt}\right)^2\right],$$

d'où

$$(10)\quad 2T = \mu_n\left[\left(\frac{dX}{dt}\right)^2 + \left(\frac{dY}{dt}\right)^2 + \left(\frac{dZ}{dt}\right)^2\right] + \sum_{i=1}^{i=n}\frac{\mu_{i-1}}{\mu_i}m_i\left[\left(\frac{dx_i}{dt}\right)^2 + \left(\frac{dy_i}{dt}\right)^2 + \left(\frac{dz_i}{dt}\right)^2\right].$$

21. Cherchons maintenant à calculer une expression qui nous sera utile dans un moment, celle de

$$(11)\qquad K = \sum_{i=0}^{i=n} m_i\left(\xi_i\frac{d\eta_i}{dt} - \eta_i\frac{d\xi_i}{dt}\right),$$

où l'on doit remplacer d'une manière générale ξ_i et η_i par leurs valeurs

$$\xi_i = X + a_{i,1}x_1 + \ldots + a_{i,j}x_j + \ldots + a_{i,n}x_n,$$
$$\eta_i = Y + a_{i,1}y_1 + \ldots + a_{i,k}y_k + \ldots + a_{i,n}y_n,$$

déduites des formules (6); on a tout d'abord

$$\frac{d\xi_i}{dt} = \frac{dX}{dt} + a_{i,1}\frac{dx_1}{dt} + \ldots + a_{i,j}\frac{dx_j}{dt} + \ldots + a_{i,n}\frac{dx_n}{dt},$$
$$\frac{d\eta_i}{dt} = \frac{dY}{dt} + a_{i,1}\frac{dy_1}{dt} + \ldots + a_{i,k}\frac{dy_k}{dt} + \ldots + a_{i,n}\frac{dy_n}{dt};$$

en substituant dans (11), il vient

$$K = \left(X\frac{dY}{dt} - Y\frac{dX}{dt}\right)\sum m_i + X\sum_k\frac{dy_k}{dt}\sum_i m_i a_{i,k} - Y\sum_j\frac{dx_j}{dt}\sum_i m_i a_{i,j}$$
$$+ \frac{dY}{dt}\sum_j x_j\sum_i m_i a_{i,j} - \frac{dX}{dt}\sum_k y_k\sum_i m_i a_{i,k}$$
$$+ \sum_j\sum_k x_j\frac{dy_k}{dt}\sum_i m_i a_{i,j}a_{i,k} - \sum_j\sum_k y_k\frac{dx_j}{dt}\sum_i m_i a_{i,k}a_{i,j}.$$

En vertu des formules (8), cela se réduit à

$$K = \mu_n\left(X\frac{dY}{dt} - Y\frac{dX}{dt}\right) + \sum_j x_j\frac{dy_j}{dt}\sum_i m_i a_{i,j}^2 - \sum_j y_j\frac{dx_j}{dt}\sum_i m_i a_{i,j}^2.$$

On obtient ainsi la formule cherchée

$$(12)\qquad \sum_{i=0}^{i=n} m_i\left(\xi_i\frac{d\eta_i}{dt} - \eta_i\frac{d\xi_i}{dt}\right) = \mu_n\left(X\frac{dY}{dt} - Y\frac{dX}{dt}\right) + \sum_{i=1}^{i=n}\frac{\mu_{i-1}}{\mu_i}m_i\left(x_i\frac{dy_i}{dt} - y_i\frac{dx_i}{dt}\right).$$

22. Nous allons former enfin les équations différentielles dont dépendent nos nouvelles variables; nous emploierons pour cela les formules de Lagrange.

Les relations (5) expriment les coordonnées de tous les points du système en fonction des variables indépendantes X, Y, Z, x_1, y_1, z_1, x_2, ..., z_n; soit q_k l'une quelconque de ces variables, $q'_k = \dfrac{dq_k}{dt}$; on aura

$$(13) \qquad \frac{d}{dt}\left(\frac{\partial T}{\partial q'_k}\right) - \frac{\partial T}{\partial q_k} = \frac{\partial U}{\partial q_k}.$$

La fonction T est donnée par la formule (10).

Il faut remarquer que U, qui, d'après les équations (a) du n° 13, ne contenait que les différences $\xi_i - \xi_j$, $\eta_i - \eta_j$, $\zeta_i - \zeta_j$ des coordonnées, ne dépendra pas de X, Y, Z, mais seulement de x_1, x_2, ...; y_1, y_2, ...; z_1, z_2, ...; cette fonction ne contiendra pas non plus le temps explicitement.

Prenons d'abord

$$q_k = X;$$

nous aurons

$$\frac{\partial T}{\partial q'_k} = \mu_n X' = \mu_n \frac{dX}{dt},$$

$$\frac{\partial T}{\partial q_k} = 0, \qquad \frac{\partial U}{\partial q_k} = 0;$$

donc la formule (13) donnera

$$\frac{d^2 X}{dt^2} = 0,$$

d'où, en désignant par α, β, γ, α', β', γ' six constantes arbitraires,

$$(14) \qquad X = \alpha t + \alpha', \qquad Y = \beta t + \beta', \qquad Z = \gamma t + \gamma';$$

on retrouve ainsi le théorème connu pour le mouvement du centre de gravité d'un système soumis seulement aux actions mutuelles de ses points.

Faisons ensuite

$$q_k = x_i;$$

nous aurons, en partant de (10),

$$\frac{\partial T}{\partial x'_i} = \frac{\mu_{i-1}}{\mu_i} m_i x'_i = \frac{\mu_{i-1}}{\mu_i} m_i \frac{dx_i}{dt},$$

$$\frac{\partial T}{\partial x_i} = 0,$$

et la formule (13) donnera

$$\frac{\mu_{i-1}}{\mu_i}\, m_i \frac{d^2 \mathrm{x}_i}{dt^2} = \frac{\partial \mathrm{U}}{\partial \mathrm{x}_i}.$$

Il viendra donc, pour les équations différentielles cherchées,

$$(\mathrm{B})\quad
\begin{cases}
\dfrac{\mu_0}{\mu_1}\, m_1 \dfrac{d^2 \mathrm{x}_1}{dt^2} = \dfrac{\partial \mathrm{U}}{\partial \mathrm{x}_1}, \\[1ex]
\dfrac{\mu_0}{\mu_1}\, m_1 \dfrac{d^2 \mathrm{y}_1}{dt^2} = \dfrac{\partial \mathrm{U}}{\partial \mathrm{y}_1}, \\[1ex]
\dfrac{\mu_0}{\mu_1}\, m_1 \dfrac{d^2 \mathrm{z}_1}{dt^2} = \dfrac{\partial \mathrm{U}}{\partial \mathrm{z}_1}, \\[1ex]
\dfrac{\mu_1}{\mu_2}\, m_2 \dfrac{d^2 \mathrm{x}_2}{dt^2} = \dfrac{\partial \mathrm{U}}{\partial \mathrm{x}_2}, \\[1ex]
\dfrac{\mu_1}{\mu_2}\, m_2 \dfrac{d^2 \mathrm{y}_2}{dt^2} = \dfrac{\partial \mathrm{U}}{\partial \mathrm{y}_2}, \\[1ex]
\dfrac{\mu_1}{\mu_2}\, m_2 \dfrac{d^2 \mathrm{z}_2}{dt^2} = \dfrac{\partial \mathrm{U}}{d \mathrm{z}_2}, \\[1ex]
\cdots\cdots\cdots\cdots\cdots\cdots
\end{cases}
\quad
\begin{aligned}
&\mu_0 = m_0, \\[2ex]
&\mu_1 = m_0 + m_1; \\[2ex]
&\mu_2 = m_0 + m_1 + m_2;
\end{aligned}$$

On voit que ces équations possèdent maintenant la symétrie demandée.

Il convient de voir quelle sera, d'une manière générale, la composition de U à l'aide des nouvelles variables.

En ayant égard à l'expression connue de U en fonction des $\Delta_{i,j}$ et aux relations (5), on trouvera aisément les formules suivantes

$$(\mathrm{C})\quad
\begin{cases}
\mathrm{U} = \mathfrak{f}m_0\left(\dfrac{m_1}{\Delta_{0,1}} + \dfrac{m_2}{\Delta_{0,2}} + \dfrac{m_3}{\Delta_{0,3}} + \ldots\right) + \mathfrak{f}m_1\left(\dfrac{m_2}{\Delta_{1,2}} + \dfrac{m_3}{\Delta_{1,3}} + \ldots\right) \\[2ex]
\qquad\qquad\qquad\qquad\qquad + \mathfrak{f}m_2\left(\dfrac{m_3}{\Delta_{2,3}} + \ldots\right) + \ldots; \\[2ex]
\Delta^2_{0,1} = \mathrm{x}_1^2 + \mathrm{y}_1^2 + \mathrm{z}_1^2, \\[1ex]
\Delta^2_{0,2} = \left(\mathrm{x}_2 + \dfrac{m_1}{\mu_1}\,\mathrm{x}_1\right)^2 + \left(\mathrm{y}_2 + \dfrac{m_1}{\mu_1}\,\mathrm{y}_1\right)^2 + \left(\mathrm{z}_2 + \dfrac{m_1}{\mu_1}\,\mathrm{z}_1\right)^2, \\[1ex]
\Delta^2_{0,3} = \left(\mathrm{x}_3 + \dfrac{m_2}{\mu_2}\,\mathrm{x}_2 + \dfrac{m_1}{\mu_1}\,\mathrm{x}_1\right)^2 + \left(\mathrm{y}_3 + \dfrac{m_2}{\mu_2}\,\mathrm{y}_2 + \dfrac{m_1}{\mu_1}\,\mathrm{y}_1\right)^2 + \left(\mathrm{z}_3 + \dfrac{m_2}{\mu_2}\,\mathrm{z}_2 + \dfrac{m_1}{\mu_1}\,\mathrm{z}_1\right)^2, \\[1ex]
\cdots\cdots\cdots\cdots\cdots\cdots\cdots\cdots\cdots\cdots\cdots; \\[1ex]
\Delta^2_{1,2} = \left(\mathrm{x}_2 - \dfrac{\mu_0}{\mu_1}\,\mathrm{x}_1\right)^2 + \left(\mathrm{y}_2 - \dfrac{\mu_0}{\mu_1}\,\mathrm{y}_1\right)^2 + \left(\mathrm{z}_2 - \dfrac{\mu_0}{\mu_1}\,\mathrm{z}_1\right)^2, \\[1ex]
\Delta^2_{1,3} = \left(\mathrm{x}_3 + \dfrac{m_2}{\mu_2}\,\mathrm{x}_2 - \dfrac{\mu_0}{\mu_1}\,\mathrm{x}_1\right)^2 + \left(\mathrm{y}_3 + \dfrac{m_2}{\mu_2}\,\mathrm{y}_2 - \dfrac{\mu_0}{\mu_1}\,\mathrm{y}_1\right)^2 + \left(\mathrm{z}_3 + \dfrac{m_2}{\mu_2}\,\mathrm{z}_2 - \dfrac{\mu_0}{\mu_1}\,\mathrm{z}_1\right)^2, \\[1ex]
\cdots\cdots\cdots\cdots\cdots\cdots\cdots\cdots\cdots\cdots\cdots; \\[1ex]
\Delta^2_{2,3} = \left(\mathrm{x}_3 - \dfrac{\mu_1}{\mu_2}\,\mathrm{x}_2\right)^2 + \left(\mathrm{y}_3 - \dfrac{\mu_1}{\mu_2}\,\mathrm{y}_2\right)^2 + \left(\mathrm{z}_3 - \dfrac{\mu_1}{\mu_2}\,\mathrm{z}_2\right)^2, \\[1ex]
\cdots\cdots\cdots\cdots\cdots\cdots\cdots\cdots\cdots\cdots\cdots;
\end{cases}$$

on est ainsi ramené à un système (B) de $3n$ équations différentielles simultanées du second ordre, dans lesquelles la fonction U dépend des nouvelles variables par les formules (C).

23. On aura naturellement quatre intégrales de ce système; elles se déduiront des formules (d) et (f) du n° 14, en ayant égard aux équations (10) et (12) du présent Chapitre, et remarquant que, d'après les formules (14), les quantités

$$\left(\frac{d\mathrm{X}}{dt}\right)^2 + \left(\frac{d\mathrm{Y}}{dt}\right)^2 + \left(\frac{d\mathrm{Z}}{dt}\right)^2,$$

$$\mathrm{Y}\frac{d\mathrm{Z}}{dt} - \mathrm{Z}\frac{d\mathrm{Y}}{dt}, \quad \mathrm{Z}\frac{d\mathrm{X}}{dt} - \mathrm{X}\frac{d\mathrm{Z}}{dt}, \quad \mathrm{X}\frac{d\mathrm{Y}}{dt} - \mathrm{Y}\frac{d\mathrm{X}}{dt},$$

sont des constantes. On trouvera ainsi, en désignant par a'_1, b'_1, c'_1, h'_1 quatre constantes arbitraires,

$$(\mathrm{D}) \quad \begin{cases} a'_1 = \sum_{i=1}^{i=n} \frac{\mu_{i-1}}{\mu_i} m_i \left(\mathrm{y}_i \frac{dz_i}{dt} - z_i \frac{dy_i}{dt} \right), \\[2mm] b'_1 = \sum_{i=1}^{i=n} \frac{\mu_{i-1}}{\mu_i} m_i \left(z_i \frac{dx_i}{dt} - x_i \frac{dz_i}{dt} \right), \\[2mm] c'_1 = \sum_{i=1}^{i=n} \frac{\mu_{i-1}}{\mu_i} m_i \left(x_i \frac{dy_i}{dt} - y_i \frac{dx_i}{dt} \right); \end{cases}$$

$$(\mathrm{F}) \quad 2h'_1 = \sum \frac{\mu_{i-1}}{\mu_i} m_i \left[\left(\frac{dx_i}{dt}\right)^2 + \left(\frac{dy_i}{dt}\right)^2 + \left(\frac{dz_i}{dt}\right)^2 \right] - 2\mathrm{U}.$$

On voit que, non seulement les équations différentielles ont une forme plus simple, mais aussi les quatre intégrales connues, quand on emploie les nouvelles variables x_i, y_i, z_i au lieu des anciennes x_i, y_i, z_i.

Il nous reste enfin à indiquer comment, en supposant effectuée l'intégration du système (B), on trouvera les coordonnées des planètes rapportées au Soleil; les formules (4) répondent à la question; elles donnent en effet

$$(\mathrm{G}) \quad \begin{cases} x_1 = \mathrm{x}_1, & y_1 = \mathrm{y}_1, & z_1 = \mathrm{z}_1, \\[2mm] x_2 = \mathrm{x}_2 + \frac{m_1}{\mu_1}\mathrm{x}_1, & y_2 = \mathrm{y}_2 + \frac{m_1}{\mu_1}\mathrm{y}_1, & z_2 = \mathrm{z}_2 + \frac{m_1}{\mu_1}\mathrm{z}_1, \\[2mm] x_3 = \mathrm{x}_3 + \frac{m_2}{\mu_2}\mathrm{x}_2 + \frac{m_1}{\mu_1}\mathrm{x}_1, & y_3 = \mathrm{y}_3 + \frac{m_2}{\mu_2}\mathrm{y}_2 + \frac{m_1}{\mu_1}\mathrm{y}_1, & z_3 = \mathrm{z}_3 + \frac{m_2}{\mu_2}\mathrm{z}_2 + \frac{m_1}{\mu_1}\mathrm{z}_1, \\[2mm] \cdots\cdots\cdots\cdots\cdots, & \cdots\cdots\cdots\cdots\cdots\cdots, & \cdots\cdots\cdots\cdots\cdots \end{cases}$$

La considération des équations (B) peut être utile dans certaines recherches théoriques, comme nous aurons occasion de le montrer dans la suite de cet Ouvrage.

Remarque I. — Soient, relativement à des axes fixes, P_1, P_2, ..., P_n, n points ayant pour coordonnées x_1, y_1, z_1; x_2, y_2, z_2, ...; x_n, y_n, z_n; attribuons à ces points des masses égales respectivement à $\frac{\mu_0}{\mu_1} m_1$, $\frac{\mu_1}{\mu_2} m_2$, ..., $\frac{\mu_{n-1}}{\mu_n} m_n$, et supposons-les soumis à des actions admettant une fonction des forces U, définie par les formules (C); les équations différentielles du mouvement absolu des points P_1, P_2, ... seront identiques aux équations (B). Dans ce mouvement, les formules (D) et (F) représenteront les intégrales des aires et des forces vives.

Remarque II. — La fonction U est plus compliquée que chacune des fonctions R_1, R_2, ..., qui figuraient dans les équations (A) du n° 18; on voit, par les formules (C) que $\Delta_{0,2}$ ne représente plus la distance du point P_2 à l'origine; $\Delta_{1,2}$ ne représente plus la distance $P_1 P_2$. Toutefois, quand on considère les mouvements des planètes autour du Soleil, les rapports $\frac{m_1}{m_0}$, $\frac{m_2}{m_0}$, ..., $\frac{m_n}{m_0}$ sont petits, inférieurs à $\frac{1}{1000}$; on voit donc que la quantité $\Delta_{i,j}$ diffère peu de la distance des deux points P_i et P_j.

Remarque III. — Les variables x_i, y_i, z_i diffèrent de même très peu de x_i, y_i, z_i; mais on a rigoureusement, pour la planète M_1,

$$x_1 = x_1, \qquad y_1 = y_1, \qquad z_1 = z_1.$$

Il va sans dire que l'on pourra prendre pour M_1 l'une quelconque des planètes M_1, M_2, ..., M_n.

La substance de ce Chapitre est tirée d'un intéressant Mémoire de M. R. Radau, intitulé « *Sur une transformation des équations différentielles de la Dynamique* » (*Annales de l'École Normale*, 1re série, t. V); M. Radau avait pris lui-même pour point de départ des résultats particuliers obtenus par Jacobi dans son célèbre Mémoire *Sur l'élimination des nœuds dans le problème des trois corps* (*Journal de Liouville*, 1re série, t. IX).

CHAPITRE V.

ÉQUATIONS DIFFÉRENTIELLES DU MOUVEMENT DES PLANÈTES EN COORDONNÉES POLAIRES.

24. Si l'on se reporte aux équations (A) du n° 18, on peut écrire comme il suit les équations différentielles du mouvement de la planète M dont les coordonnées rectangulaires héliocentriques sont x, y, z :

$$(a) \qquad \frac{d^2 x}{dt^2} = \frac{\partial \Omega}{\partial x} = X, \qquad \frac{d^2 y}{dt^2} = \frac{\partial \Omega}{\partial y} = Y, \qquad \frac{d^2 z}{dt^2} = \frac{\partial \Omega}{\partial z} = Z,$$

où l'on a fait

$$(1) \qquad \left\{ \begin{aligned} &\Omega = f\,\frac{m_0 + m}{r} + R, \\ &R = f m' \left[\frac{1}{\sqrt{(x'-x)^2 + (y'-y)^2 + (z'-z)^2}} - \frac{xx' + yy' + zz'}{r'^3} \right] + \ldots\,; \end{aligned} \right.$$

x', y', z', r', m' désignent les coordonnées rectangulaires, le rayon vecteur et la masse de l'une quelconque M' des planètes perturbatrices ; enfin $m_0 + m$ est la somme des masses du Soleil et de la planète M.

Dans un très grand nombre de questions, il est utile de remplacer les coordonnées rectangulaires x, y, z par les coordonnées polaires r, v, θ ; on aura d'abord

$$(2) \qquad x = r \cos\theta \cos v, \qquad y = r \cos\theta \sin v, \qquad z = r \sin\theta ;$$

r est le rayon vecteur, v la longitude et θ la latitude.

Pour trouver les équations différentielles que vérifieront r, v et θ, il n'y a qu'à appliquer les formules de Lagrange; on aura d'abord à exprimer, à l'aide des nouvelles variables, la quantité

$$2\,T = \left(\frac{dx}{dt}\right)^2 + \left(\frac{dy}{dt}\right)^2 + \left(\frac{dz}{dt}\right)^2;$$

on trouve

$$2\,T = \left(\frac{dr}{dt}\right)^2 + r^2\cos^2\theta\left(\frac{dv}{dt}\right)^2 + r^2\left(\frac{d\theta}{dt}\right)^2.$$

En appliquant la formule

$$\frac{d\left(\frac{\partial T}{\partial q_i}\right)}{dt} - \frac{\partial T}{\partial q_i} = \frac{\partial\Omega}{\partial q_i},$$

et prenant $q_1 = r$, $q_2 = v$, $q_3 = \theta$, on obtient les équations cherchées

$$(\alpha)\quad\begin{cases}\dfrac{d^2 r}{dt^2} - r\cos^2\theta\dfrac{dv^2}{dt^2} - r\dfrac{d\theta^2}{dt^2} = \dfrac{\partial\Omega}{\partial r},\\[2ex] \dfrac{d\left(r^2\cos^2\theta\dfrac{dv}{dt}\right)}{dt} = \dfrac{\partial\Omega}{\partial v},\\[2ex] \dfrac{d}{dt}r^2\dfrac{d\theta}{dt} + r^2\sin\theta\cos\theta\dfrac{dv^2}{dt^2} = \dfrac{\partial\Omega}{\partial\theta}.\end{cases}$$

25. Nous allons transformer ces équations en introduisant, au lieu de r et θ, les nouvelles variables u et s définies par les formules

$$(3)\qquad u = \frac{1}{r\cos\theta}, \qquad s = \tang\theta;$$

$\frac{1}{u}$ est la projection du rayon vecteur sur le plan des xy; s est la tangente de la latitude.

Nous trouverons aisément

$$(4)\qquad r\frac{\partial\Omega}{\partial r} = -u\frac{\partial\Omega}{\partial u}, \qquad \frac{\partial\Omega}{\partial\theta} = us\frac{\partial\Omega}{\partial u} + (1+s^2)\frac{\partial\Omega}{\partial s}.$$

Multiplions d'abord par $2r^2\cos^2\theta\dfrac{dv}{dt}$ les deux membres de la deuxième équation (α); il viendra

$$\frac{2}{u^2}\frac{dv}{dt}\frac{d\frac{1}{u^2}\frac{dv}{dt}}{dt} = \frac{2}{u^2}\frac{\partial\Omega}{\partial v}\frac{dv}{dt},$$

d'où, en intégrant et désignant par h^2 une constante arbitraire,

$$\left(\frac{1}{u^2}\frac{dv}{dt}\right)^2 = h^2 + 2\int\frac{1}{u^2}\frac{\partial\Omega}{\partial v}\frac{dv}{dt}\,dt,$$

d'où

$$(5) \qquad dt = - \frac{dv}{u^2 \sqrt{h^2 + 2 \int \frac{1}{u^2} \frac{\partial \Omega}{\partial v} dv}}.$$

Multiplions maintenant la première des équations (α) par $-\cos\theta$, la troisième par $+\frac{\sin\theta}{r}$, et ajoutons; il viendra

$$- \cos\theta \frac{d^2 r}{dt^2} + r \sin\theta \frac{d^2\theta}{dt^2} + 2 \sin\theta \frac{dr}{dt}\frac{d\theta}{dt} + r \cos\theta \frac{d\theta^2}{dt^2} + r \cos\theta \frac{dv^2}{dt^2}$$

$$= - \cos\theta \frac{\partial\Omega}{\partial r} + \frac{\sin\theta}{r} \frac{\partial\Omega}{\partial\theta}.$$

Le premier membre de cette équation peut s'écrire

$$- \frac{d^2 r \cos\theta}{dt^2} + r \cos\theta \frac{dv^2}{dt^2} = - \frac{d^2 \frac{1}{u}}{dt^2} + \frac{1}{u} \frac{dv^2}{dt^2};$$

on aura donc

$$\frac{d}{dt}\left(\frac{1}{u^2} \frac{du}{dt} \right) + \frac{1}{u} \frac{dv^2}{dt^2} = - \cos\theta \frac{\partial\Omega}{\partial r} + \frac{\sin\theta}{r} \frac{\partial\Omega}{\partial\theta}.$$

Nous allons remplacer dt par sa valeur (5), ce qui nous donnera

$$u^2 \sqrt{h^2 + 2 \int \frac{1}{u^2} \frac{\partial\Omega}{\partial v} dv} \, \frac{d}{dv}\left(\frac{du}{dv} \sqrt{h^2 + 2 \int \frac{1}{u^2} \frac{\partial\Omega}{\partial v} dv} \right) + u^3 \left(h^2 + 2 \int \frac{1}{u^2} \frac{\partial\Omega}{\partial v} dv \right)$$

$$= - \cos\theta \frac{\partial\Omega}{\partial r} + \frac{\sin\theta}{r} \frac{\partial\Omega}{\partial\theta};$$

d'où, en effectuant les calculs et prenant v pour variable indépendante,

$$(6) \quad \frac{d^2 u}{dv^2} + u + \frac{1}{u^2 \left(h^2 + 2 \int \frac{1}{u^2} \frac{\partial\Omega}{\partial v} dv \right)} \left(\frac{\partial\Omega}{\partial v} \frac{du}{dv} + \cos\theta \frac{\partial\Omega}{\partial r} - \frac{\sin\theta}{r} \frac{\partial\Omega}{\partial\theta} \right) = 0.$$

Remplaçons de même dans la troisième équation (α) dt par sa valeur (5); il viendra

$$u^2 \sqrt{h^2 + 2 \int \frac{1}{u^2} \frac{\partial\Omega}{\partial v} dv} \, \frac{d}{dv}\left(u^2 r^2 \frac{d\theta}{dv} \sqrt{h^2 + 2 \int \frac{1}{u^2} \frac{\partial\Omega}{\partial v} dv} \right)$$

$$+ u^4 r^2 \sin\theta \cos\theta \left(h^2 + 2 \int \frac{1}{u^2} \frac{\partial\Omega}{\partial v} dv \right) = \frac{\partial\Omega}{\partial\theta}$$

T. — I. 12

ou bien, en tenant compte des relations (3),

$$u^2 \sqrt{h^2 + 2 \int \frac{1}{u^2} \frac{\partial \Omega}{\partial v} dv} \; \frac{d}{dv}\left(\frac{ds}{dv}\sqrt{h^2 + 2\int \frac{1}{u^2}\frac{\partial\Omega}{\partial v}dv}\right) + u^2 s \left(h^2 + 2\int \frac{1}{u^2}\frac{\partial\Omega}{\partial v}dv\right) = \frac{\partial\Omega}{\partial\theta},$$

d'où

$$(7) \qquad \frac{d^2 s}{dv^2} + s + \frac{1}{u^2\left(h^2 + 2\int \frac{1}{u^2}\frac{\partial\Omega}{\partial v}dv\right)}\left(\frac{\partial\Omega}{\partial v}\frac{ds}{dv} - \frac{\partial\Omega}{\partial\theta}\right) = 0.$$

Réunissons maintenant les formules (5), (6) et (7) et tenons compte des relations (4); nous trouverons

$$(\alpha') \quad \begin{cases} dt = \dfrac{dv}{u^2\sqrt{h^2 + 2\int \dfrac{\partial\Omega}{\partial v}\dfrac{dv}{u^2}}}, \\[2em] \dfrac{d^2 u}{dv^2} + u + \dfrac{\dfrac{\partial\Omega}{\partial v}\dfrac{du}{u^2 dv} - \dfrac{\partial\Omega}{\partial u} - \dfrac{s}{u}\dfrac{\partial\Omega}{\partial s}}{h^2 + 2\int \dfrac{\partial\Omega}{\partial v}\dfrac{dv}{u^2}} = 0, \\[2em] \dfrac{d^2 s}{dv^2} + s + \dfrac{\dfrac{\partial\Omega}{\partial v}\dfrac{ds}{dv} - us\dfrac{\partial\Omega}{\partial u} - (1+s^2)\dfrac{\partial\Omega}{\partial s}}{u^2\left(h^2 + 2\int \dfrac{\partial\Omega}{\partial v}\dfrac{dv}{u^2}\right)} = 0. \end{cases}$$

Nous ferons remarquer que, d'après les formules (1) et (2), Ω est une fonction de r, v, θ et du temps t qui sera introduit par r', v' θ', r'', v'', θ'', …; on pourra écrire aussi

$$\Omega = \Phi(v, u, s, t);$$

t, u et s devront être censés exprimés en fonction de la variable indépendante v. Les équations (α') servent de base à la théorie de la Lune de Laplace.

26. Il peut être avantageux d'introduire, au lieu de $\frac{\partial\Omega}{\partial u}$, $\frac{\partial\Omega}{\partial v}$, $\frac{\partial\Omega}{\partial s}$, les projections de la force accélératrice de la planète M sur trois axes rectangulaires

Fig. 11.

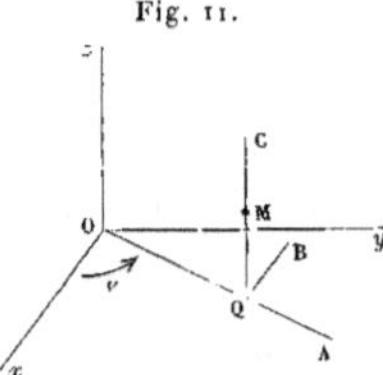

que nous allons définir. Soient (*fig.* 11), à l'époque t, M et Q la position de la planète et sa projection sur le plan fixe $x\,Oy$, QA le prolongement de OQ, QB la perpendiculaire menée sur OQ dans le plan fixe $x\,Oy$, dans le sens où les angles v croissent, QC la parallèle à $O\,z$; les axes mobiles sur lesquels on va projeter la force accélératrice seront QA, QB, QC, et les projections de la force en question sur ces axes seront représentées respectivement par P, T, S.

On aura

$$(8) \quad \begin{cases} \mathrm{P} = \quad \mathrm{X}\cos v + \mathrm{Y}\sin v = \quad \dfrac{\partial\Omega}{\partial x}\cos v + \dfrac{\partial\Omega}{\partial y}\sin v, \\[2mm] \mathrm{T} = -\,\mathrm{X}\sin v + \mathrm{Y}\cos v = -\,\dfrac{\partial\Omega}{\partial x}\sin v + \dfrac{\partial\Omega}{\partial y}\cos v, \\[2mm] \mathrm{S} = \mathrm{Z} = \dfrac{\partial\Omega}{\partial z}. \end{cases}$$

Donnons au point M un déplacement virtuel caractérisé par δx, δy, δz; soient δv, δu et δs les variations correspondantes de v, u et s; on aura

$$\frac{\partial\Omega}{\partial x}\delta x + \frac{\partial\Omega}{\partial y}\delta y + \frac{\partial\Omega}{\partial z}\delta z = (\mathrm{P}\cos v - \mathrm{T}\sin v)\,\delta x + (\mathrm{P}\sin v + \mathrm{T}\cos v)\,\delta y + \mathrm{S}\,\delta z$$

$$= \frac{\partial\Omega}{\partial v}\delta v + \frac{\partial\Omega}{\partial u}\delta u + \frac{\partial\Omega}{\partial s}\delta s.$$

En substituant pour δx, δy, δz leurs valeurs tirées des formules

$$x = \frac{\cos v}{u}, \qquad y = \frac{\sin v}{u}, \qquad z = \frac{s}{u},$$

et égalant dans les deux membres les coefficients de δv, δu et δs, on trouve aisément

$$(9) \quad \begin{cases} \dfrac{\partial\Omega}{\partial v} = \dfrac{1}{u}\,\mathrm{T}, \\[2mm] \dfrac{\partial\Omega}{\partial u} = -\,\dfrac{\mathrm{P} + \mathrm{S}\,s}{u^2}, \\[2mm] \dfrac{\partial\Omega}{\partial s} = \dfrac{1}{u}\,\mathrm{S}; \end{cases}$$

si l'on porte ces valeurs dans les formules (α'), elles deviennent

$$(\alpha') \quad \begin{cases} dt = \dfrac{dv}{u^2\sqrt{\,h^2 + 2\displaystyle\int\dfrac{\mathrm{T}}{u^3}\,dv\,}}, \\[6mm] \dfrac{d^2 u}{dv^2} + u + \dfrac{\dfrac{\mathrm{T}}{u^3}\dfrac{du}{dv} + \dfrac{\mathrm{P}}{u^2}}{h^2 + 2\displaystyle\int\dfrac{\mathrm{T}}{u^3}\,dv} = 0, \\[6mm] \dfrac{d^2 s}{dv^2} + s + \dfrac{\dfrac{\mathrm{T}}{u^3}\dfrac{ds}{dv} + \dfrac{\mathrm{P}\,s - \mathrm{S}}{u^3}}{h^2 + 2\displaystyle\int\dfrac{\mathrm{T}}{u^3}\,dv} = 0. \end{cases}$$

27. Donnons enfin une dernière transformation très simple des équations différentielles. Si l'on désigne par ρ la projection $r\cos\theta = \dfrac{1}{u}$ de r sur le plan des xy, on a

$$x = \rho\cos v, \qquad y = \rho\sin v, \qquad z = \rho s;$$

en partant des formules (a) et (8), on trouve aisément

$$\mathrm{P} = \cos v\,\frac{d^2 x}{dt^2} + \sin v\,\frac{d^2 y}{dt^2} = \cos v\,\frac{d^2\rho\cos v}{dt^2} + \sin v\,\frac{d^2\rho\sin v}{dt^2},$$

$$\mathrm{T} = -\sin v\,\frac{d^2 x}{dt^2} + \cos v\,\frac{d^2 y}{dt^2} = -\sin v\,\frac{d^2\rho\cos v}{dt^2} + \cos v\,\frac{d^2\rho\sin v}{dt^2},$$

$$\mathrm{S} = \frac{d^2 z}{dt^2} = \frac{d^2\rho s}{dt^2},$$

d'où l'on tire, en réduisant, les équations suivantes

$$(\alpha'') \qquad
\begin{cases}
\dfrac{d^2\rho}{dt^2} - \rho\,\dfrac{dv^2}{dt^2} = \mathrm{P},\\[2ex]
\dfrac{1}{\rho}\,\dfrac{d}{dt}\left(\rho^2\,\dfrac{dv}{dt}\right) = \mathrm{T},\\[2ex]
\dfrac{d^2\rho s}{dt^2} = \mathrm{S},
\end{cases}$$

qui ont été fréquemment employées, notamment par M. Airy dans son Mémoire intitulé *Numerical lunar Theory* (Londres, 1886).

CHAPITRE VI.

PROBLÈME DES DEUX CORPS. — PREMIÈRE APPROXIMATION DU MOUVEMENT DES PLANÈTES. — MOUVEMENT ELLIPTIQUE. MOUVEMENT PARABOLIQUE. MOUVEMENT HYPERBOLIQUE.

---

28. Soient O le centre de gravité du Soleil, P, P_1, P_2, ... les centres de gravité des diverses planètes ou des systèmes secondaires formés chacun d'une planète et de ses satellites; nous prendrons pour unité la masse du Soleil, et nous désignerons par m, m_1, m_2, ... les masses des planètes isolées ou les masses des systèmes secondaires. Par le point O, menons trois axes Ox, Oy, Oz, de directions invariables, et soient, relativement à ces axes, x, y, z, r, x_1, y_1, z_1, r_1, ... les coordonnées des points P, P_1, ... et leurs distances au centre du Soleil.

Les équations différentielles du mouvement des points P, P_1, ... ont été données au n° 18; nous allons les reproduire avec de légers changements de notation. Nous poserons

$$\mu = 1 + m, \qquad \mu_1 = 1 + m_1, \qquad \ldots,$$

et nous aurons

$$(a) \quad \left\{ \begin{aligned} \frac{d^2 x}{dt^2} + f\mu\,\frac{x}{r^3} &= \frac{\partial R}{\partial x}, \\[4pt] \frac{d^2 y}{dt^2} + f\mu\,\frac{y}{r^3} &= \frac{\partial R}{\partial y}, \\[4pt] \frac{d^2 z}{dt^2} + f\mu\,\frac{z}{r^3} &= \frac{\partial R}{\partial z}, \end{aligned} \right\} \qquad r^2 = x^2 + y^2 + z^2;$$

$$(a_1) \quad \left\{ \begin{aligned} \frac{d^2 x_1}{dt^2} + f\mu_1\,\frac{x_1}{r_1^3} &= \frac{\partial R_1}{\partial x_1}, \\[4pt] \frac{d^2 y_1}{dt^2} + f\mu_1\,\frac{y_1}{r_1^3} &= \frac{\partial R_1}{\partial y_1}, \\[4pt] \frac{d^2 z_1}{dt^2} + f\mu_1\,\frac{z_1}{r_1^3} &= \frac{\partial R_1}{\partial z_1}, \end{aligned} \right\} \qquad r_1^2 = x_1^2 + y_1^2 + z_1^2;$$

$$\ldots\ldots\ldots\ldots\ldots\ldots \qquad \ldots\ldots\ldots\ldots\ldots\ldots$$

et

$$(\alpha)\quad
\begin{cases}
R = fm_1\left[\dfrac{1}{\sqrt{(x_1-x)^2+(y_1-y)^2+(z_1-z)^2}} - \dfrac{xx_1+yy_1+zz_1}{r_1^3}\right]\\[2ex]
\quad + fm_2\left[\dfrac{1}{\sqrt{(x_2-x)^2+(y_2-y)^2+(z_2-z)^2}} - \dfrac{xx_2+yy_2+zz_2}{r_2^3}\right]\\[1ex]
\quad +\ldots\ldots\ldots\ldots\ldots\ldots\ldots\ldots\ldots\ldots\ldots,\\[2ex]
R_1 = fm\left[\dfrac{1}{\sqrt{(x-x_1)^2+(y-y_1)^2+(z-z_1)^2}} - \dfrac{x_1 x+y_1 y+z_1 z}{r^3}\right]\\[2ex]
\quad + fm_2\left[\dfrac{1}{\sqrt{(x_2-x_1)^2+(y_2-y_1)^2+(z_2-z_1)^2}} - \dfrac{x_1 x_2+y_1 y_2+z_1 z_2}{r_2^3}\right]\\[1ex]
\quad +\ldots\ldots\ldots\ldots\ldots\ldots\ldots\ldots\ldots\ldots\ldots,\\[1ex]
\quad \ldots\ldots\ldots\ldots\ldots\ldots\ldots\ldots\ldots\ldots\ldots
\end{cases}$$

On a donc à intégrer, si i désigne le nombre des planètes, un système de $3i$ équations différentielles simultanées du second ordre. On a dit déjà que, même pour $i = 2$, on ne sait pas résoudre rigoureusement le problème; fort heureusement, une circonstance particulière va nous permettre d'obtenir une solution approchée. Les masses des planètes sont en effet très petites par rapport à celle du Soleil; ainsi la masse la plus considérable, celle de Jupiter, n'est pas la millième partie de celle du Soleil; les seconds membres des équations (a). (a_1), ... contiennent dans tous leurs termes en facteur un des nombres très petits m, m_1, ..., qui expriment les rapports des masses des planètes à celles du Soleil; d'autre part, les distances mutuelles des planètes ne deviennent pas très petites; donc les attractions qu'une planète éprouve de la part des autres planètes sont très faibles par rapport à celle que lui fait subir le Soleil. On trouvera, par exemple, dans les seconds membres des équations (a), en posant $PP_1 = \Delta$, les quantités

$$\frac{fm_1}{\Delta^2}\frac{x_1-x}{\Delta}, \quad \frac{fm_1}{\Delta^2}\frac{y_1-y}{\Delta}, \quad \frac{fm_1}{\Delta^2}\frac{z_1-z}{\Delta},$$

tandis que les seconds termes des premiers membres de ces mêmes équations sont

$$\frac{f(1+m)}{r^2}\frac{x}{r}, \quad \frac{f(1+m)}{r^2}\frac{y}{r}, \quad \frac{f(1+m)}{r^2}\frac{z}{r};$$

or m_1 est très petit devant $1+m$, $\frac{1}{\Delta^2}$ est comparable à $\frac{1}{r^2}$.

On peut donc, dans une première approximation, réduire à zéro les seconds membres des équations (a), (a_1), . . .; on trouve alors les équations

$$(b) \qquad \begin{cases} \dfrac{d^2 x}{dt^2} + f\mu\, \dfrac{x}{r^3} = 0, \\[2mm] \dfrac{d^2 y}{dt^2} + f\mu\, \dfrac{y}{r^3} = 0, \\[2mm] \dfrac{d^2 z}{dt^2} + f\mu\, \dfrac{z}{r^3} = 0; \end{cases}$$

$$(b_1) \qquad \begin{cases} \dfrac{d^2 x_1}{dt^2} + f\mu_1\dfrac{x_1}{r_1^3} = 0, \\[2mm] \dfrac{d^2 y_1}{dt^2} + f\mu_1\dfrac{y_1}{r_1^3} = 0, \\[2mm] \dfrac{d^2 z_1}{dt^2} + f\mu_1\dfrac{z_1}{r_1^3} = 0; \end{cases}$$

. . . .

Les équations (b) forment un groupe indépendant de (b_1); on a naturellement le même résultat que si l'on avait traité du mouvement de chaque planète comme si elle existait seule autour du Soleil.

Nous allons donc nous occuper de l'intégration des équations (b); cette intégration peut se faire rigoureusement; les formules générales auxquelles nous arriverons conviendront aux équations (b_1), ...; l'ensemble de ces formules constituera la première approximation. Il restera ensuite à montrer comment on peut utiliser les intégrales des équations (b), (b_1), ... pour intégrer par approximation les équations (a), (a_1), ...

29. Intégrales premières. — Si l'on ajoute les deux premières équations (b) après les avoir multipliées, la première par $-y$, la seconde par $+x$, on obtient une combinaison intégrable; on trouve ainsi, en désignant par C, C', C″ trois constantes arbitraires

$$(A) \qquad \begin{cases} y\dfrac{dz}{dt} - z\dfrac{dy}{dt} = \mathrm{C}, \\[2mm] z\dfrac{dx}{dt} - x\dfrac{dz}{dt} = \mathrm{C}', \\[2mm] x\dfrac{dy}{dt} - y\dfrac{dx}{dt} = \mathrm{C}''; \end{cases}$$

ce sont les intégrales des aires.

On forme avec les équations (b) une autre combinaison intégrable, en les multipliant respectivement par $2\,dx$, $2\,dy$, $2\,dz$ et ajoutant. Soit a une constante arbitraire; on trouve ainsi

$$(\text{B}) \qquad \frac{dx^2}{dt^2} + \frac{dy^2}{dt^2} + \frac{dz^2}{dt^2} = \frac{2\,f\mu}{r} - \frac{f\mu}{a};$$

c'est l'intégrale des forces vives.

Nous montrerons dans un moment comment on peut déterminer la courbe décrite par la planète en partant des intégrales ci-dessus.

Mais nous allons d'abord faire connaître trois autres intégrales données par Laplace dans la *Mécanique céleste* et qui nous serviront plus loin.

On tire des équations (b)

$$\text{C}'' \frac{d^2 y}{dt^2} - \text{C}' \frac{d^2 z}{dt^2} = f\mu \frac{\text{C}'z - \text{C}''y}{r^3},$$

et, en remplaçant dans le second membre C' et C'' par leurs valeurs (A), il vient, après une transformation facile,

$$\text{C}'' \frac{d^2 y}{dt^2} - \text{C}' \frac{d^2 z}{dt^2} = f\mu \frac{r^2 \dfrac{dx}{dt} - xr \dfrac{dr}{dt}}{r^3};$$

on peut intégrer, ce qui donne

$$\text{C}'' \frac{dy}{dt} - \text{C}' \frac{dz}{dt} = f\mu \frac{x}{r} + \text{const.}$$

Soient donc F, F′, F″ trois constantes arbitraires; on aura les trois intégrales cherchées

$$(\text{C}) \qquad \left\{ \begin{aligned} \text{F} &= f\mu \frac{x}{r} + \text{C}' \frac{dz}{dt} - \text{C}'' \frac{dy}{dt}, \\[1ex] \text{F}' &= f\mu \frac{y}{r} + \text{C}'' \frac{dx}{dt} - \text{C}\, \frac{dz}{dt}, \\[1ex] \text{F}'' &= f\mu \frac{z}{r} + \text{C}\, \frac{dy}{dt} - \text{C}' \frac{dx}{dt}. \end{aligned} \right.$$

Il faut supposer dans ces formules C, C′, C″ remplacés par leurs expressions (A).

Entre les sept constantes C, C′, C″, a, F, F′, F″, il existe deux relations faciles à obtenir. On trouve d'abord, en ajoutant les formules (C) après les avoir multipliées par C, C′, C″,

$$\text{CF} + \text{C}'\text{F}' + \text{C}''\text{F}'' = \frac{f\mu}{r}(\text{C}x + \text{C}'y + \text{C}''z);$$

mais les formules (A), multipliées par x, y, z, donnent

$$(1) \qquad \text{C}x + \text{C}'y + \text{C}''z = 0;$$

il vient donc

$$CF + C'F' + C''F'' = 0.$$

On démontre ensuite par des calculs faciles que l'on a identiquement

$$F^2 + F'^2 + F''^2 + \frac{f\mu}{a}(C^2 + C'^2 + C''^2) - f^2\mu^2 = 0.$$

Il résulte des deux dernières formules que, sur les sept intégrales (A), (B) et (C), cinq seulement sont distinctes.

30. Revenons à la détermination de l'orbite ; l'équation (1) montre qu'elle est plane, et que son plan passe par le Soleil. Nous prendrons ce plan pour xOy, de manière que z sera constamment nul ; les intégrales (A) et (B) se réduiront à

$$x \frac{dy}{dt} - y \frac{dx}{dt} = C'',$$

$$\frac{dx^2 + dy^2}{dt^2} = f\mu \left(\frac{2}{r} - \frac{1}{a} \right),$$

ou bien, en remplaçant C'' par c et introduisant au lieu de x et y les coordonnées polaires r et ϑ,

$$(2) \qquad r^2 \frac{d\vartheta}{dt} = c,$$

$$(3) \qquad \frac{dr^2 + r^2 d\vartheta^2}{dt^2} = f\mu \left(\frac{2}{r} - \frac{1}{a} \right).$$

Soit S l'aire décrite par le rayon vecteur r quand la planète passe de la position qui répond au temps t_0 à la position quelconque qui correspond au temps t. On a

$$dS = \frac{1}{2} r^2 d\vartheta ;$$

la formule (2) donnera

$$S = \frac{c}{2} (t - t_0).$$

Les aires décrites par le rayon vecteur sont donc proportionnelles aux temps employés à les décrire. On retrouve ainsi la première loi de Kepler ; on voit en même temps que la constante c représente le double de l'aire décrite dans l'unité de temps. Si l'on élimine dt entre (2) et (3), il vient

$$c^2 \frac{dr^2 + r^2 d\vartheta^2}{r^4 d\vartheta^2} = f\mu \left(\frac{2}{r} - \frac{1}{a} \right),$$

d'où

$$c^2\left(\frac{d\frac{1}{r}}{d\vartheta}\right)^2 = -\frac{f\mu}{a} + \frac{2f\mu}{r} - \frac{c^2}{r^2},$$

$$d\vartheta = \frac{c\,d\frac{1}{r}}{\sqrt{-\dfrac{f\mu}{a} + \dfrac{2f\mu}{r} - \dfrac{c^2}{r^2}}},$$

$$d\vartheta = -\frac{d\left(\dfrac{c}{r} - \dfrac{f\mu}{c}\right)}{\sqrt{\dfrac{f^2\mu^2}{c^2} - \dfrac{f\mu}{a} - \left(\dfrac{c}{r} - \dfrac{f\mu}{c}\right)^2}}.$$

On aura donc, en intégrant et désignant par ω une constante arbitraire,

$$\vartheta - \omega = \arccos \frac{\dfrac{c}{r} - \dfrac{f\mu}{c}}{\sqrt{\dfrac{f^2\mu^2}{c^2} - \dfrac{f\mu}{a}}},$$

d'où

$$(4) \qquad r = \frac{\dfrac{c^2}{f\mu}}{1 + \sqrt{1 - \dfrac{c^2}{f\mu a}}\cos(\vartheta - \omega)};$$

c'est l'équation de la trajectoire. On voit que c'est une section conique ayant pour foyer le centre du Soleil; dans le cas des planètes, les conditions initiales doivent être telles que cette courbe soit une ellipse. Nous retrouvons la seconde loi de Kepler.

Désignons par p le paramètre, a le demi grand axe, e l'excentricité de l'orbite, qui sera inférieure à l'unité; soit (*fig.* 12) A le point de l'ellipse le plus

Fig. 12.

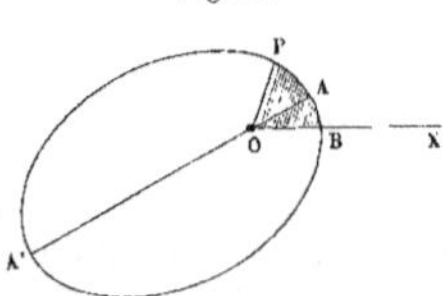

voisin du foyer O, point qu'on nomme le *périhélie* (le point A' le plus éloigné du point O est l'*aphélie*); représentons par w l'angle AOP que fait avec OA le rayon vecteur $r = $ OP de la planète au temps t; w est appelé l'*anomalie vraie* de la planète.

L'équation bien connue de l'ellipse, avec les coordonnées r et w, est

$$r = \frac{p}{1 + e \cos w} = \frac{a(1 - e^2)}{1 + e \cos w};$$

la comparaison de cette expression avec (4) donne

$$(5) \qquad\qquad \omega = \vartheta - w = \text{XOA};$$

ω est donc l'angle que fait avec OX le rayon vecteur du périhélie; on a ensuite

$$a(1 - e^2) = \frac{c^2}{f\mu}, \qquad e = \sqrt{1 - \frac{c^2}{f\mu a}},$$

d'où l'on tire

$$(6) \qquad\qquad c = \sqrt{f\mu p} = \sqrt{f\mu a(1 - e^2)}$$

et

$$a = a;$$

ainsi la constante a, que nous avions introduite dans l'intégrale (B) des forces vives, n'est autre chose que le demi grand axe de l'orbite.

Si donc V désigne la vitesse de la planète à l'époque t, on aura, d'après (3),

$$(7) \qquad\qquad V^2 = f\mu \left(\frac{2}{r} - \frac{1}{a} \right);$$

c'est une formule importante.

L'aire de l'ellipse est

$$\pi ab = \pi a^2 \sqrt{1 - e^2};$$

si l'on représente par T le temps employé par la planète à décrire son ellipse, l'aire $\frac{c}{2}$ décrite dans l'unité de temps sera

$$\frac{c}{2} = \frac{\pi a^2 \sqrt{1 - e^2}}{T};$$

remplaçons c par sa valeur (6), et nous trouverons

$$(8) \qquad\qquad \frac{4\pi^2 a^3}{T^2} = f\mu = f(1 + m),$$

ce qui est une relation fondamentale pour la suite.

Pour la seconde planète P_1, on aura de même

$$\frac{4\pi^2 a_1^3}{T_1^2} = f\mu_1 = f(1 + m_1);$$

on conclut des deux dernières formules

$$(9) \qquad \frac{T^2}{T_1^2} = \frac{a^3}{a_1^3}\,\frac{1 + m_1}{1 + m};$$

on n'a plus

$$\frac{T^2}{T_1^2} = \frac{a^3}{a_1^3},$$

et la troisième loi de Kepler cesse d'être vérifiée rigoureusement; mais elle l'est d'une façon très approchée, car nous avons dit que les nombres m et m_1 sont très petits; la fraction $\frac{1 + m}{1 + m_1}$ diffère fort peu de l'unité.

On désigne ordinairement par n le quotient

$$(10) \qquad n = \frac{2\pi}{T},$$

qu'on appelle le *moyen mouvement;* c'est la vitesse angulaire que devrait avoir un rayon vecteur fictif qui tournerait d'un mouvement uniforme autour du point O, de manière à faire une révolution complète dans le même temps T que le rayon vecteur de la planète.

Si l'on introduit la quantité n dans les formules (6) et (8), on trouve les relations

$$(11) \qquad n^2 a^3 = f\mu = f(1 + m),$$

$$(12) \qquad c = na^2\sqrt{1 - e^2},$$

qui sont d'un usage constant.

31. Calcul de la position dans l'orbite. — Nous allons montrer maintenant comment on peut déterminer la position de la planète sur son orbite à une époque quelconque.

On a, d'après (5),

$$\frac{d\vartheta}{dt} = \frac{dw}{dt};$$

il viendra donc, en ayant égard aux formules (2) et (12),

$$(13) \qquad \begin{cases} r^2 \dfrac{dw}{dt} = na^2\sqrt{1-e^2}, \\[2mm] r = \dfrac{a(1-e^2)}{1+e\cos w}; \end{cases}$$

ces deux équations déterminent r et w en fonction de t.

Éliminons w : nous aurons

$$\cos w = a\,\frac{1-e^2}{e}\,\frac{1}{r} - \frac{1}{e},$$

d'où

$$dw = \frac{a\sqrt{1-e^2}}{r}\,\frac{dr}{\sqrt{a^2e^2-(a-r)^2}};$$

en portant cette valeur de w dans la première des équations (13), il vient

$$(14) \qquad n\,dt = \frac{r}{a}\,\frac{dr}{\sqrt{a^2e^2-(a-r)^2}}.$$

On est conduit à prendre une variable auxiliaire u définie par la relation

$$a - r = ae\cos u;$$

on en tire

$$(15) \qquad r = a(1-e\cos u),$$

et, en portant cette valeur de r dans l'équation (14), il vient

$$n\,dt = (1-e\cos u)\,du,$$

d'où, en intégrant et désignant par τ une constante arbitraire,

$$(16) \qquad u - e\sin u = n(t-\tau).$$

La variable auxiliaire u est susceptible d'une interprétation géométrique très simple. Décrivons, en effet, un cercle sur le grand axe de l'ellipse comme diamètre; l'ordonnée QP (*fig.* 13) perpendiculaire sur CA rencontre cette circonférence en R; menons la droite CR et faisons pour un moment

$$CQ = x;$$

nous savons, par les formules de la Géométrie analytique, que l'on a

$$OP = r = a - e\mathrm{x}.$$

En comparant avec la formule (15), il vient

$$\mathrm{x} = a \cos u;$$

mais le triangle rectangle CQR donne

$$\mathrm{x} = a \cos(\mathrm{QCR})$$

on a donc

$$u = \mathrm{QCR}.$$

C'est l'interprétation cherchée; la variable auxiliaire u se nomme l'*anomalie excentrique* de la planète.

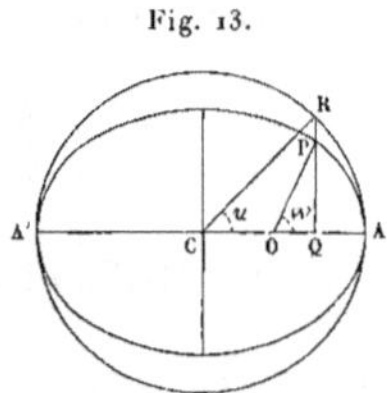

Fig. 13.

La formule (16) fera connaître la valeur de l'anomalie excentrique en fonction du temps; l'équation (15) donnera ensuite r.

Nous pouvons remarquer qu'au point A on a $u = 0$; la formule (16) donne alors $t = \tau$; donc la quantité τ représente le temps du passage de la planète à son périhélie.

Il nous reste à déterminer w en fonction de u. Pour y arriver, il suffit d'égaler les deux expressions (13) et (15) de r. On trouve ainsi

$$\frac{a(1 - e^2)}{1 + e \cos w} = a(1 - e \cos u),$$

d'où

(17)
$$\begin{cases} \cos w = \dfrac{\cos u - e}{1 - e \cos u}, \\[2mm] \sin w = \sqrt{1 - e^2}\, \dfrac{\sin u}{1 - e \cos u}. \end{cases}$$

L'une ou l'autre de ces formules permet de calculer w en fonction de u; mais elles ne sont pas les plus commodes pour le calcul numérique. On tire de la première

$$1 + \cos w = 2 \cos^2 \frac{w}{2} = \frac{(1 - e)(1 + \cos u)}{1 - e \cos u},$$

$$1 - \cos w = 2 \sin^2 \frac{w}{2} = \frac{(1 + e)(1 - \cos u)}{1 - e \cos u},$$

d'où

$$(18) \qquad \begin{cases} \sin \dfrac{w}{2} = \dfrac{\sqrt{1 + e}\,\sin \dfrac{u}{2}}{\sqrt{1 - e \cos u}}, \\[3mm] \cos \dfrac{w}{2} = \dfrac{\sqrt{1 - e}\,\cos \dfrac{u}{2}}{\sqrt{1 - e \cos u}}, \\[3mm] \tang \dfrac{w}{2} = \sqrt{\dfrac{1 + e}{1 - e}}\, \tang \dfrac{u}{2}. \end{cases}$$

Enfin, en combinant les formules (15), (17) et (18), on peut écrire encore

$$(19) \qquad \begin{cases} r \sin w = a \sqrt{1 - e^2}\, \sin u, \\ r \cos w = a(\cos u - e); \end{cases}$$

$$(20) \qquad \begin{cases} \sqrt{r}\, \sin \dfrac{w}{2} = \sqrt{a(1 + e)}\, \sin \dfrac{u}{2}, \\[3mm] \sqrt{r}\, \cos \dfrac{w}{2} = \sqrt{a(1 - e)}\, \cos \dfrac{u}{2}. \end{cases}$$

Ces deux groupes de formules donnent en même temps r et w en fonction de u; on les emploie, le dernier surtout, quand il s'agit de calculs numériques.

On voit que la position de la planète sur son orbite est déterminée complètement en fonction de u; la valeur de u est déterminée elle-même en fonction de t par l'équation (16), qui est transcendante et que l'on appelle l'*équation de Kepler*.

L'angle $n(t - \tau) = 2\pi \dfrac{t - \tau}{\mathrm{T}}$ est ce que l'on nomme l'*anomalie moyenne*; on la représente généralement par ζ. On voit que c'est l'angle dont a tourné depuis le périhélie le rayon fictif considéré plus haut à partir du moment où il coïncidait avec OA.

Nous pouvons résumer comme il suit les formules essentielles qui servent à calculer la position de la planète dans son orbite :

$$(c) \quad \begin{cases} n = \sqrt{\dfrac{f\mu}{a^3}}, \\[2mm] \zeta = n(t - \tau), \\[2mm] u - e\sin u = \zeta, \\[2mm] r = a(1 - e\cos u), \\[2mm] \tang\dfrac{w}{2} = \sqrt{\dfrac{1+e}{1-e}}\,\tang\dfrac{u}{2}. \end{cases}$$

Il nous reste à donner les intégrales complètes des équations (b).

32. Calcul de la position héliocentrique. — Nous reprenons trois axes Ox, Oy, Oz de directions invariables se coupant au centre du Soleil; il est dans l'usage actuel d'adopter pour plan des xy le plan de l'écliptique au 1er janvier 1850; la partie positive de l'axe des x sera la droite menée du point O à l'équinoxe moyen du printemps à la même époque. La partie positive de l'axe des y sera dirigée vers le solstice d'été, et la partie positive de l'axe des z vers le pôle boréal de l'écliptique.

Du point O comme centre, avec un rayon égal à l'unité, traçons une surface sphérique; soient (*fig.* 14) x, y, z les points où elle est percée par les parties positives des axes. Le plan de l'orbite de la planète coupe la surface de la sphère

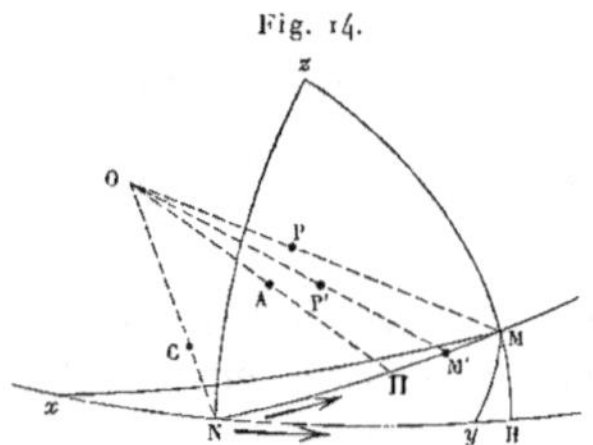

Fig. 14.

suivant un grand cercle MN qui rencontre le grand cercle xy en deux points qu'on appelle les *nœuds* du plan de l'orbite : l'un est le *nœud ascendant*, l'autre le *nœud descendant*. La définition du nœud ascendant est la suivante : Dans son mouvement, la planète perce le plan des xy en deux points C et C'; considérons celui de ces points, C, où le z de la planète, en devenant nul, passe du négatif au positif; le rayon OC rencontre la sphère au point N qui est le nœud ascendant.

L'arc xN compté à partir du point x, dans le sens xy, jusqu'au point N est la *longitude du nœud ascendant*; nous la représenterons par θ. L'angle yNM que fait le plan de l'orbite avec le plan des xy est l'*inclinaison* de l'orbite; nous la désignerons par φ; elle est définie sans ambiguïté par les directions Ny et NM prises respectivement dans le sens xy et dans le sens du mouvement de la planète.

Les deux quantités θ et φ déterminent sans ambiguïté la position du plan de l'orbite; θ peut être compris entre $0°$ et $360°$. Toutes les planètes tournent dans le même sens, sens direct, autour du Soleil; le plan des xy diffère peu de l'orbite d'une des planètes, la Terre; donc l'angle φ sera compris entre $0°$ et $90°$. Il y a plus, les anciennes planètes ont des orbites peu inclinées les unes sur les autres; φ sera donc pour chacune d'elles un angle assez petit.

Pour les comètes, φ peut être compris entre $90°$ et $180°$; alors le mouvement de la comète est rétrograde; les définitions de φ et θ données ci-dessus sont applicables à tous les cas.

Après avoir fixé la position du plan de l'orbite, il faut indiquer l'orientation de l'ellipse dans ce plan : soient A le périhélie, P une position quelconque de la planète sur son ellipse; les rayons OA et OP percent la surface de la sphère aux points Π et M; pour déterminer la position du point Π, on donne la somme des arcs xN et NΠ (NΠ est compté à partir du point N jusqu'au point Π, dans le sens du mouvement de l'astre), et on la représente par ϖ; on a donc

$$x\mathrm{N} + \mathrm{N}\Pi = \varpi,$$

d'où

$$\mathrm{N}\Pi = \varpi - \theta;$$

ϖ est ce que l'on appelle la *longitude du périhélie*.

Il faut maintenant faire connaître la forme de l'ellipse, en donnant son *excentricité e*, et sa grandeur absolue, en donnant le *demi grand axe a*, ou la *distance moyenne* de la planète au Soleil.

On doit dire ensuite comment la planète parcourt son orbite; cela se fait en introduisant la durée T de sa révolution, ou le *moyen mouvement*

$$n = \frac{2\pi}{\mathrm{T}};$$

enfin, il faut savoir à quel point de son orbite la planète se trouve à un moment déterminé; on donne pour cela le *temps du passage au périhélie*, τ.

Il est facile maintenant de calculer la position de la planète en fonction du temps et des constantes qui viennent d'être définies; on aura d'abord

$$u - e\sin u = n(t - \tau),$$
$$r = a(1 - e\cos u);$$

désignons par v la somme des arcs xN et NM, l'arc NM étant compté comme NΠ

T. — I.   14

à partir du point N, dans le sens du mouvement de la planète; v est ce que l'on nomme la *longitude de la planète dans son orbite.*

L'anomalie vraie w est l'angle

$$w = \text{AOP} = \Pi\text{M} = v - \varpi\,;$$

on aura donc, d'après la dernière équation (c),

$$\operatorname{tang} \frac{v - \varpi}{2} = \sqrt{\frac{1+e}{1-e}}\,\operatorname{tang} \frac{u}{2}\,;$$

on a ainsi r et v.

Reste à former les expressions de x, y, z, coordonnées rectangulaires de la planète P, par rapport aux axes définis au commencement de ce numéro. Or $\frac{x}{r}$, $\frac{y}{r}$, $\frac{z}{r}$ sont les cosinus des angles que fait le rayon OP ou OM avec les axes; si donc nous traçons les arcs de grands cercles Mx, My, Mz, nous aurons

$$\frac{x}{r} = \cos(\text{M}x), \qquad \frac{y}{r} = \cos(\text{M}y), \qquad \frac{z}{r} = \cos(\text{M}z).$$

Pour obtenir ces cosinus, nous considérons les triangles sphériques

$$\text{M}x\text{N}, \qquad \text{M}y\text{N}, \qquad \text{M}z\text{N},$$

dans lesquels on a

$$x\text{N} = \theta, \qquad\qquad\qquad x\text{NM} = \pi - \varphi,$$
$$y\text{N} = \frac{\pi}{2} - \theta, \qquad \text{NM} = v - \theta, \qquad v\text{NM} = \varphi,$$
$$z\text{N} = \frac{\pi}{2}, \qquad\qquad\qquad z\text{NM} = \frac{\pi}{2} - \varphi\,;$$

en appliquant à chacun de ces triangles la formule fondamentale de la Trigonométrie sphérique, on trouve

$$\cos(\text{M}x) = \cos\theta \cos(v - \theta) - \sin\theta \sin(v - \theta)\cos\varphi,$$
$$\cos(\text{M}y) = \sin\theta \cos(v - \theta) + \cos\theta \sin(v - \theta)\cos\varphi,$$
$$\cos(\text{M}z) = \qquad\qquad\qquad\quad \sin(v - \theta)\sin\varphi.$$

On voit que les formules précédentes font connaître x, y, z en fonction de t et des *six constantes arbitraires* a, e, φ, τ, ϖ, θ; la quantité n ne doit pas être comptée comme une constante distincte de a, puisque c'est une fonction de a définie par la première des relations (c). On a donc ainsi les intégrales générales des équations (b).

Les astronomes introduisent généralement à la place de τ un autre élément ε défini comme il suit : imaginons, comme plus haut, un rayon vecteur fictif coïncidant avec le rayon vecteur de la planète aux époques τ, $\tau + T$, $\tau + 2T$, ..., et tournant d'un mouvement uniforme autour du point O ; il effectuera donc une révolution dans le temps T, et sa vitesse angulaire sera n ; à l'époque t, ce rayon percera la surface de la sphère au point M', et l'on aura

$$\Pi M' = n(t - \tau) = \zeta;$$

si sur OM' on prend une longueur $OP' = a$, P' sera une planète fictive qui resterait à une distance constante du Soleil, et serait animée sur son orbite circulaire d'un mouvement uniforme.

La longitude de cette planète fictive, dans son orbite, serait

$$x N + NM' = \varpi + \Pi M' = \varpi + n(t - \tau) = l;$$

l est ce qu'on appelle la *longitude moyenne* de la planète P ; à l'époque zéro, elle se réduit à $\varpi - n\tau$, quantité que l'on représente par ε ; ε est donc la longitude moyenne à l'époque zéro ; on dit plus simplement que c'est la *longitude moyenne de l'époque*. On a donc

$$\varpi - n\tau = \varepsilon,$$

d'où

$$n\tau = \varpi - \varepsilon;$$

l'anomalie moyenne devient

$$(21) \qquad \zeta = nt - n\tau = nt + \varepsilon - \varpi;$$

la longitude moyenne l peut s'écrire

$$l = \varepsilon + nt,$$

de sorte que

$$(22) \qquad \zeta = l - \varpi.$$

Nous aurons donc finalement, pour les intégrales générales des équations (b), cet ensemble de formules

$$(d) \quad \left\{ \begin{aligned} &n = \sqrt{\frac{f\mu}{a^3}}, \\ &u - e \sin u = nt + \varepsilon - \varpi, \\ &r = a(1 - e \cos u), \\ &\tang \frac{v - \varpi}{2} = \sqrt{\frac{1 + e}{1 - e}} \, \tang \frac{u}{2}, \\ &x = r[\cos\theta \cos(v - \theta) - \sin\theta \sin(v - \theta) \cos\varphi], \\ &y = r[\sin\theta \cos(v - \theta) + \cos\theta \sin(v - \theta) \cos\varphi], \\ &z = r \sin(v - \theta) \sin\varphi. \end{aligned} \right.$$

Les six constantes θ, φ, ϖ, e, a, ε sont appelées les *six éléments du mouvement elliptique*, ou souvent, par abréviation, les *six éléments elliptiques* de la planète.

Remarque. — L'arc $\Pi M'$ étant égal à l'anomalie moyenne, on a

$$w = \zeta + M'M,$$
$$v = l + M'M;$$

la quantité $M'M$ est ce qu'on appelle l'*équation du centre*; c'est ce qu'il faut ajouter à l'anomalie moyenne pour trouver l'anomalie vraie, ou à la longitude moyenne pour obtenir la longitude vraie; si nous la représentons par $\mathcal{C}$, nous aurons

$$(23) \qquad\qquad \mathcal{C} = w - \zeta,$$

et il en résultera

$$(24) \qquad \begin{cases} w = \zeta + \mathcal{C}, \qquad v = l + \mathcal{C}, \\ \text{où} \\ \quad l = \varepsilon + nt. \end{cases}$$

33. Revenons à la *fig.* 14; prolongeons l'arc de grand cercle zM jusqu'à sa rencontre en H avec le grand cercle xy; la droite OH sera la projection du rayon vecteur r sur le plan des xy. Posons

$$x\,\mathrm{H} = v_1, \qquad \mathrm{HM} = s;$$

v_1 et s sont la *longitude héliocentrique* et la *latitude héliocentrique* de la planète, et constituent avec r ses trois coordonnées polaires.

Le triangle sphérique MHN est rectangle en H; on a dans ce triangle

$$N\Pi = v_1 - \theta, \qquad NM = v - \theta;$$

on en conclut

$$(25) \qquad\qquad \mathrm{tang}(v_1 - \theta) = \cos\varphi\,\mathrm{tang}(v - \theta),$$
$$(e) \qquad\qquad \sin s = \sin\varphi \sin(v - \theta);$$

ces formules permettront donc de calculer v_1 et s.

Lorsque l'inclinaison φ est petite, et c'est le cas usuel, on calcule généralement v_1 d'une autre façon; on sait qu'on déduit de l'équation (25)

$$(v_1 - \theta) = (v - \theta) - \frac{\mathrm{tang}^2 \frac{\varphi}{2}}{\sin 1''} \sin 2(v - \theta) + \frac{\mathrm{tang}^4 \frac{\varphi}{2}}{\sin 2''} \sin 4(v - \theta) - \ldots;$$

on peut donc écrire

$$(f) \quad \begin{cases} \rho = - \dfrac{\tang^2 \frac{\varphi}{2}}{\sin 1''} \sin 2(v - \theta) + \dfrac{\tang^4 \frac{\varphi}{2}}{\sin 2''} \sin 4(v - \theta) - \ldots, \\ v_1 = v + \rho; \end{cases}$$

ces formules permettront de calculer v_1 très facilement; la quantité ρ, qui est très petite dans le cas considéré, se nomme *réduction à l'écliptique*.

34. Maximum de l'équation du centre. — L'équation du centre c est une fonction de la variable ζ et du paramètre e; cette fonction s'annule pour $\zeta = o$ et $\zeta = \pi$, quel que soit e; entre ces limites de ζ, elle est d'ailleurs positive, car on voit aisément que l'on a $\zeta < u < w$; elle passe donc par un maximum, et c'est ce maximum que nous nous proposons de déterminer.

On a

$$\mathcal{E} = w - \zeta, \qquad \frac{d\mathcal{E}}{d\zeta} = \frac{1}{n} \frac{dw}{dt} - 1 = \frac{1}{nr^2} r^2 \frac{dw}{dt} - 1 = \frac{c}{nr^2} - 1 = \frac{a^2 \sqrt{1 - e^2}}{r^2} - 1;$$

on aura donc, pour le maximum,

$$r = a(1 - e^2)^{\frac{1}{4}}.$$

Les expressions connues de r en fonction de u et w donnent ensuite

$$\cos u = \frac{1 - (1 - e^2)^{\frac{1}{4}}}{e},$$

$$\cos w = - \frac{1 - (1 - e^2)^{\frac{3}{4}}}{e};$$

$\cos u$ est positif et $\cos w$ négatif; il convient de poser

$$u = \frac{\pi}{2} - u', \qquad w = \frac{\pi}{2} + w';$$

on aura donc

$$(26) \quad \begin{cases} \sin u' = \dfrac{1 - (1 - e^2)^{\frac{1}{4}}}{e}, \\ \sin w' = \dfrac{1 - (1 - e^2)^{\frac{3}{4}}}{e}. \end{cases}$$

Ces formules feront connaître u' et w'; on aura ensuite

$$\mathcal{E} = w - u + e \sin u,$$

d'où

$$(27) \qquad \mathcal{C} = u' + w' + e\sqrt{1 - \sin^2 u'}.$$

Si e est petit, les formules (26) donneront pour $\sin u'$ et $\sin w'$ des expressions que l'on pourra développer en séries très convergentes suivant les puissances de e; ces séries commenceront à la première puissance de e; on en conclura les développements analogues de u', w', et du maximum $\mathcal{C}$ par la formule (27).

On trouve ainsi

$$\mathcal{C} = 2e + \frac{11}{48}\,e^3 + \frac{599}{5120}\,e^5 + \frac{17219}{229376}\,e^7 + \ldots$$

On peut tirer de cette relation la valeur de l'excentricité en fonction de la plus grande équation du centre; on trouve

$$e = \frac{1}{2}\,\mathcal{C} - \frac{11}{2^8.3}\,\mathcal{C}^3 - \frac{587}{2^{16}.3.5}\,\mathcal{C}^5 - \frac{40583}{2^{23}.5.7.9}\,\mathcal{C}^7 - \ldots;$$

cette formule a été employée pendant longtemps au calcul des excentricités des orbites planétaires.

35. Mouvement parabolique des comètes. — Si l'on suppose infinie la constante a qui figure dans l'intégrale (B) des forces vives, le coefficient de $\cos(\vartheta - \omega)$ dans la formule (4) devient égal à l'unité. La trajectoire est une parabole ayant le Soleil pour foyer; c'est le cas du plus grand nombre des comètes. On a alors, en représentant par p le paramètre de la parabole,

$$(28) \qquad r = \frac{p}{1 + \cos w},$$

$$(29) \qquad r^2\,\frac{dw}{dt} = \sqrt{f\mu p};$$

w est la distance angulaire de la comète à son périhélie (le périhélie n'est autre chose que le sommet de la parabole).

Le calcul de r et w en fonction de t est essentiellement différent de ce qu'il était pour les planètes.

L'élimination de r entre les formules (28) et (29) donne

$$\sqrt{f\mu}\,dt = \frac{p^{\frac{3}{2}}}{4\cos^4\frac{w}{2}}\,dw$$

ou bien

$$\frac{2\sqrt{f\mu}}{p^{\frac{3}{2}}}\,dt = \left(1 + \text{tang}^2\frac{w}{2}\right) d\,\text{tang}\frac{w}{2};$$

d'où, en intégrant et désignant par τ l'instant du passage de la comète au périhélie,

$$(30) \qquad \frac{2\sqrt{f\mu}}{p^{\frac{3}{2}}}\,(t-\tau) = \text{tang}\frac{w}{2} + \tfrac{1}{3}\text{tang}^3\frac{w}{2}\cdot$$

Cette équation donnera w en fonction de t : après quoi la formule (28) fera connaître r. Ayant obtenu ainsi r et w, on passera au calcul des coordonnées rectangulaires x, y, z de la comète par les mêmes formules que pour les planètes.

Pour suivre l'usage adopté par les astronomes, il convient d'introduire, au lieu de p, la quantité $q = \frac{p}{2}$, qui représente la plus courte distance de la comète au Soleil, et que l'on nomme simplement la *distance périhélie*. On a ainsi cet ensemble de formules

$$(g)\qquad
\begin{cases}
\text{tang}\dfrac{w}{2} + \tfrac{1}{3}\text{tang}^3\dfrac{w}{2} = \dfrac{\sqrt{f\mu}}{q\sqrt{2q}}\,(t-\tau),\\[2ex]
r = \dfrac{q}{\cos^2\dfrac{w}{2}},\\[2ex]
v = \varpi + w;\\[1ex]
x = r\,[\cos\theta\cos(v-\theta) - \sin\theta\sin(v-\theta)\cos\varphi],\\[1ex]
y = r\,[\sin\theta\cos(v-\theta) + \cos\theta\sin(v-\theta)\cos\varphi],\\[1ex]
z = r\sin(v-\theta)\sin\varphi;
\end{cases}$$

la formule (7) donne d'ailleurs pour la vitesse V de la comète cette expression très simple

$$V^2 = \frac{2f\mu}{r}\cdot$$

On obtiendra ainsi x, y, z en fonction de t et des *cinq* constantes arbitraires ou *éléments paraboliques* $\theta, \varphi, \varpi, q, \tau$.

La signification des éléments θ, φ, ϖ et τ est la même que pour les planètes.

Remarque. — La fonction $\text{tang}\frac{w}{2} + \tfrac{1}{3}\text{tang}^3\frac{w}{2}$ croît sans cesse avec w; elle est nulle pour $w = 0$ et infinie pour $w = \pi$; donc la première des formules (g) donne toujours pour w une valeur et une seule, comprise entre 0 et $\pm\pi$, selon que l'on a $t \gtrless \tau$. On voit que la détermination de w est ramenée à la résolution d'une équation du troisième degré dans laquelle l'inconnue est $\tan g \frac{w}{2}$. Dans la pratique, on évite la résolution de cette équation du troisième degré en la remplaçant par le système suivant :

$$(31) \qquad \mathfrak{M} = \frac{t - \tau}{q^{\frac{3}{2}}},$$

$$(32) \qquad \mathfrak{M} = \sqrt{\frac{2}{f \mu}} \left(\tan g \frac{w}{3} + \tfrac{1}{3} \tan g^3 \frac{w}{2} \right),$$

où $\mathfrak{M}$ est une quantité auxiliaire.

On construit une Table numérique donnant la valeur de la fonction $\mathfrak{M}$ de w, déterminée par la formule (32), pour des valeurs équidistantes de l'argument w; une fois cette Table construite, on pourra en tirer la valeur de w qui répond à celle de $\mathfrak{M}$ déterminée par la formule (31).

La Table en question sera la même pour toutes les comètes, parce que, leurs masses étant très petites et absolument négligeables devant celle du Soleil, on peut prendre $\mu = 1$; dès lors, il n'entre rien dans la formule (32) qui se rapporte à telle comète plutôt qu'à telle autre.

36. Théorème d'Euler.

36. Théorème d'Euler. — On doit à Euler une expression des plus remarquables pour le temps ς que met une comète, dans son mouvement parabolique, à passer d'une position P à une autre P′; cette expression contient seulement, et d'une manière très élégante, la somme $r + r'$ des rayons vecteurs menés du Soleil aux points P et P′ et la corde $\sigma = PP'$ qui les joint.

Soit w' la valeur de w qui répond au point P′ : nous regarderons w et w' comme positifs après le passage au périhélie, comme négatifs avant, et nous supposerons $w' > w$. En retranchant l'équation (30) de l'équation analogue pour le point P′, on trouve, en faisant pour abréger l'écriture $k = \sqrt{f \mu}$,

$$\frac{2k}{p^{\frac{3}{2}}} \varsigma = \tan g \frac{w'}{2} - \tan g \frac{w}{2} + \frac{1}{3} \left(\tan g^3 \frac{w'}{2} - \tan g^3 \frac{w}{2} \right)$$

ou bien

$$(33) \quad \frac{6k}{p^{\frac{3}{2}}} \varsigma = \left(\tan g \frac{w'}{2} - \tan g \frac{w}{2} \right) \left[3 \left(1 + \tan g \frac{w}{2} \tan g \frac{w'}{2} \right) + \left(\tan g \frac{w'}{2} - \tan g \frac{w}{2} \right)^2 \right].$$

On a d'ailleurs

$$(34) \qquad r = \frac{p}{2 \cos^2 \frac{w}{2}}, \qquad r' = \frac{p}{2 \cos^2 \frac{w'}{2}},$$

$$\sigma^2 = r^2 + r'^2 - 2 r r' \cos(w' - w) = (r + r')^2 - 4 r r' \cos^2 \frac{w' - w}{2};$$

d'où

$$(35) \qquad 2\sqrt{rr'}\cos\frac{w'-w}{2} = \pm\sqrt{(r+r'+\sigma)(r+r'-\sigma)};$$

on devra prendre le signe $+$, si l'on a

$$w'-w < \pi,$$

et le signe $-$, si l'on a

$$w'-w > \pi.$$

Posons pour un moment

$$(36) \qquad \begin{cases} r+r'+\sigma = A, \\ r+r'-\sigma = B, \end{cases}$$

et remplaçons dans (35) r et r' par leurs valeurs (34); nous aurons

$$\frac{\cos\dfrac{w'-w}{2}}{\cos\dfrac{w}{2}\cos\dfrac{w'}{2}} = \pm\frac{\sqrt{AB}}{p},$$

d'où

$$(37) \qquad 1 + \operatorname{tang}\frac{w}{2}\operatorname{tang}\frac{w'}{2} = \pm\frac{\sqrt{AB}}{p}.$$

On tire ensuite des formules (34)

$$r+r' = \frac{p}{2}\left(2 + \operatorname{tang}^2\frac{w}{2} + \operatorname{tang}^2\frac{w'}{2}\right)$$

ou bien, en ayant égard aux relations (36),

$$\frac{A+B}{p} = 2\left(1 + \operatorname{tang}\frac{w}{2}\operatorname{tang}\frac{w'}{2}\right) + \left(\operatorname{tang}\frac{w'}{2} - \operatorname{tang}\frac{w}{2}\right)^2;$$

cela peut s'écrire, à cause de (37),

$$\frac{A+B \mp 2\sqrt{AB}}{p} = \left(\operatorname{tang}\frac{w'}{2} - \operatorname{tang}\frac{w}{2}\right)^2;$$

d'où, en remarquant que $\operatorname{tang}\dfrac{w'}{2} - \operatorname{tang}\dfrac{w}{2}$ est positif par hypothèse,

$$(38) \qquad \operatorname{tang}\frac{w'}{2} - \operatorname{tang}\frac{w}{2} = \frac{\sqrt{A} \mp \sqrt{B}}{\sqrt{p}}.$$

Il ne reste plus qu'à porter dans (33) les expressions (37) et (38). On

T. — I. 15

trouve

$$\frac{6k}{p^{\frac{3}{2}}}\,\mathfrak{S} = \frac{\sqrt{A}\mp\sqrt{B}}{\sqrt{p}}\left(\frac{A+B\pm\sqrt{AB}}{p}\right).$$

On voit que le diviseur $p^{\frac{3}{2}}$ disparaît, et il reste simplement

$$6k\mathfrak{S} = A^{\frac{3}{2}}\mp B^{\frac{3}{2}},$$

ou bien, en remplaçant A et B par leurs valeurs (36),

$$(h)\qquad\qquad 6k\mathfrak{S} = (r+r'+\sigma)^{\frac{3}{2}}\mp(r+r'-\sigma)^{\frac{3}{2}};$$

c'est la formule d'Euler que l'on attribue souvent, mais à tort, à Lambert; Euler l'a donnée le premier. On a vu plus haut comment le signe ambigu $\pm$ doit être fixé dans chaque cas.

Il convient d'insister sur cette formule; on pouvait exprimer *a priori* w et w' à l'aide de $r+r'$, de σ et de p; la formule (33) devait donc donner pour $\mathfrak{S}$ un résultat de cette forme

$$\mathfrak{S} = \Phi(r+r',\,\sigma,\,p);$$

ce qu'il y a de remarquable dans la formule (h), c'est d'abord la manière dont y entrent les quantités $r+r'$ et σ; mais c'est surtout le fait que p n'y figure plus.

C'est la raison du rôle fondamental que joue cette formule dans la belle méthode d'*Olbers* pour la détermination des orbites paraboliques des comètes.

37. Mouvement hyperbolique. — Si l'on suppose négative la constante a qui figure dans l'intégrale (B) des forces vives, le coefficient de $\cos(\theta-\omega)$ dans la formule (4) est supérieur à l'unité, et la trajectoire est une hyperbole dont le Soleil occupe un foyer. Ce cas paraît être réalisé pour quelques comètes et surtout pour certains bolides. Nous supposerons l'astre en mouvement sur la branche d'hyperbole qui tourne sa concavité vers le Soleil; le mouvement ne pourrait avoir lieu sur l'autre branche que si la force émanée du Soleil était répulsive. Nous n'examinerons pas ce dernier cas, quoiqu'on ait à le considérer dans la théorie de la figure des comètes (Bessel, Faye, Roche, Bredichin, etc.).

La formule (4) nous donnera

$$r = \frac{-a(e^2-1)}{1+e\cos w};$$

on obtiendra les points de la branche considérée en supposant que w varie de $-\left(\pi-\arccos\frac{1}{e}\right)$ à $+\left(\pi-\arccos\frac{1}{e}\right)$; toutes les valeurs de r seront positives.

Cela posé, pour obtenir les formules du mouvement hyperbolique, nous pouvons partir de celles du mouvement elliptique

$$u - e \sin u = \frac{\sqrt{f\mu}}{a\sqrt{a}}\,(t - \tau),$$

$$r = a(1 - e \cos u),$$

$$\operatorname{tang} \frac{w}{2} = \sqrt{\frac{1+e}{1-e}}\,\operatorname{tang} \frac{u}{2},$$

et nous les transformerons en posant

$$a = -a_1, \qquad u = \frac{u_1}{\sqrt{-1}},$$

a_1 désignant une quantité positive et u_1 une quantité réelle.

Soit E la base des logarithmes népériens ; nous aurons

$$\sin u = \frac{E^{u_1} - E^{-u_1}}{2\sqrt{-1}}, \qquad \cos u = \frac{E^{u_1} + E^{-u_1}}{2},$$

$$\operatorname{tang} \frac{u}{2} = \frac{1}{\sqrt{-1}}\,\frac{E^{u_1} - 1}{E^{u_1} + 1};$$

et il en résultera, en choisissant convenablement le signe du radical qui figure dans $\operatorname{tang} \frac{w}{2}$,

$$(c') \quad \begin{cases} e\,\dfrac{E^{u_1} - E^{-u_1}}{2} - u_1 = \dfrac{\sqrt{f\mu}}{a_1\sqrt{a_1}}\,(t - \tau), \\[2mm] r = a_1\left(e\,\dfrac{E^{u_1} + E^{-u_1}}{2} - 1\right), \\[2mm] \operatorname{tang} \dfrac{w}{2} = \sqrt{\dfrac{e+1}{e-1}}\,\dfrac{E^{u_1} - 1}{E^{u_1} + 1}. \end{cases}$$

On peut introduire, au lieu de u_1, une variable auxiliaire $\mathcal{F}$ définie par la formule

$$E^{u_1} = \operatorname{tang}\left(\frac{\pi}{4} + \frac{\mathcal{F}}{2}\right),$$

d'où

$$E^{u_1} + E^{-u_1} = \frac{2}{\cos \mathcal{F}}, \qquad E^{u_1} - E^{-u_1} = 2\operatorname{tang}\mathcal{F},$$

$$\frac{E^{u_1} - 1}{E^{u_1} + 1} = \operatorname{tang} \frac{\mathcal{F}}{2};$$

si l'on introduit en outre la quantité auxiliaire $n_1 = \sqrt{\dfrac{f\mu}{a_1^3}}$ et $\varepsilon = \varpi - n_1\tau$, on trouvera, en partant des formules (c'), cet ensemble de relations

$$(d') \qquad \begin{cases} n_1 = \sqrt{\dfrac{\mu}{a_1^3}}, \\[2ex] e \tang \mathfrak{F} - \log \tang\left(\dfrac{\pi}{4} + \dfrac{\mathfrak{F}}{2}\right) = n_1 t + \varepsilon - \varpi, \\[2ex] r = a_1\left(\dfrac{e}{\cos \mathfrak{F}} - 1\right), \\[2ex] \tang\dfrac{v - \varpi}{2} = \sqrt{\dfrac{e+1}{e-1}} \, \tang\dfrac{\mathfrak{F}}{2}, \\[2ex] x = r\left[\cos\theta\cos(v-\theta) - \sin\theta\sin(v-\theta)\cos\varphi\right], \\[1ex] y = r\left[\sin\theta\cos(v-\theta) + \cos\theta\sin(v-\theta)\cos\varphi\right], \\[1ex] z = r\sin(v-\theta)\sin\varphi. \end{cases}$$

La seconde de ces formules permettra de calculer l'inconnue auxiliaire $\mathfrak{F}$ qui remplace l'anomalie excentrique; on obtiendra ainsi les coordonnées rectangulaires héliocentriques exprimées en fonction du temps t et des *six éléments hyperboliques* θ, φ, ϖ, e, a_1, ε.

38. Détermination des éléments du mouvement elliptique d'une planète, connaissant la position et la vitesse de la planète à un moment donné t_0. — Cette question se présente très souvent en Astronomie. Soient x_0, y_0, z_0, $r_0 = \sqrt{x_0^2 + y_0^2 + z_0^2}$ les coordonnées de la planète à l'époque t, et $x_0' = \left(\dfrac{dx}{dt}\right)_0$, $y_0' = \left(\dfrac{dy}{dt}\right)_0$, $z_0' = \left(\dfrac{dz}{dt}\right)_0$ les composantes de sa vitesse $V_0 = \sqrt{x_0'^2 + y_0'^2 + z_0'^2}$, au même instant.

Commençons par une question accessoire :

Exprimer, à l'aide des éléments du mouvement elliptique, les trois constantes C, C', C" *des intégrales des aires*, intégrales (A) du n° 29.

On a donc ces formules

$$(A) \qquad C = y\frac{dz}{dt} - z\frac{dy}{dt}, \qquad C' = z\frac{dx}{dt} - x\frac{dz}{dt}, \qquad C'' = x\frac{dy}{dt} - y\frac{dx}{dt}.$$

Soit Q le point où la sphère de rayon 1, ayant pour centre le centre O du Soleil, est percée par la normale au plan de l'orbite, menée d'un tel côté qu'un observateur placé les pieds en O et la tête en Q voie le mouvement de la planète s'effectuer de sa droite vers sa gauche. Je dis qu'on aura, dans tous les cas, en grandeur et en signe, les formules

$$(39) \qquad C = c\cos(Qx), \qquad C' = c\cos(Qy), \qquad C' = c\cos(Qz),$$

où c désigne la quantité essentiellement positive $\sqrt{f\mu p}$, qui représente, comme on l'a vu, le double de l'aire décrite dans l'unité de temps par le rayon vecteur r de la planète.

Il suffira de démontrer l'une des formules (39), la dernière par exemple; soient r'' la projection de r sur le plan des x, y, ϑ'' l'angle que fait r'' avec Ox, S'' l'aire décrite à partir d'une certaine position par le rayon r''; on aura

$$x = r'' \cos \vartheta'', \qquad y = r'' \sin \vartheta'',$$

d'où

$$C'' = x \frac{dy}{dt} - y \frac{dx}{dt} = r''^2 \frac{d\vartheta''}{dt} = \pm 2 \frac{dS''}{dt}.$$

On voit que C'' représente $\pm$ le double de l'aire décrite dans l'unité de temps par le rayon r'', suivant que $\frac{d\vartheta''}{dt}$ est positif ou négatif, c'est-à-dire suivant que le déplacement de r'' s'effectue dans le sens xy, ou dans le sens yx. Mais l'aire S'' est la projection de l'aire plane S décrite par r; le rapport $\frac{S''}{S}$ est donc égal au cosinus de l'angle que fait le plan de l'orbite avec le plan des xy, et l'on a, au signe près,

$$(40) \qquad\qquad C'' = c \cos(Qz).$$

Or, si l'angle (Qz) est aigu, le mouvement de r'' s'effectue dans le sens xy; il s'effectue, au contraire, dans le sens yx si l'angle (Qz) est obtus; donc C'' et $\cos(Qz)$ sont toujours de même signe, et la formule (40) est générale.

Si l'on considère maintenant les triangles sphériques QNx et QNy, N désignant le nœud ascendant de l'orbite, et si l'on remarque que $QN = \frac{\pi}{2}$, l'application de la formule fondamentale de la Trigonométrie sphérique donne immédiatement

$$(41) \quad \left\{ \begin{array}{l} \cos(Qx) = \sin\varphi \sin\theta, \qquad \cos(Qy) = -\sin\varphi \cos\theta; \\ \text{on a d'ailleurs} \\ \cos(Qz) = \cos\varphi. \end{array} \right.$$

Les formules (39) et (41) nous fournissent donc les relations cherchées,

$$(k) \quad \left\{ \begin{array}{l} C = y \dfrac{dz}{dt} - z \dfrac{dy}{dt} = \sqrt{f\mu p}\,\sin\varphi \sin\theta, \\[2mm] C' = z \dfrac{dx}{dt} - x \dfrac{dz}{dt} = -\sqrt{f\mu p}\,\sin\varphi \cos\theta, \\[2mm] C'' = x \dfrac{dy}{dt} - y \dfrac{dx}{dt} = \sqrt{f\mu p}\,\cos\varphi. \end{array} \right.$$

Nous allons écrire de nouveau les intégrales (C) du n° 29, mais sous une forme un peu différente, en remarquant que l'on a identiquement

$$C'\frac{dz}{dt} - C''\frac{dy}{dt} = \frac{dx}{dt}\left(x\frac{dx}{dt} + y\frac{dy}{dt} + z\frac{dz}{dt}\right) - x\left(\frac{dx^2}{dt^2} + \frac{dy^2}{dt^2} + \frac{dz^2}{dt^2}\right) = r\frac{dr}{dt}\frac{dx}{dt} - xV^2;$$

nous trouverons ainsi

$$(C_1)\qquad \begin{cases} F = f\mu\,\dfrac{x}{r} - xV^2 + r\dfrac{dr}{dt}\dfrac{dx}{dt}, \\[2mm] F' = f\mu\,\dfrac{y}{r} - yV^2 + r\dfrac{dr}{dt}\dfrac{dy}{dt}, \\[2mm] F'' = f\mu\,\dfrac{z}{r} - zV^2 + r\dfrac{dr}{dt}\dfrac{dz}{dt}. \end{cases}$$

Cela posé, les formules (k) et (C) appliquées à l'époque t_0 donnent

$$(l)\qquad \begin{cases} C = y_0 z'_0 - z_0 y'_0, \\[1mm] C' = z_0 x'_0 - x_0 z'_0, \\[1mm] C'' = x_0 y'_0 - y_0 x'_0, \\[2mm] F = f\mu\,\dfrac{x_0}{r_0} + C' z'_0 - C'' y'_0, \\[2mm] F' = f\mu\,\dfrac{y_0}{r_0} + C'' x'_0 - C\, z'_0, \\[2mm] F'' = f\mu\,\dfrac{z_0}{r_0} + C\, y'_0 - C'\, x'_0; \end{cases}$$

ce qui détermine, en fonction des données, les valeurs des six constantes C, C', C'', F, F', F''; on aura ensuite

$$(m)\qquad \sqrt{f\mu p}\,\sin\varphi\sin\theta = C, \qquad \sqrt{f\mu p}\,\sin\varphi\cos\theta = -C', \qquad \sqrt{f\mu p}\,\cos\varphi = C'',$$

d'où, sans ambiguïté, les valeurs des quantités p, φ et θ.

La formule (7), appliquée à l'instant t_0, donne d'ailleurs

$$(n)\qquad \frac{1}{a} = \frac{2}{r_0} - \frac{V_0^2}{f\mu};$$

d'où le demi grand axe a de l'ellipse; on a ensuite

$$(o)\qquad e^2 = 1 - \frac{1}{a}\,p,$$

ce qui fait connaître l'excentricité.

Nous appliquerons maintenant les formules (C_1) au moment τ où la planète passe à son périhélie; nous désignerons par X_1, Y_1, Z_1 les coordonnées de ce point, et par $r_1 = a(1 - e) = \sqrt{\overline{X_1^2} + \overline{Y_1^2} + \overline{Z_1^2}}$ la distance périhélie. Nous aurons, à ce moment, $\dfrac{dr}{dt} = 0$, puisque r_1 est un minimum.

La formule (7) donne d'ailleurs

$$V_1^2 = f\mu \left(\frac{2}{r_1} - \frac{1}{a} \right),$$

d'où

$$\frac{f\mu}{r} - V_1^2 = f\mu \left(\frac{1}{a} - \frac{1}{r_1} \right) = - \frac{f\mu e}{r_1}.$$

Les formules (C_1) donneront donc

$$(42) \qquad e\,\frac{X_1}{r_1} = - \frac{F}{f\mu}, \qquad e\,\frac{Y_1}{r_1} = - \frac{F'}{f\mu}, \qquad e\,\frac{Z_1}{r_1} = - \frac{F''}{f\mu}.$$

Remarquons en passant qu'il résulte de là une représentation géométrique simple des constantes F, F′, F″; ces quantités sont, en effet, les projections sur les axes d'une longueur égale à $f\mu e$ portée sur le grand axe de l'ellipse à partir du foyer O, dans la direction du centre.

On déduira des formules (42) les cosinus directeurs du rayon mené au périhélie; mais il est préférable d'obtenir la longitude ϖ du périhélie. Or les formules (d) donnent

$$(43) \qquad \begin{cases} \dfrac{X_1}{r_1} = \cos\theta \cos(\varpi - \theta) - \sin\theta \sin(\varpi - \theta)\cos\varphi, \\[2mm] \dfrac{Y_1}{r_1} = \sin\theta \cos(\varpi - \theta) + \cos\theta \sin(\varpi - \theta)\cos\varphi, \\[2mm] \dfrac{Z_1}{r_1} = \sin(\varpi - \theta)\sin\varphi; \end{cases}$$

en portant les valeurs de $\dfrac{X_1}{r_1}$ et de $\dfrac{Y_1}{r_1}$ dans les deux premières formules (42), et résolvant par rapport aux inconnues $e\cos(\varpi - \theta)$ et $e\sin(\varpi - \theta)$, il vient

$$(p) \qquad \begin{cases} f\mu e \cos(\varpi - \theta) = - F\cos\theta - F'\sin\theta, \\[2mm] f\mu e \sin(\varpi - \theta) = \dfrac{F\sin\theta - F'\cos\theta}{\cos\varphi}. \end{cases}$$

On aura donc sans ambiguïté e et ϖ; la valeur ainsi trouvée pour e devra coïncider avec celle qu'a donnée la formule (o).

Reste à calculer la longitude moyenne de l'époque, ε; on aura, en désignant par u_0 l'anomalie excentrique et par v_0 la longitude dans l'orbite, pour $t = t_0$,

$$(q) \qquad \left\{ \begin{aligned} &\operatorname{tang} \frac{u_0}{2} = \sqrt{\frac{1-e}{1+e}}\, \operatorname{tang} \frac{v_0 - \varpi}{2}, \\ &\varepsilon = \varpi - nt_0 + (u_0 - e \sin u_0). \end{aligned} \right.$$

Il n'y a plus qu'à trouver v_0; or on tire aisément des trois dernières formules (d)

$$(r) \qquad \left\{ \begin{aligned} &r_0 \cos(v_0 - \theta) = x_0 \cos\theta + y_0 \sin\theta, \\ &r_0 \sin(v_0 - \theta) = \frac{-x_0 \sin\theta + y_0 \cos\theta}{\cos\varphi} = \frac{z_0}{\sin\varphi}, \end{aligned} \right.$$

ce qui donnera v_0 et aussi r_0 qui est déjà connu.

Les formules (l), (m), (n), (o), (p), (q), (r) font connaître les valeurs des éléments cherchés, a, e, φ, θ, ϖ, ε.

La solution obtenue ne laisse rien à désirer au point de vue de la rigueur; il est possible d'abréger les calculs numériques et d'obtenir des vérifications des calculs, autres que celles que nous avons indiquées; mais nous n'insisterons pas.

39. Détermination des éléments du mouvement parabolique d'une comète, connaissant la position et la vitesse de la comète à un moment donné t_0. — Les données devront vérifier la relation

$$V_0^2 = \frac{2 f \mu}{r_0}.$$

Les formules (l) et (m) détermineront sans ambiguïté les éléments φ, θ et $q = \dfrac{p}{2}$.

On trouvera de même ϖ sans ambiguïté par les formules que l'on déduit de (p), en y faisant $e = 1$, savoir

$$(p_1) \qquad \left\{ \begin{aligned} &f \mu \cos(\varpi - \theta) = - F \cos\theta - F' \sin\theta, \\ &f \mu \sin(\varpi - \theta) = \frac{F \sin\theta - F' \cos\theta}{\cos\varphi}; \end{aligned} \right.$$

si $\cos\varphi$ est petit, on pourra, pour avoir plus de précision, calculer par la formule

$$(p_2) \qquad f \mu \sin(\varpi - \theta) = - \frac{F''}{\sin\varphi},$$

qui se déduit de la dernière des relations (43), en y remplaçant $\dfrac{Z_1}{r_1}$ par $-\dfrac{F''}{f\mu}$.

Les formules (r) donneront v_0, après quoi on tirera de la première des formules (g)

$$(g_1) \qquad \tau = t_0 - \frac{q\sqrt{2q}}{\sqrt{f\mu}} \left[\operatorname{tang} \frac{v_0 - \varpi}{2} + \tfrac{1}{3} \operatorname{tang}^3 \frac{v_0 - \varpi}{2} \right];$$

le problème sera donc résolu par l'ensemble des formules (l), (m), (p_1) ou (p_2), (r) et (q_1).

40. **Hodographe.** — Hamilton a résolu la question suivante :

Par le centre O du Soleil, on mène des droites égales et parallèles aux vitesses d'une planète ou d'une comète dans les divers points de son orbite. On demande de trouver le lieu des extrémités de ces droites; ce lieu se nomme l'*hodo-graphe.*

Partons des intégrales (C), et supposons, pour simplifier, que l'on ait choisi le plan de l'orbite pour plan des xy, l'axe des x passant par le périhélie. On aura

$$z = 0, \qquad C = 0, \qquad C' = 0, \qquad C'' = \sqrt{f\mu p} = c;$$

les formules (42), dans lesquelles on a maintenant

$$\frac{X_1}{r_1} = 1, \qquad \frac{Y_1}{r_1} = 0, \qquad \frac{Z_1}{r_1} = 0,$$

donneront

$$F = -f\mu e, \qquad F' = F'' = 0;$$

les équations (C) deviendront donc

$$f\mu\, \frac{x}{r} - c\, \frac{dy}{dt} = -f\mu e,$$

$$f\mu\, \frac{y}{r} + c\, \frac{dx}{dt} = 0.$$

Mais les coordonnées x', y' du point de l'hodographe qui répond au point (x, y) ont respectivement pour valeurs $\dfrac{dx}{dt}$ et $\dfrac{dy}{dt}$. On aura donc

$$f\mu\, \frac{x}{r} = cy' - f\mu e,$$

$$f\mu\, \frac{y}{r} = -cx';$$

d'où, en élevant au carré et ajoutant,

$$x'^2 + \left(y' - e\sqrt{\frac{f\mu}{p}}\right)^2 = \frac{f\mu}{p}.$$

Donc l'hodographe est un cercle ayant son centre sur la perpendiculaire menée par le centre du Soleil au grand axe de l'ellipse, ou à l'axe de la parabole ; le rayon de ce cercle est $\sqrt{\dfrac{f\mu}{p}}$, et l'ordonnée de son centre est $e\sqrt{\dfrac{f\mu}{p}}$.

Dans la *fig.* 15, la demi-circonférence $A_1 B_1 A'_1$ répond à la demi-ellipse ABA' ; dans le cas de la parabole, l'hodographe est tangent à l'axe au foyer ; enfin, pour l'hyperbole, l'hodographe ne coupe pas l'axe transverse.

Fig. 15.

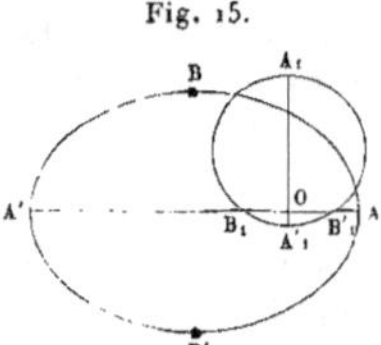

M. Darboux a montré tout récemment, d'une manière très élégante, que la considération de l'hodographe permet d'écrire presque immédiatement les trois intégrales (C) ; nous renverrons le lecteur à une Note qu'il a publiée sur ce sujet dans le *Bulletin astronomique* (t. V, p. 89).

CHAPITRE VII.

INTÉGRATION DES ÉQUATIONS DIFFÉRENTIELLES DU MOUVEMENT ELLIPTIQUE PAR LA MÉTHODE DE JACOBI.

41. Ces équations, qui ont été données au n° 28, peuvent s'écrire

$$(a) \quad \begin{cases} \dfrac{d^2 x}{dt^2} = \dfrac{\partial U}{\partial x}, \qquad \dfrac{d^2 y}{dt^2} = \dfrac{\partial U}{\partial y}, \qquad \dfrac{d^2 z}{dt^2} = \dfrac{\partial U}{\partial z}, \\[2mm] \text{en posant} \\[2mm] U = \dfrac{f\mu}{r} = \dfrac{k^2}{\sqrt{x^2 + y^2 + z^2}}; \end{cases}$$

ce sont les équations différentielles du mouvement d'un point matériel libre, de masse 1, la fonction des forces étant représentée par U.

Si nous nous reportons au n° 7 de l'Introduction, nous voyons qu'il nous suffira de trouver une fonction S de t, x, y, z et de trois constantes arbitraires α_1, α_2, α_3, vérifiant identiquement l'équation

$$(b) \qquad \frac{\partial S}{\partial t} + \frac{1}{2}\left[\left(\frac{\partial S}{\partial x}\right)^2 + \left(\frac{\partial S}{\partial y}\right)^2 + \left(\frac{\partial S}{\partial z}\right)^2 \right] - \frac{k^2}{\sqrt{x^2 + y^2 + z^2}} = 0;$$

alors on aura, pour déterminer x, y, z, les formules suivantes :

$$(c) \qquad \frac{\partial S}{\partial \alpha_1} = \beta_1, \qquad \frac{\partial S}{\partial \alpha_2} = \beta_2, \qquad \frac{\partial S}{\partial \alpha_3} = \beta_3.$$

Pour trouver plus commodément la fonction S, il convient de remplacer x, y, z par les coordonnées polaires r, v_1, s, rayon vecteur, longitude, latitude, au moyen des formules

$$(1) \qquad x = r \cos s \cos v_1, \qquad y = r \cos s \sin v_1, \qquad z = r \sin s.$$

On trouve sans peine que l'équation (b) doit être remplacée par la suivante :

$$(2) \qquad \frac{\partial S}{\partial t} + \frac{1}{2}\left[\left(\frac{\partial S}{\partial r}\right)^2 + \frac{1}{r^2\cos^2 s}\left(\frac{\partial S}{\partial v_1}\right)^2 + \frac{1}{r^2}\left(\frac{\partial S}{\partial s}\right)^2\right] - \frac{k^2}{r} = 0.$$

Cette dernière ne contenant explicitement ni t ni v_1, nous ferons

$$(3) \qquad S = -\alpha_1 t + \alpha_2 v_1 + S_1,$$

S_1 ne renfermant plus explicitement ni t ni v_1 ; nous aurons

$$\frac{\partial S}{\partial t} = -\alpha_1, \qquad \frac{\partial S}{\partial r} = \frac{\partial S_1}{\partial r}, \qquad \frac{\partial S}{\partial v_1} = \alpha_2, \qquad \frac{\partial S}{\partial s} = \frac{\partial S_1}{\partial s},$$

et l'équation (2) deviendra

$$(4) \qquad \left(\frac{\partial S_1}{\partial r}\right)^2 + \frac{\left(\dfrac{\partial S_1}{\partial s}\right)^2 + \dfrac{\alpha_2^2}{\cos^2 s}}{r^2} = \frac{2k^2}{r} + 2\alpha_1.$$

Il nous reste à trouver une solution de cette équation, fonction de r, s, et d'une nouvelle constante arbitraire α_3 ; nous pouvons faire

$$\left(\frac{\partial S_1}{\partial s}\right)^2 + \frac{\alpha_2^2}{\cos^2 s} = \alpha_3^2,$$

$$\left(\frac{\partial S_1}{\partial r}\right)^2 + \frac{\alpha_3^2}{r^2} = \frac{2k^2}{r} + 2\alpha_1 ;$$

s'il est possible de vérifier ces relations, l'équation (4) sera elle-même satisfaite. Or on a

$$\frac{\partial S_1}{\partial s} = \sqrt{\alpha_3^2 - \frac{\alpha_2^2}{\cos^2 s}},$$

$$\frac{\partial S_1}{\partial r} = \sqrt{2\alpha_1 + \frac{2k^2}{r} - \frac{\alpha_3^2}{r^2}} ;$$

la première de ces expressions ne dépend que de s, la deuxième que de r ; on peut donc prendre

$$S_1 = \int \sqrt{\alpha_3^2 - \frac{\alpha_2^2}{\cos^2 s}}\, ds + \int \sqrt{2\alpha_1 + \frac{2k^2}{r} - \frac{\alpha_3^2}{r^2}}\, dr.$$

Adoptons zéro et r_1 comme limites inférieures des deux intégrales ; nous trouverons, eu égard à la formule (3),

$$(5) \qquad S = -\alpha_1 t + \alpha_2 v_1 + \int_{r_1}^{r} \sqrt{2\alpha_1 + \frac{2k^2}{r} - \frac{\alpha_3^2}{r^2}}\, dr + \int_{0}^{s} \sqrt{\alpha_3^2 - \frac{\alpha_2^2}{\cos^2 s}}\, ds.$$

La limite r_1 est arbitraire; nous la prendrons égale à la plus petite des deux racines de l'équation

$$(6) \qquad 2\alpha_1 + \frac{2k^2}{r} - \frac{\alpha_3^2}{r^2} = 0 ;$$

on voit qu'elle sera une fonction des deux constantes α_1 et α_3.

Nous allons former maintenant les équations (c); remarquons que l'on a

$$\frac{\partial}{\partial \alpha_1} \int_{r_1}^{r} \sqrt{2\alpha_1 + \frac{2k^2}{r} - \frac{\alpha_3^2}{r^2}}\, dr = \int_{r_1}^{r} \frac{dr}{\sqrt{2\alpha_1 + \frac{2k^2}{r} - \frac{\alpha_3^2}{r^2}}} - \sqrt{2\alpha_1 + \frac{2k^2}{r_1} - \frac{\alpha_3^2}{r_1^2}}\, \frac{\partial r_1}{\partial \alpha_1} ;$$

le second membre de cette équation se réduit à sa première partie, parce que le coefficient de $\dfrac{\partial r_1}{\partial \alpha_1}$ s'annule d'après (6); on trouvera de même

$$\frac{\partial}{\partial \alpha_3} \int_{r_1}^{r} \sqrt{2\alpha_1 + \frac{2k^2}{r} - \frac{\alpha_3^2}{r^2}}\, dr = -\alpha_3 \int_{r_1}^{r} \frac{dr}{r^2 \sqrt{2\alpha_1 + \frac{2k^2}{r} - \frac{\alpha_3^2}{r^2}}},$$

et les formules (c) deviendront

$$(d) \qquad \beta_1 = -t + \int_{r_1}^{r} \frac{dr}{\sqrt{2\alpha_1 + \frac{2k^2}{r} - \frac{\alpha_3^2}{r^2}}},$$

$$(e) \qquad \beta_2 = v_1 - \alpha_2 \int_{0}^{s} \frac{ds}{\cos^2 s \sqrt{\alpha_3^2 - \frac{\alpha_2^2}{\cos^2 s}}},$$

$$(f) \qquad \beta_3 = \alpha_3 \int_{0}^{s} \frac{ds}{\sqrt{\alpha_3^2 - \frac{\alpha_2^2}{\cos^2 s}}} - \alpha_3 \int_{r_1}^{r} \frac{dr}{r^2 \sqrt{2\alpha_1 + \frac{2k^2}{r} - \frac{\alpha_3^2}{r^2}}}.$$

Ces équations feront connaître les trois coordonnées polaires r_1, v_1 et s, en fonction de t et des six constantes arbitraires α_1, α_2, α_3, β_1, β_2, β_3. Il est inutile de développer les calculs qui nous feraient retomber sur les formules trouvées dans le Chapitre précédent; nous nous bornerons à donner la signification géométrique de chacune de nos six constantes.

La formule (d) montre que r ne peut prendre que des valeurs rendant positif le premier membre de l'équation (6); le maximum r_2 et le minimum r_1 de r seront les deux racines de cette équation, que l'on peut écrire

$$2\alpha_1 r^2 + 2k^2 r - \alpha_3^2 = 0 ;$$

on en conclut

$$r_1 + r_2 = - \frac{k^2}{\alpha_1}, \qquad r_1 r_2 = - \frac{\alpha_3^2}{2\alpha_1}.$$

Or on a

$$r_1 = a(1 - e), \qquad r_2 = a(1 + e);$$

il en résulte

$$\alpha_1 = - \frac{k^2}{2a}, \qquad \alpha_3 = k\sqrt{a(1 - e^2)} = k\sqrt{p}.$$

D'après la même formule (d), quand la planète passe à son périhélie, on a

$$r = r_1, \qquad \beta_1 = - t;$$

si donc τ désigne le temps du passage au périhélie, il viendra

$$\beta_1 = - \tau.$$

La formule (e) montre ensuite que s doit varier entre des limites telles que la quantité $\alpha_3^2 - \frac{\alpha_2^2}{\cos^2 s}$ soit positive; or, φ désignant l'inclinaison de l'orbite, on sait que s est compris entre $- \varphi$ et $+ \varphi$; on aura donc

$$\alpha_3^2 - \frac{\alpha_2^2}{\cos^2 \varphi} = 0,$$

d'où

$$\alpha_2 = \alpha_3 \cos \varphi = k\sqrt{p} \cos \varphi.$$

La formule (e) donne $\beta_2 = v_1$, pour $s = 0$; la planète passe alors par un de ses nœuds. Soit θ la longitude du nœud ascendant; on pourra prendre

$$\beta_2 = \theta.$$

Avant d'arriver à la signification géométrique de la constante β_3, introduisons au lieu de s une variable auxiliaire η, définie par la formule

$$\sin s = \sin \varphi \sin \eta;$$

si nous nous reportons à la *fig.* 14 et à la formule (e) du n° 32, nous verrons que η représente l'arc NM $= v - \theta$; c'est ce qu'on appelle l'*argument de la latitude;* cela posé, on trouve

$$\alpha_3 \int_0^s \frac{ds}{\sqrt{\alpha_3^2 - \dfrac{\alpha_2^2}{\cos^2 s}}} = \int_0^s \frac{\cos s \, ds}{\sqrt{\cos^2 s - \cos^2 \varphi}} = \int_0^\eta \frac{\sin \varphi \cos \eta \, d\eta}{\sqrt{\sin^2 \varphi \cos^2 \eta}} = \eta;$$

la formule (f) peut donc s'écrire

$$\eta - \beta_3 = \alpha_3 \int_{r_1}^{r} \frac{dr}{r^2 \sqrt{2\alpha_1 + \dfrac{2k^2}{r} - \dfrac{\alpha_3^2}{r^2}}};$$

au périhélie, $r = r_1$; donc β_3 est égal à la valeur correspondante de η, c'est-à-dire à l'argument de la latitude du périhélie; c'est (*fig.* 14) la distance angulaire $N\Pi = \varpi - \theta$ du nœud ascendant au périhélie.

Voici donc finalement le système canonique d'éléments auquel nous sommes amenés :

$$(g) \quad \begin{cases} \alpha_1 = -\dfrac{k^2}{2a}, & \beta_1 = -\tau, \\[2mm] \alpha_2 = k\sqrt{p}\cos\varphi, & \beta_2 = \theta, & k = \sqrt{f\mu}. \\[2mm] \alpha_3 = k\sqrt{p}, & \beta_3 = \varpi - \theta. \end{cases}$$

Si l'on égale les deux expressions $n(t - \tau)$ et $nt + \varepsilon - \varpi$ de l'anomalie moyenne, on voit que l'on peut écrire aussi

$$\beta_1 = \frac{\varepsilon - \varpi}{n} = \frac{\varepsilon - \varpi}{k} a^{\frac{3}{2}}.$$

CHAPITRE VIII.

RECHERCHES DE LAGRANGE SUR LE PROBLÈME DES TROIS CORPS.

Lagrange ([1]) a écrit sur ce sujet un de ses plus beaux Mémoires dont nous croyons devoir reproduire les points principaux; nous avons surtout en vue de donner une idée de la difficulté de la question; d'ailleurs, certaines recherches récentes relatives à une solution approchée du problème des trois corps, et qui rentrent directement dans le cadre de cet Ouvrage, se rattachent d'assez près au Mémoire de Lagrange.

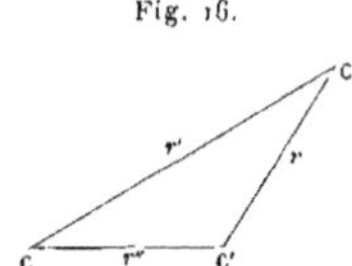

Fig. 16.

42. Soient (*fig.* 16)

C, C′, C″ les positions des trois corps à l'époque t;
$r = C'C''$, $r' = C''C$, $r'' = CC'$ leurs distances mutuelles;
m, m', m'' les produits de leurs masses par la constante f de l'attraction.

Soient encore

x, y, z les coordonnées de C″ par rapport à C′ pris pour origine;
x', y', z' »   C   »   C″   »
x'', y'', z'' »   C′   »   C   »

ces coordonnées étant comptées parallèlement à trois axes fixes rectangulaires.

([1]) LAGRANGE, *OEuvres*, t. VI.

Si l'on forme les équations différentielles des mouvements absolus des points C, C' et C", et qu'on retranche deux à deux celles qui correspondent à un même axe, on trouve

$$(1)\begin{cases} \dfrac{d^2x}{dt^2} + (m+m'+m'')\dfrac{x}{r^3} - m\left(\dfrac{x}{r^3} + \dfrac{x'}{r'^3} + \dfrac{x''}{r''^3}\right) = 0, \\[2mm] \dfrac{d^2y}{dt^2} + (m+m'+m'')\dfrac{y}{r^3} - m\left(\dfrac{y}{r^3} + \dfrac{y'}{r'^3} + \dfrac{y''}{r''^3}\right) = 0, \\[2mm] \dfrac{d^2z}{dt^2} + (m+m'+m'')\dfrac{z}{r^3} - m\left(\dfrac{z}{r^3} + \dfrac{z'}{r'^3} + \dfrac{z''}{r''^3}\right) = 0; \end{cases}$$

$$(2)\begin{cases} \dfrac{d^2x'}{dt^2} + (m+m'+m'')\dfrac{x'}{r'^3} - m'\left(\dfrac{x}{r^3} + \dfrac{x'}{r'^3} + \dfrac{x''}{r''^3}\right) = 0, \\[2mm] \dfrac{d^2y'}{dt^2} + (m+m'+m'')\dfrac{y'}{r'^3} - m'\left(\dfrac{y}{r^3} + \dfrac{y'}{r'^3} + \dfrac{y''}{r''^3}\right) = 0, \\[2mm] \dfrac{d^2z'}{dt^2} + (m+m'+m'')\dfrac{z'}{r'^3} - m'\left(\dfrac{z}{r^3} + \dfrac{z'}{r'^3} + \dfrac{z''}{r''^3}\right) = 0; \end{cases}$$

$$(3)\begin{cases} \dfrac{d^2x''}{dt^2} + (m+m'+m'')\dfrac{x''}{r''^3} - m''\left(\dfrac{x}{r^3} + \dfrac{x'}{r'^3} + \dfrac{x''}{r''^3}\right) = 0, \\[2mm] \dfrac{d^2y''}{dt^2} + (m+m'+m'')\dfrac{y''}{r''^3} - m''\left(\dfrac{y}{r^3} + \dfrac{y'}{r'^3} + \dfrac{y''}{r''^3}\right) = 0, \\[2mm] \dfrac{d^2z''}{dt^2} + (m+m'+m'')\dfrac{z''}{r''^3} - m''\left(\dfrac{z}{r^3} + \dfrac{z'}{r'^3} + \dfrac{z''}{r''^3}\right) = 0. \end{cases}$$

On a d'ailleurs

$$(4)\qquad r^2 = x^2 + y^2 + z^2, \qquad r'^2 = x'^2 + y'^2 + z'^2, \qquad r''^2 = x''^2 + y''^2 + z''^2;$$

$$(5)\qquad x + x' + x'' = 0, \qquad y + y' + y'' = 0, \qquad z + z' + z'' = 0.$$

Quand on aura déterminé les valeurs de x', y', z'; x'', y'', z'', on connaîtra les mouvements relatifs de C" et C' par rapport à C, ce que l'on cherche en Astronomie, s'il s'agit, par exemple, de déterminer les mouvements de deux planètes C' et C" autour du Soleil C; on n'a introduit x, y, z que pour avoir des formules symétriques.

Soient a, b, c trois constantes arbitraires; les intégrales des aires seront

$$(6)\begin{cases} \dfrac{1}{m}\left(y\dfrac{dz}{dt} - z\dfrac{dy}{dt}\right) + \dfrac{1}{m'}\left(y'\dfrac{dz'}{dt} - z'\dfrac{dy'}{dt}\right) + \dfrac{1}{m''}\left(y''\dfrac{dz''}{dt} - z''\dfrac{dy''}{dt}\right) = a, \\[2mm] \dfrac{1}{m}\left(z\dfrac{dx}{dt} - x\dfrac{dz}{dt}\right) + \dfrac{1}{m'}\left(z'\dfrac{dx'}{dt} - x'\dfrac{dz'}{dt}\right) + \dfrac{1}{m''}\left(z''\dfrac{dx''}{dt} - x''\dfrac{dz''}{dt}\right) = b, \\[2mm] \dfrac{1}{m}\left(x\dfrac{dy}{dt} - y\dfrac{dx}{dt}\right) + \dfrac{1}{m'}\left(x'\dfrac{dy'}{dt} - y'\dfrac{dx'}{dt}\right) + \dfrac{1}{m''}\left(x''\dfrac{dy''}{dt} - y''\dfrac{dx''}{dt}\right) = c. \end{cases}$$

On le vérifie en différentiant, remplaçant les dérivées secondes par leurs valeurs tirées de (1), (2), (3), et ayant égard à (5).

T. — I.

Posons ensuite

$$(7) \quad u^2 = \frac{dx^2}{dt^2} + \frac{dy^2}{dt^2} + \frac{dz^2}{dt^2}, \quad u'^2 = \frac{dx'^2}{dt^2} + \frac{dy'^2}{dt^2} + \frac{dz'^2}{dt^2}; \quad u''^2 = \frac{dx''^2}{dt^2} + \frac{dy''^2}{dt^2} + \frac{dz''^2}{dt^2},$$

et désignons par h une constante arbitraire; l'intégrale des forces vives sera

$$(8) \quad \frac{u^2}{m} + \frac{u'^2}{m'} + \frac{u''^2}{m''} - 2(m + m' + m'')\left(\frac{1}{mr} + \frac{1}{m'r'} + \frac{1}{m''r''}\right) = h;$$

on le vérifie de la même manière que pour les intégrales des aires.

Si l'on tient compte des relations (5), on voit que la solution du problème dépend de six inconnues qui doivent être déterminées en partant d'un système de six équations différentielles simultanées du second ordre; on connaît les quatre intégrales (6) et (8); il en resterait *huit* à trouver.

43. Lagrange décompose le problème en deux autres : il cherche d'abord à déterminer en fonction du temps les côtés du triangle formé par les trois corps; en supposant cette question résolue, il lui reste à fixer la position du plan du triangle, et l'orientation du triangle dans ce plan. Il introduit les notations suivantes :

$$(9) \quad \frac{1}{r'^3} - \frac{1}{r''^3} = q, \qquad \frac{1}{r''^3} - \frac{1}{r^3} = q', \qquad \frac{1}{r^3} - \frac{1}{r'^3} = q'',$$

d'où ces identités

$$(10) \quad q + q' + q'' = 0, \qquad \frac{q}{r^3} + \frac{q'}{r'^3} + \frac{q''}{r''^3} = 0.$$

Soit encore posé

$$(11) \quad -p = x'x'' + y'y'' + z'z'', \quad -p' = x''x + y''y + z''z, \quad -p'' = xx' + yy' + zz';$$

on en conclut, en tenant compte de (5),

$$(12) \quad p' + p'' = r^2, \qquad p'' + p = r'^2, \qquad p + p' = r''^2,$$

$$(13) \quad p = \frac{r'^2 + r''^2 - r^2}{2}, \qquad p' = \frac{r''^2 + r^2 - r'^2}{2}, \qquad p'' = \frac{r^2 + r'^2 - r''^2}{2}.$$

Si l'on différentie deux fois l'expression (4) de r^2, on trouve, à cause de (7),

$$\frac{1}{2}\frac{d^2 r^2}{dt^2} = x\frac{d^2 x}{dt^2} + y\frac{d^2 y}{dt^2} + z\frac{d^2 z}{dt^2} + u^2;$$

d'où, en remplaçant dans le second membre les dérivées secondes par leurs valeurs (1), et tenant compte de (11) et (12),

$$\frac{1}{2}\frac{d^2 r^2}{dt} + \frac{m+m'+m''}{r} - u^2 = m\left(\frac{1}{r} - \frac{p'}{r'^3} - \frac{p''}{r''^3}\right) = m\left(\frac{p'+p''}{r^3} - \frac{p'}{r''^3} - \frac{p''}{r'^3}\right);$$

d'après (9), les coefficients de mp' et de mp'' dans le second membre sont égaux respectivement à $-mq'$ et $+mq''$. On aura donc ainsi

$$(14)\quad\begin{cases} \dfrac{1}{2}\dfrac{d^2 r^2}{dt^2} + \dfrac{m+m'+m''}{r} + m\,(p'q' - p''q'') - u^2 = 0,\\[2ex] \dfrac{1}{2}\dfrac{d^2 r'^2}{dt^2} + \dfrac{m+m'+m''}{r'} + m'(p''q'' - p\,q\,) - u'^2 = 0,\\[2ex] \dfrac{1}{2}\dfrac{d^2 r''^2}{dt^2} + \dfrac{m+m'+m''}{r''} + m''(p\,q\, - p'q'\,) - u''^2 = 0. \end{cases}$$

Ces équations font connaître les valeurs de u^2, u'^2, u''^2, en fonction de r, r', r'', et des dérivées premières et secondes de ces quantités par rapport au temps. On en conclut

$$\frac{u^2}{m} + \frac{u'^2}{m'} + \frac{u''^2}{m''} = \frac{1}{2m}\frac{d^2 r^2}{dt^2} + \frac{1}{2m'}\frac{d^2 r'^2}{dt^2} + \frac{1}{2m''}\frac{d^2 r''^2}{dt^2}$$
$$+ (m+m'+m'')\left(\frac{1}{mr} + \frac{1}{m'r'} + \frac{1}{m''r''}\right)$$

ou bien, en ayant égard à (8),

$$(A)\qquad \frac{1}{2}\frac{d^2}{dt^2}\left(\frac{r^2}{m} + \frac{r'^2}{m'} + \frac{r''^2}{m''}\right) - (m+m'+m'')\left(\frac{1}{mr} + \frac{1}{m'r'} + \frac{1}{m''r''}\right) = h.$$

Cette formule coïncide avec la formule (10) du n° 15 lorsque, dans cette dernière, le nombre des corps se réduit à trois : c'est l'une des équations fondamentales du Mémoire de Lagrange.

44. On peut poser, en désignant par ρ une indéterminée,

$$(15)\quad\begin{cases} \left(x'\dfrac{dx''}{dt} + y'\dfrac{dy''}{dt} + z'\dfrac{dz''}{dt}\right) - \left(x''\dfrac{dx'}{dt} + y''\dfrac{dy'}{dt} + z''\dfrac{dz'}{dt}\right) = \rho,\\[2ex] \left(x''\dfrac{dx}{dt} + y''\dfrac{dy}{dt} + z''\dfrac{dz}{dt}\right) - \left(x\dfrac{dx''}{dt} + y\dfrac{dy''}{dt} + z\dfrac{dz''}{dt}\right) = \rho,\\[2ex] \left(x\dfrac{dx'}{dt} + y\dfrac{dy'}{dt} + z\dfrac{dz'}{dt}\right) - \left(x'\dfrac{dx}{dt} + y'\dfrac{dy}{dt} + z'\dfrac{dz}{dt}\right) = \rho; \end{cases}$$

car, en retranchant la seconde de ces équations de la première, on trouve

$$(x+x')\frac{dx''}{dt} + (y+y')\frac{dy''}{dt} + (z+z')\frac{dz''}{dt}$$
$$- x''\frac{d(x+x')}{dt} - y''\frac{d(y+y')}{dt} - z''\frac{d(z+z')}{dt} = 0,$$

ou bien, à cause de (5),

$$- x'' \frac{dx''}{dt} - y'' \frac{dy''}{dt} - z'' \frac{dz''}{dt} + x'' \frac{dx''}{dt} + y'' \frac{dy''}{dt} + z'' \frac{dz''}{dt} = 0,$$

ce qui est une identité.

On tire du reste des relations (11) la formule

$$x' \frac{dx''}{dt} + y' \frac{dy''}{dt} + z' \frac{dz''}{dt} + x'' \frac{dx'}{dt} + y'' \frac{dy'}{dt} + z'' \frac{dz'}{dt} = - \frac{dp}{dt},$$

qui, combinée avec la première équation (15) par voie d'addition et de soustraction, donne les deux premières des formules suivantes :

$$(16) \quad \begin{cases} x' \dfrac{dx''}{dt} + y' \dfrac{dy''}{dt} + z' \dfrac{dz''}{dt} = \dfrac{1}{2}\left(- \dfrac{dp}{dt} + \rho \right), \\[2mm] x'' \dfrac{dx'}{dt} + y'' \dfrac{dy'}{dt} + z'' \dfrac{dz'}{dt} = \dfrac{1}{2}\left(- \dfrac{dp}{dt} - \rho \right), \\[2mm] x'' \dfrac{dx}{dt} + y'' \dfrac{dy}{dt} + z'' \dfrac{dz}{dt} = \dfrac{1}{2}\left(- \dfrac{dp'}{dt} + \rho \right), \\[2mm] x \dfrac{dx''}{dt} + y \dfrac{dy''}{dt} + z \dfrac{dz''}{dt} = \dfrac{1}{2}\left(- \dfrac{dp'}{dt} - \rho \right), \\[2mm] x \dfrac{dx'}{dt} + y \dfrac{dy'}{dt} + z \dfrac{dz'}{dt} = \dfrac{1}{2}\left(- \dfrac{dp''}{dt} + \rho \right), \\[2mm] x' \dfrac{dx}{dt} + y' \dfrac{dy}{dt} + z' \dfrac{dz}{dt} = \dfrac{1}{2}\left(- \dfrac{dp''}{dt} - \rho \right). \end{cases}$$

Remarquons maintenant que les coordonnées des points C' et C'' rapportés au point C ont pour valeurs respectives x'', y'', z'' et $-x'$, $-y'$, $-z'$; par un point fixe O ($fig.$ 17), menons les droites OM', ON', OM'', ON'' ayant pour cosinus directeurs

$$(17) \quad \begin{cases} -\dfrac{x'}{r'}, & -\dfrac{y'}{r'}, & -\dfrac{z'}{r'} & \text{pour} \quad OM', \\[2mm] -\dfrac{1}{u'}\dfrac{dx'}{dt}, & -\dfrac{1}{u'}\dfrac{dy'}{dt}, & -\dfrac{1}{u'}\dfrac{dz'}{dt} & \text{pour} \quad ON', \\[2mm] +\dfrac{x''}{r''}, & +\dfrac{y''}{r''}, & +\dfrac{z''}{r''} & \text{pour} \quad OM'', \\[2mm] +\dfrac{1}{u''}\dfrac{dx''}{dt}, & +\dfrac{1}{u''}\dfrac{dy''}{dt}, & +\dfrac{1}{u''}\dfrac{dz''}{dt} & \text{pour} \quad ON''; \end{cases}$$

nous désignons par M', N', M'', N'' les points où les quatre droites percent la sphère de rayon 1, ayant pour centre le point O, et nous joignons ces points deux à deux par des arcs de grands cercles. On voit que la droite OM' est parallèle à CC″, tandis que OM″ l'est à CC′; si donc on prend OO″ = CC″, OO′ = CC′, le triangle OO′O″ sera égal au triangle formé par les trois corps, et les côtés des

Fig. 17.

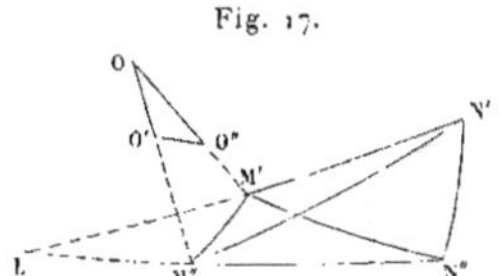

deux triangles seront parallèles deux à deux. Les droites ON′ et ON″ sont respectivement parallèles aux vitesses des corps C″ et C′ dans leurs mouvements relatifs autour de C. Le point O est fixe; le lieu du point O″ est une certaine courbe. Considérons le plan qui passe par la tangente à cette courbe au point O″ et par le rayon OO″: c'est ce que l'on nomme le *plan de l'orbite* du point O″ à l'époque t; on voit que ce plan coïncide avec celui du grand cercle M′N′. On pourra donc dire que, si l'on considère les *orbites relatives* des corps C′ et C″ par rapport au point C, les *plans de ces orbites relatives*, à l'époque t, seront respectivement parallèles aux plans des grands cercles M″N″ et M′N′.

Cela posé, si l'on se reporte aux expressions (17), on trouve

$$\cos M'N' = \frac{1}{u'r'}\left(x'\frac{dx'}{dt} + y'\frac{dy'}{dt} + z'\frac{dz'}{dt}\right) = \frac{1}{u'}\frac{dr'}{dt}, \qquad \cos M''N'' = \frac{1}{u''}\frac{dr''}{dt},$$

$$\cos M'N'' = -\frac{1}{r'u''}\left(x'\frac{dx''}{dt} + y'\frac{dy''}{dt} + z'\frac{dz''}{dt}\right), \quad \cos M''N' = -\frac{1}{r''u'}\left(x''\frac{dx'}{dt} + y''\frac{dy'}{dt} + z''\frac{dz'}{dt}\right)$$

ou bien, en vertu des relations (16),

$$\cos M'N'' = \frac{1}{2\,r'u''}\left(\frac{dp}{dt} - \rho\right), \qquad \cos M''N' = \frac{1}{2\,r''u'}\left(\frac{dp}{dt} + \rho\right).$$

On a ensuite

$$\cos M'M'' = -\frac{1}{r'r''}(x'x'' + y'y'' + z'z'') = \frac{p}{r'r''};$$

enfin

$$\cos N'N'' = -\frac{1}{u'u''}\left(\frac{dx'}{dt}\frac{dx''}{dt} + \frac{dy'}{dt}\frac{dy''}{dt} + \frac{dz'}{dt}\frac{dz''}{dt}\right).$$

Mais on trouve, à cause de (5),

$$u'^2 + u''^2 - u^2 = \frac{dx'^2}{dt^2} + \frac{dy'^2}{dt^2} + \frac{dz'^2}{dt^2} + \frac{dx''^2}{dt^2} + \frac{dy''^2}{dt^2} + \frac{dz''^2}{dt^2}$$
$$- \left(\frac{dx'}{dt} + \frac{dx''}{dt}\right)^2 - \left(\frac{dy'}{dt} + \frac{dy''}{dt}\right)^2 - \left(\frac{dz'}{dt} + \frac{dz''}{dt}\right)^2,$$

et il en résulte

$$\cos N'N'' = \frac{u'^2 + u''^2 - u^2}{2\,u'\,u''}.$$

Pour résumer ce qui précède, nous poserons

$$\alpha' = \cos M'M'', \qquad \beta' = \cos M'N'', \qquad \gamma' = \cos M'N',$$
$$\alpha'' = \cos N'N'', \qquad \beta'' = \cos M''N', \qquad \gamma'' = \cos M''N'';$$

$$(18) \quad \begin{cases} \dfrac{u'^2 + u''^2 - u^2}{2} = v, \qquad \dfrac{u''^2 + u^2 - u'^2}{2} = v', \qquad \dfrac{u^2 + u'^2 - u''^2}{2} = v'', \\[2mm] \text{d'où} \\ \qquad u^2 = v' + v'', \qquad u'^2 = v'' + v, \qquad u''^2 = v + v'; \end{cases}$$

nous aurons les formules suivantes :

$$(19) \quad \begin{cases} \alpha' = \dfrac{p}{\sqrt{(p+p')(p+p'')}}, \qquad \alpha'' = \dfrac{v}{\sqrt{(v+v')(v+v'')}}, \\[4mm] \beta' = \dfrac{\dfrac{dp}{dt} - p}{2\sqrt{(p+p'')(v+v')}}, \qquad \beta'' = \dfrac{\dfrac{dp}{dt} + p}{2\sqrt{(p+p')(v+v'')}}, \\[4mm] \gamma' = \dfrac{\dfrac{dp}{dt} + \dfrac{dp''}{dt}}{2\sqrt{(p+p'')(v+v'')}}, \qquad \gamma'' = \dfrac{\dfrac{dp}{dt} + \dfrac{dp'}{dt}}{2\sqrt{(p+p')(v+v')}}; \end{cases}$$

45. Reportons-nous à la *fig.* 17; nous voyons que α', β', γ', α'', β'', γ'' sont les cosinus des quatre côtés et des deux diagonales d'un quadrilatère sphérique $M'M''N'N''$. Or ce quadrilatère est déterminé quand on donne les quatre côtés et seulement une diagonale $M'N''$, car on peut construire alors les deux triangles sphériques $M'N'N''$, $M'M''N''$; il existe donc une relation entre les six quantités α', β', γ', α'', β'', γ''; cette relation, qui sera démontrée plus loin, est la suivante :

$$(20) \quad \begin{cases} 1 - (\alpha'^2 + \beta'^2 + \gamma'^2 + \alpha''^2 + \beta''^2 + \gamma''^2) + 2(\alpha'\beta''\gamma' + \alpha'\beta'\gamma'' + \alpha''\beta'\gamma' + \alpha''\beta''\gamma'') \\ \qquad + \alpha'^2\alpha''^2 + \beta'^2\beta''^2 + \gamma'^2\gamma''^2 - 2\alpha'\alpha''\beta'\beta'' - 2\beta'\beta''\gamma'\gamma'' - 2\gamma'\gamma''\alpha'\alpha'' = 0. \end{cases}$$

Si l'on y porte les expressions (19) de nos six cosinus et que l'on pose, pour abréger,

$$(21) \quad \begin{cases} 4\Sigma = \rho^2(p' + p'') + 2\rho\left(p'\dfrac{dp''}{dt} - p''\dfrac{dp'}{dt}\right) + p'\dfrac{dp''^2}{dt^2} + p''\dfrac{dp'^2}{dt^2} + p\left(\dfrac{dp'}{dt} + \dfrac{dp''}{dt}\right)^2, \\[3mm] 4\Sigma' = \rho^2(p'' + p) + 2\rho\left(p''\dfrac{dp}{dt} - p\dfrac{dp''}{dt}\right) + p''\dfrac{dp^2}{dt^2} + p\dfrac{dp''^2}{dt^2} + p'\left(\dfrac{dp''}{dt} + \dfrac{dp}{dt}\right)^2, \\[3mm] 4\Sigma'' = \rho^2(p + p') + 2\rho\left(p\dfrac{dp'}{dt} - p'\dfrac{dp}{dt}\right) + p\dfrac{dp'^2}{dt^2} + p'\dfrac{dp^2}{dt^2} + p''\left(\dfrac{dp}{dt} + \dfrac{dp'}{dt}\right)^2; \end{cases}$$

on trouvera, après un calcul assez long que l'on dirigera de manière à ordonner par rapport à v, v', v'' et aux produits de ces quantités deux à deux,

$$(\mathrm{B}) \qquad \left\{ \begin{aligned} &(v'v'' + v''v + vv')(p'p'' + p''p + pp') - (v\Sigma + v'\Sigma' + v''\Sigma'') \\ &\qquad + \frac{1}{16}\left(\rho^2 + \frac{dp'}{dt}\frac{dp''}{dt} + \frac{dp''}{dt}\frac{dp}{dt} + \frac{dp}{dt}\frac{dp'}{dt}\right)^2 = 0; \end{aligned}\right.$$

les expressions (21) de Σ, Σ' et Σ'' contiennent ρ au premier et au second degré; donc l'équation (B) est une équation du quatrième degré en ρ, dans laquelle ρ^3 ne figure pas.

Les quantités p, p', p'' sont données en fonction de r, r', r'' par les formules (13); v, v', v'' peuvent être exprimés à l'aide de r, r', r'' et de leurs dérivées premières et secondes au moyen des formules (14) et (18) entre lesquelles on devra éliminer u^2, u'^2 et u''^2. Donc on connaîtra finalement l'inconnue auxiliaire ρ en fonction de r, r', r'', $\dfrac{dr}{dt}$, $\dfrac{dr'}{dt}$, $\dfrac{dr''}{dt}$, $\dfrac{d^2r}{dt^2}$, $\dfrac{d^2r'}{dt^2}$ et $\dfrac{d^2r''}{dt^2}$.

Remarque. — La première des formules (21) peut s'écrire

$$4r^2\Sigma = \left[\rho(p' + p'') + p'\frac{dp''}{dt} - p''\frac{dp'}{dt}\right]^2 + (p'p'' + p''p + pp')\left(\frac{dp'}{dt} + \frac{dp''}{dt}\right)^2;$$

mais on trouve, en remplaçant p, p', p'' par leurs expressions (13),

$$(22)\quad p'p'' + p''p + pp' = \tfrac{1}{4}(r + r' + r'')(r + r' - r'')(r - r' + r'')(-r + r' + r'') = \sigma^2,$$

σ désignant le double de la surface du triangle formé par les trois corps; il vient donc

$$(23)\qquad 4r^2\Sigma = \left[\rho(p' + p'') + p'\frac{dp''}{dt} - p''\frac{dp'}{dt}\right]^2 + \sigma^2\left(\frac{dp'}{dt} + \frac{dp''}{dt}\right)^2;$$

cela prouve que les quantités Σ, Σ' et Σ'' sont essentiellement positives.

46. Différentions la première des formules (15) par rapport au temps, et remplaçons les dérivées secondes de x', y', z', x'', y'', z'' par leurs valeurs tirées de (2) et (3); nous trouverons

$$\begin{aligned} \frac{d\rho}{dt} =\ &(m + m' + m'')(x'x'' + y'y'' + z'z'')\left(\frac{1}{r'^3} - \frac{1}{r''^3}\right) \\ &- m'\left(\frac{xx'' + yy'' + zz''}{r^3} + \frac{x'x'' + y'y'' + z'z''}{r'^3} + \frac{x''^2 + y''^2 + z''^2}{r''^3}\right) \\ &+ m''\left(\frac{xx' + yy' + zz'}{r^3} + \frac{x'^2 + y'^2 + z'^2}{r'^3} + \frac{x'x'' + y'y'' + z'z''}{r''^3}\right), \end{aligned}$$

ou bien, en ayant égard à la définition des quantités p et q,

$$\frac{dp}{dt} = -(m + m' + m'')pq + m'\left(\frac{p'}{r'^3} + \frac{p}{r'^3} - \frac{p+p'}{r''^3}\right) - m''\left(\frac{p''}{r''^3} - \frac{p+p''}{r'^3} + \frac{p}{r''^3}\right)$$

$$= -(m + m' + m'')pq + m'(-p'q' + pq) + m''(-p''q'' + pq),$$

d'où

(C)
$$\frac{dp}{dt} + mpq + m'p'q' + m''p''q'' = 0.$$

Cette équation, qui joue aussi un rôle important dans la théorie de Lagrange, donne $\frac{dp}{dt}$ en fonction de r, r' et r''.

Nous allons chercher maintenant à déduire des intégrales (6) des aires une combinaison qui ne contienne que les distances mutuelles et leurs dérivées; élevons ces équations au carré, ajoutons-les, et posons

(24)
$$k^2 = a^2 + b^2 + c^2;$$

nous trouverons

(25)
$$\frac{\Pi}{m^2} + \frac{\Pi'}{m'^2} + \frac{\Pi''}{m''^2} + \frac{2\Psi}{m'm''} + \frac{2\Psi'}{m''m} + \frac{2\Psi''}{mm'} = k^2,$$

où nous avons fait, pour abréger,

(26)
$$\left\{
\begin{aligned}
\Pi &= \left(y\frac{dz}{dt} - z\frac{dy}{dt}\right)^2 + \left(z\frac{dx}{dt} - x\frac{dz}{dt}\right)^2 + \left(x\frac{dy}{dt} - y\frac{dx}{dt}\right)^2, \\
\Psi &= \left(y'\frac{dz'}{dt} - z'\frac{dy'}{dt}\right)\left(y''\frac{dz''}{dt} - z''\frac{dy''}{dt}\right) + \left(z'\frac{dx'}{dt} - x'\frac{dz'}{dt}\right)\left(z''\frac{dx''}{dt} - x''\frac{dz''}{dt}\right) \\
&\quad + \left(x'\frac{dy'}{dt} - y'\frac{dx'}{dt}\right)\left(x''\frac{dy''}{dt} - y''\frac{dx''}{dt}\right);
\end{aligned}
\right.$$

les valeurs de Π', Π'', Ψ' et Ψ'' s'en déduisent par des permutations d'accents.

Les expressions de Π et Ψ sont susceptibles de la transformation suivante

$$\Pi = (x^2 + y^2 + z^2)\left(\frac{dx^2}{dt^2} + \frac{dy^2}{dt^2} + \frac{dz^2}{dt^2}\right) - \left(x\frac{dx}{dt} + y\frac{dy}{dt} + z\frac{dz}{dt}\right)^2,$$

$$\Psi = (x'x'' + y'y'' + z'z'')\left(\frac{dx'}{dt}\frac{dx''}{dt} + \frac{dy'}{dt}\frac{dy''}{dt} + \frac{dz'}{dt}\frac{dz''}{dt}\right)$$

$$- \left(x'\frac{dx''}{dt} + y'\frac{dy''}{dt} + z'\frac{dz''}{dt}\right)\left(x''\frac{dx'}{dt} + y''\frac{dy'}{dt} + z''\frac{dz'}{dt}\right).$$

en ayant égard aux formules (4), (7), (11) et (16), et aussi à la relation

$$\frac{dx'}{dt}\frac{dx''}{dt}+\frac{dy'}{dt}\frac{dy''}{dt}+\frac{dz'}{dt}\frac{dz''}{dt}=\ldots\frac{u^2-u'^2-u''^2}{2}=-v$$

déjà rencontrée, on peut écrire encore autrement les expressions ci-dessus de Π et de Ψ.

On trouve finalement

$$(27)\quad\begin{cases}\Pi=u^2\,r^2-r^2\dfrac{dr^2}{dt^2}, & \Psi=p\,v+\dfrac{1}{4}\rho^2-\dfrac{1}{4}\dfrac{dp^2}{dt^2},\\[2ex]\Pi'=u'^2\,r'^2-r'^2\dfrac{dr'^2}{dt^2}, & \Psi'=p'v'+\dfrac{1}{4}\rho^2-\dfrac{1}{4}\dfrac{dp'^2}{dt^2},\\[2ex]\Pi''=u''^2\,r''^2-r''^2\dfrac{dr''^2}{dt^2}, & \Psi''=p''v''+\dfrac{1}{4}\rho^2-\dfrac{1}{4}\dfrac{dp''^2}{dt^2}.\end{cases}$$

Avec ces valeurs, la formule (25) devient

$$(\mathrm{D})\quad\begin{cases}\dfrac{1}{m^2}\left(u^2r^2-r^2\dfrac{dr^2}{dt^2}\right)+\dfrac{1}{m'^2}\left(u'^2r'^2-r'^2\dfrac{dr'^2}{dt^2}\right)+\dfrac{1}{m''^2}\left(u''^2r''^2-r''^2\dfrac{dr''^2}{dt^2}\right)\\[2ex]\quad+\dfrac{2}{m'm''}\left(pv-\dfrac{1}{4}\dfrac{dp^2}{dt^2}\right)+\dfrac{2}{m''m}\left(p'v'-\dfrac{1}{4}\dfrac{dp'^2}{dt^2}\right)+\dfrac{2}{mm'}\left(p''v''-\dfrac{1}{4}\dfrac{dp''^2}{dt^2}\right)\\[2ex]\qquad\qquad\qquad\qquad\qquad\qquad+\dfrac{m+m'+m''}{2\,mm'm''}\rho^2=k^2.\end{cases}$$

Le premier membre de cette équation peut être exprimé à l'aide de r, r', r'' et de leurs dérivées premières et secondes; il en est de même des expressions (27) de Π, ..., Ψ''.

47. Nous allons résumer l'état de la question :

Les quatre équations à retenir sont (A), (B), (C) et (D); il est entendu une fois pour toutes que les quantités p, p', p'', u^2, u'^2, u''^2, v, v', v'', Σ, Σ', Σ'' sont exprimées en fonction de r, r', r'' et de leurs dérivées des deux premiers ordres à l'aide des formules (13), (14), (18) et (21); après quoi l'équation (B) donne ρ exprimé en fonction des mêmes quantités.

Le problème est ramené à l'intégration des trois équations différentielles simultanées (A), (C) et (D), où les inconnues sont r, r', r''; les équations (A) et (D) sont du second ordre ; elles contiennent les deux constantes h et k; (C) est une équation du troisième ordre.

Ainsi, *les distances mutuelles des trois corps dépendent d'un système de trois équations différentielles simultanées; deux de ces équations sont du second ordre, et la dernière est du troisième ordre.*

L'intégration de ce système amènerait *sept* constantes arbitraires; en y joignant les *deux*, h et k, qui figurent déjà dans les équations différentielles, on voit que les expressions les plus générales de r, r', r'', en fonction du temps, contiendront *neuf* constantes arbitraires. En supposant cette intégration faite, on aura à introduire deux éléments pour fixer la position du plan des trois corps, et enfin un dernier indiquant l'orientation du triangle dans son plan. On aura bien ainsi introduit les *douze* constantes arbitraires dont doivent dépendre les mouvements relatifs de deux des corps autour du troisième. Pour cette dernière partie de la solution, on se servira, bien entendu, de deux des trois intégrales (6) déjà connues, dont on a utilisé une seule combinaison représentée par la formule (D).

Remarque. — L'équation (B), qui est du quatrième degré en ρ, manque, comme nous l'avons dit, du terme en ρ^3; si donc, dans les termes en ρ^2 et ρ^4, on remplace ρ^2 par sa valeur tirée de (D), cette équation (B) donnera ρ par une formule du premier degré. Cette remarque a été faite par M. R. Radau dans un Mémoire publié dans le tome III du *Bulletin astronomique*, p. 113; ce Mémoire contient d'autres résultats intéressants. Les formules principales de Lagrange y sont obtenues d'une manière très directe; nous y renverrons le lecteur.

48. Pour arriver plus rapidement au but, nous avons laissé de côté des formules qui, sans être indispensables, peuvent être cependant utiles; nous allons les démontrer ici.

On a, en partant de la définition (7) de u,

$$\frac{1}{2}\frac{du^2}{dt} = \frac{dx}{dt}\frac{d^2 x}{dt^2} + \frac{dy}{dt}\frac{d^2 y}{dt^2} + \frac{dz}{dt}\frac{d^2 z}{dt^2};$$

en remplaçant les dérivées secondes par leurs valeurs tirées de (1), et ayant égard aux formules (4), (12) et (16), on trouve aisément

$$\frac{du^2}{dt} = 2(m + m' + m'')\frac{d\frac{1}{r}}{dt} + m\left[\frac{1}{r^3}\left(\frac{dp'}{dt} + \frac{dp''}{dt}\right) + \frac{1}{r'^3}\left(-\frac{dp''}{dt} - \rho\right) + \frac{1}{r''^3}\left(-\frac{dp'}{dt} + \rho\right)\right];$$

d'où la première des formules ci-dessous,

$$(28)\quad\begin{cases}\dfrac{du^2}{dt} = 2(m + m' + m'')\dfrac{d\frac{1}{r}}{dt} + m\left(q''\dfrac{dp''}{dt} - q'\dfrac{dp'}{dt} - q\,\rho\right). \\[2em] \dfrac{du'^2}{dt} = 2(m + m' + m'')\dfrac{d\frac{1}{r'}}{dt} + m'\left(q\,\dfrac{dp}{dt} - q''\dfrac{dp''}{dt} - q'\rho\right), \\[2em] \dfrac{du''^2}{dt} = 2(m + m' + m'')\dfrac{d\frac{1}{r''}}{dt} + m''\left(q'\dfrac{dp'}{dt} - q\,\dfrac{dp}{dt} - q''\rho\right); \end{cases}$$

multiplions ces équations par dt, intégrons, et portons les valeurs de u^2, u'^2, u''^2, qui en résultent, dans les formules (14); il viendra

$$(29) \begin{cases} \dfrac{1}{2}\dfrac{d^2 r^2}{dt^2} - \dfrac{m + m' + m''}{r} - m\left[p''q'' - p'q' + \int\left(q''\dfrac{dp''}{dt} - q'\dfrac{dp'}{dt} - q\rho \right) dt \right] = 0, \\[2ex] \dfrac{1}{2}\dfrac{d^2 r'^2}{dt^2} - \dfrac{m + m' + m''}{r'} - m'\left[pq - p''q'' + \int\left(q\dfrac{dp}{dt} - q''\dfrac{dp''}{dt} - q'\rho \right) dt \right] = 0, \\[2ex] \dfrac{1}{2}\dfrac{d^2 r''^2}{dt^2} - \dfrac{m + m' + m''}{r''} - m''\left[p'q' - pq + \int\left(q'\dfrac{dp'}{dt} - q\dfrac{dp}{dt} - q''\rho \right) dt \right] = 0: \end{cases}$$

ce sont les formules que nous voulions obtenir; si on les différentie, on fera disparaître les signes $\int$; les équations différentielles ainsi obtenues, bien qu'étant d'un ordre plus élevé, ont été très utiles à M. Lindstedt dans son important Mémoire *Sur la détermination des distances mutuelles dans le problème des trois corps* (*Annales de l'École Normale*, 3e série, t. I, p. 85).

49. Supposons que l'on ait résolu le *problème restreint*, c'est-à-dire que l'on ait déterminé r, r', r'' en fonction de t et de sept constantes arbitraires distinctes de h et k; nous allons montrer comment on pourra calculer x', y', z', x'', y'', z''.

Commençons par donner une interprétation mécanique simple et bien connue des formules (6) :

Considérons trois points matériels P, P′, P″ ayant respectivement pour coordonnées, rapportées à une même origine O, x, y, z; x', y', z'; x'', y'', z''; appliquons à ces points des forces F, F′, F″ dont les composantes parallèles aux axes soient

$$F, \quad \frac{1}{m}\frac{dx}{dt}, \quad \frac{1}{m}\frac{dy}{dt}, \quad \frac{1}{m}\frac{dz}{dt},$$
$$F', \quad \frac{1}{m'}\frac{dx'}{dt}, \quad \frac{1}{m'}\frac{dy'}{dt}, \quad \frac{1}{m'}\frac{dz'}{dt},$$
$$F'', \quad \frac{1}{m''}\frac{dx''}{dt}, \quad \frac{1}{m''}\frac{dy''}{dt}, \quad \frac{1}{m''}\frac{dz''}{dt};$$

par le point O, menons trois forces S, S′, S″ respectivement égales et parallèles, mais de sens contraires, à F, F′, F″. Les forces F et S forment un couple; il en est de même de F′ et S′ et de F″ et S″. Ces trois couples se composent en un seul dont l'axe est une certaine droite OH et le moment G. Les équations (6) pourront s'écrire

$$G\cos(HOx) = a, \qquad G\cos(HOy) = b, \qquad G\cos(HOz) = c;$$

d'où l'on conclut, en se rappelant qu'on a posé $a^2 + b^2 + c^2 = k^2$:

$$G = k;$$
$$\cos(HOx) = \frac{a}{k}, \qquad \cos(HOy) = \frac{b}{k}, \qquad \cos(HOz) = \frac{c}{k}.$$

On voit donc que la droite OH reste invariable pendant toute la durée du mouvement ; si nous la prenons pour axe des z, nous devrons avoir

$$\cos(\mathrm{OH}x) = 0, \qquad \cos(\mathrm{OH}y) = 0, \qquad \cos(\mathrm{OH}z) = 1;$$

donc

$$a = 0, \qquad b = 0, \qquad c = k,$$

et les formules (6) deviendront

$$(30)\quad \begin{cases} \dfrac{1}{m}\left(y\dfrac{dz}{dt} - z\dfrac{dy}{dt}\right) + \dfrac{1}{m'}\left(y'\dfrac{dz'}{dt} - z'\dfrac{dy'}{dt}\right) + \dfrac{1}{m''}\left(y''\dfrac{dz''}{dt} - z''\dfrac{dy''}{dt}\right) = 0, \\[2ex] \dfrac{1}{m}\left(z\dfrac{dx}{dt} - x\dfrac{dz}{dt}\right) + \dfrac{1}{m'}\left(z'\dfrac{dx'}{dt} - x'\dfrac{dz'}{dt}\right) + \dfrac{1}{m''}\left(z''\dfrac{dx''}{dt} - x''\dfrac{dz''}{dt}\right) = 0, \\[2ex] \dfrac{1}{m}\left(x\dfrac{dy}{dt} - y\dfrac{dx}{dt}\right) + \dfrac{1}{m'}\left(x'\dfrac{dy'}{dt} - y'\dfrac{dx'}{dt}\right) + \dfrac{1}{m''}\left(x''\dfrac{dy''}{dt} - y''\dfrac{dx''}{dt}\right) = k. \end{cases}$$

Multiplions ces équations respectivement par $y'\dfrac{dz'}{dt} - z'\dfrac{dy'}{dt}$, $z'\dfrac{dx'}{dt} - x'\dfrac{dz'}{dt}$, $x'\dfrac{dy'}{dt} - y'\dfrac{dx'}{dt}$ et ajoutons. En ayant égard aux formules (26), nous trouverons

$$(31)\qquad \frac{\Psi''}{m} + \frac{\Pi'}{m'} + \frac{\Psi}{m''} = k\left(x'\frac{dy'}{dt} - y'\frac{dx'}{dt}\right);$$

nous aurons de même, en employant maintenant les facteurs $y''\dfrac{dz''}{dt} - z''\dfrac{dy''}{dt}, \ldots,$

$$(32)\qquad \frac{\Psi'}{m} + \frac{\Psi}{m'} + \frac{\Pi''}{m''} = k\left(x''\frac{dy''}{dt} - y''\frac{dx''}{dt}\right).$$

Ajoutons maintenant les équations (30) après les avoir multipliées d'abord par x', y', z', puis par x'', y'', z'' ; nous obtiendrons ainsi des expressions de kz' et de kz'' dans lesquelles les coefficients de $\dfrac{1}{m}$, $\dfrac{1}{m'}$, $\dfrac{1}{m''}$ seront représentés par des déterminants qui se déduiront aisément, en ayant égard aux relations (5), des suivants :

$$(33)\quad \delta = \begin{vmatrix} x' & x & \dfrac{dx}{dt} \\[1ex] y' & y & \dfrac{dy}{dt} \\[1ex] z' & z & \dfrac{dz}{dt} \end{vmatrix}, \qquad \delta' = \begin{vmatrix} x'' & x' & \dfrac{dx'}{dt} \\[1ex] y'' & y' & \dfrac{dy'}{dt} \\[1ex] z'' & z' & \dfrac{dz'}{dt} \end{vmatrix}, \qquad \delta'' = \begin{vmatrix} x & x'' & \dfrac{dx''}{dt} \\[1ex] y & y'' & \dfrac{dy''}{dt} \\[1ex] z & z'' & \dfrac{dz''}{dt} \end{vmatrix}.$$

On trouvera, en effet,

$$(34)\quad \begin{cases} kz' = \dfrac{\delta}{m} - \dfrac{\delta''}{m''}, \\[2ex] kz'' = -\dfrac{\delta}{m} + \dfrac{\delta'}{m'}. \end{cases}$$

Nous allons montrer comment on calculera les quantités δ, δ', δ''.

50. L'expression (33) de δ peut s'écrire, à cause des formules (5),

$$\delta = \begin{vmatrix} x'' & x' & \dfrac{dx}{dt} \\[2mm] y'' & y' & \dfrac{dy}{dt} \\[2mm] z'' & z' & \dfrac{dz}{dt} \end{vmatrix};$$

en combinant cette expression avec celle de δ', on trouve

$$\delta + \delta' = \begin{vmatrix} x'' & x' & \dfrac{d(x+x')}{dt} \\[2mm] y'' & y' & \dfrac{d(y+y')}{dt} \\[2mm] z'' & z' & \dfrac{d(z+z')}{dt} \end{vmatrix} = - \begin{vmatrix} x'' & x' & \dfrac{dx''}{dt} \\[2mm] y'' & y' & \dfrac{dy''}{dt} \\[2mm] z'' & z' & \dfrac{dz''}{dt} \end{vmatrix};$$

on vérifie aisément, toujours en s'appuyant sur les relations (5), que le dernier déterminant écrit est égal à δ''. On a donc cette formule importante

$$(35) \qquad\qquad \delta + \delta' + \delta'' = 0.$$

On peut d'ailleurs trouver directement les valeurs de δ, δ', δ'', en élevant au carré les déterminants (33) par la règle connue et ayant égard à des relations obtenues antérieurement; il vient ainsi

$$\delta^2 = \begin{vmatrix} r'^2 & -p'' & -\dfrac{1}{2}\left(\rho + \dfrac{dp''}{dt}\right) \\[3mm] -p'' & r^2 & r\dfrac{dr}{dt} \\[3mm] -\dfrac{1}{2}\left(\rho + \dfrac{dp''}{dt}\right) & r\dfrac{dr}{dt} & u^2 \end{vmatrix}.$$

Développons ce déterminant et rappelons-nous la formule (22); nous trouverons sans peine

$$\delta^2 = \sigma^2 u^2 - r^2 r'^2 \frac{dr^2}{dt^2} + r\frac{dr}{dt}p''\frac{dp''}{dt} - \frac{1}{4}r^2\frac{dp''^2}{dt^2} + \rho\left(p''r\frac{dr}{dt} - \frac{1}{2}r^2\frac{dp''}{dt}\right) - \frac{1}{4}\rho^2 r^2.$$

En remplaçant $r^2\rho^2$ par sa valeur

$$r^2\rho^2 = 4\Sigma + 2\rho\left(p''\frac{dp'}{dt} - p'\frac{dp''}{dt}\right) - p'\frac{dp''^2}{dt^2} - p''\frac{dp'^2}{dt^2} - \rho\left(\frac{dp'}{dt} + \frac{dp''}{dt}\right)^2$$

tirée de la première des équations (21), on trouve, après réduction, la première des formules suivantes :

$$(36) \qquad \delta = \sqrt{\sigma^2 u^2 - \Sigma}, \qquad \delta' = \sqrt{\sigma^2 u'^2 - \Sigma'}, \qquad \delta'' = \sqrt{\sigma^2 u''^2 - \Sigma''}.$$

On aura donc ainsi δ, δ', δ'' en fonction des quantités connues ; mais il faut associer convenablement les signes des trois radicaux du second degré, ce qui peut se faire de la manière suivante : la formule (35) donne

$$2 \delta' \delta'' = \delta^2 - \delta'^2 - \delta''^2,$$

d'où, en remplaçant dans le second membre δ^2, δ'^2, δ''^2 par leurs valeurs (36),

$$(37) \quad \left\{ \begin{aligned} &\delta' \delta'' = \tfrac{1}{2}(\Sigma' + \Sigma'' - \Sigma) - \sigma^2 v; \\ &\text{de même,} \\ &\delta'' \delta = \tfrac{1}{2}(\Sigma'' + \Sigma - \Sigma') - \sigma^2 v', \\ &\delta \delta' = \tfrac{1}{2}(\Sigma + \Sigma' - \Sigma'') - \sigma^2 v''. \end{aligned} \right.$$

Les seconds membres de ces équations sont connus en grandeur et en signe ; si donc on se donne le signe de δ, on en déduira les signes de δ' et de δ'' ; si l'on venait à changer le signe de δ, ceux de δ' et δ'' changeraient aussi, et les formules (34) montrent que cela reviendrait à changer le signe de la quantité k dont le carré seul figurait dans (D).

En combinant les formules (35) et (36), on trouve

$$(38) \qquad \sqrt{\sigma^2 u^2 - \Sigma} + \sqrt{\sigma^2 u'^2 - \Sigma'} + \sqrt{\sigma^2 u''^2 - \Sigma''} = 0 ;$$

on vérifie aisément qu'en chassant les radicaux on retombe sur l'équation (B) dont on a ainsi une forme intéressante.

51. Les formules (34) et (36) donnent

$$(E) \quad \left\{ \begin{aligned} -z' &= \frac{\sqrt{\sigma^2 u''^2 - \Sigma''}}{m'' k} - \frac{\sqrt{\sigma^2 u^2 - \Sigma}}{m k}, \\ z'' &= \frac{\sqrt{\sigma^2 u'^2 - \Sigma'}}{m' k} - \frac{\sqrt{\sigma^2 u^2 - \Sigma}}{m k}. \end{aligned} \right.$$

Reste à trouver les valeurs de x', y', x'', y'' ; posons

$$(39) \quad \left\{ \begin{aligned} \frac{\Psi''}{m} + \frac{\Pi'}{m'} + \frac{\Psi'}{m''} &= V', \\ \frac{\Psi''}{m} + \frac{\Psi'}{m'} + \frac{\Pi''}{m''} &= V''; \end{aligned} \right.$$

les quantités V' et V'' pourront être considérées comme connues; cela posé, les
formules (31) et (32) pourront s'écrire

$$\frac{x'\frac{dy'}{dt} - y'\frac{dx'}{dt}}{x'^2 + y'^2} = \frac{V'}{k(r'^2 - z'^2)}, \qquad \frac{x''\frac{dy''}{dt} - y''\frac{dx''}{dt}}{x''^2 + y''^2} = \frac{V''}{k(r''^2 - z''^2)}.$$

Si donc on fait

$$(\text{F})\qquad \begin{cases} -x' = \sqrt{r'^2 - z'^2}\cos\varphi', & -y' = \sqrt{r'^2 - z'^2}\sin\varphi', \\ x'' = \sqrt{r''^2 - z''^2}\cos\varphi'', & y'' = \sqrt{r''^2 - z''^2}\sin\varphi'', \end{cases}$$

on aura

$$\frac{d\varphi'}{dt} = \frac{V'}{k(r'^2 - z'^2)}, \qquad \frac{d\varphi''}{dt} = \frac{V''}{k(r''^2 - z''^2)};$$

d'où, en intégrant et désignant par ε_0 et ε_1 deux constantes arbitraires,

$$(\text{G})\qquad \begin{cases} \varphi' = \varepsilon_0 - \varepsilon_1 + \dfrac{1}{k}\displaystyle\int_0^t \frac{V'}{r'^2 - z'^2}\,dt, \\[2ex] \varphi'' = \varepsilon_0 + \varepsilon_1 + \dfrac{1}{k}\displaystyle\int_0^t \frac{V''}{r''^2 - z''^2}\,dt. \end{cases}$$

les formules (F) et (G) feront connaître x', y', x'', y''.

Les valeurs de x', y', z', x'', y'', z'' qui viennent d'être déterminées doivent vérifier la relation

$$(40)\qquad\qquad x'x'' + y'y'' + z'z'' = -p;$$

si l'on applique cette relation à l'époque zéro, on trouve

$$\sqrt{r_0'^2 - z_0'^2}\,\sqrt{r_0''^2 - r_0''^2}\cos 2\varepsilon_1 = z_0'z_0'' + \frac{r_0'^2 + r_0''^2 - r_0^2}{2},$$

ce qui donnera la constante ε_1, exprimée en fonction des neuf constantes arbitraires qui figurent dans les expressions de r, r', r''; ε_1 n'est donc pas une nouvelle arbitraire; il n'en est pas de même de ε_0 qui reste quelconque; mais les formules (G) montrent que l'on peut supposer cette constante nulle en faisant tourner d'un angle convenable les axes des x et des y dans leur plan.

Enfin, si l'on prend un nouveau système d'axes rectangulaires tout à fait quelconques, on passera des coordonnées relatives x'', y'', z'', $-x'$, $-y'$, $-z'$ des corps C' et C'' aux coordonnées rapportées aux nouveaux axes, en introduisant les trois angles d'Euler qui doivent être considérés comme trois nouvelles constantes arbitraires qui, s'ajoutant aux neuf du problème restreint, donneront le nombre voulu de douze arbitraires.

Si l'on porte dans la formule (40) les valeurs (F) de x', y', x'' et y'', on obtiendra immédiatement, et sans intégration, la valeur de $\varphi'' - \varphi'$; on aura ensuite

$$\varphi'' + \varphi' = 2\,\varepsilon_0 + \frac{1}{k} \int_0^t \left(\frac{V'}{r'^2 - z'^2} + \frac{V''}{r''^2 - z''^2} \right) dt;$$

on voit donc que, si le problème restreint est supposé résolu, on n'aura plus à effectuer qu'une quadrature. Nous avons dit qu'il reste sept intégrales à trouver dans le problème restreint; c'est donc à sept intégrales et une quadrature, au lieu de huit intégrales comme dans la méthode usuelle, que Lagrange ramène la question; on peut dire qu'il a fait faire un pas vers la solution.

52. Il nous reste à démontrer la formule (20); nous ferons connaître en même temps la manière de calculer à une époque quelconque les positions des plans des orbites décrites par les corps C' et C'' autour de C.

Revenons à la *fig.* 17, et posons

$$\mathrm{L}\mathrm{M}' = \zeta', \qquad \mathrm{L}\mathrm{M}'' = \zeta'', \qquad \mathrm{M}'\mathrm{N}' = g', \qquad \mathrm{M}''\mathrm{N}'' = g'', \qquad \mathrm{M}'\mathrm{L}\mathrm{M}'' = \mathrm{J}.$$

Si nous appliquons la formule fondamentale de la Trigonométrie sphérique aux triangles $\mathrm{M}'\mathrm{L}\mathrm{M}''$, $\mathrm{N}'\mathrm{L}\mathrm{M}''$, ..., nous trouverons

$$(41)\quad\begin{cases} \alpha' = \cos\mathrm{M}'\mathrm{M}'' = \cos\zeta'\cos\zeta'' + \sin\zeta'\sin\zeta''\cos\mathrm{J}, \\ \beta' = \cos\mathrm{M}'\mathrm{N}'' = \cos\zeta'\cos(\zeta''+g'') + \sin\zeta'\sin(\zeta''+g'')\cos\mathrm{J}, \\ \gamma' = \cos\mathrm{M}'\mathrm{N}' = \cos g'; \\ \alpha'' = \cos\mathrm{N}'\mathrm{N}'' = \cos(\zeta'+g')\cos(\zeta''+g'') + \sin(\zeta'+g')\sin(\zeta''+g'')\cos\mathrm{J}, \\ \beta'' = \cos\mathrm{M}''\mathrm{N}' = \cos(\zeta'+g')\cos\zeta'' + \sin(\zeta'+g')\sin\zeta''\cos\mathrm{J}, \\ \gamma'' = \cos\mathrm{M}''\mathrm{N}'' = \cos g''. \end{cases}$$

En éliminant entre ces six relations les cinq quantités ζ', ζ'', g', g'' et J, on aura la formule cherchée.

Nous poserons

$$(42)\quad\begin{cases} \cos\zeta'\cos\zeta'' + \sin\zeta'\sin\zeta''\cos\mathrm{J} = \lambda, \\ \sin\zeta'\cos\zeta'' - \cos\zeta'\sin\zeta''\cos\mathrm{J} = \lambda_1, \\ \cos\zeta'\sin\zeta'' - \sin\zeta'\cos\zeta''\cos\mathrm{J} = \lambda_2, \\ \sin\zeta'\sin\zeta'' + \cos\zeta'\cos\zeta''\cos\mathrm{J} = \lambda_3, \end{cases}$$

ce qui nous permettra d'écrire ainsi les formules (41)

$$\alpha' = \lambda, \qquad \beta' = \lambda\cos g'' - \lambda_2\sin g'', \qquad \gamma' = \cos g';$$
$$\alpha'' = \lambda\cos g'\cos g'' - \lambda_1\sin g'\cos g'' - \lambda_2\cos g'\sin g'' + \lambda_3\sin g'\sin g'';$$
$$\beta'' = \lambda\cos g' - \lambda_1\sin g', \qquad \gamma'' = \cos g''.$$

On peut résoudre par rapport à λ, λ_1, λ_2, λ_3, $\cos g'$ et $\cos g''$; on trouve aisément

$$(43) \quad \lambda = \alpha', \quad \lambda_1 = \frac{\alpha'\gamma' - \beta''}{\sqrt{1 - \gamma'^2}}, \quad \lambda_2 = \frac{\alpha'\gamma'' - \beta'}{\sqrt{1 - \gamma''^2}}, \quad \lambda_3 = \frac{\alpha'' - \beta'\gamma' - \beta''\gamma'' + \alpha'\gamma'\gamma''}{\sqrt{(1 - \gamma'^2)(1 - \gamma''^2)}}.$$

Or les formules (42) donnent

$$(44) \quad \begin{cases} (1 + \cos J)\cos(\zeta'' - \zeta') = \lambda + \lambda_3, \\ (1 + \cos J)\sin(\zeta'' - \zeta') = \lambda_2 - \lambda_1, \\ (1 - \cos J)\cos(\zeta'' + \zeta') = \lambda - \lambda_3, \\ (1 - \cos J)\sin(\zeta'' + \zeta') = \lambda_2 + \lambda_1; \end{cases}$$

d'où

$$(1 + \cos J)^2 = (\lambda + \lambda_3)^2 + (\lambda_2 - \lambda_1)^2,$$
$$(1 - \cos J)^2 = (\lambda - \lambda_3)^2 + (\lambda_2 + \lambda_1)^2,$$
$$1 + \cos^2 J = \lambda^2 + \lambda_1^2 + \lambda_2^2 + \lambda_3^2,$$

$$(45) \qquad \cos J = \lambda\lambda_3 - \lambda_1\lambda_2.$$

et, en éliminant $\cos J$ entre les deux dernières équations,

$$(46) \qquad 1 + (\lambda\lambda_3 - \lambda_1\lambda_2)^2 = \lambda^2 + \lambda_1^2 + \lambda_2^2 + \lambda_3^2.$$

Mais on tire des formules (43)

$$(47) \qquad \lambda\lambda_3 - \lambda_1\lambda_2 = \frac{\alpha'\alpha'' - \beta'\beta''}{\sqrt{(1 - \gamma'^2)(1 - \gamma''^2)}},$$

$$\lambda^2 + \lambda_1^2 + \lambda_2^2 + \lambda_3^2 = \frac{\alpha'^2 + \beta'^2 + \alpha''^2 + \beta''^2 - 2\gamma'(\alpha'\beta'' + \alpha''\beta') - 2\gamma''(\alpha'\beta' + \alpha''\beta'') + 2\gamma'\gamma''(\alpha'\alpha'' + \beta'\beta'')}{(1 - \gamma'^2)(1 - \gamma''^2)};$$

si l'on porte ces expressions dans la formule (46), on tombe, après réduction, sur la relation (20) cherchée.

53. Les formules (45) et (47) donnent d'ailleurs

$$\cos J = \frac{\alpha'\alpha'' - \beta'\beta''}{\sqrt{(1 - \gamma'^2)(1 - \gamma''^2)}};$$

d'où, en ayant égard aux valeurs de α', β', γ', α'', β'', γ'', obtenues au n° 44,

$$\cos J = \frac{pv - \frac{1}{4}\left(\frac{dp^2}{dt^2} - \rho^2\right)}{r'r''\sqrt{\left(u'^2 - \frac{dr'^2}{dt^2}\right)\left(u''^2 - \frac{dr''^2}{dt^2}\right)}},$$

ou encore, à cause des formules (27),

$$\textbf{(H)} \qquad \cos J = \frac{\Psi}{\sqrt{\Pi'\Pi''}}.$$

On tire ensuite des équations (42)

$$\lambda^2 + \lambda_2^2 = \cos^2\zeta' + \sin^2\zeta'\cos^2 J = 1 - \sin^2\zeta'\sin^2 J\,;$$

d'où

$$\sin^2 J \sin^2\zeta' = 1 - \lambda^2 - \lambda_2^2,$$

et de même

$$\sin^2 J \sin^2\zeta'' = 1 - \lambda^2 - \lambda_1^2.$$

En remplaçant λ, λ_1 et λ_2 par leurs valeurs (43), il vient

$$(48) \qquad \begin{cases} \sin J \sin\zeta' = \dfrac{\sqrt{1 - \alpha'^2 - \beta'^2 - \gamma''^2 + 2\alpha'\beta'\gamma''}}{\sqrt{1 - \gamma''^2}}, \\[2em] \sin J \sin\zeta'' = \dfrac{\sqrt{1 - \alpha'^2 - \beta''^2 - \gamma'^2 + 2\alpha'\beta''\gamma'}}{\sqrt{1 - \gamma'^2}}. \end{cases}$$

Si l'on élève au carré l'expression (33) de δ', et qu'on introduise les éléments de la *fig.* 17, on trouve

$$\delta'^2 = \begin{vmatrix} r''^2 & - r'r''\cos M'M'' & - u'r''\cos M''N' \\ - r'r''\cos M'M'' & r'^2 & u'r'\cos M'N' \\ - u'r''\cos M''N' & u'r'\cos M'N' & u'^2 \end{vmatrix},$$

d'où

$$\delta'^2 = r'^2 r''^2 u'^2 \begin{vmatrix} 1 & - \alpha' & - \beta'' \\ - \alpha' & 1 & \gamma' \\ - \beta'' & \gamma' & 1 \end{vmatrix} = r'^2 r''^2 u'^2 (1 - \alpha'^2 - \beta''^2 - \gamma'^2 + 2\alpha'\beta''\gamma')$$

ou encore, en tenant compte de (36),

$$1 - \alpha'^2 - \beta''^2 - \gamma'^2 + 2\alpha'\beta''\gamma' = \frac{\sigma^2 u'^2 - \Sigma'}{r'^2 r''^2 u'^2}.$$

La seconde des formules (48) donnera donc

$$\sin J \sin\zeta'' = \frac{\sqrt{\sigma^2 u'^2 - \Sigma'}}{r' r'' u' \sqrt{1 - \gamma'^2}} = \frac{\sqrt{\sigma^2 u'^2 - \Sigma'}}{r'' \sqrt{r'^2 u'^2 - r'^2 \dfrac{dr'^2}{dt^2}}}\,;$$

on trouve ainsi, en introduisant les quantités Π' et Π'',

$$(\mathrm{K})\quad \begin{cases} \sin \mathrm{J}\sin\zeta' = \dfrac{\sqrt{\sigma^2 u''^2 - \Sigma''}}{r'\sqrt{\Pi''}}, \\[2em] \sin \mathrm{J}\sin\zeta'' = \dfrac{\sqrt{\sigma^2 u'^2 - \Sigma'}}{r''\sqrt{\Pi'}}. \end{cases}$$

La formule (H) fait connaître l'inclinaison mutuelle J des grands cercles M′N′ et M″N″ qui représentent les plans des orbites de C″ et C′ autour de C, et les formules (K) donnent les distances angulaires $\zeta' = \mathrm{LM}'$ et $\zeta'' = \mathrm{LM}''$ des corps C″ et C′ à l'intersection mutuelle de leurs orbites relatives.

En résumé, la solution de la seconde partie du problème est fournie par les formules (E), (F), (G), (H), (K).

54. Le problème des trois corps peut être résolu complètement dans le cas particulier où leurs distances mutuelles conservent des rapports constants pendant toute la durée du mouvement.

Soient A, A′, A″ trois constantes et ξ une nouvelle variable, on aura

$$(49)\quad \begin{cases} r = \mathrm{A}\xi, & r' = \mathrm{A}'\xi, & r'' = \mathrm{A}''\xi, \\[0.6em] p = \mu\xi^2, & p' = \mu'\xi^2, & p'' = \mu''\xi^2, \\[0.6em] q = \dfrac{\nu}{\xi^3}, & q' = \dfrac{\nu'}{\xi^3}, & q'' = \dfrac{\nu''}{\xi^3}, \end{cases}$$

en posant, pour abréger,

$$(50)\quad \begin{cases} 2\mu = \mathrm{A}'^2 + \mathrm{A}''^2 - \mathrm{A}^2, & \nu = \dfrac{1}{\mathrm{A}'^3} - \dfrac{1}{\mathrm{A}''^3}, \\[1em] 2\mu' = \mathrm{A}''^2 + \mathrm{A}^2 - \mathrm{A}'^2, & \nu' = \dfrac{1}{\mathrm{A}''^3} - \dfrac{1}{\mathrm{A}^3}, \\[1em] 2\mu'' = \mathrm{A}^2 + \mathrm{A}'^2 - \mathrm{A}''^2, & \nu'' = \dfrac{1}{\mathrm{A}^3} - \dfrac{1}{\mathrm{A}'^3}; \end{cases}$$

d'où

$$(51)\quad \begin{cases} \nu + \nu' + \nu'' = 0, \\[0.6em] \mu' + \mu'' = \mathrm{A}^2, \quad \mu'' + \mu = \mathrm{A}'^2, \quad \mu + \mu' = \mathrm{A}''^2. \end{cases}$$

L'équation (C) donne

$$\frac{dp}{dt} + \frac{m\mu\nu + m'\mu'\nu' + m''\mu''\nu''}{\xi} = 0,$$

d'où

$$(52) \quad \begin{cases} \rho = \rho_0 - 1 \displaystyle\int \frac{dt}{\xi}, \\[2mm] \rho_0 \text{ désignant une constante arbitraire et } 1 \text{ ayant pour valeur} \\[1mm] 1 = m\,\mu\nu + m'\,\mu'\nu' + m''\,\mu''\nu''. \end{cases}$$

On trouve maintenant que la première des équations (28) devient

$$\frac{d}{dt}\left(u^2 - 2\,\frac{m+m'+m''}{\mathrm{A}\,\xi}\right) + 2m\,\frac{\mu''\nu'' - \mu'\nu'}{\xi^2}\,\frac{d\xi}{dt} - \frac{m\nu}{\xi^3}\left(\rho_0 - 1\int\frac{dt}{\xi}\right) = 0;$$

si l'on multiplie par dt cette équation et les deux autres analogues, qu'on les intègre et qu'on désigne par x_1, x'_1 et x''_1 trois constantes arbitraires, on aura

$$(53) \quad \begin{cases} u^2 = 2\,\dfrac{m+m'+m''}{\mathrm{A}\,\xi} + 2m\,\dfrac{\mu'\nu' - \mu''\nu''}{\xi} - m\nu\displaystyle\int\dfrac{\rho_0 - 1\int\frac{dt}{\xi}}{\xi^3}\,dt + m x_1, \\[5mm] u'^2 = 2\,\dfrac{m+m'+m''}{\mathrm{A}'\,\xi} + 2m'\,\dfrac{\mu''\nu'' - \mu\nu}{\xi} - m'\nu'\displaystyle\int\dfrac{\rho_0 - 1\int\frac{dt}{\xi}}{\xi^3}\,dt + m x'_1, \\[5mm] u''^2 = 2\,\dfrac{m+m'+m''}{\mathrm{A}''\,\xi} + 2m''\,\dfrac{\mu\nu - \mu'\nu'}{\xi} - m''\nu''\displaystyle\int\dfrac{\rho_0 - 1\int\frac{dt}{\xi}}{\xi^3}\,dt + m x''_1. \end{cases}$$

Portons ces expressions de u^2, u'^2 et u''^2 dans les formules (14), et nous trouverons

$$(54) \quad \begin{cases} \dfrac{1}{2}\,\dfrac{d^2\xi^2}{dt^2} - \dfrac{m\left[1 + (\mu'\nu' - \mu''\nu'')\mathrm{A}\right] + m' + m''}{\mathrm{A}^3\,\xi} + \dfrac{m\nu}{\mathrm{A}^2}\displaystyle\int\dfrac{\rho_0 - 1\int\frac{dt}{\xi}}{\xi^3}\,dt - \dfrac{m x_1}{\mathrm{A}^2} = 0, \\[5mm] \dfrac{1}{2}\,\dfrac{d^2\xi^2}{dt^2} - \dfrac{m + m'\left[1 + (\mu''\nu'' - \mu\nu)\mathrm{A}'\right] + m''}{\mathrm{A}'^3\,\xi} + \dfrac{m'\nu'}{\mathrm{A}'^2}\displaystyle\int\dfrac{\rho_0 - 1\int\frac{dt}{\xi}}{\xi^3}\,dt - \dfrac{m'x'_1}{\mathrm{A}'^2} = 0, \\[5mm] \dfrac{1}{2}\,\dfrac{d^2\xi^2}{dt^2} - \dfrac{m + m' + m''\left[1 + (\mu\nu - \mu'\nu')\mathrm{A}''\right]}{\mathrm{A}''^3\,\xi} + \dfrac{m''\nu''}{\mathrm{A}''^2}\displaystyle\int\dfrac{\rho_0 - 1\int\frac{dt}{\xi}}{\xi^3}\,dt - \dfrac{m''x''_1}{\mathrm{A}''^2} = 0. \end{cases}$$

Ces équations doivent être identiques. On en conclut que l'on doit avoir les conditions

$$(55) \quad \begin{cases} \dfrac{m\left[1 + (\mu'\nu' - \mu''\nu'')\mathrm{A}\right] + m' + m''}{\mathrm{A}^3} = \dfrac{m + m'\left[1 + (\mu''\nu'' - \mu\nu)\mathrm{A}'\right] + m''}{\mathrm{A}'^3} \\[5mm] \qquad\qquad = \dfrac{m + m' + m''\left[1 + (\mu\nu - \mu'\nu')\mathrm{A}''\right]}{\mathrm{A}''^3} \end{cases}$$

et

$$(56) \qquad \frac{m\nu}{A^2} = \frac{m'\nu'}{A'^2} = \frac{m''\nu''}{A''^2},$$

$$(57) \qquad \frac{m\varkappa_1}{A^2} = \frac{m'\varkappa'_1}{A'^2} = \frac{m''\varkappa''_1}{A''^2},$$

à moins que l'on n'ait

$$(58) \qquad \rho_0 = 0 \quad \text{et} \quad I = 0;$$

de là deux solutions suivant que l'on considérera le système (55), (56), (57), ou l'autre (55), (57) et (58).

55. Occupons-nous d'abord du premier. Les formules (56) donnent

$$\frac{m\nu}{A^2} = \frac{m'\nu'}{A'^2} = \frac{m''\nu''}{A''^2} = \frac{\nu + \nu' + \nu''}{\dfrac{A^2}{m} + \dfrac{A'^2}{m'} + \dfrac{A''^2}{m''}} = 0;$$

on a donc

$$\nu = \nu' = \nu'' = 0, \qquad A = A' = A'', \qquad r = r' = r'';$$

ainsi les trois corps forment toujours un triangle équilatéral ; on peut faire $A = 1$ et prendre $\xi = r'$, et, si l'on pose

$$m\varkappa_1 = m'\varkappa'_1 = m''\varkappa''_1 = -\varkappa,$$

les formules (54) se réduisent à

$$(59) \qquad \frac{1}{2}\frac{d^2 r^2}{dt^2} = \frac{m + m' + m''}{r'} - \varkappa.$$

Les équations (53) donnent ensuite

$$(60) \qquad u^2 = u'^2 = u''^2 = 2\frac{m + m' + m''}{r'} - \varkappa,$$

d'où

$$v = v' = v'' = \frac{u'^2}{2}.$$

I est nul, et la formule (52) donne $\rho = \rho_0 = \text{const.}$

On trouve ensuite sans peine

$$p = p' = p'' = \frac{r'^2}{2},$$

$$\Sigma = \Sigma' = \Sigma'' = \frac{r'^2}{4}\left(\rho_0^2 + 3r'^2\frac{dr'^2}{dt^2}\right),$$

$$p'p'' + p''p + pp' = \sigma^2 = \frac{3r'^4}{4};$$

la formule (B) se réduit à

$$\left(\rho_0^2 + 3\,r'^2\,\frac{dr'^2}{dt^2} - 3\,r'^2\,u'^2\right)^2 = 0,$$

d'où

$$(61) \qquad \rho_0^2 = 3\,r'^2\left(u'^2 - \frac{dr'^2}{dt^2}\right).$$

On tire d'ailleurs de (60) et (61)

$$(62) \qquad r'^2\,\frac{dr'^2}{dt^2} = r'^2\left(2\,\frac{m+m'+m''}{r'} - \varkappa\right) - \frac{1}{3}\rho_0^2,$$

d'où

$$(63) \qquad dt = \frac{r'\,dr'}{\sqrt{-\varkappa\,r'^2 + 2(m+m'+m'')\,r' - \frac{1}{3}\rho_0^2}}\,.$$

On a ensuite

$$\sigma^2\,u^2 - \Sigma = \frac{3}{4}\,r'^4\,u'^2 - \frac{1}{4}\,r'^2\left(\rho_0^2 + 3\,r'^2\,\frac{dr'^2}{dt^2}\right),$$

quantité nulle d'après (61) et (62); on aura de même

$$\sigma^2\,u'^2 - \Sigma' = 0, \qquad \sigma^2\,u''^2 - \Sigma'' = 0,$$

d'où, par les formules (E),

$$z' = 0, \qquad z'' = 0;$$

ainsi les mouvements relatifs de C' et C'' s'effectuent dans un plan fixe.

En continuant à appliquer les formules générales, on trouve

$$\Pi = \Pi'' = u'^2\,r'^2 - r'^2\,\frac{dr'^2}{dt^2} = \frac{1}{3}\rho_0^2,$$

$$\Psi = \Psi' = \Psi'' = \frac{1}{4}\left(u'^2\,r'^2 + \rho_0^2 - r'^2\,\frac{dr'^2}{dt^2}\right) = \frac{1}{3}\rho_0^2,$$

$$V' = V'' = \frac{1}{3}\rho_0^2\left(\frac{1}{m} + \frac{1}{m'} + \frac{1}{m''}\right),$$

et il en résulte, d'après (G),

$$(64) \qquad r'^2\,\frac{d\varphi'}{dt} = r''^2\,\frac{d\varphi''}{dt} = \frac{1}{3}\,\frac{\rho_0^2}{k}\left(\frac{1}{m} + \frac{1}{m'} + \frac{1}{m''}\right).$$

Enfin l'équation (D) donne

$$k^2 = \frac{m+m'+m''}{2\,mm'm''}\,\rho_0^2 + \left(\frac{1}{m^2} + \frac{1}{m'^2} + \frac{1}{m''^2} + \frac{1}{2\,m'm''} + \frac{1}{2\,m''m} + \frac{1}{2\,mm'}\right)\left(r'^2\,u'^2 - r'^2\,\frac{dr'^2}{dt^2}\right),$$

et l'on en tire aisément, en remplaçant $r'^2 u'^2 - r'^2 \dfrac{dr'^2}{dt^2}$ par $\frac{1}{3}\rho_0^2$,

$$k = \frac{\rho_0}{\sqrt{3}}\left(\frac{1}{m} + \frac{1}{m'} + \frac{1}{m''}\right),$$

moyennant quoi (64) donne

$$(65) \qquad\qquad r'^2 \frac{d\varphi'}{dt} = \frac{\rho_0}{\sqrt{3}};$$

on a d'ailleurs

$$\varphi'' = \varphi' + \frac{\pi}{3},$$

et, si l'on pose

$$a' = \frac{m + m' + m''}{\varkappa}, \qquad a'^2(1 - e'^2) = \frac{\rho_0^2}{3\varkappa}, \qquad n'^2 a'^3 = m + m' + m'',$$

les formules (63) et (64) donnent

$$n'\,dt = \frac{\dfrac{r'}{a'}\,dr'}{\sqrt{[r' - a'(1 - e')]\,[a'(1 + e') - r']}},$$

$$r'^2 \frac{d\varphi'}{dt} = n' a'^2 \sqrt{1 - e'^2}.$$

Il en résulte que C'' décrit autour de C comme foyer, conformément à la loi des aires, une ellipse ayant $2a'$ pour grand axe, n' comme moyen mouvement et e' comme excentricité.

La trajectoire de C' est une ellipse égale à la précédente, qui aurait tourné de l'angle $\frac{\pi}{3}$ autour de C.

Il convient de remarquer que les vitesses initiales relatives u'_0 et u''_0 de C'' et C' doivent être égales et faire entre elles un angle égal à $\frac{\pi}{3}$.

56. Considérons maintenant la seconde solution qui sera fournie par les formules (55), (57) et (58); on tire de (52)

$$\rho = 0$$

et

$$(66) \qquad\qquad m\mu\nu + m'\mu'\nu' + m''\mu''\nu'' = 0;$$

ainsi l'inconnue auxiliaire ρ, qui était constante dans le premier cas, est nulle dans le second. La formule (66), dans laquelle on remplacera les quantités μ

et ν par leurs valeurs (5o), donnera une équation de condition qui devra être remplic par les masses m, m', m'' et les constantes A, A', A''.

La première des équations (55) peut s'écrire

$$(m + m' + m'')\left(\frac{1}{A^3} - \frac{1}{A'^3}\right) + m\,\frac{\mu'\nu' - \mu''\nu''}{A^2} + m'\,\frac{\mu\nu - \mu''\nu''}{A'^2} = 0$$

ou bien, à cause de (5o) et (5ı),

$$(m + m' + m'')\nu'' + m\,\frac{\mu'\nu' - \mu''\nu''}{\mu' + \mu''} + m'\,\frac{\mu\nu - \mu''\nu''}{\mu'' + \mu} = 0$$

ou, en réduisant,

$$m\mu'\,\frac{\nu' + \nu''}{\mu' + \mu''} + m'\mu\,\frac{\nu'' + \nu}{\mu'' + \mu} + m''\nu'' = 0$$

ou encore

$$-m\mu'\,\frac{\nu}{\mu' + \mu''} - m'\mu\,\frac{\nu'}{\mu'' + \mu} + m''\nu'' = 0.$$

On arrive aisément à mettre cette relation sous la forme

$$(\mu'\mu'' + \mu''\mu + \mu\mu')(m\nu + m'\nu' - m''\nu'') - \mu''(m\mu\nu + m'\mu'\nu' + m''\mu''\nu'') = 0;$$

à cause de la formule (66), cela se réduit à

$$(\mu'\mu'' + \mu''\mu + \mu\mu')(m\nu + m'\nu' - m''\nu'') = 0.$$

Si la quantité $\mu'\mu'' + \mu''\mu + \mu\mu'$ n'est pas nulle, la formule précédente et celles qu'on en déduit par des permutations d'accents donneront

$$m\nu + m'\nu' - m''\nu'' = 0, \qquad m'\nu' + m''\nu'' - m\nu = 0, \qquad m''\nu'' + m\nu - m'\nu' = 0,$$

d'où

$$\nu = \nu' = \nu'' = 0;$$

on rentrerait ainsi dans le premier cas. On doit donc avoir

$$\mu'\mu'' + \mu''\mu + \mu\mu' = 0;$$

si l'on remplace μ, μ', μ'' par leurs valeurs (5o), on trouve

$$(A + A' + A'')(A + A' - A'')(A - A' + A'')(-A + A' + A'') = 0.$$

On devra donc avoir l'une des relations

$$A \pm A' \pm A'' = 0,$$

d'où

$$r \pm r' \pm r'' = 0;$$

ce qui prouve que les trois corps resteront constamment en ligne droite.

La quantité σ est donc nulle; les formules (36), dans lesquelles Σ, Σ', Σ'' ne peuvent jamais être négatifs, donnent

$$\delta = \delta' = \delta'' = 0;$$

il en résulte

$$z' = z'' = 0;$$

ainsi les mouvements relatifs de C' et C'' s'effectuent dans un plan fixe.

Les trois équations (54) se réduisent à la suivante

$$(67) \qquad \frac{1}{2}\frac{d^2\xi^2}{dt^2} = \frac{F}{\xi} - \varkappa,$$

où l'on a fait

$$(68) \qquad F = \frac{m + m' + m'' + m''(\mu\nu - \mu'\nu')\,\Lambda''}{\Lambda''^3},$$

$$\frac{m\varkappa_1}{\Lambda^2} = \frac{m'\varkappa'_1}{\Lambda'^2} = \frac{m''\varkappa''_1}{\Lambda''^3} = -\varkappa.$$

Multiplions l'équation (67) par $2\xi\dfrac{d\xi}{dt}$, intégrons et désignons par H_1 une constante arbitraire; nous aurons

$$(69) \qquad \xi^2\frac{d\xi^2}{dt^2} = 2F\xi - \varkappa\xi^2 - H_1.$$

On trouve ensuite aisément

$$(70) \qquad \left\{ \begin{aligned} &\frac{u^2}{\Lambda^2} = \frac{u'^2}{\Lambda'^2} = \frac{u''^2}{\Lambda''^2} = \frac{2F}{\xi} - \varkappa, \\[4pt] &\frac{v}{\mu} = \frac{v'}{\mu'} = \frac{v''}{\mu''} = \frac{2F}{\xi} - \varkappa, \\[4pt] &\Pi' = \Lambda'^4 H_1, \qquad \Pi'' = \Lambda''^4 H_1, \\[4pt] &\frac{\Psi}{\mu^2} = \frac{\Psi'}{\mu'^2} = \frac{\Psi''}{\mu''^2} = H_1; \end{aligned} \right.$$

on a d'ailleurs

$$\Lambda'^2\Lambda''^2 = (\mu + \mu')(\mu + \mu'') = \mu^2 + (\mu\mu' + \mu\mu'' + \mu'\mu'') = \mu^2;$$

ce qui permet d'écrire aussi

$$\frac{\Psi}{\Lambda'^2\Lambda''^2} = \frac{\Psi'}{\Lambda''^2\Lambda^2} = \frac{\Psi''}{\Lambda^2\Lambda'^2} = H_1.$$

On trouve, en continuant l'application des formules,

$$\frac{V'}{A'^2} = \frac{V''}{A''^2} = H_1\left(\frac{A^2}{m} + \frac{A'^2}{m'} + \frac{A''^2}{m''}\right),$$

$$\frac{d\varphi'}{dt} = \frac{d\varphi''}{dt} = \frac{H_1}{k}\left(\frac{A^2}{m} + \frac{A'^2}{m'} + \frac{A''^2}{m''}\right)\frac{1}{\xi^2}.$$

En substituant dans l'équation (D) les valeurs trouvées ci-dessus pour ρ, u, u', u'', v, v', v'', r, r', r'', on obtient, toutes réductions faites,

$$k^2 = H_1\left(\frac{A^2}{m} + \frac{A'^2}{m'} + \frac{A''^2}{m''}\right)^2;$$

d'où il résulte

$$(71) \qquad \xi^2\frac{d\varphi'}{dt} = \xi^2\frac{d\varphi''}{dt} = \sqrt{H_1}.$$

On peut prendre, si l'on veut, $A'' = 1$, d'où $\xi = r''$; les formules (69) et (71) donneront donc

$$dt = \frac{r''dr''}{\sqrt{-\varkappa r''^2 + 2F r'' - H_1}},$$

$$r''^2\frac{d\varphi''}{dt} = \sqrt{H_1}.$$

On voit par là que le point C' décrit, dans son mouvement relatif, une ellipse ayant pour foyer le point C, et la décrit conformément à la loi des aires; le demi grand axe de l'ellipse est $\frac{F}{\varkappa}$, l'excentricité $\sqrt{1 - \frac{\varkappa H_1}{F^2}}$ et le moyen mouvement $\frac{\varkappa^{\frac{3}{2}}}{F}$.

La trajectoire de C'' est naturellement une ellipse homothétique à la précédente.

Pour que les trois corps restent ainsi toujours en ligne droite, il faut d'abord qu'ils aient été placés en ligne droite à l'origine du mouvement; il faut ensuite que les vitesses relatives de C' et C'' aient été primitivement parallèles entre elles, et proportionnelles aux distances r''_0 et r'_0; mais il faut de plus que la condition (66) soit vérifiée.

Supposons, pour fixer les idées, qu'à l'origine le point C se soit trouvé placé entre C' et C''; on aura donc eu

$$r_0 = r'_0 + r''_0.$$

On a d'ailleurs, en faisant $A'' = 1$,

$$\frac{r_0}{A} = \frac{r'_0}{A'} = r''_0;$$

il en résulte donc

$$A' = \frac{r'_0}{r''_0}, \qquad A = 1 + A', \qquad A'' = 1.$$

Avec les valeurs (50) de μ et ν, et les valeurs ci-dessus de A et A'', on trouve aisément que la formule (66) donne, après réduction,

$$m\left(A' - \frac{1}{A'^2}\right) + m'\left[1 + A' - \frac{1}{(1+A')^2}\right] + m''\left[\frac{A'}{(1+A')^2} - \frac{1+A'}{A'^2}\right] = 0,$$

ou, en chassant les dénominateurs et ordonnant,

$$(72) \quad \begin{cases} (m+m')A'^5 + (2m+3m')A'^4 + (m+3m')A'^3 \\ \qquad - (m+3m'')A'^2 - (2m+3m'')A' - (m+m'') = 0. \end{cases}$$

Cette équation est du cinquième degré; elle n'a qu'une variation : donc elle a une racine positive et une seule.

Si donc, les masses m, m', m'' étant données et pouvant d'ailleurs être quelconques, on place à l'origine les trois corps en ligne droite en C_0, C'_0, C''_0, le point C_0 étant entre C'_0 et C''_0, si l'on prend

$$\frac{C_0 C''_0}{C_0 C'_0} = A',$$

A' désignant la racine positive de l'équation (72), si l'on imprime à C'_0 et C''_0 des vitesses relatives parallèles qui soient entre elles comme 1 et A', les trois corps resteront constamment en ligne droite, et l'on aura pendant tout le mouvement

$$\frac{CC''}{CC'} = A'.$$

Il nous reste un mot à dire sur la détermination des constantes F, $\varkappa$ et H_1 en fonction des données initiales.

Nous prendrons pour ces données : le rayon vecteur initial r''_0, la valeur initiale u''_0 de la vitesse relative du corps C' et l'angle η''_0 que fait cette vitesse avec la droite $C_0 C'_0$; la formule (68) donne

$$(73) \qquad F = m + m' + m''\left[\frac{1}{(1+A')^2} - \frac{1}{A'^2}\right];$$

on tire de (70)

$$(74) \qquad \varkappa = \frac{2F}{r''_0} - u''^2_0;$$

on a enfin

$$\left(\frac{dr''}{dt}\right)_0 = u''_0 \cos \eta''_0,$$

et, comme (69) donne

$$r''^2_0 \left(\frac{dr''}{dt}\right)^2_0 = 2\,\mathrm{F}\,r''_0 - \varkappa\,r''^2_0 - \mathrm{H}_1,$$

il en résulte aisément

(75) $$\mathrm{H}_1 = (2\,\mathrm{F} - \varkappa\,r''_0)\,r''_0 \sin^2 \eta''_0\,;$$

les formules (73), (74) et (75) résolvent la question.

Dans le cas où l'on aurait

$$\eta''_0 = \frac{\pi}{2}, \qquad u''^2_0 = \frac{\mathrm{F}}{r''_0},$$

il en résulterait

$$1 - \frac{\varkappa\,\mathrm{H}_1}{\mathrm{F}^2} = 0,$$

les excentricités des orbites relatives de C′ et C″ seraient nulles, et ces orbites seraient des circonférences parcourues par les points C′ et C″ avec des mouvements uniformes.

57. Supposons que C désigne la Terre, C′ le Soleil, C″ la Lune, et voyons si l'on aurait pu, à l'origine des choses, placer ces trois corps en ligne droite, la Lune étant en opposition avec le Soleil, de manière qu'ils restassent toujours en ligne droite.

On a, dans ce cas,

$$\frac{m'}{m} = 324\,000, \qquad \frac{m''}{m} = \frac{1}{81}\,;$$

l'équation (72) montre que A′ est petit et que l'on aura une valeur très approchée en se bornant à

$$(m + 3\,m')\,\mathrm{A}'^3 - (m + m'') = 0,$$

d'où

$$\mathrm{A}' = \frac{1}{100} \quad \text{à peu près.}$$

Laplace en a donc pu conclure (*Mécanique céleste*, t. IV) que si, à l'époque arbitraire prise pour origine, la Lune s'était trouvée en opposition avec le Soleil à une distance de cet astre représentée par 101, celle de la Terre étant représentée par 100, et que les vitesses relatives de la Terre et de la Lune autour du Soleil eussent été aussi à cette époque parallèles et dans le rapport de 100 à 101, la Lune serait toujours restée en opposition avec le Soleil.

Laplace a reproduit cette assertion dans l'*Exposition du système du Monde* : « Quelques partisans des causes finales, dit-il, ont imaginé que la Lune a été donnée à la Terre pour l'éclairer pendant les nuits. Dans ce cas la nature n'aurait point atteint le but qu'elle se serait proposé, puisque nous sommes souvent privés à la fois de la lumière du Soleil et de celle de la Lune. Pour y parvenir, il eût suffi de mettre à l'origine la Lune en opposition avec le Soleil, dans le plan même de l'écliptique, à une distance de la Terre égale à la centième partie de la distance de la Terre au Soleil, et de donner à la Lune et à la Terre des vitesses parallèles et proportionnelles à leurs distances à cet astre. Alors la Lune, sans cesse en opposition avec le Soleil, eût décrit autour de lui une ellipse semblable à celle de la Terre; ces deux astres se seraient succédé l'un à l'autre sur l'horizon, et, comme à cette distance la Lune n'eût point été éclipsée, sa lumière aurait remplacé constamment celle du Soleil. »

M. Liouville (*Journal de Mathématiques*, t. VII, et *Connaissance des Temps* de 1845) s'est demandé si le système, dans l'état considéré par Laplace, aurait été un système stable, tendant à résister aux perturbations, et à revenir de lui-même à son état régulier de mouvement; il a donc examiné le problème suivant :

« Trois masses étant placées non plus rigoureusement, mais à très peu près
» dans les conditions énoncées par Laplace, on demande si l'action réciproque
» de ces masses maintiendra le système dans cet état particulier de mouvement
» ou si elle tendra au contraire à l'en écarter de plus en plus. »

M. Liouville a reconnu que « les effets des causes perturbatrices, loin d'être contrebalancés, sont au contraire agrandis d'une manière rapide par les actions mutuelles de nos trois masses; cette conclusion subsiste quels que soient les rapports de grandeur des masses. Si la Lune avait occupé à l'origine la position particulière que Laplace indique, elle n'aurait pu s'y maintenir que pendant un temps très court. »

58. On vient de voir que l'on sait intégrer rigoureusement les équations différentielles du problème des trois corps lorsque leurs distances mutuelles conservent entre elles des rapports constants; ce cas se subdivise en deux autres; les trois corps forment toujours un triangle équilatéral, ou bien ils restent constamment en ligne droite.

Ces deux cas sont, à notre connaissance (¹), les seuls connus où l'on ait pu résoudre le problème; on n'a pas pu surmonter les difficultés analytiques, même en supposant que les trois corps resteraient constamment en ligne droite, sans

---

(¹) Nous ne comprenons pas dans le problème des trois corps, tel que nous l'avons défini, le mouvement d'un point matériel attiré par deux centres *fixes*, problème que l'on sait résoudre.

admettre que leurs distances soient dans des rapports constants; après Euler, Jacobi a considéré ce cas dans son Mémoire *Theoria novi multiplicatoris...* (C.-G.-J. Jacobi, *Gesammelte Werke*, t. IV, p. 478.)

Nous devons signaler aussi un Mémoire intéressant de M. H. Poincaré : *Sur certaines solutions particulières du problème des trois corps* (*Bulletin astronomique*, t. I, p. 65); l'auteur montre qu'il y a une infinité de positions et de vitesses initiales telles que les distances mutuelles des trois corps soient des fonctions périodiques du temps; les conditions pour qu'il en soit ainsi se trouvent remplies approximativement dans le système formé de Saturne et de deux de ses satellites, Titan et Hypérion.

Si nous avions voulu faire un exposé complet de tous les travaux importants qui se rapportent au problème des trois corps, nous aurions dû parler du célèbre Mémoire de Jacobi *Sur l'élimination des nœuds dans le problème des trois corps* (*Journal de Mathématiques*, t. IX, 1844). Dans ce Mémoire, Jacobi, qui n'avait certainement pas connaissance du travail de Lagrange, arrive pour le problème à une réduction analogue; il lui reste à intégrer un système formé de cinq équations différentielles du premier ordre et d'une autre du second, et à effectuer ensuite une quadrature.

Nous devrions parler aussi d'un beau Mémoire de M. J. Bertrand (*Journal de Mathématiques*, t. XVII, 1852), de la thèse de M. Bour (*Journal de l'École Polytechnique*, XXXVIe Cahier), des recherches intéressantes de M. Radau, *Sur une propriété des systèmes qui ont un plan invariable* (*Journal de Mathématiques*, 2e série, t. XIV, 1869), etc.; mais nous sortirions ainsi des limites que nous nous sommes imposées.

CHAPITRE IX.

MÉTHODE DE LA VARIATION DES CONSTANTES ARBITRAIRES. — VARIATION
DES ÉLÉMENTS CANONIQUES. — ÉLÉMENTS OSCULATEURS. — VARIATION
DES ÉLÉMENTS ELLIPTIQUES.

Puisqu'il n'y a pas lieu de songer à intégrer rigoureusement les équations
différentielles du mouvement des planètes, même quand ces planètes se réduisent
à deux, on a recours à des méthodes d'approximation répondant aux besoins de
l'Astronomie, sinon pour toutes les époques, du moins pour un assez grand
nombre de siècles; l'une d'elles, la plus fréquemment employée, est la méthode
de la variation des constantes arbitraires. Avant de l'exposer, nous allons démontrer un théorème important.

59. Considérons le système canonique suivant de $2h$ équations différentielles

$$(1) \qquad \frac{dq_i}{dt} = \frac{\partial H}{\partial p_i}, \qquad \frac{dp_i}{dt} = -\frac{\partial H}{\partial q_i}, \qquad (i = 1, 2, \ldots, h),$$

où l'on a

$$H = F(t, q_1, q_2, \ldots, q_h; p_1, p_2, \ldots, p_h).$$

Supposons que l'on ait suivi, pour intégrer ces équations, la méthode de
Jacobi; on aura donc d'abord réussi à trouver une solution S de l'équation

$$\frac{\partial S}{\partial t} + F\left(t, q_1, q_2, \ldots, q_h; \frac{\partial S}{\partial q_1}, \frac{\partial S}{\partial q_2}, \ldots, \frac{\partial S}{\partial q_h}\right) = 0,$$

contenant h constantes arbitraires $\alpha_1, \alpha_2, \ldots, \alpha_h$, sans compter celle que l'on
peut toujours ajouter directement à S; on a vu, dans le n° 6 de l'Introduction,

que si l'on désigne par $\beta_1, \beta_2, \ldots, \beta_h$, h nouvelles constantes arbitraires, les intégrales générales des équations (1) seront données par les formules

$$(2) \qquad \frac{\partial S}{\partial \alpha_i} = \beta_i, \qquad \frac{\partial S}{\partial q_i} = p_i, \qquad (i = 1, 2, \ldots, h),$$

qui, résolues par rapport aux variables p et q, fournissent des expressions de cette forme

$$(3) \qquad \begin{cases} q_i = \varphi_i(t, \alpha_1, \alpha_2, \ldots, \alpha_h; \beta_1, \beta_2, \ldots, \beta_h), \\ p_i = \psi_i(t, \alpha_1, \alpha_2, \ldots, \alpha_h; \beta_1, \beta_2, \ldots, \beta_h). \end{cases}$$

Les équations (1) doivent être vérifiées identiquement par ces valeurs de p_i et q_i; ainsi, les relations

$$(4) \qquad \frac{\partial \varphi_i}{\partial t} = \frac{\partial H}{\partial p_i}, \qquad \frac{\partial \psi_i}{\partial t} = -\frac{\partial H}{\partial q_i},$$

dont les seconds membres sont supposés aussi exprimés à l'aide de t et des $2h$ constantes arbitraires α_i et β_i, doivent avoir lieu quelles que soient ces quantités α_i et β_i.

Supposons maintenant que l'on veuille intégrer ce nouveau système canonique de $2h$ équations différentielles

$$(5) \qquad \frac{dq_i}{dt} = \frac{\partial(H - R)}{\partial p_i}, \qquad \frac{dp_i}{dt} = -\frac{\partial(H - R)}{\partial q_i}, \qquad (i = 1, 2, \ldots, h),$$

qui ne diffère du précédent qu'en ce que la fonction H y est remplacée par $H - R$, R désignant une certaine fonction de t et des $2h$ variables p_i et q_i.

Il est naturel de chercher à tirer parti de l'intégration déjà faite des équations (1). On retient, pour résoudre le nouveau problème, les mêmes expressions analytiques (3) des variables p_i et q_i, mais en y considérant les $2h$ quantités α et β, non plus comme des constantes, mais comme de nouvelles variables que l'on déterminera convenablement; cela revient à faire un changement de variables, et la méthode indiquée reçoit le nom de *méthode de la variation des constantes arbitraires*. On tirera maintenant des formules (3)

$$\frac{dq_i}{dt} = \frac{\partial \varphi_i}{\partial t} + \sum_{j=1}^{j=h} \left(\frac{\partial q_i}{\partial \alpha_j} \frac{d\alpha_j}{dt} + \frac{\partial q_i}{\partial \beta_j} \frac{d\beta_j}{dt} \right),$$

$$\frac{dp_i}{dt} = \frac{\partial \psi_i}{\partial t} + \sum_{j=1}^{j=h} \left(\frac{\partial p_i}{\partial \alpha_j} \frac{d\alpha_j}{dt} + \frac{\partial p_i}{\partial \beta_j} \frac{d\beta_j}{dt} \right).$$

En substituant dans (5), il viendra

$$\frac{\partial \varphi_i}{\partial t} - \frac{\partial H}{\partial p_i} + \sum_{j=1}^{j=h} \left(\frac{\partial q_i}{\partial \alpha_j} \frac{d\alpha_j}{dt} + \frac{\partial q_i}{\partial \beta_j} \frac{d\beta_j}{dt} \right) = - \frac{\partial R}{\partial p_i},$$

$$\frac{\partial \psi_i}{\partial t} + \frac{\partial H}{\partial q_i} + \sum_{j=1}^{j=h} \left(\frac{\partial p_i}{\partial \alpha_j} \frac{d\alpha_j}{dt} + \frac{\partial p_i}{\partial \beta_j} \frac{d\beta_j}{dt} \right) = + \frac{\partial R}{\partial q_i};$$

ces équations se simplifient eu égard aux relations (4) qui, ayant lieu identiquement, sont encore vérifiées lorsque les quantités α et β sont variables, au lieu d'être constantes. On trouve ainsi

$$(6) \quad \left\{ \begin{aligned} - \frac{\partial R}{\partial p_i} &= \sum_{j=1}^{j=h} \left(\frac{\partial q_i}{\partial \alpha_j} \frac{d\alpha_j}{dt} + \frac{\partial q_i}{\partial \beta_j} \frac{d\beta_j}{dt} \right), \\ + \frac{\partial R}{\partial q_i} &= \sum_{j=1}^{j=h} \left(\frac{\partial p_i}{\partial \alpha_j} \frac{d\alpha_j}{dt} + \frac{\partial p_i}{\partial \beta_j} \frac{d\beta_j}{dt} \right). \end{aligned} \right\} \quad (i = 1, 2, \ldots, h).$$

On a là un système de $2h$ équations renfermant au premier degré les $2h$ inconnues $\dfrac{d\alpha_1}{dt}, \ldots, \dfrac{d\alpha_h}{dt}; \dfrac{d\beta_1}{dt}, \ldots, \dfrac{d\beta_h}{dt}$.

La résolution de ces équations, que nous allons faire par un procédé indirect, fournit pour les inconnues des expressions d'une simplicité remarquable.

Les équations (2) coïncident avec les équations (a) et (b) du n° 8 de l'Introduction; on peut donc appliquer les relations (e), (f), (g), (h) de ce même numéro, ce qui permet d'écrire ainsi les formules (6),

$$(7) \quad \left\{ \begin{aligned} \frac{\partial R}{\partial p_i} &= \sum_{j=1}^{j=h} \left(\frac{\partial \beta_j}{\partial p_i} \frac{d\alpha_j}{dt} - \frac{\partial \alpha_j}{\partial p_i} \frac{d\beta_j}{dt} \right), \\ \frac{\partial R}{\partial q_i} &= \sum_{j=1}^{j=h} \left(\frac{\partial \beta_j}{\partial q_i} \frac{d\alpha_j}{dt} - \frac{\partial \alpha_j}{\partial q_i} \frac{d\beta_j}{dt} \right), \end{aligned} \right.$$

où les dérivées partielles $\dfrac{\partial \alpha_j}{\partial p_i}, \dfrac{\partial \alpha_j}{\partial q_i}, \dfrac{\partial \beta_j}{\partial p_i}, \dfrac{\partial \beta_j}{\partial q_i}$ supposent que l'on a résolu les équations (2) par rapport aux quantités α et β.

Supposons maintenant que, dans les formules (3), on attribue aux quantités $\alpha_1, \ldots, \alpha_h, \beta_1, \ldots, \beta_h$ des variations infiniment petites arbitraires $\delta\alpha_1, \ldots, \delta\alpha_h, \delta\beta_1, \ldots, \delta\beta_h$, sans toucher au temps t; il en résultera pour $p_1, \ldots, p_h, q_1, \ldots, q_h$ des variations correspondantes et faciles à calculer; R, qui est une fonction de t et de $p_1, \ldots, p_h, q_1, \ldots, q_h$, prendra aussi une variation correspondante δR, et

T. — I. 21

l'on aura

$$\delta R = \sum_{i=1}^{i=h} \left(\frac{\partial R}{\partial p_i} \delta p_i + \frac{\partial R}{\partial q_i} \delta q_i \right);$$

d'où, en remplaçant $\frac{\partial R}{\partial p_i}$ et $\frac{\partial R}{\partial q_i}$ par leurs valeurs (7),

$$\delta R = \sum_i \sum_j \left[\left(\frac{\partial \beta_j}{\partial p_i} \delta p_i + \frac{\partial \beta_j}{\partial q_i} \delta q_i \right) \frac{d\alpha_j}{dt} - \left(\frac{\partial \alpha_j}{\partial p_i} \delta p_i + \frac{\partial \alpha_j}{\partial q_i} \delta q_i \right) \frac{d\beta_j}{dt} \right]$$

ou encore

$$\delta R = \sum_j \frac{d\alpha_j}{dt} \sum_i \left(\frac{\partial \beta_j}{\partial p_i} \delta p_i + \frac{\partial \beta_j}{\partial q_i} \delta q_i \right) - \sum_j \frac{d\beta_j}{dt} \sum_i \left(\frac{\partial \alpha_j}{\partial p_i} \delta p_i + \frac{\partial \alpha_j}{\partial q_i} \delta q_i \right);$$

mais on a évidemment

$$\sum_i \left(\frac{\partial \beta_j}{\partial p_i} \delta p_i + \frac{\partial \beta_j}{\partial q_i} \delta q_i \right) = \delta \beta_j,$$

$$\sum_i \left(\frac{\partial \alpha_j}{\partial p_i} \delta p_i + \frac{\partial \alpha_j}{\partial q_i} \delta q_i \right) = \delta \alpha_j.$$

Il vient donc

$$\delta R = \sum_j \left(\frac{d\alpha_j}{dt} \delta \beta_j - \frac{d\beta_j}{dt} \delta \alpha_j \right).$$

Or on peut calculer autrement δR, en remplaçant d'abord dans R les quantités p et q par leurs expressions (3); R devient ainsi une fonction de t et des $2h$ quantités α et β, et l'on aura

$$\delta R = \sum_j \left(\frac{\partial R}{\partial \beta_j} \delta \beta_j + \frac{\partial R}{\partial \alpha_j} \delta \alpha_j \right).$$

Cette expression de δR doit être égale à la précédente, quelles que soient les $2h$ variations $\delta \alpha_j$ et $\delta \beta_j$, qui sont indépendantes les unes des autres. On en conclut

$$(8) \qquad \frac{d\alpha_j}{dt} = \frac{\partial R}{\partial \beta_j}, \qquad \frac{d\beta_j}{dt} = -\frac{\partial R}{\partial \alpha_j}, \qquad (j = 1, 2, \ldots, h).$$

Ces équations, dont les seconds membres sont des fonctions supposées connues de t et des quantités α et β, détermineront les nouvelles variables dont les expressions devront être ensuite substituées dans les formules (3) pour obtenir les valeurs cherchées des inconnues $p_1, p_2, \ldots, q_1, q_2, \ldots$. Les équations (8) ont, comme on le voit, la forme canonique. Si l'on avait intégré les équations (1) par une méthode autre que celle de Jacobi, les constantes arbitraires ainsi introduites, devenues variables pour l'intégration des équations (5), auraient dépendu, en général, d'équations plus compliquées que les équations (8), et qu'il aurait fallu former et calculer dans chaque cas, suivant la nature de la fonction $H = F(t, q_1, q_2, \ldots, q_h; p_1, p_2, \ldots, p_h)$. Le grand avantage que présente la méthode de Jacobi, c'est que l'on peut écrire immédiatement les formules (8).

60. Appliquons les résultats précédents à la détermination des mouvements des planètes. Soient x, y, z; x_1, y_1, z_1; $\ldots$ les coordonnées des planètes P, P_1, $\ldots$; m, m_1, $\ldots$ leurs masses, celle du Soleil étant prise pour unité; les équations différentielles du mouvement de la planète P sont, comme on l'a vu au n° 18,

$$(a) \quad \begin{cases} \dfrac{d^2 x}{dt^2} + f\mu \dfrac{x}{r^3} = \dfrac{\partial R}{\partial x}, \\[2mm] \dfrac{d^2 y}{dt^2} + f\mu \dfrac{y}{r^3} = \dfrac{\partial R}{\partial y}, \\[2mm] \dfrac{d^2 z}{dt^2} + f\mu \dfrac{z}{r^3} = \dfrac{\partial R}{\partial z}, \end{cases}$$

où l'on a

$$\mu = 1 + m, \qquad r^2 = x^2 + y^2 + z^2,$$

$$(9) \quad R = fm_1 \left[\frac{1}{\sqrt{(x - x_1)^2 + (y - y_1)^2 + (z - z_1)^2}} - \frac{xx_1 + yy_1 + zz_1}{r_1^3} \right] + \ldots$$

En supprimant R, on a les équations différentielles du mouvement elliptique,

$$(b) \quad \begin{cases} \dfrac{d^2 x}{dt^2} + f\mu \dfrac{x}{r^3} = 0, \\[2mm] \dfrac{d^2 y}{dt^2} + f\mu \dfrac{y}{r^3} = 0, \\[2mm] \dfrac{d^2 z}{dt^2} + f\mu \dfrac{z}{r^3} = 0. \end{cases}$$

Posons

$$\frac{dx}{dt} = x', \qquad \frac{dy}{dt} = y', \qquad \frac{dz}{dt} = z',$$

$$T = \frac{1}{2}(x'^2 + y'^2 + z'^2), \qquad U = \frac{f\mu}{r}, \qquad H = T - U;$$

en remarquant que R ne contient que x, y, z, et le temps t qui sera introduit par $x_1, y_1, z_1, \ldots$, mais ne renferme pas x', y', z', nous pourrons écrire comme il suit les équations (a) et (b) :

$$(\alpha) \quad \begin{cases} \dfrac{dx}{dt} = \dfrac{\partial(\mathrm{H} - \mathrm{R})}{\partial x'}, & \dfrac{dy}{dt} = \dfrac{\partial(\mathrm{H} - \mathrm{R})}{\partial y'}, & \dfrac{dz}{dt} = \dfrac{\partial(\mathrm{H} - \mathrm{R})}{\partial z'}, \\[3mm] \dfrac{dx'}{dt} = -\dfrac{\partial(\mathrm{H} - \mathrm{R})}{\partial x}, & \dfrac{dy'}{dt} = -\dfrac{\partial(\mathrm{H} - \mathrm{R})}{\partial y}, & \dfrac{dz'}{dt} = -\dfrac{\partial(\mathrm{H} - \mathrm{R})}{\partial z}; \end{cases}$$

$$(\beta) \quad \begin{cases} \dfrac{dx}{dt} = \dfrac{\partial \mathrm{H}}{\partial x'}, & \dfrac{dy}{dt} = \dfrac{\partial \mathrm{H}}{\partial y'}, & \dfrac{dz}{dt} = \dfrac{\partial \mathrm{H}}{\partial z'}, \\[3mm] \dfrac{dx'}{dt} = -\dfrac{\partial \mathrm{H}}{dx}, & \dfrac{dy'}{dt} = -\dfrac{\partial \mathrm{H}}{\partial y}, & \dfrac{dz'}{dt} = -\dfrac{\partial \mathrm{H}}{\partial z}. \end{cases}$$

On voit que les formules (α) et (β) coïncident avec les formules (5) et (1) du numéro précédent.

Or, dans le Chapitre VII, on a intégré par la méthode de Jacobi les équations (b), ou leurs équivalentes (β); on a introduit ainsi six arbitraires canoniques $\alpha_1, \alpha_2, \alpha_3, \beta_1, \beta_2, \beta_3$, dont la signification géométrique a été précisée, et sera rappelée dans un moment. Il en est résulté, pour les intégrales générales des équations (β), des expressions de cette forme

$$(\gamma) \quad \begin{cases} x = \varphi_1(t, \alpha_1, \alpha_2, \alpha_3, \beta_1, \beta_2, \beta_3), & y = \varphi_2, & z = \varphi_3, \\[3mm] x' = \dfrac{dx}{dt} = \psi_1(t, \alpha_1, \alpha_2, \alpha_3, \beta_1, \beta_2, \beta_3), & y' = \dfrac{dy}{dt} = \psi_2, & z' = \dfrac{dz}{dt} = \psi_3. \end{cases}$$

Cela posé, d'après la méthode indiquée, quand il s'agit d'intégrer les équations (α), on conserve pour x, y, z, x', y', z' les mêmes expressions analytiques (γ); mais alors, $\alpha_1, \alpha_2, \alpha_3, \beta_1, \beta_2, \beta_3$ seront de nouvelles variables, et nous savons, par le numéro précédent, que nous aurons les six équations canoniques

$$(\delta) \quad \begin{cases} \dfrac{d\alpha_1}{dt} = \dfrac{\partial \mathrm{R}}{\partial \beta_1}, & \dfrac{d\alpha_2}{dt} = \dfrac{\partial \mathrm{R}}{\partial \beta_2}, & \dfrac{d\alpha_3}{dt} = \dfrac{\partial \mathrm{R}}{\partial \beta_3}, \\[3mm] \dfrac{d\beta_1}{dt} = -\dfrac{\partial \mathrm{R}}{\partial \alpha_1}, & \dfrac{d\beta_2}{dt} = -\dfrac{\partial \mathrm{R}}{\partial \alpha_2}, & \dfrac{\partial \beta_3}{dt} = -\dfrac{\partial \mathrm{R}}{\partial \alpha_3}, \end{cases}$$

où l'on doit supposer que R est une fonction de $t, \alpha_1, \alpha_2, \alpha_3, \beta_1, \beta_2, \beta_3$, obtenue en remplaçant, dans (9), x, y, z par leurs expressions (γ).

Ces expressions n'ont pas été développées dans le Chapitre VII; mais elles sont une conséquence des formules (d) du n° 32 et (g) du n° 41, formules que nous allons écrire de nouveau, pour plus de clarté :

$$(d) \begin{cases} k = \sqrt{f\mu}, \qquad n = \dfrac{k}{a^{\frac{3}{2}}}, \qquad u - e\sin u = nt + \varepsilon - \varpi, \\[2mm] r = a(1 - e\cos u), \qquad \tang\dfrac{v - \varpi}{2} = \sqrt{\dfrac{1 + e}{1 - e}}\,\tang\dfrac{u}{2}, \\[2mm] x = r[\cos\theta\cos(v - \theta) - \sin\theta\sin(v - \theta)\cos\varphi], \\[1mm] y = r[\sin\theta\cos(v - \theta) + \cos\theta\sin(v - \theta)\cos\varphi], \\[1mm] z = r\sin(v - \theta)\sin\varphi; \end{cases}$$

$$(g) \begin{cases} \alpha_1 = -\dfrac{k^2}{2a}, \qquad \alpha_2 = k\sqrt{a(1 - e^2)}\cos\varphi, \qquad \alpha_3 = k\sqrt{a(1 - e^2)}, \\[2mm] \beta_1 = \dfrac{\varepsilon - \varpi}{k}\,a^{\frac{3}{2}}, \qquad \beta_2 = \theta, \qquad\qquad\qquad \beta_3 = \varpi - \theta. \end{cases}$$

Il suffit, en effet, d'éliminer les quantités a, e, ... entre (d) et (g) pour obtenir la première série des formules (γ), la seule que nous utiliserons; on trouverait celles de la seconde série en différentiant les expressions de x, y, z sans faire varier les éléments.

Pour l'intégration des équations (α), on devra considérer les éléments α, β, ... ou a, e, ... comme variables, et l'on obtiendra les équations différentielles correspondant aux variables a, e, ... en remplaçant dans (δ) les éléments canoniques par leurs expressions (g) en fonction des éléments employés par les astronomes. Ce calcul sera fait plus loin. En somme, les éléments canoniques n'auront servi que d'intermédiaires permettant d'écrire immédiatement les équations (δ).

Ce qu'il faut retenir, c'est que les expressions de x, y, z, x', y', z' sont de la forme

$$(10) \begin{cases} x = \Phi_1(t, a, e, \ldots), \qquad y = \Phi_2(t, a, e, \ldots), \qquad z = \Phi_3(t, a, e, \ldots), \\[2mm] x' = \dfrac{dx}{dt} = \Psi_1(t, a, e, \ldots), \quad y' = \dfrac{dy}{dt} = \Psi_2(t, a, e, \ldots), \quad z' = \dfrac{dz}{dt} = \Psi_3(t, a, e, \ldots), \end{cases}$$

qu'il s'agisse des équations (β) ou des équations (α); seulement, les quantités a, e, ... sont constantes dans le premier cas, variables dans le second.

61. Supposons que l'on connaisse les expressions, fonctions du temps, que l'on doit mettre dans les formules (10) à la place de a, e, ... pour représenter le mouvement de la planète P; soient a_0, e_0, ... leurs valeurs à une époque déterminée et d'ailleurs quelconque t_0. Remplaçons dans (10) a, e, ... par a_0,

$e_0, \ldots$, et désignons par x, y, z ce que deviennent x, y, z; il viendra

$$(11) \quad \begin{cases} \text{x} = \Phi_1(t, a_0, e_0, \ldots), & \text{y} = \Phi_2(t, a_0, e_0, \ldots), & \text{z} = \Phi_3(t, a_0, e_0, \ldots), \\ \dfrac{d\text{x}}{dt} = \Psi_1(t, a_0, e_0, \ldots), & \dfrac{d\text{y}}{dt} = \Psi_2(t, a_0, e_0, \ldots), & \dfrac{d\text{z}}{dt} = \Psi_3(t, a_0, e_0, \ldots); \end{cases}$$

on aura visiblement, pour $t = t_0$,

$$(12) \quad \text{x} = x, \qquad \text{y} = y, \qquad \text{z} = z, \qquad \frac{d\text{x}}{dt} = \frac{dx}{dt}, \qquad \frac{d\text{y}}{dt} = \frac{dy}{dt}, \qquad \frac{d\text{z}}{dt} = \frac{dz}{dt}.$$

Les formules (11) représentent le mouvement elliptique d'une planète fictive de masse m, qui aurait à l'époque t_0 même position et même vitesse que la planète P, et qui ultérieurement, dans chacune de ses positions, serait soumise seulement à l'attraction du Soleil, $\dfrac{f m (1 + m)}{r^2}$.

Les éléments $a_0, e_0, \ldots$ sont appelés les *éléments osculateurs* de l'époque t_0; ce sont donc les éléments de l'orbite elliptique invariable que décrirait la planète P, si, à partir de l'instant t_0, elle cessait d'être attirée par les autres planètes $P_1, P_2, \ldots$. On pourra les calculer par les formules du n° 38, connaissant les valeurs, pour l'époque t_0, des coordonnées x_0, y_0, z_0, et des composantes $\left(\dfrac{dx}{dt}\right)_0, \left(\dfrac{dy}{dt}\right)_0, \left(\dfrac{dz}{dt}\right)_0$ de la vitesse. Si donc le mouvement de la planète était connu, rien ne serait plus facile que de calculer les divers systèmes d'éléments osculateurs qui correspondent aux époques $t_0, t_1, \ldots$.

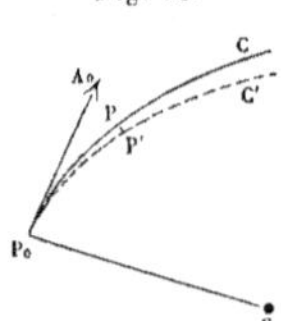

Fig. 18.

Soient (*fig.* 18) $P_0 C$ l'orbite de la planète, P_0 sa position et $P_0 A_0 = V_0$ sa vitesse à l'époque t_0, P sa position au temps t; soient $P_0 C'$ l'orbite elliptique de la planète fictive considérée plus haut, P' sa position au temps t; supposons que l'intervalle $t - t_0$ soit une quantité infiniment petite du premier ordre. On pourra calculer x, y, z, coordonnées du point P, et x, y, z, coordonnées de P', par la formule de Taylor :

$$x = x_0 + \left(\frac{dx}{dt}\right)_0 \frac{t - t_0}{1} + \left(\frac{d^2 x}{dt^2}\right)_0 \frac{(t - t_0)^2}{1.2} + \ldots,$$

$$\text{x} = \text{x}_0 + \left(\frac{d\text{x}}{dt}\right)_0 \frac{t - t_0}{1} + \left(\frac{d^2 \text{x}}{dt^2}\right)_0 \frac{(t - t_0)^2}{1.2} + \ldots;$$

on aura, à cause de (12),

$$x - \mathrm{x} = \left[\left(\frac{d^2 x}{dt^2}\right)_0 - \left(\frac{d^2 \mathrm{x}}{dt^2}\right)_0\right] \frac{(t - t_0)^2}{1 \cdot 2} + \ldots,$$

et, en ayant égard aux formules (a) et (b),

$$x - \mathrm{x} = \left(\frac{\partial \mathrm{R}}{\partial x}\right)_0 \frac{(t - t_0)^2}{1 \cdot 2} + \ldots;$$

on aura des formules semblables pour les différences $y - \mathrm{y}$, $z - \mathrm{z}$; si l'on remarque que les quantités $\left(\frac{\partial \mathrm{R}}{\partial x}\right)_0$, $\left(\frac{\partial \mathrm{R}}{\partial y}\right)_0$, $\left(\frac{\partial \mathrm{R}}{\partial z}\right)_0$ contiennent dans chacune de leurs parties l'un des petits facteurs numériques m_1, m_2, . ., on voit que la distance des points P et P′ sera infiniment petite du second ordre, à cause du facteur $(t - t_0)^2$, et qu'elle sera plus petite encore à cause de la présence des facteurs m_1 ou m_2, ..., dans le coefficient de $(t - t_0)^2$. On pourra, pour un intervalle de temps suffisamment petit, remplacer le mouvement de la planète de P_0 en P par celui de la planète fictive, sur l'arc d'ellipse $P_0 P'$. C'est donc le problème des deux corps, dont la solution est bien connue, qui sert en quelque sorte d'élément infinitésimal pour aborder le problème du mouvement d'un nombre quelconque de corps.

Définitions. — Le mouvement de la planète P sur son orbite $P_0 C$ est appelé le *mouvement troublé;* on peut dire que ce mouvement, qui serait elliptique si les autres planètes n'existaient pas, est troublé par la force dont les composantes sont $\frac{\partial \mathrm{R}}{\partial x}$, $\frac{\partial \mathrm{R}}{\partial y}$, $\frac{\partial \mathrm{R}}{\partial z}$, que l'on nomme *force perturbatrice;* la fonction R est elle-même nommée *fonction perturbatrice.* Les différences $x - \mathrm{x}$, $y - \mathrm{y}$, $z - \mathrm{z}$ sont appelées les *perturbations des coordonnées;* les différences $a - a_0$, $e - e_0$, ... sont elles-mêmes les *perturbations des éléments.* Enfin, la partie de la Mécanique céleste qui a pour but le calcul des perturbations reçoit le nom de *Théorie des perturbations.*

Remarque. — Soit $C = \chi\left(x, y, z, \frac{dx}{dt}, \frac{dy}{dt}, \frac{dz}{dt}\right)$ une intégrale première des équations différentielles du mouvement elliptique; C sera donc une certaine fonction des éléments elliptiques; on aura la même relation dans le mouvement troublé, pourvu que l'on remplace dans C les éléments par leurs valeurs variables à l'époque t. Cela est évident si l'on se reporte aux formules (11) qui représentent le mouvement elliptique ou le mouvement troublé, suivant que l'on y suppose les éléments constants ou variables.

62. Il nous reste à conclure des formules (δ) celles qui donnent les dérivées des éléments elliptiques a, e, φ, θ, ϖ, ε.

Pour y arriver, nous résoudrons les équations (g) par rapport à ces éléments, ce qui nous donnera

$$(13)\quad\left\{\begin{aligned}&a=-\frac{k^2}{2\,\alpha_1}, &\theta&=\beta_2,\\[2mm]&e^2=1+\frac{2\,\alpha_1\,\alpha_3^2}{k^4}, &\varpi&=\beta_2+\beta_3,\\[2mm]&\cos\varphi=\frac{\alpha_2}{\alpha_3}, &\varepsilon&=\beta_2+\beta_3+\frac{\beta_1}{k^2}(-2\,\alpha_1)^{\frac{3}{2}}.\end{aligned}\right.$$

Nous aurons d'abord

$$\frac{da}{dt}=+\frac{k^2}{2\,\alpha_1^2}\frac{d\alpha_1}{dt},$$

$$e\,\frac{de}{dt}=\frac{\alpha_3}{k^4}\left(\alpha_3\,\frac{d\alpha_1}{dt}+2\,\alpha_1\,\frac{d\alpha_3}{dt}\right),$$

$$\sin\varphi\,\frac{d\varphi}{dt}=\frac{\alpha_2\,\dfrac{d\alpha_3}{dt}-\alpha_3\,\dfrac{d\alpha_2}{dt}}{\alpha_3^2}$$

et

$$\frac{d\theta}{dt}=\frac{d\beta_2}{dt},$$

$$\frac{d\varpi}{dt}=\frac{d\beta_2}{dt}+\frac{d\beta_3}{dt},$$

$$\frac{d\varepsilon}{dt}=\frac{d\beta_2}{dt}+\frac{d\beta_3}{dt}+\frac{1}{k^2}(-2\,\alpha_1)^{\frac{3}{2}}\frac{d\beta_1}{dt}-\frac{3}{k^2}\beta_1(-2\,\alpha_1)^{\frac{1}{2}}\frac{d\alpha_1}{dt};$$

d'où, en tenant compte des formules (δ) et (g),

$$(14)\quad\left\{\begin{aligned}&\frac{da}{dt}=+\frac{2\,a^2}{k^2}\frac{\partial R}{\partial\beta_1},\\[2mm]&\frac{de}{dt}=\frac{a\sqrt{1-e^2}}{k^2 e}\left(\sqrt{1-e^2}\,\frac{\partial R}{\partial\beta_1}-\frac{k}{a^{\frac{3}{2}}}\frac{\partial R}{\partial\beta_3}\right),\\[2mm]&\frac{d\varphi}{dt}=\frac{1}{k\sqrt{a(1-e^2)}\,\sin\varphi}\left(\cos\varphi\,\frac{\partial R}{\partial\beta_3}-\frac{\partial R}{\partial\beta_2}\right);\\[2mm]&\frac{d\theta}{dt}=-\frac{\partial R}{\partial\alpha_2},\\[2mm]&\frac{d\varpi}{dt}=-\frac{\partial R}{\partial\alpha_2}-\frac{\partial R}{\partial\alpha_3},\\[2mm]&\frac{d\varepsilon}{dt}=-\frac{\partial R}{\partial\alpha_2}-\frac{\partial R}{\partial\alpha_3}-\frac{k}{a^{\frac{3}{2}}}\frac{\partial R}{\partial\alpha_1}-\frac{3\,a}{k^2}(\varepsilon-\varpi)\frac{\partial R}{\partial\beta_1}.\end{aligned}\right.$$

On tirera ensuite des formules (13)

$$\frac{\partial R}{\partial \beta_1} = \frac{1}{k^2} (-2\alpha_1)^{\frac{3}{2}} \frac{\partial R}{\partial \varepsilon} = \frac{k}{a^{\frac{3}{2}}} \frac{\partial R}{\partial \varepsilon},$$

$$\frac{\partial R}{\partial \beta_2} = \frac{\partial R}{\partial \vartheta} + \frac{\partial R}{\partial \varpi} + \frac{\partial R}{\partial \varepsilon},$$

$$\frac{\partial R}{\partial \beta_3} = \frac{\partial R}{\partial \varpi} + \frac{\partial R}{\partial \varepsilon},$$

$$\frac{\partial R}{\partial \alpha_1} = \frac{k^2}{2\alpha_1^2} \frac{\partial R}{\partial a} + \frac{\alpha_3^2}{k^4 e} \frac{\partial R}{\partial e} - \frac{3\beta_1}{k^2} (-2\alpha_1)^{\frac{1}{2}} \frac{\partial R}{\partial \varepsilon}$$

$$= \frac{2a^2}{k^2} \frac{\partial R}{\partial a} + \frac{a}{k^2} \frac{1-e^2}{e} \frac{\partial R}{\partial e} - \frac{3a}{k^2} (\varepsilon - \varpi) \frac{\partial R}{\partial \varepsilon},$$

$$\frac{\partial R}{\partial \alpha_2} = -\frac{1}{\alpha_3 \sin\varphi} \frac{\partial R}{\partial \varphi} = -\frac{1}{k\sqrt{a(1-e^2)} \sin\varphi} \frac{\partial R}{\partial \varphi},$$

$$\frac{\partial R}{\partial \alpha_3} = \frac{2}{e} \frac{\alpha_1 \alpha_3}{k^4} \frac{\partial R}{\partial e} + \frac{1}{\sin\varphi} \frac{\alpha_2}{\alpha_3^2} \frac{\partial R}{\partial \varphi}$$

$$= -\frac{1}{k\sqrt{a}} \frac{\sqrt{1-e^2}}{e} \frac{\partial R}{\partial e} + \frac{1}{k\sqrt{a}} \frac{\cos\varphi}{\sqrt{1-e^2} \sin\varphi} \frac{\partial R}{\partial \varphi}.$$

En portant ces valeurs des dérivées partielles $\frac{\partial R}{\partial \beta_1}$, $\cdots$ dans les formules (14) et réduisant, il vient

$$(h) \quad \begin{cases} \dfrac{da}{dt} = \dfrac{2}{na} \dfrac{\partial R}{\partial \varepsilon}, \\[2ex] \dfrac{d\vartheta}{dt} = \dfrac{1}{na^2 \sqrt{1-e^2} \sin\varphi} \dfrac{\partial R}{\partial \varphi}, \\[2ex] \dfrac{d\varpi}{dt} = \dfrac{\tang \frac{\varphi}{2}}{na^2 \sqrt{1-e^2}} \dfrac{\partial R}{\partial \varphi} + \dfrac{\sqrt{1-e^2}}{na^2 e} \dfrac{\partial R}{\partial e}, \\[2ex] \dfrac{de}{dt} = -\dfrac{\sqrt{1-e^2}}{na^2 e} \dfrac{\partial R}{\partial \varpi} - \sqrt{1-e^2} \dfrac{1-\sqrt{1-e^2}}{na^2 e} \dfrac{\partial R}{\partial \varepsilon}, \\[2ex] \dfrac{d\varphi}{dt} = -\dfrac{1}{na^2 \sqrt{1-e^2} \sin\varphi} \dfrac{\partial R}{\partial \vartheta} - \dfrac{\tang \frac{\varphi}{2}}{na^2 \sqrt{1-e^2}} \left(\dfrac{\partial R}{\partial \varpi} + \dfrac{\partial R}{\partial \varepsilon} \right), \\[2ex] \dfrac{d\varepsilon}{dt} = -\dfrac{2}{na} \dfrac{\partial R}{\partial a} + \dfrac{\tang \frac{\varphi}{2}}{na^2 \sqrt{1-e^2}} \dfrac{\partial R}{\partial \varphi} + \sqrt{1-e^2} \dfrac{1-\sqrt{1-e^2}}{na^2 e} \dfrac{\partial R}{\partial e}. \end{cases}$$

On a remis, pour abréger l'écriture, n au lieu de $\dfrac{k}{a^{\frac{3}{2}}}$.

T. — I.

Ces formules (h) sont la base fondamentale des théories des mouvements des planètes; elles contiennent en germe toutes les propriétés de ces mouvements.

63. Nous allons présenter à leur sujet quelques observations.

On peut partager les éléments en deux groupes, θ, ϖ, ε d'une part, a, e, φ de l'autre; les trois éléments du premier groupe expriment des longitudes; leurs dérivées par rapport au temps ne contiennent, comme le montrent les formules (h), que les dérivées partielles de R prises par rapport à un ou plusieurs des éléments du second groupe; la réciproque a lieu pour $\dfrac{da}{dt}$, $\dfrac{de}{dt}$ et $\dfrac{d\varphi}{dt}$.

Le coefficient de $\dfrac{\partial \mathrm{R}}{\partial e}$ dans l'expression de $\dfrac{d\varepsilon}{dt}$ peut s'écrire

$$\frac{\sqrt{1-e^2}}{na^2}\;\frac{e}{1+\sqrt{1-e^2}};$$

donc, si e est une petite quantité du premier ordre, et c'est le cas général, le coefficient en question sera une petite quantité du même ordre, malgré le diviseur e qu'il paraissait contenir tout d'abord.

Mais ce petit diviseur e existe bien réellement dans les formules qui donnent $\dfrac{de}{dt}$ et $\dfrac{d\varpi}{dt}$; dans certains cas il en peut résulter des inconvénients sérieux; on les évite en posant

$$(15) \qquad\qquad h = e\sin\varpi, \qquad l = e\cos\varpi,$$

et remplaçant les variables e et ϖ par h et l; on trouve d'abord

$$\frac{dh}{dt} = \sin\varpi\,\frac{de}{dt} + e\cos\varpi\,\frac{d\varpi}{dt},$$

$$\frac{dl}{dt} = \cos\varpi\,\frac{de}{dt} - e\sin\varpi\,\frac{d\varpi}{dt},$$

$$\frac{\partial \mathrm{R}}{\partial e} = \sin\varpi\,\frac{\partial \mathrm{R}}{\partial h} + \cos\varpi\,\frac{\partial \mathrm{R}}{\partial l},$$

$$\frac{\partial \mathrm{R}}{\partial \varpi} = e\cos\varpi\,\frac{\partial \mathrm{R}}{\partial h} - e\sin\varpi\,\frac{\partial \mathrm{R}}{\partial l};$$

après quoi, en tenant compte des expressions (h) de $\dfrac{de}{dt}$ et $\dfrac{d\varpi}{dt}$, et réduisant, on trouve

$$(16) \quad \begin{cases} \dfrac{dh}{dt} = \dfrac{\sqrt{1-h^2-l^2}}{na^2}\dfrac{\partial R}{\partial l} - \dfrac{\sqrt{1-h^2-l^2}}{na^2}\dfrac{h}{1+\sqrt{1-h^2-l^2}}\dfrac{\partial R}{\partial \varepsilon} + \dfrac{l\tang\frac{\varphi}{2}}{na^2\sqrt{1-h^2-l^2}}\dfrac{\partial R}{\partial \varphi}, \\[4mm] \dfrac{dl}{dt} = -\dfrac{\sqrt{1-h^2-l^2}}{na^2}\dfrac{\partial R}{\partial h} - \dfrac{\sqrt{1-h^2-l^2}}{na^2}\dfrac{l}{1+\sqrt{1-h^2-l^2}}\dfrac{\partial R}{\partial \varepsilon} - \dfrac{h\tang\frac{\varphi}{2}}{na^2\sqrt{1-h^2-l^2}}\dfrac{\partial R}{\partial \varphi}. \end{cases}$$

On verra plus loin que l'on substitue à la fonction R un développement dont les divers termes sont ordonnés par rapport aux puissances des excentricités et des inclinaisons des orbites; on apercevra dès lors aisément que, si l'on consent à négliger de petites quantités d'un ordre supérieur de deux unités à celui des quantités conservées, l'excentricité étant regardée comme du premier ordre, on peut alors réduire les équations (16) aux suivantes, qui sont très simples :

$$(17) \qquad \frac{dh}{dt} = \frac{1}{na^2}\frac{\partial R}{\partial l}, \qquad \frac{dl}{dt} = -\frac{1}{na^2}\frac{\partial R}{\partial h}.$$

De même, les valeurs de $\dfrac{d\theta}{dt}$ et de $\dfrac{d\varphi}{dt}$ peuvent être sujettes à des difficultés si φ est petit, ce qui arrive le plus souvent; on les évitera en faisant, par une transformation analogue à la précédente,

$$(18) \qquad p = \tang\varphi \sin\theta, \qquad q = \tang\varphi \cos\theta,$$

et remplaçant φ et θ par les nouvelles variables p et q.

On trouvera

$$\frac{dp}{dt} = \tang\varphi \cos\theta \frac{d\theta}{dt} + \frac{\sin\theta}{\cos^2\varphi}\frac{d\varphi}{dt},$$

$$\frac{dq}{dt} = -\tang\varphi \sin\theta \frac{d\theta}{dt} + \frac{\cos\theta}{\cos^2\varphi}\frac{d\varphi}{dt},$$

$$\frac{\partial R}{\partial \theta} = \tang\varphi \cos\theta \frac{\partial R}{\partial p} - \tang\varphi \sin\theta \frac{\partial R}{\partial q};$$

$$\frac{\partial R}{\partial \varphi} = \frac{\sin\theta}{\cos^2\varphi}\frac{\partial R}{\partial p} + \frac{\cos\theta}{\cos^2\varphi}\frac{\partial R}{\partial q},$$

$$(19) \quad \begin{cases} \dfrac{dp}{dt} = \dfrac{1}{na^2\sqrt{1-e^2}\cos^3\varphi}\dfrac{\partial R}{\partial q} - \dfrac{p}{2na^2\sqrt{1-e^2}\cos\varphi\cos^2\frac{\varphi}{2}}\left(\dfrac{\partial R}{\partial \varpi} + \dfrac{\partial R}{\partial \varepsilon}\right), \\[4mm] \dfrac{dq}{dt} = -\dfrac{1}{na^2\sqrt{1-e^2}\cos^3\varphi}\dfrac{\partial R}{\partial p} - \dfrac{q}{2na^2\sqrt{1-e^2}\cos\varphi\cos^2\frac{\varphi}{2}}\left(\dfrac{\partial R}{\partial \varpi} + \dfrac{\partial R}{\partial \varepsilon}\right). \end{cases}$$

Si l'on consent encore à négliger des quantités d'un ordre supérieur de deux unités à celui des quantités conservées, l'inclinaison φ étant considérée comme du premier ordre, on peut se borner à

$$(20) \qquad \frac{dp}{dt} = \frac{1}{na^2\sqrt{1-e^2}} \frac{\partial R}{\partial q}, \qquad \frac{dq}{dt} = -\frac{1}{na^2\sqrt{1-e^2}} \frac{\partial R}{\partial p};$$

si e est petit en même temps que φ, on pourra même prendre plus simplement

$$(21) \qquad \frac{dp}{dt} = \frac{1}{na^2} \frac{\partial R}{\partial q}, \qquad \frac{dq}{dt} = -\frac{1}{na^2} \frac{\partial R}{\partial p};$$

on voit l'analogie de ces formules avec les formules (17).

CHAPITRE X.

VARIATION DES CONSTANTES ARBITRAIRES. — MÉTHODE DE LAGRANGE.

64. Les formules (h) du n° 62 permettent de résoudre toutes les questions relatives au mouvement des planètes ; nous les avons obtenues par la voie qui nous a paru la plus directe. Mais nous croyons ne pouvoir nous dispenser de reproduire l'analyse employée pour arriver aux mêmes formules par Lagrange, qui doit être considéré à juste titre comme le créateur de la méthode de la variation des constantes arbitraires.

Dans le Chapitre précédent, nous avons mis les équations différentielles du mouvement de la planète P sous la forme

$$(\alpha) \quad \begin{cases} \dfrac{dx}{dt} - \dfrac{\partial(\mathrm{H} - \mathrm{R})}{\partial x'} = 0, & \dfrac{dx'}{dt} + \dfrac{\partial(\mathrm{H} - \mathrm{R})}{\partial x} = 0, \\[2mm] \dfrac{dy}{dt} - \dfrac{\partial(\mathrm{H} - \mathrm{R})}{\partial y'} = 0, & \dfrac{dy'}{dt} + \dfrac{\partial(\mathrm{H} - \mathrm{R})}{\partial y} = 0, \\[2mm] \dfrac{dz}{dt} - \dfrac{\partial(\mathrm{H} - \mathrm{R})}{\partial z'} = 0, & \dfrac{dz'}{dt} + \dfrac{\partial(\mathrm{H} - \mathrm{R})}{\partial z} = 0. \end{cases}$$

Lagrange considère d'une manière plus générale les $2h$ équations

$$(a) \quad \begin{cases} \dfrac{dx}{dt} - \dfrac{\partial\Omega}{\partial x'} - \mathrm{X}' = 0, & \dfrac{dx'}{dt} + \dfrac{\partial\Omega}{\partial x} - \mathrm{X} = 0, \\[2mm] \dfrac{dy}{dt} - \dfrac{\partial\Omega}{\partial y'} - \mathrm{Y}' = 0, & \dfrac{dy'}{dt} + \dfrac{\partial\Omega}{\partial y} - \mathrm{Y} = 0, \\[2mm] \dots\dots\dots\dots\dots, & \dots\dots\dots\dots\dots ; \end{cases}$$

Ω est une fonction donnée quelconque de t, x, y, ..., x', y', ... ; il en est de même des quantités X, Y, ..., X', Y', ... ; le nombre h des groupes de deux équations associées peut être quelconque.

Concevons qu'on ait réussi à intégrer rigoureusement le système suivant, que l'on déduit du précédent en y supposant nulles les quantités X, Y, ... X', Y', ...,

$$(b) \quad \begin{cases} \dfrac{dx}{dt} - \dfrac{\partial \Omega}{\partial x'} = 0, & \dfrac{dx'}{dt} + \dfrac{\partial \Omega}{\partial x} = 0, \\[2mm] \dfrac{dy}{dt} - \dfrac{\partial \Omega}{\partial y'} = 0, & \dfrac{dy'}{dt} + \dfrac{\partial \Omega}{\partial y} = 0, \\[2mm] \dots\dots\dots\dots, & \dots\dots\dots\dots \end{cases}$$

On aura donc obtenu des expressions de x, y, ..., x', y' ... fonctions de t et de $2h$ constantes arbitraires a, b, c, ..., f, g, vérifiant identiquement les équations (b), quelles que soient ces constantes arbitraires; écrivons ces expressions

$$(1) \qquad x = \Phi_1(t, a, b, \dots, g), \qquad x' = \Psi_1(t, a, b, \dots, g), \qquad \dots$$

On va, pour représenter les intégrales des équations (a), conserver les mêmes expressions analytiques (1) de x, x', ...; seulement on regardera a, b, ..., g non plus comme des constantes, mais comme de nouvelles variables.

On aura, dans cette hypothèse,

$$\frac{dx}{dt} = \frac{\partial x}{\partial t} + \frac{\partial x}{\partial a}\frac{da}{dt} + \frac{\partial x}{\partial b}\frac{db}{dt} + \dots,$$

$$\frac{dx'}{dt} = \frac{\partial x'}{\partial t} + \frac{\partial x'}{\partial a}\frac{da}{dt} + \frac{\partial x'}{\partial b}\frac{db}{dt} + \dots,$$

$$\dots\dots\dots\dots\dots\dots\dots\dots\dots\dots$$

Portons ces expressions dans les équations (a) et remarquons que l'on a

$$(2) \quad \begin{cases} \dfrac{\partial x}{\partial t} - \dfrac{\partial \Omega}{\partial x'} = 0, & \dfrac{\partial x'}{\partial t} + \dfrac{\partial \Omega}{\partial x} = 0, \\[2mm] \dots\dots\dots\dots\dots\dots\dots\dots, \end{cases}$$

puisque les formules (1) substituées dans les équations (b) doivent donner des résultats nuls, quelles que soient les quantités a, b, ..., constantes ou variables; il viendra

$$\frac{\partial x}{\partial a}\frac{da}{dt} + \frac{\partial x}{\partial b}\frac{db}{dt} + \frac{\partial x}{\partial c}\frac{dc}{dt} + \dots - X' = 0,$$

$$\frac{\partial y}{\partial a}\frac{da}{dt} + \frac{\partial y}{\partial b}\frac{db}{dt} + \frac{\partial y}{\partial c}\frac{dc}{dt} + \dots - Y' = 0,$$

$$\dots\dots\dots\dots\dots\dots\dots\dots\dots\dots\dots\dots\dots;$$

$$\frac{\partial x'}{\partial a}\frac{da}{dt} + \frac{\partial x'}{\partial b}\frac{db}{dt} + \frac{\partial x'}{\partial c}\frac{dc}{dt} + \dots + X = 0,$$

$$\frac{\partial y'}{\partial a}\frac{da}{dt} + \frac{\partial y'}{\partial b}\frac{db}{dt} + \frac{\partial y'}{\partial c}\frac{dc}{dt} + \dots + Y = 0,$$

$$\dots\dots\dots\dots\dots\dots\dots\dots\dots\dots\dots\dots\dots$$

Ces $2h$ équations contiennent au premier degré les $2h$ inconnues $\dfrac{da}{dt}, \dfrac{db}{dt}, \cdot\cdot, \dfrac{dg}{dt}$;

Lagrange les combine en les multipliant respectivement par $-\dfrac{\partial x'}{\partial a}, -\dfrac{\partial y'}{\partial a}, \cdots,$

$+\dfrac{\partial x}{\partial a}, +\dfrac{\partial y}{\partial a}, \cdots;$ $\dfrac{da}{dt}$ disparait, et il vient

$$(3) \quad \left\{ \begin{aligned} & \frac{db}{dt}\left(\frac{\partial x}{\partial a}\frac{\partial x'}{\partial b} - \frac{\partial x}{\partial b}\frac{\partial x'}{\partial a} + \frac{\partial y}{\partial a}\frac{\partial y'}{\partial b} - \frac{\partial y}{\partial b}\frac{\partial y'}{\partial a} + \cdots\right) \\ & + \frac{dc}{dt}\left(\frac{\partial x}{\partial a}\frac{\partial x'}{\partial c} - \cdots\right) + \cdots + X\frac{\partial x}{\partial a} + Y\frac{\partial y}{\partial a} + \cdots + X'\frac{\partial x'}{\partial a} + Y'\frac{\partial y'}{\partial a} + \cdots = 0. \end{aligned} \right.$$

Posons

$$(4) \quad R_a = X\frac{\partial x}{\partial a} + Y\frac{\partial y}{\partial a} + \cdots + X'\frac{\partial x'}{\partial a} + Y'\frac{\partial y'}{\partial a} + \cdots,$$

$$(5) \quad [a, b] = \frac{\partial x}{\partial a}\frac{\partial x'}{\partial b} - \frac{\partial x}{\partial b}\frac{\partial x'}{\partial a} + \frac{\partial y}{\partial a}\frac{\partial y'}{\partial b} - \frac{\partial y}{\partial b}\frac{\partial y'}{\partial a} + \cdots;$$

introduisons des quantités analogues $R_b, \ldots, R_g$; $[a, c], \ldots, [a, g]$; $[b, a]$, $[b, c], \ldots,$ qui seront fournies par des formules se déduisant immédiatement de (4) et (5), et l'équation (3) nous donnera la première des relations ci-dessous

$$(6) \quad \left\{ \begin{aligned} & [a, b]\frac{db}{dt} + [a, c]\frac{dc}{dt} + \cdots + [a, g]\frac{dg}{dt} + R_a = 0, \\ & [b, a]\frac{da}{dt} + [b, c]\frac{dc}{dt} + \cdots + [b, g]\frac{dg}{dt} + R_b = 0, \\ & \cdots\cdots\cdots\cdots\cdots\cdots\cdots\cdots\cdots\cdots\cdots\cdots\cdots, \\ & [g, a]\frac{da}{dt} + [g, b]\frac{db}{dt} + \cdots + [g, f]\frac{df}{dt} + R_g = 0. \end{aligned} \right.$$

65. Les quantités $[a, b]$, $[a, c]$, $\ldots$, $[b, c]$, $\ldots$, introduites par Lagrange, jouissent de propriétés importantes.

En premier lieu, on a

$$[a, a] = [b, b] = \ldots = [g, g] = 0;$$

cela résulte de la définition même par la formule (5).

En second lieu, on a

$$[a, b] + [b, a] = 0;$$

cela résulte encore immédiatement de la formule (5), qui montre que $[a, b]$ change de signe quand on échange entre elles les lettres a et b.

Enfin la propriété la plus importante consiste en ce que $[a, b]$ ne contient pas le temps explicitement; il faut entendre par là que, si dans le second membre de la formule (5) on remplace x, x', ..., y, y', ... par leurs valeurs (1), lesquelles sont fonctions de t et de a, b, ..., g, une fois les calculs effectués, t disparaît.

Pour démontrer cette proposition, il nous suffira de prouver que l'on a

$$\frac{\partial [a, b]}{\partial t} = 0.$$

On trouve en effet, en partant de la formule (5),

$$\frac{\partial [a, b]}{\partial t} = \frac{\partial^2 x}{\partial a\, \partial t}\frac{\partial x'}{\partial b} + \frac{\partial x}{\partial a}\frac{\partial^2 x'}{\partial b\, \partial t} - \frac{\partial^2 x}{\partial b\, \partial t}\frac{\partial x'}{\partial a} - \frac{\partial x}{\partial b}\frac{\partial^2 x'}{\partial a\, \partial t} + \cdots$$

$$= \frac{\partial}{\partial a}\left(\frac{\partial x}{\partial t}\frac{\partial x'}{\partial b} - \frac{\partial x'}{\partial t}\frac{\partial x}{\partial b} + \cdots\right)$$

$$- \frac{\partial x}{\partial t}\frac{\partial^2 x'}{\partial a\, \partial b} + \frac{\partial x'}{\partial t}\frac{\partial^2 x}{\partial a\, \partial b} - \cdots$$

$$+ \frac{\partial x}{\partial a}\frac{\partial^2 x'}{\partial b\, \partial t} - \frac{\partial x'}{\partial a}\frac{\partial^2 x}{\partial b\, \partial t} + \cdots;$$

ou bien

$$\frac{\partial [a, b]}{\partial t} = \frac{\partial}{\partial a}\left(\frac{\partial x}{\partial t}\frac{\partial x'}{\partial b} - \frac{\partial x'}{\partial t}\frac{\partial x}{\partial b} + \cdots\right) - \frac{\partial}{\partial b}\left(\frac{\partial x}{\partial t}\frac{\partial x'}{\partial a} - \frac{\partial x'}{\partial t}\frac{\partial x}{\partial a} + \cdots\right),$$

ou encore, en ayant égard aux formules (2),

$$\frac{\partial [a, b]}{\partial t} = \frac{\partial}{\partial a}\left(\frac{\partial \Omega}{\partial x}\frac{\partial x}{\partial b} + \frac{\partial \Omega}{\partial x'}\frac{\partial x'}{\partial b} + \cdots\right) - \frac{\partial}{\partial b}\left(\frac{\partial \Omega}{\partial x}\frac{\partial x}{\partial a} + \frac{\partial \Omega}{\partial x'}\frac{\partial x'}{\partial a} + \cdots\right);$$

ce qui peut s'écrire, en remarquant que Ω ne contient b ou a que par x, x', ..., y, y', ...,

$$\frac{\partial [a, b]}{\partial t} = \frac{\partial}{\partial a}\frac{\partial \Omega}{\partial b} - \frac{\partial}{\partial b}\frac{\partial \Omega}{\partial a} = \frac{\partial^2 \Omega}{\partial b\, \partial a} - \frac{\partial^2 \Omega}{\partial a\, \partial b} = 0.$$

Dans chaque cas particulier, Ω ayant une valeur déterminée et les fonctions Φ_1, Ψ_1, ... qui figurent dans les équations (1) étant supposées connues, on déterminera les quantités $[a, b]$, ... par un calcul algébrique, en partant des formules (5) et (1); on aura ainsi à en calculer un nombre égal à

$$\frac{2h(2h-1)}{1 \cdot 2} = h(2h-1);$$

on remplacera ensuite dans les équations (6) les symboles $[a, b]$ par leurs valeurs ainsi déterminées et l'on aura, en résolvant ces $2h$ équations du premier degré, les valeurs de $\dfrac{da}{dt}$, $\dfrac{db}{dt}$, ..., $\dfrac{dg}{dt}$ exprimées à l'aide de R_a, R_b, ..., R_g et de a, b, ..., g.

On voit que tout ce calcul, qui peut être très long, est évité quand on suppose les équations (b) intégrées par la méthode de Hamilton-Jacobi.

La propriété qui vient d'être démontrée permet souvent d'abréger les calculs, en assignant une valeur particulière convenablement choisie au temps t qui finalement doit disparaître.

Supposons, par exemple, que l'on fasse $t = 0$, et soient x_0, y_0, ..., x'_0, y'_0, ... les valeurs correspondantes de x, y, ..., x', y', ...; on aura

$$[a, b] = \frac{\partial x_0}{\partial a} \frac{\partial x'_0}{\partial b} - \frac{\partial x_0}{\partial b} \frac{\partial x'_0}{\partial a} + \frac{\partial y_0}{\partial a} \frac{\partial y'_0}{\partial b} - \frac{\partial y_0}{\partial b} \frac{\partial y'_0}{\partial a} + \dots$$

Admettons, ce que l'on peut toujours faire, que a, b, ... désignent précisément les quantités x_0, y_0, ..., x'_0, y'_0, ...; il viendra

$$[x_0, x'_0] = \frac{\partial x_0}{\partial x_0} \frac{\partial x'_0}{\partial x'_0} - \frac{\partial x_0}{\partial x'_0} \frac{\partial x'_0}{\partial x_0} + \frac{\partial y_0}{\partial x_0} \frac{\partial y'_0}{\partial x'_0} - \frac{\partial y_0}{\partial x'_0} \frac{\partial y'_0}{\partial x_0} + \dots;$$

Or toutes les dérivées qui figurent au second membre de cette formule sont nulles à l'exception de deux, $\dfrac{\partial x_0}{\partial x_0}$ et $\dfrac{\partial x'_0}{\partial x'_0}$, qui sont égales à $+1$; on aura donc

$$[x_0, x'_0] = +1;$$

on trouvera tout aussi facilement

$$[x_0, y_0] = 0, \qquad [x_0, y'_0] = 0, \qquad \dots, \qquad [y_0, y'_0] = +1, \qquad \dots,$$

de sorte que les formules (6) deviendront

$$(7) \quad
\begin{cases}
\dfrac{dx_0}{dt} = + R_{x'_0}, & \dfrac{dx'_0}{dt} = - R_{x_0}, \\[2mm]
\dfrac{dy_0}{dt} = + R_{y'_0}, & \dfrac{dy'_0}{dt} = - R_{y_0}, \\[2mm]
\dots\dots\dots; & \dots\dots\dots
\end{cases}$$

Les valeurs initiales des variables x, y, ..., x', y', ... constituent donc un système très simple d'éléments, au point de vue de la méthode de la variation des constantes arbitraires; cependant on n'emploie pas ces éléments en Astro-

T. — I.   23

nomie parce qu'ils entrent d'une manière trop compliquée dans les expressions (1).

Remarque. — Quand on donnera ainsi à t une valeur particulière t_1, si cette valeur dépend d'une ou de plusieurs des quantités a, b, ..., il faudra avoir soin de ne faire $t = t_1$ qu'après avoir calculé les dérivées partielles de x, x', ..., par rapport à celles des quantités a, b, ... qui figurent dans t_1. Supposons, en effet, que l'on ait $t_1 = f(a)$; il est évident que la dérivée par rapport à a de $x = \Phi_1(t, a, b, \ldots)$, dans laquelle on fera ensuite $t = f(a)$, ne sera pas la même que celle de l'expression $\Phi_1[f(a), a, b, \ldots]$.

66. Appliquons la théorie précédente à la détermination des mouvements des planètes.

Nous devrons faire

$$\Omega = H = T - U = \frac{1}{2}(x'^2 + y'^2 + z'^2) - \frac{f\mu}{r},$$

$$X' = 0, \qquad Y' = 0, \qquad Z' = 0;$$

dans ce cas, les premières des formules (a) donneront

$$x' = \frac{dx}{dt}, \qquad y' = \frac{dy}{dt}, \qquad z' = \frac{dz}{dt}.$$

Les intégrales générales des équations (b) du mouvement elliptique ont été données au n° 32; nous les rappellerons bientôt.

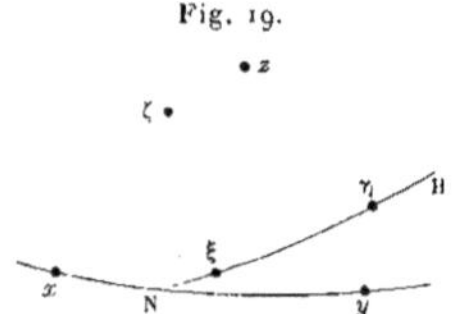

Fig. 19.

Commençons par un calcul préparatoire; traçons la sphère de rayon 1, ayant pour centre le centre O du Soleil; elle est percée aux points x, y, z par les parties positives des axes de coordonnées, et le plan de l'orbite de la planète la coupe suivant le grand cercle NH. Soit ξ le point de cette sphère où vient aboutir le rayon mené du Soleil au périhélie; prenons, dans le sens du mouvement de la planète, l'arc $\xi\eta = 90°$, et soit ζ le pôle boréal du grand cercle $\xi\eta$. Les axes $O\xi$, $O\eta$, $O\zeta$ forment un système d'axes rectangulaires que nous allons considérer, à côté de l'ancien système Ox, Oy, Oz. Désignons par α, β, γ; α', β', γ'; α'', β'', γ'' les neuf cosinus des angles que font les axes du premier système avec ceux du second, ce qui sera clairement indiqué par le Tableau ci-dessous :

	ξ	η	ζ
x	α	α'	α''
y	β	β'	β''
z	γ	γ'	γ''

Posons, comme nous l'avons fait antérieurement,

$$x\mathrm{N} = \theta, \qquad \mathrm{HN}y = \varphi \qquad \text{et} \qquad \mathrm{N}\xi = \omega;$$

nous aurons

$$\omega = \varpi - \vartheta, \qquad \varpi = \theta + \omega.$$

Cela posé, la Trigonométrie sphérique nous donnera aisément, par une application répétée de la formule fondamentale,

$$(8)\quad
\begin{cases}
\alpha = \cos\theta\cos\omega - \sin\theta\sin\omega\cos\varphi \\
\beta = \sin\theta\cos\omega + \cos\theta\sin\omega\cos\varphi \\
\gamma = \sin\omega\sin\varphi
\end{cases}
\left|
\begin{aligned}
&\alpha' = -\cos\theta\sin\omega - \sin\theta\cos\omega\cos\varphi \\
&\beta' = -\sin\theta\sin\omega + \cos\theta\cos\omega\cos\varphi \\
&\gamma' = \cos\omega\sin\varphi
\end{aligned}
\right|
\begin{aligned}
&\alpha'' = \sin\theta\sin\varphi \\
&\beta'' = -\cos\theta\sin\varphi \\
&\gamma'' = \cos\varphi
\end{aligned}
.$$

On a d'ailleurs les relations bien connues

$$(9)\quad
\begin{cases}
\alpha^2 + \beta^2 + \gamma^2 = 1 \\
\alpha'^2 + \beta'^2 + \gamma'^2 = 1 \\
\alpha''^2 + \beta''^2 + \gamma''^2 = 1
\end{cases}
\left|
\begin{aligned}
&\alpha\alpha' + \beta\beta' + \gamma\gamma' = 0, \\
&\alpha\alpha'' + \beta\beta'' + \gamma\gamma'' = 0, \\
&\alpha'\alpha'' + \beta'\beta'' + \gamma'\gamma'' = 0;
\end{aligned}
\right.$$

$$(10)\quad
\begin{cases}
\alpha = \beta'\gamma'' - \gamma'\beta'' \\
\beta = \gamma'\alpha'' - \alpha'\gamma'' \\
\gamma = \alpha'\beta'' - \beta'\alpha''
\end{cases}
\left|
\begin{aligned}
&\alpha' = \beta''\gamma - \gamma''\beta \\
&\beta' = \gamma''\alpha - \alpha''\gamma \\
&\gamma' = \alpha''\beta - \beta''\alpha
\end{aligned}
\right|
\begin{aligned}
&\alpha'' = \beta\gamma' - \gamma\beta', \\
&\beta'' = \gamma\alpha' - \alpha\gamma', \\
&\gamma'' = \alpha\beta' - \beta\alpha'.
\end{aligned}$$

Il nous faut calculer les dérivées partielles de nos neuf cosinus par rapport à θ, φ et ω ; on trouve aisément, en partant des formules (8), les valeurs suivantes :

$$(11)\quad
\begin{cases}
\dfrac{\partial\alpha}{\partial\theta} = -\beta, & \dfrac{\partial\alpha'}{\partial\theta} = -\beta', \\[2mm]
\dfrac{\partial\beta}{\partial\theta} = +\alpha, & \dfrac{\partial\beta'}{\partial\theta} = +\alpha', \\[2mm]
\dfrac{\partial\gamma}{\partial\theta} = 0, & \dfrac{\partial\gamma'}{\partial\theta} = 0,
\end{cases}$$

$$(12) \quad \begin{cases} \dfrac{\partial\alpha}{\partial\varphi} = \alpha''\sin\omega, & \dfrac{\partial\alpha'}{\partial\varphi} = \alpha''\cos\omega, \\[2mm] \dfrac{\partial\beta}{\partial\varphi} = \beta''\sin\omega, & \dfrac{\partial\beta'}{\partial\varphi} = \beta''\cos\omega, \\[2mm] \dfrac{\partial\gamma}{\partial\varphi} = \gamma''\sin\omega, & \dfrac{\partial\gamma'}{\partial\varphi} = \gamma''\cos\omega; \end{cases}$$

$$(13) \quad \begin{cases} \dfrac{\partial\alpha}{\partial\omega} = \alpha', & \dfrac{\partial\alpha'}{\partial\omega} = -\alpha, \\[2mm] \dfrac{\partial\beta}{\partial\omega} = \beta', & \dfrac{\partial\beta'}{\partial\omega} = -\beta, \\[2mm] \dfrac{\partial\gamma}{\partial\omega} = \gamma', & \dfrac{\partial\gamma'}{\partial\omega} = -\gamma. \end{cases}$$

Soient ξ, η, o les coordonnées de la planète par rapport aux nouveaux axes ; on aura

$$(14) \qquad x = \alpha\xi + \alpha'\eta, \qquad y = \beta\xi + \beta'\eta, \qquad z = \gamma\xi + \gamma'\eta;$$

d'où

$$(15) \qquad x' = \alpha\xi' + \alpha'\eta', \qquad y' = \beta\xi' + \beta'\eta', \qquad z' = \gamma\xi' + \gamma'\eta',$$

en faisant

$$\xi' = \frac{d\xi}{dt}, \qquad \eta' = \frac{d\eta}{dt}.$$

Les formules du n° 31 deviennent, en y remplaçant $-n\tau$ par $\varkappa$,

$$(16) \qquad n = \frac{k}{a^{\frac{3}{2}}}, \qquad k = \sqrt{f\mu}, \qquad u - e\sin u = nt + \varkappa;$$

$$(17) \qquad \xi = a(\cos u - e), \qquad \eta = a\sqrt{1 - e^2}\,\sin u;$$

on en tire

$$\frac{du}{dt} = \frac{n}{1 - e\cos u},$$

$$(18) \qquad \xi' = -\frac{na\sin u}{1 - e\cos u}, \qquad \eta' = \frac{na\sqrt{1 - e^2}\,\cos u}{1 - e\cos u}.$$

Les formules (14), (15), (16), (17), (18) et (8) donnent, comme on voit, les expressions de x, y, z; x', y', z', en fonction de t et des six éléments

$$(19) \qquad \begin{cases} \theta, \ \omega, \ \varphi, \\ a, \ e, \ \varkappa. \end{cases}$$

67. Il nous faut maintenant calculer les quinze quantités $[a, b]$ par la formule (5) en prenant successivement pour a et b deux quelconques des éléments (19) :

$$[\theta, \omega], \quad [\theta, \varphi], \quad [\omega, \varphi];$$
$$[\theta, a], \quad [\theta, e], \quad [\theta, \varkappa]; \qquad [\omega, a], \quad [\omega, e], \quad [\omega, \varkappa]; \qquad [\varphi, a], \quad [\varphi, e], \quad [\varphi, \varkappa].$$
$$[a, e], \quad [a, \varkappa], \quad [e, \varkappa].$$

Soient K et L deux éléments du premier groupe $(\theta, \omega, \varphi)$: on aura

$$[K, L] = \frac{\partial x}{\partial K} \frac{\partial x'}{\partial L} - \frac{\partial x}{\partial L} \frac{\partial x'}{\partial K} + \cdots;$$

on a d'ailleurs, par les formules (14) et (15), en remarquant que ξ, η, ξ', η' sont indépendants de θ, ω, φ,

$$\frac{\partial x}{\partial K} = \xi \frac{\partial \alpha}{\partial K} + \eta \frac{\partial \alpha'}{\partial K}, \qquad \frac{\partial x}{\partial L} = \xi \frac{\partial \alpha}{\partial L} + \eta \frac{\partial \alpha'}{\partial L},$$

$$\frac{\partial x'}{\partial K} = \xi' \frac{\partial \alpha}{\partial K} + \eta' \frac{\partial \alpha'}{\partial K}, \qquad \frac{\partial x'}{\partial L} = \xi' \frac{\partial \alpha}{\partial L} + \eta' \frac{\partial \alpha'}{\partial L},$$

$$\dots\dots\dots\dots\dots, \qquad \dots\dots\dots\dots\dots;$$

d'où, en substituant dans $[K, L]$,

$$[K, L] = (\xi \eta' - \eta \xi') \left(\frac{\partial \alpha}{\partial K} \frac{\partial \alpha'}{\partial L} - \frac{\partial \alpha}{\partial L} \frac{\partial \alpha'}{\partial K} + \cdots \right);$$

mais on a

$$(20) \qquad \xi \eta' - \eta \xi' = \xi \frac{d\eta}{dt} - \eta \frac{d\xi}{dt} = na^2 \sqrt{1 - e^2} = k \sqrt{a(1 - e^2)};$$

il vient donc

$$(1) \quad [K, L] = na^2 \sqrt{1 - e^2} \left(\frac{\partial \alpha}{\partial K} \frac{\partial \alpha'}{\partial L} - \frac{\partial \alpha}{\partial L} \frac{\partial \alpha'}{\partial K} + \frac{\partial \beta}{\partial K} \frac{\partial \beta'}{\partial L} - \frac{\partial \beta}{\partial L} \frac{\partial \beta'}{\partial K} + \frac{\partial \gamma}{\partial K} \frac{\partial \gamma'}{\partial L} - \frac{\partial \gamma}{\partial L} \frac{\partial \gamma'}{\partial K} \right).$$

Soient, en second lieu, K un élément du premier groupe et P un élément du second $(a, e, \varkappa)$; $\alpha, \beta, \gamma, \alpha', \beta', \gamma'$ sont indépendants de P : on trouve aisément les formules suivantes :

$$[\mathrm{K},\,\mathrm{P}] = \frac{\partial x}{\partial \mathrm{K}}\,\frac{\partial x'}{\partial \mathrm{P}} - \frac{\partial x}{\partial \mathrm{P}}\,\frac{\partial x'}{\partial \mathrm{K}} + \cdots,$$

$$[\mathrm{K},\,\mathrm{P}] = \left(\xi\,\frac{\partial \alpha}{\partial \mathrm{K}} + \eta\,\frac{\partial \alpha'}{\partial \mathrm{K}}\right)\left(\alpha\,\frac{\partial \xi'}{\partial \mathrm{P}} + \alpha'\,\frac{\partial \eta'}{\partial \mathrm{P}}\right) - \left(\xi'\,\frac{\partial \alpha}{\partial \mathrm{K}} + \eta'\,\frac{\partial \alpha'}{\partial \mathrm{K}}\right)\left(\alpha\,\frac{\partial \xi}{\partial \mathrm{P}} + \alpha'\,\frac{\partial \eta}{\partial \mathrm{P}}\right) + \cdots$$

$$= \left(\alpha\,\frac{\partial \alpha}{\partial \mathrm{K}} + \beta\,\frac{\partial \beta}{\partial \mathrm{K}} + \gamma\,\frac{\partial \gamma}{\partial \mathrm{K}}\right)\left(\xi\,\frac{\partial \xi'}{\partial \mathrm{P}} - \xi'\,\frac{\partial \xi}{\partial \mathrm{P}}\right)$$

$$+ \left(\alpha'\,\frac{\partial \alpha'}{\partial \mathrm{K}} + \beta'\,\frac{\partial \beta'}{\partial \mathrm{K}} + \gamma'\,\frac{\partial \gamma'}{\partial \mathrm{K}}\right)\left(\eta\,\frac{\partial \eta'}{\partial \mathrm{P}} - \eta'\,\frac{\partial \eta}{\partial \mathrm{P}}\right)$$

$$+ \left(\alpha\,\frac{\partial \alpha'}{\partial \mathrm{K}} + \beta\,\frac{\partial \beta'}{\partial \mathrm{K}} + \gamma\,\frac{\partial \gamma'}{\partial \mathrm{K}}\right)\left(\eta\,\frac{\partial \xi'}{\partial \mathrm{P}} - \eta'\,\frac{\partial \xi}{\partial \mathrm{P}}\right)$$

$$+ \left(\alpha'\,\frac{\partial \alpha}{\partial \mathrm{K}} + \beta'\,\frac{\partial \beta}{\partial \mathrm{K}} + \gamma'\,\frac{\partial \gamma}{\partial \mathrm{K}}\right)\left(\xi\,\frac{\partial \eta'}{\partial \mathrm{P}} - \xi'\,\frac{\partial \eta}{\partial \mathrm{P}}\right).$$

Or on tire de (9)

$$\alpha\,\frac{\partial \alpha}{\partial \mathrm{K}} + \beta\,\frac{\partial \beta}{\partial \mathrm{K}} + \gamma\,\frac{\partial \gamma}{\partial \mathrm{K}} = \alpha'\,\frac{\partial \alpha'}{\partial \mathrm{K}} + \beta'\,\frac{\partial \beta'}{\partial \mathrm{K}} + \gamma'\,\frac{\partial \gamma'}{\partial \mathrm{K}} = 0,$$

$$\alpha\,\frac{\partial \alpha'}{\partial \mathrm{K}} + \beta\,\frac{\partial \beta'}{\partial \mathrm{K}} + \gamma\,\frac{\partial \gamma'}{\partial \mathrm{K}} = -\left(\alpha'\,\frac{\partial \alpha}{\partial \mathrm{K}} + \beta'\,\frac{\partial \beta}{\partial \mathrm{K}} + \gamma'\,\frac{\partial \gamma}{\partial \mathrm{K}}\right);$$

il viendra donc

$$[\mathrm{K},\,\mathrm{P}] = \left(\alpha'\,\frac{\partial \alpha}{\partial \mathrm{K}} + \beta'\,\frac{\partial \beta}{\partial \mathrm{K}} + \gamma'\,\frac{\partial \gamma}{\partial \mathrm{K}}\right)\left(\xi\,\frac{\partial \eta'}{\partial \mathrm{P}} - \xi'\,\frac{\partial \eta}{\partial \mathrm{P}} - \eta\,\frac{\partial \xi'}{\partial \mathrm{P}} + \eta'\,\frac{\partial \xi}{\partial \mathrm{P}}\right)$$

ou

$$[\mathrm{K},\,\mathrm{P}] = \left(\alpha'\,\frac{\partial \alpha}{\partial \mathrm{K}} + \beta'\,\frac{\partial \beta}{\partial \mathrm{K}} + \gamma'\,\frac{\partial \gamma}{\partial \mathrm{K}}\right)\frac{\partial}{\partial \mathrm{P}}\,(\xi\eta' - \eta\xi')$$

ou bien encore, à cause de la formule (20),

$$(\mathrm{II}) \qquad\qquad [\mathrm{K},\,\mathrm{P}] = k\left(\alpha'\,\frac{\partial \alpha}{\partial \mathrm{K}} + \beta'\,\frac{\partial \beta}{\partial \mathrm{K}} + \gamma'\,\frac{\partial \gamma}{\partial \mathrm{K}}\right)\frac{\partial \sqrt{a(1 - e^2)}}{\partial \mathrm{P}}.$$

Soient enfin P et Q deux éléments du second groupe ; nous aurons

$$[\mathrm{P},\,\mathrm{Q}] = \frac{\partial x}{\partial \mathrm{P}}\,\frac{\partial x'}{\partial \mathrm{Q}} - \frac{\partial x}{\partial \mathrm{Q}}\,\frac{\partial x'}{\partial \mathrm{P}} + \cdots$$

$$= \left(\alpha\,\frac{\partial \xi}{\partial \mathrm{P}} + \alpha'\,\frac{\partial \eta}{\partial \mathrm{P}}\right)\left(\alpha\,\frac{\partial \xi'}{\partial \mathrm{Q}} + \alpha'\,\frac{\partial \eta'}{\partial \mathrm{Q}}\right) - \left(\alpha\,\frac{\partial \xi}{\partial \mathrm{Q}} + \alpha'\,\frac{\partial \eta}{\partial \mathrm{Q}}\right)\left(\alpha\,\frac{\partial \xi'}{\partial \mathrm{P}} + \alpha'\,\frac{\partial \eta'}{\partial \mathrm{P}}\right) + \cdots$$

$$= (\alpha^2 + \beta^2 + \gamma^2)\left(\frac{\partial \xi}{\partial \mathrm{P}}\,\frac{\partial \xi'}{\partial \mathrm{Q}} - \frac{\partial \xi}{\partial \mathrm{Q}}\,\frac{\partial \xi'}{\partial \mathrm{P}}\right) + (\alpha'^2 + \beta'^2 + \gamma'^2)\left(\frac{\partial \eta}{\partial \mathrm{P}}\,\frac{\partial \eta'}{\partial \mathrm{Q}} - \frac{\partial \eta}{\partial \mathrm{Q}}\,\frac{\partial \eta'}{\partial \mathrm{P}}\right)$$

$$+ (\alpha\alpha' + \beta\beta' + \gamma\gamma')\left(\frac{\partial \xi}{\partial \mathrm{P}}\,\frac{\partial \eta'}{\partial \mathrm{Q}} - \frac{\partial \xi}{\partial \mathrm{Q}}\,\frac{\partial \eta'}{\partial \mathrm{P}} + \frac{\partial \xi'}{\partial \mathrm{Q}}\,\frac{\partial \eta}{\partial \mathrm{P}} - \frac{\partial \xi'}{\partial \mathrm{P}}\,\frac{\partial \eta}{\partial \mathrm{Q}}\right);$$

d'où, en vertu des relations (9),

$$(\text{III}) \qquad [\text{P}, \text{Q}] = \frac{\partial \xi}{\partial \text{P}} \frac{\partial \xi'}{\partial \text{Q}} - \frac{\partial \xi}{\partial \text{Q}} \frac{\partial \xi'}{\partial \text{P}} + \frac{\partial \eta}{\partial \text{P}} \frac{\partial \eta'}{\partial \text{Q}} - \frac{\partial \eta}{\partial \text{Q}} \frac{\partial \eta'}{\partial \text{P}}.$$

Il ne reste plus qu'à appliquer les formules (I), (II) et (III).

68. Faisons d'abord $\text{K} = \theta$, $\text{L} = \omega$, dans la formule (I), et tenons compte des relations (11) et (13); nous trouverons

$$. \, [\theta, \omega] = na^2 \sqrt{1 - e^2} \, (\beta\alpha + \beta'\alpha' - \alpha\beta - \alpha'\beta') = 0;$$

en posant, dans la même formule (I), $\text{K} = \theta$, $\text{L} = \varphi$, et ayant égard aux relations (11) et (12), il vient

$$[\theta, \varphi] = na^2 \sqrt{1 - e^2} \left\{ (\alpha\beta'' - \beta\alpha'') \cos\omega + (\beta'\alpha'' - \alpha'\beta'') \sin\omega \right\}$$

ou, en vertu de (8) et (10),

$$[\theta, \varphi] = na^2 \sqrt{1 - e^2} \, (-\gamma' \cos\omega - \gamma \sin\omega) = -na^2 \sqrt{1 - e^2} \sin\varphi.$$

Enfin la formule (I) donne, pour $\text{K} = \omega$ et $\text{L} = \varphi$, en se reportant aux relations (9), (12) et (13),

$$[\omega, \varphi] = na^2 \sqrt{1 - e^2} \left\{ (\alpha'\alpha'' + \beta'\beta'' + \gamma'\gamma'') \cos\omega + (\alpha\alpha'' + \beta\beta'' + \gamma\gamma'') \sin\omega \right\} = 0.$$

Passons à la formule (II) dans laquelle nous supposerons d'abord $\text{P} = \varkappa$, ce qui nous donnera

$$\frac{\partial \sqrt{a(1 - e^2)}}{\partial \text{P}} = 0, \qquad [\text{K}, \varkappa] = 0;$$

il en résulte donc

$$[\theta, \varkappa] = 0, \qquad [\omega, \varkappa] = 0, \qquad [\varphi, \varkappa] = 0.$$

Si maintenant nous faisons $\text{P} = a$, ce qui entraine

$$k \frac{\partial \sqrt{a(1 - e^2)}}{\partial a} = \frac{k\sqrt{1 - e^2}}{2\sqrt{a}} = \tfrac{1}{2} na \sqrt{1 - e^2},$$

nous trouverons

$$[\text{K}, a] = \tfrac{1}{2} na\sqrt{1 - e^2} \left(\alpha' \frac{\partial \alpha}{\partial \text{K}} + \beta' \frac{\partial \beta}{\partial \text{K}} + \gamma' \frac{\partial \gamma}{\partial \text{K}} \right);$$

d'où, en donnant successivement à K les valeurs θ, ω, φ et ayant égard aux relations (8), ..., (13),

$$[\theta,\, a] = \tfrac{1}{2}\, na\,\sqrt{1-e^2}\,(\alpha\beta' - \beta\alpha') = \tfrac{1}{2}\, na\sqrt{1-e^2}\,\gamma'' = \tfrac{1}{2}\, na\,\sqrt{1-e^2}\,\cos\varphi,$$

$$[\omega,\, a] = \tfrac{1}{2}\, na\sqrt{1-e^2}\,(\alpha'^2 + \beta'^2 + \gamma'^2) = \tfrac{1}{2}\, na\sqrt{1-e^2},$$

$$[\varphi,\, a] = \tfrac{1}{2}\, na\sqrt{1-e^2}\,(\alpha'\alpha'' + \beta'\beta'' + \gamma'\gamma'')\sin\omega = 0.$$

Pour $P = e$, nous aurons

$$k\,\frac{\partial\sqrt{a(1-e^2)}}{\partial e} = -k\sqrt{a}\,\frac{e}{\sqrt{1-e^2}} = -na^2\,\frac{e}{\sqrt{1-e^2}},$$

et la formule (II) devient

$$[\mathrm{K},\, e] = -na^2\,\frac{e}{\sqrt{1-e^2}}\left(\alpha'\,\frac{\partial\alpha}{\partial\mathrm{K}} + \beta'\,\frac{\partial\beta}{\partial\mathrm{K}} + \gamma'\,\frac{\partial\gamma}{\partial\mathrm{K}}\right);$$

en comparant cette formule à celle qui donnait, il n'y a qu'un moment, la valeur de $[\mathrm{K},\, a]$, il vient

$$[\mathrm{K},\, e] = -\frac{2\,ae}{1-e^2}\,[\mathrm{K},\, a];$$

il n'y a plus qu'à faire successivement $\mathrm{K} = \theta$, $\mathrm{K} = \omega$, $\mathrm{K} = \varphi$, et à remplacer $[\theta,\, a]$, $[\omega,\, a]$, $[\varphi,\, a]$ par leurs valeurs ci-dessus ; on trouvera ainsi

$$[\theta,\, e] = -na^2\,\frac{e}{\sqrt{1-e^2}}\,\cos\varphi,$$

$$[\omega,\, e] = -na^2\,\frac{e}{\sqrt{1-e^2}},$$

$$[\varphi,\, e] = 0.$$

Nous arrivons enfin à l'application de la formule (III).

Pour faciliter le calcul, nous donnerons à t la valeur particulière

$$\tau = -\frac{\varkappa}{n} = -\frac{\varkappa}{k}\,a^{\frac{3}{2}},$$

qui annule u; cette valeur est fonction de a et $\varkappa$; on ne devra donc faire $t = \tau$ qu'après avoir effectué les différentiations relatives à a et $\varkappa$; on pourra calculer les dérivées relatives à e après avoir fait $t = \tau$. En prenant $Q = e$, la formule (III) donne

$$(21) \qquad [\mathrm{P},\, e] = \frac{\partial\xi}{\partial\mathrm{P}}\,\frac{\partial\xi'}{\partial e} - \frac{\partial\xi}{\partial e}\,\frac{\partial\xi'}{\partial\mathrm{P}} + \frac{\partial\eta}{\partial\mathrm{P}}\,\frac{\partial\eta'}{\partial e} - \frac{\partial\eta}{\partial e}\,\frac{\partial\eta'}{\partial\mathrm{P}};$$

les formules (17) et (18) donnent

$$\xi = a(1-e), \qquad \eta = 0,$$
$$\xi' = 0, \qquad \eta' = na\sqrt{\frac{1+e}{1-e}} = \frac{k}{\sqrt{a}}\sqrt{\frac{1+e}{1-e}}; \qquad \left.\right\} \qquad \text{pour } t = \tau;$$

on en tire

$$\frac{\partial \xi}{\partial e} = -a, \qquad \frac{\partial \eta}{\partial e} = 0,$$
$$\frac{\partial \xi'}{\partial e} = 0, \qquad \frac{\partial \eta'}{\partial e} = \frac{na}{\sqrt{1-e^2}}\,\frac{1}{1-e},$$

et la formule (21) devient

$$(22) \qquad [P, e] = a\,\frac{\partial \xi'}{\partial P} + \frac{na}{(1-e)\sqrt{1-e^2}}\,\frac{\partial \eta}{\partial P};$$

les relations (17) et (18), différentiées par rapport à P, donnent, en faisant ensuite $t = \tau$, $u = 0$,

$$\frac{\partial \xi'}{\partial P} = -\frac{na}{1-e}\left(\frac{\partial u}{\partial P}\right)_{t=\tau},$$
$$\frac{\partial \eta}{\partial P} = +a\sqrt{1-e^2}\left(\frac{\partial u}{\partial P}\right)_{t=\tau};$$

après quoi nous trouvons, par la formule (22),

$$[P, e] = -\frac{na^2}{1-e}\left(\frac{\partial u}{\partial P}\right)_{t=\tau} + \frac{na^2}{1-e}\left(\frac{\partial u}{\partial P}\right)_{t=\tau} = 0;$$

on en tire donc

$$[a, e] = 0,$$
$$[\varkappa, e] = 0.$$

Reste seulement à trouver $[a, \varkappa]$; la formule (III) donne

$$[a, \varkappa] = \frac{\partial \xi}{\partial a}\frac{\partial \xi'}{\partial \varkappa} - \frac{\partial \xi}{\partial \varkappa}\frac{\partial \xi'}{\partial a} + \frac{\partial \eta}{\partial a}\frac{\partial \eta'}{\partial \varkappa} - \frac{\partial \eta}{\partial \varkappa}\frac{\partial \eta'}{\partial a}.$$

En partant de (16), (17), (18), différentiant par rapport à $\varkappa$, et faisant ensuite $t = \tau$, on trouve aisément

$$\frac{\partial u}{\partial \varkappa} = \frac{1}{1-e}$$

T. — I.

et

$$\frac{\partial \xi}{\partial \varkappa} = 0, \qquad\qquad \frac{\partial \eta}{\partial \varkappa} = a \sqrt{\frac{1+e}{1-e}},$$

$$\frac{\partial \xi'}{\partial \varkappa} = - \frac{na}{(1-e)^2}, \qquad \frac{\partial \eta'}{\partial \varkappa} = 0;$$

l'expression ci-dessus de $[a, \varkappa]$ donne donc

$$(23) \qquad\qquad [a, \varkappa] = - \frac{na}{(1-e)^2} \frac{\partial \xi}{\partial a} - a \sqrt{\frac{1+e}{1-e}} \frac{\partial \eta'}{\partial a}.$$

Différentions ensuite (17) et (18) par rapport à a, faisons $t = \tau$, et nous trouverons

$$\frac{\partial \xi}{\partial a} = 1 - e, \qquad \frac{\partial \eta'}{\partial a} = \frac{\sqrt{1-e^2}}{1-e} \frac{\partial na}{\partial a} = \sqrt{\frac{1+e}{1-e}} \frac{\partial \frac{k}{\sqrt{a}}}{\partial a} = - \tfrac{1}{2} n \sqrt{\frac{1+e}{1-e}};$$

en substituant dans (23) et réduisant, il vient enfin

$$[a, \varkappa] = - \tfrac{1}{2} na.$$

69. Nous pouvons actuellement écrire ce que deviennent les équations (6) dans le cas présent; nous aurons

$$[a, e] \frac{de}{dt} + [a, \varkappa] \frac{d\varkappa}{dt} + [a, \varphi] \frac{d\varphi}{dt} + [a, \omega] \frac{d\omega}{dt} + [a, \theta] \frac{d\theta}{dt} + R_a = 0,$$

$$\dotfill ;$$

d'où, en remplaçant les quantités $[a, e]$, ... par leurs valeurs trouvées ci-dessus,

$$(c) \quad \left\{ \begin{aligned} &R_a - \tfrac{1}{2} na \frac{d\varkappa}{dt} - \tfrac{1}{2} na \sqrt{1-e^2} \frac{d\omega}{dt} - \tfrac{1}{2} na \sqrt{1-e^2} \cos\varphi \frac{d\theta}{dt} = 0, \\ &R_e + \frac{na^2 e}{\sqrt{1-e^2}} \frac{d\omega}{dt} + \frac{na^2 e \cos\varphi}{\sqrt{1-e^2}} \frac{d\theta}{dt} = 0, \\ &R_\varkappa + \tfrac{1}{2} na \frac{da}{dt} = 0, \\ &R_\theta + \tfrac{1}{2} na \sqrt{1-e^2} \cos\varphi \frac{da}{dt} - \frac{na^2 e \cos\varphi}{\sqrt{1-e^2}} \frac{de}{dt} - na^2 \sqrt{1-e^2} \sin\varphi \frac{d\varphi}{dt} = 0, \\ &R_\varphi + na^2 \sqrt{1-e^2} \sin\varphi \frac{d\theta}{dt} = 0, \\ &R_\omega + \tfrac{1}{2} na \sqrt{1-e^2} \frac{da}{dt} - \frac{na^2 e}{\sqrt{1-e^2}} \frac{de}{dt} = 0. \end{aligned} \right.$$

On tire de ces six équations, en les résolvant par rapport aux dérivées $\dfrac{da}{dt}, \cdots,$ les formules suivantes :

$$(d)\quad\begin{cases}
\dfrac{da}{dt} = -\dfrac{2}{na}\,\mathrm{R}_{\varkappa}, \\[2ex]
\dfrac{de}{dt} = -\dfrac{1-e^2}{na^2 e}\,\mathrm{R}_{\varkappa} + \dfrac{\sqrt{1-e^2}}{na^2 e}\,\mathrm{R}_{\omega}, \\[2ex]
\dfrac{d\varphi}{dt} = -\dfrac{\cos\varphi}{na^2\sqrt{1-e^2}\,\sin\varphi}\,\mathrm{R}_{\omega} + \dfrac{1}{na^2\sqrt{1-e^2}\,\sin\varphi}\,\mathrm{R}_{\theta}, \\[2ex]
\dfrac{d\theta}{dt} = -\dfrac{1}{na^2\sqrt{1-e^2}\,\sin\varphi}\,\mathrm{R}_{\varphi}, \\[2ex]
\dfrac{d\omega}{dt} = +\dfrac{\cos\varphi}{na^2\sqrt{1-e^2}\,\sin\varphi}\,\mathrm{R}_{\varphi} - \dfrac{\sqrt{1-e^2}}{na^2 e}\,\mathrm{R}_{e}, \\[2ex]
\dfrac{d\varkappa}{dt} = +\dfrac{1-e^2}{na^2 e}\,\mathrm{R}_{e} + \dfrac{2}{na}\,\mathrm{R}_{a}.
\end{cases}$$

La comparaison de formules (α) et (a) montre que l'on a, dans le cas actuel,

$$\mathrm{X}' = 0, \qquad \mathrm{Y}' = 0, \qquad \mathrm{Z}' = 0;$$

$$\mathrm{X} = -\frac{\partial \mathrm{R}}{\partial x}, \qquad \mathrm{Y} = -\frac{\partial \mathrm{R}}{\partial y}, \qquad \mathrm{Z} = -\frac{\partial \mathrm{R}}{\partial z}.$$

(4) donne ensuite

$$\mathrm{R}_a = -\frac{\partial \mathrm{R}}{\partial x}\frac{\partial x}{\partial a} - \frac{\partial \mathrm{R}}{\partial y}\frac{\partial y}{\partial a} - \frac{\partial \mathrm{R}}{\partial z}\frac{\partial z}{\partial a} = -\frac{\partial \mathrm{R}}{\partial a};$$

les formules (d) pourront donc s'écrire comme il suit :

$$(e)\quad\begin{cases}
\dfrac{da}{dt} = +\dfrac{2}{na}\,\dfrac{\partial \mathrm{R}}{\partial \varkappa}, \\[2ex]
\dfrac{de}{dt} = +\dfrac{1-e^2}{na^2 e}\,\dfrac{\partial \mathrm{R}}{\partial \varkappa} - \dfrac{\sqrt{1-e^2}}{na^2 e}\,\dfrac{\partial \mathrm{R}}{\partial \omega}, \\[2ex]
\dfrac{d\varphi}{dt} = +\dfrac{\cos\varphi}{na^2\sqrt{1-e^2}\,\sin\varphi}\,\dfrac{\partial \mathrm{R}}{\partial \omega} - \dfrac{1}{na^2\sqrt{1-e^2}\,\sin\varphi}\,\dfrac{\partial \mathrm{R}}{d\theta}, \\[2ex]
\dfrac{d\theta}{dt} = +\dfrac{1}{na^2\sqrt{1-e^2}\,\sin\varphi}\,\dfrac{\partial \mathrm{R}}{\partial \varphi}, \\[2ex]
\dfrac{d\omega}{dt} = -\dfrac{\cos\varphi}{na^2\sqrt{1-e^2}\,\sin\varphi}\,\dfrac{\partial \mathrm{R}}{\partial \varphi} + \dfrac{\sqrt{1-e^2}}{na^2 e}\,\dfrac{\partial \mathrm{R}}{\partial e}, \\[2ex]
\dfrac{d\varkappa}{dt} = -\dfrac{1-e^2}{na^2 e}\,\dfrac{\partial \mathrm{R}}{\partial e} - \dfrac{2}{na}\,\dfrac{\partial \mathrm{R}}{\partial a}.
\end{cases}$$

Si l'on introduit enfin au lieu de ω et $\varkappa$ les éléments ϖ et ε par les formules

$$\omega = \varpi - \theta, \qquad \varkappa = \varepsilon - \varpi,$$

on verra aisément que les formules (e) sont identiques aux formules (h) du n° 62.

Il convient de remarquer que les formules (d) s'appliqueraient encore au cas où X, Y, Z ne seraient pas les dérivées partielles d'une même fonction de x, y, z et t; X, Y, Z pourraient même contenir x', y', z'; seulement R_a aurait alors pour valeur

$$R_a = X \frac{\partial x}{\partial a} + Y \frac{\partial y}{\partial a} + Z \frac{\partial z}{\partial a}.$$

Cela se présente quand on veut tenir compte de l'influence de la résistance d'un milieu sur les mouvements des planètes.

CHAPITRE XI.

CONSIDÉRATIONS GÉNÉRALES SUR LES PERTURBATIONS PLANÉTAIRES. — PERTURBATIONS DES DIVERS ORDRES. — PERTURBATIONS DU PREMIER ORDRE. — INÉGALITÉS PÉRIODIQUES. — INÉGALITÉS SÉCULAIRES. — INÉGALITÉS A LONGUES PÉRIODES. — PERTURBATIONS DU SECOND ORDRE.

70. Pour connaitre le mouvement de la planète P, il suffit d'obtenir en fonction du temps ses coordonnées rectangulaires héliocentriques x, y, z.

En suivant la méthode de la variation des constantes arbitraires, nous avons transformé le problème et introduit, au lieu des trois inconnues x, y, z, six variables auxiliaires a, e, φ, θ, ϖ, ε. Les relations qui lient l'un à l'autre les deux systèmes sont (n° 32)

$$(1)\quad \begin{cases} n = \sqrt{\dfrac{f(1+m)}{a^3}}, \qquad u - e\sin u = nt + \varepsilon - \varpi, \\[2mm] r = a(1 - e\cos u), \qquad \operatorname{tang}\dfrac{v-\varpi}{2} = \sqrt{\dfrac{1+e}{1-e}}\operatorname{tang}\dfrac{u}{2}, \\[2mm] x = r[\cos\theta\cos(v-\theta) - \sin\theta\sin(v-\theta)\cos\varphi], \\[1mm] y = r[\sin\theta\cos(v-\theta) + \cos\theta\sin(v-\theta)\cos\varphi], \\[1mm] z = r\sin(v-\theta)\sin\varphi. \end{cases}$$

Il convient d'ajouter que les valeurs de $\dfrac{dx}{dt}$, $\dfrac{dy}{dt}$ et $\dfrac{dz}{dt}$ s'obtiennent en différentiant les formules précédentes par rapport au temps, sans faire varier a, e, ..., ε. Nous savons, d'après le n° 62, que les variables nouvelles doivent vérifier les équations

$$(2)\quad
\begin{cases}
\dfrac{da}{dt} = \dfrac{2}{na}\,\dfrac{\partial R}{\partial \varepsilon}, \\[2ex]
\dfrac{d\theta}{dt} = \dfrac{1}{na^2\sqrt{1-e^2}\,\sin\varphi}\,\dfrac{\partial R}{\partial \varphi}, \\[2ex]
\dfrac{d\varpi}{dt} = \dfrac{\tang\frac{\varphi}{2}}{na^2\sqrt{1-e^2}}\,\dfrac{\partial R}{\partial \varphi} + \dfrac{\sqrt{1-e^2}}{na^2 e}\,\dfrac{\partial R}{\partial e}, \\[2ex]
\dfrac{de}{dt} = -\,\dfrac{\sqrt{1-e^2}}{na^2 e}\,\dfrac{\partial R}{\partial \varpi} - \sqrt{1-e^2}\,\dfrac{1-\sqrt{1-e^2}}{na^2 e}\,\dfrac{\partial R}{\partial \varepsilon}, \\[2ex]
\dfrac{d\varphi}{dt} = -\,\dfrac{1}{na^2\sqrt{1-e^2}\,\sin\varphi}\,\dfrac{\partial R}{\partial \theta} - \dfrac{\tang\frac{\varphi}{2}}{na^2\sqrt{1-e^2}}\left(\dfrac{\partial R}{\partial \varpi} + \dfrac{\partial R}{\partial \varepsilon}\right), \\[2ex]
\dfrac{d\varepsilon}{dt} = -\,\dfrac{2}{na}\,\dfrac{\partial R}{\partial a} + \dfrac{\tang\frac{\varphi}{2}}{na^2\sqrt{1-e^2}}\,\dfrac{\partial R}{\partial \varphi} + \sqrt{1-e^2}\,\dfrac{1-\sqrt{1-e^2}}{na^2 e}\,\dfrac{\partial R}{\partial e}.
\end{cases}$$

On a d'ailleurs

$$(3)\qquad R = f m'\left[\dfrac{1}{\sqrt{(x-x')^2+(y-y')^2+(z-z')^2}} - \dfrac{xx'+yy'+zz'}{r'^3}\right] + \dots;$$

x', y', z'; x'', ... désignant les coordonnées des planètes P', P'', ..., et m', m'', ... les rapports de leurs masses à celles du Soleil.

Si l'on remplace x, y, z par leurs valeurs (1), x', y', z', ... par leurs valeurs analogues, R deviendra une fonction connue du temps t et des éléments a, θ, ... a', θ', ... des diverses planètes, et les diverses parties de R contiendront en facteur l'une ou l'autre des petites fractions m', m'', ... que nous regarderons, ainsi que m, comme de petites quantités du premier ordre.

Les formules (2) montrent que, au moins pendant un intervalle de temps limité, les éléments a, θ, ... varieront entre des limites assez resserrées; il en sera de même de a', θ', ...; on pourra, par suite, dans une première approximation, considérer les éléments comme constants dans les seconds membres des équations (2), et l'on obtiendra des valeurs très approchées de a, θ, ... par des quadratures.

C'est là l'avantage que l'on trouve à remplacer les *trois* équations différentielles du second ordre en x, y, z par les *six* équations différentielles (2) du premier ordre, bien que ces dernières soient assez compliquées, parce que R est loin d'être une fonction simple de t et de a, θ, ...

En opérant comme nous venons de l'indiquer, il est toutefois utile d'éviter un grave inconvénient que nous allons signaler. Il sera démontré, dans le cours de ce Volume, que la fonction perturbatrice R peut en général être développée en une série convergente de la forme

$$(4) \qquad R = \sum C \cos D,$$

où l'on a

$$(5) \qquad D = i(nt + \varepsilon) + i'(n't + \varepsilon') + k\varpi + k'\varpi' + j\theta + j\theta';$$

i, i', k, k', j et j' sont des nombres entiers quelconques, positifs, nuls ou négatifs. Les coefficients C sont des fonctions de a, a', e, e', φ et φ', qui diminuent en général assez rapidement quand les valeurs absolues des nombres entiers i, i', k, k', j, j' augmentent.

Dans l'expression (4) devraient figurer aussi des termes analogues à ceux que nous avons mis en évidence, et dans lesquels $n', \varepsilon', \ldots$ seraient remplacés par $n'', \varepsilon'', \ldots$. On voit bien ainsi de quelle manière entrent les divers éléments des planètes P, P', P'', ... dans le développement de R.

Les dérivées partielles de R par rapport à l'un quelconque des cinq éléments $e, \varphi, \theta, \varpi, \varepsilon$ seront exprimées par des développements de même forme que (4), sauf que les cosinus pourront être remplacés par des sinus.

Il en va tout autrement de la sixième dérivée partielle $\frac{\partial R}{\partial a}$; elle se compose, en effet, de deux parties : la première, que nous représenterons par $\left(\frac{\partial R}{\partial a}\right)$, s'obtient en faisant varier a seulement dans les coefficients C; la seconde provient de la variation de a dans n sous les signes cosinus. D'après la formule (5), les arguments D dépendent de n, par suite de a, d'après la relation

$$n^2 a^3 = f(1 + m).$$

On aura donc

$$\frac{\partial R}{\partial n} = \left(\frac{\partial R}{\partial a}\right) + \frac{\partial R}{\partial n}\frac{dn}{da},$$

ou bien, en remarquant que n n'entre dans R que par nt qui accompagne toujours ε,

$$(6) \qquad \frac{\partial R}{\partial a} = \left(\frac{\partial R}{\partial a}\right) + \frac{\partial R}{\partial \varepsilon} t \frac{dn}{da}.$$

On trouvera ainsi, en se reportant aux formules (4) et (5),

$$\frac{\partial R}{\partial a} = \sum \frac{\partial C}{\partial a} \cos D - t \frac{dn}{da} \sum i C \sin D.$$

On voit que le temps t est sorti des signes cosinus; de là un grave inconvénient que présenterait l'emploi de la valeur (2) de $\frac{d\varepsilon}{dt}$, la seule des six dérivées des éléments qui contienne $\frac{\partial R}{\partial a}$. Malgré la petitesse du facteur m' qui entre dans le coefficient C, le terme $Ct \sin D$ pourrait prendre des valeurs très grandes, et serait gênant de toutes façons. Voilà l'inconvénient dont on a parlé; on l'évite comme il suit :

Si l'on a égard à la valeur (6) de $\frac{\partial R}{\partial a}$, la dernière des formules (2) donne, en n'écrivant pas, pour abréger, les termes en $\frac{\partial R}{\partial e}$ et $\frac{\partial R}{\partial \varphi}$,

$$(7) \qquad \frac{d\varepsilon}{dt} = -\frac{2}{na}\left(\frac{\partial R}{\partial a}\right) - \frac{2}{na}\frac{\partial R}{\partial \varepsilon} t \frac{dn}{da} + \dots$$

Or on a

$$\frac{dn}{dt} = \frac{dn}{da}\frac{da}{dt} = \frac{2}{na}\frac{\partial R}{\partial \varepsilon}\frac{dn}{da},$$

ce qui permet d'écrire comme il suit l'équation (7),

$$\frac{d\varepsilon}{dt} + t \frac{dn}{dt} = -\frac{2}{na}\left(\frac{\partial R}{\partial a}\right) + \dots$$

On est ainsi conduit à prendre, au lieu de ε, un nouvel élément $\varepsilon^{(1)}$, tel que l'on ait

$$(8) \qquad \frac{d\varepsilon^{(1)}}{dt} = \frac{d\varepsilon}{dt} + t \frac{dn}{dt}.$$

On trouvera immédiatement, en écrivant maintenant les termes en $\frac{\partial R}{\partial e}$ et $\frac{\partial R}{\partial \varphi}$,

$$(9) \qquad \frac{d\varepsilon^{(1)}}{dt} = -\frac{2}{na}\left(\frac{\partial R}{\partial a}\right) + \frac{\tan g \frac{\varphi}{2}}{na^2\sqrt{1-e^2}}\frac{\partial R}{\partial \varphi} + \sqrt{1-e^2}\frac{1-\sqrt{1-e^2}}{na^2 e}\frac{\partial R}{\partial e}.$$

Or on tire de (8)

$$\varepsilon^{(1)} = \varepsilon + \int t \frac{dn}{dt}\, dt = \varepsilon + nt - \int n\, dt,$$

$$(10) \qquad nt + \varepsilon = \int n\, dt + \varepsilon^{(1)}.$$

On voit donc que le changement de variable sera bien facile à faire, puisqu'il se bornera à remplacer dans les expressions (1) de x, y, z, $nt + \varepsilon = l$ par $\int n\, dt + \varepsilon^{(1)}$. La formule (10) montre d'ailleurs que l'on aura

$$\frac{\partial R}{\partial \varepsilon} = \frac{\partial R}{\partial \varepsilon^{(1)}}.$$

Si l'on remplace dans la première, la quatrième et la cinquième des formules (2), $\dfrac{\partial R}{\partial \varepsilon}$ par $\dfrac{\partial R}{\partial \varepsilon^{(1)}}$, et si on les rapproche ensuite de (9), on voit que les nouvelles équations différentielles ne différeront des anciennes qu'en ce que ε et $\dfrac{\partial R}{\partial a}$ auront été remplacés respectivement par $\varepsilon^{(1)}$ et $\left(\dfrac{\partial R}{\partial a}\right)$. Il convient, pour ne pas multiplier les notations, de supprimer l'indice de $\varepsilon^{(1)}$ et la parenthèse de $\left(\dfrac{\partial R}{\partial a}\right)$; cela permettra de conserver les équations (2) sous leur première forme. Seulement il sera bien entendu que la dérivée $\dfrac{\partial R}{\partial a}$ y devra être prise sans faire varier a sous les signes cosinus, et que, dans les formules (1), qui donnent x, y, z, $nt + \varepsilon$ devra être remplacé par $\int n\,dt + \varepsilon$.

Nous ferons, pour abréger,

$$\int n\,dt = \rho, \qquad \text{d'où} \qquad n = \frac{d\rho}{dt};$$

quand n sera connu, en effectuant la quadrature $\int n\,dt$, nous n'ajouterons pas de constante d'intégration, parce qu'elle irait se fondre avec ε qui accompagne toujours $\int n\,dt$. Enfin nous ferons remarquer qu'ici, comme partout ailleurs, la lettre n n'a d'autre sens que celui qui est défini par la formule $n = \sqrt{\dfrac{\mathrm{f}(1 + m)}{a^3}}$, de sorte que l'on a

$$\rho = \sqrt{\mathrm{f}(1 + m)} \int \frac{dt}{a^{\frac{3}{2}}}.$$

Pour déterminer le mouvement de la planète P$'$, il y a lieu de considérer des équations toutes pareilles à (2), qu'on obtiendra en accentuant les lettres, et mettant au lieu de R la fonction perturbatrice R$'$. On devra former la dérivée $\dfrac{\partial R'}{\partial a'}$ sans faire varier a' sous les signes cosinus; mais, dans les formules qui donnent x', y', z' en fonction de t, a', θ', ..., il faudra remplacer $n't + \varepsilon'$ par $\int n'\,dt + \varepsilon'$; nous poserons aussi $\int n'\,dt = \rho'$. La considération des équations différentielles en $\dfrac{da'}{dt}$, $\dfrac{d\theta'}{dt}$, ... est indispensable, même pour déterminer le mouvement de la planète P, quand on va au delà de la première approximation.

71. Pour fixer les idées, ne considérons que deux planètes P et P$'$; nous aurons à intégrer par approximations successives le système des douze équations

différentielles simultanées suivantes :

$$(11) \quad \begin{cases} \dfrac{da}{dt} = \dfrac{2}{na}\dfrac{\partial R}{\partial \varepsilon}, \\[2mm] \dfrac{d\theta}{dt} = \dfrac{1}{na^2\sqrt{1-e^2}\sin\varphi}\dfrac{\partial R}{\partial\varphi}, \\[2mm] \dots\dots\dots\dots\dots\dots, \end{cases}$$

$$(12) \quad \begin{cases} \dfrac{da'}{dt} = \dfrac{2}{n'a'}\dfrac{\partial R'}{\partial\varepsilon'}, \\[2mm] \dfrac{d\theta'}{dt} = \dfrac{1}{n'a'^2\sqrt{1-e'^2}\sin\varphi'}\dfrac{\partial R'}{\partial\varphi'}, \\[2mm] \dots\dots\dots\dots\dots\dots\dots, \end{cases}$$

où l'on a

$$(13) \quad \begin{cases} R = \sum C\cos D, \\[2mm] D = i(\rho+\varepsilon) + i'(\rho'+\varepsilon') + k\varpi + k'\varpi' + j\theta + j'\theta', \\[2mm] \rho = \int n\,dt, \qquad \rho' = \int n'\,dt; \end{cases}$$

$$R' = \sum C'\cos D';$$

C' et D' sont de même forme que C et D.

Nous avons déjà fait observer que les seconds membres des équations (11) et (12) sont de petites quantités du premier ordre, à cause des facteurs m' et m qui entrent dans les coefficients C et C'.

Nous allons chercher à développer les expressions des éléments variables sous la forme

$$(14) \quad \begin{cases} a = a_0 + \delta_1 a_0 + \delta_2 a_0 + \dots, \\[2mm] \theta = \theta_0 + \delta_1\theta_0 + \delta_2\theta_0 + \dots, \\[2mm] \dots\dots\dots\dots\dots\dots\dots, \\[2mm] a' = a'_0 + \delta_1 a'_0 + \delta_2 a'_0 + \dots, \\[2mm] \theta' = \theta'_0 + \delta_1\theta'_0 + \delta_2\theta'_0 + \dots. \\[2mm] \dots\dots\dots\dots\dots\dots\dots; \end{cases}$$

a_0, θ_0, ..., a'_0, θ'_0, ... sont douze constantes arbitraires dont on trouvera les valeurs numériques en comparant la théorie à l'observation; les quantités représentées d'une manière générale par la caractéristique δ_i sont des fonctions inconnues du temps t, des constantes ci-dessus et des masses m et m'; relativement à ces masses, tous les δ_i seront de l'ordre i; ceux des δ_i qui se rapportent à la planète P devront s'annuler avec m', et contenir m' en facteur, tandis que pour la planète P' ils auront le facteur m.

On mettra ainsi en évidence les quantités $\delta_1 a_0$, $\delta_2 a_0$, ..., ou les *perturbations du premier ordre, du second ordre*, etc., de l'élément a, et de même pour les autres éléments.

Il s'agit de calculer ces perturbations des divers ordres. Nous poserons aussi

$$(15) \qquad n = n_0 + \delta_1 n_0 + \delta_2 n_0 + \ldots$$

et nous prendrons

$$(16) \qquad n_0 = \sqrt{\frac{f(1+m)}{a_0^3}}.$$

En substituant les valeurs (14) et (15) de a et n dans la relation

$$n = \frac{\sqrt{f(1+m)}}{a^{\frac{3}{2}}} = n_0 \left(\frac{a}{a_0}\right)^{-\frac{3}{2}},$$

il viendra

$$n_0 + \delta_1 n_0 + \delta_2 n_0 + \ldots = n_0 \left(1 + \frac{\delta_1 a_0}{a_0} + \frac{\delta_2 a_0}{a_0} + \ldots\right)^{-\frac{3}{2}}$$
$$= n_0 \left[1 - \frac{3}{2}\frac{\delta_1 a_0}{a_0} - \frac{3}{2}\frac{\delta_2 a_0}{a_0} + \frac{15}{8}\left(\frac{\delta_1 a_0}{a_0}\right)^2 + \ldots\right];$$

d'où, en égalant de part et d'autre les quantités de même ordre,

$$(17) \qquad \begin{cases} \delta_1 n_0 = -\dfrac{3}{2} n_0 \dfrac{\delta_1 a_0}{a_0}, \\[2mm] \delta_2 n_0 = n_0 \left[-\dfrac{3}{2}\dfrac{\delta_2 a_0}{a_0} + \dfrac{15}{8}\left(\dfrac{\delta_1 a_0}{a_0}\right)^2\right], \\[2mm] \ldots\ldots\ldots\ldots\ldots\ldots\ldots\ldots\ldots\ldots\ldots \end{cases}$$

On posera ensuite

$$(18) \qquad \rho_0 = n_0 t, \qquad \delta_1 \rho_0 = \int \delta_1 n_0\, dt, \qquad \delta_2 \rho_0 = \int \delta_2 n_0\, dt, \qquad \ldots,$$

et la formule $\rho = \int n\, dt$ combinée avec la relation (15) donnera

$$(19) \qquad \rho = \rho_0 + \delta_1 \rho_0 + \delta_2 \rho_0 + \ldots;$$

$\delta_1 \rho_0$ sera du premier ordre, $\delta_2 \rho_0$ du second, etc. On aura des formules toutes pareilles pour la planète P'.

Il faut substituer dans les équations différentielles (11) et (12) les expressions (14), (15) et (19).

72. Perturbations du premier ordre. — Pour commencer, nous allons faire la substitution indiquée, en ne considérant que les quantités du premier ordre, et négligeant celles du second. On pourra donc, dans les seconds membres des équations (11) et (12) qui sont déjà du premier ordre, remplacer a, θ, ..., a', θ', ... par a_0, θ_0, ..., a'_0, θ'_0, ..., et aussi ρ et ρ' par $n_0 t$ et $n'_0 t$. On trouvera ainsi

$$(20) \qquad R_0 = \sum C_0 \cos D_0,$$

$$(21) \qquad D_0 = i(n_0 t + \varepsilon_0) + i'(n'_0 t + \varepsilon'_0) + k\varpi_0 + k'\varpi'_0 + j\theta_0 + j\theta'_0,$$

$$\frac{d\,\delta_1 a_0}{dt} = \frac{2}{n_0 a_0}\,\frac{\partial R_0}{\partial \varepsilon_0},$$

$$\frac{d\,\delta_1 \theta_0}{dt} = \frac{1}{n_0 a_0^2 \sqrt{1 - e_0^2}\,\sin\varphi_0}\,\frac{\partial R_0}{\partial \varphi_0},$$

$$\dots\dots\dots\dots\dots\dots\dots\dots\dots\dots\dots\dots$$

Les seconds membres de ces formules sont des fonctions connues de t; on aura donc

$$(a) \qquad \begin{cases} \delta_1 a_0 = \dfrac{2}{n_0 a_0} \displaystyle\int \dfrac{\partial R_0}{\partial \varepsilon_0}\,dt, \\[3mm] \delta_1 \theta_0 = \dfrac{1}{n_0 a_0^2 \sqrt{1 - e_0^2}\,\sin\varphi_0} \displaystyle\int \dfrac{\partial R_0}{\partial \varphi_0}\,dt, \\[3mm] \dots\dots\dots\dots\dots\dots\dots\dots\dots\dots\dots \end{cases}$$

On est ainsi ramené à des quadratures; il est inutile d'ajouter des constantes qui, dans les expressions (14) de a, θ, ..., iraient se fondre avec a_0, θ_0, ... Au point de vue analytique, toutes ces quadratures dépendent d'une seule, $\int R_0\,dt$; car on a, par exemple,

$$\int \frac{\partial R_0}{\partial \varepsilon_0}\,dt = \frac{\partial}{\partial \varepsilon_0} \int R_0\,dt.$$

On aura de même

$$(a') \qquad \begin{cases} \delta_1 a'_0 = \dfrac{2}{n'_0 a'_0} \displaystyle\int \dfrac{\partial R'_0}{\partial \varepsilon'_0}\,dt, \\[3mm] \delta_1 \theta'_0 = \dfrac{1}{n'_0 a_0'^2 \sqrt{1 - e_0'^2}\,\sin\varphi'_0} \displaystyle\int \dfrac{\partial R'_0}{\partial \varphi'_0}\,dt, \\[3mm] \dots\dots\dots\dots\dots\dots\dots\dots\dots\dots\dots \end{cases}$$

R_0 et R'_0 sont des fonctions très compliquées du temps t et des constantes a_0, θ_0, ...; de telle sorte qu'il ne faut pas songer à effectuer rigoureusement les quadratures qui figurent dans les formules (a) et (a').

On pourrait bien avoir recours aux quadratures mécaniques; c'est ce qu'on fait le plus souvent dans la pratique, pour les astéroïdes et les comètes. Mais on n'obtient ainsi que les valeurs numériques des perturbations, sans rien connaître des lois analytiques qui les régissent. De plus, quand on cherche les perturbations pour une seule époque très éloignée, on est obligé de les calculer pour un nombre considérable d'époques intermédiaires.

Aussi préfère-t-on, dans les théories des anciennes planètes, décomposer la fonction R_0 en une série de termes tels que l'effet de chacun d'eux, dans les formules (a), puisse être déterminé analytiquement; la série (20) remplit ces conditions. On trouve, en effet, en tenant compte de l'expression (21) de D_0 et en ayant égard à la façon dont les quantités ε_0, φ_0, ... entrent dans les coefficients C_0 et dans les arguments D_0,

$$\frac{\partial R_0}{\partial \varepsilon_0} = - \sum i C_0 \sin D_0,$$

$$\frac{\partial R_0}{\partial \varphi_0} = \sum \frac{\partial C_0}{\partial \varphi_0} \cos D_0,$$

$$\dots\dots\dots\dots\dots\dots\dots$$

Les formules (a) donnent ensuite

$$(22) \quad \begin{cases} \delta_1 a_0 = - \dfrac{2}{n_0 a_0} \sum i C_0 \int \sin D_0\, dt, \\[2ex] \delta_1 \theta_0 = \dfrac{1}{n_0 a_0^2 \sqrt{1 - e_0^2}\, \sin \varphi_0} \sum \left(\dfrac{\partial C_0}{\partial \varphi_0} \int \cos D_0\, dt \right), \\[1ex] \dots\dots\dots\dots\dots\dots\dots\dots\dots\dots\dots\dots \end{cases}$$

On voit sans peine que les seconds membres des quatre équations qui n'ont pas été écrites ne contiennent non plus que les quadratures

$$\int \sin D_0\, dt \quad \text{et} \quad \int \cos D_0\, dt.$$

Or, en se reportant à l'expression (21) de D_0, on trouve

$$\int \sin D_0\, dt = - \frac{\cos D_0}{i n_0 + i' n_0'}, \qquad \int \cos D_0\, dt = \frac{\sin D_0}{i n_0 + i' n_0'}.$$

Il vient ainsi

$$(b) \quad \begin{cases} \delta_1 a_0 = \dfrac{2}{n_0 a_0} \sum \dfrac{i C_0 \cos D_0}{i n_0 + i' n_0'}, \\[3ex] \delta_1 \theta_0 = \dfrac{1}{n_0 a_0^2 \sqrt{1 - e_0^2}\, \sin \varphi^0} \sum \dfrac{\dfrac{\partial C_0}{\partial \varphi_0} \sin D_0}{i n_0 + i' n_0'}, \\[1ex] \dots\dots\dots\dots\dots\dots\dots\dots\dots\dots\dots\dots \end{cases}$$

On voit que chaque terme $C_0 \cos D_0$ du développement de R_0 donne naissance à des termes correspondants, ou, pour employer le langage des astronomes, à des *inégalités* correspondantes dans les expressions des divers éléments. Ces inégalités sont en général *périodiques* comme les termes de R_0 d'où elles dérivent; celles que l'on a mises en évidence dans les formules (b) ont pour période la période même de l'argument D_0, savoir

$$T_1 = \frac{2\pi}{in_0 + i''n_0'}.$$

Si l'on pose

$$T_0 = \frac{2\pi}{n_0}, \qquad T_0' = \frac{2\pi}{n_0'},$$

on pourra écrire

$$\frac{1}{T_1} = \frac{i}{T_0} + \frac{i'}{T_0'}.$$

Les nombres entiers i et i' ont en général des valeurs peu considérables, parce que, dans la formule (20), les coefficients C_0 diminuent assez rapidement quand i et i' augmentent. La période T_1 sera donc comparable aux durées des révolutions T_0, T_0' de deux planètes fictives peu éloignées des planètes réelles.

73. Inégalités séculaires. — Les formules (b) sont en défaut quand on a

$$in_0 + i'n_0' = 0;$$

cela arrivera d'abord si les nombres i et i' sont nuls tous les deux, cas que nous allons considérer immédiatement.

Nous envisageons donc, dans le développement (4) de R, les termes qui sont indépendants des longitudes moyennes l et l'; pour ces termes, t disparaît de l'expression (21) de D_0 qui doit dès lors être traité comme une constante; on aura

$$D_0 = k\varpi_0 + k'\varpi_0' + j\theta_0 + j'\theta_0',$$

$$\int \sin D_0 \, dt = t \sin D_0, \qquad \int \cos D_0 \, dt = t \cos D_0.$$

Si l'on porte ces valeurs dans les formules (22), et qu'on y fasse $i = 0$, il viendra

$$\left\{ \begin{array}{l} \delta_1 a_0 = 0, \\[2mm] \delta_1 \theta_0 = \dfrac{t}{n_0 a_0^2 \sqrt{1 - e_0^2} \sin\varphi_0} \sum \dfrac{\partial C_0}{\partial \varphi_0} \cos D_0, \\[2mm] \dotfill \end{array} \right.$$

Le signe $\sum$ ne porte plus maintenant que sur les indices k, k', j et j'.

Les termes que l'on vient de considérer dans R introduisent donc dans l'élément θ des parties proportionnelles au temps, et il est très aisé de voir qu'il en est de même pour les éléments e, φ, ϖ, ε. Ce sont là les INÉGALITÉS SÉCULAIRES de ces *cinq* éléments. Les termes de R qui les produisent sont appelés par extension *termes séculaires*.

Les inégalités séculaires, variant constamment dans le même sens, acquièrent une importance capitale quand on envisage deux états du système solaire séparés par un intervalle de temps considérable, formé d'un nombre plus ou moins grand de *siècles;* elles modifient son aspect d'une manière très sensible; tandis que les inégalités périodiques, au bout de l'intervalle en question, se compensent en partie, ou du moins restent comprises entre les mêmes limites.

Il importe de remarquer que, *dans la première approximation, les grands axes des orbites n'ont pas d'inégalités séculaires;* c'est ce que montre la première des formules (c). On voit que cela tient à ce que l'expression (2) de $\dfrac{da}{dt}$,

$$\frac{da}{dt} = \frac{2}{na} \frac{\partial R}{\partial \varepsilon},$$

ne contient que $\dfrac{\partial R}{\partial \varepsilon}$, quantité qui se réduit à zéro, pour $i = i' = 0$; les cinq autres dérivées partielles $\dfrac{\partial R}{\partial a}$, $\dfrac{\partial R}{\partial e}$, $\dfrac{\partial R}{\partial \varphi}$, $\dfrac{\partial R}{\partial \theta}$, $\dfrac{\partial R}{\partial \varpi}$ ne se réduisent pas à zéro dans les mêmes conditions, et l'une au moins de ces dérivées partielles figure dans les expressions (2) de $\dfrac{de}{dt}$, $\dfrac{d\varphi}{dt}$, $\dfrac{d\theta}{dt}$, $\dfrac{d\varpi}{dt}$ et $\dfrac{d\varepsilon}{dt}$.

Le moyen mouvement n n'a pas non plus d'inégalité séculaire; c'est une conséquence de la première des formules (17),

$$(23) \qquad \delta_1 n_0 = -\frac{3}{2} n_0 \frac{\delta_1 a_0}{a_0},$$

qui donne $\delta_1 n_0 = 0$, quand on suppose $\delta_1 a_0 = 0$.

L'absence d'inégalités séculaires dans les expressions de a et n, dans la première approximation, constitue le *Théorème de l'invariabilité des grands axes et des moyens mouvements*, théorème fondamental que nous aurons occasion de compléter, et qui sert de base aux théories des mouvements des planètes.

74. Inégalités à longues périodes. — Il nous reste à examiner ce qui arrive lorsque l'équation

$$(24) \qquad i n_0 + i' n_0' = 0$$

est vérifiée sans que i et i' soient nuls ; on aurait donc dans ce cas

$$\frac{n_0}{n'_0} = -\frac{i'}{i};$$

c'est-à-dire que le rapport des moyens mouvements n_0 et n'_0 serait *rigoureuse-ment commensurable*. Les valeurs de n_0 et n'_0, qui sont liées à a_0 et a'_0 par la formule (16) et sa correspondante, doivent être tirées des observations ; les valeurs numériques ainsi obtenues ne sont exactement commensurables pour aucune combinaison des planètes prises deux à deux. Mais il y a en revanche un assez grand nombre de commensurabilités approchées. Ainsi, il arrive fréquemment que, pour des valeurs entières convenables des indices i et i', en général peu considérables, la quantité $in_0 + i'n'_0$ est petite par rapport à n_0 et n'_0, de sorte que la condition (24) est vérifiée approximativement.

Si l'on considère les termes du développement de R pour lesquels i et i' ont ces valeurs particulières, les inégalités périodiques des éléments, calculées par les formules (b), pourront être très sensibles, en raison du petit diviseur $in_0 + i'n'_0$ qui figure dans ces formules.

La période $T_1 = \dfrac{2\pi}{in_0 + i'n'_0}$ de ces inégalités sera très grande par rapport à $T_0 = \dfrac{2\pi}{n_0}$ et $T'_0 = \dfrac{2\pi}{n'_0}$, car on aura

$$\frac{T_1}{T_0} = \frac{1}{\left(\dfrac{in_0 + i'n'_0}{n_0}\right)}, \qquad \frac{T_1}{T'_0} = \frac{1}{\left(\dfrac{in_0 + i'n'_0}{n'_0}\right)}.$$

Ces inégalités, qui sont en quelque sorte intermédiaires entre les inégalités séculaires et les inégalités périodiques ordinaires, ont reçu le nom d'*inégalités à longues périodes* ; elles jouent dans notre système planétaire un rôle très important.

C'est surtout dans l'expression de la longitude moyenne que ces inégalités sont très sensibles. On a en effet

$$l = \rho + \varepsilon + \ldots;$$

d'où

$$l = l_0 + \delta_1 l_0 + \delta_2 l_0 + \ldots, \qquad l_0 = n_0 t + \varepsilon_0.$$

$$(25) \qquad \begin{cases} \delta_1 l_0 = \delta_1 \rho_0 + \delta_1 \varepsilon_0, \\ \ldots\ldots\ldots\ldots\ldots \end{cases}$$

Or les formules (18) et (23) donnent

$$\delta_1 \rho_0 = -\frac{3}{2}\frac{n_0}{a_0}\int \delta_1 a_0\, dt,$$

d'où, en remplaçant $\delta_1 a_0$ par sa valeur (b),

$$\delta_1 \rho_0 = -\frac{3}{a_0^2} \sum \frac{iC_0}{in_0 + i'n'_0} \int \cos D_0\, dt,$$

(d)
$$\delta_1 \rho_0 = -\frac{3}{a_0^2} \sum \frac{iC_0 \sin D_0}{(in_0 + i'n'_0)^2};$$

ce qui montre que celles des inégalités de la longitude moyenne qui proviennent de ρ contiennent le petit diviseur $in_0 + i'n'_0$ au *carré*, tandis que ce diviseur ne figure dans les autres éléments qu'à la *première puissance*.

Quand on connaîtra les valeurs numériques de n_0 et n'_0, il sera facile de trouver les nombres entiers i et i', tels que $in_0 + i'n'_0$ soit très petit par rapport à n_0 et n'_0 : il suffira, en effet, de convertir en fraction continue le rapport $\frac{n_0}{n'_0}$; les nombres i' devront être pris dans la série des numérateurs des réduites, changés de signe, et les nombres i dans la série des dénominateurs. Avec ces nombres, on formera la suite des valeurs de $in_0 + i'n'_0$, et l'on verra si, parmi elles, il s'en trouve une très petite. Si, pour arriver à ce résultat, on est obligé d'employer de grandes valeurs de i et i', les inégalités à longue période correspondantes seront généralement peu sensibles, à cause de la petitesse du coefficient C_0; il s'agira du reste de s'assurer de l'ordre de grandeur de l'expression $\frac{iC_0}{(in_0 + i'n'_0)^2}$.

Pour la planète P′, dont le mouvement dépend de la force perturbatrice R′, il y aura des inégalités à longue période correspondantes.

On a, par exemple, pour Jupiter et Saturne, en prenant le jour solaire moyen pour unité de temps,

$$n_0 = 299'',1284, \qquad n'_0 = 120'',4547;$$

on trouve aisément

$$\frac{n_0}{n'_0} = 2 + \cfrac{1}{2 + \cfrac{1}{14 + \cdots}};$$

les réduites successives sont $\frac{2}{1}$, $\frac{5}{2}$, $\ldots$, et l'on a

$$5 n'_0 - 2 n_0 = 4'',0167 = \frac{n_0}{74} = \frac{n'_0}{30} \quad (\text{environ}).$$

On voit que les termes de R et R′ qui sont de la forme

$$C \cos(2l - 5l' + k\varpi + k'\varpi' + j\theta + j'\theta')$$

T. — I.

peuvent donner naissance à des inégalités périodiques très sensibles, bien que les coefficients C et C′ soient assez petits; leur période sera égale à environ 74 fois celle de Jupiter, soit tout près de 900 ans.

Ces inégalités sont, en effet, très considérables dans les longitudes moyennes, et la longitude héliocentrique de Saturne se trouve altérée, par ce fait, d'environ 5o′.

75. Perturbations du second ordre. — La considération des inégalités du premier ordre ne suffit pas généralement pour établir les théories des planètes; on est obligé d'avoir égard aux perturbations du second ordre, ou du moins aux plus importantes de ces dernières. Nous allons donner, dès à présent, quelques indications à ce sujet.

Considérons l'une quelconque des formules (2), celle par exemple qui donne $\frac{d\theta}{dt}$, et écrivons-la comme il suit

$$\frac{d\theta}{dt} = m' \mathrm{F} (\rho + \varepsilon, \rho' + \varepsilon', a, a', \ldots);$$

nous allons y substituer

$$\theta = \theta_0 + \delta_1\theta_0 + \delta_2\theta_0 + \ldots, \qquad \rho = \rho_0 + \delta_1\rho_0 + \ldots, \qquad \varepsilon = \varepsilon_0 + \delta_1\varepsilon_0 + \ldots, \qquad \ldots$$

et égaler de part et d'autre les termes du second ordre. On développera, par la formule de Taylor, l'expression

$$\mathrm{F} (\rho_0 + \varepsilon_0 + \delta_1\rho_0 + \delta_1\varepsilon_0,\ \rho'_0 + \varepsilon'_0 + \delta_1\rho'_0 + \delta_1\varepsilon'_0,\ a_0 + \delta_1 a_0,\ a'_0 + \delta_1 a'_0,\ \ldots),$$

en négligeant les carrés et les produits des quantités δ_1. On trouvera ainsi, en désignant par F_0 ce que devient F quand on y remplace ρ, ε, … par ρ_0, ε_0, …,

$$(26) \qquad \frac{d\delta_2\theta_0}{dt} = m' \left[\frac{\partial \mathrm{F}_0}{\partial \varepsilon_0} (\delta_1\rho_0 + \delta_1\varepsilon_0) + \frac{\partial \mathrm{F}_0}{\partial \varepsilon'_0} (\delta_1\rho'_0 + \delta_1\varepsilon'_0) + \frac{\partial \mathrm{F}_0}{\partial a_0} \delta_1 a_0 + \ldots \right].$$

On mettra dans le second membre, pour les perturbations du premier ordre, les expressions obtenues précédemment. On aura déduit du développement (20) de R_0 un développement analogue pour la fonction F_0; c'est de là qu'on tirera les expressions de $\frac{\partial \mathrm{F}_0}{\partial \varepsilon_0}$, $\frac{\partial \mathrm{F}_0}{\partial \varepsilon'_0}$, … qui figurent au second membre de la formule (26); il faudra effectuer les produits tels que $\frac{\partial \mathrm{F}_0}{\partial \varepsilon_0} \delta_1 \rho_0$, et les mettre sous une forme commode pour l'intégration. Finalement, on obtiendra $\delta_2\theta_0$ par une quadrature; on n'ajoutera pas de constante d'intégration; on calculera de même les perturbations des cinq autres éléments.

Pour ce qui concerne $\delta_2 \rho_0$, on tire des formules (17) et (18)

$$(27) \qquad \delta_2 \rho_0 = -\frac{3}{2} \frac{n_0}{a_0} \int \delta_2 a_0 \, dt + \frac{15}{8} \frac{n_0}{a_0^2} \int (\delta_1 a_0)^2 \, dt.$$

On peut aussi diriger le calcul autrement, en partant de la formule

$$(28) \qquad \frac{d^2 \rho}{dt^2} = -\frac{3}{a^2} \frac{\partial R}{\partial \varepsilon},$$

qui se déduit aisément des relations

$$\frac{d\rho}{dt} = n, \qquad n^2 a^3 = f(1 + m) \qquad \text{et} \qquad \frac{da}{dt} = \frac{2}{na} \frac{\partial R}{\partial \varepsilon};$$

mais c'est un sujet sur lequel nous aurons l'occasion de revenir.

S'il était nécessaire de calculer les inégalités du troisième ordre, on égalerait, par exemple, la valeur de $\dfrac{d\,\delta_3 \theta_0}{dt}$ au produit par m' de l'ensemble des termes de second ordre dans le développement par la formule de Taylor de l'expression

$$F(\rho_0 + \varepsilon_0 + \delta_1 \rho_0 + \delta_1 \varepsilon_0 + \delta_2 \rho_0 + \delta_2 \varepsilon_0, \ldots).$$

La méthode est, on le voit, des plus simples; il n'en est pas de même des calculs, qui se compliquent singulièrement avec l'ordre des perturbations. Fort heureusement, dans les théories des anciennes planètes, on n'a le plus souvent à calculer que quelques inégalités du second ordre; il y a lieu de faire toutefois une exception pour Jupiter et Saturne où le nombre des inégalités du second ordre dont il faut tenir compte est considérable; on est même obligé d'avoir égard à quelques inégalités du troisième ordre. On doit convenir que, dans ce cas, la substitution des six éléments variables aux trois coordonnées d'une planète paraît être une source de complications; car cela augmente beaucoup le nombre des termes à considérer dans les développements où intervient la formule de Taylor.

Nous ferons remarquer que la méthode suivie, qui revient en somme à développer les perturbations des éléments suivant les puissances des petites quantités $m, m', \ldots$, ne peut pas être employée pour un intervalle de temps indéfini. Elle convient pour un certain nombre de siècles, ce qui tient à la petitesse des inégalités séculaires quand il s'agit d'un pareil intervalle; cela suffit aux besoins actuels de l'Astronomie. L'emploi de la formule de Taylor suppose, en effet, que les quantités $\delta_1 \theta_0$, $\delta_1 \varpi_0$, $\ldots$ $\delta_2 \theta_0$, $\ldots$ restent toujours assez petites pour que la convergence des séries soit assurée; or, $\delta_1 \theta_0$, $\delta_1 \varpi_0$, $\ldots$ contiennent des termes de la forme $A m' t$; ces termes, qui sont petits pour des intervalles modérés, à cause du facteur m', finiraient par grandir au delà de toute limite, et, à supposer que les séries restent convergentes, elles ne seraient plus d'aucune utilité pratique.

76. Poisson, dans la théorie du mouvement de la Lune, pour laquelle les inégalités séculaires sont considérables, a apporté une modification utile au procédé donné plus haut pour le calcul des perturbations des divers ordres; bien que nous nous proposions d'étudier ce point complètement dans le tome III de cet Ouvrage, nous croyons utile d'en parler dès à présent, et d'une manière générale.

Nous considérons toujours, pour fixer les idées, deux planètes P et P', et nous écrivons les équations différentielles sous la forme

$$(29) \quad \begin{cases} \dfrac{d\theta}{dt} = m'\,\mathrm{F}(\rho + \varepsilon,\ \theta,\ \varpi,\ a,\ \ldots,\ \rho' + \varepsilon',\ \ldots), \\[2mm] \dfrac{d\varpi}{dt} = m'\,\Phi(\rho + \varepsilon,\ \theta,\ \varpi,\ a,\ \ldots,\ \rho' + \varepsilon',\ \ldots), \\[2mm] \dfrac{d\varepsilon}{dt} = m'\,\Psi(\rho + \varepsilon,\ \theta,\ \varpi,\ a,\ \ldots,\ \rho' + \varepsilon',\ \ldots), \\[2mm] \dfrac{da}{dt} = \ldots\ldots\ldots\ldots\ldots\ldots\ldots\ldots\ldots\ldots\ldots, \\[2mm] \ldots\ldots\ldots\ldots\ldots\ldots\ldots\ldots\ldots\ldots \end{cases}$$

En ayant spécialement en vue les inégalités séculaires des éléments θ, ϖ, ε, désignons par λ, μ et ν trois constantes indéterminées, par θ_1, ϖ_1 et ε_1 trois nouvelles variables, et posons

$$(30) \quad \theta = \theta_1 + \lambda m' t, \qquad \varpi = \varpi_1 + \mu m' t, \qquad \varepsilon = \varepsilon_1 + \nu m' t;$$

les formules (29) pourront s'écrire comme il suit :

$$(31) \quad \begin{cases} \dfrac{d\theta_1}{dt} = m'[\mathrm{F}(\rho + \varepsilon_1 + \nu m' t,\ \theta_1 + \lambda m' t,\ \varpi_1 + \mu m' t,\ \ldots) - \lambda], \\[2mm] \dfrac{d\varpi_1}{dt} = m'[\Phi(\rho + \varepsilon_1 + \nu m' t,\ \theta_1 + \lambda m' t,\ \varpi_1 + \mu m' t,\ \ldots) - \mu], \\[2mm] \dfrac{d\varepsilon_1}{dt} = m'[\Psi(\rho + \varepsilon_1 + \nu m' t,\ \theta_1 + \lambda m' t,\ \varpi_1 + \mu m' t,\ \ldots) - \nu], \\[2mm] \dfrac{da}{dt} = \ldots\ldots\ldots\ldots\ldots\ldots\ldots\ldots\ldots\ldots\ldots\ldots\ldots \end{cases}$$

Cela posé, on peut appliquer la méthode primitive aux équations (31) et faire

$$\begin{aligned} \theta_1 &= \theta_0 + \delta_1\theta_0 + \delta_2\theta_0 + \ldots, \\ \varpi_1 &= \varpi_0 + \delta_1\varpi_0 + \delta_2\varpi_0 + \ldots, \\ &\ldots\ldots\ldots\ldots\ldots\ldots\ldots\ldots; \end{aligned}$$

en désignant de nouveau par θ_0, ϖ_0, ... des constantes arbitraires ; seulement, quand on développera les fonctions F, Φ, Ψ, ... suivant les puissances et les produits des δ_1, δ_2, ..., on aura soin de ne pas faire sortir les termes $\lambda m' t$, $\mu m' t$, $\nu m' t$ des signes F, Φ, ... Ainsi, par exemple, on écrira

$$F(\rho + \varepsilon + \nu m' t, \ldots) = F(\rho_0 + \varepsilon_0 + \nu m' t, \ \theta_0 + \lambda m' t, \ \varpi_0 + \mu m' t, \ \ldots)$$
$$+ \frac{\partial F}{\partial \varepsilon_0} (\delta_1 \rho_0 + \delta_1 \varepsilon_0) + \ldots.$$

On déterminera ensuite les inconnues λ, μ et ν de manière que les expressions de θ_1, ϖ_1 et ε_1, fournies par les approximations successives, ne contiennent pas de parties proportionnelles à t.

On applique généralement le premier terme de la transformation précédente, même dans le cas des planètes. On calcule en effet le plus souvent, dans la première approximation, les inégalités périodiques en substituant dans leurs expressions les éléments ε, ϖ, θ, ε', ϖ', θ' augmentés de leurs inégalités séculaires. Si, par exemple, on considère dans le développement de la fonction perturbatrice le terme dont l'argument est

$$D = i(nt + \varepsilon) + i'(n't + \varepsilon') + k\varpi + k'\varpi' + j\theta + j'\theta',$$

on prendra dans les formules (22)

$$D_0 = i(n_0 t + \varepsilon_0 + \nu m' t) + i'(n't + \varepsilon'_0 + \nu' mt)$$
$$+ k(\varpi_0 + \mu m' t) + k'(\varpi'_0 + \mu' mt) + j(\theta_0 + \nu m' t) + j'(\theta'_0 + \nu' mt),$$

$$\int \sin D_0 \, dt = \frac{-\cos D_0}{i(n_0 + \nu m') + i'(n'_0 + \nu m) + k\mu m' + k'\mu' m + j\nu m' + j'\nu' m}.$$

Il convient de remarquer qu'en opérant ainsi on tient compte, dès la première approximation, de termes qui sont du second ordre par rapport aux masses.

Après avoir donné ces indications générales sur le calcul des perturbations, nous devrions nous occuper du développement de la fonction perturbatrice R sous la forme (4) mentionnée au commencement de ce Chapitre.

Nous traiterons cette question avec toute l'étendue désirable ; mais nous commencerons par un certain nombre de recherches et d'études préliminaires, qui nous serviront à établir le developpement cherché.

CHAPITRE XII.

TRANSCENDANTES DE BESSEL.

Nous aurons besoin fréquemment, dans la suite de cet Ouvrage, de certains développements en séries des coordonnées d'une planète dans son mouvement elliptique autour du Soleil.

Les *fonctions* ou *transcendantes de Bessel* constituant la base de ces développements, nous croyons utile de présenter ici une théorie concise de ces fonctions.

77. Considérons l'expression

$$(1) \qquad \qquad Z = E^{\frac{x}{2}\left(z - \frac{1}{z}\right)},$$

dans laquelle E désigne la base des logarithmes népériens, x et z deux quantités quelconques réelles ou imaginaires (nous supposerons néanmoins dans ce qui suit x réel); cette fonction peut être développée en une série convergente suivant les puissances positives et négatives de z.

On a, en effet,

$$Z = E^{\frac{x}{2}z} \times E^{-\frac{x}{2z}};$$

$E^{\frac{x}{2}z}$ est développable en série convergente suivant les puissances de $\frac{x}{2}z$ et $E^{-\frac{x}{2z}}$ l'est aussi suivant les puissances de $\frac{x}{2z}$, en exceptant toutefois le cas où le module de z serait égal à zéro; on aura

$$E^{\frac{x}{2}z} = \sum_{\alpha=0}^{\alpha=\infty} \frac{\left(\dfrac{x}{2}\right)^{\alpha}}{1.2\ldots\alpha} z^{\alpha}, \qquad \qquad -\frac{x}{2z} = \sum_{\beta=0}^{\beta=\infty} \frac{(-1)^{\beta}\left(\dfrac{x}{2}\right)^{\beta}}{1.2\ldots\beta} z^{-\beta};$$

on en conclura

$$(2) \qquad Z = \sum_{\alpha=0}^{\alpha=\infty} \sum_{\beta=0}^{\beta=\infty} \frac{(-1)^\beta \left(\dfrac{x}{2}\right)^{\alpha+\beta}}{1.2\ldots\alpha.1.2\ldots\beta} z^{\alpha-\beta}.$$

Nous ferons

$$(1) \qquad E^{\frac{x}{2}\left(z-\frac{1}{z}\right)} = \sum_{i=-\infty}^{i=+\infty} J_i(x)\, z^i,$$

c'est-à-dire

$$Z = J_0(x) + J_1\ (x)\,z\ + J_2\ (x)\,z^2\ +\ldots+ J_i\ (x)\,z^i\ +\ldots$$
$$+\, J_{-1}(x)\,z^{-1} + J_{-2}(x)\,z^{-2} +\ldots+ J_{-i}(x)\,z^{-i}+\ldots.$$

Nous allons chercher les expressions générales et les propriétés principales des fonctions $J_i(x)$ qui sont les fonctions de Bessel.

L'expression (1) ne change pas quand on remplace z par $-\dfrac{1}{z}$; nous aurons donc

$$Z = J_0(x) - J_{-1}(x)\,z\ + J_{-2}(x)\,z^2\ -\ldots+ (-1)^i J_{-i}(x)\,z^i\ +\ldots$$
$$- J_1\ (x)\,z^{-1} + J_2\ (x)\,z^{-2} -\ldots+ (-1)^i J_i\ (x)\,z^{-i}+\ldots.$$

La comparaison de ces deux expressions de Z donne

$$J_{-1}(x) = - J_1(x), \qquad J_{-2}(x) = J_2(x), \qquad \ldots,$$
$$(II) \qquad J_{-i}(x) = (-1)^i J_i(x).$$

On peut donc se borner au cas où l'indice i est positif.

Si, dans la formule (2), nous faisons $\alpha = \beta + i$, de manière que l'exposant de z soit égal à i, nous trouverons pour le coefficient de z^i dans Z, c'est-à-dire pour $J_i(x)$, l'expression suivante

$$J_i(x) = \sum_{\beta=0}^{\beta=\infty} \frac{(-1)^\beta \left(\dfrac{x}{2}\right)^{i+2\beta}}{1.2\ldots\beta.1.2\ldots(i+\beta)},$$

d'où

$$(III) \qquad \begin{cases} J_0(x) = 1 - \dfrac{\left(\dfrac{x}{2}\right)^2}{1^2} + \dfrac{\left(\dfrac{x}{2}\right)^4}{1^2.2^2} - \ldots \\[4ex] J_i(x) = \dfrac{\left(\dfrac{x}{2}\right)^i}{1.2\ldots i}\left[1 - \dfrac{\left(\dfrac{x}{2}\right)^2}{1.(i+1)} + \dfrac{\left(\dfrac{x}{2}\right)^4}{1.2.(i+1)(i+2)} - \ldots\right]. \end{cases}$$

On conclut de (II) et (III)

$$J_i(-x) = (-1)^i J_i(x),$$
$$J_{-i}(-x) = J_i(x).$$

La série qui figure dans l'expression de $J_i(x)$ est convergente; car, si l'on considère les deux termes consécutifs $(-1)^p u_p$ et $(-1)^{p+1} u_{p+1}$, on a

$$\frac{u_{p+1}}{u_p} = -\frac{\left(\dfrac{x}{2}\right)^2}{(p+1)(p+i+1)},$$

et ce rapport tend vers zéro quand p croit indéfiniment. La convergence sera d'autant plus rapide que x sera plus petit et i plus grand; si x est considéré comme une *petite* quantité du premier ordre, $J_i(x)$ sera de l'ordre i.

Les fonctions $J_i(x)$ avaient été considérées avant Bessel par Fourier dans sa *Théorie de la chaleur;* aussi leur donne-t-on souvent le nom de *fonctions de Fourier-Bessel*.

L'équation (I) peut s'écrire, en tenant compte de (II),

$$E^{\frac{x}{2}\left(z-\frac{1}{z}\right)} = J_0(x) + J_2(x)(z^2 + z^{-2}) + J_4(x)(z^4 + z^{-4}) + \ldots$$
$$+ J_1(x)(z - z^{-1}) + J_3(x)(z^3 - z^{-3}) + \ldots;$$

faisons, dans cette formule,

$$z = E^{\varphi\sqrt{-1}};$$

il viendra

$$E^{x\sqrt{-1}\sin\varphi} = J_0(x) + 2J_2(x)\cos 2\varphi + 2J_4(x)\cos 4\varphi + \ldots$$
$$+ \sqrt{-1}\,[2J_1(x)\sin\varphi + 2J_3(x)\sin 3\varphi + \ldots].$$

Supposons x et φ réels; nous aurons, en égalant dans les deux membres de l'équation ci-dessus les parties réelles et les coefficients de $\sqrt{-1}$,

$$\text{(IV)} \quad \begin{cases} \cos(x\sin\varphi) = J_0(x) + 2J_2(x)\cos 2\varphi + 2J_4(x)\cos 4\varphi + \ldots \\ \sin(x\sin\varphi) = \qquad\qquad 2J_1(x)\sin\varphi + 2J_3(x)\sin 3\varphi + \ldots. \end{cases}$$

On voit donc que les fonctions de Bessel permettent de développer en séries périodiques les expressions $\genfrac{}{}{0pt}{}{\sin}{\cos}(x\sin\varphi)$.

En changeant φ en $\varphi + \dfrac{\pi}{2}$, il vient

(IV')
$$\begin{cases} \cos(x\cos\varphi) = J_0(x) - 2J_2(x)\cos 2\varphi + 2J_4(x)\cos 4\varphi - \ldots, \\ \sin(x\cos\varphi) = 2J_1(x)\ \cos\varphi \ - 2J_3(x)\cos 3\varphi + \ldots. \end{cases}$$

78. Entre trois fonctions consécutives $J_{i-1}(x)$, $J_i(x)$, $J_{i+1}(x)$, il existe une relation très simple que nous obtiendrons en différentiant l'équation (I) par rapport à z, ce qui nous donnera

$$\frac{x}{2}\left(1 + \frac{1}{z^2}\right) E^{\frac{x}{2}\left(z - \frac{1}{z}\right)} = \sum_{-\infty}^{+\infty} i J_i(x)\, z^{i-1}$$

ou bien

$$\frac{x}{2}\left(1 + \frac{1}{z^2}\right) \sum_{-\infty}^{+\infty} J_i(x)\, z^i = \sum_{-\infty}^{+\infty} i J_i(x)\, z^{i-1};$$

d'où, en égalant dans les deux membres les coefficients de z^{i-1},

(V)
$$i J_i(x) = \frac{x}{2}\left[J_{i+1}(x) + J_{i-1}(x)\right];$$

c'est la relation cherchée.

Soit τ une quantité quelconque; on a

$$E^{\frac{x}{2}\left(z - \frac{1}{z}\right)}\left[1 - \frac{\tau}{2}\left(z + \frac{1}{z}\right)\right] = \sum\left[J_i(x) - \tau\,\frac{J_{i+1}(x) + J_{i-1}(x)}{2}\right] z^i$$

ou bien, à cause de la relation (V),

(3)
$$E^{\frac{x}{2}\left(z - \frac{1}{z}\right)}\left[1 - \frac{\tau}{2}\left(z + \frac{1}{z}\right)\right] = \sum_{i = -\infty}^{i = +\infty}\left(1 - i\,\frac{\tau}{x}\right) J_i(x)\, z^i;$$

cette formule a été employée par Cauchy dans un de ses Mémoires.

La relation (V) est utile surtout pour les déterminations numériques. Supposons qu'on veuille calculer $J_0(x)$, $J_1(x)$, $J_2(x)$, ..., $J_i(x)$, x ayant une valeur connue; on calculera directement J_0 et J_1 par les séries (III); la relation (V) donnera de proche en proche J_2, J_3, ..., J_i, mais avec une précision qui ira en diminuant à mesure qu'on s'éloignera du point de départ. On vérifiera J_i en le calculant directement par la série (III).

Toutefois, il vaut mieux avoir recours au procédé suivant :

Posons

(4)
$$p_1 = \frac{J_1}{J_0}, \qquad p_2 = \frac{J_2}{J_1}, \qquad \ldots, \qquad p_i = \frac{J_i}{J_{i-1}}, \qquad p_{i+1} = \frac{J_{i+1}}{J_i}, \qquad \ldots;$$

T. — I.

nous en tirons

$$(5) \quad \begin{cases} J_1 = J_0 . p_1, \\ J_2 = J_0 . p_1 p_2, \\ \dots\dots\dots\dots, \\ J_i = J_0 . p_1 p_2 \dots p_i. \end{cases}$$

On est donc ramené, d'une part, au calcul de J_0 par la série (III); d'autre part, au calcul de $p_1, p_2, \dots, p_i$.

La relation (V) peut s'écrire

$$\frac{2i}{x} = \frac{J_{i-1}}{J_i} + \frac{J_{i+1}}{J_i}$$

ou bien

$$(6) \quad \frac{2i}{x} = \frac{1}{p_i} + p_{i+1},$$

d'où l'on tire successivement

$$(7) \quad \begin{cases} p_i = \dfrac{1}{\dfrac{2i}{x} - p_{i+1}}, \\[3ex] p_{i+1} = \dfrac{1}{\dfrac{2i+2}{x} - p_{i+2}}, \\[2ex] \dots\dots\dots\dots\dots \end{cases}$$

On aura donc ce développement de p_i en fraction continue :

$$(8) \quad p_i = \cfrac{1}{\dfrac{2i}{x} - \cfrac{1}{\dfrac{2i+2}{x} - \cfrac{1}{\dfrac{2i+4}{x} - \dots}}}$$

On calculera p_i par cette formule. L'équation (6) donnera ensuite, pour le calcul de $p_{i-1}, \dots, p_1,$

$$(9) \quad \begin{cases} \dfrac{1}{p_{i-1}} = \dfrac{2i-2}{x} - p_i, \\[2ex] \dfrac{1}{p_{i-2}} = \dfrac{2i-4}{x} - p_{i-1}, \\[1ex] \dots\dots\dots\dots\dots\dots, \\[1ex] \dfrac{1}{p_1} = \dfrac{2}{x} - p_2. \end{cases}$$

Voici donc l'ensemble du calcul :

On détermine directement J_0 et J_i par les séries (III), p_i par la fraction continue (8), p_{i-1}, p_{i-2}, ..., p_1 par les formules (9), J_1, J_2, ..., J_i par les relations (5); la valeur trouvée ainsi pour J_i devra coïncider, dans les limites de la précision cherchée, avec la valeur obtenue directement. S'il en est ainsi, tout le calcul se trouvera vérifié.

La fraction continue (8) se calculera elle-même par cet ensemble de formules

$$p_{i+j} = \cfrac{1}{\cfrac{2\,i + 2\,j}{x}},$$

$$p_{i+j-1} = \cfrac{1}{\cfrac{2\,i + 2\,j - 2}{x} - p_{i+j}},$$

$$\dots\dots\dots\dots\dots\dots\dots\dots\dots\dots,$$

$$p_i = \cfrac{1}{\cfrac{2\,i}{x} - p_{i+1}},$$

où le nombre j aura généralement une valeur peu considérable, telle que 1, 2, 3, et que l'on détermine rapidement par tâtonnements : le calcul est plus facile quand on a recours aux Tables de logarithmes d'addition.

Dans son *Mémoire sur la détermination des perturbations absolues dans les ellipses d'une excentricité et d'une inclinaison quelconques*, Hansen a calculé des Tables numériques donnant avec six décimales les valeurs de J_0 et J_1; l'argument est $\dfrac{x}{2}$; il varie de 0 à 10, en augmentant chaque fois de la quantité constante 0,05.

Dans le Tome I des *Mémoires de Bessel*, publiés par Engelmann, on trouve, p. 103, des Tables donnant avec dix décimales les valeurs des fonctions J_0 et J_1 : l'argument est x; il varie de centième en centième, depuis 0 jusqu'à 3,2.

On pourra évidemment faire usage de ces Tables pour déterminer J_0 dans le procédé de calcul indiqué plus haut.

79. On peut exprimer la dérivée de $J_i(x)$ en fonction de $J_{i+1}(x)$ et de $J_{i-1}(x)$; il suffit, pour y arriver, de différentier l'équation (1) par rapport à x, ce qui donne

$$\frac{1}{2}\left(z - \frac{1}{z}\right) \sum J_i(x)z^i = \sum \frac{d\,J_i(x)}{dx} z^i;$$

en égalant dans les deux membres de cette équation les coefficients de z^i, il vient

(VI)
$$\frac{d\,J_i(x)}{dx} = \frac{1}{2}\left[J_{i-1}(x) - J_{i+1}(x)\right].$$

On tire de là

$$\frac{d^2\,J_i(x)}{dx^2} = \frac{1}{2}\left[\frac{d\,J_{i-1}(x)}{dx} - \frac{d\,J_{i+1}(x)}{dx}\right]$$

ou bien, en remplaçant les deux dérivées premières par leurs valeurs conclues de (VI),

(10)
$$\frac{d^2\,J_i(x)}{dx^2} = \frac{1}{4}\left[J_{i+2}(x) - 2J_i(x) + J_{i-2}(x)\right].$$

Or on tire de la relation (V)

$$(i+1)J_{i+1}(x) = \frac{x}{2}\left[J_{i-2}(x) + J_i(x)\right],$$

$$(i-1)J_{i-1}(x) = \frac{x}{2}\left[J_{i-2}(x) + J_i(x)\right],$$

d'où

$$i\left[J_{i+1}(x) + J_{i-1}(x)\right] - \left[J_{i-1}(x) - J_{i+1}(x)\right] = \frac{x}{2}\left[J_{i+2}(x) + J_{i-2}(x) + 2J_i(x)\right],$$

ou bien, à cause de (V) et (VI),

$$\frac{2}{x}\,i^2 J_i(x) - 2\,\frac{d\,J_i(x)}{dx} = \frac{x}{2}\left[J_{i+2}(x) - 2J_i(x) + J_{i-2}(x)\right] + 2\,x J_i(x);$$

en combinant cette équation avec l'équation (10), on trouve enfin

(VII)
$$\frac{d^2\,J_i(x)}{dx^2} + \frac{1}{x}\,\frac{d\,J_i(x)}{dx} + \left(1 - \frac{i^2}{x^2}\right)J_i(x) = 0;$$

cette équation différentielle que vérifie la fonction $J_i(x)$ est linéaire, du deuxième ordre, à coefficients variables et sans second membre; elle est très utile quand on veut faire une étude approfondie des fonctions de Bessel.

Écrivons, comme il suit, la formule (I)

$$E^{\frac{x}{2}\left(z - \frac{1}{z}\right)} = J_0(x) + \sum_1^\infty J_i(x)\,z^i + \sum_1^\infty (-1)^i J_i(x)\,z^{-i};$$

en changeant z en $\dfrac{1}{z}$, il vient

$$E^{-\frac{x}{2}\left(z - \frac{1}{z}\right)} = J_0(x) + \sum_1^\infty J_i(x)\,z^{-i} + \sum_1^\infty (-1)^i J_i(x)\,z^i;$$

si nous multiplions ces équations membre à membre, nous obtenons une équation de la forme

$$1 = A_0 + \sum_1^\infty A_i z^i + \sum_1^\infty A_{-i} z^{-i}$$

qui, devant avoir lieu quel que soit z, nous fournit les relations

$$A_0 = 1,$$
$$A_i = 0, \qquad A_{-i} = 0;$$

nous ne développerons que la première, qui nous donne

$$(\text{VIII}) \qquad 1 = J_0^2(x) + 2 J_1^2(x) + 2 J_2^2(x) + \ldots.$$

Cette formule curieuse montre que, x étant supposé réel, la valeur absolue de $J_0(x)$ est plus petite que 1, et que celle de chacune des fonctions suivantes $J_1(x)$, $J_2(x)$, … est inférieure à $\dfrac{1}{\sqrt{2}}$.

On pourrait vérifier la formule (VIII) en partant de l'expression suivante, à laquelle on arrive assez facilement pour le carré de la fonction $J_i(x)$:

$$(\text{IX}) \qquad J_i^2(x) = \sum_{p=i}^{p=\infty} (-1)^{p-i} \frac{1.2.3\ldots(2p)}{[1.2\ldots(p-i)][1.2\ldots(p+i)]} \frac{\left(\dfrac{x}{2}\right)^{2p}}{(1.2\ldots p)^2}.$$

80. On peut exprimer $J_i(x)$ par une intégrale définie.

Revenons, en effet, à la formule que l'on obtient en remplaçant, dans (I), z par $E^{\varphi\sqrt{-1}}$, savoir

$$E^{x\sqrt{-1}\sin\varphi} = \sum_{p=-\infty}^{p=+\infty} J_p(x) E^{p\varphi\sqrt{-1}};$$

on en tire

$$\int_0^{2\pi} E^{x\sqrt{-1}\sin\varphi} E^{-i\varphi\sqrt{-1}} d\varphi = \sum_{p=-\infty}^{p=+\infty} J_p(x) \int_0^{2\pi} E^{(p-i)\varphi\sqrt{-1}} d\varphi,$$

ou, en remarquant que l'on a

$$\int_0^{2\pi} E^{q\varphi\sqrt{-1}} d\varphi \begin{cases} = 0 & \text{pour} & q \gtrless 0, \\ = 2\pi & \text{pour} & q = 0, \end{cases}$$

$$2\pi J_i(x) = \int_0^{2\pi} E^{-(i\varphi - x\sin\varphi)\sqrt{-1}} d\varphi;$$

$\sqrt{-1}$ disparait du second membre de cette formule, comme on le voit aisément, et il reste

$$2\pi \mathrm{J}_i(x) = \int_0^{2\pi} \cos(i\varphi - x\sin\varphi)\, d\varphi$$

ou plus simplement

$$(\mathrm{X}) \qquad \mathrm{J}_i(x) = \frac{1}{\pi}\int_0^{\pi} \cos(i\varphi - x\sin\varphi)\, d\varphi.$$

On peut obtenir une autre forme en opérant comme il suit :

L'expression générale (III) de $\mathrm{J}_i(x)$ peut d'abord s'écrire ainsi

$$(11) \qquad \mathrm{J}_i(x) = x^i \left[\frac{1}{2.4\ldots 2i} - \ldots + (-1)^p \frac{x^{2p}}{1.2\ldots 2p} \times \frac{1.3\ldots(2p-1)}{2.4\ldots(2i+2p)} + \ldots \right].$$

Or on a cette formule bien connue, dans laquelle A et B désignent deux nombres entiers positifs,

$$\int_0^{\pi} \sin^{2\mathrm{A}}\varphi \cos^{2\mathrm{B}}\varphi\, d\varphi = \frac{[1.3\ldots(2\mathrm{A}-1)][1.3\ldots(2\mathrm{B}-1)]}{2.4\ldots(2\mathrm{A}+2\mathrm{B})}\,\pi\,;$$

on en tire, en faisant $\mathrm{A} = i$ et donnant successivement à B les valeurs $0, 1, \ldots, p,$

$$\frac{1}{2.4\ldots 2i} = \frac{1}{1.3\ldots(2i-1)} \frac{1}{\pi}\int_0^{\pi} \sin^{2i}\varphi\, d\varphi,$$

$$\ldots\ldots\ldots\ldots\ldots\ldots\ldots\ldots\ldots\ldots\ldots\ldots\ldots,$$

$$\frac{1.3\ldots(2p-1)}{2.4\ldots(2i+2p)} = \frac{1}{1.3\ldots(2i-1)} \frac{1}{\pi}\int_0^{\pi} \sin^{2i}\varphi \cos^{2p}\varphi\, d\varphi,$$

$$\ldots\ldots\ldots\ldots\ldots\ldots\ldots\ldots\ldots\ldots\ldots\ldots\ldots\ldots$$

En portant ces valeurs dans la formule (11), il vient

$$\mathrm{J}_i(x) = \frac{x^i}{1.3\ldots(2i-1)} \frac{1}{\pi}\int_0^{\pi} \sin^{2i}\varphi \left[1 - \frac{x^2\cos^2\varphi}{1.2} + \ldots + \frac{(-1)^p x^{2p}\cos^{2p}\varphi}{1.2\ldots 2p} + \ldots \right] d\varphi$$

ou bien

$$(\mathrm{XI}) \qquad \mathrm{J}_i(x) = \frac{x^i}{1.3\ldots(2i-1)} \frac{1}{\pi}\int_0^{\pi} \cos(x\cos\varphi) \sin^{2i}\varphi\, d\varphi.$$

C'est la seconde forme cherchée ; elle a sur la première l'avantage de mettre en évidence le facteur x^i ; si x est considéré comme une petite quantité du premier ordre, $\mathrm{J}_i(x)$ sera de l'ordre i.

CHAPITRE XIII.

APPLICATION DES TRANSCENDANTES DE BESSEL
AU MOUVEMENT ELLIPTIQUE.

---

81. Théorème préliminaire. — Soit $f(\zeta)$ une fonction périodique de ζ, dont la période est 2π, qui reste finie pour toutes les valeurs de ζ; cette fonction est [1], pour toutes les valeurs réelles de x, développable en série convergente comme il suit :

$$(1) \quad \begin{cases} f(\zeta) = \tfrac{1}{2}A_0 + (A_1\cos\zeta + B_1\sin\zeta) + (A_2\cos2\zeta + B_2\sin2\zeta) + \ldots \\ \qquad + (A_i\cos i\zeta + B_i\sin i\zeta) + \ldots \end{cases}$$

Les coefficients A et B peuvent être exprimés par des intégrales définies; on a, en effet,

$$(2) \quad \begin{cases} A_i = \dfrac{1}{\pi} \displaystyle\int^{2\pi} f(\zeta)\cos i\zeta\, d\zeta, \\[2mm] B_i = \dfrac{1}{\pi} \displaystyle\int_0^{2\pi} f(\zeta)\sin i\zeta\, d\zeta; \end{cases}$$

cette expression de A_i convient aussi pour $i = 0$, si l'on a eu soin, comme nous l'avons fait, de mettre dans la formule (1) $\tfrac{1}{2}A_0$ et non A_0.

---

[1] Considérons une fonction quelconque de ζ, $\Phi(\zeta)$, et portons notre attention sur les limites 0 et 2π de ζ et sur les valeurs correspondantes de $\Phi(\zeta)$ que nous supposons finies. Le théorème de Fourier et la démonstration de Lejeune-Dirichlet nous apprennent que, dans cet intervalle, on peut toujours trouver un développement périodique convergent de la forme (1), c'est-à-dire

$$f(\zeta) = \tfrac{1}{2}A_0 + (A_1\cos\zeta + B_1\sin\zeta) + \ldots + (A_i\cos i\zeta + B_i\sin i\zeta) + \ldots,$$

tel que, dans tout l'intervalle considéré, on ait $f(\zeta) = \Phi(\zeta)$, et ce développement est unique; la

On en conclut que le développement périodique (1) n'est possible que d'une seule manière.

Si la fonction $f(\zeta)$ est *paire*, les sinus doivent disparaître de la formule (1); on a, en effet, par hypothèse, pour toutes les valeurs de ζ,

$$(3) \qquad f(\zeta) = f(-\zeta);$$

en remplaçant $f(\zeta)$ et $f(-\zeta)$ par leurs valeurs déduites de la formule (1), supprimant les termes communs aux deux membres, il reste

$$o = B_1 \sin\zeta + B_2 \sin 2\zeta + \ldots + B_i \sin i\zeta + \ldots ;$$

cette équation doit avoir lieu pour *toutes* les valeurs de ζ; on peut appliquer la dernière des formules (2), en remplaçant sous le signe $\int$ la fonction $f(\zeta)$ par o; on trouve ainsi

$$B_1 = o, \qquad B_2 = o, \qquad \ldots ;$$

donc, dans ce cas, le développement (1) se réduit à

$$(4) \qquad f(\zeta) = \tfrac{1}{2} A_0 + A_1 \cos\zeta + \ldots + A_i \cos i\zeta + \ldots.$$

On conclut de la formule (3) la relation

$$f(2\pi - \zeta) = f(\zeta);$$

on a, d'ailleurs,

$$\cos i(2\pi - \zeta) = \cos i\zeta;$$

si donc on considère les valeurs de l'élément différentiel de la formule

$$A_i = \frac{1}{\pi} \int^{2\pi} f(\zeta) \cos i\zeta \, d\zeta,$$

qui correspondent aux valeurs ζ et $2\pi - \zeta$, on voit que ces valeurs sont égales et de même signe, et l'on peut écrire

$$(5) \qquad A_i = \frac{2}{\pi} \int_0^\pi f(\zeta) \cos i\zeta \, d\zeta.$$

---

fonction $\Phi(\zeta)$ peut même être discontinue. Mais, de 2π à 4π, de 4π à 6π, ..., $f(\zeta)$ reprendra les mêmes valeurs que l'on a obtenues de o à 2π; tandis qu'en général $\Phi(\zeta)$ pourra prendre des valeurs n'ayant aucune espèce de rapport avec celles de $\Phi(\zeta)$ pour ζ compris entre o et 2π. Il n'en est plus de même quand la fonction Φ est périodique et a la période 2π; les fonctions $f(\zeta)$ et $\Phi(\zeta)$ coïncideront alors pour toutes les valeurs réelles de x.

Si la fonction $f(\zeta)$ est *impaire*, on a, quel que soit ζ,

$$(3') \qquad f(\zeta) + f(-\zeta) = 0;$$

d'où, en remplaçant $f(\zeta)$ et $f(-\zeta)$ par leurs valeurs tirées de la formule (1), et supprimant les termes qui se détruisent,

$$0 = \tfrac{1}{2}A_0 + A_1 \cos\zeta + \ldots + A_i \cos i\zeta + \ldots;$$

Si donc on applique la première des formules (2) en y remplaçant $f(\zeta)$ par 0, il viendra

$$A_0 = 0, \qquad A_1 = 0, \qquad \ldots,$$

et, dans ce cas, le développement (1) se réduit à

$$(4') \qquad f(\zeta) = B_1 \sin\zeta + B_2 \sin 2\zeta + \ldots;$$

on aura ensuite

$$f(2\pi - \zeta) = -f(\zeta), \qquad \sin i(2\pi - \zeta) = -\sin i\zeta,$$

et en groupant les éléments différentiels, comme on l'a fait plus haut, on verra que la seconde des formules (2) pourra s'écrire

$$(5') \qquad B_i = \frac{2}{\pi} \int_0^{\pi} f(\zeta) \sin i\zeta \, d\zeta.$$

82. Soient e l'excentricité de l'orbite d'une planète, excentricité qui sera comprise entre 0 et 1; ζ l'anomalie moyenne correspondante au temps quelconque t; u, w et r les valeurs de l'anomalie excentrique, de l'anomalie vraie et du rayon vecteur qui se rapportent à la même époque. On aura, comme on l'a vu au n° 32, l'équation

$$(6) \qquad u - e\sin u = \zeta.$$

Soit j un nombre entier positif : considérons la fonction

$$\cos ju = f(\zeta);$$

lorsque ζ augmente de 2π, u augmente aussi de 2π, et la fonction $\cos ju$ ne change pas; $\cos ju$ est donc une fonction périodique de ζ dont la période est 2π; d'ailleurs, cette fonction reste finie. On peut donc la développer sous la forme (1), et appliquer les formules (4) et (5), parce que $f(\zeta)$ est une fonction paire. Nous poserons

$$(a) \qquad \cos ju = \tfrac{1}{2}p_0^{(j)} + p_1^{(j)}\cos\zeta + p_2^{(j)}\cos 2\zeta + \ldots + p_i^{(j)}\cos i\zeta + \ldots;$$

T. — I.

la série sera convergente, quelle que soit la valeur de e entre o et 1, et nous aurons

$$\frac{\pi}{2} p_0^{(j)} = \int_0^\pi \cos ju \, d\zeta,$$

$$(7) \qquad \frac{\pi}{2} p_i^{(j)} = \int_0^\pi \cos ju \cos i\zeta \, d\zeta.$$

On tire de la formule (6)

$$d\zeta = (1 - e \cos u) \, du ;$$

il en résulte d'abord

$$\frac{\pi}{2} p_0^{(j)} = \int_0^\pi \cos ju \, du - e \int_0^\pi \cos u \cos ju \, du ;$$

on en conclut que, si j est supérieur à 1, on a

$$p_0^{(j)} = 0 ;$$

lorsque $j = 1$, il vient

$$\frac{\pi}{2} p_0^{(1)} = - e \int_0^\pi \cos^2 u \, du = - \frac{\pi}{2} e,$$

d'où

$$p_0^{(1)} = - e.$$

La formule (7) peut s'écrire

$$\frac{i\pi}{2} p_i^{(j)} = \int_0^\pi \cos ju \, \frac{d \sin i\zeta}{d\zeta} \, d\zeta ;$$

en intégrant par parties, il vient

$$\frac{i\pi}{2} p_i^{(j)} = - \int_0^\pi \sin i\zeta \, \frac{d \cos ju}{d\zeta} \, d\zeta,$$

ou bien, en remarquant qu'aux limites o et π de ζ répondent les mêmes limites de u,

$$\frac{i\pi}{2j} p_i^{(j)} = \int_0^\pi \sin i\zeta \sin ju \, du.$$

Nous pouvons remplacer ζ par sa valeur (6), ce qui nous donnera

$$\frac{i\pi}{j} p_i^{(j)} = \int_0^\pi 2 \sin ju \sin(iu - ie \sin u) \, du$$

ou bien

$$\frac{i\pi}{j} p_i^{(j)} = \int_0^\pi \cos[(i-j)u - ie\sin u]\,du - \int_0^\pi \cos[(i+j)u - ie\sin u]\,du.$$

Si l'on a égard à la formule (X) du n° 79, on voit qu'on peut écrire

(b)
$$\begin{cases} p_i^{(j)} = \dfrac{j}{i}\,[\mathrm{J}_{i-j}(ie) - \mathrm{J}_{i+j}(ie)], \\[2mm] p_0^{(j)} = 0, \quad \text{pour} \ \ j > 1, \end{cases}$$

On aura, en particulier, pour $j = 1$,

$$p_i^{(1)} = \frac{\mathrm{J}_{i-1}(ie) - \mathrm{J}_{i+1}(ie)}{i};$$

cette expression peut être transformée au moyen de la formule (VI) du n° 79, qui donne, en y remplaçant x par ie,

$$\mathrm{J}_{i-1}(ie) - \mathrm{J}_{i+1}(ie) = \frac{2}{i}\,\frac{d\mathrm{J}_i(ie)}{de};$$

il viendra donc

(c)
$$\begin{cases} p_i^{(1)} = \dfrac{2}{i^2}\,\dfrac{d\mathrm{J}_i(ie)}{de}, \\[2mm] p_0^{(1)} = -e. \end{cases}$$

Considérons maintenant la fonction

$$\sin ju = f(\zeta);$$

c'est une fonction périodique de ζ dont la période est 2π; cette fonction reste toujours finie, elle est du reste impaire; on pourra donc poser

(a')
$$\sin ju = q_1^{(j)} \sin\zeta + q_2^{(j)} \sin 2\zeta + \ldots + q_i^{(j)} \sin i\zeta + \ldots;$$

cette série sera convergente pour toutes les valeurs de e comprises entre 0 et 1, et l'on aura, par la formule $(5')$,

$$\frac{\pi}{2} q_i^{(j)} = \int_0^\pi \sin ju \sin i\zeta\,d\zeta$$

ou bien

$$\frac{i\pi}{2} q_i^{(j)} = -\int_0^\pi \sin ju \frac{d\cos i\zeta}{d\zeta}\,d\zeta;$$

d'où, en opérant comme précédemment,

$$\frac{i\pi}{2j}\, q_i^{(j)} = \int_0^\pi \cos i\zeta \cos ju\, du,$$

$$\frac{i\pi}{j}\, q_i^{(j)} = \int_0^\pi 2\cos ju \cos(iu - ie\sin u)\, du,$$

$$= \int_0^\pi \cos[(i-j)u - ie\sin u]\, du + \int_0^\pi \cos[(i+j)u - ie\sin u]\, du,$$

$$(b') \qquad\qquad q_i^{(j)} = \frac{j}{i}\,[\mathrm{J}_{i-j}(ie) + \mathrm{J}_{i+j}(ie)].$$

On aura, en particulier, pour $j = 1$,

$$q_i^{(1)} = \frac{\mathrm{J}_{i-1}(ie) + \mathrm{J}_{i+1}(ie)}{i};$$

cette expression peut être transformée au moyen de la formule (V) du n° 79, qui donne, en y remplaçant x par ie,

$$\mathrm{J}_{i-1}(ie) + \mathrm{J}_{i+1}(ie) = \frac{2}{e}\,\mathrm{J}_i(ie);$$

il viendra donc

$$(c') \qquad\qquad q_i^{(1)} = \frac{2}{ie}\,\mathrm{J}_i(ie).$$

Remarque. — On tire des formules (a) et (b), (a') et (b'), en supposant $j > 1$,

$$(d) \qquad\qquad \cos ju = j \sum_{i=1}^{i=\infty} [\mathrm{J}_{i-j}(ie) - \mathrm{J}_{i+j}(ie)]\,\frac{\cos i\zeta}{i},$$

$$(d') \qquad\qquad \sin ju = j \sum_{i=1}^{i=\infty} [\mathrm{J}_{i-j}(ie) + \mathrm{J}_{i+j}(ie)]\,\frac{\sin i\zeta}{i}.$$

On peut écrire ces formules comme il suit

$$(e) \qquad\qquad \cos ju = j \sum_{i=-\infty}^{i=+\infty} \mathrm{J}_{i-j}(ie)\,\frac{\cos i\zeta}{i},$$

$$(e') \qquad\qquad \sin ju = j \sum_{i=-\infty}^{i=+\infty} \mathrm{J}_{i-j}(ie)\,\frac{\sin i\zeta}{i},$$

où l'indice i prend la série des valeurs entières positives et négatives, zéro étant excepté.

Pour le voir, il suffit de remarquer que l'on a

$$J_{-i-j}(-ie) = J_{i+j}(ie).$$

83. Nous pouvons appliquer ce qui précède au développement périodique du rayon vecteur r, dans le mouvement elliptique. On a

$$r = a(1 - e\cos u);$$

il suffit donc de remplacer $\cos u$ par son développement fourni par les formules (a) et (c); on trouvera ainsi

$$(f) \qquad \frac{r}{a} = 1 + \frac{1}{2}e^2 - \sum_{i=1}^{i=\infty} 2e \frac{d\,J_i(ie)}{de} \frac{\cos i\zeta}{i^2};$$

en remplaçant $J_i(ie)$ par son développement en série

$$J_i(ie) = \frac{1}{1.2\ldots i}\left[\left(\frac{ie}{2}\right)^i - \frac{\left(\frac{ie}{2}\right)^{i+2}}{1.(i+1)} + \frac{\left(\frac{ie}{2}\right)^{i+4}}{1.2.(i+1)(i+2)} - \cdots\right],$$

et faisant

$$(A) \qquad C_i = \frac{2}{i}\frac{\left(\frac{ie}{2}\right)^i}{1.2\ldots i}\left[1 - \frac{i+2}{i(i+1)}\frac{\left(\frac{ie}{2}\right)^2}{1} + \frac{i+4}{i(i+1)(i+2)}\frac{\left(\frac{ie}{2}\right)^4}{1.2} + \cdots\right],$$

la formule (f) donnera

$$(B) \qquad \frac{r}{a} = 1 + \frac{e^2}{2} - \sum_{i=1}^{i=\infty} C_i \cos i\zeta.$$

Les formules (A) et (B) résolvent la question proposée; il est important de remarquer que, si l'excentricité e est considérée comme une petite quantité du premier ordre, le coefficient de $\cos i\zeta$ dans le développement de r est de l'ordre i, et qu'il ne contient que les puissances i, $i+2$, $i+4$, ... de e.

Cherchons maintenant le développement de la différence $u - \zeta$ entre l'anomalie excentrique et l'anomalie moyenne; on a

$$u - \zeta = e\sin u$$

ou bien, en ayant égard aux formules (a') et (c'),

$$(f') \qquad u - \zeta = \sum_{i=1}^{i=\infty} \frac{2}{i} \, \mathrm{J}_i(ie) \sin i\zeta.$$

Posons

$$(A') \quad \mathrm{D}_i = \frac{2}{i} \frac{\left(\dfrac{ie}{2}\right)^i}{1.2 \ldots i} \left[1 - \frac{\left(\dfrac{ie}{2}\right)^2}{1.(i+1)} + \frac{\left(\dfrac{ie}{2}\right)^4}{1.2(i+1)(i+2)} - \frac{\left(\dfrac{ie}{2}\right)^6}{1.2.3(i+1)(i+2)(i+3)} + \ldots \right]$$

et nous aurons

$$(B') \qquad u - \zeta = \sum_{i=1}^{i=\infty} \mathrm{D}_i \sin i\zeta.$$

On voit que le coefficient D_i de $\sin i\zeta$ est de l'ordre i et qu'il ne contient que les puissances $i,\ i+2,\ i+4,\ \ldots$ de e.

84. C'est ici l'occasion de donner deux formules qui sont souvent utiles; désignons par w l'anomalie vraie de la planète; on a

$$\tang \frac{1}{2} w = \sqrt{\frac{1+e}{1-e}} \tang \frac{1}{2} u;$$

cela rentre dans le type

$$\tang y = \mu \tang x,$$

qui donne, comme on sait,

$$(8) \qquad y = x + \frac{\mu-1}{\mu+1} \sin 2x + \frac{1}{2}\left(\frac{\mu-1}{\mu+1}\right)^2 \sin 4x + \frac{1}{3}\left(\frac{\mu-1}{\mu+1}\right)^3 \sin 6x + \ldots;$$

on aura, dans le cas actuel,

$$\mu = \sqrt{\frac{1+e}{1-e}}, \qquad \frac{\mu-1}{\mu+1} = \frac{e}{1+\sqrt{1-e^2}},$$

$$(C) \quad \left\{ \begin{aligned} w = u + 2\Bigg[& \frac{e}{1+\sqrt{1-e^2}} \sin u + \frac{1}{2}\frac{e^2}{(1+\sqrt{1-e^2})^2} \sin 2u \\ & + \frac{1}{3}\frac{e^3}{(1+\sqrt{1-e^2})^3} \sin 3u + \ldots \Bigg]. \end{aligned} \right.$$

On peut écrire aussi

$$\tang \frac{1}{2} u = \sqrt{\frac{1-e}{1+e}} \tang \frac{1}{2} w.$$

Pour appliquer la formule (8), on devra prendre

$$\mu = \sqrt{\frac{1-e}{1+e}}, \qquad \frac{\mu-1}{\mu+1} = -\frac{e}{1+\sqrt{1-e^2}};$$

il en résultera

$$(C_1) \quad \left\{ \begin{aligned} u = w - 2\Bigg[&\frac{e}{1+\sqrt{1-e^2}}\sin w - \frac{1}{2}\frac{e^2}{\left(1+\sqrt{1-e^2}\right)^2}\sin 2w \\ &+ \frac{1}{3}\frac{e^3}{\left(1+\sqrt{1-e^2}\right)^3}\sin 3w - \ldots \Bigg]. \end{aligned} \right.$$

Nous allons considérer ensuite la différence entre l'anomalie moyenne et l'anomalie vraie. On a les formules

$$\zeta = u - e\sin u,$$

$$\sin u = \sqrt{1-e^2}\,\frac{\sin w}{1+e\cos w},$$

d'où

$$(9) \qquad \zeta = u + \sqrt{1-e^2}\,\frac{d.\log(1+e\cos w)}{dw}.$$

Or on peut écrire

$$1 + e\cos w = \frac{e}{2\beta}\left(1 + \beta E^{w\sqrt{-1}}\right)\left(1 + \beta E^{-w\sqrt{-1}}\right),$$

en posant

$$\beta = \frac{1-\sqrt{1-e^2}}{e} = \frac{e}{1+\sqrt{1-e^2}}.$$

On en conclut

$$\log(1+e\cos w) = \log\frac{e}{2\beta} + \frac{\beta}{1}\left(E^{w\sqrt{-1}} + E^{-w\sqrt{-1}}\right) - \frac{\beta^2}{2}\left(E^{2w\sqrt{-1}} + E^{-2w\sqrt{-1}}\right) + \ldots$$

$$= \log\frac{e}{2\beta} + 2\left(\beta\cos w - \frac{1}{2}\beta^2\cos 2w + \frac{1}{3}\beta^3\cos 3w - \ldots\right),$$

et, en substituant dans la formule (9),

$$\zeta = u + 2\sqrt{1-e^2}\left(-\beta\sin w + \beta^2\sin 2w - \beta^3\sin 3w + \ldots\right).$$

On peut remplacer u par son développement (C_1), ce qui donne

$$\zeta = w + 2\sum_1^\infty \frac{(-1)^i}{i}\frac{e^i}{\left(1+\sqrt{1-e^2}\right)}\sin iw + 2\sqrt{1-e^2}\sum_1^\infty(-1)^i\frac{e^i}{\left(1+\sqrt{1-e^2}\right)^i}\sin iw,$$

$$\zeta = w + 2\sum_1^\infty \frac{(-1)^i}{i}\frac{e^i}{\left(1+\sqrt{1-e^2}\right)^i}\left(1 + i\sqrt{1-e^2}\right)\sin iw.$$

On a donc cette formule

$$\textbf{(D)} \quad \zeta = w - 2\left[e\sin w - \frac{1}{2}\,\frac{1 + 2\sqrt{1-e^2}}{\left(1+\sqrt{1-e^2}\right)^2}\, e^2\sin 2w + \frac{1}{3}\,\frac{1 + 3\sqrt{1-e^2}}{\left(1+\sqrt{1-e^2}\right)^3}\, e^3\sin 3w - \dots \right].$$

Remarque. — Considérons les trois anomalies u, ζ, w, et d'abord les deux premières ; on peut se proposer de développer la différence $u - \zeta$ suivant les sinus des multiples de ζ: ce but est atteint par la formule (B′) ; la même différence s'exprime bien simplement à l'aide des sinus des multiples de u, puisque l'on a $u - \zeta = e\sin u$. Les formules (C) et (C$_1$) donnent ensuite le développement de la différence $w - u$ suivant les sinus des multiples de u ou de w.

La troisième différence $\zeta - w$ est développée par la formule (D) en fonction des sinus des multiples de w ; il reste à y introduire les sinus des multiples de ζ ; c'est une question très importante, et plus compliquée que les précédentes ; elle sera résolue plus loin.

On peut remarquer encore que, dans les expressions (C), (C$_1$) et (D), les coefficients sont des fonctions algébriques très simples de l'excentricité ; il n'en est pas de même dans la formule (B′), ni dans celle qu'il nous reste à obtenir, et qui doit donner $\zeta - w$ en fonction des sinus des multiples de ζ.

85. Donnons encore quelques formules intéressantes dans lesquelles figurent les fonctions de Bessel. On vérifie très aisément les deux relations suivantes :

$$(10) \qquad \frac{a}{r} = \frac{du}{d\zeta},$$

$$(11) \qquad \frac{d.\dfrac{r^2}{a^2}}{d\zeta} = 2e\sin u.$$

La première donne, en ayant égard à la formule (f'),

$$(g) \qquad \frac{a}{r} = 1 + 2\sum_{i=1}^{i=\infty} \mathrm{J}_i(ie)\cos i\zeta.$$

On a donc ainsi le développement périodique de $\dfrac{a}{r}$.

On tire ensuite de la formule (11), en tenant compte de (a') et (c'),

$$\frac{d.\dfrac{r^2}{a^2}}{d\zeta} = 4\sum_{i=1}^{i=\infty} \mathrm{J}_i(ie)\,\frac{\sin i\zeta}{i};$$

d'où, en intégrant et désignant par C une constante arbitraire,

$$\frac{r^2}{a^2} = C - 4 \sum_{i=1}^{i=\infty} J_i(ie) \frac{\cos i\zeta}{i^2}.$$

Reste à déterminer C; or on a

$$\frac{r^2}{a^2} = 1 - 2e\cos u + e^2\cos^2 u = 1 + \frac{e^2}{2} - 2e\cos u + \frac{e^2}{2}\cos 2u;$$

on a vu plus haut que le terme non périodique de $\cos u$ est $-\frac{e}{2}$, et que celui de $\cos 2u$ est nul; donc la partie non périodique de $\frac{r^2}{a^2}$ est $1 + \frac{3}{2}e^2 = C$, et l'on a

$$(h) \qquad \frac{r^2}{a^2} = 1 + \frac{3}{2}e^2 - 4 \sum_{i=1}^{i=\infty} J_i(ie) \frac{\cos i\zeta}{i^2}.$$

On peut obtenir aussi facilement les développements périodiques de $\sin w$ et $\cos w$:

On a d'abord

$$r = \frac{a(1-e^2)}{1 + e\cos w},$$

d'où

$$e\cos w = -1 + \frac{a}{r}(1 - e^2),$$

ou bien, en remplaçant $\frac{a}{r}$ par son expression (g),

$$(k) \qquad \cos w = -e + 2\frac{1-e^2}{e} \sum_{i=1}^{i=\infty} J_i(ie) \cos i\zeta.$$

On vérifie ensuite aisément la formule

$$\frac{d.\frac{r}{a}}{d\zeta} = \frac{e}{\sqrt{1-e^2}} \sin w,$$

qui donne, après qu'on y a remplacé $\frac{r}{a}$ par sa valeur (f),

$$(k') \qquad \sin w = 2\sqrt{1-e^2} \sum_{i=1}^{i=\infty} \frac{d.J_i(ie)}{de} \frac{\sin i\zeta}{i}.$$

Soit $\mathcal{E}$ l'équation du centre; on a

$$\mathcal{E} = w - \zeta,$$
$$\sin \mathcal{E} = \sin w \cos \zeta - \cos w \sin \zeta;$$

d'où, à cause des formules (k) et (k'),

$$\sin \mathcal{E} = 2\sqrt{1 - e^2} \sum_{i=1}^{i=\infty} \frac{d\,\mathbf{J}_i(ie)}{de} \frac{\sin i\zeta \cos \zeta}{i} + e\sin\zeta - 2\,\frac{1-e^2}{e} \sum_{i=1}^{i=\infty} \mathbf{J}_i(ie)\cos i\zeta \sin\zeta;$$

si l'on transforme $\sin i\zeta \cos \zeta$ et $\cos i\zeta \sin \zeta$ en une somme et une différence de sinus, on obtient la formule suivante

$$(l) \quad \left\{ \begin{aligned} &\sin \mathcal{E} = \sum_{i=1}^{i=\infty} \mathbf{F}_i \sin i\zeta, \\[1ex] &\text{où l'on a} \\[1ex] &\mathbf{F}_1 = e + \frac{1-e^2}{e}\mathbf{J}_2(2e) + \frac{1}{2}\sqrt{1-e^2}\,\frac{d\,\mathbf{J}_2(2e)}{de}, \\[1ex] &\text{et pour } i > 1, \\[1ex] &\mathbf{F}_i = \frac{1-e^2}{e}\left\{\mathbf{J}_{i+1}[(i+1)e] - \mathbf{J}_{i-1}[(i-1)e]\right\} \\[1ex] &\qquad + \sqrt{1-e^2}\left\{\frac{1}{i+1}\frac{d\,\mathbf{J}_{i+1}[(i+1)e]}{de} + \frac{1}{i-1}\frac{d\,\mathbf{J}_{i-1}[(i-1)e]}{de}\right\}. \end{aligned} \right.$$

86. Soient ξ et η les coordonnées d'une position quelconque de la planète dans son mouvement elliptique, par rapport au grand axe (axe des ξ), et à la parallèle au petit axe menée par le centre du Soleil (axe des η). On aura

$$\xi = r\cos w = a(\cos u - e),$$
$$\eta = r\sin w = a\sqrt{1-e^2}\sin u.$$

Si l'on remplace $\sin u$ et $\cos u$ par leurs développements périodiques trouvés plus haut, on obtient sans peine les formules suivantes

$$(m) \quad \left\{ \begin{aligned} \xi &= a\left[-\frac{3}{2}e + \sum_{i=-\infty}^{i=+\infty} \mathbf{J}_{i-1}(ie)\frac{\cos i\zeta}{i}\right], \\[1ex] \eta &= a\sqrt{1-e^2}\left[\sum_{i=-\infty}^{i=+\infty} \mathbf{J}_{i-1}(ie)\frac{\sin i\zeta}{i}\right]; \end{aligned} \right.$$

dans les $\sum$, on doit donner à l'indice i toutes les valeurs entières depuis $-\infty$ jusqu'à $+\infty$, en exceptant la valeur zéro.

Enfin, dans une méthode importante relative à la théorie des perturbations planétaires due à Hansen, on a besoin des développements des expressions $\frac{\cos w}{r^2}$ et $\frac{\sin w}{r^2}$, suivant les sinus et cosinus des multiples de l'anomalie moyenne. Ces développements sont faciles à obtenir; on a, en effet,

$$\frac{\cos w}{r^2} = \frac{\xi}{r^3}, \qquad \frac{\sin w}{r^2} = \frac{\eta}{r^3}.$$

Par rapport aux axes $O\xi$ et $O\eta$, les équations différentielles du mouvement elliptique de la planète sont

$$\frac{d^2\xi}{dt^2} + f\mu\,\frac{\xi}{r^3} = 0,$$

$$\frac{d^2\eta}{dt^2} + f\mu\,\frac{\eta}{r^3} = 0;$$

on en tire, à cause des formules

$$\zeta = \sqrt{\frac{f\mu}{a^3}}\,(t-\tau), \qquad d\zeta = \sqrt{\frac{f\mu}{a^3}}\,dt:$$

$$\frac{a^3\xi}{r^3} = -\frac{d^2\xi}{d\zeta^2},$$

$$\frac{a^3\eta}{r^3} = -\frac{d^2\eta}{d\zeta^2}.$$

Dans les seconds membres des deux dernières équations, remplaçons ξ et η par leurs valeurs (m), et nous obtiendrons

$$(n) \quad \begin{cases} \dfrac{\xi}{r^3} = \dfrac{\cos w}{r^2} = \dfrac{1}{a^2} \displaystyle\sum_{i=-\infty}^{i=+\infty} i\,\mathrm{J}_{i-1}(ie)\cos i\zeta, \\[3mm] \dfrac{\eta}{r^3} = \dfrac{\sin w}{r^2} = \dfrac{\sqrt{1-e^2}}{a^2} \displaystyle\sum_{i=-\infty}^{i=+\infty} i\,\mathrm{J}_{i-1}(ie)\sin i\zeta. \end{cases}$$

Dans ces dernières formules, on peut ne plus excepter 0 parmi les valeurs de i; les termes correspondants sont nuls.

CHAPITRE XIV.

THÉORÈME DE CAUCHY. — NOMBRES DE CAUCHY.

---

87. Considérons une fonction S, finie et bien déterminée, de l'anomalie excentrique u, ayant pour période 2π; S sera aussi une fonction périodique de ζ, admettant la même période; on aura donc ces deux développements convergents

$$(1) \qquad \begin{cases} S = \dfrac{1}{2} a_0 + a_1 \cos u + a_2 \cos 2u + \ldots \\ \qquad\quad + b_1 \sin u + b_2 \sin 2u + \ldots, \end{cases}$$

$$(2) \qquad \begin{cases} S = \dfrac{1}{2} A_0 + A_1 \cos\zeta + A_2 \cos 2\zeta + \ldots \\ \qquad\quad + B_1 \sin\zeta + B_2 \sin 2\zeta + \ldots. \end{cases}$$

Supposons que le premier soit connu, et proposons-nous d'en déduire le second; cela est facile en partant des formules trouvées dans le Chapitre précédent pour les développements de $\cos ju$ et $\sin ju$ suivant les sinus et cosinus des multiples de ζ. On avait fait

$$\cos ju = \frac{1}{2} p_0^{(j)} + \sum_{i=1}^{i=\infty} p_i^{(j)} \cos i\zeta,$$

$$\sin ju = \sum_{i=1}^{i=\infty} q_i^{(j)} \sin i\zeta;$$

on trouvera aisément

$$\frac{1}{2} A_0 = \frac{1}{2} a_0 + a_1 p_0^{(1)},$$
$$A_i = a_1 p_i^{(1)} + a_2 p_i^{(2)} + \ldots + a_j p_i^{(j)} + \ldots,$$
$$B_i = b_1 q_i^{(1)} + b_2 q_i^{(2)} + \ldots + b_j q_i^{(j)} + \ldots.$$

ou bien, en mettant pour les quantités $p_i^{(j)}$ et $q_i^{(j)}$ leurs expressions à l'aide des transcendantes de Bessel, formules (b) et (b') du Chapitre précédent,

$$(3) \quad \left\{ \begin{aligned} \mathrm{A}_0 &= a_0 - a_1 e, \\ i\mathrm{A}_i &= 1\, a_1 [\mathrm{J}_{i-1}(ie) - \mathrm{J}_{i+1}(ie)] \\ & + 2\, a_2 [\mathrm{J}_{i-2}(ie) - \mathrm{J}_{i+2}(ie)] \\ & + 3\, a_3 [\mathrm{J}_{i-3}(ie) - \mathrm{J}_{i+3}(ie)] \\ & + \dots\dots\dots\dots\dots\dots\dots, \\ i\mathrm{B}_i &= 1\, b_1 [\mathrm{J}_{i-1}(ie) + \mathrm{J}_{i+1}(ie)] \\ & + 2\, b_2 [\mathrm{J}_{i-2}(ie) + \mathrm{J}_{i+2}(ie)] \\ & + 3\, b_3 [\mathrm{J}_{i-3}(ie) + \mathrm{J}_{i+3}(ie)] \\ & + \dots\dots\dots\dots\dots\dots\dots \end{aligned} \right.$$

La question proposée est entièrement résolue par ce système de formules; on devra, pour les appliquer numériquement, calculer les valeurs des transcendantes

$$\begin{aligned} &\mathrm{J}_0(e), \quad \mathrm{J}_0(2e), \quad \mathrm{J}_0(3e), \quad \dots, \\ &\mathrm{J}_1(e), \quad \mathrm{J}_1(2e), \quad \mathrm{J}_1(3e), \quad \dots, \\ &\mathrm{J}_2(e), \quad \mathrm{J}_2(2e), \quad \mathrm{J}_2(3e), \quad \dots, \\ &\dots, \quad\quad \dots\dots, \quad\quad \dots\dots, \quad \dots \end{aligned}$$

Cauchy a résolu la même question d'une façon différente, au moins quant à la forme; nous allons faire connaître les résultats auxquels il est arrivé, sans donner les démonstrations dans toute leur généralité; nous nous contenterons de considérer les cas qui nous serviront réellement.

88. Posons

$$(4) \qquad\qquad\qquad \mathrm{E}^{\zeta\sqrt{-1}} = z,$$

la formule (2) va devenir

$$\begin{aligned} = \tfrac{1}{2}\mathrm{A}_0 &+ \tfrac{1}{2}\mathrm{A}_1(z + z^{-1}) + \tfrac{1}{2}\mathrm{A}_2(z^2 + z^{-2}) + \dots \\ &+ \frac{1}{2\sqrt{-1}}\mathrm{B}_1(z - z^{-1}) + \frac{1}{2\sqrt{-1}}\mathrm{B}_2(z^2 - z^{-2}) + \dots, \end{aligned}$$

ou bien

$$(5) \quad \left\{ \begin{aligned} \mathrm{S} = \mathrm{P}_0 + \mathrm{P}_1 z \phantom{{}^{-1}} &+ \mathrm{P}_2 z^2 \phantom{{}^{-1}} + \dots + \mathrm{P}_i z^i \phantom{{}^{-1}} + \dots, \\ &+ \mathrm{P}_{-1} z^{-1} + \mathrm{P}_{-2} z^{-2} + \dots + \mathrm{P}_{-i} z^{-i} + \dots, \end{aligned} \right.$$

en posant

$$P_i = \frac{1}{2} A_i + \frac{1}{2} \frac{B_i}{\sqrt{-1}},$$

$$P_{-i} = \frac{1}{2} A_i - \frac{1}{2} \frac{B_i}{\sqrt{-1}};$$

d'où

$$(6) \qquad \left\{ \begin{array}{l} A_0 = 2 P_0, \\ A_i = P_i + P_{-i}, \\ B_i = \sqrt{-1}\,(P_i - P_{-i}). \end{array} \right.$$

Remarquons que, si p est nul, l'intégrale $\displaystyle\int_0^{2\pi} z^p\,d\zeta$ est égale à 2π, et qu'elle est nulle si p désigne un nombre entier quelconque positif ou négatif; cela résulte de la formule

$$\int_0^{2\pi} z^p\,d\zeta = \int_0^{2\pi} \cos p\zeta\,d\zeta + \sqrt{-1} \int_0^{2\pi} \sin p\zeta\,d\zeta.$$

On aura donc, en multipliant les deux membres de l'équation (5) par $z^{-i}d\zeta$, et intégrant entre les limites 0 et 2π,

$$(7) \qquad 2\pi P_i = \int_0^{2\pi} S\,z^{-i}\,d\zeta;$$

cette formule a lieu pour toutes les valeurs entières de i, positives, nulles ou négatives.

Posons maintenant

$$(8) \qquad E^{u\sqrt{-1}} = s;$$

il existe entre les variables z et s une relation importante; on a, en effet,

$$\zeta = u - e\sin u;$$

d'où

$$E^{\zeta\sqrt{-1}} = z = E^{u\sqrt{-1}-e\sqrt{-1}\sin u} = s\,E^{-e\sqrt{-1}\sin u}.$$

Remplaçons $\sqrt{-1}\sin u$ par

$$\frac{1}{2}\left(E^{u\sqrt{-1}} - E^{-u\sqrt{-1}}\right) = \frac{1}{2}\left(s - \frac{1}{s}\right),$$

et nous trouverons

$$(9) \qquad z = s\,E^{-\frac{e}{2}\left(s - \frac{1}{s}\right)};$$

telle est la relation cherchée.

Nous aurons ensuite

$$d\zeta = (1 - e\cos u)\,du = \left[1 - \frac{e}{2}\left(s + \frac{1}{s}\right)\right]du;$$

portons ces valeurs de z et de $d\zeta$ dans la formule (7); elle va nous donner, en remarquant que, si ζ croît de 0 à 2π, u croît lui-même de 0 à 2π,

$$2\pi P_i = \int_0^{2\pi} S s^{-i} E^{\frac{ie}{2}\left(s - \frac{1}{s}\right)}\left[1 - \frac{e}{2}\left(s + \frac{1}{s}\right)\right]du$$

ou bien

$$(10) \qquad 2\pi P_i = \int_0^{2\pi} U s^{-i}\,du,$$

en posant

$$(11) \qquad U = S E^{\frac{ie}{2}\left(s - \frac{1}{s}\right)}\left[1 - \frac{e}{2}\left(s + \frac{1}{s}\right)\right].$$

La fonction S est développable en série convergente procédant suivant les puissances positives et négatives de s; cela résulte des formules (1) et (8); il en est de même du produit de S par l'expression

$$E^{\frac{ie}{2}\left(s - \frac{1}{s}\right)}\left[1 - \frac{e}{2}\left(s + \frac{1}{s}\right)\right],$$

c'est-à-dire de U.

Nous pouvons donc écrire

$$(12) \qquad \begin{cases} U = P'_0 + P'_1\,s\ + P'_2\,s^2\ + \ldots + P'_i\,s^i\ + \ldots \\ \quad + P'_{-1}s^{-1} + P'_{-2}s^{-2} + \ldots + P'_{-i}s^{-i} + \ldots. \end{cases}$$

On conclut de cette équation que l'on a

$$\int_0^{2\pi} U s^{-i}\,ds = 2\pi P'_i,$$

et, en comparant cette formule à la formule (10), on arrive à

$$P_i = P'_i.$$

Donc le coefficient P_i de z^i, dans le développement de (5), est égal au coefficient P'_i de s^i dans le développement (12); on voit qu'on est ramené à développer, suivant les puissances de s, la fonction U qui est un produit de trois facteurs : l'un $1 - \frac{e}{2}\left(s + \frac{1}{s}\right)$ est tout développé, l'autre $E^{\frac{ie}{2}\left(s - \frac{1}{s}\right)}$ se développe aisément (cela introduit les fonctions de Bessel); enfin, dans un grand nombre d'applications, S est une fonction simple de s : c'est en cela que consiste le théorème de Cauchy.

Quand on aura déterminé ainsi les coefficients P_i, on calculera A_i et B_i par les formules (6).

On peut donner au théorème de Cauchy une forme différente; écrivons d'abord l'équation (7) comme il suit :

$$2\pi P_i = -\frac{1}{i\sqrt{-1}} \int_0^{2\pi} S \frac{d\,E^{-i\zeta\sqrt{-1}}}{d\zeta}\,d\zeta.$$

Si nous intégrons par parties, il vient, en remarquant que S prend la même valeur pour $\zeta = 0$ et $\zeta = 2\pi$,

$$2\pi P_i = \frac{1}{i\sqrt{-1}} \int_0^{2\pi} \frac{dS}{d\zeta} E^{-i\zeta\sqrt{-1}}\,d\zeta = \frac{1}{i\sqrt{-1}} \int_0^{2\pi} \frac{dS}{ds} \frac{ds}{du} z^{-i}\,du.$$

Remplaçons z par sa valeur (9), et $\dfrac{ds}{du}$ par $\sqrt{-1}\,E^{u\sqrt{-1}} = s\sqrt{-1}$, et nous trouverons finalement

$$(13) \qquad 2\pi P_i = \frac{1}{i} \int_0^{2\pi} s^{-(i-1)} \frac{dS}{ds} E^{\frac{i\varepsilon}{2}\left(s-\frac{1}{s}\right)}\,du.$$

Or, si nous considérons la fonction

$$V = \frac{1}{i} \frac{dS}{ds} E^{\frac{i\varepsilon}{2}\left(s-\frac{1}{s}\right)},$$

et que nous la supposions développée suivant les puissances positives et négatives de s, de manière à avoir

$$V = \frac{1}{i} \frac{dS}{ds} E^{\frac{i\varepsilon}{2}\left(s-\frac{1}{s}\right)} = Q_0 + Q_1\,s + Q_2\,s^2 + \ldots + Q_{i-1}\,s^{i-1} + \ldots$$
$$+ Q_{-1}s^{-1} + Q_{-2}s^{-2} + \ldots + Q_{-(i-1)}s^{-(i-1)} + \ldots,$$

nous en conclurons, en multipliant par $\zeta^{-(i-1)}du$ et intégrant de 0 à 2π relativement à u,

$$(14) \qquad 2\pi Q^{(i-1)} = \frac{1}{i} \int_0^{2\pi} s^{-(i-1)} \frac{dS}{ds} E^{\frac{i\varepsilon}{2}\left(s-\frac{1}{s}\right)}\,du.$$

La comparaison des formules (13) et (14) donne

$$P_i = Q_{i-1};$$

donc P_i est le coefficient de s^{i-1} dans le développement de la fonction V.

Voici donc le théorème complet dû à Cauchy :

Considérons le développement

$$S = P_0 + P_1\, z\ +\ldots+\ P_i\, z^i\ +\ldots$$
$$+\ P_{-1}z^{-1}+\ldots+\ P_{-i}z^{-i}+\ldots$$

1° P_i *est égal au coefficient de s^i dans le développement de la fonction*

$$(\alpha)\qquad U = S\,E^{\frac{ie}{2}\left(s-\frac{1}{s}\right)}\left[1 - \frac{e}{2}\left(s+\frac{1}{s}\right)\right].$$

2° P_i *est encore égal au coefficient de s^{i-1} dans le développement de la fonction*

$$(\beta)\qquad V = \frac{1}{i}\,\frac{dS}{ds}\,E^{\frac{ie}{2}\left(s-\frac{1}{s}\right)}.$$

Dans les applications, on prendra celle des deux formes qui paraîtra la plus avantageuse ; il faut remarquer que, pour le calcul de P_0, i étant nul, on devra employer la forme (α).

On pourra se convaincre facilement qu'en partant de la forme (α), et passant ensuite des valeurs des coefficients P_i à celles des A_i et B_i, on retombe sur les formules (3).

Faisons néanmoins une application au développement de $\frac{a}{r}$, déjà considéré ci-dessus.

On a

$$S = \frac{a}{r} = (1 - e\cos u)^{-1} = \left[1 - \frac{e}{2}\left(s+\frac{1}{s}\right)\right]^{-1};$$

la fonction U se réduit à

$$U = E^{\frac{ie}{2}\left(s-\frac{1}{s}\right)};$$

P_i est donc égal au coefficient de s^i dans le développement de $E^{\frac{ie}{2}\left(s-\frac{1}{s}\right)}$, c'est-à-dire à $J_i(ie)$; P_{-i} est égal à $J_{-i}(-ie) = J_i(ie) = P_i$. Les formules (6) donnent

$$\frac{1}{2}A_0 = J_0(0) = 1,\qquad A_i = 2J_i(ie),\qquad B_i = 0;$$

on retrouve bien la formule déjà obtenue

$$\frac{a}{r} = 1 + 2\sum_{i=1}^{i=\infty} J_i(ie)\cos i\zeta.$$

Avant de faire des applications plus compliquées, nous allons introduire des coefficients numériques que l'on rencontre dans plusieurs questions, et auxquels on a donné le nom de *nombres de Cauchy*.

T. — I.

89. Soient j et q deux nombres *entiers positifs ou nuls*, p un entier quelconque, *positif, nul ou négatif*; l'expression

$$I = x^{-p}\left(x + \frac{1}{x}\right)^{j}\left(x - \frac{1}{x}\right)^{q}$$

peut être développée suivant les puissances positives et négatives de x; le développement contient d'ailleurs un nombre limité de termes. Nous représentons par $N_{-p,j,q}$ le terme indépendant de x dans ce développement; on peut dire aussi que $N_{-p,j,q}$ est le coefficient de x^{p} dans le développement de l'expression $\left(x + \frac{1}{x}\right)^{j}\left(x - \frac{1}{x}\right)^{q}$ suivant les puissances de x; $N_{-p,j,q}$ représente l'un quelconque des nombres de Cauchy. L'introduction de ces nombres permet de présenter d'une manière plus simple certains développements qui se rapportent au mouvement elliptique; nous allons faire connaître quelques-unes de leurs propriétés.

On a

$$(14) \qquad N_{-p,j,q} \begin{cases} = 1, & \text{si } \ j + q - p \ \text{est nul,} \\ = 0, & \text{si } \ j + q - p \ \text{est négatif ou impair.} \end{cases}$$

En effet, le développement du produit $\left(x + \frac{1}{x}\right)^{j}\left(x - \frac{1}{x}\right)^{q}$ est de la forme

$$\left(x + \frac{1}{x}\right)^{j}\left(x - \frac{1}{x}\right)^{q} = x^{j+q} + c_1 x^{j+q-2} + c_2 x^{j+q-4} + \ldots;$$

on en conclut

$$I = x^{-p}\left(x + \frac{1}{x}\right)^{j}\left(x - \frac{1}{x}\right)^{q} = x^{j+q-p} + c_1 x^{j+q-p-2} + c_2 x^{j+q-p-4} + \ldots.$$

On voit que, si $j + q - p$ est nul, la partie constante de I est égale à 1; si $j + q - p$ est négatif, il n'y a pas de partie constante, et il en est de même si $j + q - p$ est impair.

On a la relation

$$(15) \qquad N_{p,j,q} = (-1)^{q}\, N_{-p,j,q}.$$

En effet, $N_{-p,j,q}$ est le terme indépendant de x dans le développement de $x^{-p}\left(x + \frac{1}{x}\right)^{j}\left(x - \frac{1}{x}\right)^{q}$; ce sera aussi le terme indépendant de x' dans le développement de l'expression suivante, que l'on déduit de I en changeant x en $\frac{1}{x'}$,

$$x'^{p}\left(\frac{1}{x'} + x'\right)^{j}\left(\frac{1}{x'} - x'\right)^{q} = (-1)^{q}\, x'^{p}\left(x' + \frac{1}{x'}\right)^{j}\left(x' - \frac{1}{x'}\right)^{q};$$

or ce dernier terme est par définition égal à $(-1)^q N_{p,j,q}$; la formule (15) est donc démontrée.

Cherchons l'expression analytique de $N_{-p,0,q}$ en supposant $q > p$, ce qui est toujours possible d'après la formule (15).

On a

$$x^{-p}\left(x - \frac{1}{x}\right)^q = \sum (-1)^\beta \frac{1.2\ldots q}{1.2\ldots\alpha.1.2\ldots\beta} x^{\alpha-\beta-p},$$

où α et β sont deux entiers nuls ou positifs vérifiant la relation $\alpha + \beta = q$; pour obtenir le terme constant de ce développement, il faut faire

$$\alpha - \beta - p = 0;$$

on en conclut

$$\alpha = \frac{q+p}{2}, \qquad \beta = \frac{q-p}{2}$$

et

$$N_{-p,0,q} = (-1)^{\frac{q-p}{2}} \frac{1.2\ldots q}{1.2\ldots\frac{q+p}{2} \cdot 1.2\ldots\frac{q-p}{2}},$$

(16)
$$N_{-p,0,q} = (-1)^{\frac{q-p}{2}} \frac{\left(\frac{q+p}{2}+1\right)\left(\frac{q+p}{2}+2\right)\ldots q}{1.2\ldots\frac{q-p}{2}}.$$

On pourra calculer par cette formule les valeurs de $N_{-p,0,q}$ et former un premier Tableau contenant tous ces nombres : p sera l'argument horizontal, et q l'argument vertical du Tableau.

On a ensuite la relation

(17)
$$N_{-p,j+1,q} = N_{-p+1,j,q} + N_{-p-1,j,q},$$

qui résulte de la formule

$$x^{-p}\left(x + \frac{1}{x}\right)^{j+1}\left(x - \frac{1}{x}\right)^q = x^{-p+1}\left(x + \frac{1}{x}\right)^j\left(x - \frac{1}{x}\right)^q + x^{-p-1}\left(x + \frac{1}{x}\right)^j\left(x - \frac{1}{x}\right)^q.$$

On aura, en particulier,

$$N_{-p,1,q} = N_{-p+1,0,q} + N_{-p-1,0,q};$$

on pourra donc former un second Tableau contenant les nombres de Cauchy pour lesquels $j = 1$.

On continuera ainsi pour $j = 2, j = 3, \ldots$.

Nous allons reproduire quelques Tableaux donnant les valeurs des nombres de Cauchy, $N_{-p,j,q}$, pour $j = 0, j = 1$ et $j = 2$; p est l'argument horizontal, q l'argument vertical; quand une case est vide, c'est que le nombre correspondant est égal à zéro.

 CHAPITRE XIV.

Tableau des $N_{-p,0,q}$.

(*p* est l'argument horizontal et *q* l'argument vertical.)

	0	+ 1	+ 2	+ 3	+ 4	+ 5	+ 6	+ 7	+ 8	+ 9
0	+ 1									
1		+ 1								
2	— 2		+ 1							
3		— 3		+ 1						
4	+ 6		— 4		+ 1					
5		+ 10		— 5		+ 1				
6	— 20		+ 15		— 6		+ 1			
7		— 35		+ 21		— 7		+ 1		
8	+ 70		— 56		+ 28		— 8		+ 1	
9		+126		— 84		+ 36		— 9		+ 1

Tableau des $N_{-p,1,q}$.

	0	+ 1	+ 2	+ 3	+ 4	+ 5	+ 6	+ 7	+ 8	+ 9
0		+ 1								
1			+ 1							
2		— 1		+ 1						
3			— 2		+ 1					
4		+ 2		— 3		+ 1				
5			+ 5		— 4		+ 1			
6		— 5		+ 9		— 5		+ 1		
7			— 14		+ 14		— 6		+ 1	
8		+ 14		— 28		+ 20		— 7		+ 1

Tableau des $N_{-p,2,q}$.

	0	+ 1	+ 2	+ 3	+ 4	+ 5	+ 6	+ 7	+ 8	+ 9
0	+ 2		+ 1							
1		+ 1		+ 1						
2	— 2				+ 1					
3		— 2		— 1		+ 1				
4	+ 4		— 1		— 2		+ 1			
5		+ 5		+ 1		— 3		+ 1		
6	— 10		+ 4		+ 4		— 4		+ 1	
7		— 14				+ 8		— 5		

Nous renverrons pour plus de détails à un Mémoire intéressant de M. Bourget, inséré dans le Tome VII des *Annales de l'observatoire de Paris*, et particulièrement aux pages 300-303 de ce Mémoire.

Le lecteur pourra consulter aussi le Tome V de la 1re série des *OEuvres complètes de Cauchy*, p. 308-310 (Paris, Gauthier-Villars, 1885).

90. Développement de $\left(\dfrac{r}{a} - 1\right)^m$ suivant les cosinus des multiples de l'anomalie moyenne, m désignant un nombre entier positif. — $S = \left(\dfrac{r}{a} - 1\right)^m$ est une fonction périodique de ζ; la période est 2π, et la fonction est paire; on aura donc en série convergente

$$(18) \qquad \left(\frac{r}{a} - 1\right)^m = \frac{1}{2} c_0^{(m)} + \sum_{i=1}^{i=\infty} c_i^{(m)} \cos i\zeta$$

ou bien

$$S = P_0^{(m)} + \sum_{i=1}^{i=\infty} P_i^{(m)}(z^i + z^{-i})$$

avec

$$c_i^{(m)} = 2 P_i^{(m)};$$

on a

$$(19) \qquad S = (-e\cos u)^m = (-1)^m \left(\frac{e}{2}\right)^m \left(s + \frac{1}{s}\right)^m.$$

Pour trouver $P_0^{(m)}$, nous appliquerons la première forme du théorème de Cauchy; $P_0^{(m)}$ sera égal au terme indépendant de s dans le développement de la fonction

$$U_0 = (-1)^m \left(\frac{e}{2}\right)^m \left(s + \frac{1}{s}\right)^m \left[1 - \frac{e}{2}\left(s + \frac{1}{s}\right)\right].$$

Il y a deux cas à considérer, suivant que m est pair ou impair :

1° $m = 2m'$.

On a

$$U_0 = \left(\frac{e}{2}\right)^{2m'} \left(s + \frac{1}{s}\right)^{2m'} - \left(\frac{e}{2}\right)^{2m'+1} \left(s + \frac{1}{s}\right)^{2m'+1};$$

le terme en $\left(s + \dfrac{1}{s}\right)^{2m'+1}$ ne donnera pas de terme indépendant de s; il y en aura un au contraire provenant de $\left(s + \dfrac{1}{s}\right)^{2m'}$, et son coefficient sera

$$\frac{(m'+1)(m'+2)\ldots 2m'}{1.2\ldots m'};$$

on aura donc

$$(20) \qquad \frac{1}{2} c_0^{(2m')} = \frac{(m'+1)(m'+2)\dots 2m'}{1.2.3\dots m'} \left(\frac{e}{2}\right)^{2m'};$$

$2^\circ \quad m = 2m' + 1.$

On a alors

$$U_0 = -\left(\frac{e}{2}\right)^{2m'+1} \left(s + \frac{1}{s}\right)^{2m'+1} + \left(\frac{e}{2}\right)^{2m'+2} \left(s + \frac{1}{s}\right)^{2m'+2}.$$

C'est maintenant le terme en $\left(s + \frac{1}{s}\right)^{2m'+1}$ qui ne contiendra pas de partie indépendante de s, tandis que $\left(s + \frac{1}{s}\right)^{2m'+2}$ donnera la partie constante

$$\frac{(m'+2)(m'+3)\dots(2m'+2)}{1.2\dots(m'+1)};$$

on aura donc

$$(21) \qquad \frac{1}{2} c_0^{(2m'+1)} = \frac{(m'+2)(m'+3)\dots(2m'+2)}{1.2\dots(m'+1)} \left(\frac{e}{2}\right)^{2m'+2}.$$

Il nous reste à calculer $\frac{1}{2} c_i^{(m)} = P_i^{(m)}$, i étant différent de zéro; nous appliquerons la seconde forme du théorème de Cauchy, et nous aurons pour $\frac{1}{2} c_i^{(m)}$ le coefficient de s^{i-1} dans le développement de la fonction

$$V = \frac{1}{i} \frac{dS}{ds} E^{\frac{ie}{2}\left(s - \frac{1}{s}\right)};$$

en remplaçant S par sa valeur (19), on trouve que cela revient à chercher le coefficient de s^i dans la fonction $V' = Vs$,

$$V' = (-1)^m \frac{m}{i} \left(\frac{e}{2}\right)^m \left(s + \frac{1}{s}\right)^{m-1} \left(s - \frac{1}{s}\right) E^{\frac{ie}{2}\left(s - \frac{1}{s}\right)};$$

en développant l'exponentielle suivant les puissances de $s - \frac{1}{s}$, il vient

$$\left(s + \frac{1}{s}\right)^{m-1} \left(s - \frac{1}{s}\right) E^{\frac{ie}{2}\left(s - \frac{1}{s}\right)} = \left(s + \frac{1}{s}\right)^{m-1} \left(s - \frac{1}{s}\right) + \frac{\frac{ie}{2}}{1} \left(s + \frac{1}{s}\right)^{m-1} \left(s - \frac{1}{s}\right)^2$$

$$+ \frac{\left(\frac{ie}{2}\right)^2}{1.2} \left(s + \frac{1}{s}\right)^{m-1} \left(s - \frac{1}{s}\right)^3 + \dots$$

$$+ \frac{\left(\frac{ie}{2}\right)^q}{1.2\dots q} \left(s + \frac{1}{s}\right)^{m-1} \left(s - \frac{1}{s}\right)^{q+1} + \dots$$

Le coefficient de s^i dans le second membre de cette formule sera, en introduisant les nombres de Cauchy,

$$N_{-i,m-1,1} + \frac{\left(\dfrac{ie}{2}\right)}{1} N_{-i,m-1,2} + \frac{\left(\dfrac{ie}{2}\right)^2}{1.2} N_{-i,m-1,3} + \ldots + \frac{\left(\dfrac{ie}{2}\right)^q}{1.2\ldots q} N_{-i,m-1,q+1} + \ldots$$

On aura donc

$$(22) \qquad c_i^{(m)} = (-1)^m \frac{2m}{i} \left(\frac{e}{2}\right)^m \sum_{q=0}^{q=\infty} \frac{\left(\dfrac{ie}{2}\right)^q}{1.2\ldots q} N_{-i,m-1,q+1}.$$

Les formules (20), (21) et (22) résolvent le problème qui se trouve ramené au calcul des nombres de Cauchy; ces formules sont dues à M. Bourget. On remarquera que, pour que $N_{-i,m-1,q+1}$ ne soit pas nul, on doit avoir

$$-i + (m-1) + q + 1 = 2k,$$

k étant un entier positif ou nul; donc

$$m + q = i + 2k.$$

Il en résulte que, relativement à e, $c_i^{(m)}$ est de l'ordre i, et ne contient que des puissances de e dont les exposants sont de même parité que i.

91. Développement de $\left(\dfrac{r}{a}\right)^{-m}$ suivant les cosinus des multiples de l'anomalie moyenne, m désignant un nombre entier positif. -- Nous aurons en série convergente

$$(23) \qquad S = \left(\frac{r}{a}\right)^{-m} = \frac{1}{2} G_0^{(m)} + \sum_{i=1}^{i=\infty} G_i^{(m)} \cos i\zeta = P_0^{(m)} + \sum_{i=1}^{i=\infty} P_i^{(m)} (z^i + z^{-i}),$$

en faisant

$$G_i^{(m)} = 2 P_i^{(m)}.$$

La fonction S a d'ailleurs pour expression

$$S = \left[1 - \frac{e}{2} \left(s + \frac{1}{s} \right) \right]^{-m}.$$

Nous appliquerons le théorème de Cauchy sous sa première forme; $P_i^{(m)}$ sera le coefficient de s^i dans le développement de la fonction

$$(24) \qquad U = \left[1 - \frac{e}{2} \left(s + \frac{1}{s} \right) \right]^{-(m-1)} E^{\frac{ie}{2}\left(s - \frac{1}{s} \right)}.$$

Commençons par $P_0^{(m)}$; ce sera le terme indépendant de s dans le développement de

$$U_0 = \left[1 - \frac{c}{2}\left(s + \frac{1}{s}\right)\right]^{-(m-1)};$$

or on a, en laissant de côté les puissances impaires de $s + \frac{1}{s}$, qui ne nous donneraient aucune partie indépendante de s,

$$U_0 = 1 + \frac{(m-1)m}{1.2}\left(\frac{c}{2}\right)^2\left(s+\frac{1}{s}\right)^2 + \dots$$
$$+ \frac{(m-1)m\dots(m+2p-2)}{1.2\dots 2p}\left(\frac{c}{2}\right)^{2p}\left(s+\frac{1}{s}\right)^{2p} + \dots.$$

On trouvera ainsi

$$(25) \quad \left\{ \begin{aligned} \frac{1}{2}G_0^{(m)} &= 1 + \frac{(m-1)m}{(1)^2}\left(\frac{c}{2}\right)^2 + \frac{(m-1)m(m+1)(m+2)}{(1.2)^2}\left(\frac{c}{2}\right)^4 + \dots \\ &\quad + \frac{(m-1)m(m+1)\dots(m+2p-2)}{(1.2\dots p)^2}\left(\frac{c}{2}\right)^{2p} + \dots. \end{aligned}\right.$$

Venons maintenant à la recherche de $G_i^{(m)}$; posons, pour abréger,

$$(26) \quad \left\{ \begin{aligned} m_0 &= 1, \\ m_1 &= \frac{m-1}{1}, \\ m_2 &= \frac{(m-1)m}{1.2}, \\ &\dots\dots\dots\dots\dots, \\ m_j &= \frac{(m-1)m\dots(m+j-2)}{1.2\dots j}, \\ &\dots\dots\dots\dots\dots\dots\dots\dots; \end{aligned}\right.$$

nous aurons, par la formule du binôme,

$$\left[1 - \frac{c}{2}\left(s+\frac{1}{s}\right)\right]^{-(m-1)} = \sum_{j=0}^{j=\infty} m_j\left(\frac{c}{2}\right)^j\left(s+\frac{1}{s}\right)^j.$$

La formule (24) nous donnera ensuite

$$U = \sum_{j=0}^{j=\infty} m_j\left(\frac{c}{2}\right)^j\left(s+\frac{1}{s}\right)^j \times \sum_{q=0}^{q=\infty} \frac{\left(\frac{ie}{2}\right)^q}{1.2\dots q}\left(s-\frac{1}{s}\right)^q$$
$$= \sum_j \sum_q \frac{i^q}{1.2\dots q}\left(\frac{c}{2}\right)^{j+q} m_j\left(s+\frac{1}{s}\right)^j\left(s-\frac{1}{s}\right)^q.$$

On en conclut, en introduisant les nombres de Cauchy,

$$(27) \qquad G_i^{(m)} = 2 \sum_j \sum_q \frac{i^q}{1.2\ldots q} \, m_j \left(\frac{e}{2}\right)^{j+q} N_{-i,j,q};$$

j varie de 0 à $+\infty$, et q aussi; on a vu que, pour que $N_{-i,j,q}$ ne soit pas nul, on doit avoir

$$j + q = i + 2k,$$

k désignant un nombre entier nul ou positif; il en résulte que, relativement à e, le coefficient $G_i^{(m)}$ sera de l'ordre i, et ne contiendra que les puissances de degrés i, $i+2$, $i+4$, ... de e.

Calculons en particulier $G_1^{(m)}$; nous trouverons

$$\frac{1}{2} G_1^{(m)} = \frac{e}{2} \left(m_1 N_{-1,1,0} + m_0 N_{-1,0,1}\right)$$

$$+ \left(\frac{e}{2}\right)^3 \left(m_3 N_{-1,3,0} + \frac{m_2}{1} N_{-1,2,1} + \frac{m_1}{1.2} N_{-1,1,2} + \frac{m_0}{1.2.3} N_{-1,0,3}\right)$$

$$+ \left(\frac{e}{2}\right)^5 \left(m_5 N_{-1,5,0} + \frac{m_4}{1} N_{-1,4,1} + \frac{m_3}{1.2} N_{-1,3,2} + \frac{m_2}{1.2.3} N_{-1,2,3}\right.$$

$$\left. + \frac{m_1}{1.2.3.4} N_{-1,1,4} + \frac{m_0}{1.2.3.4.5} N_{-1,0,5}\right),$$

$$\cdots\cdots\cdots\cdots\cdots\cdots\cdots\cdots\cdots\cdots\cdots\cdots\cdots$$

On trouve directement

$$N_{-1,1,0} = +1, \qquad N_{-1,0,1} = +1;$$

$$N_{-1,3,0} = +3, \qquad N_{-1,2,1} = +1, \quad N_{-1,1,2} = -1, \quad N_{-1,0,3} = -3;$$

$$N_{-1,5,0} = +10, \quad N_{-1,4,1} = +2, \quad N_{-1,3,2} = -2, \quad N_{-1,2,3} = -2, \quad N_{-1,1,4} = +2, \quad N_{-1,0,5} = +10;$$

$$\cdots\cdots, \quad \cdots\cdots, \quad \cdots\cdots, \quad \cdots\cdots, \quad \cdots\cdots, \quad \cdots\cdots,$$

et, en remplaçant m_0, m_1, m_2, ... par leurs valeurs (26), il vient

$$\frac{1}{2} G_1^{(m)} = m \left(\frac{e}{2}\right) + \frac{m(m^2 + m - 3)}{2} \left(\frac{e}{2}\right)^3 + \frac{m(m^4 + 6m^3 + 5m^2 - 8m - 3)}{12} \left(\frac{e}{2}\right)^5 + \ldots.$$

92. Appliquons les formules précédentes au cas de $m = 2$; nous aurons alors

$$\frac{a^2}{r^2} = \frac{1}{2} G_0^{(2)} + \sum_{i=1}^{i=\infty} G_i^{(2)} \cos i\zeta;$$

la formule (25) donne ensuite

$$\frac{1}{2} G_0^{(2)} = 1 + \frac{1}{2} e^2 + \frac{1.3}{2.4} e^4 + \ldots + \frac{1.3\ldots(2\rho-1)}{2.4\ldots2\rho} e^{2\rho} + \ldots;$$

T. — I. 31

le second membre se trouve être le développement de $(1 - e^2)^{-\frac{1}{2}}$. On a donc

$$\frac{1}{2} G_0^{(2)} = \frac{1}{\sqrt{1 - e^2}}.$$

Les formules (26) et (27) donnent ensuite

$$m_0 = m_1 = m_2 = \ldots = 1,$$

$$(28) \qquad G_i^{(2)} = 2 \sum_j \sum_q \frac{i^q}{1.2\ldots q} \left(\frac{e}{2}\right)^{j+q} N_{-i,j,q};$$

enfin on aura

$$(29) \qquad \frac{a^2}{r^2} = \frac{1}{\sqrt{1 - e^2}} + \sum_{i=1}^{i=\infty} G_i^{(2)} \cos i\zeta.$$

Nous allons déduire de là un développement dont l'importance est fondamentale, celui de l'équation du centre suivant les sinus des multiples de l'anomalie moyenne.

En désignant toujours par w l'anomalie vraie, le principe des aires nous donne

$$r^2 \frac{dw}{dt} = na^2 \sqrt{1 - e^2};$$

on en conclut

$$(30) \qquad \frac{dw}{d\zeta} = \frac{a^2}{r^2} \sqrt{1 - e^2},$$

et, en remplaçant $\frac{a^2}{r^2}$ par son développement (29),

$$\frac{dw}{d\zeta} = 1 + \sqrt{1 - e^2} \sum_{i=1}^{i=\infty} G_i^{(2)} \cos i\zeta.$$

Multiplions par ζ, intégrons et déterminons la constante par la condition que, pour $\zeta = 0$, on ait $w = 0$; il viendra

$$w = \zeta + \sqrt{1 - e^2} \sum_{i=1}^{i=\infty} G_i^{(2)} \frac{\sin i\zeta}{i}.$$

Si donc nous désignons l'équation du centre par c et que nous fassions

$$(\alpha) \qquad c = \sum_{i=1}^{i=n} H_i \sin i\zeta,$$

nous aurons

$$(\beta) \qquad \mathrm{H}_i = \frac{2\sqrt{1-e^2}}{i} \sum_j \sum_q \frac{i^q}{1.2\ldots q} \left(\frac{e}{2}\right)^{j+q} \mathrm{N}_{-i,j,q};$$

tout est donc ramené en dernière analyse au calcul des nombres de Cauchy.

On se rappelle que les indices j et q prennent toutes les valeurs entières nulles ou positives satisfaisant aux conditions

$$j + q = i,$$
$$j + q = i + 2,$$
$$j + q = i + 4,$$
$$\ldots\ldots\ldots\ldots;$$

on aura donc pour H_i une expression de cette forme

$$\mathrm{H}_i = \frac{2\sqrt{1-e^2}}{i} \left[\mathrm{H}_i^{(0)} \left(\frac{e}{2}\right)^i + \mathrm{H}_i^{(2)} \left(\frac{e}{2}\right)^{i+2} + \ldots \right].$$

Cherchons l'expression de $\mathrm{H}_i^{(0)}$; nous aurons

$$\mathrm{H}_i^{(0)} = \sum_j \sum_q \frac{i^q}{1.2\ldots q} \mathrm{N}_{-i,j,q},$$

où les indices j et q prennent toutes les valeurs entières nulles ou positives, telles que $j + q = i$; or on a vu que, dans ces conditions, on a $\mathrm{N}_{-i,j,q} = 1$; on trouvera donc, pour le coefficient cherché,

$$\mathrm{H}_i^{(0)} = \sum_{q=0}^{q=i} \frac{i^q}{1.2\ldots q} = 1 + \frac{i}{1} + \frac{i^2}{1.2} + \ldots + \frac{i^i}{1.2\ldots i}.$$

Remarque. — On a vu dans les n°s 91 et 92 que, pour $m = 1$, $\frac{1}{2}\,\mathrm{G}_0^{(m)}$ est égal à 1 et que, pour $m = 2$, $\frac{1}{2}\,\mathrm{G}_0^{(m)}$ se réduit à $\frac{1}{\sqrt{1-e^2}}$. On peut démontrer que l'on peut sommer la série (25) quel que soit le nombre entier m, supposé maintenant supérieur à 2. On tire, en effet, de la formule (23),

$$\frac{1}{2}\,\mathrm{G}_0^{(m)} = \frac{1}{\pi} \int_0^\pi \left(\frac{r}{a}\right)^{-m} d\zeta$$

ou bien, en remplaçant $d\zeta$ par sa valeur tirée de (30) et remarquant que w varie entre les mêmes limites, 0 et 2π, que ζ,

$$\frac{1}{2}\,\mathrm{G}_0^{(m)} = \frac{1}{\sqrt{1-e^2}} \frac{1}{\pi} \int_0^{} \left(\frac{r}{a}\right)^{2-m} dw.$$

On a d'ailleurs

$$\frac{r}{a} = \frac{1 - e^2}{1 + e \cos w};$$

il viendra donc

$$\frac{1}{2}\, G_0^{(m)} = (1 - e^2)^{\frac{3}{2} - m}\, \frac{1}{\pi} \int_0^\pi (1 + e \cos w)^{m-2}\, dw.$$

Or on a, en employant la formule du binôme,

$$\int_0^\pi (1 + e \cos w)^{m-2}\, dw = \int_0^\pi dw + \frac{m-2}{1}\, e \int_0^\pi \cos w\, dw$$

$$+ \frac{(m-2)(m-3)}{1\cdot 2}\, e^2 \int_0^\pi \cos^2 w\, dw + \ldots$$

$$+ \frac{(m-2)(m-3)\ldots(m-p-1)}{1\cdot 2 \ldots p}\, e^p \int_0^\pi \cos^p w\, dw + \ldots$$

L'intégrale $\int_0^\pi \cos^p w\, dw$ est nulle si p est impair, et égale à

$$\frac{1\cdot 3\cdot 5 \ldots (p-1)}{2\cdot 4\cdot 6 \ldots p}\, \pi,$$

si p est pair. On trouve ainsi, après une légère transformation des coefficients,

$$(31) \quad \left\{ \begin{aligned} \frac{1}{2}\, G_0^{(m)} = {}& (1 - e^2)^{\frac{3}{2} - m} \left[1 + \frac{(m-2)(m-3)}{1^2} \left(\frac{e}{2}\right)^2 \right. \\ & + \frac{(m-2)(m-3)(m-4)(m-5)}{(1\cdot 2)^2} \left(\frac{e}{2}\right)^4 \\ & \left. + \frac{(m-2)(m-3)\ldots(m-7)}{(1\cdot 2\cdot 3)^2} \left(\frac{e}{2}\right)^6 + \ldots \right]. \end{aligned} \right.$$

On voit que la série qui figure au second membre de cette formule se termine d'elle-même, si m est un nombre entier supérieur à 2; pour $m = 2$, ce second membre se réduit bien à $\frac{1}{\sqrt{1 - e^2}}$.

Pour terminer ce sujet, nous reproduirons ici l'énoncé d'un théorème que nous avons démontré dans les *Comptes rendus de l'Académie des Sciences*, t. XCI, p. 897 :

Soit $f(r)$ une fonction finie et bien déterminée du rayon vecteur r; on pourra développer cette fonction suivant les cosinus des multiples de l'anomalie moyenne

$$f(r) = \sum_{i=0}^{i=\infty} B_i \cos i\zeta.$$

Le coefficient B_i est représenté par une série ordonnée suivant les puissances de l'excentricité; voici sa valeur symbolique :

$$(32) \quad \frac{1}{2}B_i = (-1)^i \sum_{p=0}^{p=\infty} \frac{\left(\dfrac{e}{2}\right)^{i+2p}}{1.2\ldots p.1.2\ldots(i+p)} \, \xi(\xi - i)^{i+p-1}(\xi + i)^{p-1}(\xi + i + 2p);$$

quand on aura effectué le produit

$$\xi(\xi - i)^{i+p-1}(\xi + i)^{p-1}(\xi + i + 2p),$$

on devra y remplacer une puissance quelconque de ξ, ξ^q par

$$\xi^q = a^q \frac{d^q f(a)}{da^q};$$

le coefficient de $\left(\dfrac{e}{2}\right)^{i+2p}$ dans $\dfrac{1}{2}B_i$ se présentera sous la forme suivante :

$$\alpha_0 f(a) + \alpha_1 a \frac{df(a)}{da} + \alpha_2 a^2 \frac{d^2 f(a)}{da^2} + \ldots + \alpha_{i+2p} a^{i+2p} \frac{d^{i+2p} f(a)}{da^{i+2p}},$$

où les α sont des coefficients numériques; on voit qu'on a pu condenser cette expression en adoptant une notation symbolique.

93. Posons

$$x = \frac{r}{a} - 1, \qquad y = w - \zeta = \mathcal{C};$$

nous trouverons sans peine, en partant des formules des n°s 90 et 92,

$$(33) \quad \left\{ \begin{aligned}
x ={}& + 2\left(\frac{e}{2}\right)^2 - \left[2\left(\frac{e}{2}\right) - 3\left(\frac{e}{2}\right)^3 + \frac{5}{6}\left(\frac{e}{2}\right)^5 - \frac{7}{72}\left(\frac{e}{2}\right)^7 + \ldots\right]\cos\zeta \\
& - \left[2\left(\frac{e}{2}\right)^2 - \frac{16}{3}\left(\frac{e}{2}\right)^4 + 4\left(\frac{e}{2}\right)^6 - \ldots\right]\cos 2\zeta \\
& - \left[3\left(\frac{e}{2}\right)^3 - \frac{45}{4}\left(\frac{e}{2}\right)^5 + \frac{567}{40}\left(\frac{e}{2}\right)^7 - \ldots\right]\cos 3\zeta \\
& - \left[\frac{16}{3}\left(\frac{e}{2}\right)^4 - \frac{128}{5}\left(\frac{e}{2}\right)^6 + \ldots\right]\cos 4\zeta \\
& - \left[\frac{125}{12}\left(\frac{e}{2}\right)^5 - \frac{4375}{72}\left(\frac{e}{2}\right)^7 + \ldots\right]\cos 5\zeta \\
& - \left[\frac{108}{5}\left(\frac{e}{2}\right)^6 - \ldots\right]\cos 6\zeta - \left[\frac{16807}{360}\left(\frac{e}{2}\right)^7 - \ldots\right]\cos 7\zeta - \ldots
\end{aligned} \right.$$

et

$$
(34) \quad
\begin{cases}
y = + \left[4\left(\dfrac{e}{2}\right) - 2\left(\dfrac{e}{2}\right)^3 + \dfrac{5}{3}\left(\dfrac{e}{2}\right)^5 + \dfrac{107}{36}\left(\dfrac{e}{2}\right)^7 - \ldots \right] \sin\zeta \\[2ex]
\quad + \left[5\left(\dfrac{e}{2}\right)^2 - \dfrac{22}{3}\left(\dfrac{e}{2}\right)^4 + \dfrac{17}{3}\left(\dfrac{e}{2}\right)^6 - \ldots \right] \sin 2\zeta \\[2ex]
\quad + \left[\dfrac{26}{3}\left(\dfrac{e}{2}\right)^3 - \dfrac{43}{2}\left(\dfrac{e}{2}\right)^5 + \dfrac{95}{4}\left(\dfrac{e}{2}\right)^7 - \ldots \right] \sin 3\zeta \\[2ex]
\quad + \left[\dfrac{103}{6}\left(\dfrac{e}{2}\right)^4 - \dfrac{902}{15}\left(\dfrac{e}{2}\right)^6 + \ldots \right] \sin 4\zeta \\[2ex]
\quad + \left[\dfrac{1097}{30}\left(\dfrac{e}{2}\right)^5 - \dfrac{5957}{36}\left(\dfrac{e}{2}\right)^7 + \ldots \right] \sin 5\zeta \\[2ex]
\quad + \left[\dfrac{1223}{15}\left(\dfrac{e}{2}\right)^6 \cdots \right] \sin 6\zeta + \left[\dfrac{47273}{252}\left(\dfrac{e}{2}\right)^7 - \ldots \right] \sin 7\zeta + \ldots.
\end{cases}
$$

Ces deux formules sont l'une des bases fondamentales du développement usuel de la fonction perturbatrice, celui qu'a adopté M. Le Verrier.

On aura à en conclure les développements de x^2, x^3, ..., de y^2, y^3, ..., de xy, x^2y, ..., xy^2, xy^3, ..., et en général de $x^m y^n$ suivant les sinus ou cosinus des multiples de ζ.

Pour ce qui concerne les puissances successives de x, la question est résolue par les formules du n° 92; elles montrent que x^m ne contient que des cosinus des multiples de ζ et que le coefficient de $\cos i\zeta$ est de la forme

$$
(35) \qquad ce^{i+2k} + c_1 e^{i+2k+2} + c_2 e^{i+2k+4} + \ldots,
$$

k désignant un entier positif qui peut être nul; on doit avoir d'ailleurs

$$
i + 2k \gtrless m.
$$

Pour les puissances successives de y, on les effectuera de proche en proche, en partant de la formule (34), que nous écrirons ainsi

$$
y = \ldots + b_p \sin p\zeta + \ldots + b_q \sin q\zeta + \ldots;
$$

b_p et b_q sont respectivement des ordres p et q relativement à e, et ne renferment que des puissances de e dont les exposants sont de même parité que p et q; on aura d'abord

$$
y^2 = \ldots + b_p^2 \sin^2 p\zeta + b_q^2 \sin^2 q\zeta + 2 b_p b_q \sin p\zeta \sin q\zeta + \ldots
$$

ou bien

$$
y^2 = \ldots + \tfrac{1}{2}(b_p^2 + b_q^2) - \tfrac{1}{2} b_p^2 \cos 2p\zeta - \tfrac{1}{2} b_q^2 \cos 2q\zeta \\
+ b_p b_q \cos(q - p)\zeta - b_p b_q \cos(q + p)\zeta + \ldots.
$$

Il n'y aura donc que des cosinus dans le développement de y^2; l'ordre de $\frac{1}{2}b_p^2$, coefficient de $\cos 2p\zeta$ est $2p$; celui de $b_p b_q$, coefficient de $\cos(q+p)\zeta$ est $q+p$; l'ordre de $b_p b_q$, coefficient de $\cos(q-p)\zeta$ est $q+p = (q-p)+2p$.

On en conclut aisément que le coefficient de $\cos i\zeta$ dans y^2 est de la forme (35), et que l'on doit avoir

$$i + 2k \gtreqless 2.$$

On verra de même que y^3 ne contiendra que des sinus et que le coefficient de $\sin i\zeta$ sera de la forme (35), avec

$$i + 2k \gtreqless 3.$$

En général, le développement de y^n ne renfermera que des cosinus, si n est pair, et des sinus, si n est impair; les coefficients de $\cos i\zeta$ et de $\sin i\zeta$ seront de la forme (35), avec la condition

$$i + 2k \gtreqless n.$$

On passera ensuite aisément aux développements périodiques des produits tels que $x^m y^n$, où m et n désignent des nombres entiers positifs ou nuls; $x^m y^n$ ne contiendra que des cosinus si n est pair, des sinus quand n sera impair; les coefficients de $\cos i\zeta$ et de $\sin i\zeta$ seront de la forme (35), avec la condition

$$i + 2k \gtreqless m + n.$$

Le Verrier a donné les développements ci-dessus, pour toutes les valeurs telles que $m + n \leqq 7$, dans le Tome I des *Annales de l'Observatoire de Paris*, pages 343-345; il a négligé e^8, e^9, ...

94. Nous aurons besoin également des développements périodiques de

$$x^{p-q}\cos hy \qquad \text{et de} \qquad x^{p-q}\sin hy,$$

où p, q, h sont des nombres entiers nuls ou positifs, q étant au plus égal à p.

Pour les obtenir, il suffira de remplacer $\cos hy$ et $\sin hy$ par leurs développements connus suivant les puissances de hy.

On trouvera ainsi

$$(36) \qquad x^{p-q}\cos hy = x^{p-q} - \frac{h^2}{1.2}x^{p-q}y^2 + \frac{h^4}{1.2.3.4}x^{p-q}y^4 - \dots,$$

$$(37) \qquad x^{p-q}\sin hy = \frac{h}{1}x^{p-q}y - \frac{h^3}{1.2.3}x^{p-q}y^3 + \dots;$$

il n'y aura plus qu'à remplacer les diverses puissances, telles que $x^\alpha y^\beta$, par leurs développements ci-dessus; le nombre entier h restera indéterminé.

On verra aisément que $x^{p-q}\cos hy$ ne contiendra que des cosinus, tandis que $x^{p-q}\sin hy$ ne renfermera que des sinus; le coefficient de $\cos i\zeta$ dans $x^{p-q}\cos hy$ sera de la forme (35), avec la condition

$$i + 2k \gtreqless p - q;$$

le coefficient de $\sin i\zeta$ dans $x^{p-q}\sin hy$ sera de la forme (35), avec la condition

$$i + 2k \gtreqless p - q + 1.$$

Ces nouveaux développements se trouvent dans les pages 346-348 du Tome I des *Annales de l'Observatoire*.

Enfin il nous sera encore nécessaire d'obtenir les développements périodiques de

$$\frac{x^q \cos hy}{(1+x)^{p+1}} \qquad \text{et} \qquad \frac{x^q \sin hy}{(1+x)^{p+1}},$$

p, q et h désignant des nombres entiers nuls ou positifs; on les obtiendra en développant par la formule du binôme $(1+x)^{-p-1}$ suivant les puissances entières et positives de x :

$$(38) \qquad \frac{x^q \cos hy}{(1+x)^{p+1}} = x^q \cos hy - \frac{p+1}{1} x^{q+1} \cos hy + \frac{(p+1)(p+2)}{1 \cdot 2} x^{q+2} \cos hy - \ldots,$$

$$(39) \qquad \frac{x^q \sin hy}{(1+x)^{p+1}} = x^q \sin hy - \frac{p+1}{1} x^{q+1} \sin hy + \frac{(p+1)(p+2)}{1 \cdot 2} x^{q+2} \sin hy - \ldots.$$

On se trouvera donc ramené à appliquer plusieurs fois les formules (36) et (37); le développement (38) ne contiendra que des cosinus et sera de la forme (35) avec la condition

$$i + 2k \gtreqless q;$$

(39) ne contiendra que des sinus, avec la condition

$$i + 2k \gtreqless q + 1.$$

Ces développements occupent les pages 348-355 du Tome I des *Annales de l'Observatoire*.

CHAPITRE XV.

FORMULES DE HANSEN POUR LE DÉVELOPPEMENT DE CERTAINES FONCTIONS DES COORDONNÉES DU MOUVEMENT ELLIPTIQUE.

Dans la méthode de Hansen, relative au calcul des perturbations absolues des petites planètes, on a besoin de développer, suivant les sinus et cosinus des multiples de l'anomalie moyenne, des fonctions autres que celles que nous avons considérées jusqu'ici. Hansen a traité ce sujet dans son Mémoire intitulé : *Entwickelung der negativen und ungeraden Potenzen...* (*Mémoires de la Société Royale des Sciences de Saxe*, t. IV). Nous croyons devoir résumer ici la partie essentielle de ce Mémoire.

95. Il s'agit de développer les fonctions

$$\left(\frac{r}{a}\right)^n \sin m w \quad \text{et} \quad \left(\frac{r}{a}\right)^n \cos m w$$

m et n désignant deux nombres entiers, le premier positif, le second positif ou négatif.

Ce sont des fonctions périodiques de ζ; la première est impaire, la seconde paire. On aura, en séries convergentes,

$$(1) \quad \begin{cases} \left(\frac{r}{a}\right)^n \sin m w = \quad + B_1 \sin \zeta + B_2 \sin 2\zeta + \ldots + B_i \sin i\zeta + \ldots, \\ \left(\frac{r}{a}\right)^n \cos m w = \frac{1}{2} C_0 + C_1 \cos \zeta + C_2 \cos 2\zeta + \ldots + C_i \cos i\zeta + \ldots. \end{cases}$$

T. — I. 32

Posons, comme dans le Chapitre précédent, $E^{\zeta\sqrt{-1}} = z$; nous tirerons de (1)

$$\left(\frac{r}{a}\right)^n E^{mw\sqrt{-1}} = \frac{1}{2}\,C_0 + \frac{1}{2}\,C_1(z + z^{-1}) + \ldots + \frac{1}{2}\,C_i(z^i + z^{-i}) + \ldots$$
$$+ \frac{1}{2}\,B_1(z - z^{-1}) + \ldots + \frac{1}{2}\,B_i(z^i - z^{-i}) + \ldots$$

Faisons

$$\frac{1}{2}\,C_0 = X_0^{n,m},$$

$$\frac{1}{2}\,(C_1 + B_1) = X_1^{n,m}, \qquad \frac{1}{2}\,(C_1 - B_1) = X_{-1}^{n,m},$$
$$\ldots\ldots\ldots\ldots\ldots\ldots\ldots\ldots\ldots\ldots\ldots\ldots\ldots,$$
$$\frac{1}{2}\,(C_i + B_i) = X_i^{n,m}, \qquad \frac{1}{2}\,(C_i - B_i) = X_{-i}^{n,m},$$
$$\ldots\ldots\ldots\ldots\ldots\ldots\ldots\ldots\ldots\ldots\ldots\ldots\ldots;$$

il viendra

$$\left(\frac{r}{a}\right)^n E^{mw\sqrt{-1}} = X_0^{n,m} + X_1^{n,m} z^1 + \ldots + X_i^{n,m} z^i + \ldots$$
$$+ X_{-1}^{n,m} z^{-1} + \ldots + X_{-i}^{n,m} z^{-i} + \ldots$$

ou, plus simplement,

$$(2) \qquad \left(\frac{r}{a}\right)^n E^{mw\sqrt{-1}} = \sum_{i=-\infty}^{i=+\infty} X_i^{n,m} z^i.$$

On est donc ramené à développer $\left(\dfrac{r}{a}\right)^n E^{mw\sqrt{-1}}$ suivant les puissances positives et négatives de z. On aura ensuite

$$(3) \qquad \begin{cases} C_0 = 2\,X_0^{n,m}, \\ C_i = X_i^{n,m} + X_{-i}^{n,m}, \qquad B_i = X_i^{n,m} - X_{-i}^{n,m}. \end{cases}$$

Avant de procéder à la détermination générale de $X_i^{n,m}$, nous allons résoudre quelques questions préliminaires.

96. Considérons deux nouvelles exponentielles qui correspondent à l'anomalie excentrique et à l'anomalie vraie,

$$(4) \qquad x = E^{w\sqrt{-1}}, \qquad y = E^{u\sqrt{-1}}, \qquad z = E^{\zeta\sqrt{-1}};$$

y est ce que nous appelions s dans le Chapitre précédent. On aura donc, comme on l'a vu dans ce Chapitre,

$$(a) \qquad z = y\,E^{-\frac{e}{2}\left(y - \frac{1}{y}\right)}.$$

On peut aussi trouver une relation entre x et y; partons, en effet, de la formule

$$\tan\frac{u}{2} = \sqrt{\frac{1-e}{1+e}}\,\tan\frac{w}{2},$$

remplaçons-y $\tan\dfrac{u}{2}$ par $\dfrac{1}{\sqrt{-1}}\,\dfrac{E^{\frac{u}{2}\sqrt{-1}}-E^{-\frac{u}{2}\sqrt{-1}}}{E^{\frac{u}{2}\sqrt{-1}}+E^{-\frac{u}{2}\sqrt{-1}}} = \dfrac{1}{\sqrt{-1}}\,\dfrac{y-1}{y+1}$, $\tan\dfrac{w}{2}$ par $\dfrac{1}{\sqrt{-1}}\,\dfrac{x-1}{x+1}$,

et posons

$$
(4)\qquad
\left\{
\begin{aligned}
&\sqrt{\frac{1-e}{1+e}} = \frac{1-\beta}{1+\beta},\\[1em]
&\text{d'où}\\[0.3em]
&e = \frac{2\beta}{1+\beta^2},\\[1em]
&\beta = \frac{e}{1+\sqrt{1-e^2}} = \frac{1-\sqrt{1-e^2}}{e};
\end{aligned}
\right.
$$

nous trouverons ainsi

$$\frac{y-1}{y+1} = \frac{1-\beta}{1+\beta}\,\frac{x-1}{x+1},$$

d'où

$$(b)\qquad y = \frac{x+\beta}{1+\beta x} = x\,\frac{1+\dfrac{\beta}{x}}{1+\beta x};$$

on en déduit

$$(b')\qquad x = \frac{y-\beta}{1-\beta y} = y\,\frac{1-\dfrac{\beta}{y}}{1-\beta y}.$$

Si nous éliminons y entre les équations (a) et (b), nous aurons une relation entre z et x; nous tirons d'abord de la formule (b)

$$y - \frac{1}{y} = (1-\beta^2)\,\frac{x^2-1}{(x+\beta)(1+\beta x)} = (1-\beta^2)\left(\frac{x}{1+\beta x} - \frac{1}{x+\beta}\right).$$

En portant dans la formule (a) la valeur (b) de y et la valeur ci-dessus de $y-\dfrac{1}{y}$, et remarquant que l'on a $\dfrac{e}{2}(1-\beta^2) = \beta\sqrt{1-e^2}$, on trouve

$$(c)\qquad z = x\left(1+\frac{\beta}{x}\right)(1+\beta x)^{-1}\,E^{-\beta\sqrt{1-e^2}\left(\frac{x}{1+\beta x} - \frac{x^{-1}}{1+\beta x^{-1}}\right)}.$$

Il convient de remarquer que, d'après sa définition (4), β est plus petit que e, et diffère peu de $\dfrac{e}{2}$ si e est petit.

Exprimons maintenant le rayon vecteur r en fonction de x ou de y; on a d'abord

$$\frac{r}{a} = 1 - \frac{e}{2}\left(y + \frac{1}{y}\right) = -\frac{ey^2 - 2y + e}{2y}$$

$$= -\frac{e}{2y}\left(y - \frac{1 + \sqrt{1 - e^2}}{e}\right)\left(y - \frac{1 - \sqrt{1 - e^2}}{e}\right) = -\frac{e}{2y}(y - \beta)\left(y - \frac{1}{\beta}\right);$$

d'où

$$(5) \qquad \frac{r}{a} = \frac{e}{2\beta}(1 - \beta y)\left(1 - \frac{\beta}{y}\right) = \frac{1}{1 + \beta^2}(1 - \beta y)\left(1 - \frac{\beta}{y}\right).$$

On a ensuite

$$\frac{r}{a} = \frac{1 - e^2}{1 + e\cos w} = \frac{1 - e^2}{1 + \frac{e}{2}\left(x + \frac{1}{x}\right)} = \frac{2(1 - e^2)x}{ex^2 + 2x + e},$$

$$\frac{r}{a} = \frac{2(1 - e^2)x}{e\left(x + \frac{1 + \sqrt{1 - e^2}}{e}\right)\left(x + \frac{1 - \sqrt{1 - e^2}}{e}\right)} = \frac{2(1 - e^2)x}{e(x + \beta)\left(x + \frac{1}{\beta}\right)},$$

$$\frac{r}{a} = 2\beta\frac{1 - e^2}{e}\frac{1}{(1 + \beta x)\left(1 + \frac{\beta}{x}\right)}$$

ou bien

$$(6) \qquad \frac{r}{a} = \frac{(1 - \beta^2)^2}{1 + \beta^2}\frac{1}{(1 + \beta x)\left(1 + \frac{\beta}{x}\right)}.$$

Nous aurons tout à l'heure à introduire du ou dw au lieu de $d\zeta$; nous aurons pour cela les formules

$$(7) \qquad d\zeta = \frac{r}{a}\,du,$$

$$(8) \qquad d\zeta = \frac{r^2}{a^2}\frac{dw}{\sqrt{1 - e^2}}.$$

97. Nous pouvons maintenant aborder la détermination de $X_i^{n,m}$.

Multiplions les deux membres de l'équation (2) par $z^{-i}d\zeta$, et intégrons relativement à ζ entre les limites o et 2π; nous trouverons

$$(9) \qquad X_i^{n,m} = \frac{1}{2\pi}\int_0^{2\pi}\left(\frac{r}{a}\right)^n x^m z^{-i}\,d\zeta.$$

Nous pouvons remplacer maintenant, dans le second membre de cette formule, r, x, z, $d\zeta$ respectivement, d'abord par leurs valeurs (5), (b'), (a), (7), puis par leurs valeurs (6), (c), (8) (dans cette dernière substitution on ne touche pas à la quantité x); il viendra

$$(A) \quad X_i^{n,m} = (1 + \beta^2)^{-n-1} \frac{1}{2\pi} \int_0^{2\pi} y^{m-i} (1 - \beta y)^{n-m+1} \left(1 - \frac{\beta}{y}\right)^{n+m+1} E^{\frac{ie}{2}\left(y - \frac{1}{y}\right)} du,$$

$$(A') \quad X_i^{n,m} = \frac{(1 - \beta^2)^{2n+3}}{(1 + \beta^2)^{n+1}} \frac{1}{2\pi} \int_0^{2\pi} x^{m-i} (1 + \beta x)^{i-n-2} \left(1 + \frac{\beta}{x}\right)^{-i-n-2} E^{i\beta\sqrt{1-e^2}\left(\frac{x}{1+\beta x} - \frac{x^{-1}}{1+\beta x^{-1}}\right)} dw.$$

A chacune de ces équations correspond une des formules de Hansen.

Puisque β est compris entre 0 et 1 et que les modules de x et y sont égaux à 1, on voit que $(1 - \beta y)^{n-m+1}$ et $\left(1 - \frac{\beta}{y}\right)^{n+m+1}$ sont développables en séries convergentes suivant les puissances de y ou de $\frac{1}{y}$; il en est de même relativement à x, pour $(1 + \beta x)^{i-n-2}$ et $\left(1 + \frac{\beta}{x}\right)^{-i-n-2}$; $E^{i\beta\sqrt{1-e^2}\frac{x}{1+\beta x}}$ est développable suivant les puissances de $\frac{x}{1+\beta x}$, donc suivant celles de x; $E^{-i\beta\sqrt{1-e^2}\frac{x^{-1}}{1+\beta x^{-1}}}$ est de même développable suivant les puissances de x^{-1}.

On en conclut que, si l'on considère les fonctions

$$(B') \quad \Phi' = (1 + \beta x)^{i-n-2} \left(1 + \frac{\beta}{x}\right)^{-i-n-2} E^{i\beta\sqrt{1-e^2}\left(\frac{x}{1+\beta x} - \frac{x^{-1}}{1+\beta x^{-1}}\right)},$$

$$(B) \quad \Phi = (1 - \beta y)^{n-m+1} \left(1 - \frac{\beta}{y}\right)^{n+m+1} E^{\frac{ie}{2}\left(y - \frac{1}{y}\right)},$$

ces fonctions seront développables en séries convergentes procédant suivant les puissances positives et négatives de y ou de x.

Désignons par $\mathcal{A}$ le coefficient de y^{i-m} dans le développement de Φ, et par $\mathcal{A}'$ celui de x^{i-m} dans le développement de Φ'; nous aurons

$$(C) \quad X_i^{n,m} = (1 + \beta^2)^{-n-1} \mathcal{A},$$

$$(C') \quad X_i^{n,m} = \frac{(1 - \beta^2)^{2n+3}}{(1 + \beta^2)^{n+1}} \mathcal{A}',$$

car le terme $\mathcal{A} y^{i-m}$ donnera, dans l'intégrale du second membre de la formule (A),

$$\mathcal{A} \times \frac{1}{2\pi} \int_0^{2\pi} du = \mathcal{A},$$

et tout autre terme, tel que $\mho y^{i-m+j}$, donnerait

$$\mho \times \frac{1}{2\pi} \int_0^{2\pi} y^j \, du = 0.$$

Nous allons nous occuper d'abord des formules (A), (B), (C).

98. Il convient de remarquer que le théorème de Cauchy conduirait immédiatement à la formule (A) de cette première méthode.

Nous supposerons d'abord $i = 0$; la fonction Φ se réduit à

$$\Phi_0 = (1 - \beta y)^{n-m+1} \left(1 - \frac{\beta}{y}\right)^{n+m+1};$$

soit $\mathcal{A}_0$ le coefficient de y^{-m} dans Φ_0; on aura

$$X_0^{n,m} = (1 + \beta^2)^{-n-1} \mathcal{A}_0.$$

Posons, pour un moment,

$$p = n - m + 1, \qquad q = n + m + 1;$$

on aura

$$q \geqq p,$$

parce que m est un entier nul ou positif; le terme général de Φ_0 est égal à

$$(-1)^{r+s} \beta^{r+s} \frac{p(p-1)\ldots(p-r+1)}{1.2\ldots r} \frac{q(q-1)\ldots(q-s+1)}{1.2\ldots s} y^{r-s};$$

on doit avoir

$$r - s = -m, \qquad \text{d'où} \qquad s = r + m.$$

On donnera ensuite à r les valeurs $0, +1, +2, \ldots$ et à s les valeurs correspondantes; il viendra ainsi

$$\mathcal{A}_0 = (-1)^m \beta^m \left[\frac{q(q-1)\ldots(q-m+1)}{1.2\ldots m} + \frac{p}{1} \frac{q(q-1)\ldots(q-m)}{1.2\ldots(m+1)} \beta^2 \right.$$
$$\left. + \frac{p(p-1)}{1.2} \frac{q(q-1)\ldots(q-m-1)}{1.2\ldots(m+2)} \beta^4 + \ldots \right].$$

On aura donc

$$(\text{D}) \quad \begin{cases} X_0^{n,m} = \frac{(-1)^m}{1.2\ldots m} \frac{\beta^m}{(1+\beta^2)^{n+1}} \left[(n+2)(n+3)\ldots(n+m+1) \right. \\[2mm] \qquad + \frac{n-m+1}{1} \frac{(n+1)(n+2)\ldots(n+m+1)}{m+1} \beta^2 \\[2mm] \qquad \left. + \frac{(n-m+1)(n-m)}{1.2} \frac{n(n+1)\ldots(n+m+1)}{(m+1)(m+2)} \beta^4 + \ldots \right]. \end{cases}$$

Si le nombre n est tel que l'on ait

$$n > -m - 1,$$

la série qui figure dans le second membre de la formule (D) se termine d'elle-même; si n est égal à l'un des nombres -2, -3, ..., $-m-1$, on a $X_0^{n,m} = 0$. Si l'on a $n < -m - 1$, la série se prolonge indéfiniment. On peut écrire alors, en employant la notation employée pour représenter la série hypergéométrique,

$$(D_1) \quad X_0^{n,m} = (-1)^m \frac{\beta^m}{(1+\beta^2)^{n+1}} \frac{(n+2)(n+3)\ldots(n+m+1)}{1.2\ldots m} F(m-n-1, -n-1, m+1, \beta^2).$$

Considérons maintenant le cas général où i est un nombre positif ou négatif différent de zéro; en faisant

$$(10) \qquad \nu = \frac{ie}{2\beta} = i \frac{1 + \sqrt{1 - e^2}}{2},$$

la formule (B) donnera

$$(11) \quad \begin{cases} \Phi = \Theta\Theta_1, \\ \text{en posant} \\ \Theta = (1 - \beta y)^{n-m+1} E^{\nu\beta y}, \\ \Theta_1 = \left(1 - \frac{\beta}{y}\right)^{n+m+1} E^{-\frac{\nu\beta}{y}}. \end{cases}$$

Nous allons chercher le développement de Θ suivant les puissances de y; nous en conclurons celui de Θ_1, en changeant y en $\frac{1}{y}$, m en $-m$, ν en $-\nu$.

On a, en séries convergentes,

$$(1 - \beta y)^{n-m+1} = 1 - \frac{n-m+1}{1}\beta y + \frac{(n-m+1)(n-m)}{1.2}\beta^2 y^2$$
$$- \frac{(n-m+1)(n-m)(n-m-1)}{1.2.3}\beta^3 y^3 + \ldots,$$

$$E^{\nu\beta y} = 1 + \frac{\nu}{1}\beta y + \frac{\nu^2}{1.2}\beta^2 y^2 + \frac{\nu^3}{1.2.3}\beta^3 y^3 + \ldots.$$

Si donc on pose

$$(12) \quad \begin{cases} P_1 = \frac{n-m+1}{1} - \frac{\nu}{1}, \\ P_2 = \frac{(n-m+1)(n-m)}{1.2} - \frac{n-m+1}{1}\frac{\nu}{1} + \frac{\nu^2}{1.2}, \\ P_3 = \frac{(n-m+1)(n-m)(n-m-1)}{1.2.3} - \frac{(n-m+1)(n-m)}{1.2}\frac{\nu}{1} \\ \qquad + \frac{n-m+1}{1}\frac{\nu^2}{1.2} - \frac{\nu^3}{1.2.3}, \\ \ldots\ldots\ldots\ldots\ldots\ldots\ldots\ldots\ldots\ldots \end{cases}$$

on aura

$$(13) \qquad \Theta = 1 - P_1 \beta y + P_2 \beta^2 y^2 - P_3 \beta^3 y^3 + \dots.$$

On fera de même, en changeant m et ν en $-m$ et $-\nu$,

$$(12_1) \quad
\begin{cases}
Q_1 = \dfrac{n+m+1}{1} + \dfrac{\nu}{1}, \\[2mm]
Q_2 = \dfrac{(n+m+1)(n+m)}{1.2} + \dfrac{n+m+1}{1}\dfrac{\nu}{1} + \dfrac{\nu^2}{1.2}, \\[2mm]
Q_3 = \dfrac{(n+m+1)(n+m)(n+m-1)}{1.2.3} + \dfrac{(n+m+1)(n+m)}{1.2}\dfrac{\nu}{1} \\[2mm]
\qquad\qquad + \dfrac{n+m+1}{1}\dfrac{\nu^2}{1.2} + \dfrac{\nu^3}{1.2.3}, \\[2mm]
\dotfill,
\end{cases}$$

et il viendra

$$(13_1) \qquad \Theta_1 = 1 - Q_1 \frac{\beta}{y} + Q_2 \frac{\beta^2}{y'^2} - Q_3 \frac{\beta^3}{y^3} + \dots.$$

Il faut maintenant faire le produit des seconds membres des équations (13) et (13_1), et chercher dans ce produit le coefficient $\mathcal{A}$ du terme en y^{i-m}.

Si $i - m$ est positif, on trouve

$$\mathcal{A} = (-1)^{i-m} (P_{i-m} \beta^{i-m} + P_{i-m+1} Q_1 \beta^{i-m+2} + \dots);$$

au lieu que, dans le cas de $i - m$ négatif, il vient

$$\mathcal{A} = (-1)^{m-i} (Q_{m-i} \beta^{m-i} + Q_{m-i+1} P_1 \beta^{m-i+2} + \dots).$$

On aura donc ces valeurs de $X_i^{n,m}$:

$$(E) \quad
\begin{cases}
1° \ i > m, \\
X_i^{n,m} = (-1)^{i-m}(1+\beta^2)^{-n-1}\beta^{i-m}(P_{i-m} + P_{i-m+1}Q_1\beta^2 + P_{i-m+2}Q_2\beta^4 + \dots),
\end{cases}$$

$$(F) \quad
\begin{cases}
2° \ i < m, \\
X_i^{n,m} = (-1)^{m-i}(1+\beta^2)^{-n-1}\beta^{m-i}(Q_{m-i} + Q_{m-i+1}P_1\beta^2 + Q_{m-i+2}P_2\beta^4 + \dots).
\end{cases}$$

Il convient de remarquer que, dans les formules (E) et (F), il suffira d'un nombre de termes peu considérable, puisque chaque nouveau terme contient un facteur β^2 de plus que le précédent.

Les quantités P_1, P_2, ..., Q_1, Q_2, ... seront calculées par les formules (12) et (12_1), ν étant défini par la relation (10).

Appliquons ces formules au développement de $\frac{a^2}{r^2}$; nous aurons donc $n = -2$, $m = 0$; les formules (12) et (12_4) donneront

$$-P_1 = 1 + \frac{\nu}{1},$$

$$P_2 = 1 + \frac{\nu}{1} + \frac{\nu^2}{1.2},$$

$$-P_3 = 1 + \frac{\nu}{1} + \frac{\nu^2}{1.2} + \frac{\nu^3}{1.2.3},$$

$$\dots\dots\dots\dots\dots\dots\dots\dots\dots\dots;$$

$$-Q_1 = 1 - \frac{\nu}{1},$$

$$Q_2 = 1 - \frac{\nu}{1} + \frac{\nu^2}{1.2},$$

$$-Q_3 = 1 - \frac{\nu}{1} + \frac{\nu^2}{1.2} - \frac{\nu^3}{1.2.3},$$

$$\dots\dots\dots\dots\dots\dots\dots\dots\dots\dots;$$

après quoi la formule (E) deviendra

$$X_i^{-2,0} = (-1)^i \beta^i (1 + \beta^2)(P_i + P_{i+1} Q_1 \beta^2 + P_{i+2} Q_2 \beta^4 + \dots).$$

99. Nous allons appliquer maintenant les formules (B') et (C').

Nous considérerons en premier lieu le cas de $i = 0$; la fonction Φ' se réduit alors à

$$\Phi'_0 = (1 + \beta x)^{-n-2} \left(1 + \frac{\beta}{x}\right)^{-n-2};$$

soit $\mathcal{A}'_0$ le coefficient de x^{-m} dans cette formule, on aura

$$X_0^{n,m} = \frac{(1 - \beta^2)^{2n+3}}{(1 + \beta^2)^{n+1}} \mathcal{A}'_0;$$

on arrive ainsi sans peine à la formule suivante :

$$(D') \quad \left\{ \begin{aligned} X_0^{n,m} = \frac{(-1)^m}{1.2\dots m} \frac{\beta^m (1 - \beta^2)^{2n+3}}{(1 + \beta^2)^{n+1}} \Bigg[&(n+2)(n+3)\dots(n+m+1) \\ &+ \frac{n+2}{1} \frac{(n+2)(n+3)\dots(n+m+2)}{m+1} \beta^2 \\ &+ \frac{(n+2)(n+3)}{1.2} \frac{(n+2)(n+3)\dots(n+m+3)}{(m+1)(m+2)} \beta^4 + \dots \Bigg]. \end{aligned} \right.$$

T. — I. 33

On voit que la série qui figure dans cette formule se termine d'elle-même lorsque $n + m + 1$ est négatif, auquel cas la série qui entre dans (D) se compose au contraire d'un nombre illimité de termes.

On peut donc toujours exprimer $X_0^{n,m}$ sous forme finie.

Si $n + 2$ est positif, la série qui figure dans (D') n'est pas limitée; on peut écrire, comme on le voit aisément,

$$(\text{D}'_1) \quad X_0^{n,m} = (-1)^m \frac{\beta^m (1 - \beta^2)^{2n+3}}{(1 + \beta^2)^{n+1}} \frac{(n+2)(n+3)\ldots(n+m+1)}{1.2\ldots m} F(m + n + 2, n + 2, m + 1, \beta^2).$$

On vérifie facilement l'identité des formules (D_1) et (D'_1), en partant de la propriété de la série hypergéométrique qu'exprime la relation suivante :

$$(14) \qquad F(a, b, c, \beta^2) = (1 - \beta^2)^{c-a-b} F(c - a, c - b, c, \beta^2).$$

Enfin on a aussi cette autre propriété [*OEuvres de Gauss*, t. III, p. 225, formule (100)],

$$(15) \qquad F(2a', 2a' + 1 - c', c', \beta^2) = (1 + \beta^2)^{-2a'} F\left[a', a' + \frac{1}{2}, c', \frac{4\beta^2}{(1 + \beta^2)^2}\right],$$

qui donne, en posant

$$2a' = m - n - 1, \qquad c' = m + 1 :$$

$$F(m - n - 1, -n - 1, m + 1, \beta^2) = (1 + \beta^2)^{n+1-m} F\left(\frac{m - n - 1}{2}, \frac{m - n}{2}, m + 1, e^2\right).$$

La formule (D_1) peut donc s'écrire

$$(\text{D}_2) \quad X_0^{n,m} = (-1)^m \frac{(n+2)(n+3)\ldots(n+m+1)}{1.2\ldots m} \left(\frac{e}{2}\right)^m F\left(\frac{m - n - 1}{2}, \frac{m - n}{2}, m + 1, e^2\right),$$

ou encore, en tenant compte de la propriété (14),

$$(\text{D}'_2) \quad X_0^{n,m} = (-1)^m \frac{(n+2)(n+3)\ldots(n+m+1)}{1.2\ldots m} \left(\frac{e}{2}\right)^m (1 - e^2)^{n+\frac{3}{2}} F\left(\frac{m + n + 2}{2}, \frac{m + n + 3}{2}, m + 1, e^2\right).$$

On aurait pu, d'ailleurs, démontrer beaucoup plus simplement ces relations (D_2) et (D'_2). On a, en effet,

$$X_0^{n,m} = \frac{1}{2\pi} \int_0^{2\pi} \left(\frac{r}{a}\right)^n E^{mw\sqrt{-1}} \, d\zeta = \frac{1}{2\pi} \int_0^{2\pi} \left(\frac{r}{a}\right)^n \cos mw \, d\zeta$$

$$= \frac{1}{\sqrt{1 - e^2}} \frac{1}{2\pi} \int_0^{2\pi} \left(\frac{r}{a}\right)^{n+2} \cos mw \, dw$$

$$= (1 - e^2)^{n+\frac{3}{2}} \frac{1}{2\pi} \int_0^{2\pi} (1 + e \cos w)^{-n-2} \cos mw \, dw$$

ou bien, en développant $(1 + e\cos\varpi)^{-n-2}$ par la formule du binôme,

$$\mathbf{X}_0^{n,m} = (1 - e^2)^{n+\frac{3}{2}} \sum_\rho \left[(-1)^\rho \frac{(n+2)(n+3)\ldots(n+\rho+1)}{1.2\ldots\rho} e^\rho \frac{1}{2\pi} \int_0^{2\pi} \cos^\rho\varpi \cos m\varpi\, d\varpi \right].$$

Or l'intégrale $\dfrac{1}{2\pi} \displaystyle\int_0^{2\pi} \cos^\rho \cos m\varpi\, d\varpi$ est nulle si ρ est plus petit que m; elle l'est encore si, ρ étant plus grand que m, la différence $\rho - m$ est impaire ; dans le cas où cette différence est paire,

$$\rho = m + 2\rho', \qquad \rho' \gtreqless 0,$$

on a

$$\frac{1}{2\pi} \int_0^{2\pi} \cos^{m+2\rho'}\varpi \cos m\varpi\, d\varpi = \frac{1}{2^{m+2\rho'}} \frac{1.2\ldots(m+2\rho')}{1.2\ldots\rho'.1.2\ldots(m+\rho')}.$$

Il viendra donc

$$\mathbf{X}_0^{n,m} = (-1)^m \left(\frac{e}{2}\right)^m (1-e^2)^{n+\frac{3}{2}} \sum_{\rho'=0}^{\rho'=\infty} \frac{(n+2)(n+3)\ldots(n+m+1+2\rho')}{1.2\ldots\rho'.1.2\ldots(m+\rho')} \left(\frac{e}{2}\right)^{2\rho'};$$

on vérifie aisément que cette formule coïncide avec $(\mathbf{D}_2')$.

Considérons maintenant le cas général où i est un nombre positif ou négatif différent de zéro ; en posant

$$(10') \qquad\qquad\qquad v' = i\sqrt{1-e^2},$$

la formule $(\mathbf{B}')$ donnera

$$(11') \qquad \begin{cases} \Phi' = \Theta'\Theta_1', \\[4pt] \text{en faisant} \\[4pt] \Theta' = (1+\beta x)^{-h}\ \mathrm{E}^{v'\frac{\beta x}{1+\beta x}}, \qquad h = n + 2 - i, \\[8pt] \Theta_1' = (1+\beta x^{-1})^{-h_1}\mathrm{E}^{-v'\frac{\beta x^{-1}}{1+\beta x^{-1}}}, \qquad h_1 = n + 2 + i; \end{cases}$$

nous allons chercher le développement de Θ' suivant les puissances de x; nous en conclurons celui de Θ_1' en changeant x en $\dfrac{1}{x}$, i en $-i$, v' en $-v'$.

Or on a

$$\mathrm{E}^{v'\frac{\beta x}{1+\beta x}} = 1 + \frac{v'}{1}(1+\beta x)^{-1}\beta x + \frac{v'^2}{1.2}(1+\beta x)^{-2}\beta^2 x^2 + \ldots;$$

on en conclut

$$\Theta' = (1+\beta x)^{-h} + \frac{v'}{1}(1+\beta x)^{-(h+1)}\beta x + \frac{v'^2}{1.2}(1+\beta x)^{-(h+2)}\beta^2 x^2 + \ldots.$$

On peut développer les puissances de $1 + \beta x$, et ordonner par rapport à βx; on est conduit à poser

$$(12')\quad\begin{cases} P'_1 = \dfrac{n+2-i}{1} - \dfrac{\nu'}{1}, \\[2mm] P'_2 = \dfrac{(n+2-i)(n+3-i)}{1.2} - \dfrac{n+3-i}{1}\dfrac{\nu'}{1} + \dfrac{\nu'^2}{1.2}, \\[2mm] P'_3 = \dfrac{(n+2-i)(n+3-i)(n+4-i)}{1.2.3} - \dfrac{(n+3-i)(n+4-i)}{1.2}\dfrac{\nu'}{1} \\[2mm] \qquad\quad + \dfrac{n+4-i}{1}\dfrac{\nu'^2}{1.2} - \dfrac{\nu'^3}{1.2.3}, \\[2mm] \dotfill\ ; \end{cases}$$

on a alors

$$(13')\qquad\qquad \Theta' = 1 - P'_1\beta x + P'_2\beta^2 x^2 - P'_3\beta^3 x^3 + \dots$$

On fera de même, en changeant i en $-i$ et ν' en $-\nu'$,

$$(12'_1)\quad\begin{cases} Q'_1 = \dfrac{n+2+i}{1} + \dfrac{\nu'}{1}, \\[2mm] Q'_2 = \dfrac{(n+2+i)(n+3+i)}{1.2} + \dfrac{n+3+i}{1}\dfrac{\nu'}{1} + \dfrac{\nu'^2}{1.2}, \\[2mm] Q'_3 = \dfrac{(n+2+i)(n+3+i)(n+4+i)}{1.2.3} + \dfrac{(n+3+i)(n+4+i)}{1.2}\dfrac{\nu'}{1} \\[2mm] \qquad\quad + \dfrac{n+4+i}{1}\dfrac{\nu'^2}{1.2} + \dfrac{\nu'^3}{1.2.3}, \\[2mm] \dotfill\ , \end{cases}$$

ce qui donnera

$$(13'_1)\qquad\qquad \Theta'_1 = 1 - Q'_1\beta x^{-1} + Q'_2\beta^2 x^{-2} - Q'_3\beta^3 x^{-3} + \dots$$

Il faut maintenant faire le produit des seconds membres des équations $(13')$ et $(13'_1)$, et chercher dans ce produit le coefficient $\mathcal{X}'$ du terme en x^{i-m}.

La formule (C') donnera ensuite $X_i^{n,m}$; on trouve, comme précédemment, qu'il y a à distinguer deux cas, et l'on arrive aux formules suivantes :

$$(E')\quad\begin{cases} 1^\circ\ i > m, \\[2mm] X_i^{n,m} = (-1)^{i-m}\dfrac{(1-\beta^2)^{2n+3}}{(1+\beta^2)^{n+1}}\,\beta^{i-m}\left[P'_{i-m} + P'_{i-m+1}Q'_1\beta^2 + P'_{i-m+2}Q'_2\beta^4 + \dots\right], \end{cases}$$

$$(F')\quad\begin{cases} 2^\circ\ i < m, \\[2mm] X_i^{n,m} = (-1)^{m-i}\dfrac{(1-\beta^2)^{2n+3}}{(1+\beta^2)^{n+1}}\,\beta^{m-i}\left[Q'_{m-i} + Q'_{m-i+1}P'_1\beta^2 + Q'_{m-i+2}P'_2\beta^4 + \dots\right]. \end{cases}$$

On peut remarquer que, si l'on développe suivant les puissances de e les quantités $\beta = \dfrac{e}{1 + \sqrt{1 - e^2}}$ et $\nu' = i\sqrt{1 - e^2}$, $X_i^{n,m}$ sera de l'une des formes

$$a_0 e^{i-m} + a_2 e^{i-m+2} + a_4 e^{i-m+4} + \ldots, \qquad i > m,$$
$$b_0 e^{m-i} + b_2 e^{m-i+2} + b_4 e^{m-i+4} + \ldots, \qquad i < m.$$

Proposons-nous comme exemple de calculer $X_i^{2,1}$ au quatrième ordre près inclusivement; on a ici

$$m = 1, \qquad n = 2, \qquad i = m = 1.$$

La formule (E') donne

$$X_1^{2,1} = \frac{(1 - \beta^2)^7}{(1 + \beta^2)^3}\,(1 + P'_1\,Q'_1\,\beta^2 + P'_2\,Q'_2\,\beta^4 + \ldots);$$

on trouve, d'ailleurs,

$$P'_1 = 3 - \nu',$$
$$P'_2 = 6 - 4\nu' + \frac{1}{2}\,\nu'^2,$$
$$Q'_1 = 5 + \nu',$$
$$Q'_2 = 15 + 6\nu' + \frac{1}{2}\,\nu'^2;$$

$$\nu' = \sqrt{1 - e^2} = \frac{1 - \beta^2}{1 + \beta^2} = 1 - 2\beta^2 + \ldots;$$

$$X_1^{2,1} = \frac{(1 - \beta^2)^7}{(1 + \beta^2)^3}\left(1 + 12\beta^2 + \frac{247}{4}\beta^4 + \ldots\right),$$

$$X_1^{2,1} = 1 + 2\beta^2 - \frac{41}{4}\beta^4 + \ldots,$$

$$X_1^{2,1} = 1 + \frac{1}{2}\,e^2 - \frac{25}{64}\,e^4 + \ldots;$$

c'est le résultat cherché.

CHAPITRE XVI.

CONVERGENCE DES SÉRIES DU MOUVEMENT ELLIPTIQUE.

100. On a vu, dans les Chapitres XIII et XV, que les quantités $\frac{r}{a}$, $u - \zeta$, $w - \zeta$, $\left(\frac{r}{a}\right)^p \cos qw$, $\left(\frac{r}{a}\right)^p \sin qw$, où p et q désignent des nombres entiers positifs ou négatifs, peuvent être développées en séries convergentes suivant les sinus et cosinus des multiples de l'anomalie moyenne ζ. Ces séries convergent pour toutes les valeurs de l'excentricité comprises entre o et 1; leurs divers termes sont, les uns positifs, les autres négatifs. Si on les groupe autrement, la convergence peut ne pas subsister.

Il y a lieu d'examiner ce qui arrive quand on ordonne les séries par rapport aux puissances de l'excentricité. Laplace (¹) a montré le premier que les séries ne restent convergentes pour toutes les valeurs de l'anomalie moyenne qu'autant que l'excentricité est inférieure à o,6627.... C'est une question importante; car, dans la théorie analytique des perturbations, on est obligé de négliger les puissances des excentricités à partir d'un certain ordre, et c'est réellement suivant les puissances de ces excentricités que l'on ordonne les calculs.

Pour traiter le problème, nous nous appuierons sur les résultats, aujourd'hui bien connus, concernant la convergence de la série de Lagrange.

Soit l'équation

$$(1) \qquad z - a - \alpha f(z) = 0,$$

dans laquelle a, α et z désignent des quantités réelles ou imaginaires; soit S un

---

(¹) *Mécanique céleste*, t. V, *Supplément*.

contour fermé, tel que l'on ait sur tous ses points

$$\mod \frac{\alpha f(z)}{z-a} < 1;$$

nous supposerons la fonction $f(z)$ holomorphe dans tout l'intérieur de S.

On démontre (*voir* le Cours de M. Hermite à la Faculté des Sciences de Paris, 3ᵉ édition, p. 167; 1886) que l'équation (1) admet une racine z et une seule dans l'intérieur de S, et, en désignant par $\Pi(z)$ une fonction holomorphe quelconque de cette racine, on a ce développement de $\Pi(z)$ en série convergente suivant les puissances de α :

$$\Pi(z) = \Pi(a) + \sum_{n=0}^{n=\infty} \frac{\alpha^{n+1}}{1.2\ldots(n+1)} \frac{d^n}{da^n}[\Pi'(a)f^{n+1}(a)].$$

Nous prendrons pour l'équation (1) l'équation de Kepler

$$(2) \qquad u - \zeta - e\sin u = 0,$$

dans laquelle nous supposerons ζ et e réels.

D'après ce qui précède, si l'on peut trouver un contour fermé S sur tous les points duquel on ait

$$(3) \qquad \mod \frac{e\sin u}{u-\zeta} = e\mod\frac{\sin u}{u-\zeta} < 1;$$

l'équation (2) admettra une racine u, et une seule, dans l'intérieur de ce contour, et l'on aura en série convergente

$$(4) \qquad \Pi(u) = \Pi(\zeta) + \sum_{n=0}^{n=\infty} \frac{e^{n+1}}{1.2\ldots(n+1)} \frac{d^n}{d\zeta^n}[\Pi'(\zeta)\sin^{n+1}\zeta].$$

Voici comment M. Rouché arrive à trouver la plus grande valeur de e pour laquelle la série (4) reste convergente, quelle que soit la quantité réelle ζ.

Soient A le point de l'axe des x dont l'abscisse est ζ et M le point dont l'affixe est u. Prenons, pour le contour S, une circonférence de rayon ρ décrite de A comme centre. Faisons mouvoir le point M sur cette circonférence et désignons par φ l'angle que fait le rayon AM avec l'axe des x; posons d'ailleurs $\sqrt{-1} = i$. Nous aurons

$$u = \zeta + \rho\,E^{i\varphi}.$$

La condition (3) reviendra à

$$(5) \qquad \frac{e}{\rho}\mod\sin(\zeta + \rho\,E^{i\varphi}) < 1.$$

Soit $F(\rho)$ le maximum du module de $\sin(\zeta + \rho E^{i\varphi})$ quand φ varie de 0 à 2π et que ζ prend toutes les valeurs réelles possibles; si l'on donne à e une valeur telle que l'on ait

$$e < \frac{\rho}{F(\rho)},$$

la condition (5) sera vérifiée et la série (4) sera convergente pour toutes les valeurs réelles de ζ.

Si l'on détermine ensuite la valeur ρ_1 du rayon ρ de manière que l'expression $\frac{\rho}{F(\rho)}$ soit la plus grande possible, et que l'on fasse $e_1 = \frac{\rho_1}{F(\rho_1)}$, la série (4) sera certainement convergente quand on aura

$$e < e_1.$$

Il faut trouver d'abord l'expression de $F(\rho)$. Or le carré du module de $\sin(\zeta + \rho E^{i\varphi})$ est égal à

$$\sin(\zeta + \rho E^{i\varphi})\sin(\zeta + \rho E^{-i\varphi}) = \sin(\zeta + \rho\cos\varphi + i\rho\sin\varphi)\sin(\zeta + \rho\cos\varphi - i\rho\sin\varphi)$$
$$= \cos^2(i\rho\sin\varphi) - \cos^2(\zeta + \rho\cos\varphi).$$

On aura donc

$$\operatorname{mod}\sin(\zeta + \rho E^{i\varphi}) = \sqrt{\left(\frac{E^{\rho\sin\varphi} + E^{-\rho\sin\varphi}}{2}\right)^2 - \cos^2(\zeta + \rho\cos\varphi)}.$$

Le maximum de cette expression, pour une valeur donnée de ρ, aura lieu quand $\left(\frac{E^{\rho\sin\varphi} + E^{-\rho\sin\varphi}}{2}\right)^2$ sera le plus grand possible, c'est-à-dire pour $\sin\varphi = 1$, et qu'on aura en même temps

$$\cos^2(\zeta + \rho\cos\varphi) = 0, \qquad \cos\zeta = 0, \qquad \zeta = \pm\frac{\pi}{2}.$$

Il viendra donc

$$F(\rho) = \frac{E^{\rho} + E^{-\rho}}{2}.$$

Il faut maintenant trouver le maximum e_1 de l'expression

$$\frac{2\rho}{E^{\rho} + E^{-\rho}}.$$

En égalant sa dérivée à zéro, on trouve

$$E^{\rho}(\rho - 1) - E^{-\rho}(\rho + 1) = 0.$$

Le premier membre de cette équation prend des valeurs de signes contraires pour $\rho = 1$ et $\rho = 2$; sa dérivée $\rho(E^{\rho} + E^{-\rho})$ est toujours positive. Donc cette équation admet une racine ρ_1 positive et rien qu'une; on trouve

$$\rho_1 = 1,9967\ldots, \qquad \frac{\rho_1}{\dfrac{E^{\rho_1} + E^{-\rho_1}}{2}} = 0,6627\ldots = e_1.$$

Donc les séries sont convergentes pour $e < 0,6627\ldots$

Les excentricités de toutes les planètes et celles des astéroïdes compris entre Mars et Jupiter sont toutes notablement inférieures à la limite ci-dessus; il en est de même pour cinq des comètes périodiques actuellement connues. Donc, pour tous ces corps, la convergence des séries du mouvement elliptique est assurée.

Il est facile de former l'équation transcendante dont dépend e_1; si l'on élimine, en effet, ρ_1 entre les deux équations

$$e_1 = \frac{2\rho_1}{E^{\rho_1} + E^{-\rho_1}}, \qquad E^{2\rho_1} = \frac{\rho_1 + 1}{\rho_1 - 1},$$

on trouve aisément l'équation cherchée

$$1 + \sqrt{1 + e_1^2} = e_1 E^{\sqrt{1+c_1^2}}.$$

101. En faisant successivement, dans la formule (4),

$$\Pi(u) = u \qquad \text{et} \qquad \Pi(u) = \cos u,$$

il vient

$$(6) \qquad u = \zeta + e\sin\zeta + \ldots\ldots + \frac{e^m}{1.2\ldots m}\frac{d^{m-1}\sin^m\zeta}{d\zeta^{m-1}} + \ldots$$

$$(7) \qquad \cos u = \cos\zeta - e\sin^2\zeta - \ldots - \frac{e^{m-1}}{1.2\ldots(m-1)}\frac{d^{m-2}\sin^m\zeta}{d\zeta^{m-2}} - \ldots$$

Or on a ces formules connues :

Pour m pair,

$$\sin^m\zeta = \frac{(-1)^{\frac{m}{2}}}{2^{m-1}}\left[\cos m\zeta - \frac{m}{1}\cos(m-2)\zeta + \frac{m(m-1)}{1.2}\cos(m-4)\zeta - \ldots\right];$$

et, pour m impair,

$$\sin^m\zeta = \frac{(-1)^{\frac{m-1}{2}}}{2^{m-1}}\left[\sin m\zeta - \frac{m}{1}\sin(m-2)\zeta + \frac{m(m-1)}{1.2}\sin(m-4)\zeta - \ldots\right].$$

T. — I.

On en tire aisément

$$\frac{d^{m-1}\sin^m\zeta}{d\zeta^{m-1}} = \frac{1}{2^{m-1}}\left[m^{m-1}\sin m\zeta - \frac{m}{1}(m-2)^{m-1}\sin(m-2)\zeta \right.$$
$$\left. + \frac{m(m-1)}{1\cdot2}(m-4)^{m-1}\sin(m-4)\zeta - \dots \right];$$

cette formule convient aux deux cas de m pair ou impair; seulement, elle se termine au terme en $\sin 2\zeta$ dans le premier, et au terme en $\sin\zeta$ dans le second.

On trouve de même

$$\frac{d^{m-2}\sin^m\zeta}{d\zeta^{m-2}} = -\frac{1}{2^{m-1}}\left[m^{m-2}\cos m\zeta - \frac{m}{1}(m-2)^{m-2}\cos(m-2)\zeta \right.$$
$$\left. + \frac{m(m-1)}{1\cdot2}(m-4)^{m-2}\cos(m-4)\zeta - \dots \right],$$

où l'on doit s'arrêter au terme en $\cos 2\zeta$ si m est pair, et au terme en $\cos\zeta$ si m est impair.

En ayant égard aux formules (6) et (7), on obtient ensuite

$$(8)\quad\begin{cases} u - \zeta = e\sin\zeta + \dfrac{e^2}{2}\sin 2\zeta + \dots \\[2mm] \quad + \dfrac{e^m}{1\cdot2\dots m\cdot2^{m-1}}\left[m^{m-1}\sin m\zeta - \dfrac{m}{1}(m-2)^{m-1}\sin(m-2)\zeta \right. \\[2mm] \qquad\left. + \dfrac{m(m-1)}{1\cdot2}(m-4)^{m-1}\sin(m-4)\zeta - \dots \right], \\[2mm] \quad + \dots\dots\dots\dots\dots\dots\dots\dots\dots\dots\dots\dots\dots\dots\dots ; \end{cases}$$

$$(9)\quad\begin{cases} \dfrac{r}{a} = 1 + \dfrac{e^2}{2} - e\cos\zeta - \dfrac{e^2}{1\cdot2}\cos 2\zeta - \dots \\[2mm] \quad - \dfrac{e^m}{1\cdot2\dots(m-1)2^{m-1}}\left[m^{m-2}\cos m\zeta - \dfrac{m}{1}(m-2)^{m-2}\cos(m-2)\zeta \right. \\[2mm] \qquad\left. + \dfrac{m(m-1)}{1\cdot2}(m-4)^{m-2}\cos(m-4)\zeta - \dots \right], \\[2mm] \quad \dots\dots\dots\dots\dots\dots\dots\dots\dots\dots\dots\dots\dots\dots\dots \end{cases}$$

102. C'est Laplace, avons-nous dit, qui a trouvé le premier la limite e_1 de l'excentricité pour la convergence des séries; son analyse est très remarquable. Disons quelques mots de la marche suivie. Laplace était arrivé facilement à trouver les expressions générales des coefficients de e^m dans les formules (8) et (9). Considérant le dernier de ces coefficients, il remarque qu'il prend sa plus grande valeur absolue pour $\zeta = \dfrac{\pi}{2}$, quand m est pair; il est alors égal à

$$\Lambda_m = \frac{e^m}{1\cdot2\dots(m-1)2^{m-1}}\left[m^{m-2} + \frac{m}{1}(m-2)^{m-2} + \frac{m(m-1)}{1\cdot2}(m-4)^{m-2} + \dots \right].$$

Laplace trouve ensuite, par un chemin assez difficile, cette expression approchée de A_m quand m est très grand

$$(10) \qquad A_m = \frac{2}{m\sqrt{m}\,(1-2\omega)\sqrt{2\pi}} \left[\frac{e(1-2\omega)\,E}{2\,\omega^\omega(1-\omega)^{1-\omega}} \right]^m,$$

ω étant déterminé par la formule

$$(11) \qquad \frac{1-\omega}{\omega} = E^{\frac{2}{1-2\omega}}.$$

Si la quantité

$$\frac{e(1-2\omega)\,E}{2\,\omega^\omega(1-\omega)^{1-\omega}}$$

surpasse l'unité, l'expression (10) de A_m deviendra infinie avec m, et la série (9) sera divergente. La limite des valeurs de l'excentricité qui font converger cette série sera donc

$$(12) \qquad e_1 = \frac{2\,\omega^\omega(1-\omega)^{1-\omega}}{(1-2\omega)\,E}.$$

Si l'on tire de (11) la valeur

$$E = \left(\frac{1-\omega}{\omega}\right)^{\frac{1}{2}-\omega}$$

pour la porter dans (12), il vient

$$e_1 = \frac{2\sqrt{\omega(1-\omega)}}{1-2\omega},$$

d'où

$$1 - 2\omega = \frac{1}{\sqrt{1+e_1^2}},$$

$$\frac{1-\omega}{\omega} = \frac{\left(1+\sqrt{1+e_1^2}\right)^2}{e_1^2}.$$

En portant ces valeurs dans la formule (11), il vient

$$1 + \sqrt{1+e_1^2} = e_1\,E^{\sqrt{1+e_1^2}};$$

on retombe bien ainsi sur l'équation déjà trouvée.

Laplace arrive ensuite au même résultat en partant de l'expression du coefficient de e^m dans la formule (9).

C'est Cauchy qui a donné une démonstration plus directe et plus rigoureuse des résultats de Laplace; M. Rouché a simplifié à son tour la démonstration de Cauchy.

Nous renverrons le lecteur à une Note intéressante de M. O. Callandreau (*Bulletin astronomique*, t. III, p. 528); l'auteur considère le coefficient de e^m dans le développement de $\frac{a}{r}$ suivant les puissances de e; il arrive d'une manière très simple à l'expression asymptotique de ce coefficient, et il en déduit facilement la limite e_1.

103. Nous croyons devoir donner, en terminant ce Chapitre, quelques indications sur d'autres expressions asymptotiques. Reprenons le développement périodique

$$\frac{r}{a} = C_0 + C_1 \cos\zeta + \ldots + C_m \cos m\zeta + \ldots;$$

le coefficient C_m est une fonction de e, et l'on peut se proposer d'en trouver l'expression approchée lorsque m est très grand.

Laplace a traité cette question (*Mécanique céleste*, t. V, *Supplément*), et il a trouvé que, pour m très grand, on a approximativement

$$C_m = -\frac{2(1-e^2)^{\frac{1}{4}}}{m\sqrt{m}\,\sqrt{2\pi}} \left(\frac{e\,E^{\sqrt{1-e^2}}}{1+\sqrt{1-e^2}} \right)^m.$$

La même question a été traitée plus complètement par Carlini, et surtout par Jacobi (*Astronomische Nachrichten*, n°s 665 et 709-712).

Considérons en second lieu le développement

$$\left(\frac{a}{r}\right)^2 = F_0 + F_1 \cos\zeta + \ldots + F_m \cos m\zeta + \ldots,$$

d'où l'on passe aisément à celui de l'équation du centre. Jacobi a donné pour les coefficients C_m et F_m les expressions asymptotiques suivantes

$$C_m = -2\left(\operatorname{tang}\frac{1}{2}\varphi\,E^{\cos\varphi}\right)^m \sqrt{\frac{\cos\varphi}{2\pi m^3}} \left[1 - \frac{3}{8m\cos\varphi}\left(1 - \frac{7}{9\cos^2\varphi}\right) + \ldots\right],$$

$$F_m = \frac{1}{\cos\varphi}\left(\operatorname{tang}\frac{1}{2}\varphi\,E^{\cos\varphi}\right)^m \left(1 + \frac{2}{3\cos\varphi}\sqrt{\frac{2}{\pi m\cos\varphi}} + \ldots\right),$$

où l'on a fait

$$e = \sin\varphi.$$

On voit immédiatement que la première partie de l'expression de C_m coïncide avec celle de Laplace. Dans le tome XVII des *Mathematische Annalen*, M. Scheibner a calculé, dans les expressions asymptotiques de C_m et F_m, les coefficients de puissances plus élevées de $\dfrac{1}{\sqrt{m}}$, et il a résolu le même problème pour les développements de $\left(\dfrac{a}{r}\right)^p \cos q w$ et $\left(\dfrac{a}{r}\right)^p \sin q w$.

Enfin, M. Flamme, dans une Thèse soutenue en 1887 devant la Faculté des Sciences de Paris, a trouvé par une méthode rigoureuse fondée sur de belles recherches de M. Darboux ([1]), les expressions asymptotiques d'autres développements qui jouent aussi un rôle dans la théorie des perturbations.

([1]) *Mémoire sur l'approximation de fonctions de très grands nombres* (*Journal de Mathématiques*, 3ᵉ série, t. IV, 1878).

CHAPITRE XVII.

SUR CERTAINES FONCTIONS DES GRANDS AXES QUI SE PRÉSENTENT DANS LE DÉVELOPPEMENT DE LA FONCTION PERTURBATRICE.

104. Soient $2a$ et $2a'$ les grands axes des orbites de deux planètes; nous aurons, dans le développement des fonctions perturbatrices, à développer suivant les cosinus des multiples de la quantité réelle ψ les expressions qu'on déduit de la suivante

$$(a^2 + a'^2 - 2aa' \cos\psi)^{-s},$$

en donnant à s les valeurs $\frac{1}{2}, \frac{3}{2}, \frac{5}{2}, \frac{7}{2}, \ldots$.

Les fonctions ainsi obtenues sont des fonctions périodiques de ψ à période 2π; elles sont paires et finies pour toutes les valeurs réelles de ψ, si a est différent de a'.

Nous pouvons donc poser

$$(a^2 + a'^2 - 2aa' \cos\psi)^{-\frac{1}{2}} = \frac{1}{2} A^{(0)} + A^{(1)} \cos\psi + A^{(2)} \cos 2\psi + \ldots,$$

ou bien, en convenant de prendre $A^{(-i)} = + A^{(i)}$,

$$(1) \quad \begin{cases} (a^2 + a'^2 - 2aa' \cos\psi)^{-\frac{1}{2}} = \dfrac{1}{2} \displaystyle\sum_{-\infty}^{+\infty} A^{(i)} \cos i\psi; \\[2mm] \text{faisons de même} \\[2mm] aa'(a^2 + a'^2 - 2aa' \cos\psi)^{-\frac{3}{2}} = \dfrac{1}{2} \displaystyle\sum_{-\infty}^{+\infty} B^{(i)} \cos i\psi, \\[2mm] a^2 a'^2 (a^2 + a'^2 - 2aa' \cos\psi)^{-\frac{5}{2}} = \dfrac{1}{2} \displaystyle\sum_{-\infty}^{+\infty} C^{(i)} \cos i\psi, \\[2mm] a^3 a'^3 (a^2 + a'^2 - 2aa' \cos\psi)^{-\frac{7}{2}} = \dfrac{1}{2} \displaystyle\sum_{-\infty}^{+\infty} D^{(i)} \cos i\psi, \\[2mm] \cdots\cdots\cdots\cdots\cdots\cdots\cdots\cdots\cdots \end{cases}$$

En supposant $a < a'$, faisons $\dfrac{a}{a'} = \alpha$; α sera donc compris entre o et 1; la fonction

$$(1 + \alpha^2 - 2\alpha\cos\psi)^{-s}$$

pourra être développée suivant les cosinus des multiples de ψ. Nous poserons

$$(2) \quad \left\{ \begin{aligned}
(1 + \alpha^2 - 2\alpha\cos\psi)^{-\frac{1}{2}} &= \frac{1}{2}\sum_{-\infty}^{+\infty} b^{(i)}\cos i\psi, && b^{(-i)} = +\,b^{(i)}, \\
(1 + \alpha^2 - 2\alpha\cos\psi)^{-\frac{3}{2}} &= \frac{1}{2}\sum_{-\infty}^{+\infty} c^{(i)}\cos i\psi, && c^{(-i)} = +\,c^{(i)}, \\
(1 + \alpha^2 - 2\alpha\cos\psi)^{-\frac{5}{2}} &= \frac{1}{2}\sum_{-\infty}^{+\infty} e^{(i)}\cos i\psi, && e^{(-i)} = +\,e^{(i)}, \\
(1 + \alpha^2 - 2\alpha\cos\psi)^{-\frac{7}{2}} &= \frac{1}{2}\sum_{-\infty}^{+\infty} f^{(i)}\cos i\psi, && f^{(-i)} = +\,f^{(i)}, \\
\end{aligned} \right.$$
$$\dots\dots\dots\dots\dots\dots\dots\dots\dots\dots\dots\dots\dots$$

et, en général,

$$(A) \quad (1 + \alpha^2 - 2\alpha\cos\psi)^{-s} = \frac{1}{2}\sum_{-\infty}^{+\infty} \mathfrak{B}_s^{(i)}\cos i\psi = \frac{1}{2}\mathfrak{B}_s^{(0)} + \mathfrak{B}_s^{(1)}\cos\psi + \dots + \mathfrak{B}_s^{(i)}\cos i\psi + \dots$$

Les divers coefficients $\mathfrak{B}_s^{(i)}$ sont des fonctions de α; on aura

$$\mathfrak{B}_{\frac{1}{2}}^{(i)} = b^{(i)}, \qquad \mathfrak{B}_{\frac{3}{2}}^{(i)} = c^{(i)}, \qquad \mathfrak{B}_{\frac{5}{2}}^{(i)} = e^{(i)}, \qquad \mathfrak{B}_{\frac{7}{2}}^{(i)} = f^{(i)}.$$

En faisant dans (1) $a = \alpha a'$ et comparant à (2), on trouve aisément

$$(3) \quad a'A^{(i)} = b^{(i)}, \quad a'B^{(i)} = \alpha c^{(i)}, \quad a'C^{(i)} = \alpha^2 e^{(i)}, \quad a'D^{(i)} = \alpha^3 f^{(i)}, \quad \dots$$

Les fonctions $A^{(i)}$, $B^{(i)}$, $C^{(i)}$, $D^{(i)}$, ... sont donc des fonctions homogènes de degré -1 de a et a' qui se ramènent aux fonctions $\mathfrak{B}_s^{(i)}$ de la seule quantité α.

105. Cherchons l'expression analytique de $\mathfrak{B}_s^{(i)}$.

Posons

$$E^{\psi\sqrt{-1}} = z,$$

d'où

$$2\cos\psi = z + z^{-1}, \qquad 2\cos i\psi = z^i + z^{-i},$$
$$(1 - \alpha z)(1 - \alpha z^{-1}) = 1 + \alpha^2 - 2\alpha\cos\psi.$$

La formule (A) deviendra

$$(1 - \alpha z)^{-s} (1 - \alpha z^{-1})^{-s} = \frac{1}{2}\, \mathfrak{Vb}_s^{(0)} + \frac{1}{2}\, \mathfrak{Vb}_s^{(1)} (z + z^{-1}) + \ldots + \frac{1}{2}\, \mathfrak{Vb}_s^{(i)} (z^i + z^{-i}) + \ldots$$

ou bien

$$(4) \qquad (1 - \alpha z)^{-s} (1 - \alpha z^{-1})^{-s} = \frac{1}{2} \sum_{-\infty}^{+\infty} \mathfrak{Vb}_s^{(i)}\, z^i.$$

Or, le module de z étant l'unité, αz et αz^{-1} ont des modules égaux à α, par suite inférieurs à l'unité; on a donc, en séries convergentes,

$$(1 - \alpha z)^{-s} = 1 + \frac{s}{1}\, \alpha z + \frac{s(s+1)}{1.2}\, \alpha^2 z^2 + \ldots + \frac{s(s+1)(s+2)\ldots(s+i-1)}{1.2.3\ldots i}\, \alpha^i z^i + \ldots,$$

$$(1 - \alpha z^{-1})^{-s} = 1 + \frac{s}{1}\, \alpha z^{-1} + \frac{s(s+1)}{1.2}\, \alpha^2 z^{-2} + \ldots + \frac{s(s+1)(s+2)\ldots(s+i-1)}{1.2.3\ldots i}\, \alpha^i z^{-i} + \ldots.$$

Le coefficient de z^i dans le produit de ces deux séries sera, d'après la formule (4), égal à $\frac{1}{2}\, \mathfrak{Vb}_s^{(i)}$; on trouvera ainsi sans peine

$$(B) \quad \frac{1}{2}\, \mathfrak{Vb}_s^{(i)} = \frac{s(s+1)\ldots(s+i-1)}{1.2\ldots i}\, \alpha^i \left[1 + \frac{s}{1}\, \frac{s+i}{i+1}\, \alpha^2 + \frac{s(s+1)}{1.2}\, \frac{(s+i)(s+i+1)}{(i+1)(i+2)}\, \alpha^4 + \ldots \right].$$

En calculant directement $\frac{1}{2}\, \mathfrak{Vb}_s^{(i)}$, on voit que la formule précédente s'applique pour $i = 0$ à la condition de remplacer $\dfrac{s(s+1)\ldots(s+i-1)}{1.2\ldots i}$ par l'unité.

On aura, en particulier,

$$(b) \quad \begin{cases} \dfrac{1}{2}\, b^{(i)} = \dfrac{1.3.5\ldots(2i-1)}{2.4.6\ldots 2i}\, \alpha^i \left[1 + \dfrac{1}{2}\, \dfrac{2i+1}{2i+2}\, \alpha^2 + \dfrac{1.3}{2.4}\, \dfrac{(2i+1)(2i+3)}{(2i+2)(2i+4)}\, \alpha^4 + \ldots \right], \\[2ex] \dfrac{1}{2}\, c^{(i)} = \dfrac{3.5.7\ldots(2i+1)}{2.4.6\ldots 2i}\, \alpha^i \left[1 + \dfrac{3}{2}\, \dfrac{2i+3}{2i+2}\, \alpha^2 + \dfrac{3.5}{2.4}\, \dfrac{(2i+3)(2i+5)}{(2i+2)(2i+4)}\, \alpha^4 + \ldots \right]. \end{cases}$$

On voit que les coefficients des mêmes puissances de α^2 sont plus grands dans $c^{(i)}$ que dans $b^{(i)}$; la convergence de la série qui donne $\mathfrak{Vb}_s^{(i)}$ diminue quand s augmente.

Pour $i = 0$, il faudra, comme précédemment, prendre égaux à l'unité les coefficients qui précèdent α^i dans les seconds membres.

Voyons comment converge la série

$$u_0 + u_1 + \ldots + u_n + \ldots,$$

qui figure dans le second membre de la formule (B). Nous avons

$$u_n = \frac{s(s+1)\ldots(s+n-1)}{1.2\ldots n} \frac{(s+i)(s+i+1)\ldots(s+i+n-1)}{(i+1)(i+2)\ldots(i+n)} \alpha^{2n},$$

d'où

$$\frac{u_{n+1}}{u_n} = \frac{s+n}{n+1} \cdot \frac{s+i+n}{i+n+1} \alpha^2;$$

pour n infini, ce rapport tend vers α^2 qui est plus petit que 1, et la série est convergente. Tous les termes de cette série étant positifs, la formule (B) montre que $\mathfrak{B}_s^{(i)}$ croît sans cesse quand α croît lui-même de 0 à 1 ; pour $\alpha = 0$, on a d'ailleurs

$$\mathfrak{B}_s^{(0)} = 2 \qquad \text{et} \qquad \mathfrak{B}_s^{(i)} = 0 \qquad \text{pour} \quad i \geq 1.$$

106. Nous allons exprimer $\mathfrak{B}_s^{(i)}$ par une intégrale définie.

Puisque $\mathfrak{B}_s^{(i)}$ est le coefficient de $\cos i\psi$ dans le développement de l'expression

$$(1 + \alpha^2 - 2\alpha \cos \theta)^{-s},$$

la formule (5) du n° 81 donne

$$(C) \qquad \mathfrak{B}_s^{(i)} = \frac{2}{\pi} \int_0^\pi (1 + \alpha^2 - 2\alpha \cos \psi)^{-s} \cos i\psi \, d\psi;$$

cette formule s'applique aussi pour $i = 0$.

On aura, en particulier,

$$(c) \qquad \begin{cases} b^{(i)} = \dfrac{2}{\pi} \int_0^\pi \dfrac{\cos i\psi}{(1 + \alpha^2 - 2\alpha \cos \psi)^{\frac{1}{2}}} \, d\psi, \\[3mm] c^{(i)} = \dfrac{2}{\pi} \int_0^\pi \dfrac{\cos i\psi}{(1 + \alpha^2 - 2\alpha \cos \psi)^{\frac{3}{2}}} \, d\psi, \\ \ldots\ldots\ldots\ldots\ldots\ldots\ldots\ldots\ldots\ldots\ldots \end{cases}$$

En partant de ces expressions, on démontre facilement que $b^{(i)}$, $c^{(i)}$, ... sont infinis pour $\alpha = 1$; en effet, on trouve, pour cette valeur de α,

$$b^{(i)} = \frac{1}{\pi} \int_0^\pi \frac{\cos i\psi}{\sin \frac{\psi}{2}} \, d\psi,$$

$$c^{(i)} = \frac{1}{4\pi} \int_0^\pi \frac{\cos i\psi}{\sin^3 \frac{\psi}{2}} \, d\psi,$$

$$\ldots\ldots\ldots\ldots\ldots\ldots\ldots\ldots$$

T. — I. 35

L'élément différentiel de chacune de ces intégrales est infini à la limite inférieure, et l'application d'une règle bien connue de Calcul intégral montre que les intégrales elles-mêmes sont infinies.

107. Nous allons faire connaitre une autre expression de $b^{(i)}$ par une intégrale définie.

La première des formules (b) nous donne

$$\frac{1}{2} b^{(i)} = \alpha^i \left[\frac{1.3 \ldots (2i-1)}{2.4 \ldots 2i} + \frac{1}{2} \frac{1.3 \ldots (2i+1)}{2.4 \ldots (2i+2)} \alpha^2 + \frac{1.3}{2.4} \frac{1.3 \ldots (2i+3)}{2.4 \ldots (2i+4)} \alpha^4 + \ldots \right];$$

les coefficients de α^0, de $\frac{1}{2}\alpha^2$, ... s'expriment par des intégrales définies, en partant de la formule connue

$$\int_0^\pi \sin^{2n} \psi \, d\psi = \frac{1.3 \ldots (2n-1)}{2.4 \ldots 2n} \pi.$$

On trouve ainsi

$$\frac{\pi}{2} b^{(i)} = \alpha^i \left(\int_0^\pi \sin^{2i} \psi \, d\psi + \frac{1}{2} \alpha^2 \int_0^\pi \sin^{2i+2} \psi \, d\psi + \frac{1.3}{2.4} \alpha^4 \int_0^\pi \sin^{2i+4} \psi \, d\psi + \ldots \right)$$

$$= \alpha^i \int_0^\pi \sin^{2i} \psi \left(1 + \frac{1}{2} \alpha^2 \sin^2 \psi + \frac{1.3}{2.4} \alpha^4 \sin^4 \psi + \ldots \right) d\psi.$$

On a d'ailleurs

$$1 + \frac{1}{2} \alpha^2 \sin^2 \psi + \frac{1.3}{2.4} \alpha^4 \sin^4 \psi + \ldots = \frac{1}{\sqrt{1 - \alpha^2 \sin^2 \psi}};$$

il vient donc

$$(d) \qquad\qquad b^{(i)} = \frac{2}{\pi} \alpha^i \int_0^\pi \frac{\sin^{2i} \psi}{\sqrt{1 - \alpha^2 \sin^2 \psi}} \, d\psi.$$

En comparant les formules (c) et (d), on trouve cette relation intéressante

$$(5) \qquad\qquad \int_0^\pi \frac{\cos i\psi}{\sqrt{1 + \alpha^2 - 2\alpha \cos \psi}} \, d\psi = \alpha^i \int_0^\pi \frac{\sin^{2i} \psi}{\sqrt{1 - \alpha^2 \sin^2 \psi}} \, d\psi.$$

En faisant dans (d) $i = 0$ et $i = 1$, il vient

$$b^{(0)} = \frac{2}{\pi} \int_0^\pi \frac{d\psi}{\sqrt{1 - \alpha^2 \sin^2 \psi}},$$

$$b^{(1)} = \frac{2}{\pi} \alpha \int_0^\pi \frac{\sin^2 \psi}{\sqrt{1 - \alpha^2 \sin^2 \psi}} \, d\psi = \frac{2}{\pi} \frac{1}{\alpha} \left(\int_0^\pi \frac{d\psi}{\sqrt{1 - \alpha^2 \sin^2 \psi}} - \int_0^\pi \sqrt{1 - \alpha^2 \sin^2 \psi} \, d\psi \right).$$

Si donc on désigne, suivant l'usage, par F_1 et E_1 les intégrales elliptiques complètes de première et de seconde espèce relatives au module α, on aura

$$(e) \qquad \begin{cases} b^{(0)} = \dfrac{4}{\pi} F_1, \\[2mm] b^{(1)} = \dfrac{4}{\pi} \dfrac{F_1 - E_1}{\alpha}. \end{cases}$$

Or Legendre a donné des Tables étendues pour le calcul numérique de F_1 et de E_1 (*Exercices de Calcul intégral*, t. III, p. 125 et suiv.); l'argument, qui est $\arc\sin k$, ou ici $\arc\sin\alpha$, varie de dixième en dixième de degré depuis $0°$ jusqu'à $90°$; les Tables donnent $\log F_1$ et $\log E_1$ avec 12 et 14 décimales.

On a donc le moyen de calculer très rapidement les valeurs numériques de $b^{(0)}$ et $b^{(1)}$ pour une valeur donnée de α.

108. Nous allons chercher une relation entre $\mathfrak{b}_s^{(i)}$, $\mathfrak{b}_s^{(i-1)}$ et $\mathfrak{b}_s^{(i-2)}$.

Partons de la formule générale

$$(6) \qquad \left[1 + \alpha^2 - \alpha\left(z + \frac{1}{z} \right) \right]^{-s} = \frac{1}{2} \sum_{-\infty}^{+\infty} \mathfrak{b}_s^{(i)} z^i;$$

nous en tirerons, en différentiant par rapport à z,

$$(7) \qquad s\alpha \left[1 + \alpha^2 - \alpha\left(z + \frac{1}{z} \right) \right]^{-s-1} \left(1 - \frac{1}{z^2} \right) = \frac{1}{2} \sum_{-\infty}^{+\infty} i\,\mathfrak{b}_s^{(i)} z^{i-1},$$

d'où, en ayant égard à (6),

$$s\alpha\left(z - \frac{1}{z} \right) \frac{1}{2} \sum_{-\infty}^{+\infty} \mathfrak{b}_s^{(i)} z^i = \left[1 + \alpha^2 - \alpha\left(z + \frac{1}{z} \right) \right] \frac{1}{2} \sum_{-\infty}^{+\infty} i\,\mathfrak{b}_s^{(i)} z^i.$$

En égalant dans les deux membres de cette équation les coefficients de z^{i-1}, il vient

$$s\alpha\left[\mathfrak{b}_s^{(i-2)} - \mathfrak{b}_s^{(i)} \right] = (1 + \alpha^2)(i - 1)\,\mathfrak{b}_s^{(i-1)} - \alpha\left[(i - 2)\,\mathfrak{b}_s^{(i-2)} + i\,\mathfrak{b}_s^{(i)} \right],$$

d'où

$$(F) \qquad \mathfrak{b}_s^{(i)} = \frac{i - 1}{i - s}\left(\alpha + \frac{1}{\alpha} \right) \mathfrak{b}_s^{(i-1)} - \frac{i + s - 2}{i - s}\,\mathfrak{b}_s^{(i-2)}.$$

Cette formule est très commode pour le calcul numérique; elle permet de déterminer de proche en proche $\mathfrak{b}_s^{(2)}$, $\mathfrak{b}_s^{(3)}$, ..., connaissant $\mathfrak{b}_s^{(0)}$ et $\mathfrak{b}_s^{(1)}$ que l'on calculera directement par la série (B), ou par une des autres formules qui seront données dans la suite de ce Chapitre.

La formule (F) donnera, en particulier,

$$(f')\qquad
\begin{cases}
b^{(2)} = \dfrac{2}{3}\,\varepsilon\, b^{(1)} - \dfrac{1}{3}\, b^{(0)}, \\[2mm]
b^{(3)} = \dfrac{4}{5}\,\varepsilon\, b^{(2)} - \dfrac{3}{5}\, b^{(1)}, \\[2mm]
\cdots\cdots\cdots\cdots\cdots\cdots, \\[2mm]
b^{(i)} = \dfrac{2\,i-2}{2\,i-1}\,\varepsilon\, b^{(i-1)} - \dfrac{2\,i-3}{2\,i-1}\, b^{(i-2)}, \\[2mm]
\text{en faisant} \\[2mm]
\varepsilon = \alpha + \dfrac{1}{\alpha}.
\end{cases}$$

Ayant donc déterminé $b^{(0)}$ et $b^{(1)}$ par les formules (e) et les Tables de Legendre, on calculera ainsi de proche en proche $b^{(2)}$, $b^{(3)}$, ...; on vérifiera l'ensemble du calcul en déterminant directement la dernière transcendante $b^{(i)}$ dont on a besoin par la première des formules (b). On devra remarquer que la précision diminue avec le nombre des calculs, et que, si l'on veut avoir $b^{(i)}$ avec un assez grand nombre de décimales, il faudra en prendre davantage dans $b^{(0)}$ et $b^{(1)}$.

On aura de même

$$(f'')\qquad
\begin{cases}
c^{(i)} = \dfrac{2\,i-2}{2\,i-3}\,\varepsilon\, c^{(i-1)} - \dfrac{2\,i-1}{2\,i-3}\, c^{(i-2)}, \\[2mm]
e^{(i)} = \dfrac{2\,i-2}{2\,i-5}\,\varepsilon\, e^{(i-1)} - \dfrac{2\,i+1}{2\,i-5}\, c^{(i-2)}, \\[2mm]
f^{(i)} = \dfrac{2\,i-2}{2\,i-7}\,\varepsilon\, f^{(i-1)} - \dfrac{2\,i+3}{2\,i-7}\, f^{(i-2)}, \\[2mm]
\cdots\cdots\cdots\cdots\cdots\cdots\cdots\cdots
\end{cases}$$

109. Il est facile d'exprimer $\mathfrak{w}_s^{i}$ en fonction de deux des transcendantes qui se rapportent à la valeur $s+1$ de l'indice s.

La formule (6) donne en effet, en y changeant s en $s+1$,

$$\left[1 + \alpha^2 - \alpha\left(z + \frac{1}{s} \right) \right]^{-s-1} = \frac{1}{2}\sum_{-\infty}^{+\infty} \mathfrak{w}_{s+1}^{(i)}\, z^i \,;$$

après quoi l'équation (7) devient

$$s\,\alpha\left(1 - \frac{1}{z^2} \right)\frac{1}{2}\sum_{-\infty}^{+\infty} \mathfrak{w}_{s+1}^{(i)}\, z^i = \frac{1}{2}\sum_{-\infty}^{+\infty} i\,\mathfrak{w}_{s}^{(i)}\, z^{i-1}.$$

Égalons dans les deux membres les coefficients de z^{i-1}, et nous trouverons

$$(G)\qquad\qquad i\,\mathfrak{w}_s^{(i)} = s\,\alpha\left[\mathfrak{w}_{s+1}^{(i-1)} - \mathfrak{w}_{s+1}^{(i+1)} \right].$$

En appliquant cette formule, on pourrait donc obtenir successivement

$$
\begin{array}{lll}
\text{les quantités } e^{(i)} \text{ en fonction des } f^{(i)}, \\
\qquad\qquad\text{»} \qquad c^{(i)} \qquad\quad \text{»} \qquad e^{(i)}, \\
\qquad\qquad\text{»} \qquad b^{(i)} \qquad\quad \text{»} \qquad c^{(i)};
\end{array}
$$

mais il vaut mieux suivre la marche inverse et, prenant comme point de départ les fonctions $b^{(i)}$ qui jouent le rôle le plus important, chercher à en déduire successivement les $c^{(i)}$, puis les $e^{(i)}$, et enfin les $f^{(i)}$.

La formule (F) donne d'abord, en y remplaçant i et s par $i+1$ et $s+1$,

$$
(8) \qquad \alpha\,\mathfrak{B}_{s+1}^{(i+1)} = \frac{i(1+\alpha^2)\,\mathfrak{B}_{s+1}^{(i)} - (i+s)\alpha\,\mathfrak{B}_{s+1}^{(i-1)}}{i-s};
$$

portons cette valeur de $\mathfrak{B}_{s+1}^{(i+1)}$ dans (G), et nous trouverons, après réduction,

$$
(9) \qquad \mathfrak{B}_s^{(i)} = s\,\frac{2\alpha\,\mathfrak{B}_{s+1}^{(i-1)} - (1+\alpha^2)\,\mathfrak{B}_{s+1}^{(i)}}{i-s};
$$

d'où, en changeant i en $i+1$,

$$
(10) \qquad \mathfrak{B}_s^{(i+1)} = s\,\frac{2\alpha\,\mathfrak{B}_{s+1}^{(i)} - (1+\alpha^2)\,\mathfrak{B}_{s+1}^{(i+1)}}{i-s+1}.
$$

Les équations (8), (9) et (10) permettent de déterminer les trois inconnues $\mathfrak{B}_{s+1}^{(i+1)}$, $\mathfrak{B}_{s+1}^{(i)}$ et $\mathfrak{B}_{s+1}^{(i-1)}$ qui y figurent au premier degré; (9) et (10) donnent d'abord

$$
2\alpha\,\mathfrak{B}_{s+1}^{(i-1)} = (1+\alpha^2)\,\mathfrak{B}_{s+1}^{(i)} + \frac{i-s}{s}\,\mathfrak{B}_s^{(i)},
$$

$$
(1+\alpha^2)\,\mathfrak{B}_{s+1}^{(i+1)} = 2\alpha\,\mathfrak{B}_{s+1}^{(i)} - \frac{i-s+1}{s}\,\mathfrak{B}_s^{(i+1)};
$$

en portant dans (8) ces valeurs de $\mathfrak{B}_{s+1}^{(i-1)}$ et $\mathfrak{B}_{s+1}^{(i+1)}$, on trouve, toutes réductions faites,

$$
(\mathrm{H}) \qquad \mathfrak{B}_{s+1}^{(i)} = \frac{(i+s)(1+\alpha^2)\,\mathfrak{B}_s^{(i)} - 2(i-s+1)\alpha\,\mathfrak{B}_s^{(i+1)}}{s(1-\alpha^2)^2}.
$$

Cette formule résout la question; mais on peut obtenir des résultats plus satisfaisants au point de vue des calculs numériques en procédant comme il suit : changeons dans (H) i en $-i-1$, et nous trouverons

$$
(\mathrm{H}') \qquad \mathfrak{B}_{s+1}^{(i+1)} = \frac{2(i+s)\alpha\,\mathfrak{B}_s^{(i)} - (i-s+1)(1+\alpha^2)\,\mathfrak{B}_s^{(i+1)}}{s(1-\alpha^2)^2}.
$$

Nous tirerons ensuite aisément de (H) et (H′),

$$(\mathbf{K}) \quad \begin{cases} \dfrac{1}{2}\left[\mathfrak{b}_{s+1}^{(i)} + \mathfrak{b}_{s+1}^{(i+1)}\right] = \dfrac{(i+s)\,\mathfrak{b}_s^{(i)} - (i-s+1)\,\mathfrak{b}_s^{(i+1)}}{2s(1-\alpha)^2}\,, \\[3mm] \dfrac{1}{2}\left[\mathfrak{b}_{s+1}^{(i)} - \mathfrak{b}_{s+1}^{(i+1)}\right] = \dfrac{(i+s)\,\mathfrak{b}_s^{(i)} + (i-s+1)\,\mathfrak{b}_s^{(i+1)}}{2s(1+\alpha)^2}\,. \end{cases}$$

Ce sont là les formules dont Le Verrier fait usage pour calculer numériquement les $\mathfrak{b}_{s+1}$ en partant des $\mathfrak{b}_s$.

On trouvera, en particulier,

$$(k) \quad \begin{cases} \dfrac{1}{2}\left[c^{(i)} + c^{(i+1)}\right] = (2i+1)\,\dfrac{b^{(i)} - b^{(i+1)}}{2(1-\alpha)^2}\,, \\[3mm] \dfrac{1}{2}\left[c^{(i)} - c^{(i+1)}\right] = (2i+1)\,\dfrac{b^{(i)} + b^{(i+1)}}{2(1+\alpha)^2}\,; \end{cases}$$

on appliquera ces formules comme il suit :

$$\frac{1}{2}\left[c^{(0)} + c^{(1)}\right] = \frac{b^{(0)} - b^{(1)}}{2(1-\alpha)^2}\,,$$

$$\frac{1}{2}\left[c^{(0)} - c^{(1)}\right] = \frac{b^{(0)} + b^{(1)}}{2(1+\alpha)^2}\,,$$

d'où $c^{(0)}$ et $c^{(1)}$,

$$\frac{1}{2}\left[c^{(1)} + c^{(2)}\right] = 3\,\frac{b^{(1)} - b^{(2)}}{2(1-\alpha)^2}\,,$$

$$\frac{1}{2}\left[c^{(1)} - c^{(2)}\right] = 3\,\frac{b^{(1)} + b^{(2)}}{2(1+\alpha)^2}\,,$$

d'où $c^{(1)}$ et $c^{(2)}$; ....

On voit que $c^{(1)}$, $c^{(2)}$, ..., $c^{(i-1)}$ seront calculés deux fois, ce qui donnera une vérification utile.

On trouvera de même

$$(k') \quad \begin{cases} \dfrac{1}{2}\left[e^{(i)} + e^{(i+1)}\right] = \dfrac{1}{6}\,\dfrac{(2i+3)\,c^{(i)} - (2i-1)\,c^{(i+1)}}{(1-\alpha)^2}\,; \\[3mm] \dfrac{1}{2}\left[e^{(i)} - e^{(i+1)}\right] = \dfrac{1}{6}\,\dfrac{(2i+3)\,c^{(i)} + (2i-1)\,c^{(i+1)}}{(1+\alpha)^2}\,; \end{cases}$$

$$(k'') \quad \begin{cases} \dfrac{1}{2}\left[f^{(i)} + f^{(i+1)}\right] = \dfrac{1}{10}\,\dfrac{(2i+5)\,e^{(i)} - (2i-3)\,e^{(i+1)}}{(1-\alpha)^2}\,, \\[3mm] \dfrac{1}{2}\left[f^{(i)} - f^{(i+1)}\right] = \dfrac{1}{10}\,\dfrac{(2i+5)\,e^{(i)} + (2i-3)\,e^{(i+1)}}{(1+\alpha)^2}\,. \end{cases}$$

En résumé, on calculera directement $b^{(0)}$ et $b^{(1)}$, soit par les séries déduites de la première des formules (b), soit par les formules (e) et les Tables de

Legendre; les relations (f') donneront ensuite $b^{(2)}$, $b^{(3)}$, ..., après quoi on trouvera les $c^{(i)}$, $e^{(i)}$ et $f^{(i)}$ en appliquant successivement les formules (k), (k') et (k'').

Enfin les formules (3) donneront les $A^{(i)}$, $B^{(i)}$, $C^{(i)}$ et $D^{(i)}$.

110. On peut introduire très utilement dans cette théorie la série hypergéométrique

$$F(A, B, C, x) = 1 + \frac{A.B}{1.C}\, x + \frac{A(A+1)B(B+1)}{1.2.C(C+1)}\, x^2 + \ldots.$$

La formule (B) nous donnera, en effet,

$$(11) \qquad \frac{1}{2}\, \mathfrak{B}_s^{(i)} = \frac{s(s+1)\ldots(s+i-1)}{1.2\ldots i}\, \alpha^i\, F(s, s+i, i+1, \alpha^2);$$

on aura ainsi l'avantage de pouvoir employer les propriétés bien connues de la série hypergéométrique, pour lesquelles nous renverrons à deux Mémoires de Gauss, insérés dans le tome III de ses Œuvres.

On a d'abord cette relation remarquable

$$(12) \qquad F(A, B, C, x) = (1-x)^{-A}\, F\!\left(A, C-B, C, \frac{-x}{1-x}\right),$$

qui donne, en y faisant

$$(13) \qquad A = s, \qquad B = s+i, \qquad C = i+1, \qquad x = \alpha^2$$

et, tenant compte de la formule (11),

$$\frac{1}{2}\, \mathfrak{B}_s^{(i)} = \frac{s(s+1)\ldots(s+i-1)}{1.2\ldots i}\, \frac{\alpha^i}{(1-\alpha^2)^s}\, F\!\left(s, 1-s, i+1, \frac{-\alpha^2}{1-\alpha^2}\right)$$

ou bien

$$(L) \qquad \begin{cases} \dfrac{1}{2}\, \mathfrak{B}_s^{(i)} = \dfrac{s(s+1)\ldots(s+i-1)}{1.2\ldots i}\, \dfrac{\alpha^i}{(1-\alpha^2)^s}\left[1 + \dfrac{s}{1}\dfrac{s-1}{i+1}\dfrac{\alpha^2}{1-\alpha^2}\right. \\ \qquad\qquad\qquad\qquad \left. + \dfrac{s(s+1)}{1.2}\dfrac{(s-1)(s-2)}{(i+1)(i+2)}\left(\dfrac{\alpha^2}{1-\alpha^2}\right)^2 + \ldots\right]. \end{cases}$$

Cette formule importante est due à Legendre; si on la compare à (B), on voit que le facteur $\frac{s+i}{i+1}$ est remplacé par $\frac{s-1}{i+1}$ qui est petit quand i est grand; de même $\frac{s+i+1}{i+2}$ est remplacé par $\frac{s-2}{i+2}$; la formule (L) sera donc beaucoup plus avantageuse que (B) pour les calculs numériques, si i est assez grand. La série qui figure au second membre de l'équation (L) procède suivant les puissances de $\dfrac{\alpha^2}{1-\alpha^2}$, et il est aisé de voir, en appliquant la règle relative à la limite

de $\dfrac{u_{n+1}}{u_n}$, qu'elle est convergente tant que l'on a $\dfrac{\alpha^2}{1-\alpha^2} < 1$, d'où $\alpha < 0,707\ldots$

Si nous appliquons la formule (12) à $F\left(C - B, A, C, -\dfrac{x}{1-x}\right)$, nous trouverons

$$F\left(C-B, A, C, \frac{-x}{1-x}\right) = \left(1 + \frac{x}{1-x}\right)^{-(C-B)} F(C-B, C-A, C, x),$$

d'où

$$F\left(A, C-B, C, \frac{-x}{1-x}\right) = (1-x)^{C-B} F(C-A, C-B, C, x),$$

et, en portant cette valeur dans (12), il vient

$$F(A, B, C, x) = (1-x)^{C-A-B} F(C-A, C-B, C, x).$$

Nous avons déjà fait usage de cette formule dans le n° 99; si nous y donnons
à A, B, C, x les valeurs (13), et que nous portions le résultat dans (11), nous
trouverons

$$\frac{1}{2}\,\mathfrak{V}_s^{(i)} = \frac{s(s+1)\ldots(s+i-1)}{1.2\ldots i}\;\frac{\alpha^i}{(1-\alpha^2)^{2s-1}}\;F(i+1-s,\ 1-s,\ i+1,\ \alpha^2)$$

ou bien

$$(L')\quad \begin{cases} \dfrac{1}{2}\,\mathfrak{V}_s^{(i)} = \dfrac{s(s+1)\ldots(s+i-1)}{1.2\ldots i}\;\dfrac{\alpha^i}{(1-\alpha^2)^{2s-1}}\left[1 + \dfrac{1-s}{1}\dfrac{i+1-s}{i+1}\alpha^2\right. \\[2ex] \left. \qquad + \dfrac{(1-s)(2-s)}{1.2}\dfrac{(i+1-s)(i+2-s)}{(i+1)(i+2)}\alpha^4 + \ldots\right]. \end{cases}$$

La série qui figure dans le second membre de cette formule reste finie pour
$\alpha = 1$, si l'on a $s > \dfrac{3}{2}$; on voit donc qu'on a mis en évidence le facteur $\dfrac{1}{(1-\alpha^2)^{2s-1}}$
qui rendait $\mathfrak{V}_s^{(i)}$ infini pour $\alpha = 1$; mais la série en question est encore infinie
pour $\alpha = 1$ lorsque $s = \dfrac{1}{2}$. (Il suffit pour le voir d'appliquer une règle de Gauss,
OEuvres, t. III, p. 139.)

La série hypergéométrique vérifie une équation différentielle linéaire du
second ordre, savoir

$$ABF - [C - (A + B + 1)x]\frac{dF}{dx} - (x - x^2)\frac{d^2F}{dx^2} = 0.$$

En faisant $x = \alpha^2$ et donnant à A, B, C leurs valeurs particulières (13), on trouve sans peine

$$\alpha(1 - \alpha^2) \frac{d^2 F}{d\alpha^2} + [2i + 1 - (2i + 1 + 4s)\alpha^2] \frac{dF}{d\alpha} - 4\alpha s(i + s) F = 0.$$

Si l'on pose enfin dans cette équation, conformément à la formule (11),

$$F = \alpha^{-i} \mathfrak{B}_s^{(i)} \times \text{par une constante},$$

on obtient finalement

$$(\mathbf{M}) \qquad (\alpha^2 - \alpha^4) \frac{d^2 \mathfrak{B}_s^{(i)}}{d\alpha^2} + [\alpha - (4s + 1)\alpha^3] \frac{d\mathfrak{B}_s^{(i)}}{d\alpha} - [4s^2\alpha^2 + i^2(1 - \alpha^2)] \mathfrak{B}_s^{(i)} = 0;$$

cette équation pourra être utile dans certaines recherches.

111. Indiquons encore pour les $\mathfrak{B}_s^{(i)}$ un autre procédé de calcul employé surtout par Hansen.

On tire de la formule (F)

$$(i - s) \frac{\mathfrak{B}_s^{(i)}}{\mathfrak{B}_s^{(i-1)}} = (i - 1) \frac{1 + \alpha^2}{\alpha} - \frac{i + s - 2}{\left[\dfrac{\mathfrak{B}_s^{(i-1)}}{\mathfrak{B}_s^{(i-2)}}\right]},$$

d'où

$$(14) \qquad (i - s) p_s^{(i)} = (i - 1) \frac{1 + \alpha^2}{\alpha} - \frac{i + s - 2}{p_s^{(i-1)}},$$

en faisant

$$(15) \qquad p_s^{(i)} = \frac{\mathfrak{B}_s^{(i)}}{\mathfrak{B}_s^{(i-1)}}.$$

Posons encore

$$(16) \qquad F_s^{(i)} = \frac{i + s - 1}{i} \frac{\alpha}{1 + \alpha^2},$$

$$(17) \qquad p_s^{(i)} = F_s^{(i)} \gamma_s^{(i)},$$

et l'équation (14) donnera

$$(i - s) \frac{i + s - 1}{i} \frac{\alpha}{1 + \alpha^2} \gamma_s^{(i)} = (i - 1) \frac{1 + \alpha^2}{\alpha} - (i + s - 2) \frac{i - 1}{i + s - 2} \frac{1 + \alpha^2}{\alpha} \frac{1}{\gamma_s^{(i-1)}},$$

ou bien

$$\frac{(i - s)(i + s - 1)}{i(i - 1)} \left(\frac{\alpha}{1 + \alpha^2}\right)^2 \gamma_s^{(i)} = 1 - \frac{1}{\gamma_s^{(i-1)}},$$

T. — I. 36

d'où

$$(18) \qquad \gamma_s^{(i-1)} = \frac{1}{1 - \mu_s^{(i)} \gamma_s^{(i)}},$$

où l'on a posé

$$(19) \qquad \mu_s^{(i)} = \frac{(i-s)(i+s-1)}{i(i-1)} \left(\frac{\alpha}{1+\alpha^2}\right)^2.$$

Supposons que $\gamma_s^{(i)}$ ait été calculé d'une façon quelconque; on en déduira, de proche en proche, par la formule (18), les valeurs de $\gamma_s^{(i-1)}, \gamma_s^{(i-2)}, \ldots, \gamma_s^{(1)}$; on calculera par (16) et (17) les valeurs de $p_s^{(i)}, p_s^{(i-1)}, \ldots, p_s^{(1)}$, après quoi (15) donnera

$$(20) \qquad \begin{cases} \varpi_s^{(1)} = \varpi_s^{(0)} p_s^{(1)}, \\ \varpi_s^{(2)} = \varpi_s^{(0)} p_s^{(1)} p_s^{(2)}, \\ \cdots\cdots\cdots\cdots\cdots, \\ \varpi_s^{(i)} = \varpi_s^{(0)} p_s^{(1)} p_s^{(2)} \ldots p_s^{(i)}. \end{cases}$$

On connaitra donc ainsi toutes les quantités $\varpi_s^{(i)}$ en partant de la première $\varpi_s^{(0)}$ que l'on calculera directement par l'une des formules (B) ou (L).

Il nous reste seulement à montrer comment on calculera $\gamma_s^{(i)}$; nous aurons recours à la formule suivante (*OEuvres de Gauss*, t. III, p. 134),

$$\frac{F(A, B+1, C+1, x)}{F(A, B, C, x)} = \cfrac{1}{1 - \cfrac{a_1 x}{1 - \cfrac{b_1 x}{1 - \cfrac{c_1 x}{1 - \cdots}}}},$$

où l'on a

$$a_1 = \frac{A}{C}\frac{C-B}{C+1} \qquad\qquad b_1 = \frac{B+1}{C+1}\frac{C+1-A}{C+2},$$

$$c_1 = \frac{A+1}{C+2}\frac{C+1-B}{C+3}, \qquad d_1 = \frac{B+2}{C+3}\frac{C+2-A}{C+4},$$

$$\cdots\cdots\cdots\cdots\cdots\cdots\cdots\cdots\cdots\cdots\cdots\cdots;$$

les relations (11), (15), (16) et (17) nous donnent

$$(21) \qquad \frac{\varpi_s^{(i)}}{\varpi_s^{(i-1)}} = \frac{s+i-1}{i}\,\alpha\,\frac{F(s, s+i, i+1, \alpha^2)}{F(s, s+i-1, i, \alpha^2)} = p_s^{(i)} = \frac{s+i-1}{i}\frac{\alpha}{1+\alpha^2}\gamma_s^{(i)},$$

d'où

$$\frac{1}{1+\alpha^2}\gamma_s^{(i)} = \frac{F(s, i+s, i+1, \alpha^2)}{F(s, i+s-1, i, \alpha^2)};$$

on aura donc, en appliquant la formule de Gauss mentionnée ci-dessus,

$$(22) \quad \begin{cases} \dfrac{1}{1+\alpha^2}\gamma_s^{(i)} = \cfrac{1}{1-\cfrac{a_1\alpha^2}{1-\cfrac{b_1\alpha^2}{1-\cfrac{c_1\alpha^2}{1-\dots}}}}, \\[4ex] \text{avec} \\[1ex] a_1 = \dfrac{s(1-s)}{i(i+1)}, \qquad b_1 = \dfrac{(i+s)(i+1-s)}{(i+1)(i+2)}, \\[2ex] c_1 = \dfrac{(s+1)(2-s)}{(i+2)(i+3)}, \qquad d_1 = \dfrac{(i+s+1)(i+2-s)}{(i+3)(i+4)}, \\[2ex] \dots\dots\dots\dots\dots; \qquad \dots\dots\dots\dots\dots\dots \end{cases}$$

Lorsque i est grand, a_1 est petit, la fraction continue se calcule très rapidement; i tendant vers l'infini, $\gamma_s^{(i)}$ tend vers $1+\alpha^2$, et la formule (21) donne

$$\lim \frac{\mathfrak{b}_s^{(i)}}{\mathfrak{b}_s^{(i-1)}} = \alpha;$$

ainsi, quand i augmente, les $\mathfrak{b}_s^{(i)}$ tendent vers les termes consécutifs d'une progression géométrique de raison α.

Résumé. — Supposons que l'on veuille calculer $\mathfrak{b}_s^{(0)}$, $\mathfrak{b}_s^{(1)}$, ..., $\mathfrak{b}_s^{(i)}$; on calculera directement $\mathfrak{b}_s^{(0)}$ comme on l'a dit, $\gamma_s^{(i)}$ par la formule (22), puis

$$\begin{aligned}
&F_s^{(1)}, && F_s^{(2)}, && \dots, F_s^{(i)}, && \text{par la formule} && (16), \\
&\mu_s^{(2)}, && \mu_s^{(3)}, && \dots, \mu_s^{(i)}, && \text{\guillemotright} && (19), \\
&\gamma_s^{(i-1)}, && \gamma_s^{(i-2)}, && \dots, \gamma_s^{(1)}, && \text{\guillemotright} && (18), \\
&p_s^{(1)}, && p_s^{(2)}, && \dots, p_s^{(i)}, && \text{\guillemotright} && (17),
\end{aligned}$$

après quoi les formules (20) donneront enfin $\mathfrak{b}_s^{(1)}$, $\mathfrak{b}_s^{(2)}$, ..., $\mathfrak{b}_s^{(i)}$.

112. Il sera nécessaire encore de calculer, pour le développement de la fonction perturbatrice, les dérivées successives des fonctions $\mathfrak{b}_s^{(i)}$ par rapport à α.

On pourrait sans doute les obtenir en partant de la formule (B) différentiée plusieurs fois par rapport à α; on trouverait ainsi

$$(23) \quad \begin{cases} \dfrac{1}{2}\mathfrak{b}_s^{(i)} = \displaystyle\sum_n \dfrac{s(s+1)\dots(s+n-1)}{1.2\dots n}\,\dfrac{s(s+1)\dots(s+i+n-1)}{1.2\dots(i+n)}\,\alpha^{i+2n} = \sum_n \mathrm{A}_n\,\alpha^{i+2n}, \\[3ex] \dfrac{1}{2}\dfrac{d^p\mathfrak{b}_s^{(i)}}{d\alpha^p} = \displaystyle\sum_n \mathrm{B}_n\,\alpha^{i+2n-p}, \end{cases}$$

en posant

$$B_n = (i + 2n)(i + 2n - 1)\ldots(i + 2n - p + 1)\, A_n.$$

On en conclut

$$(24) \qquad \frac{B_{n+1}}{B_n} = \frac{(i + 2n + 1)(i + 2n + 2)}{(i + 2n - p + 1)(i + 2n - p + 2)}\, \frac{A_{n+1}}{A_n} = k_n\, \frac{A_{n+1}}{A_n},$$

$$\lim \frac{B_{n+1}}{B_n} = \lim \frac{A_{n+1}}{A_n}, \qquad \text{pour } n = \infty.$$

La série (23) est encore convergente pour les valeurs de α comprises entre o et 1; mais la convergence est moins rapide. En effet, remarquons d'abord que, dans la formule (23), on doit avoir $i + 2n - p \geqq 0$. L'expression de k_n qui résulte de la formule (24) donne ensuite

$$k_n > \left(\frac{i + 2n + 1}{i + 2n - p + 2} \right)^2$$

ou bien

$$k_n > \left(1 + \frac{p - 1}{i + 2n - p + 2} \right)^2.$$

On voit que k_n, qui tend vers 1 pour n infini, est notablement supérieur à 1 pour les premières valeurs de n, surtout quand p est grand. La série (23) convergera donc bien plus lentement que celle qui donne $\mathfrak{vb}_s^{(i)}$.

Exemple. — Considérons $\dfrac{d^6 \mathfrak{vb}_s^{(5)}}{d\alpha^6}$; nous trouverons aisément

$$\frac{B_2}{B_1} = 12\,\frac{A_2}{A_1}, \qquad \frac{B_3}{B_2} = \frac{11}{2}\,\frac{A_3}{A_2},$$

$$\frac{B_4}{B_3} = \frac{26}{7}\,\frac{A_4}{A_3}, \qquad \frac{B_5}{B_4} = \frac{35}{12}\,\frac{A_5}{A_4},$$

$$\ldots\ldots\ldots\ldots, \qquad \ldots\ldots\ldots\ldots$$

On voit qu'il faut aller assez loin dans la série pour trouver une diminution des termes aussi rapide que celle qui a lieu pour $\mathfrak{vb}_s^{(5)}$.

Il convient donc d'avoir recours à d'autres procédés pour calculer $\dfrac{d^p \mathfrak{vb}_s^{(i)}}{d\alpha^p}$.

Revenons à l'équation (6) et différentions-la par rapport à α; nous trouverons

$$-s\left[2\alpha - \left(z + \frac{1}{z} \right) \right]\left[1 + \alpha^2 - \alpha\left(z + \frac{1}{z} \right) \right]^{-s-1} = \frac{1}{2} \sum_{-\infty}^{+\infty} z^i\, \frac{d\mathfrak{vb}_s^{(i)}}{d\alpha},$$

d'où

$$s\left(z + \frac{1}{z} - 2\alpha \right) \frac{1}{2} \sum_{-\infty}^{+\infty} \mathfrak{vb}_{s+1}^{(i)}\, z^i = \frac{1}{2} \sum_{-\infty}^{+\infty} z^i\, \frac{d\mathfrak{vb}_s^{(i)}}{d\alpha};$$

en égalant dans les deux membres de cette équation les coefficients de z^i, il vient

(N)
$$\frac{d\mathfrak{b}_s^{(i)}}{d\alpha} = s\left[\mathfrak{b}_{s+1}^{(i-1)} + \mathfrak{b}_{s+1}^{(i+1)} - 2\alpha\,\mathfrak{b}_{s+1}^{(i)}\right].$$

Les $\mathfrak{b}_{s+1}$ ayant été calculés, cette formule résoudrait la question pour les dérivées premières des $\mathfrak{b}_s$; mais il est préférable d'introduire dans le second membre les $\mathfrak{b}_s$ au lieu des $\mathfrak{b}_{s+1}$.

La formule (G) donne d'abord

$$\mathfrak{b}_{s+1}^{(i-1)} = \mathfrak{b}_{s+1}^{(i+1)} + \frac{i}{s\,\alpha}\,\mathfrak{b}_s^{(i)},$$

et, en portant dans (N), il vient

$$\frac{d\mathfrak{b}_s^{(i)}}{d\alpha} = 2s\,\mathfrak{b}_{s+1}^{(i+1)} - 2s\alpha\,\mathfrak{b}_{s+1}^{(i)} + \frac{i}{\alpha}\,\mathfrak{b}_s^{(i)}.$$

Si l'on met dans cette formule, au lieu de $\mathfrak{b}_{s+1}^{(i)}$, et de $\mathfrak{b}_{s+1}^{(i+1)}$, leurs valeurs (H) et (H$'$), on trouve, après réduction,

(P)
$$\frac{d\mathfrak{b}_s^{(i)}}{d\alpha} = \frac{\left[i + (i + 2s)\alpha^2\right]\mathfrak{b}_s^{(i)} - 2(i + 1 - s)\alpha\,\mathfrak{b}_s^{(i+1)}}{\alpha(1 - \alpha^2)}.$$

Mais il serait difficile de calculer ainsi les dérivées suivantes.

Nous allons trouver une autre formule qui nous sera plus commode; en retranchant de (N) ce que devient cette équation quand on y change i en $i - 2$, il vient

$$\frac{d\mathfrak{b}_s^{(i)}}{d\alpha} - \frac{d\mathfrak{b}_s^{(i-2)}}{d\alpha} = -s\left[\mathfrak{b}_{s+1}^{(i-1)} - \mathfrak{b}_{s+1}^{(i+1)}\right] - s\left[\mathfrak{b}_{s+1}^{(i-3)} - \mathfrak{b}_{s+1}^{(i-1)}\right] + 2s\alpha\left[\mathfrak{b}_{s+1}^{(i-2)} - \mathfrak{b}_{s+1}^{(i)}\right];$$

or chacune des trois parties du second membre de cette équation peut se déduire de la formule (G) elle-même, ou de cette formule dans laquelle on remplace i par $i - 1$ ou par $i - 2$; en opérant ainsi, on trouve

(Q)
$$\alpha\left[\frac{d\mathfrak{b}_s^{(i)}}{d\alpha} - \frac{d\mathfrak{b}_s^{(i-2)}}{d\alpha}\right] = -(i - 2)\,\mathfrak{b}_s^{(i-2)} + (2i - 2)\alpha\,\mathfrak{b}_s^{(i-1)} - i\,\mathfrak{b}_s^{(i)}.$$

Cette formule importante ne contient pas s explicitement; elle s'applique donc aux quantités $b^{(i)}$, $c^{(i)}$, $e^{(i)}$, $f^{(i)}$.

Elle permet, en donnant à i les valeurs 2, 3, ..., de calculer de proche en proche $\dfrac{d\mathfrak{b}_s^{(2)}}{d\alpha}$, $\dfrac{d\mathfrak{b}_s^{(3)}}{d\alpha}$, ..., $\dfrac{d\mathfrak{b}_s^{(i)}}{d\alpha}$ en fonction de $\dfrac{d\mathfrak{b}_s^{(0)}}{d\alpha}$, de $\dfrac{d\mathfrak{b}_s^{(1)}}{d\alpha}$ et de $\mathfrak{b}_s^{(0)}$, $\mathfrak{b}_s^{(1)}$, ..., $\mathfrak{b}_s^{(i)}$; ces dernières quantités doivent être considérées comme connues par ce qui précède; il restera seulement à déterminer $\dfrac{d\mathfrak{b}_s^{(0)}}{d\alpha}$ et $\dfrac{d\mathfrak{b}_s^{(1)}}{d\alpha}$.

En différentiant $(p-1)$ fois la formule (Q) par rapport à α, on trouvera

$$(\mathrm{R})\quad\left\{\begin{aligned}
\alpha\,\frac{d^p\,\mathfrak{B}_s^{(i)}}{d\alpha^p} &= \alpha\,\frac{d^p\,\mathfrak{B}_s^{(i-2)}}{d\alpha^p} - (i+p-1)\,\frac{d^{p-1}\,\mathfrak{B}_s^{(i)}}{d\alpha^{p-1}} - (i-p-1)\,\frac{d^{p-1}\,\mathfrak{B}_s^{(i-2)}}{d\alpha^{p-1}}\\
&\quad + (2i-2)\left[\alpha\,\frac{d^{p-1}\,\mathfrak{B}_s^{(i-1)}}{d\alpha^{p-1}} + (p-1)\,\frac{d^{p-2}\,\mathfrak{B}_s^{(i-1)}}{d\alpha^{p-2}}\right].
\end{aligned}\right.$$

En faisant dans cette formule d'abord

$$p=2 \quad\text{et}\quad i=2,3,\ldots.$$

puis

$$p=3 \quad\text{et}\quad i=2,3,\ldots,$$

$$\ldots\ldots\ldots\ldots\ldots\ldots\ldots\ldots,$$

on obtiendra de proche en proche toutes les dérivées des divers ordres des fonctions $\mathfrak{B}_s^{(i)}$ en fonction des quantités connues et des dérivées des divers ordres de $\mathfrak{B}_s^{(0)}$ et de $\mathfrak{B}_s^{(1)}$. Il ne nous reste donc plus qu'à montrer comment on pourra calculer $\dfrac{d^p\,\mathfrak{B}_s^{(0)}}{d\alpha^p}$ et $\dfrac{d^p\,\mathfrak{B}_s^{(1)}}{d\alpha^p}$ ou bien

$$\frac{d^p\,b^{(0)}}{d\alpha^p},\quad \frac{d^p\,b^{(1)}}{d\alpha^p},\quad \frac{d^p\,c^{(0)}}{d\alpha^p},\quad \frac{d^p\,c^{(1)}}{d\alpha^p},\quad \frac{d^p\,e^{(0)}}{d\alpha^p},\quad \frac{d^p\,e^{(1)}}{d\alpha^p},\quad \frac{d^p\,f^{(0)}}{d\alpha^p},\quad \frac{d^p\,f^{(1)}}{d\alpha^p}.$$

113. Commençons par $\dfrac{d^p\,b^{(0)}}{d\alpha^p}$ et $\dfrac{d^p\,b^{(1)}}{d\alpha^p}$.

En faisant dans la formule (P) $s=\frac{1}{2}$ et $i=0$, puis $i=-1$, il vient

$$\frac{db^{(0)}}{d\alpha} = \frac{\alpha\,b^{(0)} - b^{(1)}}{1-\alpha^2},\qquad \frac{db^{(1)}}{d\alpha} = \frac{\alpha\,b^{(0)} - b^{(1)}}{\alpha(1-\alpha^2)};$$

d'où

$$(q)\qquad \alpha(1-\alpha^2)\,\frac{db^{(1)}}{d\alpha} = \alpha\,b^{(0)} - b^{(1)},$$

$$(q')\qquad \frac{db^{(0)}}{d\alpha} = \alpha\,\frac{db^{(1)}}{d\alpha}.$$

Ces formules donneront d'abord $\dfrac{db^{(0)}}{d\alpha}$ et $\dfrac{db^{(1)}}{d\alpha}$; en différentiant p fois la formule (q), on trouve

$$(25)\quad\left\{\begin{aligned}
\alpha(1-\alpha^2)\,&\frac{d^{p+1}\,b^{(1)}}{d\alpha^{p+1}} + p(1-3\alpha^2)\,\frac{d^p\,b^{(1)}}{d\alpha^p} - 3p(p-1)\alpha\,\frac{d^{p-1}\,b^{(1)}}{d\alpha^{p-1}}\\
&\qquad - p(p-1)(p-2)\,\frac{d^{p-2}\,b^{(1)}}{d\alpha^{p-2}}\\
&= \alpha\,\frac{d^p\,b^{(0)}}{d\alpha^p} + p\,\frac{d^{p-1}\,b^{(0)}}{d\alpha^{p-1}} - \frac{d^p\,b^{(1)}}{d\alpha^p}.
\end{aligned}\right.$$

On tire, d'ailleurs, de (q')

$$(r) \qquad \frac{d^p b^{(0)}}{d\alpha^p} = \alpha\, \frac{d^p b^{(1)}}{d\alpha^p} + (p-1)\frac{d^{p-1} b^{(1)}}{d\alpha^{p-1}},$$

$$\frac{d^{p-1} b^{(0)}}{d\alpha^{p-1}} = \alpha\, \frac{d^{p-1} b^{(1)}}{d\alpha^{p-1}} + (p-2)\frac{d^{p-2} b^{(1)}}{d\alpha^{p-2}};$$

grâce à ces deux dernières formules, (25) donne

$$(r') \qquad \left\{ \begin{aligned} \alpha(1-\alpha^2)\frac{d^{p+1} b^{(1)}}{d\alpha^{p+1}} &= (3p+1)\alpha^2 \frac{d^p b^{(1)}}{d\alpha^p} + (3p^2 - p - 1)\alpha\frac{d^{p-1} b^{(1)}}{d\alpha^{p-1}} \\ &\quad + p^2(p-2)\frac{d^{p-2} b^{(1)}}{d\alpha^{p-2}} - (p+1)\frac{d^p b^{(1)}}{d\alpha^p}. \end{aligned} \right.$$

Les formules (r) et (r') donneront, de proche en proche, les dérivées secondes, troisièmes, etc., de $b^{(0)}$ et $b^{(1)}$; $\dfrac{d^2 b^{(1)}}{d\alpha^2}$ n'est pas donné par la relation (r'); mais on trouve directement, en partant de (q) et (q'),

$$(r'') \qquad \alpha^2(1-\alpha^2)\frac{d^2 b^{(1)}}{d\alpha^2} = (3\alpha^2 - 1)\alpha\frac{db^{(1)}}{d\alpha} + b^{(1)}.$$

114. Il nous reste enfin à indiquer le calcul des dérivées des divers ordres des fonctions $c^{(0)}$, $c^{(1)}$, $e^{(0)}$, $e^{(1)}$, $f^{(0)}$, $f^{(1)}$,

Les formules (k) donnent

$$(1-\alpha)^2 \left[c^{(0)} + c^{(1)} \right] = b^{(0)} - b^{(1)},$$

$$(1+\alpha)^2 \left[c^{(0)} - c^{(1)} \right] = b^{(0)} + b^{(1)}.$$

En différentiant ces équations, par rapport à α, une fois d'abord et ensuite $p-1$ fois, on en tire aisément

$$(s) \qquad \left\{ \begin{aligned} \frac{1}{2}\left[\frac{dc^{(0)}}{d\alpha} + \frac{dc^{(1)}}{d\alpha} \right] &= \frac{1}{2(1-\alpha)^2}\left[\frac{db^{(0)}}{d\alpha} - \frac{db^{(1)}}{d\alpha} \right] + \frac{1}{1-\alpha}\left[c^{(0)} + c^{(1)} \right], \\ \frac{1}{2}\left[\frac{dc^{(0)}}{d\alpha} - \frac{dc^{(1)}}{d\alpha} \right] &= \frac{1}{2(1+\alpha)^2}\left[\frac{db^{(0)}}{d\alpha} + \frac{db^{(1)}}{d\alpha} \right] - \frac{1}{1+\alpha}\left[c^{(0)} - c^{(1)} \right]; \end{aligned} \right.$$

$$(s') \qquad \left\{ \begin{aligned} \frac{d^p c^{(0)}}{d\alpha^p} + \frac{d^p c^{(1)}}{d\alpha^p} &= \frac{2p}{1-\alpha}\left[\frac{d^{p-1} c^{(0)}}{d\alpha^{p-1}} + \frac{d^{p-1} c^{(1)}}{d\alpha^{p-1}} \right] - \frac{p(p-1)}{(1-\alpha)^2}\left[\frac{d^{p-2} c^{(0)}}{d\alpha^{p-2}} + \frac{d^{p-2} c^{(1)}}{d\alpha^{p-2}} \right] \\ &\quad + \frac{1}{(1-\alpha)^2}\left[\frac{d^p b^{(0)}}{d\alpha^p} - \frac{d^p b^{(1)}}{d\alpha^p} \right], \\ \frac{d^p c^{(0)}}{d\alpha^p} - \frac{d^p c^{(1)}}{d\alpha^p} &= \frac{-2p}{1+\alpha}\left[\frac{d^{p-1} c^{(0)}}{d\alpha^{p-1}} - \frac{d^{p-1} c^{(1)}}{d\alpha^{p-1}} \right] - \frac{p(p-1)}{(1+\alpha)^2}\left[\frac{d^{p-2} c^{(0)}}{d\alpha^{p-2}} - \frac{d^{p-2} c^{(1)}}{d\alpha^{p-2}} \right] \\ &\quad + \frac{1}{(1+\alpha)^2}\left[\frac{d^p b^{(0)}}{d\alpha^p} + \frac{d^p b^{(1)}}{d\alpha^p} \right]. \end{aligned} \right.$$

Ces formules résolvent la question pour les dérivées de $c^{(0)}$ et $c^{(1)}$; on en trouvera d'analogues pour les dérivées de $e^{(0)}$ et $e^{(1)}$, et de $f^{(0)}$ et $f^{(1)}$, en partant des formules (k') et (k''). Nous renverrons pour plus de détails au tome X des *Annales de l'Observatoire de Paris*, p. 17-36, où Le Verrier a développé complètement tous ces calculs.

115. Dans le développement de la fonction perturbatrice, il nous faudra encore calculer les expressions suivantes :

$$\frac{a^p}{1.2\ldots p}\,\frac{\partial^p \mathrm{A}^{(i)}}{\partial a^p} = \mathrm{A}_p^{(i)},$$

$$\frac{a^p}{1.2\ldots p}\,\frac{\partial^p \mathrm{B}^{(i)}}{\partial a^p} = \mathrm{B}_p^{(i)},$$

$$\frac{a^p}{1.2\ldots p}\,\frac{\partial^p \mathrm{C}^{(i)}}{\partial a^p} = \mathrm{C}_p^{(i)},$$

$$\frac{a^p}{1.2\ldots p}\,\frac{\partial^p \mathrm{D}^{(i)}}{\partial a^p} = \mathrm{D}_p^{(i)}.$$

Si l'on remarque que l'on a, à cause de $\alpha = \dfrac{a}{a'}$,

$$\frac{\partial^n \Phi(\alpha)}{\partial a^n} = \frac{1}{a'^n}\,\frac{d^n \Phi(\alpha)}{d\alpha^n},$$

on tirera aisément des formules (3) les expressions cherchées, savoir

$$(\mathrm{T})\;\begin{cases} a'\,\mathrm{A}_p^{(i)} = \dfrac{\alpha^p}{1.2\ldots p}\,\dfrac{d^p b^{(i)}}{d\alpha^p}, \\[2ex] a'\,\mathrm{B}_p^{(i)} = \dfrac{\alpha^p}{1.2\ldots p}\left[\alpha\,\dfrac{d^p c^{(i)}}{d\alpha^p} + p\,\dfrac{d^{p-1} c^{(i)}}{d\alpha^{p-1}}\right], \\[2ex] a'\,\mathrm{C}_p^{(i)} = \dfrac{\alpha^p}{1.2\ldots p}\left[\alpha^2\,\dfrac{d^p e^{(i)}}{d\alpha^p} + 2p\alpha\,\dfrac{d^{p-1} e^{(i)}}{d\alpha^{p-1}} + p(p-1)\,\dfrac{d^{p-2} e^{(i)}}{d\alpha^{p-2}}\right], \\[2ex] a'\,\mathrm{D}_p^{(i)} = \dfrac{\alpha^p}{1.2\ldots p}\left[\alpha^3\,\dfrac{d^p f^{(i)}}{d\alpha^p} + 3p\alpha^2\,\dfrac{d^{p-1} f^{(i)}}{d\alpha^{p-1}}\right. \\[2ex] \qquad\qquad \left. + 3p(p-1)\alpha\,\dfrac{d^{p-2} f^{(i)}}{d\alpha^{p-2}} + p(p-1)(p-2)\,\dfrac{d^{p-3} f^{(i)}}{d\alpha^{p-3}}\right]. \end{cases}$$

116. Nous allons terminer ce Chapitre en faisant connaître une manière spéciale de calculer, soit les quantités $\mathfrak{b}_s^{(i)}$, soit leurs dérivées des divers ordres.

Nous avons dit que les séries directes se prêtent mal au calcul des quantités $\dfrac{d^p \mathfrak{b}_s^{(i)}}{d\alpha^p}$; mais il est possible d'obtenir un résultat satisfaisant en transformant ces séries.

Considérons d'une manière générale la série convergente

$$(26) \qquad f(x) = A + Bx + Cx^2 + Dx^3 + \dots,$$

dans laquelle nous supposons $0 < x < 1$. On peut écrire

$$f(x) = A(1 + x + x^2 + \dots) + (B - A)(x + x^2 + x^3 + \dots) + (C - B)(x^2 + x^3 + \dots) + \dots,$$

comme on le voit en réunissant les termes qui contiennent A, puis B, …. Or le coefficient de A peut être remplacé par $\dfrac{1}{1-x}$; celui de B — A, par $\dfrac{x}{1-x}$, …. On en conclut cette formule importante

$$A + Bx + Cx^2 + Dx^3 + \dots = \frac{A}{1-x} + \frac{x}{1-x} [B - A + (C - B)x + (D - C)x^2 + \dots],$$

ou bien

$$(27) \qquad \begin{cases} f(x) = A + Bx + Cx^2 + Dx^3 + \dots \\ \quad = \dfrac{A}{1-x} + \dfrac{x}{1-x} (\delta_1 A + x\delta_1 B + x^2\delta_1 C + x^3\delta_1 D + \dots); \end{cases}$$

nous avons introduit l'algorithme des différences, en posant

$$\delta_1 A = B - A, \qquad \delta_1 B = C - B, \qquad \dots$$

Nous ferons de même, dans un moment,

$$\delta_2 A = \delta_1 B - \delta_1 A, \qquad \delta_2 B = \delta_1 C - \delta_1 B, \qquad \dots;$$
$$\delta_3 A = \delta_2 B - \delta_2 A, \qquad \delta_3 B = \delta_2 C - \delta_2 B, \qquad \dots;$$
$$\dots\dots\dots\dots\dots, \qquad \dots\dots\dots\dots\dots, \qquad \dots$$

Appliquons la formule (27) à la série $\delta_1 A + x\delta_1 B + \dots$; nous trouverons

$$(28) \quad \delta_1 A + x\delta_1 B + x^2\delta_1 C + x^3\delta_2 D + \dots = \frac{\delta_1 A}{1-x} + \frac{x}{1-x} (\delta_2 A + x\delta_2 B + x^2\delta_2 C + x^3\delta_2 D + \dots).$$

Nous aurons de même

$$(29) \qquad \begin{cases} \delta_2 A + x\delta_2 B + x^2\delta_2 C + x^2\delta_2 D + \dots = \dfrac{\delta_2 A}{1-x} + \dfrac{x}{1-x} (\delta_3 A + x\delta_3 B + x^2\delta_3 C + \dots), \\ \dots\dots\dots\dots\dots\dots\dots\dots\dots\dots\dots\dots\dots\dots\dots\dots\dots\dots \end{cases}$$

On conclut de (27) et (28), puis de (27), (28) et (29), les formules suivantes :

$$(30)\quad f(x) = \frac{A}{1-x} + \frac{x}{(1-x)^2}\,\delta_1 A + \left(\frac{x}{1-x}\right)^2 (\delta_2 A + x\,\delta_2 B + x^2\,\delta_2 C + \ldots),$$

$$(31)\quad f(x) = \frac{A}{1-x} + \frac{x}{(1-x)^2}\,\delta_1 A + \frac{x^2}{(1-x)^3}\,\delta_2 A + \left(\frac{x}{1-x}\right)^3 (\delta_3 A + x\,\delta_3 B + x^2\,\delta_3 C + \ldots),$$

$$\ldots\ldots\ldots\ldots\ldots\ldots\ldots\ldots\ldots\ldots\ldots\ldots\ldots$$

La loi de ces diverses formules est manifeste ; la dernière de toutes, qui est d'Euler, serait

$$(32)\qquad f(x) = \frac{A}{1-x} + \frac{x}{(1-x)^2}\,\delta_1 A + \frac{x^2}{(1-x)^3}\,\delta_2 A + \frac{x^3}{(1-x)^4}\,\delta_3 A + \ldots$$

On pourra employer, pour le calcul de $f(x)$, l'une des séries (26), (27), (30), (31), …, (32), en admettant, bien entendu, que ces séries soient convergentes ; il pourra se faire que quelques-unes d'entre elles soient beaucoup plus convergentes que les premières.

Appliquons ces considérations à la fonction $\mathfrak{b}^{(i)}$: si nous faisons

$$A = 2\,\frac{s(s+1)\ldots(s+i-1)}{1.2\ldots i}, \qquad B = 2\,\frac{s}{1}\,\frac{s(s+1)\ldots(s+i)}{1.2\ldots(i+1)}, \qquad \ldots,$$

$$x = \alpha^2, \qquad \beta^2 = \frac{\alpha^2}{1-\alpha^2},$$

nous trouverons

$$\mathfrak{b}_s^{(i)} = \alpha^i (A + B\alpha^2 + C\alpha^4 + \ldots),$$

$$\mathfrak{b}_s^{(i)} = \alpha^{i-2}\beta^2 A + \alpha^i \beta^2 (\delta_1 A + \alpha^2 \delta_1 B + \alpha^4 \delta_1 C + \ldots),$$

$$\mathfrak{b}_s^{(i)} = \alpha^{i-2}\beta^2 (A + \beta^2 \delta_1 A) + \alpha^i \beta^4 (\delta_2 A + \alpha^2 \delta_2 B + \alpha^4 \delta_2 C + \ldots),$$

$$\mathfrak{b}_s^{(i)} = \alpha^{i-2}\beta^2 (A + \beta^2 \delta_1 A + \beta^4 \delta_2 A) + \alpha^i \beta^6 (\delta_3 A + \alpha^2 \delta_3 B + \alpha^4 \delta_3 C + \ldots),$$

$$\ldots\ldots\ldots\ldots\ldots\ldots\ldots\ldots\ldots\ldots\ldots\ldots\ldots,$$

$$\mathfrak{b}_s^{(i)} = \alpha^{i-2}\beta^2 (A + \beta^2 \delta_1 A + \beta^4 \delta_2 A + \beta^6 \delta_3 A + \ldots).$$

C'est en suivant cette voie que Le Verrier est arrivé à obtenir des séries assez rapidement convergentes, soit pour $\mathfrak{b}_s^{(i)}$, soit pour $\dfrac{d^p \mathfrak{b}_s^{(i)}}{d\alpha^p}$; elles lui ont servi à contrôler les valeurs de $\dfrac{d^p \mathfrak{b}_s^{(i)}}{d\alpha^p}$ obtenues par la méthode indiquée au n° 112 ; pour les détails nous renverrons le lecteur au tome II des *Annales de l'Observatoire de Paris*, p. 10-17.

J'énoncerai en terminant un théorème que j'ai donné dans le tome XC des

Comptes rendus de l'Académie des Sciences (*voir* dans le même Volume des Notes intéressantes sur le même sujet, par M. G. Darboux, et M. O. Callandreau).

L'expression

$$\frac{\alpha^p}{1 \cdot 2 \ldots p} \frac{d^p \mathfrak{b}_s^{(i)}}{d\alpha^p},$$

dans laquelle s désigne l'une des quantités $\frac{1}{2}, \frac{3}{2}, \frac{5}{2}, \ldots$, tend vers zéro pour $\alpha < \frac{1}{2}$, et vers l'infini pour $\alpha > \frac{1}{2}$, quand, i et s restant fixes, p croit indéfiniment.

CHAPITRE XVIII.

DÉVELOPPEMENT DE LA FONCTION PERTURBATRICE DANS LE CAS OU LES EXCENTRICITÉS ET LES INCLINAISONS MUTUELLES DES ORBITES SONT PEU CONSIDÉRABLES.

117. Nous allons chercher les expressions analytiques des coefficients du développement de la fonction perturbatrice suivant la forme indiquée au n° 70.

Considérons deux planètes P et P', les rayons vecteurs $r = $ SP et $r' = $ SP' menés du Soleil S à ces planètes; désignons par σ le cosinus de l'angle PSP'. Les fonctions perturbatrices correspondant aux actions de P' sur P et de P sur P' s'obtiendront en multipliant respectivement par fm' et fm les quantités suivantes :

$$(1) \quad \begin{cases} R_{0,1} = \dfrac{1}{\Delta} - \dfrac{r\,\sigma}{r'^2}, \\[2ex] R_{1,0} = \dfrac{1}{\Delta} - \dfrac{r'\,\sigma}{r^2}. \end{cases}$$

Ces quantités ont une partie commune $\dfrac{1}{\Delta}$, l'inverse de la distance mutuelle $\Delta = $ PP'; nous ferons

$$(2) \quad R_1 = \frac{1}{\Delta} = (r^2 + r'^2 - 2\,rr'\sigma)^{-\frac{1}{2}},$$

et nous nous occuperons d'abord du développement de R_1.

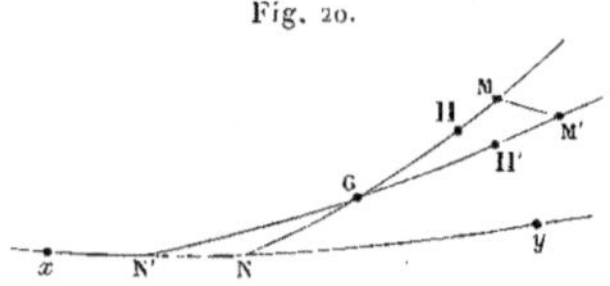

Fig. 20.

Traçons une sphère de rayon 1 ayant son centre au centre S du Soleil (*fig.* 20).

Les parties positives des axes de coordonnées la perceront en x et y; soient
NM et N'M' les grands cercles suivant lesquels la sphère est coupée par les plans
des orbites des deux planètes pour l'époque quelconque t, et soit G le nœud
ascendant de la première orbite par rapport à la seconde. Les rayons vecteurs
SP et SP' perceront la sphère en M et M', et l'on aura

$$\sigma = \cos MM'.$$

N et N' sont les nœuds ascendants des deux orbites relativement au grand
cercle xy. Il convient de rappeler que le plan de l'orbite d'une planète à un
moment donné est le plan qui passe par le Soleil et par la vitesse de la planète
à l'instant considéré.

Posons
$$xN = \theta, \qquad yNG = \varphi; \qquad xN' = \theta', \qquad yN'G = \varphi';$$
$$xN + NG = \tau, \qquad xN' + N'G = \tau';$$
$$MGM' = J.$$

La première chose à faire est de calculer J, τ et τ' en fonction de θ, θ', φ
et φ': cela revient à résoudre un triangle sphérique NGN' connaissant un côté
$NN' = \theta - \theta'$ et les angles adjacents $NN'G = \varphi'$ et $N'NG = \pi - \varphi$; les autres
éléments $NG = \tau - \theta$, $N'G = \tau' - \theta'$ et $NGN' = J$ seront calculés sans ambiguïté
par les formules de Delambre

$$(3) \quad \begin{cases} \sin\dfrac{J}{2} \sin\dfrac{(\tau' - \theta') + (\tau - \theta)}{2} = \sin\dfrac{\theta - \theta'}{2} \sin\dfrac{\varphi + \varphi'}{2}, \\[2ex] \sin\dfrac{J}{2} \cos\dfrac{(\tau' - \theta') + (\tau - \theta)}{2} = \cos\dfrac{\theta - \theta'}{2} \sin\dfrac{\varphi - \varphi'}{2}, \\[2ex] \cos\dfrac{J}{2} \sin\dfrac{(\tau' - \theta') - (\tau - \theta)}{2} = \sin\dfrac{\theta - \theta'}{2} \cos\dfrac{\varphi + \varphi'}{2}, \\[2ex] \cos\dfrac{J}{2} \cos\dfrac{(\tau' - \theta') - (\tau - \theta)}{2} = \cos\dfrac{\theta - \theta'}{2} \cos\dfrac{\varphi - \varphi'}{2}. \end{cases}$$

On en tirera, en effet, $\dfrac{J}{2}$, $\tau - \theta$, $\tau' - \theta'$, d'où J, τ et τ'.

On peut aussi employer pour le même but le groupe des formules de Gauss:

$$(4) \quad \begin{cases} \sin J \sin(\tau - \theta) = \sin\varphi' \sin(\theta - \theta'), \\ \sin J \cos(\tau - \theta) = \cos\varphi' \sin\varphi - \sin\varphi' \cos\varphi \cos(\theta - \theta'), \\ \cos J = \cos\varphi \cos\varphi' + \sin\varphi \sin\varphi' \cos(\theta - \theta'), \\ \sin J \sin(\tau' - \theta') = \sin\varphi \sin(\theta - \theta'), \\ \sin J \cos(\tau' - \theta') = -\cos\varphi \sin\varphi' + \sin\varphi \cos\varphi' \cos(\theta - \theta'). \end{cases}$$

Si l'on ajoute les deux premières ou les deux dernières des relations (3) après les avoir multipliées par des facteurs, tels que $-\sin\frac{\theta+\theta'}{2}$ et $+\cos\frac{\theta+\theta'}{2}$, destinés à faire disparaître $\frac{\theta+\theta'}{2}$ ou $\frac{\theta-\theta'}{2}$ du premier membre de l'équation résultante, on trouve les formules suivantes :

$$\sin\frac{J}{2}\cos\frac{\tau+\tau'}{2} = \cos\frac{\theta+\theta'}{2}\cos\frac{\theta-\theta'}{2}\sin\frac{\varphi-\varphi'}{2} - \sin\frac{\theta+\theta'}{2}\sin\frac{\theta-\theta'}{2}\sin\frac{\varphi+\varphi'}{2},$$

$$\sin\frac{J}{2}\sin\frac{\tau+\tau'}{2} = \sin\frac{\theta+\theta'}{2}\cos\frac{\theta-\theta'}{2}\sin\frac{\varphi-\varphi'}{2} + \cos\frac{\theta+\theta'}{2}\sin\frac{\theta-\theta'}{2}\sin\frac{\varphi+\varphi'}{2},$$

$$\cos\frac{J}{2}\cos\frac{\tau-\tau'}{2} = \cos^2\frac{\theta-\theta'}{2}\cos\frac{\varphi-\varphi'}{2} + \sin^2\frac{\theta-\theta'}{2}\cos\frac{\varphi+\varphi'}{2},$$

$$\cos\frac{J}{2}\sin\frac{\tau-\tau'}{2} = \frac{1}{2}\sin(\theta-\theta')\left(\cos\frac{\varphi-\varphi'}{2} - \cos\frac{\varphi+\varphi'}{2}\right).$$

Une transformation facile donne ensuite

$$(5)\qquad\left\{\begin{aligned}
&\frac{\sin\frac{J}{2}}{\cos\frac{\varphi}{2}\cos\frac{\varphi'}{2}}\cos\frac{\tau+\tau'}{2} = \operatorname{tang}\frac{\varphi}{2}\cos\theta - \operatorname{tang}\frac{\varphi'}{2}\cos\theta', \\[2ex]
&\frac{\sin\frac{J}{2}}{\cos\frac{\varphi}{2}\cos\frac{\varphi'}{2}}\sin\frac{\tau+\tau'}{2} = \operatorname{tang}\frac{\varphi}{2}\sin\theta - \operatorname{tang}\frac{\varphi'}{2}\sin\theta', \\[2ex]
&\frac{\cos\frac{J}{2}}{\cos\frac{\varphi}{2}\cos\frac{\varphi'}{2}}\cos\frac{\tau-\tau'}{2} = 1 + \operatorname{tang}\frac{\varphi}{2}\operatorname{tang}\frac{\varphi'}{2}\cos(\theta-\theta'), \\[2ex]
&\frac{\cos\frac{J}{2}}{\cos\frac{\varphi}{2}\cos\frac{\varphi'}{2}}\sin\frac{\tau-\tau'}{2} = \operatorname{tang}\frac{\varphi}{2}\operatorname{tang}\frac{\varphi'}{2}\sin(\theta-\theta').
\end{aligned}\right.$$

Des deux dernières de ces formules, on conclut

$$\operatorname{tang}\frac{\tau-\tau'}{2} = \frac{\operatorname{tang}\frac{\varphi}{2}\operatorname{tang}\frac{\varphi'}{2}\sin(\theta-\theta')}{1 + \operatorname{tang}\frac{\varphi}{2}\operatorname{tang}\frac{\varphi'}{2}\cos(\theta-\theta')}\cdot$$

Or la relation

$$\operatorname{tang}y = \frac{\nu\sin x}{1+\nu\cos x},$$

dans laquelle la valeur absolue de ν est supposée inférieure à l'unité, entraîne, comme on sait, pour celle des déterminations de y qui s'annule avec x, le développement convergent

$$y = \nu \sin x - \frac{1}{2} \nu^2 \sin 2x + \frac{1}{3} \nu^3 \sin 3x - \ldots$$

On aura ainsi, dans le cas actuel,

$$(6) \qquad \frac{\tau - \tau'}{2} = \tang \frac{\varphi}{2} \tang \frac{\varphi'}{2} \sin(\theta - \theta') - \frac{1}{2} \tang^2 \frac{\varphi}{2} \tang^2 \frac{\varphi'}{2} \sin 2(\theta - \theta') + \ldots$$

Si donc φ et φ' sont considérés comme de petites quantités du premier ordre, la différence $\tau - \tau'$ sera du second, et l'on pourra prendre, en négligeant seulement le quatrième ordre,

$$\tau - \tau' = 2 \tang \frac{\varphi}{2} \tang \frac{\varphi'}{2} \sin(\theta - \theta').$$

118. Soient ν et ν' les longitudes des planètes dans leurs orbites (*fig.* 20); on aura

$$\nu = x\mathrm{N} + \mathrm{NG} + \mathrm{GM}, \qquad \nu' = x\mathrm{N}' + \mathrm{N}'\mathrm{G} + \mathrm{GM}',$$

d'où

$$\mathrm{GM} = \nu - \tau, \qquad \mathrm{GM}' = \nu' - \tau'.$$

Le triangle sphérique MGM' donne ensuite

$$\sigma = \cos \mathrm{MM}' = \cos(\nu - \tau)\cos(\nu' - \tau') + \sin(\nu - \tau)\sin(\nu' - \tau')\cos \mathrm{J},$$
$$\sigma = \cos(\nu - \nu' + \tau' - \tau) - 2\sin^2 \frac{\mathrm{J}}{2} \sin(\nu - \tau)\sin(\nu' - \tau').$$

Il convient de représenter $\sin \frac{\mathrm{J}}{2}$ par η et de poser

$$\upsilon = x\mathrm{N}' + \mathrm{N}'\mathrm{G} + \mathrm{GM};$$

on aura ainsi cet ensemble de formules

$$(7) \qquad \begin{cases} \eta = \sin \dfrac{\mathrm{J}}{2}, \qquad \upsilon = \nu + \tau' - \tau, \\ \sigma = \cos(\upsilon - \nu') - 2\eta^2 \sin(\upsilon - \tau')\sin(\nu' - \tau'). \end{cases}$$

L'expression (2) de R_1 pourra s'écrire

$$(8) \qquad \mathrm{R}_1 = \left[r^2 + r'^2 - 2rr'\cos(\upsilon - \nu') \right]^{-\frac{1}{2}} \left[1 + \frac{4\eta^2 rr' \sin(\upsilon - \tau')\sin(\nu' - \tau')}{r^2 + r'^2 - 2rr'\cos(\upsilon - \nu')} \right]^{-\frac{1}{2}}.$$

Or les orbites des anciennes planètes sont peu inclinées les unes sur les autres;

c'est ainsi qu'à l'époque actuelle on a, pour Jupiter et Saturne, $J = 1° 17'$, pour Mercure et Vénus, $J = 8° 46'$; la plus grande valeur de J est $12° 30'$, et elle se présente pour Mercure et Mars. Même dans ce dernier cas, le plus défavorable, la quantité $\eta^2 = \sin^2 \frac{J}{2}$ est petite, et il en sera de même de l'expression

$$(9) \qquad \frac{4\eta^2 rr' \sin(\upsilon - \tau') \sin(\upsilon' - \tau')}{r^2 + r'^2 - 2rr'\cos(\upsilon - \upsilon')},$$

qui est inférieure en valeur absolue à

$$\frac{4rr'}{(r'-r)^2} \sin^2 \frac{J}{2};$$

le facteur $\sin^2 \frac{J}{2}$ est petit et l'autre, $\frac{4rr'}{(r'-r)^2}$, ne prend jamais de valeurs très grandes, parce que les rayons vecteurs r et r' de deux planètes sont toujours notablement différents.

On pourra donc développer, par la formule du binôme, en une série rapidement convergente l'expression

$$\left[1 + \frac{4\eta^2 rr' \sin(\upsilon - \tau') \sin(\upsilon' - \tau')}{r^2 + r'^2 - 2rr'\cos(\upsilon - \upsilon')} \right]^{-\frac{1}{2}},$$

et la formule (8) deviendra

$$(10) \quad \left\{ \begin{aligned}
R_1 =\ & \left[r^2 + r'^2 - 2rr'\cos(\upsilon - \upsilon') \right]^{-\frac{1}{2}} \\
& - rr' \left[r^2 + r'^2 - 2rr'\cos(\upsilon - \upsilon') \right]^{-\frac{3}{2}} 2\eta^2 \sin(\upsilon - \tau') \sin(\upsilon' - \tau') \\
& + r^2 r'^2 \left[r^2 + r'^2 - 2rr'\cos(\upsilon - \upsilon') \right]^{-\frac{5}{2}} 6\eta^4 \sin^2(\upsilon - \tau') \sin^2(\upsilon' - \tau') \\
& - r^3 r'^3 \left[r^2 + r'^2 - 2rr'\cos(\upsilon - \upsilon') \right]^{-\frac{7}{2}} 20\eta^6 \sin^3(\upsilon - \tau') \sin^3(\upsilon' - \tau') \\
& + \ldots\ldots\ldots\ldots\ldots\ldots\ldots\ldots\ldots\ldots\ldots\ldots\ldots
\end{aligned} \right.$$

Les quatre premiers termes du second membre suffisent pour toutes les anciennes planètes.

Si l'on considérait les planètes Jupiter et Pallas, le développement (10) ne serait pas toujours convergent; on peut, en effet, assigner à ces deux planètes, sur leurs orbites, des positions telles que l'expression (9) soit, en valeur absolue, supérieure à l'unité; cela tient, d'une part, à la très grande inclinaison de l'orbite de Pallas sur celle de Jupiter ($34°$ environ) et aussi à la grande excentricité de Pallas ($0,24$) qui diminue notablement la différence $r' - r$ à de certains moments. Il faudra donc, dans l'étude des perturbations causées par

Jupiter dans le mouvement de Pallas, employer un autre mode de développement.

119. Il faut maintenant remplacer dans l'expression (10) les quantités r, r', v et v' par leurs valeurs

$$
(11) \quad
\begin{cases}
r' = a'(1 + x'), & v' = l' + y', \\
r = a(1 + x), & v = l + y, \\
v = l + y + \tau' - \tau = \lambda + y,
\end{cases}
$$

en posant

$$
(12) \qquad \lambda = l + \tau' - \tau.
$$

Dans ces formules (11) et (12), on a désigné par a, a', l et l' les demi grands axes et les longitudes moyennes dans les mouvements elliptiques de l'époque t; x et y sont des fonctions connues de l'excentricité e et de l'anomalie moyenne $l - \varpi$; elles contiennent e en facteur; de même, x' et y' dépendent de e' et de $l' - \varpi'$, et renferment le facteur e'. On a donné au n° 93 les premiers termes des développements périodiques des quantités x, y, x' et y'.

Les excentricités e et e' étant petites, nous développerons, suivant leurs puissances et leurs produits, les diverses parties de l'expression (10) de R_1. en employant la formule de Taylor; le premier terme de cette formule sera ce que devient R_1 quand on y suppose

$$
e = 0, \qquad e' = 0
$$

et, par suite,

$$
r = a, \qquad r' = a', \qquad v = \lambda, \qquad v' = l'.
$$

Soit R_0 cette valeur correspondante de R_1; si l'on fait

$$
(13) \quad
\begin{cases}
(\mathrm{I}) = \quad [a^2 + a'^2 - 2aa' \cos(l' - \lambda)]^{-\frac{1}{2}}, \\
(\mathrm{II}) = aa' \; [a^2 + a'^2 - 2aa' \cos(l' - \lambda)]^{-\frac{3}{2}} \, 2\eta^2 \sin(l' - \tau') \sin(\lambda - \tau'), \\
(\mathrm{III}) = a^2 a'^2 [a^2 + a'^2 - 2aa' \cos(l' - \lambda)]^{-\frac{5}{2}} \, 6\eta^4 \sin^2(l' - \tau') \sin^2(\lambda - \tau'), \\
(\mathrm{IV}) = a^3 a'^3 [a^2 + a'^2 - 2aa' \cos(l' - \lambda)]^{-\frac{7}{2}} \, 20\eta^6 \sin^3(l' - \tau') \sin^3(\lambda - \tau'), \\
\dots\dots\dots\dots\dots\dots\dots\dots\dots\dots\dots\dots\dots\dots\dots\dots\dots\dots\dots\dots ,
\end{cases}
$$

on pourra écrire

$$
(14) \qquad R_0 = (\mathrm{I}) - (\mathrm{II}) + (\mathrm{III}) - (\mathrm{IV}) + \dots
$$

T. — I.

Or, dans le Chapitre XVII, on a appris à développer, suivant les cosinus des multiples de $l' - \lambda$, les fonctions

$$[a^2 + a'^2 - 2aa'\cos(l'-\lambda)]^{-s},$$

dans lesquelles s reçoit les valeurs $\frac{1}{2}$, $\frac{3}{2}$, $\ldots$

On a posé

$$
(15)
\begin{cases}
[a^2 + a'^2 - 2aa'\cos(l'-\lambda)]^{-\frac{1}{2}} = \frac{1}{2} \sum A^{(i)} \cos i(l'-\lambda), \\[2mm]
aa'\;[a^2 + a'^2 - 2aa'\cos(l'-\lambda)]^{-\frac{3}{2}} = \frac{1}{2} \sum B^{(i)} \cos i(l'-\lambda), \\[2mm]
a^2 a'^2 [a^2 + a'^2 - 2aa'\cos(l'-\lambda)]^{-\frac{5}{2}} = \frac{1}{2} \sum C^{(i)} \cos i(l'-\lambda), \\[2mm]
a^3 a'^3 [a^2 + a'^2 - 2aa'\cos(l'-\lambda)]^{-\frac{7}{2}} = \frac{1}{2} \sum D^{(i)} \cos i(l'-\lambda), \\[2mm]
\cdots\cdots\cdots\cdots\cdots\cdots\cdots\cdots\cdots\cdots
\end{cases}
$$

L'indice i prend toutes les valeurs entières de $-\infty$ à $+\infty$; on a

$$A^{(-i)} = A^{(i)}, \qquad B^{(-i)} = B^{(i)}, \qquad \ldots$$

$A^{(i)}$, $B^{(i)}$, $\ldots$ sont des fonctions homogènes du degré -1 de a et a'; leurs valeurs, quand i augmente, diminuent d'autant plus rapidement que le rapport $\frac{a}{a'}$ est plus petit (en supposant $a < a'$).

Il faut maintenant porter les expressions (15) dans les formules (13); on doit chercher à n'introduire finalement dans R_0 que les sinus ou cosinus des multiples de l' et λ; on trouvera, dans ce but, par les formules les plus élémentaires de la Trigonométrie :

$$
(16)
\begin{cases}
2\sin(l'-\tau')\sin(\lambda-\tau') = \cos(l'-\lambda) - \cos(l'+\lambda-2\tau'), \\[2mm]
8\sin^2(l'-\tau')\sin^2(\lambda-\tau') = 2 + \cos(2l'-2\lambda) - 2\cos(2l'-2\tau') \\
\qquad\qquad\qquad - 2\cos(2\lambda-2\tau') + \cos(2l'+2\lambda-4\tau'), \\[2mm]
32\sin^3(l'-\tau')\sin^3(\lambda-\tau') = 9\cos(l'-\lambda) + \cos(3l'-3\lambda) \\
\qquad\qquad - 9\cos(l'+\lambda-2\tau') - 3\cos(3l'-\lambda-2\tau') \\
\qquad\qquad - 3\cos(-l'+3\lambda-2\tau') + 3\cos(3l'+\lambda-4\tau') \\
\qquad\qquad + 3\cos(l'+3\lambda-4\tau') - \cos(3l'+3\lambda-6\tau').
\end{cases}
$$

En substituant les expressions (15) et (16) dans (13), on sera amené à une suite de termes de la forme

$$\cos\nu \sum D^{(i)} \cos i(l'-\lambda) = \frac{1}{2} \sum D^{(i)} \cos[i(l'-\lambda)+\nu] + \frac{1}{2} \sum D^{(i)} \cos[i(l'-\lambda)-\nu];$$

or les deux $\sum$ du second membre sont égaux, comme on le voit, en changeant dans l'un i en $-i$, ce qui reproduit l'autre; on a donc

$$\cos\nu \sum D^{(i)} \cos i(l'-\lambda) = \sum D^{(i)} \cos[i(l'-\lambda)+\nu],$$

et cela aura lieu aussi quand on remplacera $D^{(i)}$ par $C^{(i)}$ ou $B^{(i)}$. On trouvera ainsi aisément

$$(\text{II}) = \frac{1}{2}\,\eta^2 \sum B^{(i)} \cos(i+1)(l'-\lambda) - \frac{1}{2}\,\eta^2 \sum B^{(i)} \cos[(i+1)(l'-\lambda)+2\lambda-2\tau'],$$

$$(\text{III}) = \frac{3}{8}\,\eta^4 \left\{ 2 \sum C^{(i)} \cos i(l'-\lambda) + \sum C^{(i)} \cos(i+2)(l'-\lambda) \right.$$
$$- 2 \sum C^{(i)} \cos[(i+2)(l'-\lambda)+2\lambda-2\tau']$$
$$- 2 \sum C^{(i)} \cos[i(l'-\lambda)+2\lambda-2\tau']$$
$$\left. + \sum C^{(i)} \cos[(i+2)(l'-\lambda)+4\lambda-4\tau'] \right\},$$

$$(\text{IV}) = \frac{5}{16}\eta^6 \left\{ 9 \sum D^{(i)} \cos(i+1)(l'-\lambda) + \sum D^{(i)} \cos(i+3)(l'-\lambda) \right.$$
$$- 9 \sum D^{(i)} \cos[(i+1)(l'-\lambda)+2\lambda-2\tau']$$
$$- 3 \sum D^{(i)} \cos[(i+3)(l'-\lambda)+2\lambda-2\tau']$$
$$- 3 \sum D^{(i)} \cos[(i-1)(l'-\lambda)+2\lambda-2\tau']$$
$$+ 3 \sum D^{(i)} \cos[(i+3)(l'-\lambda)+4\lambda-4\tau']$$
$$+ 3 \sum D^{(i)} \cos[(i+1)(l'-\lambda)+4\lambda-4\tau']$$
$$\left. - \sum D^{(i)} \cos[(i+3)(l'-\lambda)+6\lambda-6\tau'] \right\}.$$

On peut dans ces $\sum$ changer i, tantôt en $i-1$, $i-2$, $i-3$, ou $i+1$, de manière à ramener toujours sous les cosinus le coefficient de l' à être égal à i; on trouvera ainsi

$$
(17) \quad
\begin{cases}
R_0 = \displaystyle\sum M^{(i)} \cos i(l' - \lambda) \\[4pt]
\qquad + \displaystyle\sum N^{(i)} \cos[i(l' - \lambda) + 2\lambda - 2\tau'] \\[4pt]
\qquad + \displaystyle\sum P^{(i)} \cos[i(l' - \lambda) + 4\lambda - 4\tau'] \\[4pt]
\qquad + \displaystyle\sum Q^{(i)} \cos[i(l' - \lambda) + 6\lambda - 6\tau'] \\[4pt]
\qquad + \ldots\ldots\ldots\ldots\ldots\ldots\ldots\ldots\ldots,
\end{cases}
$$

où l'on a fait, pour abréger,

$$
(18) \quad
\begin{cases}
M^{(i)} = \dfrac{1}{2} A^{(i)} - \dfrac{1}{2} \eta^2 B^{(i-1)} + \dfrac{3}{8} \eta^4 [2 C^{(i)} + C^{(i-2)}] - \dfrac{5}{16} \eta^6 [9 D^{(i-1)} + D^{(i-3)}] + \ldots, \\[8pt]
N^{(i)} = \dfrac{1}{2} \eta^2 B^{(i-1)} - \dfrac{3}{4} \eta^4 [C^{(i)} + C^{(i-2)}] + \dfrac{15}{16} \eta^6 [D^{(i+1)} + 3 D^{(i-1)} + D^{(i-3)}] - \ldots, \\[8pt]
P^{(i)} = \dfrac{3}{8} \eta^4 C^{(i-2)} - \dfrac{15}{16} \eta^6 [D^{(i-1)} + D^{(i-3)}] + \ldots, \\[8pt]
Q^{(i)} = \dfrac{5}{16} \eta^6 D^{(i-3)} - \ldots, \\[8pt]
\ldots\ldots\ldots\ldots\ldots\ldots\ldots
\end{cases}
$$

L'indice i prend toutes les valeurs entières, depuis $-\infty$ jusqu'à $+\infty$; on voit que les quantités $M^{(i)}, N^{(i)}, \ldots$ dépendent de a, a' et de η^2. On remarquera que nous n'avons négligé que η^8, c'est-à-dire les quantités du huitième ordre, en regardant $\eta = \sin \dfrac{J}{2}$ comme une petite quantité du premier ordre.

Il convient d'observer que chacun des arguments de la formule (17) est de la forme

$$
i(l' - \lambda) + 2p\lambda - 2p\tau';
$$

la somme des coefficients de l', λ et τ' est donc égale à $i - (i - 2p) - 2p$; elle est nulle; on voit de plus que le coefficient de $\cos[i(l' - \lambda) + 2p\lambda - 2p\tau']$ est de la forme

$$
\alpha \eta^{2p} + \beta \eta^{2p+2} + \gamma \eta^{2p+4} + \ldots;
$$

c'est ce que l'on vérifie aisément pour $p = 1$, $p = 2$ et $p = 3$, d'après les formules (17) et (18).

Si l'on fait $h = i - 2p$, l'argument considéré ci-dessus devient

$$
il' - h\lambda - (i - h)\tau',
$$

et l'expression (17) de R_0 rentre dans la forme suivante,

$$
(19) \quad R_0 = \sum K^{(i,h)} \cos[il' - h\lambda - (i - h)\tau'],
$$

en prenant successivement

$$(20)\quad \begin{cases} h = i, & \mathrm{K}^{(i,h)} = \mathrm{M}^{(i)}, \\ h = i - 2, & \mathrm{K}^{(i,h)} = \mathrm{N}^{(i)}, \\ h = i - 4, & \mathrm{K}^{(i,h)} = \mathrm{P}^{(i)}, \\ h = i - 6, & \mathrm{K}^{(i,h)} = \mathrm{Q}^{(i)}, \end{cases}$$

et donnant à i toutes les valeurs entières de $-\infty$ à $+\infty$.

120. Il faut maintenant remplacer dans l'expression (19) de R_0

$$a, \qquad a', \qquad \lambda, \qquad l'$$

respectivement par

$$a(1 + x), \quad a'(1 + x'), \quad \lambda + y, \quad l' + y',$$

τ' restant le même; le résultat de cette substitution changera R_0 en R_1.

Faisons d'abord la substitution dans $\mathrm{K}^{(i,h)}$, qui est une fonction homogène et de degré -1 de a et a', que nous représenterons par $\mathrm{F}(a,\ a')$; nous aurons donc, en désignant par k une quantité quelconque, et par la définition même des fonctions homogènes,

$$\mathrm{F}[ka(1 + x),\ ka'(1 + x')] = \frac{1}{k}\,\mathrm{F}[a(1 + x),\ a'(1 + x')];$$

d'où, en prenant $k = \dfrac{1}{1 + x'}$,

$$(21)\qquad \mathrm{F}[a(1 + x),\ a'(1 + x')] = \frac{1}{1 + x'}\,\mathrm{F}\left[a\left(1 + \frac{x - x'}{1 + x'}\right),\ a'\right].$$

On peut développer

$$\mathrm{F}\left(a + a\,\frac{x - x'}{1 + x'},\ a'\right)$$

par la série de Taylor relative au cas d'une seule variable a, ce qui donnera

$$(22)\quad \begin{cases} \mathrm{F}\left(a + a\,\dfrac{x - x'}{1 + x'},\ a'\right) = \mathrm{F}(a,\ a') + \dfrac{x - x'}{1 + x'}\,\dfrac{a}{1}\,\dfrac{\partial\,\mathrm{F}(a,\ a')}{\partial a} \\ \qquad\qquad + \left(\dfrac{x - x'}{1 + x'}\right)^2\,\dfrac{a^2}{1.2}\,\dfrac{\partial^2\,\mathrm{F}(a,\ a')}{\partial a^2} + \ldots; \end{cases}$$

cette série convergera rapidement parce que $\dfrac{x - x'}{1 + x'}$ est petit.

En remettant pour $F(a, a')$ sa valeur $K^{(i,h)}$, et posant d'une manière générale

$$(23) \qquad \begin{cases} K_{p}^{(i,h)} = \dfrac{a^{p}}{1.2\ldots p}\, \dfrac{\partial^{p} K^{(i,h)}}{\partial a^{p}}, \\ K_{0}^{(i,h)} = K^{(i,h)}, \end{cases}$$

les formules (21) et (22) donneront

$$F[a(1+x),\, a'(1+x')] = \frac{K_{0}^{(i,h)}}{1+x'} + \frac{x-x'}{(1+x')^{2}}\, K_{1}^{(i,h)}$$
$$+ \frac{(x-x')^{2}}{(1+x')^{3}}\, K_{2}^{(i,h)} + \ldots + \frac{(x-x')^{p}}{(1+x')^{p+1}}\, K_{p}^{(i,h)} + \ldots.$$

Il ne nous reste plus qu'à remplacer, dans le second membre de la formule (19), $K^{(i,h)}$ par l'expression précédente, et λ par $\lambda + y$, l' par $l' + y'$; nous trouverons ainsi

$$(24) \qquad R_{1} = \sum K_{p}^{(i,h)}\, \frac{(x-x')^{p}}{(1+x')^{p+1}}\, \cos[il' - h\lambda - (i-h)\tau' + iy' - hy],$$

où p devra recevoir les valeurs 0, $+1$, $+2$, $\ldots$, et où il faudra remplacer ensuite h et $K^{(i,h)}$ par les valeurs indiquées dans le Tableau (20); i prend du reste, comme on sait, toutes les valeurs entières, depuis $-\infty$ jusqu'à $+\infty$.

Le Verrier a poussé son développement jusqu'aux quantités du *septième ordre inclusivement*, en considérant η, e et e' comme de petites quantités du *premier ordre;* ce degré d'approximation lui a suffi pour établir les théories des anciennes planètes. On devra donc donner à p, dans la formule (24), les valeurs $0, 1, 2, \ldots, 7$.

On voit que ce qui nous permet de limiter le développement actuel, c'est la petitesse des excentricités des orbites; en résumé, dans la formule (24), les indices p et h seront limités, le premier par la petitesse de e et e', le second par celle de η; l'indice i prendra des valeurs qui seront d'autant moins nombreuses que le rapport $\frac{a}{a'}$ sera plus petit.

121. On remplacera $\cos[il' - h\lambda - (i-h)\tau' + iy' - hy]$ par

$$\cos[il' - h\lambda - (i-h)\tau']\,(\cos hy \cos iy' + \sin hy \sin iy')$$
$$+ \sin[il' - h\lambda - (i-h)\tau']\,(\sin hy \cos iy' - \cos hy \sin iy'),$$

et $(x-x')^{p}$ par

$$x^{p} - \frac{p}{1}\, x^{p-1} x' + \frac{p(p-1)}{1.2}\, x^{p-2} x'^{2} - \ldots,$$

et la formule (24) donnera sans peine

$$
\begin{aligned}
(25)\quad
R_1 = \ & K_0^{(i,h)} \left(\cos hy\, \frac{\cos iy'}{1+x'} + \sin hy\, \frac{\sin iy'}{1+x'} \right) \cos[il' - h\lambda - (i-h)\tau'] \\[4pt]
& + K_0^{(i,h)} \left(\sin hy\, \frac{\cos iy'}{1+x'} - \cos hy\, \frac{\sin iy'}{1+x'} \right) \sin[il' - h\lambda - (i-h)\tau'] \\[4pt]
& + K_1^{(i,h)} \left[x\cos hy\, \frac{\cos iy'}{(1+x')^2} + x\sin hy\, \frac{\sin iy'}{(1+x')^2} \right. \\[4pt]
& \qquad\qquad \left. - \cos hy\, \frac{x'\cos iy'}{(1+x')^2} - \sin hy\, \frac{x'\sin iy'}{(1+x')^2} \right] \cos[il' - h\lambda - (i-h)\tau'] \\[4pt]
& + K_1^{(i,h)} \left[x\sin hy\, \frac{\cos iy'}{(1+x')^2} - x\cos hy\, \frac{\sin iy'}{(1+x')^2} \right. \\[4pt]
& \qquad\qquad \left. - \sin hy\, \frac{x'\cos iy'}{(1+x')^2} + \cos hy\, \frac{x'\sin iy'}{(1+x')^2} \right] \sin[il' - h\lambda - (i-h)\tau'] \\[4pt]
& + \dots\dots\dots\dots\dots\dots\dots\dots\dots\dots\dots\dots\dots\dots\dots\dots\dots\dots \\[8pt]
& + K_p^{(i,h)} \left[x^p \cos hy\, \frac{\cos iy'}{(1+x')^{p+1}} - \frac{p}{1} x^{p-1}\cos hy\, \frac{x'\cos iy'}{(1+x')^{p+1}} \right. \\[4pt]
& \qquad\qquad + \frac{p(p-1)}{1.2} x^{p-2}\cos hy\, \frac{x'^2\cos iy'}{(1+x')^{p+1}} - \dots \\[4pt]
& \qquad\qquad + x^p\sin hy\, \frac{\sin iy'}{(1+x')^{p+1}} - \frac{p}{1} x^{p-1}\sin hy\, \frac{x'\sin iy'}{(1+x')^{p+1}} \\[4pt]
& \qquad\qquad \left. + \frac{p(p-1)}{1.2} x^{p-2}\sin hy\, \frac{x'^2\sin iy'}{(1+x')^{p+1}} - \dots \right] \cos[il' - h\lambda - (i-h)\tau'] \\[4pt]
& + K_p^{(i,h)} \left[x^p\sin hy\, \frac{\cos iy'}{(1+x')^{p+1}} - \frac{p}{1} x^{p-1}\sin hy\, \frac{x'\cos iy'}{(1+x')^{p+1}} \right. \\[4pt]
& \qquad\qquad + \frac{p(p-1)}{1.2} x^{p-2}\sin hy\, \frac{x'^2\cos iy'}{(1+x')^{p+1}} - \dots \\[4pt]
& \qquad\qquad - x^p\cos hy\, \frac{\sin iy'}{(1+x')^{p+1}} + \frac{p}{1} x^{p-1}\cos hy\, \frac{x'\sin iy'}{(1+x')^{p+1}} \\[4pt]
& \qquad\qquad \left. - \frac{p(p-1)}{1.2} x^{p-2}\cos hy\, \frac{x'^2\sin iy'}{(1+x')^{p+1}} + \dots \right] \sin[il' - h\lambda - (i-h)\tau'] \\[4pt]
& + \dots\dots\dots\dots\dots\dots\dots\dots\dots\dots\dots\dots\dots\dots\dots\dots\dots\dots
\end{aligned}
$$

On trouvera cette formule écrite tout au long, jusqu'à $p = 7$, dans les pages 355-357 du tome I des *Annales de l'Observatoire*.

On voit qu'on est ramené à trouver les développements, suivant les sinus et cosinus des multiples des anomalies moyennes, de facteurs rentrant dans les quatre types suivants :

$$\mathfrak{Q} = \mathrm{x}^{p-q}\cos hy, \qquad \mathfrak{Q}_1 = \mathrm{x}^{p-q}\sin hy,$$

$$\mathfrak{Q}' = (-1)^q\,\frac{p(p+1)\ldots(p-q+1)}{1.2\ldots q}\,\frac{\mathrm{x}'^q\cos iy'}{(1+\mathrm{x}')^{p+1}},$$

$$\mathfrak{Q}'_1 = (-1)^q\,\frac{p(p-1)\ldots(p-q+1)}{1.2\ldots q}\,\frac{\mathrm{x}'^q\sin iy'}{(1+\mathrm{x}')^{p+1}}.$$

Ces quantités ne dépendent chacune que de ce qui concerne une seule des planètes.

Les formules (36) et (37) d'une part et (38) et (39) de l'autre, du n° 94, donnent ces développements (dans les deux dernières, il faut accentuer les lettres).

122. Voyons maintenant quelle sera la forme finale des divers termes de R_1 ; nos facteurs $\mathfrak{Q}$ sont développables, comme il suit, en séries procédant suivant les sinus ou les cosinus des multiples des anomalies moyennes ζ et ζ' :

$$\mathfrak{Q} = \sum \mathfrak{A}\cos n\zeta, \qquad \mathfrak{Q}_1 = \sum \mathfrak{A}_1\sin n\zeta,$$

$$\mathfrak{Q}' = \sum \mathfrak{A}'\cos n'\zeta', \qquad \mathfrak{Q}'_1 = \sum \mathfrak{A}'_1\sin n'\zeta';$$

$\mathfrak{A}$ et $\mathfrak{A}_1$ sont de la forme $e^{n+2\rho}\varphi(e^2)$, ρ désignant un entier positif ou nul, et $\varphi(e^2)$ une série convergente procédant suivant les puissances de e^2 ; de même $\mathfrak{A}'$ et $\mathfrak{A}'_1$ sont de la forme $e'^{n'+2\rho'}\psi(e'^2)$, ρ' désignant un entier positif ou nul. Ces remarques, qui résultent de ce qui a été dit au n° 94, nous seront utiles dans un moment.

Portons les expressions ci-dessus de $\mathfrak{Q}$, $\mathfrak{Q}_1$, $\mathfrak{Q}'$ et $\mathfrak{Q}'_1$ dans le terme général de la formule (25) ; nous trouverons

$$\mathrm{K}_p^{(i,h)}(\mathfrak{A}\,\mathfrak{A}'\cos n\zeta\cos n'\zeta' + \mathfrak{A}_1\mathfrak{A}'_1\sin n\zeta\sin n'\zeta')\cos[il'-h\lambda-(i-h)\tau']$$
$$+\,\mathrm{K}_p^{(i,h)}(\mathfrak{A}_1\mathfrak{A}'\sin n\zeta\cos n'\zeta' - \mathfrak{A}\,\mathfrak{A}'_1\cos n\zeta\sin n'\zeta')\sin[il'-h\lambda-(i-h)\tau'].$$

Cette expression, dans laquelle figurent des produits de trois lignes trigonométriques, se transforme aisément, par des formules bien connues, dans la suivante, qui ne contient que des cosinus :

$$(26)\begin{cases} \dfrac{1}{4}\,\mathrm{K}_p^{(i,h)}(\mathfrak{A}\mathfrak{A}'-\mathfrak{A}_1\mathfrak{A}'_1 \cdots \mathfrak{A}_1\mathfrak{A}'+\mathfrak{A}\mathfrak{A}'_1)\cos[il'-h\lambda-(i-h)\tau'+n\zeta+n'\zeta'] \\[1.2em] +\,\dfrac{1}{4}\,\mathrm{K}_p^{(i,h)}(\mathfrak{A}\mathfrak{A}'-\mathfrak{A}_1\mathfrak{A}'_1 +\mathfrak{A}_1\mathfrak{A}'-\mathfrak{A}\mathfrak{A}'_1)\cos[il'-h\lambda-(i-h)\tau'-n\zeta-n'\zeta'] \\[1.2em] +\,\dfrac{1}{4}\,\mathrm{K}_p^{(i,h)}(\mathfrak{A}\mathfrak{A}'+\mathfrak{A}_1\mathfrak{A}'_1-\mathfrak{A}_1\mathfrak{A}'-\mathfrak{A}\mathfrak{A}'_1)\cos[il'-h\lambda-(i-h)\tau'+n\zeta-n'\zeta'] \\[1.2em] +\,\dfrac{1}{k}\,\mathrm{K}_p^{(i,h)}(\mathfrak{A}\mathfrak{A}'+\mathfrak{A}_1\mathfrak{A}'_1 +\mathfrak{A}_1\mathfrak{A}'+\mathfrak{A}\mathfrak{A}'_1)\cos[il'-h\lambda-(i-h)\tau'-n\zeta+n'\zeta']. \end{cases}$$

On a

$$\zeta' = l' - \varpi', \qquad \zeta = l - \varpi = \lambda + \tau - \tau' - \varpi.$$

Il convient de faire

$$(27) \qquad \omega = \varpi + \tau' - \tau;$$

on aura

$$(28) \qquad \zeta = \lambda - \omega, \qquad \zeta' = l' - \varpi';$$

en portant ces valeurs de ζ et ζ' dans l'expression (26), on pourra l'écrire ainsi :

$$(29)\ \left\{ \begin{aligned}
&\tfrac{1}{4}\,\mathrm{K}_p^{(i,h)}\,(\mathcal{H} - \mathcal{H}_1)(\mathcal{H}' + \mathcal{H}'_1)\cos[(i+n')l' + (-h+n)\lambda - n\omega - n'\varpi' - (i-h)\tau'] \\
&+ \tfrac{1}{4}\,\mathrm{K}_p^{(i,h)}\,(\mathcal{H} + \mathcal{H}_1)(\mathcal{H}' - \mathcal{H}'_1)\cos[(i-n')l' + (-h-n)\lambda + n\omega + n'\varpi' - (i-h)\tau'] \\
&+ \tfrac{1}{4}\,\mathrm{K}_p^{(i,h)}\,(\mathcal{H} - \mathcal{H}_1)(\mathcal{H}' - \mathcal{H}'_1)\cos[(i-n')l' + (-h+n)\lambda - n\omega + n'\varpi' - (i-h)\tau'] \\
&+ \tfrac{1}{4}\,\mathrm{K}_p^{(i,h)}\,(\mathcal{H} + \mathcal{H}_1)(\mathcal{H}' + \mathcal{H}'_1)\cos[(i+n')l' + (-h-n)\lambda + n\omega - n'\varpi' - (i-h)\tau'].
\end{aligned} \right.$$

Le développement de R_1 résulte immédiatement des formules (25) et (29). On voit qu'il ne contiendra *que des cosinus* d'arguments D renfermant les cinq quantités λ, l', ω, ϖ' et τ' de cette manière

$$(30) \qquad D = \alpha\lambda + \alpha' l' + \beta\omega + \beta'\varpi' - 2\gamma\tau',$$

en désignant par α, α', β, β' des nombres entiers positifs, nuls ou négatifs, et par γ un nombre entier positif ou nul (car on a vu que $2\gamma = i - h$ ne doit recevoir que les valeurs o, 2, 4, …). Il convient de remarquer dès à présent que la somme algébrique des coefficients α, α', β, β' et -2γ de λ, l', ω, ϖ' et τ dans D est nulle ; cela se voit immédiatement sur l'expression (29) ; pour le premier des arguments qui figurent dans cette expression, on a, en effet,

$$\alpha + \alpha' + \beta + \beta' - 2\gamma = (i+n') + (-h+n) - n - n' - (i-h) = o,$$

et la même constatation se fait pour les trois autres arguments de l'expression (29).

On peut d'ailleurs démontrer autrement la relation générale

$$(31) \qquad \alpha + \alpha' + \beta + \beta' - 2\gamma = o,$$

en remarquant que la fonction R_1, qui représente l'inverse de la distance mutuelle des deux planètes P et P', doit être indépendante de la situation de l'axe des x

T. — I.   39

dans le plan fixe des xy; il doit en être de même de chacun des arguments D. Or, si l'on fait tourner dans ce plan l'axe des x d'un angle quelconque μ, les quantités l, l', ϖ, ϖ', τ, τ' augmenteront toutes de μ : il en sera de même de λ et ω, en vertu des relations

$$\lambda = l + \tau' - \tau, \qquad \omega = \varpi + \tau' - \tau;$$

alors, d'après la formule (3o), la variation de D sera égale à

$$\mu(\alpha + \alpha' + \beta + \beta' - 2\gamma),$$

et, cette quantité devant être nulle quel que soit μ, la relation (31) en découle immédiatement.

123. Nous avons maintenant à nous rendre compte de la composition générale des coefficients de $\cos D$ dans le développement de R_1.

Considérons pour cela la première ligne de l'expression (29) : $\mathfrak{K} - \mathfrak{K}_1$, qui dépend seulement de e, ne contient, d'après une remarque faite au commencement du numéro précédent, que des puissances de e de la forme $e^{n+2\rho}$, ρ désignant un nombre positif qui peut être nul; d'ailleurs, le coefficient de ω dans l'argument correspondant de la première ligne de l'expression (29) est égal à $-n$, et sa valeur absolue est $+n$. Donc, le plus petit exposant de e dans le coefficient de cet argument est égal à la valeur absolue du coefficient de ω, augmentée d'un nombre pair qui peut d'ailleurs être nul. On peut faire la même remarque pour les trois autres arguments de l'expression (29), et aussi pour ce qui concerne les exposants de e' comparés aux valeurs absolues des coefficients de ϖ' dans D.

En décomposant donc le coefficient de $\cos D$ en diverses parties contenant chacune un produit tel que $e^H e'^{H'}$, et se reportant à la formule générale (25), on pourra dire qu'un terme quelconque du développement de R_1 est de la forme

$$\left[\sum C_p K_p^{(i,h)} \right] \times e^H e'^{H'} \cos D,$$

où C_p désigne un coefficient numérique, et H et H$'$ ont la signification suivante :

$$H = |\beta| + \text{un nombre pair},$$
$$H' = |\beta'| + \text{un nombre pair},$$

en représentant, suivant l'usage actuel, par $|\beta|$ et $|\beta'|$ les valeurs absolues de β et β'.

Si maintenant on remplace $K_p^{(i,h)}$ par

$$\frac{a^p}{1.2\ldots p} \frac{\partial^p K^{(i,h)}}{\partial a^p},$$

et que l'on tienne compte des formules (20), on trouvera que $K_p^{(i,h)}$ se compose d'une suite de termes, tels que

$$\frac{a^p}{1.2\ldots p}\,\frac{\partial^p A^{(j)}}{\partial a^p} = A_p^{(j)},$$

$$\frac{a^p}{1.2\ldots p}\,\frac{\partial^p B^{(j)}}{\partial a^p} = B_p^{(j)},$$

$$\ldots\ldots\ldots\ldots\ldots\ldots,$$

multipliés par des puissances de η dont les exposants sont 2γ, $2\gamma + 2$, …: cela résulte des formules (18) et des remarques qui les suivent.

Donc, en considérant à part les diverses puissances de η et envisageant le développement de $a'R_1$ au lieu de celui de R_1, on pourra écrire ainsi la forme générale de ce développement

$$(32)\qquad \begin{cases} a'R_1 = \sum N_1\,e^{H}e^{'H'}\,\eta^F\cos D, \\ D = \alpha\lambda + \alpha'l' + \beta\omega + \beta'\varpi' - 2\gamma\tau', \end{cases}$$

et l'on aura

$$H = |\,\beta\,| + \text{un nombre pair},$$
$$H' = |\,\beta'\,| + \text{un nombre pair},$$
$$F = 2\gamma + \text{un nombre pair}.$$

Enfin le coefficient N_1 sera de la forme

$$(33)\qquad N_1 = V^{(j)}a'A^{(j)} + V_1^{(j)}a'A_1^{(j)} + V_2^{(j)}a'A_2^{(j)} + \ldots;$$

$V_p^{(j)}$ est un coefficient purement numérique indépendant de a et a'; $A_p^{(j)}$ peut être remplacé par l'une des quantités $B_p^{(j)}$, $C_p^{(j)}$, $D_p^{(j)}$, dont on a donné les valeurs au n° 115 et qui se trouvent ainsi constituer la base fondamentale du développement de $a'R_1$. On remarquera d'ailleurs que $a'A_p^{(j)}$ est une fonction homogène et de degré zéro de a et a', ne dépendant donc que du rapport $\dfrac{a}{a'}$.

L'ordre du terme général du développement de $a'R_1$ défini par les formules (32) et (33) est égal à

$$(34)\qquad H + H' + F = |\,\beta\,| + |\,\beta'\,| + 2\gamma + \text{un nombre pair qui peut être nul.}$$

On peut donner de cet ordre une autre expression très utile, en remarquant que la somme des valeurs absolues de plusieurs quantités positives ou négatives est égale à la valeur absolue de leur somme algébrique ou bien à cette valeur augmentée d'un nombre pair.

On déduit de la relation (31)

$$2\gamma - \beta - \beta' = \alpha + \alpha',$$

et l'on en conclut, en observant que γ est positif,

$$(35) \qquad 2\gamma + |\beta| + |\beta'| = |\alpha + \alpha'| + \text{un nombre pair}.$$

De là cette seconde règle :

L'ordre du coefficient de $\cos D$ dans un terme quelconque du développement de $a'R_1$ est égal à la valeur absolue de la somme algébrique des coefficients de l' et λ dans l'argument D, ou bien à cette valeur augmentée d'un nombre pair.

Application de ce qui précède. — Considérons les termes séculaires du développement de $a'R_1$, pour lesquels on a simultanément $\alpha = \alpha' = 0$; l'application de la dernière règle montre que ces termes seront des ordres 0, 2, 4, ...

Considérons en second lieu les termes suivants

$$C_1 \cos(-2\lambda + 5l' - 3\omega),$$
$$C_2 \cos(-2\lambda + 5l' - 2\omega - \varpi'),$$
$$C_3 \cos(-2\lambda + 5l' - \omega - 2\tau'),$$
$$\dots\dots\dots\dots\dots\dots\dots\dots,$$

qui jouent, comme nous l'avons déjà dit, un rôle considérable dans les théories de Jupiter et de Saturne.

On voit immédiatement que C_1, C_2, C_3, ... sont d'un ordre au moins égal à la valeur absolue de $-2 + 5 = 3$; ils sont donc au moins du troisième ordre. De plus, la présence de -3ω dans le premier argument indique que C_1 doit contenir le facteur e^3 ; C_2, C_3, ... renfermeront de même les facteurs $e^2 e'$, $e\eta^2$, ...

Nous remarquerons enfin, en terminant, que si l'on ne voulait pas conserver sous forme de monômes les coefficients de $\cos D$, on pourrait présenter comme il suit le développement de $a'R_1$:

$$(36) \qquad \begin{cases} a'R_1 = \sum \mathfrak{M} \cos D, \\ \mathfrak{M} = e^{|\beta|} e'^{|\beta'|} \eta^{2\gamma} \Phi\left(\dfrac{a}{a'},\, e^2,\, e'^2,\, \eta^2\right), \end{cases}$$

Φ désignant une série ordonnée suivant les puissances de e^2, e'^2 et η^2 ; les coefficients des puissances et produits de e^2, e'^2, η^2 seraient des fonctions de $\dfrac{a}{a'}$.

Nous allons donner ici le développement de R_1 jusqu'aux termes du second ordre inclusivement :

$$
\begin{aligned}
(37)\quad R_1 =\ & \sum \left[\frac{1}{2} A^{(i)} - \frac{1}{2} \eta^2 B^{(i-1)} + \frac{e^2 + e'^2}{8} \left(-4 i^2 A^{(i)} + 2 A_1^{(i)} + 2 A_2^{(i)} \right) \right] \cos i (l' - \lambda) \\
& + \frac{1}{2} e \sum \left[-2 i A^{(i)} - A_1^{(i)} \right] \cos \left[i l' - (i-1) \lambda - \omega \right] \\
& + \frac{1}{2} e' \sum \left[(2 i + 1) A^{(i)} + A_1^{(i)} \right] \cos \left[(i+1) l' - i \lambda - \varpi' \right] \\
& + \frac{1}{8} e^2 \sum \left[(4 i^2 - 5 i) A^{(i)} + (4 i - 2) A_1^{(i)} + 2 A_2^{(i)} \right] \cos \left[i l' - (i-2) \lambda - 2 \omega \right] \\
& + \frac{1}{4} e e' \sum \left[(4 i^2 + 2 i) A^{(i)} - 2 A_1^{(i)} - 2 A_2^{(i)} \right] \cos \left[(i+1) l' - (i+1) \lambda - \varpi' + \omega \right] \\
& + \frac{1}{4} e e' \sum \left[(-4 i^3 - 2 i) A^{(i)} + (-4 i - 2) A_1^{(i)} - 2 A_2^{(i)} \right] \cos \left[(i+1) l' - (i-1) \lambda - \varpi' - \omega \right] \\
& + \frac{1}{8} e'^2 \sum \left[(4 i^2 + 9 i + 4) A^{(i)} + (4 i + 6) A_1^{(i)} + 2 A_2^{(i)} \right] \cos \left[(i+2) l' - i \lambda - 2 \varpi' \right] \\
& + \frac{1}{2} \eta^2 \sum B^{(i-1)} \cos \left[i l' - (i-2) \lambda - 2 \tau' \right].
\end{aligned}
$$

Dans cette formule, l'indice i doit prendre toutes les valeurs entières, de $-\infty$ à $+\infty$; $A_1^{(i)}$ et $A_2^{(i)}$ ont la même signification qu'au n° 115.

Pour l'expression complète du développement de R_1 jusqu'au septième ordre inclusivement, nous renverrons au Tome I des *Annales de l'Observatoire*, où la formule qui donne R_1 occupe les pages 277-330 ; elle ne renferme pas moins de 469 termes.

Dans une Thèse soutenue en 1885 devant la Faculté des Sciences de Paris, M. Boquet a étendu le développement de R_1 jusqu'aux termes du huitième ordre inclusivement (*voir* le Tome XIX des *Annales de l'Observatoire*).

124. Il faut maintenant passer du développement de R_1 à ceux de $R_{0,1}$ et de $R_{1,0}$.

On a, par les formules (1),

$$
(38) \qquad R_{0,1} = R_1 - \frac{r}{r'^2} \sigma,
$$

$$
(39) \qquad R_{1,0} = R_1 - \frac{r'}{r^2} \sigma.
$$

Occupons-nous d'abord de $R_{0,1}$: quand on néglige les excentricités, la quantité $- \frac{r}{r'^2} \sigma$, en ayant égard aux formules (7), se réduit à

$$
(40) \quad
\begin{cases}
- \dfrac{a}{a'^2} \cos(l' - \lambda) + \dfrac{2 a}{a'^2} \eta^2 \sin(\lambda - \tau') \sin(l' - \tau') \\[2ex]
= - \dfrac{a}{a'^2} \cos(l' - \lambda) + \dfrac{a}{a'^2} \eta^2 \cos(l' - \lambda) - \dfrac{a}{a'^2} \eta^2 \cos(l' + \lambda - 2 \tau').
\end{cases}
$$

Or, si dans les formules (17) et (18) on suppose

$$A^{(1)} = A^{(-1)} = -\frac{a}{a'^2}, \qquad B^{(0)} = -\frac{2a}{a'^2},$$

et tous les autres coefficients $A^{(i)}$, $B^{(i)}$, $C^{(i)}$, $D^{(i)}$ nuls, on trouve

$$M^{(1)} = -\frac{a}{2\,a'^2} + \frac{a}{a'^2}\,\eta^2; \qquad M^{(-1)} = -\frac{a}{2\,a'^2}; \qquad N^{(1)} = -\frac{a}{a'^2}\,\eta^2;$$

tous les autres coefficients $M^{(i)}$, $N^{(i)}$, $P^{(i)}$, $Q^{(i)}$ sont nuls, et il vient

$$R_0 = [M^{(1)} + M^{(-1)}]\cos(l'-\lambda) + N^{(1)}\cos(l'+\lambda-2\tau'),$$

$$R_0 = \left(-\frac{a}{a'^2} + \frac{a}{a'^2}\,\eta^2\right)\cos(l'-\lambda) - \frac{a}{a'^2}\,\eta^2\cos(l'+\lambda-2\tau').$$

C'est précisément l'expression (40).

Tous les raisonnements et calculs faits dans les n°s 120, 121 et 122 ne supposent qu'une chose, c'est que $K^{(i,h)}$ est une fonction homogène et de degré -1 de a et a'; on pourra donc les appliquer dans le cas actuel; seulement, on devra remarquer que l'on a

$$\frac{\partial A^{(1)}}{\partial a} = \frac{\partial A^{(-1)}}{\partial a} = -\frac{1}{a'^2}$$

et que les dérivées suivantes sont nulles.

Il suffira donc d'appliquer la formule (37) en donnant à l'indice i dans les divers termes les valeurs $+1$ et -1 et prenant

$$A^{(1)} = A^{(-1)} = -\frac{a}{a'^2}, \qquad B^{(0)} = -\frac{2a}{a'^2},$$

$$A_1^{(1)} = A_1^{(-1)} = -\frac{a}{a'^2}, \qquad A_2^{(1)} = A_2^{(-1)} = 0.$$

On trouvera ainsi, en négligeant toujours les termes du troisième ordre :

$$(41) \quad \left\{ \begin{aligned}
\frac{a'^2}{a}(R_{0,1} - R_1) ={} & \left[-1 + \tfrac{1}{2}(e^2 + e'^2) + \eta^2\right]\cos(l'-\lambda) \\
& - ee'\cos(2l'-2\lambda-\varpi'+\omega) + \tfrac{3}{2}\,e\cos(l'-\omega) \\
& - \tfrac{1}{2}\,e\cos(l'-2\lambda+\omega) - 2e'\cos(2l'-\lambda-\varpi') \\
& - \tfrac{1}{8}\,e^2\cos(l'+\lambda-2\omega) - \tfrac{3}{8}\,e^2\cos(l'-3\lambda+2\omega) \\
& + 3ee'\cos(2l'-\varpi'-\omega) - \tfrac{1}{8}\,e'^2\cos(l'+\lambda-2\varpi') \\
& - \tfrac{27}{8}\,e'^2\cos(3l'-\lambda-2\varpi') - \eta^2\cos(l'+\lambda-2\tau').
\end{aligned} \right.$$

On verra de même qu'en négligeant les excentricités $R_{1,0} - R_1$ devient

$$(40') \qquad -\left(\frac{a'}{a^2} - \frac{a'}{a^2}\,\eta^2\right)\cos(l' - \lambda) - \frac{a'}{a^2}\,\eta^2\cos(l' + \lambda - 2\tau').$$

C'est à cette même expression que se réduit R_0 quand, dans les formules (17) et (18), on suppose

$$A^{(1)} = A^{(-1)} = -\frac{a'}{a^3}, \qquad B^{(0)} = -\frac{2\,a'}{a^2},$$

tous les autres coefficients étant nuls; on en déduit

$$\frac{\partial A^{(1)}}{\partial a} = +\frac{2\,a'}{a^3}, \qquad \frac{\partial^2 A^{(1)}}{\partial a^2} = -\,2.3\,\frac{a'}{a^4}, \qquad \ldots,$$

d'où

$$a'A_n^{(1)} = a'A_n^{(-1)} = (-1)^{n+1}(n+1)\frac{a'^2}{a^2}.$$

Alors, si dans la formule (37) on donne à l'indice i les valeurs $+1$ et -1, l'expression correspondante de R_1 se confondra avec celle de $R_{1,0} - R_1$, et l'on trouvera sans peine

$$(41') \quad \left\{ \begin{aligned} \frac{a^2}{a'}(R_{1,0} - R_1) = {}& \left[-1 + \frac{1}{2}(e^2 + e'^2) + \eta^2\right]\cos(l' - \lambda) \\ & - 2\,e\cos(l' - 2\lambda + \omega) + \frac{3}{2}e'\cos(\lambda - \varpi') - \frac{1}{2}e'\cos(2\,l' - \lambda - \varpi') \\ & - \frac{1}{8}e^2\cos(l' + \lambda - 2\omega) - \frac{27}{8}e^2\cos(l' - 3\lambda + 2\omega) \\ & - ee'\cos(2\,l' - 2\lambda - \varpi' + \omega) + 3ee'\cos(2\lambda - \varpi' - \omega) \\ & - \frac{1}{8}e'^2\cos(l' + \lambda - 2\varpi') - \frac{3}{8}e'^2\cos(3\,l' - \lambda - 2\varpi') \\ & - \eta^2\cos(l' + \lambda - 2\tau'). \end{aligned} \right.$$

Les divers termes dans lesquels on développe ainsi les différences $R_{1,0} - R_1$ et $R_{0,1} - R_1$ rentrent dans la forme générale (32); dans chacun des arguments D, la somme algébrique des coefficients de λ, l', ω, ϖ' et τ' sera nulle; on aura, pour fixer les limites inférieures des exposants de e, e' et η, et de l'ordre du terme, les mêmes règles que pour R_1, puisque le procédé de développement est identique.

125. On peut obtenir aisément l'expression générale d'un terme quelconque des développements des différences $R_{0,1} - R_1$, $R_{1,0} - R_1$, à l'aide des fonctions de Bessel, comme nous allons l'indiquer.

On a, en tenant compte des formules (7) et (38),

$$R_{0,1} - R_1 = -\frac{r}{r'^2}\cos(v - v' + \tau' - \tau) + 2\eta^2\frac{r}{r'^2}\sin(v-\tau)\sin(v'-\tau')$$

ou bien, en introduisant les anomalies vraies w et w' et posant encore $\omega = \varpi + \tau' - \tau$,

$$R_{0,1} - R_1 = -\frac{r}{r'^2}\cos(w - w' + \omega - \varpi') + 2\eta^2\frac{r}{r'^2}\sin(w+\omega-\tau')\sin(w'+\varpi'-\tau');$$

$$(42)\quad\begin{cases} R_{0,1} - R_1 = -\cos(\omega - \varpi')\left(r\cos w\,\dfrac{\cos w'}{r'^2} + r\sin w\,\dfrac{\sin w'}{r'^2}\right) \\[2mm] \quad + \sin(\omega - \varpi')\left(r\sin w\,\dfrac{\cos w'}{r'^2} - r\cos w\,\dfrac{\sin w'}{r'^2}\right) \\[2mm] \quad + 2\eta^2\left[r\cos w\,\sin(\omega - \tau') + r\sin w\,\cos(\omega - \tau')\right] \\[2mm] \quad \times\left[\dfrac{\cos w'}{r'^2}\sin(\varpi' - \tau') + \dfrac{\sin w'}{r'^2}\cos(\varpi' - \tau')\right]. \end{cases}$$

Or on a obtenu dans le n° 86 les développements périodiques de $r\cos w$, $r\sin w$, $\dfrac{\cos w'}{r'^2}$, $\dfrac{\sin w'}{r'^2}$; les formules (m) et (n) de ce numéro donnent

$$(43)\quad\begin{cases} \dfrac{r}{a}\cos w = \displaystyle\sum_{-\infty}^{+\infty} A_n\cos n\zeta, \qquad\qquad \dfrac{r}{a}\sin w = \displaystyle\sum_{-\infty}^{+\infty} B_n\sin n\zeta, \\[3mm] A_n = \dfrac{J_{n-1}(ne)}{n}, \qquad\qquad\qquad B_n = \sqrt{1-e^2}\,\dfrac{J_{n-1}(ne)}{n}, \\[3mm] A_0 = -\dfrac{3}{2}e; \\[3mm] \dfrac{a'^2\cos w'}{r'^2} = \displaystyle\sum_{-\infty}^{+\infty} A'_{n'}\cos n'\zeta', \qquad \dfrac{a'^2\sin w'}{r'^2} = \displaystyle\sum_{-\infty}^{+\infty} B'_{n'}\sin n'\zeta', \\[3mm] A'_{n'} = n'J_{n'-1}(n'e'), \qquad\qquad B'_{n'} = \sqrt{1-e'^2}\,n'J_{n'-1}(n'e'). \\[2mm] A'_0 = 0. \end{cases}$$

En portant ces valeurs dans la formule (42), elle donnera

$$(44)\quad\begin{cases} \dfrac{a'^2}{a}(R_{0,1} - R_1) = -\cos(\omega - \varpi')\sum\sum\left(A_n A'_{n'}\cos n\zeta\cos n'\zeta' + B_n B'_{n'}\sin n\zeta\sin n'\zeta'\right) \\[2mm] \quad + \sin(\omega - \varpi')\sum\sum\left(B_n A'_{n'}\sin n\zeta\cos n'\zeta' - A_n B'_{n'}\cos n\zeta\sin n'\zeta'\right) \\[2mm] \quad + 2\eta^2\left[\sin(\omega - \tau')\sum A_n\cos n\zeta + \cos(\omega - \tau')\sum B_n\sin n\zeta\right] \\[2mm] \quad \times\left[\sin(\varpi' - \tau')\sum A'_{n'}\cos n'\zeta' + \cos(\varpi' - \tau')\sum B'_{n'}\sin n'\zeta'\right]. \end{cases}$$

On mettra sans peine le second membre de cette formule sous la forme (32); nous ne ferons pas ce calcul, et nous nous bornerons à deux remarques :

En premier lieu, A'_0 n'étant pas nul, on voit que le second membre de la formule (44) pourra bien contenir des termes indépendants de ζ, mais qu'il ne renfermera pas de termes indépendants de ζ'; *la différence* $R_{0,1} - R_1$ *ne contiendra donc pas de termes séculaires.*

En second lieu, les formules (43) montrent que A_n et B_n sont, relativement à e, de l'ordre $n - 1$; $A'_{n'}$ et $B'_{n'}$ sont de même de l'ordre $n' - 1$ relativement à e'. Cela posé, en examinant attentivement la formule (44), on reconnaît que le coefficient d'un argument contenant $\pm n\lambda \pm n'l'$ sera de l'ordre des quantités $A_n A'_{n'}$, $B_n B'_{n'}$, $B_n A'_{n'}$, $A_n B'_{n'}$, ou de l'ordre de ces quantités multipliées par η^2. L'ordre du coefficient considéré sera donc égal à $n - 1 + n' - 1 = n + n' - 2$ plus un nombre pair.

En général, en prenant D sous la forme (32), on pourra dire que l'ordre du coefficient C est au moins égal à

$$|\alpha| + |\alpha'| - 2.$$

Cette limite pourra être plus élevée que l'ancienne $|\alpha + \alpha'|$, qui ne cesse pas d'ailleurs d'être applicable ici, comme pour R_1.

Exemples. — Considérons de nouveau les termes dont les arguments sont de la forme

$$D = -2\lambda + 5l' + q,$$

q contenant ϖ', ω et τ', mais non l' ni λ.

La règle ci-dessus montre que l'ordre des termes de cette nature, qui proviendront de $R_{0,1} - R_1$, sera au moins égal à $2 + 5 - 2 = 5$, tandis que les mêmes termes qui provenaient de R_1 étaient du troisième ordre.

Dans la théorie des perturbations de Pallas par Jupiter, les arguments de la forme

$$D = -7\lambda + 18l' + q$$

sont très importants à considérer, parce que la différence entre 7 fois le moyen mouvement de Pallas et 18 fois celui de Jupiter est très petite. Dans R_1, le coefficient de $\cos D$ sera de l'ordre $18 - 7 = 11$; tandis que, dans $R_{0,1} - R_1$, il sera de l'ordre $7 + 18 - 2 = 23$; les termes de la forme indiquée seront entièrement insensibles dans $R_{0,1} - R_1$.

126. Il résulte de ce qui précède que les développements de $R_{0,1}$ et $R_{1,0}$ sont de la forme

$$(45) \qquad a'R_{0,1} = \sum N e^{11} e'^{11'} \eta^{\mathrm{F}} \cos D, \qquad a'R_{1,0} = \sum N' e^{11} e'^{11'} \eta^{\mathrm{F}} \cos D,$$

où l'on a

$$(46)\quad\begin{cases} D = \alpha\lambda + \alpha'l' + \beta\omega + \beta'\varpi' - 2\gamma\tau', \\[2pt] \lambda = l + \tau' - \tau, \qquad \omega = \varpi + \tau' - \tau, \\[2pt] \alpha + \alpha' + \beta + \beta' - 2\gamma = 0; \\[2pt] H = |\alpha| + \text{un nombre pair}, \\[2pt] H' = |\alpha'| + \text{un nombre pair}, \\[2pt] F = 2\gamma + \text{un nombre pair}. \end{cases}$$

N et N' sont des fonctions de $\frac{a}{a'}$, qui peuvent être différentes à cause des termes provenant de $R_{0,1} - R_1$ et de $R_{1,0} - R_1$.

Par leurs définitions mêmes, formules (1), les fonctions $R_{0,1}$ et $R_{1,0}$ doivent être complètement indépendantes et de la position du plan fixe des xy et de l'orientation de l'axe des x dans ce plan. Il doit en être de même des arguments D, et il est bon de le vérifier. Cela est facile, car on peut écrire

$$D = \alpha(l + \tau' - \tau) + \alpha'l' + \beta(\varpi + \tau' - \tau) + \beta'\varpi' - (\alpha + \alpha' + \beta + \beta')\tau',$$

$$(47)\qquad D = \alpha l + \alpha'l' + \beta\varpi + \beta'\varpi' - (\alpha + \beta)\tau - (\alpha' + \beta')\tau'.$$

Cette expression est symétrique par rapport aux éléments des deux planètes.

Désignons maintenant par L, L', Ω, Ω' les longitudes moyennes des deux planètes et les longitudes de leurs périhélies, toutes ces longitudes étant comptées sur les orbites respectives des deux planètes, à partir du point G de la *fig.* 20. Nous aurons

$$L = l - \tau, \qquad L' = l' - \tau', \qquad \Omega = \varpi - \tau, \qquad \Omega' = \varpi' - \tau',$$

et la formule (47) deviendra

$$(48)\qquad\qquad D = \alpha L + \alpha'L' + \beta\Omega + \beta'\Omega';$$

cette expression est maintenant tout à fait indépendante de la position des axes de coordonnées ; il en est de même des fonctions perturbatrices, qui peuvent s'écrire

$$(49)\quad\begin{cases} a'R_{0,1} = \sum \Phi\left(\frac{a}{a'}\right) e^{H} e'^{H'} \left(\sin\frac{1}{2}J\right)^{F} \cos(\alpha L + \alpha'L' + \beta\Omega + \beta'\Omega'), \\[8pt] a'R_{1,0} = \sum \Psi\left(\frac{a}{a'}\right) e^{H} e'^{H'} \left(\sin\frac{1}{2}J\right)^{F} \cos(\alpha L + \alpha'L' + \beta\Omega + \beta'\Omega'). \end{cases}$$

Ce sont des expressions réduites qui ne dépendent plus que de la situation relative des deux orbites, et non de leurs situations absolues.

Il n'y figure que *quatre* arguments L, L', Ω, Ω'.

127. En parlant, au n° 70, du calcul général des perturbations, nous avons supposé, pour chacun des termes du développement de la fonction perturbatrice, une forme un peu différente de celle que nous venons de trouver, savoir

$$\mathcal{C}\cos(\alpha l + \alpha' l' + \beta\varpi + \beta'\varpi' + j\theta + j'\theta'),$$

le coefficient $\mathcal{C}$ dépendant de a, e, φ, a', e', φ'. Nous allons démontrer ce résultat.

Les expressions des coordonnées rectangulaires x, y, z trouvées au n° 32 peuvent s'écrire

$$\frac{x}{r} = \cos v + 2\sin\theta\sin(v-\theta)\sin^2\frac{\varphi}{2},$$

$$\frac{y}{r} = \sin v - 2\cos\theta\sin(v-\theta)\sin^2\frac{\varphi}{2},$$

$$\frac{z}{r} = \sin(v-\theta)\sin\varphi;$$

on a des expressions toutes pareilles pour $\frac{x'}{r'}$, $\frac{y'}{r'}$, $\frac{z'}{r'}$, et l'on en conclut

$$\sigma = \frac{x}{r}\frac{x'}{r'} + \frac{y}{r}\frac{y'}{r'} + \frac{z}{r}\frac{z'}{r'} = \cos(v'-v) + 2\sin^2\frac{\varphi}{2}\sin\theta\sin(v-\theta)\cos v' + \dots.$$

Nous avons écrit dans le second membre la partie indépendante de φ et φ', et seulement l'un des sept autres termes, qui sont du second ordre ou du quatrième, si l'on regarde φ et φ' comme de petites quantités du premier ordre. On transforme les produits, tels que $\sin\theta\sin(v-\theta)\cos v'$, en sommes de cosinus, et l'on trouve ainsi

$$\sigma = \cos(v'-v) + \frac{1}{2}Q,$$

en faisant

$$Q = \left(-2\sin^2\frac{\varphi}{2} - 2\sin^2\frac{\varphi'}{2} + 2\sin^2\frac{\varphi}{2}\sin^2\frac{\varphi'}{2}\right)\cos(v'-v)$$

$$+ \sin\varphi\sin\varphi'\cos(v'-v-\theta'+\theta) + 2\sin^2\frac{\varphi}{2}\sin^2\frac{\varphi'}{2}\cos(v'-v-2\theta'+2\theta)$$

$$+ 2\sin^2\frac{\varphi}{2}\cos^2\frac{\varphi'}{2}\cos(v'+v-2\theta) + 2\sin^2\frac{\varphi'}{2}\cos^2\frac{\varphi}{2}\cos(v'+v-2\theta')$$

$$- \sin\varphi\sin\varphi'\cos(v'+v-\theta-\theta').$$

Nous poserons en même temps

$$r^2 + r'^2 - 2rr'\cos(v'-v) = P,$$

de telle sorte que la formule

$$\Delta^2 = r^2 + r'^2 - 2\,rr'\sigma$$

nous donnera

$$R_1 = \frac{1}{\Delta} = (P - rr'Q)^{-\frac{1}{2}}.$$

Q est du second ordre, et, pour les anciennes planètes, la valeur absolue de $rr'\dfrac{Q}{P}$ est petite; on peut développer $(P - rr'Q)^{-\frac{1}{2}}$ par la formule du binôme, ce qui donne

$$R_1 = P^{-\frac{1}{2}} + \frac{1}{2}\,rr'P^{-\frac{3}{2}}Q + \ldots + \frac{1.3\ldots(2k-1)}{2.4\ldots 2k}\,r^k r'^k P^{-\left(k+\frac{1}{2}\right)}Q^k + \ldots$$

Il faut mettre pour r, r', v, v' les valeurs

$$r = a(1+x), \qquad r' = a'(1+x'), \qquad v = l+y, \qquad v' = l'+y';$$

on commencera par faire

$$r = a, \qquad r' = a', \qquad v = l, \qquad v' = l';$$

R_1, P, Q se changeront en R_0, P_0 et Q_0, et il viendra

$$P_0 = a^2 + a'^2 - 2\,aa'\cos(l'-l);$$

$$(50)\quad\left\{\begin{aligned}
Q_0 &= \left(-2\sin^2\frac{\varphi}{2} - 2\sin^2\frac{\varphi'}{2} + 2\sin^2\frac{\varphi}{2}\sin^2\frac{\varphi'}{2}\right)\cos(l'-l) \\[4pt]
&\quad + \sin\varphi\sin\varphi'\cos(l'-l-\theta'+\theta) + 2\sin^2\frac{\varphi}{2}\sin^2\frac{\varphi'}{2}\cos(l'-l-2\theta'+2\theta) \\[4pt]
&\quad + 2\sin^2\frac{\varphi}{2}\cos^2\frac{\varphi'}{2}\cos(l'+l-2\theta) + 2\sin^2\frac{\varphi'}{2}\cos^2\frac{\varphi}{2}\cos(l'+l-2\theta') \\[4pt]
&\quad - \sin\varphi\sin\varphi'\cos(l'+l-\theta-\theta');
\end{aligned}\right.$$

$$R_0 = P_0^{-\frac{1}{2}} + \frac{1}{2}\,aa'P_0^{-\frac{3}{2}}Q_0 + \ldots + \frac{1.3\ldots(2k-1)}{2.4\ldots 2k}\,a^k a'^k P_0^{-\left(k+\frac{1}{2}\right)}Q_0^k + \ldots$$

Il convient de poser

$$(51)\qquad \operatorname{tang}\frac{\varphi}{2} = x, \qquad \operatorname{tang}\frac{\varphi'}{2} = x'.$$

Les coefficients des divers termes de Q_0 se développeront aisément suivant les puissances des petites quantités x et x', et ces termes eux-mêmes seront de la forme

$$(52) \qquad x^{G} x'^{G'} \cos(\alpha l + \alpha' l' + j\theta + j'\theta'),$$

les entiers G et G' étant égaux aux valeurs absolues de j et j', ou à ces valeurs augmentées de nombres pairs; c'est ce que l'on constate sur la formule (50); on peut remarquer en même temps que $j + j'$ est pair et que l'on a

$$\alpha + \alpha' + j + j' = 0.$$

Il faut maintenant élever Q_0 à la puissance k et, au lieu des puissances de cosinus, n'introduire partout que des cosinus des multiples des arcs l, l', θ et θ'. Il est facile de voir que les divers termes de Q_0^k seront encore de la forme (52); on aura encore

$$G = |j| + \text{un nombre pair,}$$
$$G' = |j'| + \text{un nombre pair;}$$

la démonstration se fait d'abord pour Q_0^2 et s'étend ensuite de proche en proche.

Les remarques faites sur les sommes $j + j'$ et $\alpha + \alpha' + j + j'$ subsistent pour Q_0^k. Nous aurons ensuite

$$(53) \qquad P_0^{-\left(k+\frac{1}{2}\right)} = \frac{1}{2}\, \mathfrak{b}^{(0)}_{k+\frac{1}{2}} + \mathfrak{b}^{(1)}_{k+\frac{1}{2}} \cos(l' - l) + \mathfrak{b}^{(2)}_{k+\frac{1}{2}} \cos 2(l' - l) + \dots,$$

et il faudra multiplier cette expression par $a^k a'^k Q_0^k$; les divers termes du produit seront de la forme

$$(54) \qquad M_0 x^{G} x'^{G'} \cos(\alpha l + \alpha' l' + j\theta + j'\theta'),$$

M_0 étant une fonction homogène de a et a', de degré -1; on aura encore

$$\alpha + \alpha' + j + j' = 0,$$

parce que, dans chacun des termes de l'expression (53) la somme des coefficients de l et l' est nulle.

Nous avons ainsi obtenu le développement de R_0; pour passer à celui de R_1, il faut remplacer a, a', l, l' par $a + ax$, $a' + a'x'$, $l + y$, $l' + y'$; tous les raisonnements et calculs faits dans les n°s 120, 121 et 122 subsistent identiquement, et l'on arrive à cette conclusion qu'un terme quelconque de la fonction perturbatrice peut être mis sous la forme

$$(a) \qquad M e^{u} e'^{u'} \left(\operatorname{tang} \frac{\varphi}{2}\right)^{G} \left(\operatorname{tang} \frac{\varphi'}{2}\right)^{G'} \cos(\alpha l + \alpha' l' + \beta\varpi + \beta'\varpi' + j\theta + j'\theta');$$

M désigne une fonction homogène de degré -1 de a et a'; les différences $H - |\beta|$, $H' - |\beta'|$, $G - |j|$, $G' - |j'|$ sont des nombres pairs positifs ou nuls; la somme $j + j'$ est toujours paire, et enfin on a

$$\alpha + \alpha' + \beta + \beta' + j + j' = 0.$$

128. Reprenons la première forme

(A)
$$\begin{cases} M e^{H} e'^{H'} \left(\sin \dfrac{J}{2} \right)^{F} \cos D, \\ D = \alpha\lambda + \alpha' l' + \beta\omega + \beta'\varpi' - 2\gamma\tau'. \end{cases}$$

Il ne sera peut-être pas inutile de transformer directement (A) en (a). On aura d'abord

$$D = \alpha\left(l + 2\,\frac{\tau'-\tau}{2} \right) + \alpha' l' + \beta\left(\varpi + 2\,\frac{\tau'-\tau}{2} \right) + \beta'\varpi' - 2\gamma\left(\frac{\tau'+\tau}{2} + \frac{\tau'-\tau}{2} \right)$$

ou bien

$$D = A - 2\gamma\,\frac{\tau+\tau'}{2} - 2\delta\,\frac{\tau-\tau'}{2},$$

en faisant

(55)
$$\begin{cases} A = \alpha l + \alpha' l' + \beta\varpi + \beta'\varpi', \\ \delta = \alpha + \beta - \gamma. \end{cases}$$

Désignons par ρ un nombre entier positif qui pourra être nul; nous aurons à transformer l'expression

$$\Theta = \left(\sin \frac{J}{2} \right)^{2\gamma + 2\rho} \cos\left(A - 2\gamma\,\frac{\tau+\tau'}{2} - 2\delta\,\frac{\tau-\tau'}{2} \right)$$

ou bien

(56)
$$\Theta = U \left(\sin \frac{J}{2} \right)^{2\rho},$$

en posant

(57)
$$U = \left(\sin \frac{J}{2} \right)^{2\gamma} \cos\left(A - 2\gamma\,\frac{\tau+\tau'}{2} - 2\delta\,\frac{\tau-\tau'}{2} \right).$$

Il y a lieu d'introduire

$$V = \left(\sin \frac{J}{2} \right)^{2\gamma} \sin\left(A - 2\gamma\,\frac{\tau+\tau'}{2} - 2\delta\,\frac{\tau-\tau'}{2} \right).$$

On aura

$$(58) \qquad U + V\sqrt{-1} = \left(\sin\frac{J}{2}\right)^{2\gamma} E^{A\sqrt{-1}}\, E^{-2\gamma\sqrt{-1}\frac{\tau+\tau'}{2}}\, E^{-2\delta\sqrt{-1}\frac{\tau-\tau'}{2}}.$$

Or, si l'on a égard aux formules (5) et (51), on trouve

$$\sin\frac{J}{2}\, E^{-\sqrt{-1}\frac{\tau+\tau'}{2}} = \frac{\varkappa E^{-\theta\sqrt{-1}} - \varkappa' E^{-\theta'\sqrt{-1}}}{\sqrt{1+\varkappa^2}\sqrt{1+\varkappa'^2}},$$

$$E^{-\sqrt{-1}\frac{\tau-\tau'}{2}} = \frac{1+\varkappa\varkappa' E^{(\theta'-\theta)\sqrt{-1}}}{\cos\frac{J}{2}\sqrt{1+\varkappa^2}\sqrt{1+\varkappa'^2}};$$

en portant dans l'équation (58), il vient

$$U + V\sqrt{-1} = \frac{E^{A\sqrt{-1}}\left(\varkappa E^{-\theta\sqrt{-1}} - \varkappa' E^{-\theta'\sqrt{-1}}\right)^{2\gamma}\left[1+\varkappa\varkappa' E^{(\theta'-\theta)\sqrt{-1}}\right]^{2\delta}}{\left(\cos\frac{J}{2}\right)^{2\delta}(1+\varkappa^2)^{\gamma+\delta}(1+\varkappa'^2)^{\gamma+\delta}};$$

U sera la partie réelle du second membre.

Or le terme général du développement de ce second membre est de la forme

$$\frac{A\,\varkappa^{p+q}\varkappa'^{2\gamma-p+q}}{\left(\cos\frac{J}{2}\right)^{2\delta}(1+\varkappa^2)^{\gamma+\delta}(1+\varkappa'^2)^{\gamma+\delta}}\; E^{[A-p\theta-(2\gamma-p)\theta'+q(\theta'-\theta)]\sqrt{-1}},$$

où A est un coefficient numérique, p et q deux entiers positifs ou nuls, inférieurs ou égaux respectivement à 2γ et 2δ.

On en conclut la valeur de U, et, en tenant compte de (56), il vient

$$(59)\qquad \Theta = \frac{\left(\sin^2\frac{J}{2}\right)^p}{\left(\cos\frac{J}{2}\right)^{2\delta}(1+\varkappa^2)^{\gamma+\delta}(1+\varkappa'^2)^{\gamma+\delta}}\; \sum A\varkappa^{p+q}\varkappa'^{2\gamma-p+q}\cos[A-(p+q)\theta-(2\gamma-p-q)\theta'].$$

On tire, d'ailleurs, des formules (5),

$$\sin^2\frac{J}{2} = \frac{\varkappa^2 + \varkappa'^2 - 2\varkappa\varkappa'\cos(\theta-\theta')}{(1+\varkappa^2)(1+\varkappa'^2)};$$

si l'on porte cette valeur de $\sin^2\frac{J}{2}$ dans la formule (59) et que l'on remplace A par sa valeur (55), on voit sans peine que Θ se compose d'une série de termes de la forme

$$\varkappa^G \varkappa'^{G'}\cos(\alpha l + \alpha' l' + \beta\varpi + \beta'\varpi' + j\theta + j'\theta'),$$

avec la condition que l'on ait

$$G = |j| + \text{un nombre pair}, \qquad G' = |j'| + \text{un nombre pair};$$
$$\alpha + \alpha' + \beta + \beta' + j + j' = 0.$$

C'est le résultat que nous avions obtenu précédemment dans le n° 127.

Le Verrier a employé constamment la forme (A) dans ses théories des anciennes planètes; il a eu ainsi l'avantage de réduire les arguments à cinq au lieu de six, en ajoutant à l et ϖ la très petite correction $\tau' - \tau$.

Mais les équations différentielles (h) du n° 62 supposent la fonction perturbatrice développée sous la forme (a).

Pour utiliser le développement (A), il est nécessaire de transformer les équations différentielles : c'est ce qui va faire l'objet du Chapitre suivant.

CHAPITRE XIX.

TRANSFORMATION DES DIFFÉRENTIELLES DES ÉLÉMENTS ELLIPTIQUES.

---

129. Nous considérons spécialement deux planètes P et P′ auxquelles correspondent les fonctions perturbatrices

$$(1) \qquad \mathrm{R} = fm' \mathrm{R}_{0,1} = \frac{m'}{\mu} n^2 a^3 \, \mathrm{R}_{0,1} \qquad \text{où} \quad \mu = 1 + m,$$

$$(2) \qquad \mathrm{R}' = fm \, \mathrm{R}_{1,0} = \frac{m}{\mu'} n'^2 a'^3 \mathrm{R}_{1,0} \qquad \text{où} \quad \mu' = 1 + m'.$$

Nous avons d'ailleurs, d'après le Chapitre précédent,

$$(3) \qquad a' \mathrm{R}_{0,1} = \sum \mathrm{N} \, e^h e'^{h'} \eta^f \cos \mathrm{D},$$

$$(4) \qquad a' \mathrm{R}_{1,0} = \sum \mathrm{N}' e^h e'^{h'} \eta^f \cos \mathrm{D},$$

$$(5) \qquad \mathrm{D} = i\lambda + i'l' + k\omega + k'\varpi' + u\tau',$$

$$(6) \qquad i + i' + k + k' + u = 0;$$

i, i', k, k' sont des entiers positifs, nuls ou négatifs; u est un entier pair négatif ou nul; N et N′ sont des fonctions homogènes et de degré — 1 de a et a'.

h, h', f sont des entiers positifs ou nuls, et les différences

$$h - |k|, \quad h' - |k'|, \quad f - |u|$$

sont des nombres pairs, positifs ou nuls.

Les relations

$$(7) \qquad \lambda = l + \tau' - \tau, \qquad \omega = \varpi + \tau' - \tau,$$

dans lesquelles $\tau' - \tau$ ne dépend que de φ, φ' et $\theta - \theta'$, nous montrent que nous

T. — I.   41

aurons

$$(8) \qquad \frac{\partial R_{0,1}}{\partial \varepsilon} = \frac{\partial R_{0,1}}{\partial \lambda}, \qquad \frac{\partial R_{0,1}}{\partial \varpi} = \frac{\partial R_{0,1}}{\partial \omega}.$$

Nous allons maintenant effectuer les substitutions (1) et (8) dans les formules (h) du n° 62; en même temps, nous éliminerons des expressions de $\frac{d\varpi}{dt}$ et de $\frac{d\varepsilon}{dt}$ la valeur de $\frac{\partial R_{0,1}}{\partial \varphi}$, au moyen de l'équation

$$\frac{d\theta}{dt} = \frac{m'}{\mu} \frac{na}{\sqrt{1-e^2}\sin\varphi} \frac{\partial R_{0,1}}{\partial \varphi}.$$

Nous trouverons ainsi sans peine

$$(A) \quad \begin{cases} \dfrac{da}{dt} = \dfrac{2\,m'}{\mu}\,na^2\,\dfrac{\partial R_{0,1}}{\partial\lambda}, \\[2ex] \dfrac{d\varepsilon}{dt} = -2\dfrac{m'}{\mu}\,na^2\,\dfrac{\partial R_{0,1}}{\partial a} + \dfrac{m'}{\mu}\,\dfrac{nae\sqrt{1-e^2}}{1+\sqrt{1-e^2}}\,\dfrac{\partial R_{0,1}}{\partial e} + \operatorname{tang}\dfrac{\varphi}{2}\sin\varphi\,\dfrac{d\theta}{dt}, \\[2ex] \dfrac{de}{dt} = -\dfrac{m'}{\mu}\,\dfrac{na\sqrt{1-e^2}}{e}\,\dfrac{\partial R_{0,1}}{\partial\omega} - \dfrac{m'}{\mu}\,\dfrac{nae\sqrt{1-e^2}}{1+\sqrt{1-e^2}}\,\dfrac{\partial R_{0,1}}{\partial\lambda}, \\[2ex] \dfrac{d\varpi}{dt} = \dfrac{m'}{\mu}\,\dfrac{na\sqrt{1-e^2}}{e}\,\dfrac{\partial R_{0,1}}{\partial e} + \operatorname{tang}\dfrac{\varphi}{2}\sin\varphi\,\dfrac{d\theta}{dt}; \end{cases}$$

$$(a) \quad \begin{cases} \dfrac{d\theta}{dt} = \dfrac{m'}{\mu}\,\dfrac{na}{\sqrt{1-e^2}\sin\varphi}\,\dfrac{\partial R_{0,1}}{\partial\varphi}, \\[2ex] \dfrac{d\varphi}{dt} = -\dfrac{m'}{\mu}\,\dfrac{na}{\sqrt{1-e^2}\sin\varphi}\,\dfrac{\partial R_{0,1}}{\partial\theta} - \dfrac{m'}{\mu}\,\dfrac{na\operatorname{tang}\dfrac{\varphi}{2}}{\sqrt{1-e^2}}\left(\dfrac{\partial R_{0,1}}{\partial\lambda} + \dfrac{\partial R_{0,1}}{\partial\omega}\right). \end{cases}$$

Nous aurons de même

$$(A') \quad \begin{cases} \dfrac{da'}{dt} = \dfrac{2\,m}{\mu'}\,n'a'^2\,\dfrac{\partial R_{1,0}}{\partial l'} \\[2ex] \dfrac{d\varepsilon'}{dt} = -2\dfrac{m}{\mu'}\,n'a'^2\,\dfrac{\partial R_{1,0}}{\partial a'} + \dfrac{m}{\mu'}\,\dfrac{n'a'e'\sqrt{1-e'^2}}{1+\sqrt{1-e'^2}}\,\dfrac{\partial R_{1,0}}{\partial e'} + \operatorname{tang}\dfrac{\varphi'}{2}\sin\varphi'\,\dfrac{d\theta'}{dt}, \\[2ex] \dfrac{de'}{dt} = -\dfrac{m}{\mu'}\,\dfrac{n'a'\sqrt{1-e'^2}}{e'}\,\dfrac{\partial R_{1,0}}{\partial\varpi'} - \dfrac{m}{\mu'}\,\dfrac{n'a'e'\sqrt{1-e'^2}}{1+\sqrt{1-e'^2}}\,\dfrac{\partial R_{1,0}}{\partial l'}, \\[2ex] \dfrac{d\varpi'}{dt} = \dfrac{m}{\mu'}\,\dfrac{n'a'\sqrt{1-e'^2}}{e'}\,\dfrac{\partial R_{1,0}}{\partial e'} + \operatorname{tang}\dfrac{\varphi'}{2}\sin\varphi'\,\dfrac{d\theta'}{dt}; \end{cases}$$

$$(a') \quad \begin{cases} \dfrac{d\theta'}{dt} = \dfrac{m}{\mu'}\,\dfrac{n'a'}{\sqrt{1-e'^2}\sin\varphi'}\,\dfrac{\partial R_{1,0}}{\partial\varphi'}, \\[2ex] \dfrac{d\varphi'}{dt} = -\dfrac{m}{\mu'}\,\dfrac{n'a'}{\sqrt{1-e'^2}\sin\varphi'}\,\dfrac{\partial R_{1,0}}{\partial\theta'} - \dfrac{m}{\mu'}\,\dfrac{n'a'\operatorname{tang}\dfrac{\varphi'}{2}}{\sqrt{1-e'^2}}\left(\dfrac{\partial R_{1,0}}{\partial l'} + \dfrac{\partial R_{1,0}}{\partial\varpi'}\right). \end{cases}$$

130. Il nous faut transformer les équations (a), parce qu'il y figure les dérivées partielles de $R_{0,1}$ par rapport à φ et θ et que l'expression (3) de $R_{0,1}$ ne contient pas directement φ et θ, mais les quantités τ', $\tau - \tau'$ et $\eta = \sin\dfrac{J}{2}$, qui sont des fonctions connues de φ, θ, φ' et θ'.

Nous aurons, en ayant égard aux formules (7),

$$(9) \qquad \frac{\partial R_{0,1}}{\partial \varphi} = \frac{\partial R_{0,1}}{\partial \tau'}\frac{\partial \tau'}{\partial \varphi} + \left(\frac{\partial R_{0,1}}{\partial \lambda} + \frac{\partial R_{0,1}}{\partial \omega}\right)\frac{\partial(\tau' - \tau)}{\partial \varphi} + \frac{1}{2}\frac{\partial R_{0,1}}{\partial \eta}\cos\frac{J}{2}\frac{\partial J}{\partial \varphi},$$

$$(10) \qquad \frac{\partial R_{0,1}}{\partial \theta} = \frac{\partial R_{0,1}}{\partial \tau'}\frac{\partial \tau'}{\partial \theta} + \left(\frac{\partial R_{0,1}}{\partial \lambda} + \frac{\partial R_{0,1}}{\partial \omega}\right)\frac{\partial(\tau' - \tau)}{\partial \theta} + \frac{1}{2}\frac{\partial R_{0,1}}{\partial \eta}\cos\frac{J}{2}\frac{\partial J}{\partial \theta}.$$

La première chose à faire actuellement est donc de calculer les coefficients différentiels

$$\frac{\partial \tau'}{\partial \varphi}, \quad \frac{\partial \tau'}{\partial \theta}, \quad \frac{\partial(\tau' - \tau)}{\partial \varphi}, \quad \frac{\partial(\tau' - \tau)}{\partial \theta}, \quad \frac{\partial J}{\partial \varphi}, \quad \frac{\partial J}{\partial \theta}.$$

Il suffit, pour cela, de différentier totalement les formules (3) ou (4) du n° 117 ou mieux d'appliquer au triangle NGN′ de la *fig.* 20 du même numéro les formules différentielles connues de la Trigonométrie sphérique

$$(11) \quad \begin{cases} dA = -\cos c\,dB - \cos b\,dC + \sin c\sin B\,da, \\ \sin A\,db = \sin c\,dB + \sin b\cos A\,dC + \cos c\sin B\,da, \\ \sin A\,dc = \sin c\cos A\,dB + \sin b\,dC + \cos b\sin C\,da; \end{cases}$$

elles donnent ici

$$(12) \begin{cases} d J = \cos(\tau - \theta)\,d\varphi - \cos(\tau' - \theta')\,d\varphi' + \sin\varphi'\sin(\tau' - \theta')\,d(\theta - \theta'), \\ \sin J\,d(\tau - \theta) = -\cos J\sin(\tau - \theta)\,d\varphi + \sin(\tau' - \theta')\,d\varphi' + \sin\varphi'\cos(\tau' - \theta')\,d(\theta - \theta'), \\ \sin J\,d(\tau' - \theta') = -\sin(\tau - \theta)\,d\varphi + \cos J\sin(\tau' - \theta')\,d\varphi' + \sin\varphi\cos(\tau - \theta)\,d(\theta - \theta'). \end{cases}$$

On en conclut

$$(13) \begin{cases} \dfrac{\partial J}{\partial \varphi} = \cos(\tau - \theta), & \dfrac{\partial J}{\partial \varphi'} = -\cos(\tau' - \theta'), \\[2mm] \dfrac{\partial J}{\partial \theta} = -\dfrac{\partial J}{\partial \theta'} = \sin\varphi\sin(\tau - \theta) = \sin\varphi'\sin(\tau' - \theta'), \\[2mm] \dfrac{\partial \tau}{\partial \varphi} = -\dfrac{\cos J\sin(\tau - \theta)}{\sin J}, & \dfrac{\partial \tau}{\partial \varphi'} = \dfrac{\sin(\tau' - \theta')}{\sin J}, \\[2mm] \dfrac{\partial \tau}{\partial \theta} = 1 + \dfrac{\sin\varphi'\cos(\tau' - \theta')}{\sin J}, & \dfrac{\partial \tau}{\partial \theta'} = -\dfrac{\sin\varphi'\cos(\tau' - \theta')}{\sin J}, \\[2mm] \dfrac{\partial \tau'}{\partial \varphi} = -\dfrac{\sin(\tau - \theta)}{\sin J}, & \dfrac{\partial \tau'}{\partial \varphi'} = \dfrac{\cos J\sin(\tau' - \theta')}{\sin J}, \\[2mm] \dfrac{\partial \tau'}{\partial \theta} = \dfrac{\sin\varphi\cos(\tau - \theta)}{\sin J}, & \dfrac{\partial \tau'}{\partial \theta'} = 1 - \dfrac{\sin\varphi\cos(\tau - \theta)}{\sin J}. \end{cases}$$

On tire de là

$$(14) \qquad \frac{\partial(\tau'-\tau)}{\partial\varphi} = -\tan g\,\frac{J}{2}\sin(\tau-\theta),$$

$$(15) \qquad \frac{\partial(\tau'-\tau)}{\partial\theta} = \frac{\sin\varphi\cos(\tau-\theta)-\sin\varphi'\cos(\tau'-\theta')}{\sin J} - 1 = \frac{\partial(\tau-\tau')}{\partial\theta'}.$$

Cette dernière expression doit être transformée, car nous savons d'avance, par la formule (6) du n° 117, que $\frac{\partial(\tau'-\tau)}{\partial\theta}$ doit être une petite quantité du second ordre, et cela n'apparait pas dans la formule (15).

Or la formule connue

$$(16) \qquad \sin B\cos c = \sin A\cos C + \sin C\cos A\cos b$$

donne, quand on l'applique au triangle NGN′ de la *fig.* 20,

$$(17) \qquad \sin\varphi'\cos(\tau'-\theta') = -\cos\varphi\sin J + \sin\varphi\cos J\cos(\tau-\theta);$$

si l'on élimine $\cos(\tau'-\theta')$ entre (15) et (17), il vient

$$(18) \qquad \frac{\partial(\tau'-\tau)}{\partial\theta} = \tan g\,\frac{J}{2}\sin\varphi\cos(\tau-\theta) - 2\sin^2\frac{\varphi}{2}.$$

Nous remarquerons, en passant, qu'en partant des formules (5) du n° 117 on arrive aisément à cette expression plus élégante

$$(19) \qquad \frac{\partial(\tau-\tau')}{\partial\theta} = \frac{\sin^2\frac{\varphi}{2}+\sin^2\frac{\varphi'}{2}-\sin^2\frac{J}{2}}{\cos^2\frac{J}{2}}.$$

Les formules (9), (10), (13), (14) et (18) donnent maintenant

$$(20) \qquad \left\{ \begin{aligned} \frac{\partial R_{0,1}}{\partial\varphi} &= -\frac{\sin(\tau-\theta)}{\sin J}\frac{\partial R_{0,1}}{\partial\tau'} + \frac{1}{2}\cos\frac{J}{2}\cos(\tau-\theta)\frac{\partial R_{0,1}}{\partial\eta} \\ &\quad - \tan g\,\frac{J}{2}\sin(\tau-\theta)\left(\frac{\partial R_{0,1}}{\partial\lambda}+\frac{\partial R_{0,1}}{\partial\omega}\right), \end{aligned} \right.$$

$$(21) \qquad \left\{ \begin{aligned} \frac{\partial R_{0,1}}{\partial\theta} &= \frac{\sin\varphi\cos(\tau-\theta)}{\sin J}\frac{\partial R_{0,1}}{\partial\tau'} + \frac{1}{2}\cos\frac{J}{2}\sin\varphi\sin(\tau-\theta)\frac{\partial R_{0,1}}{\partial\eta} \\ &\quad + \left[\tan g\,\frac{J}{2}\sin\varphi\cos(\tau-\theta) - 2\sin^2\frac{\varphi}{2}\right]\left(\frac{\partial R_{0,1}}{\partial\lambda}+\frac{\partial R_{0,1}}{\partial\omega}\right). \end{aligned} \right.$$

Si l'on porte ces valeurs de $\frac{\partial R_{0,1}}{\partial\varphi}$ et de $\frac{\partial R_{0,1}}{\partial\theta}$ dans les formules (a), on trouve qu'elles deviennent

$$(B) \begin{cases} \sin\varphi\, \dfrac{d\theta}{dt} = -\dfrac{m'}{\mu}\, \dfrac{na}{\sqrt{1-e^2}\,\sin J}\, \sin(\tau-\theta)\, \dfrac{\partial R_{0,1}}{\partial \tau'} + \dfrac{1}{2}\, \dfrac{m'}{\mu}\, \dfrac{na\cos\frac{J}{2}}{\sqrt{1-e^2}}\, \cos(\tau-\theta)\, \dfrac{\partial R_{0,1}}{\partial \eta} \\[2ex] \qquad\qquad -\dfrac{m'}{\mu}\, \dfrac{na\tang\frac{J}{2}}{\sqrt{1-e^2}}\, \sin(\tau-\theta)\left(\dfrac{\partial R_{0,1}}{\partial \lambda} + \dfrac{\partial R_{0,1}}{\partial \omega}\right), \\[3ex] \dfrac{d\varphi}{dt} = -\dfrac{m'}{\mu}\, \dfrac{na}{\sqrt{1-e^2}\,\sin J}\, \cos(\tau-\theta)\, \dfrac{\partial R_{0,1}}{\partial \tau'} - \dfrac{1}{2}\, \dfrac{m'}{\mu}\, \dfrac{na\cos\frac{J}{2}}{\sqrt{1-e^2}}\, \sin(\tau-\theta)\, \dfrac{\partial R_{0,1}}{\partial \eta} \\[2ex] \qquad\qquad -\dfrac{m'}{\mu}\, \dfrac{na\tang\frac{J}{2}}{\sqrt{1-e^2}}\, \cos(\tau-\theta)\left(\dfrac{\partial R_{0,1}}{\partial \lambda} + \dfrac{\partial R_{0,1}}{\partial \omega}\right). \end{cases}$$

131. Il faut maintenant faire des calculs correspondants pour la planète P'. Si l'on conservait dans ces calculs la fonction $R_{1,0}$ sous la forme (4), les dérivées $\dfrac{\partial R_{1,0}}{\partial \varphi'}$ et $\dfrac{\partial R_{1,0}}{\partial \theta'}$ introduiraient $\dfrac{\partial R_{1,0}}{\partial \lambda}$ et $\dfrac{\partial R_{1,0}}{\partial \omega}$ à cause de $\tau'-\tau$ qui figure dans les formules (7); il y aurait aussi $\dfrac{\partial R_{1,0}}{\partial l'}$ et $\dfrac{\partial R_{1,0}}{\partial \varpi'}$ qui existent déjà dans les équations (a'). Ce serait un inconvénient que l'on évite comme il suit.

On pose pour un moment

$$(7') \qquad\qquad \lambda' = l' + \tau - \tau', \qquad \omega' = \varpi' + \tau - \tau';$$

l'expression (5) de D devient

$$(5') \qquad\qquad D = il + i'\lambda' + k\varpi + k'\omega' + u\tau,$$

car, si l'on retranche $(5')$ de (5), on trouve

$$o = (\tau'-\tau)(i + i' + k + k' + u),$$

condition qui est satisfaite d'après (6).

Pour plus de clarté, nous mettrons des parenthèses aux dérivées partielles de $R_{1,0}$ prises dans l'hypothèse où D est mis sous la forme $(5')$.

Nous aurons

$$(20') \quad \dfrac{\partial R_{1,0}}{\partial \varphi'} = \left(\dfrac{\partial R_{1,0}}{\partial \tau}\right)\dfrac{\partial \tau}{\partial \varphi'} + \left[\left(\dfrac{\partial R_{1,0}}{\partial \lambda'}\right) + \left(\dfrac{\partial R_{1,0}}{\partial \omega'}\right)\right]\dfrac{\partial(\tau-\tau')}{\partial \varphi'} + \dfrac{1}{2}\dfrac{\partial R_{1,0}}{\partial \eta}\cos\dfrac{J}{2}\dfrac{\partial J}{\partial \varphi'},$$

$$(21') \quad \dfrac{\partial R_{1,0}}{\partial \theta'} = \left(\dfrac{\partial R_{1,0}}{\partial \tau}\right)\dfrac{\partial \tau}{\partial \theta'} + \left[\left(\dfrac{\partial R_{1,0}}{\partial \lambda'}\right) + \left(\dfrac{\partial R_{1,0}}{\partial \omega'}\right)\right]\dfrac{\partial(\tau-\tau')}{\partial \theta'} + \dfrac{1}{2}\dfrac{\partial R_{1,0}}{\partial \eta}\cos\dfrac{J}{2}\dfrac{\partial J}{\partial \theta'};$$

calculons d'abord $\dfrac{\partial(\tau-\tau')}{\partial \theta'}$ par la formule (15) que nous transformerons au moyen de la relation

$$\sin\varphi\cos(\tau-\theta) = \cos\varphi'\sin J + \sin\varphi'\cos J\cos(\tau'-\theta')$$

conclue de la formule (16); nous trouverons

$$(18')\qquad \frac{\partial(\tau-\tau')}{\partial\theta'} = -\,\mathrm{tang}\,\frac{\mathrm{J}}{2}\,\sin\varphi'\cos(\tau'-\theta') - 2\sin^2\frac{\varphi'}{2}.$$

Les formules $(20')$ et $(21')$ nous donneront ensuite, en tenant compte de (13) et $(18')$,

$$\frac{\partial\mathrm{R}_{1,0}}{\partial\varphi'} = \frac{\sin(\tau'-\theta')}{\sin\mathrm{J}}\left(\frac{\partial\mathrm{R}_{1,0}}{\partial\tau}\right) - \frac{1}{2}\cos\frac{\mathrm{J}}{2}\cos(\tau'-\theta')\frac{\partial\mathrm{R}_{1,0}}{\partial\eta}$$

$$+\,\mathrm{tang}\,\frac{\mathrm{J}}{2}\sin(\tau'-\theta')\left[\left(\frac{\partial\mathrm{R}_{1,0}}{\partial\lambda'}\right)+\left(\frac{\partial\mathrm{R}_{1,0}}{\partial\omega'}\right)\right],$$

$$\frac{\partial\mathrm{R}_{1,0}}{\partial\theta'} = -\frac{\sin\varphi'}{\sin\mathrm{J}}\cos(\tau'-\theta')\left(\frac{\partial\mathrm{R}_{1,0}}{\partial\tau}\right) - \frac{1}{2}\cos\frac{\mathrm{J}}{2}\sin\varphi'\sin(\tau'-\theta')\frac{\partial\mathrm{R}_{1,0}}{\partial\eta}$$

$$-\left[\mathrm{tang}\,\frac{\mathrm{J}}{2}\sin\varphi'\cos(\tau'-\theta')+2\sin^2\frac{\varphi'}{2}\right]\left[\left(\frac{\partial\mathrm{R}_{1,0}}{\partial\lambda'}\right)+\left(\frac{\partial\mathrm{R}_{1,0}}{\partial\omega'}\right)\right].$$

Il n'y a plus qu'à porter ces dérivées partielles dans les formules (a'); mais nous reviendrons en même temps à la première forme (5) des arguments D dans le développement de $\mathrm{R}_{1,0}$; nous aurons évidemment, par le simple rapprochement de (5) et $(5')$,

$$\left(\frac{\partial\mathrm{R}_{1,0}}{\partial\tau}\right)=\frac{\partial\mathrm{R}_{1,0}}{\partial\tau'},\qquad \left(\frac{\partial\mathrm{R}_{1,0}}{\partial\lambda'}\right)=\frac{\partial\mathrm{R}_{1,0}}{\partial l'},\qquad \left(\frac{\partial\mathrm{R}_{1,0}}{\partial\omega'}\right)=\frac{\partial\mathrm{R}_{1,0}}{\partial\varpi'},$$

et nous trouverons finalement

$$(B')\quad\begin{cases}\sin\varphi'\dfrac{d\theta'}{dt} = \dfrac{m}{\mu'}\,\dfrac{n'a'}{\sqrt{1-e'^2}\,\sin\mathrm{J}}\,\sin(\tau'-\theta')\dfrac{\partial\mathrm{R}_{1,0}}{\partial\tau'} - \dfrac{1}{2}\dfrac{m}{\mu'}\,\dfrac{n'a'\cos\frac{\mathrm{J}}{2}}{\sqrt{1-e'^2}}\cos(\tau'-\theta')\dfrac{\partial\mathrm{R}_{1,0}}{\partial\eta}\\[2ex]
\qquad\qquad +\dfrac{m}{\mu'}\,\dfrac{n'a'\,\mathrm{tang}\,\frac{\mathrm{J}}{2}}{\sqrt{1-e'^2}}\,\sin(\tau'-\theta')\left(\dfrac{\partial\mathrm{R}_{1,0}}{\partial l'}+\dfrac{\partial\mathrm{R}_{1,0}}{\partial\varpi'}\right),\\[3ex]
\dfrac{d\varphi'}{dt} = \dfrac{m}{\mu'}\,\dfrac{n'a'}{\sqrt{1-e'^2}\,\sin\mathrm{J}}\,\cos(\tau'-\theta')\dfrac{\partial\mathrm{R}_{1,0}}{\partial\tau'} + \dfrac{1}{2}\dfrac{m}{\mu'}\,\dfrac{n'a'\cos\frac{\mathrm{J}}{2}}{\sqrt{1-e'^2}}\sin(\tau'-\theta')\dfrac{\partial\mathrm{R}_{1,0}}{\partial\eta}\\[2ex]
\qquad\qquad +\dfrac{m}{\mu'}\,\dfrac{n'a'\,\mathrm{tang}\,\frac{\mathrm{J}}{2}}{\sqrt{1-e'^2}}\,\cos(\tau'-\theta')\left(\dfrac{\partial\mathrm{R}_{1,0}}{\partial l'}+\dfrac{\partial\mathrm{R}_{1,0}}{\partial\varpi'}\right).\end{cases}$$

132. Nous allons écrire de nouveau l'ensemble des formules auxquelles nous venons d'arriver; nous y joindrons celles qui donnent $\frac{d^2\rho}{dt^2}$ et $\frac{d^2\rho'}{dt^2}$ d'après la formule (28) du n° 75; enfin, dans les coefficients des dérivées partielles de $\mathrm{R}_{0,1}$ et $\mathrm{R}_{1,0}$, nous ferons avec Le Verrier

$$(22)\qquad e=\sin\psi,\qquad e'=\sin\psi'.$$

Dans l'expression de $\dfrac{de}{dt}$, nous remplacerons $\dfrac{\partial R_{0,1}}{\partial \lambda}$ par sa valeur tirée de la première des équations (A).

Cela posé, les formules (A) et (A′), (B) et (B′) deviendront

$$a' R_{0,1} = \sum N e^{h} e^{'h'} \eta^{f} \cos D,$$

$$D = i\lambda + i'l' + k\omega + k'\varpi' + u\tau';$$

(C)

$$\frac{da}{dt} = 2 \frac{m'}{\mu} na^2 \frac{\partial R_{0,1}}{\partial \lambda}, \qquad \frac{d^2 \rho}{dt^2} = -3 \frac{m'}{\mu} n^2 a \frac{\partial R_{0,1}}{\partial \lambda},$$

$$\frac{d\varepsilon}{dt} = -2 \frac{m'}{\mu} na^2 \frac{\partial R_{0,1}}{\partial a} + \frac{m'}{\mu} na \cos\psi \, \mathrm{tang} \frac{\psi}{2} \frac{\partial R_{0,1}}{\partial e} + \mathrm{tang} \frac{\varphi}{2} \sin\varphi \frac{d\theta}{dt},$$

$$\frac{de}{dt} = -\frac{m'}{\mu} \frac{na}{\mathrm{tang}\psi} \frac{\partial R_{0,1}}{\partial \omega} - \mathrm{tang} \frac{\psi}{2} \cos\psi \frac{1}{2a} \frac{da}{dt},$$

$$\frac{d\varpi}{dt} = \frac{m'}{\mu} \frac{na}{\mathrm{tang}\psi} \frac{\partial R_{0,1}}{\partial e} + \mathrm{tang} \frac{\varphi}{2} \sin\varphi \frac{d\theta}{dt},$$

$$\frac{d\varphi}{dt} = -\frac{m'}{\mu} \frac{na}{\cos\psi} \left[\frac{1}{\sin J} \frac{\partial R_{0,1}}{\partial \tau'} + \mathrm{tang} \frac{J}{2} \left(\frac{\partial R_{0,1}}{\partial \lambda} + \frac{\partial R_{0,1}}{\partial \omega} \right) \right] \cos(\tau - \theta)$$
$$- \frac{1}{2} \frac{m'}{\mu} \frac{na}{\cos\psi} \cos \frac{J}{2} \frac{\partial R_{0,1}}{\partial \eta} \sin(\tau - \theta),$$

$$\sin\varphi \frac{d\theta}{dt} = -\frac{m'}{\mu} \frac{na}{\cos\psi} \left[\frac{1}{\sin J} \frac{\partial R_{0,1}}{\partial \tau'} + \mathrm{tang} \frac{J}{2} \left(\frac{\partial R_{0,1}}{\partial \lambda} + \frac{\partial R_{0,1}}{\partial \omega} \right) \right] \sin(\tau - \theta)$$
$$+ \frac{1}{2} \frac{m'}{\mu} \frac{na}{\cos\psi} \cos \frac{J}{2} \frac{\partial R_{0,1}}{\partial \eta} \cos(\tau - \theta);$$

$$a' R_{1,0} = \sum N' e^{h} e^{'h'} \eta^{f} \cos D,$$

$$D = i\lambda + i'l' + k\omega + k'\varpi' + u\tau';$$

(C′)

$$\frac{da'}{dt} = 2 \frac{m}{\mu'} n'a'^2 \frac{\partial R_{1,0}}{\partial l'}, \qquad \frac{d^2 \rho'}{dt^2} = -3 \frac{m}{\mu'} n'^2 a' \frac{\partial R_{1,0}}{\partial l'},$$

$$\frac{d\varepsilon'}{dt} = -2 \frac{m}{\mu'} n'a'^2 \frac{\partial R_{1,0}}{\partial a'} + \frac{m}{\mu'} n'a' \cos\psi' \, \mathrm{tang} \frac{\psi'}{2} \frac{\partial R_{1,0}}{\partial e'} + \mathrm{tang} \frac{\varphi'}{2} \sin\varphi' \frac{d\theta'}{dt},$$

$$\frac{de'}{dt} = -\frac{m}{\mu'} \frac{n'a'}{\mathrm{tang}\psi'} \frac{\partial R_{1,0}}{\partial \varpi'} - \mathrm{tang} \frac{\psi'}{2} \cos\psi' \frac{1}{2a'} \frac{da'}{dt},$$

$$\frac{d\varpi'}{dt} = \frac{m}{\mu'} \frac{n'a'}{\mathrm{tang}\psi'} \frac{\partial R_{1,0}}{\partial e'} + \mathrm{tang} \frac{\varphi'}{2} \sin\varphi' \frac{d\theta'}{dt},$$

$$\frac{d\varphi'}{dt} = \frac{m}{\mu'} \frac{n'a'}{\cos\psi'} \left[\frac{1}{\sin J} \frac{\partial R_{1,0}}{\partial \tau'} + \mathrm{tang} \frac{J}{2} \left(\frac{\partial R_{1,0}}{\partial l'} + \frac{\partial R_{1,0}}{\partial \varpi'} \right) \right] \cos(\tau' - \theta')$$
$$+ \frac{1}{2} \frac{m}{\mu'} \frac{n'a'}{\cos\psi'} \cos \frac{J}{2} \frac{\partial R_{1,0}}{\partial \eta} \sin(\tau' - \theta'),$$

$$\sin\varphi' \frac{d\theta'}{dt} = \frac{m}{\mu'} \frac{n'a'}{\cos\psi'} \left[\frac{1}{\sin J} \frac{\partial R_{1,0}}{\partial \tau'} + \mathrm{tang} \frac{J}{2} \left(\frac{\partial R_{1,0}}{\partial l'} + \frac{\partial R_{1,0}}{\partial \varpi'} \right) \right] \sin(\tau' - \theta')$$
$$- \frac{1}{2} \frac{m}{\mu'} \frac{n'a'}{\cos\psi'} \cos \frac{J}{2} \frac{\partial R_{1,0}}{\partial \eta} \cos(\tau' - \theta').$$

C'est la forme employée par Le Verrier dans ses théories des anciennes planètes.

133. Il n'y aura aucune difficulté à former les dérivées partielles de $R_{0,1}$ et $R_{1,0}$ en partant de leurs développements qui viennent d'être rappelés en tête des formules (C) et (C'); il y a lieu cependant de donner quelques explications pour ce qui concerne $\dfrac{\partial R_{0,1}}{\partial a}$ et $\dfrac{\partial R_{1,0}}{\partial a'}$. On trouve immédiatement

$$(23) \qquad \begin{cases} aa' \dfrac{\partial R_{0,1}}{\partial a} = \sum a \dfrac{\partial N}{\partial a} e^h e'^{h'} \eta^f \cos D, \\[2mm] a'^2 \dfrac{\partial R_{1,0}}{\partial a'} = \sum \left(a' \dfrac{\partial N'}{\partial a'} - N' \right) e^h e'^{h'} \eta^f \cos D. \end{cases}$$

Considérons maintenant le développement de $a' R_1 = \dfrac{a'}{\Delta}$, et faisons

$$(24) \qquad a' R_1 = \sum N_1 e^h e'^{h'} \eta^f \cos D.$$

Il résulte des formules (41) et (41') du n° 124 que l'on a

$$N = N_1 + Q\, \frac{a}{a'}, \qquad N' = N_1 + Q'\, \frac{a'^2}{a^2},$$

où Q et Q' sont indépendants de a et a'. On en tire

$$a \frac{\partial N}{\partial a} = a \frac{\partial N_1}{\partial a} + Q\, \frac{a}{a'}, \qquad a' \frac{\partial N'}{\partial a'} = a' \frac{\partial N_1}{\partial a'} + 2\,Q'\, \frac{a'^2}{a^2}\cdot$$

La fonction N_1 étant homogène et de degré zéro, on a

$$a' \frac{\partial N_1}{\partial a'} = -\, a \frac{\partial N_1}{\partial a};$$

il en résulte

$$a' \frac{\partial N'}{\partial a'} - N' = -\, a \frac{\partial N_1}{\partial a} - N_1 + Q'\, \frac{a'^2}{a^2}\cdot$$

Les formules (23) donnent ensuite

$$(25) \qquad \begin{cases} aa' \dfrac{\partial R_{0,1}}{\partial a} = \sum \left(a \dfrac{\partial N_1}{\partial a} + Q\, \dfrac{a}{a'} \right) e^h e'^{h'} \eta^f \cos D, \\[2mm] a'^2 \dfrac{\partial R_{1,0}}{\partial a'} = \sum \left(-\, a \dfrac{\partial N_1}{\partial a} - N_1 + Q'\, \dfrac{a'^2}{a^2} \right) e^h e'^{h'} \eta^f \cos D. \end{cases}$$

On est ainsi ramené au calcul de $\dfrac{\partial N_1}{\partial a}$.

Or on a vu au n° 123 que N_1 est de la forme

$$(26) \qquad N_1 = V^{(j)} a' A^{(j)} + V_1^{(j)} a' A_1^{(j)} + V_2^{(j)} a' A_2^{(j)} + \ldots;$$

$V^{(j)}$, $V_1^{(j)}$, ... sont des coefficients indépendants de a et a'; $A^{(j)}$ est l'une des fonctions $A^{(j)}$, $B^{(j)}$, $C^{(j)}$, $D^{(j)}$ définies au n° 104; on a fait en outre

$$A_n^{(j)} = \frac{a^n}{1 . 2 \ldots n} \frac{\partial^n A^{(j)}}{\partial a^n}.$$

On en tire

$$\frac{\partial A_n^{(j)}}{\partial a} = \frac{a^{n-1}}{1 . 2 \ldots (n-1)} \frac{\partial^n A^{(j)}}{\partial a^n} + \frac{a^n}{1 . 2 \ldots n} \frac{\partial^{n+1} A^{(j)}}{\partial a^{n+1}},$$

$$(27) \qquad a \frac{\partial A_n^{(j)}}{\partial a} = n A_n^{(j)} + (n+1) A_{n+1}^{(j)}.$$

Les formules (26) et (27) donnent finalement

$$(28) \quad a \frac{\partial N_1}{\partial a} = V^{(j)} a' A_1^{(j)} + V_1^{(j)} [a' A_1^{(j)} + 2 a' A_2^{(j)}] + V_2^{(j)} [2 a' A_2^{(j)} + 3 a' A_3^{(j)}] + \ldots.$$

On voit ainsi que le calcul de $\dfrac{\partial N_1}{\partial a}$ se trouve ramené à celui des fonctions $A_n^{(i)}$, $B_n^{(i)}$, ..., calcul qui sera fait par les formules (T) du n° 115.

CHAPITRE XX.

PERTURBATIONS DU PREMIER ORDRE DES ÉLÉMENTS ELLIPTIQUES.

134. Nous adoptons les notations très claires employées par Le Verrier dans les tomes II et X des *Annales de l'Observatoire*.

Nous nous occuperons d'abord de la planète P, et nous partirons des formules (C) du n° 132; nous poserons

$$(a)\quad \begin{cases} \dfrac{d\zeta}{dt} = 2\,\dfrac{m'}{\mu}\,na^2\,\dfrac{\partial R_{0,1}}{\partial\lambda}, \qquad \dfrac{d^2\Lambda}{dt^2} = -\,3\,\dfrac{m'}{\mu}\,n^2 a\,\dfrac{\partial R_{0,1}}{\partial\lambda}, \\[2ex] \dfrac{d\lambda}{dt} = -\,2\,\dfrac{m'}{\mu}\,na^2\,\dfrac{\partial R_{0,1}}{\partial a}, \qquad \dfrac{d\mathcal{F}}{dt} = \dfrac{m'}{\mu}\,na\cos\psi\,\dfrac{\partial R_{0,1}}{\partial e}, \\[2ex] \dfrac{d\mathcal{P}}{dt} = -\,\dfrac{m'}{\mu}\,\dfrac{na\cos\psi}{e}\,\dfrac{\partial R_{0,1}}{\partial\omega}, \qquad \dfrac{d\mathcal{G}}{dt} = \dfrac{1}{2}\,\dfrac{m'}{\mu}\,\dfrac{na\cos\frac{J}{2}}{\cos\psi}\,\dfrac{\partial R_{0,1}}{\partial n}, \\[2ex] \dfrac{d\varpi}{dt} = -\,\dfrac{1}{2}\,\dfrac{m'}{\mu}\,\dfrac{na}{\cos\frac{J}{2}\cos\psi}\,\dfrac{1}{n}\,\dfrac{\partial R_{0,1}}{\partial\tau'}, \\[2ex] \dfrac{dV}{dt} = -\,\dfrac{m'}{\mu}\,\dfrac{na\tan\frac{J}{2}}{\cos\psi}\left(\dfrac{\partial R_{0,1}}{\partial\lambda} + \dfrac{\partial R_{0,1}}{\partial\omega}\right). \end{cases}$$

Nous ferons de plus

$$(1)\qquad \dfrac{m'}{\mu}\,\dfrac{a}{a'} = B;$$

alors les formules (C) du n° 132 nous donneront

$$(b)\quad
\begin{cases}
\dfrac{d\mathcal{L}}{dt} = -\,2\,\mathrm{B}\,na\sum i\mathrm{N}e^{h}e'^{h'}\eta^{f}\sin\mathrm{D},\\[2ex]
\dfrac{d^{2}\Lambda}{dt^{2}} = 3\,\mathrm{B}\,n^{2}\sum i\mathrm{N}e^{h}e'^{h'}\eta^{f}\sin\mathrm{D},\\[2ex]
\dfrac{d\mathcal{A}}{dt} = -\,2\,\mathrm{B}\,n\sum a\,\dfrac{\partial\mathrm{N}}{\partial a}\,e^{h}e'^{h'}\eta^{f}\cos\mathrm{D},\\[2ex]
\dfrac{d\mathcal{F}}{dt} = \mathrm{B}\,n\cos\psi\sum h\mathrm{N}e^{h-1}e'^{h'}\eta^{f}\cos\mathrm{D},\\[2ex]
\dfrac{d\mathcal{P}}{dt} = \mathrm{B}\,n\cos\psi\sum k\mathrm{N}e^{h-1}e'^{h'}\eta^{f}\sin\mathrm{D},\\[2ex]
\dfrac{d\mathcal{G}}{dt} = \dfrac{1}{2}\dfrac{\mathrm{B}\,n\cos\dfrac{\mathrm{J}}{2}}{\cos\psi}\sum f\mathrm{N}e^{h}e'^{h'}\eta^{f-1}\cos\mathrm{D},\\[2ex]
\dfrac{d\tilde{\omega}}{dt} = \dfrac{1}{2}\dfrac{\mathrm{B}\,n}{\cos\dfrac{\mathrm{J}}{2}\cos\psi}\sum u\mathrm{N}e^{h}e'^{h'}\eta^{f-1}\sin\mathrm{D},\\[2ex]
\dfrac{d\mathrm{V}}{dt} = \dfrac{\mathrm{B}\,n\tan\dfrac{\mathrm{J}}{2}}{\cos\psi}\sum (i+k)\mathrm{N}e^{h}e'^{h'}\eta^{f}\sin\mathrm{D};
\end{cases}$$

$$(c)\quad
\begin{cases}
\dfrac{da}{dt} = \dfrac{d\mathcal{L}}{dt},\qquad \dfrac{d^{2}\rho}{dt^{2}} = \dfrac{d^{2}\Lambda}{dt^{2}},\\[2ex]
\dfrac{d\varepsilon}{dt} = \dfrac{d\mathcal{A}}{dt} + \tan\dfrac{\psi}{2}\dfrac{d\mathcal{F}}{dt} + \tan\dfrac{\varphi}{2}\sin\varphi\dfrac{d\vartheta}{dt},\\[2ex]
\dfrac{de}{dt} = \dfrac{d\mathcal{P}}{dt} - \tan\dfrac{\psi}{2}\cos\psi\,\dfrac{1}{2a}\dfrac{d\mathcal{L}}{dt},\\[2ex]
e\dfrac{d\varpi}{dt} = \dfrac{d\mathcal{F}}{dt} + e\tan\dfrac{\varphi}{2}\sin\varphi\dfrac{d\vartheta}{dt},\\[2ex]
\dfrac{d\varphi}{dt} = -\sin(\tau-\theta)\dfrac{d\mathcal{G}}{dt} + \cos(\tau-\theta)\left(\dfrac{d\tilde{\omega}}{dt} + \dfrac{d\mathrm{V}}{dt}\right),\\[2ex]
\sin\varphi\dfrac{d\theta}{dt} = \cos(\tau-\theta)\dfrac{d\mathcal{G}}{dt} + \sin(\tau-\theta)\left(\dfrac{d\tilde{\omega}}{dt} + \dfrac{d\mathrm{V}}{dt}\right).
\end{cases}$$

Pour la première approximation par rapport aux masses, d'après ce qui a été dit au n° 71, il faut remplacer, dans les seconds membres des équations (b) et (c), les éléments a, e, ..., a', e', ... par des constantes a_0, e_0, ..., a'_0, e'_0, ...; ce seront douze *constantes d'intégration*, dont les valeurs devront être déterminées ultérieurement par la comparaison de la théorie avec les observations; les constantes n_0 et n'_0 dépendront de a_0 et a'_0 par les relations

$$n_0^2 a_0^3 = \mathrm{f}(1+m) = \mathrm{f}\mu,\qquad n_0'^2 a_0'^3 = \mathrm{f}(1+m') = \mathrm{f}\mu'.$$

On aura ensuite

$$\lambda_0 = n_0 t + \varepsilon_0 + \tau'_0 - \tau_0, \qquad l'_0 = n'_0 t + \varepsilon'_0;$$

$$D_0 = (i n_0 + i' n'_0) t + i \varepsilon_0 + i' \varepsilon'_0 + k \varpi_0 + k' \varpi'_0 - (i + k) \tau_0 - (i' + k') \tau'_0.$$

En calculant $\mathcal{L}_0$, Λ_0, $\ldots$, V_0 par les formules (b), on aura à effectuer des quadratures que l'on calculera comme il suit :

$$\int \sin D_0 \, dt = - \frac{\cos D_0}{i n_0 + i' n'_0}, \qquad \int \cos D_0 \, dt = \frac{\sin D_0}{i n_0 + i' n'_0},$$

$$\int \int \sin D_0 \, dt^2 = - \frac{\sin D_0}{(i n_0 + i' n'_0)^2}.$$

135. Pour abréger l'écriture, nous omettrons les indices zéro, en nous rappelant, bien entendu, la signification de a, e, $\ldots$, a', e', $\ldots$, qui, dans les seconds membres des équations (b) et (c), seront des constantes d'intégration.

Nous poserons

$$(2) \qquad \frac{n'}{n} = \nu,$$

et nous trouverons

$$(d) \quad \left\{ \begin{aligned}
\mathcal{L} &= 2 B a \sum \frac{i}{i + i' \nu} N e^h e'^{h'} \eta^f \cos D, \\
\Lambda &= - 3 B \sum \frac{i}{(i + i' \nu)^2} N e^h e'^{h'} \eta^f \sin D, \\
\mathcal{Q} &= - 2 B \sum \frac{1}{i + i' \nu} a \frac{\partial N}{\partial a} e^h e'^{h'} \eta^f \sin D, \\
\mathcal{F} &= B \cos \psi \sum \frac{h}{i + i' \nu} N e^{h-1} e'^{h'} \eta^f \sin D, \\
\Phi &= - B \cos \psi \sum \frac{k}{i + i' \nu} N e^{h-1} e'^{h'} \eta^f \cos D, \\
\mathcal{G} &= \frac{1}{2} \frac{B \cos \frac{J}{2}}{\cos \psi} \sum \frac{f}{i + i' \nu} N e^h e'^{h'} \eta^{f-1} \sin D, \\
\mathcal{C} &= - \frac{1}{2} \frac{B}{\cos \frac{J}{2} \cos \psi} \sum \frac{u}{i + i' \nu} N e^h e'^{h'} \eta^{f-1} \cos D, \\
V &= - \frac{B \tan \frac{J}{2}}{\cos \psi} \sum \frac{i + k}{i + i' \nu} N e^h e'^{h'} \eta^f \cos D.
\end{aligned} \right.$$

On voit que ces valeurs de $\mathcal{L}$, Λ, ..., V sont de la forme

$$(e)\qquad
\begin{cases}
\mathcal{L} = \sum A \cos D, & \Lambda = \sum L \sin D, \\[4pt]
\mathcal{P} = \sum E \cos D, & \lambda = \sum C \sin D, \\[4pt]
\varpi = \sum G \cos D, & \mathcal{I} = \sum P \sin D, \\[4pt]
V = \sum U \cos D, & \mathcal{G} = \sum T \sin D.
\end{cases}$$

On a les expressions analytiques des coefficients A, C, ..., U qui correspondent à chacun des arguments D, et l'on pourra calculer leurs valeurs numériques quand on connaîtra celles des constantes a, e, ...

On trouvera l'ordre de chacun des coefficients Λ, C, ..., en faisant la somme des exposants de e, e' et η dans ces coefficients ; car nous considérons toujours e, e' et η comme de petites quantités du premier ordre.

Peut-être convient-il de remarquer qu'il résulte de ce qui a été dit au n° 126 que les expressions ci-dessus de $\mathcal{L}$, Λ, ..., V ne dépendent en aucune façon, ni de la position du plan fixe des xy, ni de l'orientation de l'axe des x dans ce plan.

Nous ferons encore observer que l'on conclut des deux dernières formules (d),

$$\frac{U}{G} = 2\,\frac{i+k}{u}\,\sin^2\frac{J}{2},$$

de sorte que, sauf le cas de $u = 0$, les divers termes de V seront beaucoup plus petits que les termes correspondants de ϖ.

Les équations (c) donneront ensuite

$$(f)\qquad
\begin{cases}
\delta_1 a = \mathcal{L}, \qquad \delta_1 \rho = \Lambda, \\[6pt]
\delta_1 \varepsilon = \lambda + \mathcal{I}\,\text{tang}\,\dfrac{\psi}{2} + \text{tang}\,\dfrac{\varphi}{2}\,\sin\varphi\,\delta_1\theta, \\[6pt]
\delta_1 l = \delta_1\rho + \delta_1\varepsilon, \\[6pt]
\delta_1 e = \mathcal{P} - \text{tang}\,\dfrac{\psi}{2}\,\cos\psi\,\dfrac{\mathcal{L}}{2a}, \\[6pt]
e\,\delta_1 \varpi = \mathcal{I} + e\,\text{tang}\,\dfrac{\varphi}{2}\,\sin\varphi\,\delta_1\theta, \\[6pt]
\delta_1 \varphi = -\,\mathcal{G}\,\sin(\tau - \theta) + (\varpi + V)\cos(\tau - \theta), \\[6pt]
\sin\varphi\,\delta_1 \theta = +\,\mathcal{G}\,\cos(\tau - \theta) + (\varpi + V)\sin(\tau - \theta).
\end{cases}$$

Si l'on remplace dans ces formules les quantités $\mathcal{L}$, Λ, ..., V par leurs valeurs (e), on aura les expressions, analytiques ou numériques, des *inégalités périodiques du premier ordre* des éléments de la planète P.

Dans le cas où le diviseur $i + i'\nu$ qui figure dans les formules (d) est très petit, on a les inégalités à longues périodes dont il a été question au n° 74.

Remarque. — On aurait pu calculer $\delta_1 \rho$ par la formule

$$\delta_1 \rho = \int \delta_1 n \, dt = -\frac{3}{2} \frac{n}{a} \int \delta_1 a \, dt;$$

elle aurait conduit au même résultat que celui que nous avons tiré de l'équation

$$\frac{d^2 \rho}{dt^2} = -3 \frac{m'}{\mu} n^2 a \frac{\partial R_{0,1}}{\partial \lambda}.$$

136. Les formules (d) cessent d'être applicables lorsque i et i' sont nuls simultanément, car alors le dénominateur $i + i'\nu$ est égal à zéro.

Dans ce cas, il faut remonter aux expressions (b) et les intégrer après y avoir fait $i = 0$, $i' = 0$, et en regardant D comme une constante. Si nous considérons l'ensemble des termes de la fonction $a' R_{0,1}$ pour lesquels $i = i' = 0$, termes que l'on appelle *séculaires*, comme nous l'avons déjà dit au n° 73, nous aurons

$$a' R_{0,1} = \sum N e^h e'^{h'} \eta^f \cos D,$$

$$D = k\omega + k'\varpi' + u\tau'.$$

Pour simplifier l'écriture, nous employons ici les mêmes lettres N, h, h', f, k, k', u, que précédemment.

Cela posé, nous tirerons des formules (b),

$$(g)\quad\left\{\begin{aligned}
&\mathcal{L} = 0, \qquad \Lambda = 0,\\[4pt]
&\mathcal{A} = -\ 2\,\mathrm{B}\,nt \sum a\,\frac{\partial N}{\partial a}\,e^h e'^{h'} \eta^f \cos D,\\[4pt]
&\mathcal{F} = \ \mathrm{B}\,nt \cos\psi \sum h\,\mathrm{N}\,e^{h-1} e'^{h'} \eta^f \cos D,\\[4pt]
&\mathcal{P} = \ \mathrm{B}\,nt \cos\psi \sum k\,\mathrm{N}\,e^{h-1} e'^{h'} \eta^f \sin D,\\[4pt]
&\mathcal{G} = \frac{1}{2}\,\mathrm{B}\,nt\ \frac{\cos\frac{J}{2}}{\cos\psi} \sum f\,\mathrm{N}\,e^h e'^{h'} \eta^{f-1} \cos D,\\[4pt]
&\mathcal{G} = \frac{1}{2}\,\mathrm{B}\,nt\ \frac{1}{\cos\frac{J}{2}\cos\psi} \sum u\,\mathrm{N}\,e^h e'^{h'} \eta^{f-1} \sin D,\\[4pt]
&V = \ \mathrm{B}\,nt\ \frac{\tang\frac{J}{2}}{\cos\psi} \sum (i+k)\,\mathrm{N}\,e^h e'^{h'} \eta^f \sin D.
\end{aligned}\right.$$

Nous aurons ensuite, pour déterminer les variations séculaires du premier ordre des éléments de la planète P, les formules suivantes :

$$(h)\ \begin{cases} \delta_1 a = 0, \qquad \delta_1 \rho = 0, \\[4pt] \delta_1 l = \delta_1 \varepsilon = \mathcal{A}_0 + \mathcal{F}\ \text{tang}\ \dfrac{\psi}{2} + \text{tang}\ \dfrac{\varphi}{2}\ \sin\varphi\ \delta_1 \theta, \\[4pt] \delta_1 c = \mathcal{P}, \\[4pt] e\,\delta_1 \varpi = \mathcal{F} + e\ \text{tang}\ \dfrac{\varphi}{2}\ \sin\varphi\ \delta_1 \theta, \\[4pt] \delta_1 \varphi = -\ \mathcal{G}\sin(\tau - \theta) + (\mathfrak{G} + V)\cos(\tau - \theta), \\[4pt] \sin\varphi\ \delta_1 \theta = +\ \mathcal{G}\cos(\tau - \theta) + (\mathfrak{G} + V)\sin(\tau - \theta). \end{cases}$$

On retrouve le résultat du n° 73 : dans la première approximation, le grand axe n'a pas d'inégalités séculaires, tandis que les cinq autres éléments ε, e, ϖ, φ, θ en sont affectés.

Il sera facile de calculer par les formules (g) et (h) les *variations annuelles* de ces cinq éléments; il suffira, en effet, de faire $t = 1$, en supposant que n et n' soient exprimés en prenant l'année julienne de $365^j,25$ pour unité de temps. On trouvera ces valeurs numériques pour les anciennes planètes dans le tome II des *Annales de l'Observatoire de Paris*, p. 100 et 102. Il faut, bien entendu, faire la somme des valeurs obtenues en combinant la planète P, d'abord avec P', puis avec P", ...

Si l'on fait, pour chacun des éléments, la somme des inégalités périodiques et séculaires données par les formules (f) et (h), on aura l'ensemble des inégalités du premier ordre.

137. Occupons-nous maintenant de la planète P'.

Nous nous bornerons à reproduire les formules sans explication, vu qu'elles sont tout à fait analogues à celles que nous venons d'obtenir.

Nous posons

$$(a')\ \begin{cases} \dfrac{d\mathcal{L}'}{dt} = 2\,\dfrac{m}{\mu'}\,n'a'^2\,\dfrac{\partial R_{1,0}}{\partial l'}, & \dfrac{d^2\Lambda'}{dt^2} = -\,3\,\dfrac{m}{\mu'}\,n'^2 a'\,\dfrac{\partial R_{1,0}}{\partial l'}, \\[10pt] \dfrac{d\mathcal{A}_0'}{dt} = -\,2\,\dfrac{m}{\mu'}\,n'a'^2\,\dfrac{\partial R_{1,0}}{\partial a'}, & \dfrac{d\mathcal{F}'}{dt} = \dfrac{m}{\mu'}\,n'a'\cos\psi'\,\dfrac{\partial R_{1,0}}{\partial e'}, \\[10pt] \dfrac{d\mathcal{P}'}{dt} = -\,\dfrac{m}{\mu'}\,\dfrac{n'a'\cos\psi'}{e'}\,\dfrac{\partial R_{1,0}}{\partial \varpi'}, & \dfrac{d\mathcal{G}'}{dt} = \dfrac{1}{2}\,\dfrac{m}{\mu'}\,\dfrac{n'a'\cos\dfrac{J}{2}}{\cos\psi'}\,\dfrac{\partial R_{1,0}}{\partial \eta}, \\[12pt] \dfrac{d\mathfrak{G}'}{dt} = -\,\dfrac{1}{2}\,\dfrac{m}{\mu'}\,\dfrac{n'a'}{\cos\dfrac{J}{2}\cos\psi'}\,\dfrac{1}{\eta}\,\dfrac{\partial R_{1,0}}{\partial \tau'}, & \dfrac{dV'}{dt} = -\,\dfrac{m}{\mu'}\,\dfrac{n'a'\,\text{tang}\,\dfrac{J}{2}}{\cos\psi'}\left(\dfrac{\partial R_{1,0}}{\partial l'} + \dfrac{\partial R_{1,0}}{\partial \varpi'}\right); \end{cases}$$

$$(1')\qquad \dfrac{m}{\mu'}\,\dfrac{n'}{n} = \dfrac{m}{\mu'}\,\nu = B'.$$

Les formules (C') du n° 132 nous donnent

$$(b')\quad\begin{cases}
\dfrac{d\mathcal{L}'}{dt} = -\ \mathrm{B}'na' \sum i'\mathrm{N}'e^{h}e^{'h'}\eta^{f}\sin\mathrm{D},\\[2ex]
\dfrac{d^{2}\Lambda'}{dt^{2}} = \ 3\,\mathrm{B}'nn' \sum i'\mathrm{N}'e^{h}e^{'h'}\eta^{f}\sin\mathrm{D},\\[2ex]
\dfrac{d\mathcal{N}'}{dt} = \ 2\,\mathrm{B}'n \sum \left(a\dfrac{\partial\mathrm{N}'}{\partial a}+\mathrm{N}'\right)e^{h}e^{'h'}\eta^{f}\cos\mathrm{D},\\[2ex]
\dfrac{d\mathcal{F}'}{dt} = \mathrm{B}'n\cos\psi' \sum h'\mathrm{N}'e^{h}e^{'h'-1}\eta^{f}\cos\mathrm{D},\\[2ex]
\dfrac{d\mathcal{P}'}{dt} = \mathrm{B}'n\cos\psi' \sum k'\mathrm{N}'e^{h}e^{'h'-1}\eta^{f}\sin\mathrm{D},\\[2ex]
\dfrac{d\mathcal{G}'}{dt} = \dfrac{1}{2}\ \dfrac{\mathrm{B}'n\cos\dfrac{\mathrm{J}}{2}}{\cos\psi'} \sum f\mathrm{N}'e^{h}e^{'h'}\eta^{f-1}\cos\mathrm{D},\\[2ex]
\dfrac{d\varpi'}{dt} = \dfrac{1}{2}\ \dfrac{\mathrm{B}'n}{\cos\dfrac{\mathrm{J}}{2}\cos\psi'} \sum u\mathrm{N}e^{h}e^{'h'}\eta^{f-1}\sin\mathrm{D},\\[2ex]
\dfrac{d\mathrm{V}'}{dt} = \dfrac{\mathrm{B}'n\tan\dfrac{\mathrm{J}}{2}}{\cos\psi'} \sum (i'+k')\mathrm{N}'e^{h}e^{'h'}\eta^{f}\sin\mathrm{D};
\end{cases}$$

$$(c')\quad\begin{cases}
\dfrac{da'}{dt} = \dfrac{d\mathcal{L}'}{dt},\qquad \dfrac{d^{2}\rho'}{dt^{2}} = \dfrac{d^{2}\Lambda'}{dt^{2}},\\[2ex]
\dfrac{d\varepsilon'}{dt} = \dfrac{d\mathcal{N}'}{dt}+\tan\dfrac{\psi'}{2}\dfrac{d\mathcal{F}'}{dt}+\tan\dfrac{\varphi'}{2}\sin\varphi'\dfrac{d\vartheta'}{dt},\\[2ex]
\dfrac{de'}{dt} = \dfrac{d\mathcal{P}'}{dt}-\tan\dfrac{\psi'}{2}\cos\psi'\dfrac{1}{2a'}\dfrac{d\mathcal{L}'}{dt},\\[2ex]
e'\dfrac{d\varpi'}{dt} = \dfrac{d\mathcal{F}'}{dt}+e'\tan\dfrac{\varphi'}{2}\sin\varphi'\dfrac{d\theta'}{dt},\\[2ex]
\dfrac{d\varphi'}{dt} = \ \sin(\tau'-\theta')\dfrac{d\mathcal{G}'}{dt}-\cos(\tau'-\theta')\left(\dfrac{d\varpi'}{dt}+\dfrac{d\mathrm{V}'}{dt}\right),\\[2ex]
\sin\varphi'\dfrac{d\theta'}{dt} = -\cos(\tau'-\theta')\dfrac{d\mathcal{G}'}{dt}-\sin(\tau'-\theta')\left(\dfrac{d\varpi'}{dt}+\dfrac{d\mathrm{V}'}{dt}\right).
\end{cases}$$

On trouvera sans peine, en partant des formules (b'),

$$(d')\quad\begin{cases}
\mathcal{L}' = 2\,\mathrm{B}'a' \sum \dfrac{i'}{i+i'\nu}\,\mathrm{N}'e^{h}e^{'h'}\eta^{f}\cos\mathrm{D},\\[2ex]
\Lambda' = -3\,\mathrm{B}'\nu \sum \dfrac{i'}{(i+i'\nu)^{2}}\,\mathrm{N}'e^{h}e^{'h'}\eta^{f}\sin\mathrm{D},\\[2ex]
\mathcal{A}' = 2\,\mathrm{B}' \sum \dfrac{1}{i+i'\nu}\left(a\,\dfrac{\partial\mathrm{N}'}{\partial a}+\mathrm{N}'\right)e^{h}e^{'h'}\eta^{f}\sin\mathrm{D},\\[2ex]
\mathcal{F}' = \mathrm{B}'\cos\psi' \sum \dfrac{h'}{i+i'\nu}\,\mathrm{N}'e^{h}e^{'h'-1}\eta^{f}\sin\mathrm{D},\\[2ex]
\mathcal{P}' = -\mathrm{B}'\cos\psi' \sum \dfrac{k'}{i+i'\nu}\,\mathrm{N}'e^{h}e^{'h'-1}\eta^{f}\cos\mathrm{D}.\\[2ex]
\mathcal{G}' = \dfrac{1}{2}\dfrac{\mathrm{B}'\cos\frac{\mathrm{J}}{2}}{\cos\psi'} \sum \dfrac{f}{i+i'\nu}\,\mathrm{N}'e^{h}e^{'h'}\eta^{f-1}\sin\mathrm{D},\\[2ex]
\mathcal{C}' = -\dfrac{1}{2}\dfrac{\mathrm{B}'}{\cos\frac{\mathrm{J}}{2}\cos\psi'} \sum \dfrac{u}{i+i'\nu}\,\mathrm{N}e^{h}e^{'h'}\eta^{f-1}\cos\mathrm{D},\\[2ex]
\mathrm{V}' = -\dfrac{\mathrm{B}'\tan\frac{\mathrm{J}}{2}}{\cos\psi'} \sum \dfrac{i'+k'}{i+i'\nu}\,\mathrm{N}'e^{h}e^{'h'}\eta^{f}\cos\mathrm{D}.
\end{cases}$$

Les inégalités périodiques de la planète P' seront déterminées par les formules

$$(f')\quad\begin{cases}
\delta_{1}a' = \mathcal{L}',\qquad \delta_{1}\rho' = \Lambda',\\[1ex]
\delta_{1}\varepsilon' = \mathcal{A}'+\mathcal{F}'\tan\dfrac{\psi'}{2}+\tan\dfrac{\varphi'}{2}\sin\varphi'\,\delta_{1}\theta',\\[1ex]
\delta_{1}l' = \delta_{1}\rho'+\delta_{1}\varepsilon',\\[1ex]
\delta_{1}e' = \mathcal{P}'-\tan\dfrac{\psi'}{2}\cos\psi'\,\dfrac{\mathcal{L}'}{2a'},\\[1ex]
e'\,\delta_{1}\varpi' = \mathcal{F}'+e'\tan\dfrac{\varphi'}{2}\sin\varphi'\,\delta_{1}\theta',\\[1ex]
\delta_{1}\varphi' = \mathcal{G}'\sin(\tau'-\vartheta')-(\mathcal{C}'+\mathrm{V}')\cos(\tau'-\theta'),\\[1ex]
\sin\varphi'\,\delta_{1}\theta' = -\mathcal{G}'\cos(\tau'-\vartheta')-(\mathcal{C}'+\mathrm{V}')\sin(\tau'-\vartheta').
\end{cases}$$

On aura enfin, pour le calcul des inégalités séculaires,

$$a'\mathrm{R}_{1,0} = \sum \mathrm{N}'e^{h}e^{'h'}\eta^{f}\cos\mathrm{D},$$

$$\mathrm{D} = k\omega + k'\varpi' + u\tau'$$

et

$$(g')\quad\begin{cases} \mathcal{L}' = 0, \qquad \Lambda' = 0, \\[2mm] \mathcal{A}' = 2\,\mathrm{B}'nt \sum \left(a\,\dfrac{\partial \mathrm{N}'}{\partial a} + \mathrm{N}' \right) e^h e'^{h'}\eta_i{}^f \cos \mathrm{D}, \\[2mm] \mathcal{F}' = \mathrm{B}'nt \cos\psi' \sum h'\mathrm{N}'\, e^h e'^{h'-1}\eta^f \cos \mathrm{D}, \\[2mm] \mathcal{P}' = \mathrm{B}'nt \cos\psi' \sum k'\mathrm{N}'\, e^h e'^{h'-1}\eta^f \sin \mathrm{D}, \\[2mm] \mathcal{G}' = \dfrac{1}{2}\,\mathrm{B}'nt\ \dfrac{\cos\frac{\mathrm{J}}{2}}{\cos\psi'} \sum f\mathrm{N}'\, e^h e'^{h'}\eta^{f-1}\cos \mathrm{D}, \\[2mm] \mathcal{T}' = \dfrac{1}{2}\,\mathrm{B}'nt\ \dfrac{1}{\cos\frac{\mathrm{J}}{2}\cos\psi'} \sum u\,\mathrm{N}'\, e^h e'^{h'}\eta^{f-1}\sin \mathrm{D}, \\[2mm] \mathrm{V}' = \mathrm{B}'nt\ \dfrac{\tang\frac{\mathrm{J}}{2}}{\cos\psi'} \sum (i'+k')\mathrm{N}'\, e^h e'^{h'}\eta^f \sin \mathrm{D}; \end{cases}$$

$$(h')\quad\begin{cases} \delta_1 a' = 0, \qquad \delta_1 \rho' = 0, \\[2mm] \delta_1 l' = \delta_1 \varepsilon' = \mathcal{A}' + \mathcal{F}'\tang\dfrac{\psi'}{2} + \tang\dfrac{\varphi'}{2}\sin\varphi'\,\delta_1\theta', \\[2mm] \delta_1 e' = \mathcal{P}', \\[2mm] e_1\,\delta_1 \varpi' = \mathcal{F}' + e'\tang\dfrac{\varphi'}{2}\sin\varphi'\,\delta_1\theta', \\[2mm] \delta_1 \varphi' = \mathcal{G}'\sin(\tau'-\theta') - (\mathcal{T}'+\mathrm{V}')\cos(\tau'-\theta'), \\[2mm] \sin\varphi'\,\delta_1\theta' = -\,\mathcal{G}'\cos(\tau'-\theta') - (\mathcal{T}'+\mathrm{V}')\sin(\tau'-\theta'). \end{cases}$$

Le lecteur trouvera une application très détaillée des formules ci-dessus dans le tome X des *Annales de l'Observatoire de Paris*, pour Jupiter et Saturne. Les Tableaux numériques donnant les valeurs des quantités A, L, ..., T y occupent les pages 110 à 125; les pages 127 à 142 sont remplies par les Tableaux qui répondent aux formules (f). Les données correspondantes pour Saturne se trouvent dans le même volume, p. 145 à 163 et p. 164 à 183.

138. On peut présenter sous une forme un peu différente le calcul des perturbations du premier ordre de φ et θ, φ' et θ'.

On a trouvé

$$(2)\quad\begin{cases} \delta_1 \varphi = -\,\mathcal{G}\sin(\tau-\theta) + (\mathcal{T}+\mathrm{V})\cos(\tau-\theta), \\[2mm] \sin\varphi\,\delta_1\theta = +\,\mathcal{G}\cos(\tau-\theta) + (\mathcal{T}+\mathrm{V})\sin(\tau-\theta). \end{cases}$$

Supposons que l'on change de plan fixe et que l'on adopte la position du plan de l'orbite de la planète P' à un moment donné t_0; nous savons que les quantités

$\mathcal{G}$, ϖ et V ne seront pas affectées par ce changement. On a, en général ($fig.$ 21), NG $= \tau - \theta$; à l'époque t_0, le grand cercle N′G est couché sur xy; on a NG $=$ o. La

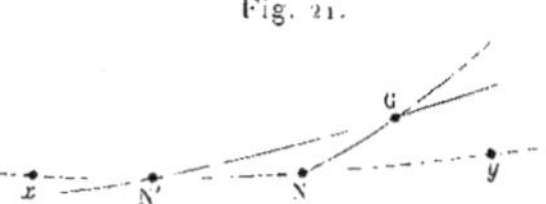

quantité $\tau - \theta$, qui est ainsi nulle à l'instant t_0, sera petite, de l'ordre des masses, à l'époque t. Comme il s'agit ici des perturbations du premier ordre, on pourra faire, dans les formules (2), $\tau - \theta =$ o et $\sin\varphi = \sin J$. Les valeurs correspondantes de $\delta_1 \varphi$ et $\delta_1 \theta$ seront les perturbations de l'inclinaison et du nœud ascendant de l'orbite de P sur le plan primitif de l'orbite de P′, quantités que nous désignerons par Φ et Θ; ainsi

$$\Phi = y' \mathrm{NG}, \qquad \Theta = x\mathrm{N}.$$

Les formules (2) donneront donc

$$(i) \qquad \delta_1 \Phi = \varpi + \mathrm{V}, \qquad \sin J \, \delta_1 \Theta = \mathcal{G}.$$

Ces équations offrent une représentation physique intéressante des quantités $\varpi + \mathrm{V}$ et $\mathcal{G}$.

Les formules (2), entendues dans leur ancienne généralité, pourront s'écrire

$$(j) \qquad \begin{cases} \delta_1 \varphi = \cos(\tau - \theta)\, \delta_1 \Phi - \sin(\tau - \theta)\sin J \, \delta_1 \Theta, \\ \sin\varphi \, \delta_1 \theta = \sin(\tau - \theta)\, \delta_1 \Phi + \cos(\tau - \theta)\sin J \, \delta_1 \Theta. \end{cases}$$

Si l'on a égard aux expressions (d) de $\mathcal{G}$, ϖ et V et que l'on pose

$$(3) \qquad \begin{cases} \mathrm{H} = \dfrac{1}{2}\, \dfrac{\mathrm{B}\cos\frac{J}{2}}{\cos\psi}\, \dfrac{f}{i + i'\nu}\, \mathrm{N}e^{h}e^{i'h'}\eta^{f-1}, \\[3mm] \mathrm{K} = -\dfrac{1}{2}\, \dfrac{\mathrm{B}}{\cos\frac{J}{2}\cos\psi}\, \dfrac{u + 2(i+k)\sin^2\frac{J}{2}}{i + i'\nu}\, \mathrm{N}e^{h}e^{i'h'}\eta^{f-1}, \end{cases}$$

on pourra écrire les formules (i) comme il suit :

$$(k) \qquad \delta_1 \Phi = \sum \mathrm{K}\cos\mathrm{D}, \qquad \sin J \, \delta_1 \Theta = \sum \mathrm{H}\sin\mathrm{D}.$$

En portant ces valeurs dans (j), il vient

$$(l) \quad \begin{cases} \delta_1\varphi = \sum \dfrac{H+K}{2}\cos(D+\tau-\theta) - \sum \dfrac{H-K}{2}\cos(D-\tau+\theta), \\[2mm] \sin\varphi\,\delta_1\theta = \sum \dfrac{H+K}{2}\sin(D+\tau-\theta) + \sum \dfrac{H-K}{2}\sin(D-\tau+\theta). \end{cases}$$

On obtiendra ainsi les diverses inégalités périodiques du premier ordre de φ et de θ.

On sait qu'à un argument donné D, dans lequel le coefficient de τ' est u, correspondent les valeurs $-u,\ -u+2,\ -u+4,\ \ldots$ de f; si l'on peut négliger $\sin^2\dfrac{J}{2}$ devant l'unité, il sera permis de faire $f = -u$; les formules (3) donneront

$$H = -\frac{1}{2}\,\frac{B}{\cos\psi}\,\frac{u}{i+i'\nu}\,e^{h}e^{i'h'}\eta^{f-1} = K;$$

les expressions (l) se simplifient et deviennent

$$(l_1) \qquad \delta_1\varphi = \sum H\cos(D+\tau-\theta), \qquad \sin\varphi\,\delta_1\theta = \sum H\sin(D+\tau-\theta);$$

les formules (k) deviennent, dans la même hypothèse,

$$(k_1) \qquad \delta_1\Phi = \sum H\cos D, \qquad \sin J\,\delta_1\Theta = \sum H\sin D.$$

On voit qu'on passe de (k_1) à (l_1) en remplaçant simplement D par $D+\tau-\theta$.

Si les formules (l_1) et (k_1) ne sont pas entièrement rigoureuses, elles donnent du moins, sous une forme très simple, les parties les plus importantes de $\delta_1\varphi$ et $\delta_1\theta$.

Dans ses théories des diverses planètes, Le Verrier calcule les inégalités périodiques du premier ordre de φ et θ par les formules (k) et (l).

Faisons les mêmes modifications pour la planète P′.

Soient Φ' et Θ' l'inclinaison et la longitude du nœud ascendant de l'orbite de P′ par rapport à la position qu'occupe à l'époque t_0 le plan de l'orbite de P.

On trouvera

$$(i') \qquad \delta_1\Phi' = \varpi' + V', \qquad \sin J\,\delta_1\Theta' = \mathcal{G}';$$

en portant ces expressions dans les formules

$$\delta_1\varphi' = \mathcal{G}'\sin(\tau'-\theta') - (\varpi'+V')\cos(\tau'-\theta'),$$
$$\sin\varphi'\,\delta_1\theta' = -\mathcal{G}'\cos(\tau'-\theta') - (\varpi'+V')\sin(\tau'-\theta'),$$

on aura

$$(j') \qquad \begin{cases} \delta_1 \varphi' = - \cos(\tau' - \theta')\, \delta_1 \Phi' + \sin(\tau' - \theta') \sin J\, \delta_1 \Theta', \\ \sin\varphi'\, \delta_1\theta' = - \sin(\tau' - \theta')\, \delta_1\Phi' - \cos(\tau' - \theta') \sin J\, \delta_1\Theta'. \end{cases}$$

On pourra poser

$$(k') \qquad \delta_1\Phi' = \sum K'\cos D, \qquad \sin J\, \delta_1\Theta' = \sum H'\sin D\,;$$

on en déduira

$$(l') \qquad \begin{cases} \delta_1\varphi' = - \sum \dfrac{H' + K'}{2}\cos(D + \tau' - \theta') + \sum \dfrac{H' - K'}{2}\cos(D - \tau' + \theta'), \\ \sin\varphi'\, \delta_1\theta' = - \sum \dfrac{H' + K'}{2}\sin(D + \tau' - \theta') - \sum \dfrac{H' - K'}{2}\sin(D - \tau' + \theta'). \end{cases}$$

139. Il nous faut donner encore les formules qui permettent de calculer les perturbations du premier ordre de τ' et η, quantités qui figurent explicitement dans les développements des fonctions perturbatrices; la connaissance de ces perturbations est très utile pour le calcul des inégalités du second ordre.

La première des formules (12) du n° 130 donne d'abord

$$\frac{dJ}{dt} = \cos(\tau - \theta)\frac{d\varphi}{dt} + \sin(\tau - \theta)\sin\varphi\frac{d\theta}{dt} - \cos(\tau' - \theta')\frac{d\varphi'}{dt} - \sin(\tau' - \theta')\sin\varphi'\frac{d\theta'}{dt}\,;$$

en remplaçant $\dfrac{d\varphi}{dt}$ et $\dfrac{d\theta}{dt}$ d'une part, $\dfrac{d\varphi'}{dt}$ et $\dfrac{d\theta'}{dt}$ d'autre part par leurs valeurs (c) et (c'), on trouve aisément

$$(4) \qquad \frac{dJ}{dt} = \left(\frac{d\varpi}{dt} + \frac{dV}{dt}\right) + \left(\frac{d\varpi'}{dt} + \frac{dV'}{dt}\right).$$

On peut ensuite mettre la troisième des formules (12) du n° 130 sous cette forme

$$(5) \qquad \begin{cases} \sin J\dfrac{d\tau'}{dt} = - \sin(\tau - \theta)\dfrac{d\varphi}{dt} + \cos(\tau - \theta)\sin\varphi\dfrac{d\theta}{dt} + \sin(\tau' - \theta')\dfrac{d\varphi'}{dt} \\ \qquad - \cos(\tau' - \theta')\sin\varphi'\dfrac{d\theta'}{dt} - (1 - \cos J)\sin(\tau' - \theta')\dfrac{d\varphi'}{dt} \\ \qquad + [\sin\varphi'\cos(\tau' - \theta') - \sin\varphi\cos(\tau - \theta) + \sin J]\dfrac{d\theta'}{dt}. \end{cases}$$

Les quatre premiers termes du second membre se réduisent à $\dfrac{dG}{dt} + \dfrac{dG'}{dt}$ quand on y remplace, comme plus haut, $\dfrac{d\varphi}{dt}$, $\dfrac{d\theta}{dt}$, $\dfrac{d\varphi'}{dt}$, $\dfrac{d\theta'}{dt}$ par leurs valeurs (c)

et (c'). Il y a lieu de transformer le coefficient de $\dfrac{d\theta'}{dt}$ en y mettant pour $\cos(\tau - \theta)$ et $\cos(\tau' - \theta')$ leurs expressions tirées des relations

$$\cos\varphi' = \cos\varphi \,\cos J + \sin\varphi \,\sin J \cos(\tau - \theta),$$
$$\cos\varphi = \cos\varphi' \cos J - \sin\varphi' \sin J \cos(\tau' - \theta').$$

On trouve ainsi

$$\sin\varphi' \cos(\tau' - \theta') - \sin\varphi \cos(\tau - \theta) + \sin J = \frac{\sin^2 J - (1 - \cos J)(\cos\varphi + \cos\varphi')}{\sin J}$$

$$= \operatorname{tang}\frac{J}{2}\left(2\cos^2\frac{J}{2} - \cos\varphi - \cos\varphi'\right)$$

$$= 2\operatorname{tang}\frac{J}{2}\left(\sin^2\frac{\varphi}{2} + \sin^2\frac{\varphi'}{2} - \sin^2\frac{J}{2}\right),$$

et la formule (5) donne finalement

$$(6) \quad \left\{ \begin{aligned} \sin J \frac{d\tau'}{dt} &= \frac{dG}{dt} + \frac{dG'}{dt} - 2\sin^2\frac{J}{2}\sin(\tau' - \theta')\frac{d\varphi'}{dt} \\ &\quad + \frac{2\operatorname{tang}\dfrac{J}{2}}{\sin\varphi'}\left(\sin^2\frac{\varphi}{2} + \sin^2\frac{\varphi'}{2} - \sin^2\frac{J}{2}\right)\sin\varphi'\frac{d\theta'}{dt}. \end{aligned} \right.$$

Les deux derniers termes du second membre de cette équation seront très petits; car les coefficients de $\dfrac{d\varphi'}{dt}$ et $\sin\varphi'\dfrac{d\theta'}{dt}$ sont du second ordre par rapport aux inclinaisons.

En intégrant les équations (4) et (6) multipliées par dt, on obtient les expressions suivantes pour les perturbations du premier ordre de J et de τ' :

$$\delta_1 J = (\mathfrak{S} + V) + (\mathfrak{S}' + V'),$$

$$\sin J \,\delta_1 \tau' = G + G' - 2\sin^2\frac{J}{2}\sin(\tau' - \theta')\delta_1\varphi'$$

$$+ \frac{2\operatorname{tang}\dfrac{J}{2}}{\sin\varphi'}\left(\sin^2\frac{\varphi}{2} + \sin^2\frac{\varphi'}{2} - \sin^2\frac{J}{2}\right)\sin\varphi'\delta_1\theta';$$

d'où, à cause de $\eta = \sin\dfrac{J}{2}$,

$$(m) \quad \left\{ \begin{aligned} \delta_1\eta &= \cos\frac{J}{2}\,\frac{(\mathfrak{S} + V) + (\mathfrak{S}' + V')}{2}, \\ \eta\,\delta_1\tau' &= \frac{1}{\cos\dfrac{J}{2}}\left[\frac{G + G'}{2} - \sin^2\frac{J}{2}\sin(\tau' - \theta')\delta_1\varphi' \right. \\ &\quad \left. + \operatorname{tang}\frac{J}{2}\left(\sin^2\frac{\varphi}{2} + \sin^2\frac{\varphi'}{2} - \sin^2\frac{J}{2}\right)\delta_1\theta'\right]. \end{aligned} \right.$$

Le plus souvent, ces formules pourront être réduites à

$$(m_1) \qquad \begin{cases} \delta_1 \eta = \dfrac{\varpi + \varpi'}{2}, \\[2mm] n_0 \delta_1 \tau' = \dfrac{\mathcal{G} + \mathcal{G}'}{2} \end{cases}$$

ou encore à

$$(n) \qquad \begin{cases} \delta_1 \eta = \dfrac{\delta_1 \Phi + \delta_1 \Phi'}{2}, \\[2mm] n \delta_1 \tau' = \dfrac{1}{2} \left[\sin J \delta_1 \Theta + \sin J \delta_1 \Theta' \right], \end{cases}$$

formules dans lesquelles on devra remplacer $\delta_1 \Phi$, $\sin J \delta_1 \Theta$, $\delta_1 \Phi'$, $\sin J \delta_1 \Theta'$ par leurs expressions (k) et (k'), si l'on veut avoir les inégalités périodiques de η et de τ'.

On pourra obtenir aussi les inégalités séculaires du premier ordre de η et τ', en remplaçant dans les formules (m), $\mathcal{G}$, ϖ, V, $\mathcal{G}'$, ϖ', V' par leurs expressions (g) et (g'), et $\delta_1 \varphi'$, $\delta_1 \theta'$ par les valeurs (h'); on voit ainsi que les quantités η et τ' sont affectées d'inégalités séculaires.

140. Nous avons dit déjà au n° 63 que, quand les inclinaisons φ et φ' des orbites sont très petites, il est souvent avantageux d'introduire, au lieu des quatre quantités φ, θ, φ', θ', quatre nouvelles variables p, q, p', q' définies par les relations

$$(7) \qquad \begin{cases} p = \tan\varphi \sin\theta, & q = \tan\varphi \cos\theta, \\ p' = \tan\varphi' \sin\theta', & q' = \tan\varphi' \cos\theta'; \end{cases}$$

on y trouve cet avantage que les variations de p, q, p', q' sont toujours petites; il n'en serait pas de même de la variation θ si φ était très petit; de plus, l'introduction des variables p et q facilite le calcul des perturbations de la latitude héliocentrique.

En différentiant la première des formules (7) et remplaçant $\dfrac{d\varphi}{dt}$ et $\dfrac{d\theta}{dt}$ par leurs expressions, on trouve successivement

$$\frac{dp}{dt} = \tan\varphi \cos\theta \frac{d\theta}{dt} + \frac{\sin\theta}{\cos^2\varphi} \frac{d\varphi}{dt} = \frac{\cos\theta}{\cos\varphi} \sin\varphi \frac{d\theta}{dt} + \frac{\sin\theta}{\cos\varphi} \frac{d\varphi}{dt} + \frac{\tan\frac{\varphi}{2}}{\cos\varphi} \tan\varphi \sin\theta \frac{d\varphi}{dt}$$

$$= \frac{\cos\theta}{\cos\varphi} \left[\cos(\tau - \theta) \frac{d\mathcal{G}}{dt} + \sin(\tau - \theta) \left(\frac{d\varpi}{dt} + \frac{dV}{dt} \right) \right]$$

$$+ \frac{\sin\theta}{\cos\varphi} \left[- \sin(\tau - \theta) \frac{d\mathcal{G}}{dt} + \cos(\tau - \theta) \left(\frac{d\varpi}{dt} + \frac{dV}{dt} \right) \right] + \frac{p \tan\frac{\varphi}{2}}{\cos\varphi} \frac{d\varphi}{dt} .$$

C'est ainsi qu'on obtient les formules suivantes :

$$
(8)
\begin{cases}
\cos\varphi\,\dfrac{dp}{dt} = \cos\tau\,\dfrac{d\mathrm{G}}{dt} + \sin\tau\left(\dfrac{d\varpi}{dt} + \dfrac{d\mathrm{V}}{dt}\right) + p\,\tang\dfrac{\varphi}{2}\,\dfrac{d\varphi}{dt}, \\[2ex]
\cos\varphi\,\dfrac{dq}{dt} = -\sin\tau\,\dfrac{d\mathrm{G}}{dt} + \cos\tau\left(\dfrac{d\varpi}{dt} + \dfrac{d\mathrm{V}}{dt}\right) + q\,\tang\dfrac{\varphi}{2}\,\dfrac{d\varphi}{dt}, \\[2ex]
\cos\varphi'\,\dfrac{dp'}{dt} = -\cos\tau'\,\dfrac{d\mathrm{G}'}{dt} - \sin\tau'\left(\dfrac{d\varpi'}{dt} + \dfrac{d\mathrm{V}'}{dt}\right) + p'\,\tang\dfrac{\varphi'}{2}\,\dfrac{d\varphi'}{dt}, \\[2ex]
\cos\varphi'\,\dfrac{dq'}{dt} = +\sin\tau'\,\dfrac{d\mathrm{G}'}{dt} - \cos\tau'\left(\dfrac{d\varpi'}{dt} + \dfrac{d\mathrm{V}'}{dt}\right) + q'\,\tang\dfrac{\varphi'}{2}\,\dfrac{d\varphi'}{dt}.
\end{cases}
$$

On peut avoir besoin d'exprimer J, τ et τ' à l'aide de p, q, p' et q'; pour cela, il y a lieu de se reporter aux deux dernières formules (4) du n° 117, et de les multiplier respectivement par $\cos\theta'$ et $\sin\theta'$, ce qui donne

$$\sin J \sin\tau' = \sin\varphi\cos\theta'\sin(\theta - \theta') - \cos\varphi\sin\varphi'\sin\theta' + \sin\varphi\cos\varphi'\sin\theta'\cos(\theta - \theta'),$$

d'où

$$\frac{\sin J}{\cos\varphi\cos\varphi'}\sin\tau' = \tang\varphi\sin\theta - \tang\varphi'\sin\theta'$$

$$+ \frac{\tang\varphi}{\cos\varphi'}\left[-\cos\varphi'\sin\theta + \cos\varphi'\sin\theta'\cos(\theta - \theta') + \cos\theta'\sin(\theta - \theta')\right]$$

ou

$$\frac{\sin J}{\cos\varphi\cos\varphi'}\sin\tau' = p - p' + 2\sin^2\frac{\varphi'}{2}\,\frac{\tang\varphi}{\cos\varphi'}\sin(\theta - \theta')\cos\theta',$$

en remplaçant, dans le coefficient de $\dfrac{\tang\varphi}{\cos\varphi'}$, $\sin\theta$ par

$$\sin\theta'\cos(\theta - \theta') + \cos\theta'\sin(\theta - \theta').$$

C'est ainsi, et par des calculs analogues, que l'on arrive aux formules ci-dessous :

$$
(9)
\begin{cases}
\dfrac{\sin J}{\cos\varphi\cos\varphi'}\sin\tau = p - p' + 2\sin^2\dfrac{\varphi}{2}\,\dfrac{\tang\varphi'}{\cos\varphi}\sin(\theta - \theta')\cos\theta, \\[2ex]
\dfrac{\sin J}{\cos\varphi\cos\varphi'}\cos\tau = q - q' - 2\sin^2\dfrac{\varphi}{2}\,\dfrac{\tang\varphi'}{\cos\varphi}\sin(\theta - \theta')\sin\theta;
\end{cases}
$$

$$
(9')
\begin{cases}
\dfrac{\sin J}{\cos\varphi\cos\varphi'}\sin\tau' = p - p' + 2\sin^2\dfrac{\varphi'}{2}\,\dfrac{\tang\varphi}{\cos\varphi'}\sin(\theta - \theta')\cos\theta', \\[2ex]
\dfrac{\sin J}{\cos\varphi\cos\varphi'}\cos\tau' = q - q' - 2\sin^2\dfrac{\varphi'}{2}\,\dfrac{\tang\varphi}{\cos\varphi'}\sin(\theta - \theta')\sin\theta'.
\end{cases}
$$

D'autre part, la formule

$$\cos J = \cos\varphi\cos\varphi' + \sin\varphi\sin\varphi'\cos(\theta - \theta')$$

donne

$$\cos J = \cos\varphi \cos\varphi'(1 + pp' + qq');$$

or

$$\tan g^2\varphi = p^2 + q^2, \qquad \tan g^2\varphi' = p'^2 + q'^2,$$

d'où

$$\cos^2\varphi \cos^2\varphi' = \frac{1}{(1 + p^2 + q^2)(1 + p'^2 + q'^2)};$$

il en résulte successivement

$$\cos^2 J = \frac{(1 + pp' + qq')^2}{(1 + p^2 + q^2)(1 + p'^2 + q'^2)},$$

$$(10) \qquad \tan g^2 J = \frac{(p - p')^2 + (q - q')^2 + (pq' - qp')^2}{(1 + pp' + qq')^2}.$$

Les formules (9), (9′) et (10) sont rigoureuses et déterminent avec précision les quantités J, τ et τ', en fonction des auxiliaires p, q, p', q'.

En négligeant les cubes des inclinaisons, les relations (9′) donnent

$$(11) \qquad \begin{cases} \sin J \sin\tau' = p - p', \\ \sin J \cos\tau' = q - q'. \end{cases}$$

D'autre part, la formule approchée

$$\tau - \tau' = \frac{1}{2} \tan g\varphi \tan g\varphi' \sin(\theta - \theta'),$$

démontrée au n° 117, donne, en exprimant $\tau - \tau'$ en secondes,

$$(12) \qquad \tau - \tau' = \frac{pq' - qp'}{\sin 2''}.$$

On tirera des équations (8) les formules suivantes pour calculer les perturbations du premier ordre des quantités p, q, p', q' :

$$(13) \qquad \begin{cases} \cos\varphi \; \delta_1 p = \quad \mathcal{G} \cos\tau + (\tilde{\varpi} + V)\sin\tau + p \tan g \dfrac{\varphi}{2} \delta_1\varphi, \\[2mm] \cos\varphi \; \delta_1 q = -\mathcal{G} \sin\tau + (\tilde{\varpi} + V)\cos\tau + q \tan g \dfrac{\varphi}{2} \delta_1\varphi; \end{cases}$$

$$(13') \qquad \begin{cases} \cos\varphi' \delta_1 p' = -\mathcal{G}'\cos\tau' - (\tilde{\varpi}' + V')\sin\tau' + p' \tan g \dfrac{\varphi'}{2} \delta_1\varphi', \\[2mm] \cos\varphi' \delta_1 q' = +\mathcal{G}'\sin\tau' - (\tilde{\varpi}' + V')\cos\tau' + q' \tan g \dfrac{\varphi'}{2} \delta_1\varphi'. \end{cases}$$

T. — I.

On peut écrire encore, à cause des relations (i) et (i'),

$$(o) \quad \begin{cases} \cos\varphi\,\delta_1 p = \quad \sin\tau\,\delta_1\Phi + \cos\tau\,\sin J\,\delta_1\Theta + p\,\operatorname{tang}\frac{\varphi}{2}\,\delta_1\varphi, \\[2mm] \cos\varphi\,\delta_1 q = \quad \cos\tau\,\delta_1\Phi - \sin\tau\,\sin J\,\delta_1\Theta + q\,\operatorname{tang}\frac{\varphi}{2}\,\delta_1\varphi; \end{cases}$$

$$(o') \quad \begin{cases} \cos\varphi'\,\delta_1 p' = -\sin\tau'\,\delta_1\Phi' - \cos\tau'\,\sin J\,\delta_1\Theta' + p'\,\operatorname{tang}\frac{\varphi'}{2}\,\delta_1\varphi', \\[2mm] \cos\varphi'\,\delta_1 q' = -\cos\tau'\,\delta_1\Phi' + \sin\tau'\,\sin J\,\delta_1\Theta' + q'\,\operatorname{tang}\frac{\varphi'}{2}\,\delta_1\varphi'. \end{cases}$$

Ces formules permettent de calculer les inégalités périodiques du premier ordre de p, q, p', q', et aussi leurs inégalités séculaires, ou plutôt leurs variations annuelles.

En tenant compte des relations (k) et (k'), on peut mettre les formules (o) et (o') sous cette forme :

$$(o_1) \quad \begin{cases} \cos\varphi\,\delta_1 p = \quad \sum \frac{H+K}{2}\sin(D+\tau) + \sum \frac{H-K}{2}\sin(D-\tau) + p\,\operatorname{tang}\frac{\varphi}{2}\,\delta_1\varphi, \\[2mm] \cos\varphi\,\delta_1 q = \quad \sum \frac{H+K}{2}\cos(D+\tau) - \sum \frac{H-K}{2}\cos(D-\tau) + q\,\operatorname{tang}\frac{\varphi}{2}\,\delta_1\varphi; \end{cases}$$

$$(o'_1) \quad \begin{cases} \cos\varphi'\,\delta_1 p' = -\sum \frac{H'+K'}{2}\sin(D+\tau') - \sum \frac{H'-K'}{2}\sin(D-\tau') + p'\,\operatorname{tang}\frac{\varphi'}{2}\,\delta_1\varphi', \\[2mm] \cos\varphi'\,\delta_1 q' = -\sum \frac{H'+K'}{2}\cos(D+\tau') + \sum \frac{H'-K'}{2}\cos(D-\tau') + q'\,\operatorname{tang}\frac{\varphi'}{2}\,\delta_1\varphi'. \end{cases}$$

Les derniers termes des seconds membres de ces équations, ceux qui contiennent $\delta_1\varphi$ et $\delta_1\varphi'$, seront le plus souvent négligeables; on en tiendra compte, s'il y a lieu, en ayant égard aux relations (l) et (l').

Il nous reste enfin à calculer les inégalités du premier ordre de $\tau'-\tau$; elles nous seront nécessaires pour calculer celles de λ et ω par les formules

$$\lambda = l + \tau' - \tau, \qquad \omega = \varpi + \tau' - \tau,$$

en partant des inégalités de l et ϖ, lesquelles ont été considérées déjà; or on tire de la formule (12)

$$(p) \qquad \delta_1(\tau'-\tau) = \frac{1}{2}\left(p'\,\delta_1 q - q'\,\delta_1 p - p\,\delta_1 q' + q\,\delta_1 p'\right);$$

donc, en tenant compte des formules (o_1) et (o'_1), on aura les perturbations cherchées, lesquelles sont d'ailleurs très petites et négligeables dans un grand nombre de cas.

La différence $\tau' - \tau$ sera affectée d'une petite inégalité séculaire du premier ordre.

141. Les trois termes de l'expression (h) de $\delta_1 l = \delta_1 \varepsilon$ contiennent t en facteur ; soit σt la somme de ces trois termes ; on voit que l'expression de l, fournie par la première approximation, sera de la forme

$$(14) \qquad nt + \varepsilon + \sigma t + \text{les perturbations périodiques} ;$$

σt représente les inégalités séculaires du premier ordre de l'élément ε.

Le coefficient de t dans cette formule (14) est égal à n_1, en posant

$$n_1 = n + \sigma ;$$

c'est lui que l'on obtiendra directement quand on comparera deux valeurs de la longitude moyenne déduites des observations faites à deux époques séparées par un intervalle de temps considérable. Il est naturel de déterminer une quantité a_1 par la relation

$$(15) \qquad n_1^2 a_1^3 = f(1 + m) ;$$

on a déjà

$$n^2 a^3 = f(1 + m),$$

et l'on en conclut

$$n_1^2 a_1^3 = (n_1 - \sigma)^2 a^3 ;$$

d'où, en négligeant σ^2, qui est de l'ordre de m'^2,

$$(16) \qquad a = a_1 \left(1 + \frac{2}{3} \frac{\sigma}{n_1} \right).$$

On pourra écrire ainsi l'expression (14)

$$n_1 t + \varepsilon + \text{les perturbations périodiques} ;$$

on calculera a_1, puis a par les relations (15) et (16) ; partout où a figurait directement, on devra donc mettre sa valeur (16). Sous les signes sinus et cosinus, ce qui entre jusqu'ici dans nos formules, c'est $nt = (n_1 - \sigma)t$; on devrait donc faire cette substitution si l'on tenait à ordonner rigoureusement suivant les puissances des masses perturbatrices. Mais, dans l'approximation suivante, il faudrait remplacer l par $n_1 t + \varepsilon + \ldots$, c'est-à-dire arriver finalement à mettre n_1 au lieu de n ; il vaut donc mieux le faire dès la première approximation.

Quand n figure en dehors des signes sinus et cosinus, il n'est là que pour abréger l'écriture et représente l'expression $\sqrt{\dfrac{f(1+m)}{a^3}}$; c'est ce qui arrive, par exemple, pour le coefficient $\dfrac{m'}{\mu}\,na^2$ qui entre dans la première des formules (a). On ne doit pas y remplacer n par n_1, mais écrire

$$\frac{m'}{\mu}\,na^2 = \frac{m'}{\mu}\,a^2\sqrt{\frac{f\mu}{a^3}} = \sqrt{\frac{f}{\mu}}\,m'\sqrt{a} = \sqrt{\frac{f}{\mu}}\,m'\sqrt{a_1}\left(1 + \frac{1}{3}\frac{\sigma}{n_1}\right);$$

toutefois, pour la première approximation, on pourra ne pas tenir compte du terme en σ de l'expression précédente, car cela reviendrait à introduire immédiatement un terme de l'ordre du carré des masses; on voit donc que, dans la première approximation, on pourra prendre $\dfrac{m'}{\mu}\,na^2 = \dfrac{m'}{\mu}\,n_1 a_1^2$, ce qui revient à remplacer partout n et a respectivement par n_1 et a_1; mais, dans les approximations suivantes, il faudra procéder comme nous l'avons indiqué ([1]).

Donnons quelques indications sur le calcul de a_1 par la formule (15); nous appliquerons cette formule au mouvement de la Terre autour du Soleil en mettant deux accents aux lettres; nous aurons ainsi

$$(17) \qquad\qquad f(1+m'') = n_1''^2\,a_1''^3,$$

$$a'' = a_1''\left(1 + \frac{2}{3}\frac{\sigma''}{n_1''}\right).$$

En éliminant f entre (15) et (17), il vient

$$a_1 = a_1''\sqrt{\frac{1+m}{1+m''}}\,\frac{n_1''^{\frac{2}{3}}}{n_1^{\frac{2}{3}}};$$

l'unité de longueur étant arbitraire, nous la choisirons de manière que $a_1'' = 1$, ce qui nous donnera

$$a_1 = \frac{n_1''^{\frac{2}{3}}}{\sqrt[3]{1+m''}}\,\frac{\sqrt[3]{1+m}}{n_1^{\frac{2}{3}}},$$

$$a'' = 1 + \frac{2}{3}\frac{\sigma''}{n_1''}.$$

La formule (17) montre que l'unité de longueur se trouve être actuellement le demi grand axe de l'orbite d'une planète fictive qui ne serait soumise qu'à l'action du Soleil, et serait animée d'un moyen mouvement égal au moyen mouve-

---

([1]) Pour ne pas multiplier à l'excès les notations, nous laisserons n et a là où nous devrions mettre n_1 et a_1.

ment apparent de la Terre. On a, par les observations, pour le moyen mouvement de la Terre, en une année julienne de $365^j,25$, $n''_1 = 1\,295\,977'',38$. Le Verrier adopte $m'' = \dfrac{1}{320\,000}$, et il a trouvé, par la théorie du mouvement de la Terre, $\sigma'' = +2'',507$. Les formules ci-dessus deviennent ainsi

$$(18) \qquad \begin{cases} a_1 = (4,0750645)\sqrt[3]{1+m}\; n_1^{-\frac{2}{3}}, \\[2mm] a = a_1\left(1 + \dfrac{2}{3}\dfrac{\sigma}{n_1}\right), \\[2mm] a'' = 1,0000129; \end{cases}$$

le nombre mis entre parenthèses dans la première de ces formules désigne un logarithme.

Remarque. — Le changement de n en n_1 permet de tenir compte, avec la même forme analytique, des inégalités séculaires du premier ordre de l'élément ε.

Nota. — Outre le tome X des *Annales de l'Observatoire de Paris*, on pourra consulter avec fruit, pour l'application des formules de ce Chapitre, un travail de M. Perrotin *sur les perturbations de Vesta* (*Annales de l'Observatoire de Toulouse*, t. I).

CHAPITRE XXI.

PERTURBATIONS DU PREMIER ORDRE DES COORDONNÉES HÉLIOCENTRIQUES.

Quand on connaît les perturbations des éléments de l'orbite d'une planète P, il est facile d'en déduire les perturbations des coordonnées héliocentriques. Nous ne nous occuperons ici que des perturbations du premier ordre par rapport aux masses.

142. Perturbations de la longitude héliocentrique. — Considérons d'abord la longitude dans l'orbite, v. L'anomalie moyenne est égale à

$$l - \varpi = \lambda - \omega,$$

et l'on a, en se reportant à l'expression de l'équation du centre, y, donnée au n° 93,

$$(1) \quad \begin{cases} v = l + y, \\ y = C_1 \sin(\lambda - \omega) + C_2 \sin 2(\lambda - \omega) + \ldots = C_1 \sin(l - \varpi) + C_2 \sin 2(l - \varpi) + \ldots, \end{cases}$$

avec ces valeurs de C_1, C_2, ...,

$$(2) \quad \begin{cases} C_1 = 4\left(\dfrac{e}{2}\right) - 2\left(\dfrac{e}{2}\right)^3 + \dfrac{5}{3}\left(\dfrac{e}{2}\right)^5 - \ldots, \\ C_2 = 5\left(\dfrac{e}{2}\right)^2 - \dfrac{22}{3}\left(\dfrac{e}{2}\right)^4 + \ldots, \\ \ldots\ldots\ldots\ldots\ldots\ldots\ldots\ldots \end{cases}$$

On voit que la valeur de v dépend des trois quantités l, e et ϖ. Il n'y a qu'à remplacer ces quantités par leurs valeurs en tenant compte des perturbations du premier ordre déterminées dans le Chapitre précédent, savoir

$$l + \delta_1 l, \quad e + \delta_1 e, \quad \varpi + \delta_1 \varpi.$$

On trouvera par la formule de Taylor, en négligeant les carrés et les produits de $\delta_1 l, \delta_1 e, \delta_1 \varpi$ que nous laissons actuellement de côté comme contenant m'^2 en facteur,

$$(3) \quad \left\{ \begin{aligned} \delta_1 v &= \delta_1 l + C_1 \cos(\lambda - \omega)\delta_1 l + 2 C_2 \cos 2(\lambda - \omega)\delta_1 l + \ldots \\ &+ \frac{dC_1}{de} \sin(\lambda - \omega)\delta_1 e - \frac{C_1}{e}\cos(\lambda - \omega)e\delta_1\varpi, \\ &+ \frac{dC_2}{de}\sin 2(\lambda - \omega)\delta_1 e - \frac{2 C_2}{e}\cos 2(\lambda - \omega)e\delta_1\varpi, \\ &+ \ldots\ldots\ldots\ldots\ldots\ldots\ldots\ldots\ldots\ldots\ldots\ldots\ldots \end{aligned} \right.$$

On tirera d'ailleurs les valeurs de $\dfrac{dC_1}{de}, \dfrac{dC_2}{de}, \cdot \cdot$ des formules (2), savoir

$$(4) \quad \left\{ \begin{aligned} \frac{dC_1}{de} &= 2 - 3\left(\frac{e}{2}\right)^2 + \ldots \\ \frac{dC_2}{de} &= 5\left(\frac{e}{2}\right) - \ldots, \\ &\ldots\ldots\ldots\ldots\ldots \end{aligned} \right.$$

Les formules (f) et (h) du n° 135 donnent les expressions de $\delta_1 l, \delta_1 e$ et $e\delta_1\varpi$. Si nous considérons spécialement dans ces expressions, ce qui concerne un même argument,

$$D = i\lambda + i'l' + k\omega + k'\varpi' + u\tau',$$

et si nous posons d'une manière générale

$$(5) \quad \left\{ \begin{aligned} \tfrac{1}{2} j C_j \delta_1 l &= \sum \mathfrak{Q} \sin D, \\ \frac{dC_j}{de}\,\delta_1 e &= \sum \mathfrak{M} \cos D, \\ j \frac{C_j}{e}\,e\delta_1\varpi &= \sum \mathfrak{N} \sin D, \end{aligned} \right.$$

la formule (3) nous donnera

$$\delta_1 v = \delta_1 l + \sum \left[2\mathfrak{Q}\sin D \cos j(\lambda - \omega) + \mathfrak{M}\cos D \sin j(\lambda - \omega) - \mathfrak{N}\sin D \cos j(\lambda - \omega) \right]$$

ou bien

$$(6) \quad \delta_1 v = \delta_1 l + \sum \left[\left(\mathfrak{Q} + \frac{\mathfrak{M} - \mathfrak{N}}{2}\right)\sin(D + j\lambda - j\omega) + \left(\mathfrak{Q} - \frac{\mathfrak{M} + \mathfrak{N}}{2}\right)\sin(D - j\lambda + j\omega) \right]. \quad .$$

On peut faire une remarque utile : C_j contient des termes en e^j, e^{j+2}, e^{j+4}, ...;
e étant supposé petit, le premier de ces termes sera de beaucoup le plus important, et l'on aura à peu près

$$(7) \qquad \frac{dC_j}{de} = j\,\frac{C_j}{e}.$$

D'autre part, en se reportant aux formules (d) et (f) du n° 135, on voit que
les parties principales de $\delta_1 e$ et $e\delta_1 \varpi$ ont pour expressions

$$\delta_1 e = \mathcal{P} = -\,\mathrm{B} \sum \frac{k}{i + i'\nu}\, \mathrm{N} e^{h-1} e'^{h'} \eta^f \cos \mathrm{D},$$

$$e\delta_1 \varpi = \mathcal{J} = \ \mathrm{B} \sum \frac{h}{i + i'\nu}\, \mathrm{N} e^{h-1} e'^{h'} \eta^f \sin \mathrm{D}.$$

Si on les rapproche des formules (5), on trouve

$$\mathfrak{M} = -\,\frac{dC_j}{de}\, \mathrm{B} \frac{k}{i + i'\nu}\, \mathrm{N} e^{h-1} e'^{h'} \eta^f,$$

$$\mathfrak{N} = \ j\,\frac{C_j}{e}\, \mathrm{B} \frac{h}{i + i'\nu}\, \mathrm{N} e^{h-1} e'^{h'} \eta^f.$$

En tenant compte de l'équation approchée (7), il vient

$$\frac{\mathfrak{N}}{\mathfrak{M}} = -\,\frac{h}{k}.$$

Or les valeurs de h sont égales à $|k|$ ou $|k| + 2$, ...; les termes les plus impor-
tants correspondront à $h = |k|$, ce qui donne

$$\mathfrak{N} = \pm\,\mathfrak{M}.$$

Donc, dans l'expression (6), l'une ou l'autre des quantités $\mathfrak{M} + \mathfrak{N}$ et $\mathfrak{M} - \mathfrak{N}$
sera voisine de zéro, et il en résultera une simplification notable.

On calculera de même les perturbations de la longitude qui répondent aux
inégalités séculaires de e et ϖ. Toutefois, il convient de dire que les astronomes
ont l'habitude de ne pas faire figurer les inégalités séculaires de ϖ dans le calcul
de $\delta_1 v$; cela tient à ce qu'ils calculent l'équation du centre par les formules du
mouvement elliptique

$$(8) \qquad y = 2e \sin \zeta + \frac{5}{4} e^2 \sin 2\zeta + \ldots,$$

$$\zeta = l - \varpi,$$

mais, en y introduisant la valeur de ϖ affectée de ses inégalités séculaires. Ils
emploient généralement aussi dans ce calcul la longitude moyenne $nt + \varepsilon$ du

mouvement elliptique augmentée de ses inégalités à longues périodes. L'expression (8) de y est convertie en Table d'argument ζ; c'est cet argument sur lequel on fait porter et les inégalités séculaires de ϖ et les inégalités à longues périodes de l.

On voit donc que, dans la formule (3), $\delta_1\varpi$ doit représenter l'ensemble des inégalités périodiques de ϖ et $\delta_1 l$ l'ensemble des inégalités du premier ordre de l, en omettant celles qui ont de longues périodes. On a vu, à la fin du Chapitre précédent, que l peut être considéré comme n'ayant pas d'inégalités séculaires du premier ordre; la variation séculaire de l'équation du centre ne proviendra donc que de la variation séculaire de l'excentricité. On la calcule comme il suit :

On a

$$\frac{\partial y}{\partial e} = \frac{\partial(w - \zeta)}{\partial e} = \frac{\partial w}{\partial e};$$

les formules

$$\operatorname{tang}\frac{1}{2}w = \sqrt{\frac{1+e}{1-e}}\operatorname{tang}\frac{1}{2}u,$$

$$u - e\sin u = \zeta$$

donnent

$$\frac{\partial u}{\partial e} = \frac{\sin u}{1 - e\cos u} = \sin u\,\frac{1 + e\cos w}{1 - e^2},$$

$$\frac{\partial w}{\partial e} = \frac{\sin w}{\sin u}\frac{\partial u}{\partial e} + \frac{\sin w}{1 - e^2} = \sin w\,\frac{1 + e\cos w}{1 - e^2} + \frac{\sin w}{1 - e^2}.$$

On aura donc

$$\delta_1 y = \sin(v - \varpi)\,\frac{2 + e\cos(v - \varpi)}{1 - e^2}\,\delta_1 e.$$

Si l'on attribue à $\delta_1 e$ sa variation séculaire, on aura pour $\delta_1 y$ une expression de la forme αt; α est une fonction de v ou de ζ; on donnera sa valeur dans la Table même dont on a parlé ci-dessus, à côté de la valeur de l'équation du centre qui résulte de la formule (8).

Quand on aura obtenu les diverses inégalités périodiques de v, on y remettra $l + \tau' - \tau$ et $\varpi + \tau' - \tau$ au lieu de λ et ω. On réduira ensuite en un seul tous les termes dépendant d'un même arc $gt + \beta$, et l'on construira, une fois pour toutes, une Table numérique avec t pour argument, donnant la valeur de l'inégalité en question.

On passera de la longitude v dans l'orbite à la longitude héliocentrique v_1 par les formules (f) du n° 33,

$$\rho = -\frac{\operatorname{tang}^2\frac{\varphi}{2}}{\sin 1''}\sin 2(v - \theta) + \frac{\operatorname{tang}^4\frac{\varphi}{2}}{\sin 2''}\sin 4(v - \theta) - \ldots,$$

$$v_1 = v + \rho;$$

les inégalités de ρ seront généralement insensibles, et on les atténuera en remplaçant v par sa valeur perturbée; il y aura lieu toutefois de tenir compte de la variation séculaire de ρ provenant de celles de φ et θ.

143. Perturbations du rayon vecteur. — On a, en se reportant à la valeur de x donnée au n° 93,

$$(9) \qquad r = a + ax = a\mathrm{A}_0 + a\mathrm{A}_1 \cos(l - \varpi) + a\mathrm{A}_2 \cos 2(l - \varpi) + \ldots,$$

avec ces valeurs des coefficients,

$$(10) \qquad \begin{cases} \mathrm{A}_0 = 1 + 2\left(\dfrac{e}{2}\right)^2, \\[2ex] \mathrm{A}_1 = -2\left(\dfrac{e}{2}\right) + 3\left(\dfrac{e}{2}\right)^3 - \dfrac{5}{6}\left(\dfrac{e}{2}\right)^5 + \ldots, \\[2ex] \mathrm{A}_2 = -2\left(\dfrac{e}{2}\right)^2 + \dfrac{16}{3}\left(\dfrac{e}{2}\right)^4 - \ldots \\[2ex] \ldots\ldots\ldots\ldots\ldots\ldots\ldots\ldots\ldots\ldots\ldots\ldots \end{cases}$$

On tirera de là les dérivées

$$\frac{d\mathrm{A}_0}{de}, \quad \frac{d\mathrm{A}_1}{de}, \quad \frac{d\mathrm{A}_2}{de}, \quad \ldots,$$

après quoi, si l'on remplace dans la formule (9) a, e, l et ϖ par $a + \delta_1 a$, $e + \delta_1 e$, $l + \delta_1 l$, $\varpi + \delta_1 \varpi$, on aura, en négligeant les carrés des masses perturbatrices, l'expression suivante de $\delta_1 r$,

$$(11) \qquad \begin{cases} \delta_1 r = \mathrm{A}_0 \delta_1 a + \mathrm{A}_1 \cos(\lambda - \omega)\,\delta_1 a + \mathrm{A}_2 \cos 2(\lambda - \omega)\,\delta_1 a + \ldots \\[1.5ex] \quad - a\mathrm{A}_1 \sin(\lambda - \omega)\,\delta_1 l - 2a\mathrm{A}_2 \sin 2(\lambda - \omega)\,\delta_1 l - \ldots \\[1.5ex] \quad + \dfrac{a\,d\mathrm{A}_0}{de}\,\delta_1 e + a\cos(\lambda - \omega)\dfrac{d\mathrm{A}_1}{de}\,\delta_1 e + a\cos 2(\lambda - \omega)\dfrac{d\mathrm{A}_2}{de}\,\delta_1 e + \ldots \\[1.5ex] \quad + \dfrac{a\mathrm{A}_1}{e}\sin(\lambda - \omega)\,e\delta_1 \varpi + \dfrac{2a\mathrm{A}_2}{e}\sin 2(\lambda - \omega)\,e\delta_1 \varpi + \ldots \end{cases}$$

Considérons les termes qui contiennent un même argument D, et posons

$$(12) \qquad \begin{cases} \dfrac{1}{2}\,\mathrm{A}_j\,\delta_1 a = \sum \mathrm{H} \cos \mathrm{D}, \\[2ex] \dfrac{1}{2}\,ja\mathrm{A}_j\,\delta_1 l = \sum \mathrm{K} \sin \mathrm{D}, \\[2ex] \dfrac{a\,d\mathrm{A}_j}{de}\,\delta_1 e = \sum \mathrm{P} \cos \mathrm{D}, \\[2ex] \dfrac{ja\mathrm{A}_j}{e}\,e\delta_1 \varpi = \sum \mathrm{Q} \sin \mathrm{D}; \end{cases}$$

en portant dans (11), il viendra

$$
(13) \qquad \left\{ \begin{aligned}
\delta_1 r = {}& \sum \left[\; \left(H + K + \frac{P - Q}{2} \right) \cos(D + j\lambda - j\omega) \right. \\
& \left. + \left(H - K + \frac{P + Q}{2} \right) \cos(D - j\lambda + j\omega) \right].
\end{aligned} \right.
$$

On verra, comme pour $\delta_1 v$, que l'une ou l'autre des quantités $P + Q$ et $P - Q$ sera généralement très petite.

On construira une Table numérique donnant la valeur de

$$
(14) \qquad \frac{r}{a} = A_0 + A_1 \cos\zeta + A_2 \cos 2\zeta + \ldots
$$

Dans chaque calcul de r, à l'aide de la Table, on déterminera la valeur de l'argument $\zeta = l - \varpi$, en affectant ϖ de ses inégalités séculaires, et l de ses inégalités à longues périodes. Ces inégalités de ϖ et l devront, bien entendu, être omises dans les formules (12). La variation séculaire de r proviendra uniquement de celle de e; on la calculera comme il suit :

$$
\frac{\partial r}{\partial e} = - a \cos u + a e \sin u \frac{\partial u}{\partial e} = a \cdot \frac{e - \cos u}{1 - e \cos u} = - a \cos v,
$$

$$
\delta_1 r = - a \cos(v - \varpi)\, \delta_1 e.
$$

Si l'on attribue à $\delta_1 e$ sa variation séculaire, on aura $\delta_1 r = \gamma t$, γ étant une fonction de v ou bien de ζ; on inscrira la valeur de γ dans la Table qui représente l'expression (14), à côté de la valeur de $\frac{r}{a}$. On réduira finalement en un seul tous les termes périodiques de $\delta_1 r$ dépendant d'un même argument $gt + \beta$, et l'on construira, une fois pour toutes, un nombre de Tables numériques égal à celui des arguments $gt + \beta$.

Remarque importante. — Les perturbations du premier ordre de la longitude et du rayon vecteur, calculées comme on vient de l'expliquer, contiendront des termes dépendant de l'anomalie moyenne ζ. Nous représenterons ces termes par $S \sin\zeta + T \cos\zeta$ pour la longitude, et par $S_1 \sin\zeta + T_1 \cos\zeta$ pour le rayon vecteur. Dans le mouvement elliptique, la longitude contient le terme $C_1 \sin\zeta$, et, de même, le rayon vecteur renferme le terme $a A_1 \cos\zeta$; on pourra donc écrire, en ne considérant dans v et r que les termes en $\sin\zeta$ et $\cos\zeta$,

$$
(15) \qquad v = \ldots + (C_1 + S) \sin(l - \varpi) + T \cos(l - \varpi) + \ldots,
$$

$$
(16) \qquad r = \ldots S_1 \sin(l - \varpi) + (a A_1 + T_1) \cos(l - \varpi) + \ldots.
$$

On a, d'ailleurs,

$$C_1 = 2e - \frac{1}{4} e^3 + \dots,$$

$$A_1 = -e + \frac{3}{8} e^3 - \dots.$$

Cela posé, concevons que l'on remplace les constantes e et ϖ par $e + \Delta e$ et $\varpi + \Delta \varpi$, les petites corrections Δe et $\Delta \varpi$ étant de l'ordre des masses perturbatrices m', m'', ...; en faisant cette substitution dans les formules (15) et (16), on pourra laisser invariables S, T, S_1 et T_1 (les variations de ces quantités donneraient des termes de l'ordre de m'^2); on pourra de même négliger les produits tels que $S \Delta e$, $S \Delta \varpi$, ..., et l'on prendra simplement

$$\frac{dC_1}{de} = 2, \qquad \frac{dA_1}{de} = -1.$$

On trouvera ainsi

$$(17) \qquad v = \dots + (C_1 + S + 2\Delta e) \sin(l - \varpi) + (T - 2e\Delta\varpi) \cos(l - \varpi) + \dots,$$

$$(18) \qquad r = \dots (S_1 - ae\Delta\varpi) \sin(l - \varpi) + (aA_1 + T_1 - a\Delta e) \cos(l - \varpi) + \dots.$$

Or on peut disposer des indéterminées Δe et $\Delta \varpi$ de manière à avoir

$$S + 2\Delta e = 0, \qquad T - 2e\Delta\varpi = 0;$$

d'où

$$\Delta e = -\frac{1}{2} S, \qquad e \Delta \varpi = +\frac{1}{2} T,$$

et les formules (17) et (18) deviendront

$$(19) \qquad v = \dots + C_1 \sin\zeta + \dots,$$

$$(20) \qquad r = \left(aA_1 + T_1 + \frac{1}{2} aS\right) \cos\zeta + \left(S_1 - \frac{1}{2} aT\right) \sin\zeta + \dots.$$

On voit que, grâce à l'artifice employé, la longitude v ne contient pas de terme en $\cos\zeta$, et qu'en outre le coefficient C_1 de $\sin\zeta$ est le même que dans le mouvement elliptique. Mais l'expression du rayon vecteur contient un terme en $\sin\zeta$, et un autre en $\cos\zeta$; le coefficient de ce dernier n'est plus le même que dans le mouvement elliptique. Il faudrait encore remplacer e et ϖ respectivement par $e - \frac{1}{2} S$ et $\varpi + \frac{1}{2} \frac{T}{e}$ dans les autres termes de v et r, qui dépendent de 2ζ, 3ζ, ...; mais ces termes contiennent e^2, e^3, ..., et la modification qu'il y aurait lieu de leur apporter serait insensible. Enfin il n'y a pas lieu de faire la substitution en question dans les perturbations du premier ordre de r et v, car cela reviendrait à tenir compte des carrés des masses perturbatrices. On se bornera donc à prendre dans v le même coefficient de $\sin\zeta$ que dans le mouvement elliptique, et l'on calculera, comme on vient de le dire, les coefficients de $\sin\zeta$ et $\cos\zeta$ dans r; e et ϖ resteront des constantes dont la valeur sera fournie par les observations. Ainsi se trouve fixée d'une manière précise la signification des quantités e et ϖ qui n'étaient jusqu'ici que des constantes d'intégration, et dont les valeurs pouvaient dépendre des procédés de calcul employés.

144. Perturbations de la latitude héliocentrique. — La latitude héliocentrique s est donnée par la formule

$$(21) \qquad \sin s = \sin\varphi \sin(v - \theta),$$

ou bien, en introduisant les quantités $p = \tan g\,\varphi \sin\theta$, $q = \tan g\,\varphi \cos\theta$,

$$(22) \qquad \sin s = \cos\varphi\,(q \sin v - p \cos v).$$

Nous supposerons, conformément à l'usage généralement adopté, que la longitude v soit affectée de ses perturbations, quand on l'emploie dans la formule (21) au calcul de la latitude; les perturbations de s ne dépendront, d'après (22), que des perturbations de p, q et φ, et l'on aura

$$\delta_1 s = \frac{\cos\varphi}{\cos s}\,(\delta_1 q \sin v - \delta_1 p \cos v) - \tan g\,s \tan g\,\varphi\,\delta_1\varphi.$$

Si l'on a recours aux expressions de $\delta_1 p$ et $\delta_1 q$, formules (o_1) du n° 140, il vient

$$\delta_1 s = \frac{1}{\cos s}\left[\sum \frac{H+K}{2}\sin(v - D - \tau) \right.$$
$$\left. + \sum \frac{H-K}{2}\sin(v + D - \tau) + \frac{\tan g\,\frac{\varphi}{2}}{\cos\varphi}\sin s\,\delta_1\varphi \right] - \tan g\,s \tan g\,\varphi\,\delta_1\varphi$$

ou bien

$$(23) \quad \left\{ \begin{aligned} \delta_1 s &= \frac{1}{\cos s}\sum \frac{H+K}{2}\sin(v - D - \tau) \\ &\quad + \frac{1}{\cos s}\sum \frac{H-K}{2}\sin(v + D - \tau) - \tan g\,s \tan g\,\frac{\varphi}{2}\,\delta_1\varphi. \end{aligned} \right.$$

Le dernier terme de cette formule sera presque toujours insensible, et, dans les deux premiers, on pourra le plus souvent réduire à l'unité le facteur $\frac{1}{\cos s}$.
Il restera à mettre dans le second membre de la formule (23) pour v sa va-

leur elliptique $l + 2e\sin(l - \varpi) + \ldots$, et, le plus souvent, il suffira de remplacer v par l; les inégalités périodiques de la latitude se trouveront donc aussi dépendre d'arguments de la forme $gt + \beta$ et seront aisément réduites en Tables.

La valeur elliptique de s fournie par la formule (21) sera également convertie en une Table dans laquelle on entrera avec l'argument $v - \theta$, v étant affecté de ses perturbations, comme on l'a dit plus haut.

On trouverait pareillement, pour la planète P',

$$(23')\quad\left\{\begin{aligned}\delta_1 s' &= -\frac{1}{\cos s'}\sum\frac{H' + K'}{2}\sin(v' - D - \tau')\\ &\quad-\frac{1}{\cos s'}\sum\frac{H' - K'}{2}\sin(v' + D - \tau') - \tang s'\,\tang\frac{\varphi'}{2}\,\delta_1\varphi'.\end{aligned}\right.$$

CHAPITRE XXII.

PREMIERS TERMES DES PERTURBATIONS PÉRIODIQUES
DES COORDONNÉES.

145. Les perturbations périodiques des coordonnées, qui sont du premier ordre relativement aux masses, déterminées par les formules du Chapitre précédent, se trouveront développées suivant les puissances des petites quantités e, e' et η.

Nous allons chercher les expressions analytiques des premiers termes de ces développements, en ne conservant que les parties qui contiennent linéairement e, e' et η. Les formules auxquelles nous arriverons ont joué, à plusieurs reprises, un rôle important dans la Science, notamment à l'occasion de la découverte de Neptune.

Pour obtenir, dans les perturbations des coordonnées, les termes du premier ordre par rapport à e, e' et η, on doit conserver les termes du second ordre dans le développement de la fonction perturbatrice. Soit toujours R_1 l'inverse de la distance mutuelle des deux planètes P et P'; la formule (37) du n° 123 donne précisément le développement de R_1 avec les termes des ordres 0, 1 et 2. Cette formule peut être condensée ainsi :

$$(1) \quad \begin{cases} R_1 = \dfrac{1}{2} \sum M^{(i)}_{\beta,\beta'} \cdot e^{\beta} e'^{\beta'} \cos[i(l'-\lambda) + \beta(\lambda - \omega) + \beta'(\lambda - \varpi')] \\[2mm] \quad + \dfrac{1}{2}(e^2 + e'^2) \sum N^{(i)} \cos i(l'-\lambda) + \dfrac{1}{2} ee' \sum P^{(i)} \cos[i(l'-\lambda) + \omega - \varpi'] \\[2mm] \quad - \dfrac{1}{2}\eta^2 \sum B^{(i-1)} \cos i(l'-\lambda) + \dfrac{1}{2}\eta^2 \sum B^{(i-1)} \cos[i(l'-\lambda) + 2\lambda - 2\tau']; \end{cases}$$

l'indice i varie de $-\infty$ à $+\infty$; β et β' ont les valeurs 0, 1 ou 2; $M^{(i)}_{\beta,\beta'}$, $N^{(i)}$ et $P^{(i)}$

ont les expressions suivantes :

$$(2)\quad\begin{cases}
\mathbf{M}_{0,0}^{(i)} = \mathbf{A}^{(i)},\\[2mm]
\mathbf{M}_{1,0}^{(i)} = -2\,i\,\mathbf{A}^{(i)} - a\,\dfrac{\partial\mathbf{A}^{(i)}}{\partial a},\\[2mm]
\mathbf{M}_{0,1}^{(i)} = (2\,i-1)\,\mathbf{A}^{(i-1)} + a\,\dfrac{\partial\mathbf{A}^{(i-1)}}{\partial a},\\[2mm]
\mathbf{M}_{2,0}^{(i)} = \dfrac{1}{4}\,(4\,i^2 - 5\,i)\,\mathbf{A}^{(i)} + \dfrac{1}{2}\,(2\,i-1)\,a\,\dfrac{\partial\mathbf{A}^{(i)}}{\partial a} + \dfrac{1}{4}\,a^2\,\dfrac{\partial^2\mathbf{A}^{(i)}}{\partial a^2},\\[2mm]
\mathbf{M}_{1,1}^{(i)} = -(i-1)(2\,i-1)\,\mathbf{A}^{(i-1)} - (2\,i-1)\,a\,\dfrac{\partial\mathbf{A}^{(i-1)}}{\partial a} - \dfrac{1}{2}\,a^2\,\dfrac{\partial^2\mathbf{A}^{(i-1)}}{\partial a^2},\\[2mm]
\mathbf{M}_{0,2}^{(i)} = \dfrac{1}{4}\,(4\,i^2 - 7\,i + 2)\,\mathbf{A}^{(i-2)} + \dfrac{1}{2}\,(2\,i-1)\,a\,\dfrac{\partial\mathbf{A}^{(i-2)}}{\partial a} + \dfrac{1}{4}\,a^2\,\dfrac{\partial^2\mathbf{A}^{(i-2)}}{\partial a^2},\\[2mm]
\mathbf{N}^{(i)} = -i^2\,\mathbf{A}^{(i)} + \dfrac{1}{2}\,a\,\dfrac{\partial\mathbf{A}^{(i)}}{\partial a} + \dfrac{1}{4}\,a^2\,\dfrac{\partial^2\mathbf{A}^{(i)}}{\partial a^2},\\[2mm]
\mathbf{P}^{(i)} = (i-1)(2\,i-1)\,\mathbf{A}^{(i-1)} - a\,\dfrac{\partial\mathbf{A}^{(i-1)}}{\partial a} - \dfrac{1}{2}\,a^2\,\dfrac{\partial^2\mathbf{A}^{(i-1)}}{\partial a^2};
\end{cases}$$

la signification de $\mathbf{A}^{(i)}$ et de $\mathbf{B}^{(i-1)}$ est la même que dans les formules (15) du n° 119; on voit que $\mathbf{M}_{0,0}^{(i)}$ et $\mathbf{N}^{(i)}$ restent les mêmes quand on change i en $-i$.

On pourra remarquer que, pour obtenir la formule (1), on a remplacé i par $i-1$, ou par $i-2$, dans certains termes de la formule (37) du n° 123, et $\mathbf{A}_1^{(i)}$ et $\mathbf{A}_2^{(i)}$ respectivement par

$$a\,\frac{\partial\mathbf{A}^{(i)}}{\partial a}\quad\text{et}\quad\frac{1}{2}\,a^2\,\frac{\partial^2\mathbf{A}^{(i)}}{\partial a^2}.$$

Soit $\mathbf{R}_{0,1}$ la fonction perturbatrice qui correspond à la planète P; d'après ce qui a été dit au n° 124, le développement de $\mathbf{R}_{0,1}$ se déduira de celui de $\mathbf{R}_1$, en remplaçant $\mathbf{A}^{(1)}$ et $\mathbf{A}^{(-1)}$ par $\mathbf{A}^{(1)} - \dfrac{a}{a'^2}$, et $\mathbf{B}^{(0)}$ par $\mathbf{B}^{(0)} - \dfrac{2\,a}{a'^2}$.

Il suffira de faire ce changement tout à fait à la fin, dans les expressions des perturbations des coordonnées.

146. Nous allons appliquer les formules du Chapitre XX aux divers termes du développement (1). Les expressions (d) du n° 135 pour $\mathfrak{g}$, ϖ et V contiennent le facteur η, comme on s'en assure aisément; d'après les formules (f) du même numéro, il en sera de même pour $\delta_1\varphi$ et $\sin\varphi\,\delta_1\theta$. Si l'on néglige le second ordre, ces formules (f) deviendront

$$(3)\quad\begin{cases}
\delta_1 a = \mathcal{L}, & \delta_1\rho = \Lambda, & \delta_1\varepsilon = \mathcal{b} + \dfrac{1}{2}\,e\,\mathcal{J},\\[3mm]
\delta_1 e = \mathcal{P} - \dfrac{1}{4}\,e\,\dfrac{\mathcal{L}}{a}, & e\,\delta_1\varpi = \mathcal{J}.
\end{cases}$$

Les formules (a) du n° 135 combinées avec l'expression (1) de R, donneront, au degré de précision cherché,

$$(4) \begin{cases}
\mathcal{L} = \frac{m'}{\mu}\, a^2 \; \sum \frac{\beta + \beta' - i}{\beta + \beta' - i + i\nu}\, M^{(i)}_{\beta,\beta'}\, e^{\beta}\, e'^{\beta'} \cos[\, i(l' - \lambda) + \beta(\lambda - \omega) + \beta'(\lambda - \varpi')\,], \\[2ex]
A = -\frac{3}{2}\frac{m'}{\mu}\, a \; \sum \frac{\beta + \beta' - i}{(\beta + \beta' - i + i\nu)^2}\, M^{(i)}_{\beta,\beta'}\, e^{\beta}\, e'^{\beta'} \sin[\, i(l' - \lambda) + \beta(\lambda - \omega) + \beta'(\lambda - \varpi')\,], \\[2ex]
\mathcal{A} = -\frac{m'}{\mu}\, a^2 \; \sum \frac{1}{\beta + \beta' - i + i\nu}\, \frac{\partial M^{(i)}_{\beta,\beta'}}{\partial a}\, e^{\beta}\, e'^{\beta'} \sin[\, i(l' - \lambda) + \beta(\lambda - \omega) + \beta'(\lambda - \varpi')\,], \\[2ex]
\mathcal{F} = \frac{1}{2}\frac{m'}{\mu}\, a \; \sum \frac{\beta}{\beta + \beta' - i + i\nu}\, M^{(i)}_{\beta,\beta'}\, e^{\beta-1}\, e'^{\beta'} \sin[\, i(l' - \lambda) + \beta(\lambda - \omega) + \beta'(\lambda - \varpi')\,] \\[2ex]
\qquad - \frac{m'}{\mu}\, \frac{a}{1 - \nu}\, e \sum \frac{1}{i}\, N^{(i)} \sin i(l' - \lambda) - \frac{1}{2}\frac{m'}{\mu}\, \frac{a}{1 - \nu}\, e' \sum \frac{1}{i}\, P^{(i)} \sin[\, i(l' - \lambda) + \omega - \varpi'\,], \\[2ex]
\mathcal{P} = \frac{1}{2}\frac{m'}{\mu}\, a \; \sum \frac{\beta}{\beta + \beta' - i + i\nu}\, M^{(i)}_{\beta,\beta'}\, e^{\beta-1}\, e'^{\beta'} \cos[\, i(l' - \lambda) + \beta(\lambda - \omega) + \beta'(\lambda - \varpi')\,] \\[2ex]
\qquad + \frac{1}{2}\frac{m'}{\mu}\, \frac{a}{1 - \nu}\, e' \sum \frac{1}{i}\, P^{(i)} \cos[\, i(l' - \lambda) + \omega - \varpi'\,].
\end{cases}$$

On a posé dans ces formules

$$\nu = \frac{n'}{n}.$$

On a maintenant, d'après la formule (11) du n° 143,

$$\frac{\delta_1 r}{a} = \frac{\delta_1 a}{a} - e\cos(\lambda - \omega)\frac{\delta_1 a}{a} + e\sin(\lambda - \omega)(\delta_1 \rho + \delta_1 \varepsilon) + e\delta_1 e$$
$$- [\cos(\lambda - \omega)\delta_1 e + \sin(\lambda - \omega)e\delta_1 \varpi] - e[\cos(2\lambda - 2\omega)\delta_1 e + \sin(2\lambda - 2\omega)e\delta_1 \varpi]$$

ou bien, en tenant compte des relations (3),

$$(5) \begin{cases}
\dfrac{\delta_1 r}{a} = \dfrac{\mathcal{L}}{a} - [\mathcal{P}\cos(\lambda - \omega) + \mathcal{F}\sin(\lambda - \omega)] - \dfrac{3}{4}e\dfrac{\mathcal{L}}{a}\cos(\lambda - \omega) \\[2ex]
\qquad + e(A + \mathcal{A})\sin(\lambda - \omega) + e\mathcal{P} - e[\mathcal{P}\cos(2\lambda - 2\omega) + \mathcal{F}\sin(2\lambda - 2\omega)].
\end{cases}$$

On aura ensuite, d'après la formule (3) du n° 142, l'expression suivante, pour la perturbation de la longitude,

$$\delta_1 v = \delta_1 \rho + \delta_1 \varepsilon + 2e\cos(\lambda - \omega)(\delta_1 \rho + \delta_1 \varepsilon) + 2[\sin(\lambda - \omega)\delta_1 e - \cos(\lambda - \omega)e\delta_1 \varpi]$$
$$+ \frac{5}{2}e[\sin(2\lambda - 2\omega)\delta_1 e - \cos(2\lambda - 2\omega)e\delta_1 \varpi]$$

ou bien, en tenant compte des formules (3),

$$(5') \begin{cases} \delta_1 v = \Lambda + \mathcal{A} + 2[\mathcal{P}\sin(\lambda - \omega) - \mathcal{F}\cos(\lambda - \omega)] - \frac{1}{2}\,e\,\frac{\mathcal{L}}{a}\sin(\lambda - \omega) \\[2mm] \quad + 2e(\Lambda + \mathcal{A})\cos(\lambda - \omega) + \frac{1}{2}\,e\mathcal{F} + \frac{5}{2}\,e[\mathcal{P}\sin(2\lambda - 2\omega) - \mathcal{F}\cos(2\lambda - 2\omega)]. \end{cases}$$

147. Il n'y a plus qu'à remplacer, dans les formules (5) et $(5')$, $\mathcal{L}$, Λ, $\mathcal{A}$, $\mathcal{F}$, $\mathcal{P}$ par leurs expressions (4). On donnera à β et β' les valeurs 0, 1, 2, en ne retenant que les termes du premier ordre; on aura à effectuer des transformations très simples par des relations telles que

$$\cos(\lambda - \omega)\sum Q^{(i)}\cos i(l' - \lambda) = \frac{1}{2}\sum [Q^{(i)} + Q^{(-i)}]\cos[i(l' - \lambda) + \lambda - \omega],$$

$$\sin(\lambda - \omega)\sum Q^{(i)}\sin i(l' - \lambda) = -\frac{1}{2}\sum [Q^{(i)} - Q^{(-i)}]\cos[i(l' - \lambda) + \lambda - \omega],$$

qui se simplifieront encore si l'on a $Q^{(-i)} = Q^{(i)}$ ou $Q^{(-i)} = -Q^{(i)}$.

Dans le calcul des quantités

$$\mathcal{P}\cos(\lambda - \omega) + \mathcal{F}\sin(\lambda - \omega),$$
$$\mathcal{P}\sin(\lambda - \omega) - \mathcal{F}\cos(\lambda - \omega),$$

les deux termes multipliés par $M^{(i)}_{\beta,\beta'}$ se réduiront en un seul ayant pour argument

$$i(l' - \lambda) + (\beta - 1)(\lambda - \omega) + \beta'(\lambda - \varpi');$$

les deux termes multipliés par $P^{(i)}$ se réduiront aussi à un seul argument

$$i(l' - \lambda) + \lambda - \varpi';$$

il y aura des réductions analogues pour les quantités

$$\mathcal{P}\cos(2\lambda - 2\omega) + \mathcal{F}\sin(2\lambda - 2\omega),$$
$$\mathcal{P}\sin(2\lambda - 2\omega) - \mathcal{F}\cos(2\lambda - 2\omega).$$

On trouvera ainsi les expressions suivantes dont nous donnons le détail pour guider le lecteur :

$$(6) \begin{cases} \dfrac{\mathcal{L}}{a} = \dfrac{m'}{\mu}\,\dfrac{a}{1 - \nu}\sum M^{(i)}_{0,0}\cos i(l' - \lambda) \\[3mm] \quad + \dfrac{m'}{\mu}\,ae\sum \dfrac{1 - i}{1 - i + i\nu}\,M^{(i)}_{1,0}\cos[i(l' - \lambda) + \lambda - \omega] \\[3mm] \quad + \dfrac{m'}{\mu}\,ae'\sum \dfrac{1 - i}{1 - i + i\nu}\,M^{(i)}_{0,1}\cos[i(l' - \lambda) + \lambda - \varpi'] \end{cases}$$

et

$$(6')\ \begin{cases}
\Lambda + \mathcal{A} = \dfrac{m'}{\mu}\,\dfrac{a}{1-\nu}\,\sum\left[\dfrac{3}{2(1-\nu)}\,\mathrm{M}_{0,0}^{(i)} + a\,\dfrac{\partial \mathrm{M}_{0,0}^{(i)}}{\partial a}\right]\dfrac{1}{i}\sin i(l'-\lambda) \\[2mm]
\quad - \dfrac{m'}{\mu}\,ae\,\sum\left[\dfrac{3(1-i)}{2(1-i+i\nu)}\,\mathrm{M}_{1,0}^{(i)} + a\,\dfrac{\partial \mathrm{M}_{1,0}^{(i)}}{\partial a}\right]\dfrac{1}{1-i+i\nu}\sin[i(l'-\lambda)+\lambda-\omega] \\[2mm]
\quad - \dfrac{m'}{\mu}\,ae'\,\sum\left[\dfrac{3(1-i)}{2(1-i+i\nu)}\,\mathrm{M}_{0,1}^{(i)} + a\,\dfrac{\partial \mathrm{M}_{0,1}^{(i)}}{\partial a}\right]\dfrac{1}{1-i+i\nu}\sin[i(l'-\lambda)+\lambda-\varpi'],
\end{cases}$$

$$(7)\ \begin{cases}
-[\mathfrak{P}\cos(\lambda-\omega) + \hat{\mathfrak{J}}\sin(\lambda-\omega)] \\[2mm]
\quad = -\dfrac{1}{2}\,\dfrac{m'}{\mu}\,a\,\sum\dfrac{1}{1-i+i\nu}\,\mathrm{M}_{1,0}^{(i)}\cos i(l'-\lambda) \\[2mm]
\quad - \dfrac{m'}{\mu}\,ae\,\sum\left[\dfrac{1}{i(1-\nu)}\,\mathrm{N}^{(i)} + \dfrac{1}{2-i+i\nu}\,\mathrm{M}_{2,0}^{(i)}\right]\cos[i(l'-\lambda)+\lambda-\omega] \\[2mm]
\quad - \dfrac{1}{2}\,\dfrac{m'}{\mu}\,ae'\,\sum\left[\dfrac{1}{i(1-\nu)}\,\mathrm{P}^{(i)} + \dfrac{1}{2-i+i\nu}\,\mathrm{M}_{1,1}^{(i)}\right]\cos[i(l'-\lambda)+\lambda-\varpi'],
\end{cases}$$

$$(7')\ \begin{cases}
2\,[\mathfrak{P}\sin(\lambda-\omega) - \hat{\mathfrak{J}}\cos(\lambda-\omega)] \\[2mm]
\quad = -\dfrac{m'}{\mu}\,a\,\sum\dfrac{1}{1-i+i\nu}\,\mathrm{M}_{1,0}^{(i)}\sin i(l'-\lambda) \\[2mm]
\quad + 2\,\dfrac{m'}{\mu}\,ae\,\sum\left[\dfrac{1}{i(1-\nu)}\,\mathrm{N}^{(i)} - \dfrac{1}{2-i+i\nu}\,\mathrm{M}_{2,0}^{(i)}\right]\sin[i(l'-\lambda)+\lambda-\omega] \\[2mm]
\quad + \dfrac{m'}{\mu}\,ae'\,\sum\left[\dfrac{1}{i(1-\nu)}\,\mathrm{P}^{(i)} - \dfrac{1}{2-i+i\nu}\,\mathrm{M}_{1,1}^{(i)}\right]\sin[i(l'-\lambda)+\lambda-\varpi'],
\end{cases}$$

$$(8)\quad -\dfrac{3}{4}\,e\,\dfrac{l'}{a}\cos(\lambda-\omega) = -\dfrac{3}{4}\,\dfrac{m'}{\mu}\,\dfrac{a}{1-\nu}\,e\,\sum \mathrm{M}_{0,0}^{(i)}\cos[i(l'-\lambda)+\lambda-\omega],$$

$$(8')\quad -\dfrac{1}{2}\,e\,\dfrac{l'}{a}\sin(\lambda-\omega) = -\dfrac{1}{2}\,\dfrac{m'}{\mu}\,\dfrac{a}{1-\nu}\,e\,\sum \mathrm{M}_{0,0}^{(i)}\sin[i(l'-\lambda)+\lambda-\omega],$$

$$(9)\ \begin{cases}
e(\Lambda + \mathcal{A})\sin(\lambda-\omega) \\[2mm]
\quad = -\dfrac{m'}{\mu}\,\dfrac{a}{1-\nu}\,e\,\sum\left[\dfrac{3}{2(1-\nu)}\,\mathrm{M}_{0,0}^{(i)} + a\,\dfrac{\partial \mathrm{M}_{0,0}^{(i)}}{\partial a}\right]\dfrac{1}{i}\cos[i(l'-\lambda)+\lambda-\omega],
\end{cases}$$

$$(9')\ \begin{cases}
2e(\Lambda + \mathcal{A})\cos(\lambda-\omega) \\[2mm]
\quad = 2\,\dfrac{m'}{\mu}\cdot\dfrac{a}{1-\nu}\,e\,\sum\left[\dfrac{3}{2(1-\nu)}\,\mathrm{M}_{0,0}^{(i)} + a\,\dfrac{\partial \mathrm{M}_{0,0}^{(i)}}{\partial a}\right]\dfrac{1}{i}\sin[i(l'-\lambda)+\lambda-\omega],
\end{cases}$$

$$(10)\quad e\,\mathfrak{P} = \dfrac{1}{2}\,\dfrac{m'}{\mu}\,ae\,\sum\dfrac{1}{1-i+i\nu}\,\mathrm{M}_{1,0}^{(i)}\cos[i(l'-\lambda)+\lambda-\omega],$$

$$(10')\quad \dfrac{1}{2}\,e\,\hat{\mathfrak{J}} = \dfrac{1}{4}\,\dfrac{m'}{\mu}\,ae\,\sum\dfrac{1}{1-i+i\nu}\,\mathrm{M}_{1,0}^{(i)}\sin[i(l'-\lambda)+\lambda-\omega]$$

et

$$
(11)\quad
\begin{cases}
- e\left[\mathcal{P}\cos(2\lambda - 2\omega) + \mathcal{F}\sin(2\lambda - 2\omega)\right] \\[4pt]
\quad = -\dfrac{1}{2}\dfrac{m'}{\mu}\,ae\sum \dfrac{1}{1 - i + i\nu}\,\mathrm{M}_{1,0}^{(i)}\cos\left[i(l' - \lambda) - (\lambda - \omega)\right] \\[4pt]
\quad = -\dfrac{1}{2}\dfrac{m'}{\mu}\,ae\sum \dfrac{1}{1 + i - i\nu}\,\mathrm{M}_{1,0}^{(-i)}\cos\left[i(l' - \lambda) + (\lambda - \omega)\right];
\end{cases}
$$

$$
(11')\quad
\begin{cases}
\dfrac{5}{2}e\left[\mathcal{P}\sin(2\lambda - 2\omega) - \mathcal{F}\cos(2\lambda - 2\omega)\right] \\[4pt]
\quad = -\dfrac{5}{4}\dfrac{m'}{\mu}\,ae\sum \dfrac{1}{1 - i + i\nu}\,\mathrm{M}_{1,0}^{(i)}\sin\left[i(l' - \lambda) - (\lambda - \omega)\right] \\[4pt]
\quad = +\dfrac{5}{4}\dfrac{m'}{\mu}\,ae\sum \dfrac{1}{1 + i - i\nu}\,\mathrm{M}_{1,0}^{(-i)}\sin\left[i(l' - \lambda) + \lambda - \omega\right].
\end{cases}
$$

On n'aura plus maintenant qu'à faire les sommes

$$
\frac{\delta_1 r}{a} = (6) + (7) + \ldots + (11), \qquad \delta_1 v = (6') + (7') + \ldots + (11'),
$$

et l'on trouvera sans peine

$$
(a)\quad
\begin{cases}
\dfrac{\delta_1 r}{a} = \dfrac{m'}{\mu}\,a\sum\left[\dfrac{1}{1 - \nu}\,\mathrm{M}_{0,0}^{(i)} - \dfrac{1}{2(1 - i + i\nu)}\,\mathrm{M}_{1,0}^{(i)}\right]\cos i(l' - \lambda) \\[10pt]
\quad + \dfrac{m'}{\mu}\,ae\sum\left\{-\dfrac{3}{4(1 - \nu)}\left[1 + \dfrac{2}{i(1 - \nu)}\right]\mathrm{M}_{0,0}^{(i)} - \dfrac{1}{i(1 - \nu)}\,a\,\dfrac{\partial \mathrm{M}_{0,0}^{(i)}}{\partial a}\right. \\[10pt]
\qquad + \left(\dfrac{3}{2} - i\right)\dfrac{1}{1 - i + i\nu}\,\mathrm{M}_{1,0}^{(i)} - \dfrac{1}{2(1 + i - i\nu)}\,\mathrm{M}_{1,0}^{(-i)} \\[10pt]
\qquad\qquad \left. - \dfrac{1}{2 - i + i\nu}\,\mathrm{M}_{2,0}^{(i)} - \dfrac{1}{i(1 - \nu)}\,\mathrm{N}^{(i)}\right\}\cos\left[i(l' - \lambda) + \lambda - \omega\right] \\[10pt]
\quad + \dfrac{m'}{\mu}\,ae'\sum\left[\dfrac{1 - i}{1 - i + i\nu}\,\mathrm{M}_{0,1}^{(i)} - \dfrac{1}{2(2 - i + i\nu)}\,\mathrm{M}_{1,1}^{(i)} - \dfrac{1}{2i(1 - \nu)}\,\mathrm{P}^{(i)}\right]\cos\left[i(l' - \lambda) + \lambda - \varpi'\right].
\end{cases}
$$

$$
(a')\quad
\begin{cases}
\delta_1 v = \dfrac{m'}{\mu}\,a\sum\left[\dfrac{3}{2i(1 - \nu)^2}\,\mathrm{M}_{0,0}^{(i)} + \dfrac{1}{i(1 - \nu)}\,a\,\dfrac{\partial \mathrm{M}_{0,0}^{(i)}}{\partial a} - \dfrac{1}{1 - i + i\nu}\,\mathrm{M}_{1,0}^{(i)}\right]\sin i(l' - \lambda) \\[10pt]
\quad + \dfrac{m'}{\mu}\,ae\sum\left\{\dfrac{1}{1 - \nu}\left[\dfrac{3}{i(1 - \nu)} - \dfrac{1}{2}\right]\mathrm{M}_{0,0}^{(i)} + \dfrac{2}{i(1 - \nu)}\,a\,\dfrac{\partial \mathrm{M}_{0,0}^{(i)}}{\partial a}\right. \\[10pt]
\qquad + \dfrac{1}{4(1 - i + i\nu)}\left(1 + 6\,\dfrac{i - 1}{1 - i + i\nu}\right)\mathrm{M}_{1,0}^{(i)} \\[10pt]
\qquad - \dfrac{1}{1 - i + i\nu}\,a\,\dfrac{\partial \mathrm{M}_{1,0}^{(i)}}{\partial a} + \dfrac{5}{4(1 + i - i\nu)}\,\mathrm{M}_{1,0}^{(-i)} \\[10pt]
\qquad\qquad \left. - \dfrac{2}{2 - i + i\nu}\,\mathrm{M}_{2,0}^{(i)} + \dfrac{2}{i(1 - \nu)}\,\mathrm{N}^{(i)}\right\}\sin\left[i(l' - \lambda) + \lambda - \omega\right] \\[10pt]
\quad + \dfrac{m'}{\mu}\,ae'\sum\left[\dfrac{3(i - 1)}{2(1 - i + i\nu)^2}\,\mathrm{M}_{0,1}^{(i)} - \dfrac{1}{1 - i + i\nu}\,a\,\dfrac{\partial \mathrm{M}_{0,1}^{(i)}}{\partial a}\right. \\[10pt]
\qquad\qquad \left. - \dfrac{1}{2 - i + i\nu}\,\mathrm{M}_{1,1}^{(i)} + \dfrac{1}{i(1 - \nu)}\,\mathrm{P}^{(i)}\right]\sin\left[i(l' - \lambda) + \lambda - \varpi'\right].
\end{cases}
$$

148. Il faut maintenant remplacer, dans les formules (a) et (a'), $M_{0,0}^{(i)}, M_{1,0}^{(i)}, \ldots, P^{(i)}$ par leurs valeurs (2).

Il convient de poser

$$(12) \qquad\qquad i - i\nu = z_i,$$

et de mettre partout $\dfrac{i - z_i}{i}$ au lieu de ν.

L'expression de $\dfrac{\delta_1 r}{a}$ prendra la forme

$$(b) \quad \begin{cases} \dfrac{\delta_1 r}{a} = \dfrac{1}{2}\,\dfrac{m'}{\mu}\, \sum C_i \cos i(l'-\lambda) \\[2mm] \qquad + \dfrac{m'}{\mu}\,e \sum D_i \cos[i(l'-\lambda)+\lambda-\omega] \\[2mm] \qquad + \dfrac{m'}{\mu}\,e' \sum E_i \cos[i(l'-\lambda)+\lambda-\varpi']; \end{cases}$$

un calcul assez long, mais qui ne présente aucune difficulté, donne

$$(c) \quad \begin{cases} C_i = \dfrac{2i}{z_i(1-z_i)}\,a A^{(i)} + \dfrac{1}{1-z_i}\,a^2 \dfrac{\partial A^{(i)}}{\partial a}, \\[4mm] D_i = i\,\dfrac{(2i-3)z_i^2+2iz_i-3}{z_i^2(1-z_i^2)(2-z_i)}\,a A^{(i)} \\[4mm] \qquad + \dfrac{iz_i^2+iz_i-3}{z_i(1-z_i^2)(2-z_i)}\,a^2 \dfrac{\partial A^{(i)}}{\partial a} - \dfrac{1}{2z_i(2-z_i)}\,a^3 \dfrac{\partial^2 A^{(i)}}{\partial a^2}, \\[4mm] E_i = -\dfrac{(i-1)(2i-1)}{z_i(1-z_i)(2-z_i)}\,a A^{(i-1)} \\[4mm] \qquad - \dfrac{iz_i-1}{z_i(1-z_i)(2-z_i)}\,a^2 \dfrac{\partial A^{(i-1)}}{\partial a} + \dfrac{1}{2z_i(2-z_i)}\,a^3 \dfrac{\partial^2 A^{(i-1)}}{\partial a^2}. \end{cases}$$

On peut, si l'on veut, changer, dans C_i, i en $-i$, par suite z_i en $-z_i$, et remplacer C_i par $\tfrac{1}{2}(C_i + C_{-i})$; on trouve ainsi

$$(c_1) \qquad C_i = -\,\dfrac{2ia A^{(i)}+z_i a^2 \dfrac{\partial A^{(i)}}{\partial a}}{z_i(1-z_i^2)}.$$

L'expression (a') de $\delta_1 v$ prendra de même la forme

$$(b') \quad \begin{cases} \delta_1 v = \dfrac{1}{2}\,\dfrac{m'}{\mu}\, \sum F_i \sin i(l'-\lambda) \\[2mm] \qquad + \dfrac{m'}{\mu}\,e \sum G_i \sin[i(l'-\lambda)+\lambda-\omega] \\[2mm] \qquad + \dfrac{m'}{\mu}\,e' \sum H_i \sin[i(l'-\lambda)+\lambda-\varpi'], \end{cases}$$

et le calcul direct donnera

$$(c')\ \begin{cases} F_i = i\,\dfrac{4\,z_i^2 - 3\,z_i + 3}{z_i^2(1-z_i)}\,a\,A^{(i)} + \dfrac{2}{z_i(1-z_i)}\,a^2\,\dfrac{\partial A^{(i)}}{\partial a}, \\[2ex] G_i = i\,\dfrac{(1-i)z_i^4 + (i-2)z_i^3 + (11-2i)z_i^2 - 2(2i+5)z_i + 6}{z_i^2(1-z_i)^2(1+z_i)(2-z_i)}\,a\,A^{(i)} \\[2ex] \qquad - \dfrac{iz_i^3 + 3(i-2)z_i^2 + 2(i+6)z_i - 12}{2\,z_i(1-z_i)^2(1+z_i)(2-z_i)}\,a^2\,\dfrac{\partial A^{(i)}}{\partial a} + \dfrac{1}{z_i(1-z_i)(2-z_i)}\,a^3\,\dfrac{\partial^2 A^{(i)}}{\partial a^2}, \\[2ex] H_i = (i-1)(2i-1)\,\dfrac{z_i^2 - 2z_i + 4}{2\,z_i(1-z_i)^2(2-z_i)}\,a\,A^{(i-1)} \\[2ex] \qquad + \dfrac{(i-1)z_i^2 + 2(i+1)z_i - 4}{2\,z_i(1-z_i)^2(2-z_i)}\,a^2\,\dfrac{\partial A^{(i-1)}}{\partial a} - \dfrac{1}{z_i(1-z_i)(2-z_i)}\,a^3\,\dfrac{\partial^2 A^{(i-1)}}{\partial a^2}. \end{cases}$$

On peut, si l'on veut, changer, dans F_i, i en $-i$, et remplacer F_i par $\frac{1}{2}(F_i - F_{-i})$; on trouve ainsi

$$(c_1')\qquad F_i = \frac{i(z_i^2 + 3)\,a\,A^{(i)} + 2\,z_i\,a^2\,\dfrac{\partial A^{(i)}}{\partial a}}{z_i^2(1-z_i^2)}.$$

149. Les formules (a) et (a') sont en défaut lorsque $i = 0$, car certains termes contiennent i en dénominateur.

Il y a lieu de reprendre la formule (1), d'y faire $i = 0$ et de considérer à part les termes correspondants; on trouve ainsi

$$(12)\ \begin{cases} R_1^0 = \dfrac{1}{2}\,A^{(0)} + \dfrac{1}{2}\,(e^2 + e'^2)\,N^{(0)} + \dfrac{1}{2}\,ee'\,P^{(0)}\cos(\omega - \varpi') - \dfrac{1}{2}\,\eta^2\,B^{(1)} \\[2ex] \qquad + \dfrac{1}{2}\sum M_{\beta,\beta'}^{(0)}\cdot e^\beta e'^{\beta'}\cos[\beta(\lambda - \omega) + \beta'(\lambda - \varpi')] + \dfrac{1}{2}\,\eta^2\,B^{(1)}\cos(2\lambda - 2\tau'); \end{cases}$$

β et β' ne devront pas être nuls simultanément, puisqu'il en résulterait une partie constante dans R_1^0, et que cette partie constante a été mise en évidence et désignée par $\frac{1}{2}A^{(0)}$.

On tire des formules (a) du n° 134, en y remplaçant $R_{0,1}$ par l'expression (12),

$$\frac{\rho}{a} = \frac{m'}{\mu}\,a\,M_{1,0}^{(0)}\,e\cos(\lambda - \omega) + \frac{m'}{\mu}\,a\,M_{0,1}^{(0)}\,e'\cos(\lambda - \varpi'),$$

$$\Lambda = -\frac{3}{2}\,\frac{m'}{\mu}\,a\,M_{1,0}^{(0)}\,e\sin(\lambda - \omega) - \frac{3}{2}\,\frac{m'}{\mu}\,a\,M_{0,1}^{(0)}\,e'\sin(\lambda - \varpi'),$$

$$\omega = -\frac{m'}{\mu}\,a^2\,\frac{\partial A^{(0)}}{\partial a}\,nt - \frac{m'}{\mu}\,a^2\,\frac{\partial M_{1,0}^{(0)}}{\partial a}\,e\sin(\lambda - \omega) - \frac{m'}{\mu}\,a^2\,\frac{\partial M_{0,1}^{(0)}}{\partial a}\,e'\sin(\lambda - \varpi')$$

et

$$\mathcal{F} = \frac{m'}{\mu} \left[a\, \mathrm{N}^{(0)} e + \frac{1}{2}\, a\, \mathrm{P}^{(0)} e' \cos(\omega - \varpi') \right] nt$$

$$+ \frac{1}{2}\, \frac{m'}{\mu}\, a \sum \frac{\beta}{\beta + \beta'}\, \mathrm{M}^{(0)}_{\beta,\beta'} e^{\beta - 1} e'^{\beta'} \sin\left[\beta(\lambda - \omega) + \beta'(\lambda - \varpi') \right],$$

$$\mathcal{P} = \frac{1}{2}\, \frac{m'}{\mu}\, a\, \mathrm{P}^{(0)} e' \sin(\omega - \varpi')\, nt$$

$$+ \frac{1}{2}\, \frac{m'}{\mu}\, a \sum \frac{\beta}{\beta + \beta'}\, \mathrm{M}^{(0)}_{\beta,\beta'} e^{\beta - 1} e'^{\beta'} \cos\left[\beta(\lambda - \omega) + \beta'(\lambda - \varpi') \right].$$

Il n'y a plus qu'à substituer ces valeurs dans les formules (5) et $(5')$; voici les principaux détails du calcul :

$$-\left[\mathcal{P}\cos(\lambda - \omega) + \mathcal{F}\sin(\lambda - \omega) \right] = - \frac{m'}{\mu} \left[a\,\mathrm{N}^{(0)} e \sin(\lambda - \omega) + \frac{1}{2}\, a\,\mathrm{P}^{(0)} e' \sin(\lambda - \varpi') \right] nt$$

$$- \frac{1}{2}\, \frac{m'}{\mu} \left[a\,\mathrm{M}^{(0)}_{1,0} + a\,\mathrm{M}^{(0)}_{2,0}\, e \cos(\lambda - \omega) + \frac{1}{2}\, a\,\mathrm{M}^{(0)}_{1,1}\, e' \cos(\lambda - \varpi') \right],$$

$$2\left[\mathcal{P}\sin(\lambda - \omega) - \mathcal{F}\cos(\lambda - \omega) \right] = - 2\, \frac{m'}{\mu} \left[a\,\mathrm{N}^{(0)} e \cos(\lambda - \omega) + \frac{1}{2}\, a\,\mathrm{P}^{(0)} e' \cos(\lambda - \varpi') \right] nt$$

$$- \frac{m'}{\mu} \left[a\,\mathrm{M}^{(0)}_{2,0}\, e \sin(\lambda - \omega) + \frac{1}{2}\, a\,\mathrm{M}^{(0)}_{1,1}\, e' \sin(\lambda - \varpi') \right],$$

$$-\frac{3}{3}\, e\, \frac{\ell}{a}\, \cos(\lambda - \omega) = 0, \qquad -\frac{1}{2}\, e\, \frac{\ell}{a}\, \sin(\lambda - \omega) = 0,$$

$$e\,(\Lambda + \lambda_1) \sin(\lambda - \omega) = - \frac{m'}{\mu}\, nt\, a^2\, \frac{\partial \Lambda^{(0)}}{\partial a}\, e \sin(\lambda - \omega),$$

$$2\,e\,(\Lambda + \lambda_1) \cos(\lambda - \omega) = - 2\, \frac{m'}{\mu}\, nt\, a^2\, \frac{\partial \Lambda^{(0)}}{\partial a}\, e \cos(\lambda - \omega),$$

$$e\,\mathcal{P} = \frac{1}{2}\, \frac{m'}{\mu}\, a\,\mathrm{M}^{(0)}_{1,0}\, e \cos(\lambda - \omega),$$

$$\frac{1}{2}\, e\,\mathcal{F} = \frac{1}{4}\, \frac{m'}{\mu}\, a\,\mathrm{M}^{(0)}_{1,0}\, e \sin(\lambda - \omega),$$

$$-e\left[\mathcal{P}\cos(2\lambda - 2\omega) + \mathcal{F}\sin(2\lambda - 2\omega) \right] = - \frac{1}{2}\, \frac{m'}{\mu}\, a\,\mathrm{M}^{(0)}_{1,0}\, e \cos(\lambda - \omega),$$

$$\frac{5}{2}\, e\left[\mathcal{P}\sin(2\lambda - 2\omega) - \mathcal{F}\cos(2\lambda - 2\omega) \right] = + \frac{5}{4}\, \frac{m'}{\mu}\, a\,\mathrm{M}^{(0)}_{1,0}\, e \sin(\lambda - \omega).$$

On trouve finalement

$$\frac{\delta_1 r}{a} = -\frac{m'}{\mu} nt \left[\left(a N^{(0)} + a^2 \frac{\partial A^{(0)}}{\partial a} \right) e \sin(\lambda - \omega) + \frac{1}{2} a P^{(0)} e' \sin(\lambda - \varpi') \right] - \frac{1}{2} \frac{m'}{\mu} a M_{1,0}^{(0)}$$

$$+ \frac{m'}{\mu} \left(a M_{1,0}^{(0)} - \frac{1}{2} a M_{2,0}^{(0)} \right) e \cos(\lambda - \omega) + \frac{m'}{\mu} \left(a M_{0,1}^{(0)} - \frac{1}{4} a M_{1,1}^{(0)} \right) e' \cos(\lambda - \varpi'),$$

$$\delta_1 v = -\frac{m'}{\mu} a^2 \frac{\partial A^{(0)}}{\partial a} nt - 2 \frac{m'}{\mu} nt \left[\left(a N^{(0)} + a^2 \frac{\partial A^{(0)}}{\partial a} \right) e \cos(\lambda - \omega) + \frac{1}{2} a P^{(0)} e' \cos(\lambda - \varpi') \right]$$

$$- \frac{m'}{\mu} \left(a^2 \frac{\partial M_{1,0}^{(0)}}{\partial a} + a M_{2,0}^{(0)} \right) e \sin(\lambda - \omega)$$

$$- \left(\frac{3}{2} a M_{0,1}^{(0)} + a^2 \frac{\partial M_{0,1}^{(0)}}{\partial a} + \frac{1}{2} a M_{1,1}^{(0)} \right) e' \sin(\lambda - \varpi') \right].$$

Si l'on remplace $N^{(0)}$, $P^{(0)}$, $M_{1,0}^{(0)}$, … par leurs valeurs tirées des formules (2), on trouve aisément

$$(13) \quad \begin{cases} \dfrac{\delta_1 r}{a} = -\dfrac{1}{2} \dfrac{m'}{\mu} nt \left[\left(3 a^2 \dfrac{\partial A^{(0)}}{\partial a} + \dfrac{1}{2} a^3 \dfrac{\partial^2 A^{(0)}}{\partial a^2} \right) e \sin(\lambda - \omega) \right. \\[2ex] \qquad\qquad \left. + \left(a A^{(1)} - a^2 \dfrac{\partial A^{(1)}}{\partial a} - \dfrac{1}{2} a^3 \dfrac{\partial^2 A^{(1)}}{\partial a^2} \right) e' \sin(\lambda - \varpi') \right] \\[2ex] \qquad + \dfrac{1}{2} \dfrac{m'}{\mu} a^2 \dfrac{\partial A^{(0)}}{\partial a} - \dfrac{1}{4} \dfrac{m'}{\mu} \left(3 a^2 \dfrac{\partial A^{(0)}}{\partial a} + \dfrac{1}{2} a^3 \dfrac{\partial^2 A^{(0)}}{\partial a^2} \right) e \cos(\lambda - \omega) \\[2ex] \qquad - \dfrac{1}{4} \dfrac{m'}{\mu} \left(3 a A^{(1)} - 3 a^2 \dfrac{\partial A^{(1)}}{\partial a} - \dfrac{1}{2} a^3 \dfrac{\partial^2 A^{(1)}}{\partial a^2} \right) e' \cos(\lambda - \varpi'), \end{cases}$$

$$(13') \quad \begin{cases} \delta_1 v = -\dfrac{m'}{\mu} a^2 \dfrac{\partial A^{(0)}}{\partial a} nt - \dfrac{m'}{\mu} nt \left[\left(3 a^2 \dfrac{\partial A^{(0)}}{\partial a} + \dfrac{1}{2} a^3 \dfrac{\partial^2 A^{(0)}}{\partial a^2} \right) e \cos(\lambda - \omega) \right. \\[2ex] \qquad\qquad \left. + \left(a A^{(1)} - a^2 \dfrac{\partial A^{(1)}}{\partial a} - \dfrac{1}{2} a^3 \dfrac{\partial^2 A^{(1)}}{\partial a^2} \right) e' \cos(\lambda - \varpi') \right] \\[2ex] \qquad + \dfrac{3}{2} \dfrac{m'}{\mu} \left(a^2 \dfrac{\partial A^{(0)}}{\partial a} + \dfrac{1}{2} a^3 \dfrac{\partial^2 A^{(0)}}{\partial a^2} \right) e \sin(\lambda - \omega) \\[2ex] \qquad + \dfrac{m'}{\mu} \left(2 a A^{(1)} - 2 a^2 \dfrac{\partial A^{(1)}}{\partial a} - \dfrac{3}{4} a^3 \dfrac{\partial^2 A^{(1)}}{\partial a^2} \right) e' \sin(\lambda - \varpi'). \end{cases}$$

150. On a expliqué dans le Chapitre précédent comment on peut faire disparaitre de $\delta_1 v$ les termes en $\sin\lambda$ et $\cos\lambda$, pour les reporter uniquement sur $\delta_1 r$; nous allons opérer ce changement. Soient c_1 et c_1' les coefficients de $e\cos(\lambda - \omega)$ et $e'\cos(\lambda - \varpi')$ dans $\dfrac{\delta_1 r}{a}$, s_1 et s_1' les coefficients de $e\sin(\lambda - \omega)$ et $e'\sin(\lambda - \varpi')$ dans $\delta_1 v$. Si nous changeons e et ϖ en $e + \Delta e$, et $\varpi + \Delta\varpi$, $\dfrac{\delta_1 r}{a}$ et $\delta_1 v$ deviendront

$$(14) \quad \frac{\delta_1 r}{a} = \dots c_1 e \cos(\lambda - \omega) + c_1' e' \cos(\lambda - \varpi') - \Delta e \cos(\lambda - \omega) - e \Delta\varpi \sin(\lambda - \omega) + \dots,$$

$$\delta_1 v = \dots s_1 e \sin(\lambda - \omega) + s_1' e' \sin(\lambda - \varpi') + 2 \Delta e \sin(\lambda - \omega) - 2 e \Delta\varpi \cos(\lambda - \omega) + \dots.$$

Si l'on égale à zéro les coefficients de $\sin\lambda$ et de $\cos\lambda$ dans $\delta_1 v$, on a deux équations d'où l'on tire aisément

$$(15) \quad \left\{ \begin{aligned} \Delta e &= -\frac{1}{2}\left[s_1 e + s'_1 e' \cos(\omega - \varpi')\right], \\ e\,\Delta\varpi &= \frac{1}{2} s'_1 e' \sin(\omega - \varpi'); \end{aligned} \right.$$

en reportant ces valeurs de Δe et $e\Delta\varpi$ dans la formule (14), il vient, après réduction,

$$\frac{\delta_1 r}{a} = \ldots + \left(c_1 + \frac{1}{2} s_1\right) e \cos(\lambda - \omega) + \left(c'_1 + \frac{1}{2} s'_1\right) e' \cos(\lambda - \varpi') + \ldots.$$

On trouve d'ailleurs

$$c_1 + \frac{1}{2} s_1 = \frac{1}{4} \frac{m'}{\mu} a^3 \frac{\partial^2 A^{(0)}}{\partial a^2},$$

$$c'_1 + \frac{1}{2} s'_1 = \frac{1}{4} \frac{m'}{\mu}\left(a\,A^{(1)} - a^2 \frac{\partial A^{(1)}}{\partial a} - a^3 \frac{\partial^2 A^{(1)}}{\partial a^2}\right).$$

Il convient de poser

$$(d) \quad \left\{ \begin{aligned} -f &= \frac{2}{3} a^2 \frac{\partial A^{(0)}}{\partial a} + \frac{1}{4} a^3 \frac{\partial^2 A^{(0)}}{\partial a^2}, \\ -f' &= \frac{1}{4}\left(a\,A^{(1)} - a^2 \frac{\partial A^{(1)}}{\partial a} - a^3 \frac{\partial^2 A^{(1)}}{\partial a^2}\right), \\ -C &= a^2 \frac{\partial A^{(0)}}{\partial a} + \frac{1}{2} a^3 \frac{\partial^2 A^{(0)}}{\partial a^2}, \\ -D &= a\,A^{(1)} - a^2 \frac{\partial A^{(1)}}{\partial a} - \frac{1}{2} a^3 \frac{\partial^2 A^{(1)}}{\partial a^2}; \end{aligned} \right.$$

alors, si l'on tient compte des changements réalisés par l'introduction des valeurs (15) de Δe et $e\,\Delta\varpi$, les formules (13) et $(13')$ donneront

$$(16) \quad \left\{ \begin{aligned} \frac{\delta_1 r}{a} &= \frac{1}{2} \frac{m'}{\mu} a^2 \frac{\partial A^{(0)}}{\partial a} + \frac{1}{2} \frac{m'}{\mu}\left(C - 2 a^2 \frac{\partial A^{(0)}}{\partial a}\right) nte \sin(\lambda - \omega) + \frac{1}{2} \frac{m'}{\mu} D\, nte' \sin(\lambda - \varpi') \\ &\quad - \frac{m'}{\mu}\left(f + \frac{2}{3} a^2 \frac{\partial A^{(0)}}{\partial a}\right) e \cos(\lambda - \omega) - \frac{m'}{\mu} f' e' \cos(\lambda - \varpi'); \end{aligned} \right.$$

$$(16') \quad \delta_1 v = -\frac{m'}{\mu} a^2 \frac{\partial A^{(0)}}{\partial a}\, nt + \frac{m'}{\mu}\left(C - 2 a^2 \frac{\partial A^{(0)}}{\partial a}\right) nte \cos(\lambda - \omega) + \frac{m'}{\mu} D\, nte' \cos(\lambda - \varpi').$$

Ces valeurs de $\frac{\delta_1 r}{a}$ et $\delta_1 v$ devront être ajoutées aux valeurs (b) et (b') trouvées plus haut.

T. — I.

Les expressions elliptiques de r et v sont d'ailleurs

$$(17) \qquad \frac{r}{a} = 1 - e\cos(\lambda - \omega) + \ldots,$$

$$(17') \qquad v = nt + \varepsilon + 2e\sin(\lambda - \omega) + \ldots.$$

Il convient de poser, comme on l'a déjà fait au n° 141,

$$(18) \qquad n\left(1 - \frac{m'}{\mu}\,a^2\,\frac{\partial A^{(0)}}{\partial a}\right) = n_1.$$

On calculera a_1 par la formule

$$n_1^2 a_1^3 = n^2 a^3,$$

ce qui donnera

$$(19) \qquad a = a_1\left(1 - \frac{2}{3}\,\frac{m'}{\mu}\,a^2\,\frac{\partial A^{(0)}}{\partial a}\right).$$

Désignons par λ_1 ce que devient λ quand on y change n en n_1 ; nous aurons

$$\cos(\lambda - \omega) = \cos[\lambda_1 - \omega + (n - n_1)t] = \cos(\lambda_1 - \omega) - (n - n_1)t\sin(\lambda_1 - \omega),$$

$$\sin(\lambda - \omega) = \sin[\lambda_1 - \omega + (n - n_1)t] = \sin(\lambda_1 - \omega) + (n - n_1)t\cos(\lambda_1 - \omega),$$

ou bien, en vertu de la relation (18),

$$(20) \qquad \begin{cases} \cos(\lambda - \omega) = \cos(\lambda_1 - \omega) - \dfrac{m'}{\mu}\,a^2\,\dfrac{\partial A^{(0)}}{\partial a}\,nt\sin(\lambda_1 - \omega), \\[2mm] \sin(\lambda - \omega) = \sin(\lambda_1 - \omega) + \dfrac{m'}{\mu}\,a^2\,\dfrac{\partial A^{(0)}}{\partial a}\,nt\cos(\lambda_1 - \omega). \end{cases}$$

Si l'on effectue les substitutions (18) et (20) dans les formules (17) et (17'), on trouve

$$(21) \qquad \begin{cases} \dfrac{r}{a_1} = 1 - e\cos(\lambda_1 - \omega) - \dfrac{2}{3}\dfrac{m'}{\mu}\,a^2\,\dfrac{\partial A^{(0)}}{\partial a} + \dfrac{2}{3}\dfrac{m'}{\mu}\,a^2\,\dfrac{\partial A^{(0)}}{\partial a}\,e\cos(\lambda_1 - \omega) \\[3mm] \qquad\qquad + \dfrac{m'}{\mu}\,a^2\,\dfrac{\partial A^{(0)}}{\partial a}\,nte\sin(\lambda_1 - \omega) + \ldots. \end{cases}$$

$$(21') \qquad \begin{cases} v = n_1 t + \varepsilon + 2e\sin(\lambda_1 - \omega) + \dfrac{m'}{\mu}\,a^2\,\dfrac{\partial A^{(0)}}{\partial a}\,nt \\[3mm] \qquad\qquad + \dfrac{2m'}{\mu}\,a^2\,\dfrac{\partial A^{(0)}}{\partial a}\,nte\cos(\lambda_1 - \omega) + \ldots. \end{cases}$$

Les trois derniers termes de l'expression (21) se réduisent avec des termes correspondants de la formule (16); il y a des réductions analogues pour v et

$\delta_1 v$ et, finalement, on peut prendre, en supprimant les indices de n_1, a_1 et λ_1,

$$(f)\quad \left\{ \begin{aligned} \frac{\delta_1 r}{a} &= -\frac{1}{6}\frac{m'}{\mu}\,a^2\,\frac{\partial A^{(0)}}{\partial a} + \frac{1}{2}\frac{m'}{\mu}\,C\,nte\sin(\lambda-\omega) + \frac{1}{2}\frac{m'}{\mu}\,D\,nte'\sin(\lambda-\varpi') \\ &\quad - \frac{m'}{\mu}\,fe\cos(\lambda-\omega) - \frac{m'}{\mu}\,f'e'\cos(\lambda-\varpi'); \end{aligned}\right.$$

$$(f')\qquad \delta_1 v = \frac{m'}{\mu}\,C\,nte\cos(\lambda-\omega) + \frac{m'}{\mu}\,D\,nte'\cos(\lambda-\varpi').$$

Les expressions de $\dfrac{\delta_1 r}{a}$ et de $\delta_1 v$ qui résultent des formules (b) et (f) d'une part, (b') et (f') d'autre part, sont, comme on s'en assure aisément, identiques à celles que Laplace a trouvées par une autre méthode dans le n° 50 du Livre II de la *Mécanique céleste*, si l'on a égard à ce que Laplace représente par $-A^{(i)}$ ce que nous avons désigné par $+A^{(i)}$. Nous aurions dû, pour nous conformer à l'usage adopté aujourd'hui et d'après ce que nous avons dit au n° 142, ne pas faire sortir des signes sinus et cosinus dans les expressions de $\delta_1 r$ et $\delta_1 v$ les inégalités séculaires de ϖ; nous l'avons fait cependant, mais uniquement pour retrouver les formules de Laplace.

151. Il reste enfin à tenir compte de la seconde partie, $R_{0,1} - R_1$, de la fonction perturbatrice. Il suffira, comme nous l'avons dit, de remplacer $A^{(1)}$ par $A^{(1)} - \dfrac{a}{a'^2}$. Nous pourrions nous en tenir à cette indication; mais, la connaissance des perturbations de r et v provenant de la seconde partie de la fonction perturbatrice peut être utile dans certaines recherches, et nous allons faire connaître les expressions de ces perturbations.

Il faut, en somme, diminuer $aA^{(1)}$ de $\dfrac{a^2}{a'^2}$, et $a^2\,\dfrac{\partial A^{(1)}}{\partial a}$ aussi de $\dfrac{a^2}{a'^2}$; $a^3\,\dfrac{\partial^2 A^{(1)}}{\partial a^2}$ restera le même.

Il n'y a donc qu'à chercher dans les expressions (b) et (b'), (f) et (f') les parties qui contiennent $A^{(1)}$ ou $A^{(-1)}$; on trouve ainsi sans peine, pour $\dfrac{\delta_1 r}{a}$,

$$\frac{1}{2}\frac{m'}{\mu}(C_1 + C_{-1})\cos(l'-\lambda) + \frac{m'}{\mu}\,D_1\,e\cos(l'-\omega) + \frac{m'}{\mu}\,D_{-1}\,e\cos(-l'+2\lambda-\omega)$$
$$+ \frac{m'}{\mu}\,E_2\,e'\cos(2l'-\lambda-\varpi') - \frac{m'}{\mu}\,f'e'\cos(\lambda-\varpi'),$$

et pour $\delta_1 v$,

$$\frac{1}{2}\frac{m'}{\mu}(F_1 - F_{-1})\sin(l'-\lambda) + \frac{m'}{\mu}\,G_1\,e\sin(l'-\omega)$$
$$+ \frac{m'}{\mu}\,G_{-1}\,e\sin(-l'+2\lambda-\omega) + \frac{m'}{\mu}\,H_2\,e'\sin(2l'-\lambda-\varpi').$$

Si l'on remplace f' par son expression (d), et C_1, C_{-1}, D_1, ... par leurs expressions (c'), et qu'on fasse en même temps la modification indiquée, on trouve

$$(g) \quad \begin{cases} \dfrac{\delta_1 r}{a} = \dfrac{m'}{\mu}\,\dfrac{a^2}{a'^2}\left[\dfrac{\nu-3}{\nu(1-\nu)(2-\nu)}\cos(l'-\lambda) + \dfrac{\nu^3-3\nu^2+2\nu+3}{\nu(1-\nu)^2(1+\nu)(2-\nu)}\,e\cos(l'-\omega)\right. \\[3mm] \qquad\qquad + \dfrac{\nu^3-7\nu^2+12\nu-9}{\nu(1-\nu)^2(2-\nu)(3-\nu)}\,e\cos(-l'+2\lambda-\omega) \\[3mm] \left.\qquad\qquad\qquad\qquad + \dfrac{2\nu-3}{2\nu(1-\nu)(1-2\nu)}\,e'\cos(2l'-\lambda-\varpi')\right]; \end{cases}$$

$$(g') \quad \begin{cases} \delta_1 v = \dfrac{m'}{\mu}\,\dfrac{a^2}{a'^2}\left[-\dfrac{\nu^2-4\nu+6}{\nu(1-\nu)^2(2-\nu)}\sin(l'-\lambda) + \dfrac{\nu^3-3\nu^2-\nu-9}{2\nu(1-\nu)^2(1+\nu)(2-\nu)}\,e\sin(l'-\omega)\right. \\[3mm] \qquad\qquad + \dfrac{3}{2}\,\dfrac{\nu^4-9\nu^3+33\nu^2-51\nu+30}{\nu(1-\nu)^2(2-\nu)^2(3-\nu)}\,e\sin(-l'+2\lambda-\omega) \\[3mm] \left.\qquad\qquad\qquad\qquad - \dfrac{2\nu^2-4\nu+3}{\nu(1-\nu)(1-2\nu)^2}\,e'\sin(2l'-\lambda-\varpi')\right]. \end{cases}$$

ν désigne toujours dans ces formules le rapport $\dfrac{n'}{n}$.

En résumé, les valeurs complètes de $\dfrac{\delta_1 r}{a}$ et $\delta_1 v$ seront données :

1° Par les formules (b) et (b') dans lesquelles on donne à i toutes les valeurs entières positives et négatives, excepté zéro;
2° Par les formules (f) et (f');
3° Par les formules (g) et (g').
On devra ajouter l'expression de $\delta_1 r$ à la valeur elliptique

$$a\left[1 + \frac{1}{2}e^2 - e\cos(\lambda-\omega) - \frac{1}{2}e^2\cos(2\lambda-2\omega) + \ldots\right],$$

et de même celle de $\delta_1 v$ à la valeur elliptique

$$l + 2e\sin(\lambda-\omega) + \frac{5}{4}e^2\sin(2\lambda-2\omega) + \ldots.$$

152. Nous dirons, pour terminer, quelques mots sur le calcul des perturbations de la latitude s, toujours avec la même précision.
On a

$$\sin s = \sin\varphi\sin(v-\theta);$$

d'où, en supposant v affecté de ses perturbations, et remplaçant par l'unité les facteurs $\dfrac{\cos\varphi}{\cos s}$ et $\dfrac{1}{\cos s}$,

$$\delta_1 s = \sin(v-\theta)\,\delta_1\varphi - \cos(v-\theta)\sin\varphi\,\delta_1\theta$$

ou bien, en vertu des formules (2) du n° 138,

$$(23) \qquad \delta_1 s = (\mathfrak{E} + V) \sin(v - \tau) - \mathcal{G} \cos(v + \tau).$$

Or, quand on remplace $R_{0,1}$ par l'expression (1) dans les trois dernières formules (a) du n° 134, on trouve

$$(24)\ \begin{cases} \mathfrak{E} = \dfrac{1}{2}\dfrac{m'}{\mu}\sin\dfrac{1}{2}J \sum\left\{ \dfrac{1}{2-i+i\nu}\,a\,B^{(i-1)}\cos[i(l'-\lambda)+2\lambda-2\tau'] + \dfrac{1}{2}\,a\,B^{(1)}\cos(2\lambda-2\tau')\right\}, \\[3mm] V = \dfrac{1}{2}\dfrac{m'}{\mu}\sin\dfrac{1}{2}J \sum \dfrac{1}{\nu-1}\,a\,A^{(i)}\cos i(l'-\lambda), \\[3mm] \mathcal{G} = -\dfrac{1}{2}\dfrac{m'}{\mu}\sin\dfrac{1}{2}J\,a\,B^{(1)}nt + \dfrac{1}{2}\dfrac{m'}{\mu}\sin\dfrac{1}{2}J\left\{ -\dfrac{1}{\nu-1}\sum\dfrac{1}{i}\,a\,B^{(i-1)}\sin i(l'-\lambda)\right. \\[3mm] \qquad\qquad\qquad + \sum \dfrac{1}{2-i+i\nu}\,a\,B^{(i-1)}\sin[i(l'-\lambda)+2\lambda-2\tau'] \\[3mm] \left.\qquad\qquad\qquad\qquad + \dfrac{1}{2}\,a\,B^{(1)}\sin(2\lambda-2\tau')\right\}. \end{cases}$$

Dans ces formules (24), i prend toutes les valeurs entières, excepté zéro.

Il n'y aura qu'à porter dans la formule (23) les valeurs précédentes de $\mathfrak{E} + V$ et $\mathcal{G}$; on devra remplacer $A^{(1)}$ et $B^{(0)}$ respectivement par

$$A^{(1)} - \frac{a}{a'^2}, \quad B^{(0)} - \frac{2\,a}{a'^2}.$$

CHAPITRE XXIII.

DÉCOUVERTE DE NEPTUNE.

La découverte de Neptune a marqué une époque remarquable dans la théorie de la gravitation, à laquelle elle a apporté une confirmation éclatante. Aussi croyons-nous devoir lui consacrer un Chapitre spécial, qui trouve ici sa place naturelle, car cette découverte prend sa source dans les formules du Chapitre précédent.

153. Le 13 mars 1781, W. Herschel rencontrait accidentellement la planète Uranus dont le disque sensible avait attiré son attention.

Quand l'orbite de cette planète fut connue approximativement, on constata qu'avant sa découverte elle avait été observée vingt fois comme étoile fixe de 6e grandeur, depuis 1690 jusqu'à 1771, par Flamsteed, Bradley, Mayer et Lemonnier. Vers 1820, Bouvard entreprit la théorie de cette planète, en prenant pour point de départ les expressions analytiques que Laplace avait données quelque temps auparavant dans le tome III de la *Mécanique céleste,* pour les perturbations d'Uranus causées par Jupiter et Saturne.

Bouvard disposait donc de quarante années d'observations régulières modernes (de 1781 à 1820), et de vingt observations anciennes, échelonnées entre 1690 et 1771. Ces dernières étaient évidemment inférieures aux premières en précision ; cependant elles rachetaient cet inconvénient en raison de la grande extension qu'elles donnaient à l'arc observé de l'orbite d'Uranus.

Bouvard construisit ainsi les Tables d'Uranus dont les astronomes se sont servis pendant un quart de siècle ; mais il ne put pas les établir d'une façon satisfaisante : il lui fut impossible en effet de représenter à la fois par les mêmes formules les anciennes observations et les modernes. N'arrivant pas à concilier les deux systèmes, Bouvard prit le parti de rejeter entièrement les observations anciennes, et il fonda ses Tables uniquement sur les quarante années d'observations méridiennes :

« Laissant, dit-il, aux temps à venir le soin de faire connaître si la difficulté de concilier les deux systèmes tient réellement à l'inexactitude des observations anciennes, ou si elle dépend de quelque action étrangère et inaperçue, qui aurait agi sur la planète. »

Il ne fut pas nécessaire d'attendre longtemps pour prononcer; dans l'espace d'un petit nombre d'années, des erreurs sensibles se manifestèrent, dont la valeur augmenta graduellement, si bien que, vers 1845, la longitude d'Uranus calculée par les Tables de Bouvard différait d'environ 2′ de la longitude observée. Les Tables qui ne représentaient pas les observations anciennes étaient donc également impuissantes à représenter l'ensemble des observations modernes. Il devenait probable que la planète Uranus avait été soumise à quelque action « étrangère et inaperçue ».

La question de l'irrégularité des mouvements d'Uranus se trouva ainsi mise à l'ordre du jour. Dans le courant de l'été de 1845, Arago la signala d'une manière pressante à Le Verrier, qui, dans ses premiers travaux, venait de révéler un talent de premier ordre. C'est vers cette époque que Bessel écrivait à de Humboldt :

« Je pense qu'un moment viendra où la solution du mystère d'Uranus sera peut-être bien fournie par une nouvelle planète, dont les éléments seraient reconnus par son action sur Uranus et vérifiés par celle qu'elle exerce sur Saturne. »

154. Le Verrier se mit à l'œuvre; redoutant quelques inexactitudes dans les calculs de Bouvard, il entreprit d'abord de démontrer d'une manière indiscutable que l'ensemble des observations méridiennes d'Uranus ne pouvait être représenté par une ellipse dont les éléments varieraient en vertu des seules actions perturbatrices de Jupiter et de Saturne.

Les erreurs de la latitude tabulaire d'Uranus pouvaient être annulées à très peu près par des changements dans l'inclinaison de l'orbite et dans la longitude du nœud, assez faibles pour n'avoir aucune influence sur la longitude d'Uranus.

Soient donc n, ε, e et ϖ les quatre autres éléments elliptiques adoptés pour Uranus, v la longitude calculée avec ces éléments pour l'époque t; si leurs valeurs exactes sont représentées par $n + \Delta n$, $\varepsilon + \Delta\varepsilon$, $e + \Delta e$, $\varpi + \Delta\varpi$, la longitude elliptique, calculée exactement, sera

$$v + \frac{\partial v}{\partial n}\,\Delta n + \frac{\partial v}{\partial \varepsilon}\,\Delta\varepsilon + \frac{\partial v}{\partial e}\,\Delta e + \frac{\partial v}{\partial \varpi}\,\Delta\varpi;$$

les coefficients $\dfrac{\partial v}{\partial n}$, $\dfrac{\partial v}{\partial \varepsilon}$, $\dfrac{\partial v}{\partial e}$, $\dfrac{\partial v}{\partial \varpi}$ sont des fonctions connues de t et de n, ε, e, ϖ.

Soit $\mathcal{P}$ la perturbation en longitude causée par Jupiter et Saturne ; désignons par v_0 la longitude déduite des observations pour l'époque t. On devrait avoir

$$(1) \qquad v + \mathcal{P} + \frac{\partial v}{\partial n} \Delta n + \frac{\partial v}{\partial \varepsilon} \Delta \varepsilon + \frac{\partial v}{\partial e} \Delta e + \frac{\partial v}{\partial \varpi} \Delta \varpi - v_0 = v_c - v_0 = 0 ;$$

autant d'observations, autant d'équations de cette forme, contenant au premier degré les quatre inconnues Δn, $\Delta \varepsilon$, Δe, $\Delta \varpi$.

Le Verrier avait repris avec un soin méticuleux le calcul des perturbations de la longitude causées par Jupiter et Saturne, de sorte qu'il était bien certain des valeurs des quantités $\mathcal{P}$. Il eut un total de 259 équations telles que (1), fournies chacune par une observation méridienne faite entre 1781 et 1845.

Il groupa les équations voisines, 10 par 10, à peu près, de façon à n'avoir que 26 équations normales, correspondant à un nombre égal d'observations idéales beaucoup plus précises qu'une observation isolée.

En combinant convenablement ces équations, il obtint des valeurs plausibles des inconnues qui, substituées dans les équations individuelles, donnèrent les résidus suivants, valeurs de $v_c - v_0$:

TABLEAU (A).

1781-1782......	+ 20,5	1813-1815......	+ 4,5
1783-1784......	+ 10,8	1816-1817......	+ 6,0
1785-1788......	+ 2,0	1818-1820......	+ 3,8
1789-1790......	— 8,1	1821-1823......	+ 1,7
1791-1792......	— 7,8	1824-1827......	— 7,6
1793-1794......	— 10,5	1828-1830......	— 7,3
1795-1796......	— 10,1	1833-1835......	— 4,5
1797-1801......	— 6,7	1835-1836....:.	— 4,7
1802-1804......	— 3,4	1837-1838......	— 2,1
1804-1806......	— 0,4	1839-1840......	+ 0,7
1807-1808......	+ 3,1	1841-1842......	+ 1,5
1808-1810......	+ 3,8	1842-1844......	+ 3,1
1811-1813......	+ 4,4	1844-1845......	— 6,5

On voit que la représentation s'est améliorée ; au lieu de 2′, le plus grand écart n'est que de 20″,5.

Mais les résidus n'en sont pas moins inadmissibles, par leur grandeur et par leur allure systématique, surtout quand on se rappelle que chacun des nombres v_0 est la moyenne de dix observations méridiennes très précises.

155. Aussi Le Verrier, plein de confiance dans l'exactitude de la loi de Newton, aborda résolûment l'hypothèse d'une planète encore ignorée, et chercha si les perturbations produites par cette planète permettraient d'expliquer les irrégularités du mouvement d'Uranus. Soit P la perturbation correspondante de

la longitude d'Uranus à l'époque t; dans chacune des équations (1), $\mathfrak{P}$ devra être remplacé par $\mathfrak{P} + P$.

Il y avait lieu d'apporter quelques simplifications au problème.

Tout d'abord, on sait que les orbites de Mars, Jupiter, Saturne et Uranus font avec le plan de l'écliptique des angles petits, inférieurs à $2°30'$; il était donc naturel d'admettre que la planète inconnue se mouvait à fort peu près dans le plan de l'écliptique, supposition d'autant plus plausible que, comme nous l'avons déjà dit, les latitudes d'Uranus peuvent être représentées presque exactement, en tenant compte seulement des actions de Jupiter et de Saturne.

En second lieu, la planète inconnue ne peut pas être supposée placée entre Saturne et Uranus, car elle produirait dans les mouvements de Saturne des dérangements qui n'auraient pas passé inaperçus. Il faut donc qu'elle soit au delà d'Uranus. Ici, la loi de Bode, malgré son caractère empirique, va jouer un rôle important; elle indique que la nouvelle planète doit être à une distance moyenne du Soleil double de celle d'Uranus. Le Verrier s'est donc ainsi trouvé conduit à poser la question en ces termes :

« Est-il possible que les inégalités d'Uranus soient dues à l'action d'une planète située dans l'écliptique, à une distance moyenne double de celle d'Uranus ? Et, s'il en est ainsi, où est actuellement située cette planète ? Quelle est sa masse ? Quels sont les éléments de l'orbite qu'elle parcourt ? »

Soient a', n', e', ε', ϖ' les éléments de la planète inconnue; on aura

$$(2) \qquad \alpha = \frac{a}{a'} = \frac{1}{2}, \qquad \nu = \frac{n'}{n} = \left(\frac{a}{a'}\right)^{\frac{3}{2}} = \frac{1}{2^{\frac{3}{2}}}.$$

Les excentricités des orbites de Jupiter, Saturne et Uranus sont voisines de $0,06$, donc petites; il est naturel de supposer qu'il en sera de même de e'. Dans ces conditions, on pourra calculer la perturbation P de la longitude d'Uranus par les formules du Chapitre précédent, qui laissent de côté les quantités du second ordre par rapport à e et e'.

Pour l'intervalle de 155 ans, compris entre 1690 et 1845, les inégalités séculaires de v données par la formule (f') du n° 150 sont négligeables, comme on s'en assure aisément.

156. La formule (b') du n° 148 donnera donc pour la perturbation P, en remplaçant μ par l'unité et remarquant qu'on a ici $\tau' = \tau$, $\lambda = l$, $\omega = \varpi$,

$$(3) \qquad \left\{ \begin{aligned} P &= \frac{1}{2}\ m' \sum F_i \sin i(l' - l) \\ &+ m'e \sum G_i \sin[i(l' - l) + l - \varpi] \\ &+ m'e' \sum H_i \sin[i(l' - l) + l - \varpi']. \end{aligned} \right.$$

T. — 1.   48

Les valeurs des coefficients F_i, G_i, H_i seront calculées par les formules (c') du n° 148; elles dépendent de

$$z_i = i - i\nu = i\left(1 - \frac{1}{2^{\frac{3}{2}}}\right),$$

quantité connue, et de $a\mathrm{A}^{(i)}$, $a^2\dfrac{\partial\mathrm{A}^{(i)}}{\partial a}$ et $a^3\dfrac{\partial^2\mathrm{A}^{(i)}}{\partial a^2}$.

Or on a, avec les notations du Chapitre XVII,

$$a\mathrm{A}^{(i)} = \alpha b^{(i)}, \qquad \alpha^2\frac{\partial\mathrm{A}^{(i)}}{\partial a} = \alpha^2\frac{db^{(i)}}{d\alpha}, \qquad a^3\frac{\partial^2\mathrm{A}^{(i)}}{\partial a^2} = \alpha^3\frac{d^2 b^{(i)}}{d\alpha^2};$$

α étant supposé connu, on pourra calculer ces quantités. On tiendra compte de la seconde partie $\mathrm{R}_{0,1} - \mathrm{R}_1$ de la fonction perturbatrice en remplaçant $\alpha b^{(1)}$ et $\alpha^2\dfrac{db^{(1)}}{d\alpha}$ respectivement par

$$\alpha b^{(1)} - \alpha^2, \qquad \alpha^2\frac{db^{(1)}}{d\alpha} - \alpha^2.$$

Donc, dans la formule (3), les coefficients F_i, G_i et H_i peuvent être supposés connus. En faisant ce calcul, on trouve que F_i est petit par rapport à F_1 quand la valeur absolue de i surpasse 3; on voit aussi que les seules valeurs à conserver pour G_i et H_i sont G_1, G_2, G_3 et H_1, H_2, H_3.

On remplacera l par $nt + \varepsilon$, l' par $n't + \varepsilon'$, et l'on fera

$$c'\sin\varpi' = h', \qquad e'\cos\varpi' = k';$$

$$(4)\quad\left\{\begin{aligned}
\mathrm{L} =\ & \tfrac{1}{2}(\mathrm{F}_1 - \mathrm{F}_{-1})\sin[(n'-n)t + \varepsilon' - \varepsilon]\\
& + \tfrac{1}{2}(\mathrm{F}_2 - \mathrm{F}_{-2})\sin[(2n'-2n)t + 2\varepsilon' - 2\varepsilon]\\
& + \tfrac{1}{2}(\mathrm{F}_3 - \mathrm{F}_{-3})\sin[(3n'-3n)t + 3\varepsilon' - 3\varepsilon]\\
& + e\mathrm{G}_1\sin(n't + \varepsilon' - \varpi)\\
& + e\mathrm{G}_2\sin[(2n'-n)t + 2\varepsilon' - \varepsilon - \varpi]\\
& + e\mathrm{G}_3\sin[(3n'-2n)t + 3\varepsilon' - 2\varepsilon - \varpi],
\end{aligned}\right.$$

$$(5)\quad\left\{\begin{aligned}
\mathrm{H} =\ & -\mathrm{H}_1\cos(n't + \varepsilon')\\
& -\mathrm{H}_2\cos[(2n'-n)t + 2\varepsilon' - \varepsilon]\\
& -\mathrm{H}_3\cos[(3n'-2n)t + 3\varepsilon' - 2\varepsilon],
\end{aligned}\right.$$

$$(6)\quad\left\{\begin{aligned}
\mathrm{K} =\ & \mathrm{H}_1\sin(n't + \varepsilon')\\
& +\mathrm{H}_2\sin[(2n'-n)t + 2\varepsilon' - \varepsilon]\\
& +\mathrm{H}_3\sin[(3n'-2n)t + 3\varepsilon' - 2\varepsilon].
\end{aligned}\right.$$

La formule (3) pourra s'écrire ainsi

$$(7) \qquad P = L\,m' + H\,m'h' + K\,m'k';$$

e, n et ε sont connus ; il en est de même de

$$n' = \frac{n}{2^{\frac{3}{2}}};$$

ε' est inconnu ; c'est la longitude moyenne de la planète au 1er janvier 1800. Les formules (4), (5) et (6) montrent que L, H et K sont de la forme

$$\mathcal{A}_1 \cos \varepsilon' + \mathcal{A}_2 \cos 2\varepsilon' + \mathcal{A}_3 \cos 3\varepsilon'$$
$$+ \mathcal{B}_1 \sin \varepsilon' + \mathcal{B}_2 \sin 2\varepsilon' + \mathcal{B}_3 \sin 3\varepsilon',$$

où $\mathcal{A}_1$, $\mathcal{A}_2$, $\mathcal{A}_3$, $\mathcal{B}_1$, $\mathcal{B}_2$, $\mathcal{B}_3$ peuvent être considérés comme connus.

Si l'on porte la valeur (7) de P dans l'équation (1), on trouvera

$$(a) \qquad \frac{\partial v}{\partial n}\,\Delta n + \frac{\partial v}{\partial \varepsilon}\,\Delta \varepsilon + \frac{\partial v}{\partial e}\,\Delta e + \frac{\partial v}{\partial \varpi}\,\Delta \varpi + H\,m'h' + K\,m'k' + L\,m' + v + \mathcal{P} - v_0 = 0.$$

On aura autant d'équations de cette forme qu'il y a d'observations ; Le Verrier, par des moyennes, a réduit ces équations à dix-huit, qui correspondent aux époques suivantes : 1690,98 ; 1712,25 ; 1715,23 ; 1747,7 ; 1754,7 ; 1761,7 ; 1768,7 ; 1775,7 ; 1782,7 ; 1789,7 ; 1796,7 ; 1803,7 ; 1810,7 ; 1817,7 ; 1824,7 ; 1831,7 ; 1838,7 ; 1845,7 (¹).

157. Le problème dépend donc de dix-huit équations à *huit inconnues*, Δn, $\Delta \varepsilon$, Δe, $\Delta \varpi$, $m'h'$, $m'k'$, m' et ε' ; les sept premières figurent *linéairement* dans les équations de condition (a) ; la huitième entre dans ces équations *sous forme transcendante* par $\frac{\sin}{\cos}(\varepsilon', 2\varepsilon', 3\varepsilon')$.

Si les observations étaient rigoureusement exactes, il suffirait de prendre sept des équations (a), d'en tirer, par des éliminations successives, les valeurs des sept inconnues Δn, ..., m' qui n'y entrent qu'au premier degré, et de porter ces valeurs dans l'une des autres relations (a), qui deviendrait ainsi une équation transcendante ne contenant plus que l'inconnue ε'.

Mais les observations anciennes sont peu précises ; les différences $v + \mathcal{P} - v_0$ sont en somme assez petites, et il arrive qu'après avoir éliminé six des inconnues il reste pour la septième m' une équation de la forme

$$(8) \qquad D\,m' - N = 0,$$

(¹) Ces époques sont équidistantes, sauf les trois premières, et il est possible de profiter de cette circonstance pour abréger les calculs.

dans laquelle les quantités D et N sont très fortement affectées par les erreurs des observations, d'autant plus que les coefficients qui figurent dans D et N sont très petits par rapport à ceux qui entraient dans les équations primitives, de sorte que le moindre changement apporté dans les données fait varier m' dans des proportions extraordinaires.

Le Verrier avait obtenu cette équation (8) et, en écrivant que m' doit être essentiellement positif, il espérait limiter les intervalles dans lesquels il fallait chercher la vraie valeur de ε'. Il avait posé

$$\operatorname{tang} \frac{\varepsilon'}{2} = x,$$

ce qui lui avait permis d'exprimer N et D algébriquement en x; il était arrivé à

$$(1 + x^2)^2 \, \mathrm{N} = \mathrm{N}_1, \qquad (1 + x^2)^5 \, \mathrm{D} = \mathrm{D}_1,$$

N_1 et D_1 étant des polynômes en x de degrés 4 et 10.

Mettant à profit le théorème de Sturm, Le Verrier avait vu que les racines de l'équation $\mathrm{N}_1 = 0$ étaient toutes imaginaires, tandis que l'équation $\mathrm{D}_1 = 0$ avait quatre racines réelles. Il était ainsi amené à conclure que ε' devait être compris entre $96°40'$ et $189°55'$, ou entre $263°8'$ et $358°41'$. Or, quand il attribuait à ε' des valeurs comprises entre ces limites, et qu'il les substituait dans l'ensemble des équations (a), il n'obtenait jamais une représentation satisfaisante; de sorte que la vraie valeur de ε' transportée dans l'équation (8) devait conduire pour m' à une valeur *négative*.

« J'avouerai sans peine, dit-il, que c'est ce qui m'est d'abord arrivé: long-temps j'ai été arrêté dans mes recherches par cette difficulté. Aussi croirai-je faire une chose utile en insistant encore sur cette partie de la question; elle est très propre à montrer par ses détails combien sont délicats certains points des recherches numériques; combien il est souvent plus pénible d'arriver à une connaissance rigoureuse de la vérité en raisonnant sur des nombres entachés des erreurs d'observations, qu'en discutant des symboles algébriques susceptibles de représenter les données de la question avec une exactitude absolue, et de se prêter à toutes les restrictions. »

Il fallait donc opérer autrement, en ayant égard à toutes les observations. Voici la méthode employée :

Le Verrier considère les quatre équations (b) du type (a) qui correspondent aux années 1715, 1775, 1810 et 1845; il représente par p et q les erreurs commises dans les anciennes observations de 1715 et 1775; il suppose nulles les erreurs en 1810 et 1845, puisque dans chaque cas on a une moyenne d'un assez grand nombre de bonnes observations méridiennes. Les premiers membres des deux premières équations (b) devront donc être augmentés de p et q respectivement. On tirera des quatre équations (b) les valeurs des quatre inconnues Δn, $\Delta \varepsilon$, Δe, $\Delta \varpi$ pour les substituer dans les autres relations (a); cela donnera des équations (c) dont les premiers membres seront des fonctions linéaires de p, q $m'h'$, $m'k'$ et m'. Le Verrier fait les moyennes des équations (c) qui répondent, d'une part, aux années 1817, 1824, 1831 et 1838; d'autre part, aux années 1782, 1789, 1796 et 1801, et il en tire les valeurs des inconnues $m'h'$ et $m'k'$.

Il connaît donc les six premières inconnues en fonction des deux dernières, ε' et m', et des erreurs p et q de 1715 et de 1775. On peut voir qu'on a utilisé des observations de sept en sept ans, à partir de 1775 jusqu'en 1845; de sorte que toutes les observations comprises dans cet intervalle de soixante-dix ans se-ront représentées presque exactement quelles que soient les valeurs de ε', m', p et q. Mais on n'en peut pas dire autant des observations de 1690 et 1747; c'est en essayant de représenter ces observations qu'on pourra déterminer ε'.

On substituera donc les valeurs des six premières inconnues dans les équa-tions (c) qui répondent à 1690 et 1747, et l'on aura des résidus de la forme

$$(9) \qquad A + B\,m' + C\,p + D\,q.$$

Le Verrier a effectué tous les calculs qui viennent d'être indiqués pour qua-rante valeurs équidistantes de ε', entre $0°$ et $360°$. Voici les résidus (9) pour quelques-unes des valeurs de ε' :

TABLEAU (B).

ε'.	Erreur de la théorie en 1690.	Erreur de la théorie en 1747.
$0°$	$+ 324'' + 87''m' + 0,4p - 2,0q$	$-261'' - 16''m' - 1,3p - 1,6q$
45	$+ 207 - 8m' - 0,1p - 1,5q$	$- 167 - 116m' - 1,0p - 2,0q$
90	$+ 148 - 48m' - 0,2p - 1,6q$	$- 114 - 2m' - 0,8p - 1,8q$
135	$+ 138 + 42m' - 0,3p - 1,5q$	$- 106 + 63m' - 0,8p - 1,8q$
180	$+ 79 + 18m' - 0,5p - 1,5q$	$- 76 - 4m' - 0,7p - 1,9q$
225	$+ 6 - 57m' - 0,6p - 2,0q$	$- 33 - 11m' - 0,7p - 1,6q$
234	$- 2 - 57m' - 0,6p - 2,2q$	$- 27 - 9m' - 0,7p - 1,5q$
243	$- 7 - 53m' - 0,6p - 2,2q$	$- 24 - 6m' - 0,7p - 1,4q$
252	$- 8 - 45m' - 0,5p - 2,3q$	$- 24 - 3m' - 0,7p - 1,3q$
261	$- 4 - 35m' - 0,5p - 2,5q$	$- 24 + 1m' - 0,8p - 1,2q$
270	$+ 4 - 21m' - 0,4p - 2,6q$	$- 29 + 6m' - 0,8p - 1,2q$
279	$+ 17 - 5m' - 0,3p - 2,8q$	$- 38 + 12m' - 0,9p - 1,1q$
288	$+ 37 - 14m' - 0,2p - 2,9q$	$- 51 + 18m' - 0,9p - 1,0q$
315	$+ 144 + 73m' + 0,1p - 3,0q$	$- 123 + 37m' - 1,2p' - 0,8q'$

Le Verrier examine ensuite la marche des erreurs contenues dans le Tableau précédent, en ayant égard aux limites dans lesquelles doivent rester comprises les quantités m', p et q.

La discussion des observations lui a montré que p ne peut surpasser $15''$ et

q 10″; d'autre part, il était arrivé à reconnaître (¹) que m' ne peut être supposé supérieur à 4, sans quoi la planète inconnue exercerait sur Saturne des perturbations appréciables qui n'ont pas été constatées.

Cela posé, on voit que pour $\varepsilon' = 0$, en prenant $p = -15$, $q = -10$, l'erreur en 1747 serait de $-226″ - 16″m'$, donc en valeur absolue supérieure à $226″$; l'erreur de 1690 serait encore beaucoup plus considérable. L'hypothèse $\varepsilon' = 0$ est donc impossible; les valeurs suivantes, jusqu'à 225°, sont également impossibles. Mais on remarque que les parties constantes A des résidus du Tableau (B) atteignent leur minimum absolu, tant en 1690 qu'en 1747, dans le voisinage de $\varepsilon' = 252°$; c'est là seulement qu'on peut avoir une solution susceptible de représenter les observations.

158. La partie la plus difficile du problème est maintenant résolue; il n'y a plus qu'à perfectionner la solution et à lui faire acquérir le maximum de précision. Le Verrier pose

$$(10) \qquad \varepsilon' = 252° + 18°\beta,$$

et, pour tenir compte de ce que la loi de Bode a pu assigner à a' une valeur inexacte, il fait aussi

$$(11) \qquad \alpha = \frac{a}{a'} = 0,5 + 0,2\gamma,$$

en désignant par β et γ deux indéterminées.

Il reprend tous les calculs à leur début et se propose de développer les résultats suivant les puissances de β et γ; il y arrive par interpolation, en faisant six calculs correspondant à

$$(12) \quad \begin{cases} \beta = 0, \quad \gamma = 0; \quad & \beta = 0, \quad \gamma = +1; \quad & \beta = 0, \quad \gamma = -1; \\ \beta = +1, \quad \gamma = 0; \quad & \beta = -1, \quad \gamma = 0; \quad & \beta = -1, \quad \gamma = +1; \end{cases}$$

dans chacune de ces hypothèses, il calcule les équations (a), qu'il prend même plus nombreuses que précédemment, en formant un plus grand nombre de groupes avec les observations modernes (il en a maintenant 33 au lieu de 18). Il résout chacun de ces systèmes de 33 équations par la méthode des moindres carrés, relativement aux 6 inconnues Δn, $\Delta\varepsilon$, Δe, $\Delta\varpi$, $m'h'$ et $m'k'$ dont il trouve les valeurs exprimées linéairement en m'. Il calcule aussi les 33 résidus obtenus en substituant dans les équations de condition les valeurs des 6 inconnues. Il a donc, en correspondance avec les 6 systèmes (12), 6 systèmes des 33 résidus

---

(¹) m' désigne dans le travail de Le Verrier le rapport de la masse de la planète inconnue à la dix-millième partie de la masse du Soleil.

exprimés sous la forme

$$\mathcal{A} + \mathcal{B}\, m',$$

où $\mathcal{A}$ et $\mathcal{B}$ ont chaque fois des valeurs numériques connues. C'est maintenant un calcul facile que d'obtenir les 33 résidus qui correspondraient aux valeurs générales (10) et (11) de ε' et α sous la forme

$$(13) \qquad \begin{cases} \quad A + B\beta + C\gamma + D\beta^2 + E\beta\gamma + F\gamma^2 \\ + m'(A' + B'\beta + C'\gamma + D'\beta^2 + E'\beta\gamma + F'\gamma^2); \end{cases}$$

les quantités A, B, ..., A', B', ... ont actuellement des valeurs numériques connues. Le Verrier cherche ensuite, à l'aide de certaines simplifications plausibles, à déterminer les valeurs de β, γ et m' qui rendent un minimum la somme des carrés des 33 résidus. Il trouve

$$(14) \qquad \beta = -0,650\,30, \qquad \gamma = -1,029\,25, \qquad m' = 1,0727;$$

il en résulte

$$a' = 36,1639.$$

En introduisant les valeurs (14) de β, γ et m' dans les expressions de $m'h'$ et $m'k'$ mises préalablement sous la forme (13), on obtient les valeurs les plus précises de h' et k'. On en déduit

$$e' = 0,10761, \qquad \varpi' = 284°5'48''.$$

Le Verrier est ainsi à même de calculer la longitude et le rayon vecteur de la planète inconnue pour le 1er janvier 1847; il obtient

$$\varepsilon' = 326°32', \qquad r' = 33,06.$$

Voici comment la solution précédente représente les observations :

Tableau (A').

Dates.	Calcul moins observation.	Dates.	Calcul moins observation.
	$''$		$''$
1781-1782......	+ 2,3	1813-1815......	— 0,9
1783-1784......	+ 0,1	1816-1817......	+ 0,4
1785-1788......	— 1,2	1818-1820......	÷ 0,4
1789-1790......	— 3,4	1821-1823......	+ 0,9
1791-1792......	+ 0,3	1824-1827......	— 5,4
1793-1794......	— 0,5	1828-1830......	— 2,2
1795-1797......	— 1,0	1833-1835......	— 0,8
1797-1801......	+ 0,9	1835-1836......	+ 2,3
1802-1804......	+ 0,8	1837-1838......	+ 2,5
1804-1806......	+ 0,8	1839-1840......	+ 2,2
1807-1808......	+ 2,1	1841-1842......	— 0,2
1808-1810......	+ 0,8	1842-1844......	— 0,4
1811-1813......	— 0,5	1844-1845......	— 0,3

Toutes ces observations sont bien représentées; la comparaison des Tableaux (A) et (A′) parle du reste d'elle-même.

Voici, d'ailleurs, comment la solution trouvée représente les observations anciennes :

1690.	Une observation de Flamsteed............	— 19,9″
1712 et 1715.	Quatre observations de Flamsteed.........	± 5,5
1750.	Deux observations de Lemonnier...........	— 7,4
1753 et 1756.	Deux observations de Mayer et Bradley.....	— 4,0
1764.	Une observation de Lemonnier.............	÷ 4,9
1768 et 1769.	Huit observations de Lemonnier..........	⊹ 3,7

Ces écarts n'ont rien d'anormal.

Le 18 septembre 1846, Le Verrier écrit à M. Galle, astronome de Berlin, pour lui communiquer la position de la planète, et le jour même où il reçoit cette lettre, le 23 septembre, M. Galle observe la planète à 52′ de la position assignée.

159. En même temps que Le Verrier, et même avant lui, un jeune géomètre anglais, devenu depuis un astronome illustre, M. Adams, trouvait de son côté une solution du problème. Son attention avait été appelée sur ce sujet, dès 1841, par un Rapport de M. Airy sur les progrès récents de l'Astronomie. En 1843, M. Adams faisait un premier essai en supposant circulaire l'orbite de la planète inconnue, avec un rayon double de la distance moyenne d'Uranus au Soleil; le résultat qu'il obtint lui montra qu'il était possible d'établir un accord général et satisfaisant entre la théorie et l'observation. Ayant reçu, en février 1844, les résultats de toutes les observations d'Uranus faites à Greenwich, il aborda la solution du problème avec une orbite elliptique, et il communiqua en septembre et octobre 1845, à M. Challis et à M. Airy, les valeurs qu'il obtint pour la longitude, la masse et les éléments de la planète supposée. Cependant l'excentricité de l'orbite lui parut trop grande; les dernières observations d'Uranus lui semblèrent n'être pas représentées avec toute l'exactitude désirable. Aussi M. Adams se décida-t-il à recommencer les calculs en diminuant la distance moyenne de $\frac{1}{30}$; il communiqua les nouveaux résultats, très satisfaisants cette fois, à M. Airy dans les premiers jours de septembre 1846.

Le Verrier avait fait connaître dans les *Comptes rendus de l'Académie des Sciences*, dès le 1ᵉʳ juin, la longitude de la planète inconnue, et le 31 août sa masse et ses éléments. Enfin, c'est sur ses indications que, le 23 septembre, M. Galle trouvait la planète; aucun des résultats obtenus par M. Adams n'avait encore été publié. Il n'est donc pas douteux que l'honneur de la découverte appartient à Le Verrier. Mais il est certain que M. Adams était arrivé de son côté à la connaissance de la position très approchée de la planète (^{1}).

L'ensemble des recherches de M. Adams fut communiqué à la Société Astronomique de Londres, le 13 novembre 1846, et imprimé immédiatement dans l'Appendice du *Nautical Almanac* pour 1851; une traduction française du Mémoire a paru dans le *Journal de Mathématiques*, 3ᵉ série, t. II, 1876. La méthode employée est simple et élégante; la discussion est cependant moins approfondie que chez Le Verrier; la position calculée diffère de celle observée par M. Galle de 2°27′.

160. Quand on eut observé Neptune pendant un certain temps, il fut possible de déduire des observations ainsi faites les éléments elliptiques de son orbite, en faisant intervenir une ancienne observation de Lalande, qui avait catalogué la planète en 1795, comme une étoile fixe; on put aussi calculer depuis la masse de la planète en partant des observations de son satellite. Nous rapprochons, dans le Tableau ci-dessous, quelques-uns de ces éléments des valeurs correspondantes calculées par Le Verrier et M. Adams :

	Observations.	Le Verrier.	Adams.
a'	30,0367	36,1539	37,2474
e'	0,008719	0,107610	0,120615
ϖ'	47°12′	284°6′	299°11′
m'	0,000056	0,000107	0,000150

Cette comparaison ne fut pas sans causer quelque étonnement : les deux orbites calculées étaient voisines l'une de l'autre, mais elles différaient considérablement de l'orbite réelle. On se demanda comment des éléments aussi éloignés de la vérité avaient permis de représenter les perturbations d'une manière satisfaisante, et de fixer aussi exactement la position de la planète. Un peu de réflexion suffit pour faire comprendre la chose.

Remarquons d'abord que les perturbations d'Uranus par Neptune sont surtout sensibles aux environs de la conjonction : mettons 20 ans avant et 20 ans après environ. Les conjonctions arrivent à peu près tous les 171 ans; la dernière a eu lieu en 1822, la précédente en 1651. Donc, dans toute la période comprise entre la première observation de Flamsteed (1690) et le commencement du siècle actuel, l'action de la planète perturbatrice a été presque négligeable. Il suffit donc de voir comment les éléments de Le Verrier représentent la position de Neptune, à partir de 1800; c'est ce que montre le Tableau suivant; la

---

(^{1}) Pour plus de détails sur la découverte de Neptune, je renvoie le lecteur à un excellent Ouvrage intitulé : *History of Physical Astronomy*, par Robert Grant, 1852.

deuxième et la troisième colonne donnent les coordonnées héliocentriques v et r de Neptune, déterminées par les éléments exacts; dans la quatrième et la cinquième, on a inséré les nombres calculés avec les éléments de Le Verrier :

Dates.	Neptune.		Le Verrier.	
	$v.$	$r.$	$v.$	$r.$
1800........	226°. 4′	30,3	231.34	33,6
1810........	247.20	30,3	251.10	32,8
1820........	268.52	30,2	271.28	32,4
1830........	290.31	30,1	292. 8	32,3
1840........	312.17	30,1	312.36	32,6
1850........	334.12	30,0	332.25	33,3
1860........	356.14	29,9	351.17	34,3

On voit que, dans tout cet intervalle, l'erreur en longitude des formules de Le Verrier reste comprise entre $\pm 5°,5$; les valeurs assignées aux rayons vecteurs sont trop grandes d'environ $\frac{1}{14}$ au moment de la conjonction. Les forces perturbatrices calculées auront donc des directions très voisines des directions réelles, seulement les intensités seront trop faibles; mais ce défaut sera compensé en partie par la valeur trop forte trouvée par Le Verrier pour la masse de Neptune.

C'est ainsi qu'une combinaison convenable des éléments, dont chacun est très erroné, peut représenter presque exactement le lieu héliocentrique de Neptune et les perturbations d'Uranus, pendant tout l'intervalle de temps *limité* où ces perturbations ont été sensibles, et satisfaire par suite aux conditions du problème.

La loi empirique de Bode a donné une valeur très peu exacte de a', 38 au lieu de 30; le calcul, avec sa logique inflexible, va au plus pressé; il assigne à l'orbite de Neptune une forme elliptique très prononcée, où le périhélie est dirigé à très peu près suivant la ligne de conjonction de 1822, ce qui corrige en grande partie l'erreur provenant de la valeur inexacte assignée à a', en rapprochant Neptune du Soleil, à l'époque de la conjonction, presque à la distance voulue, 32,4 au lieu de 30,2; la forte valeur obtenue pour m' fait le reste.

Si l'on considère que la valeur réelle de e' est au-dessous de $\frac{1}{100}$, on est fondé à penser qu'on serait arrivé par des calculs plus simples à une représentation satisfaisante des observations avec une série d'orbites circulaires dont les rayons auraient été en diminuant de 38 à 30.

CHAPITRE XXIV.

INÉGALITÉS DU SECOND ORDRE PAR RAPPORT AUX MASSES.

161. Reprenons l'expression

$$(1) \qquad a' R_{0,1} = \sum N e^h e'^{h'} \eta^f \cos(i\lambda + i'l' + k\omega + k'\varpi' + u\tau');$$

nous avons donné dans le n° 134 les formules qui font connaître $\dfrac{da}{dt}, \dfrac{de}{dt}, \ldots$ On a, en particulier,

$$(2) \qquad \frac{da}{dt} = - \frac{2m'}{\mu} \frac{na^2}{a'} \sum i N e^h e'^{h'} \eta^f \sin(i\lambda + i'l' + k\omega + k'\varpi' + u\tau').$$

On a intégré l'équation (2) en remplaçant dans le second membre $a, a', \ldots$ par des constantes, ce qui a donné l'expression de $\delta_1 a$.

Pour obtenir l'ensemble des perturbations du second ordre de l'élément a, il faut maintenant remplacer, dans le second membre de l'équation (2), $a, a', e, \ldots$ par leurs valeurs $a + \delta_1 a, a' + \delta_1 a', e + \delta_1 e, \ldots$, fournies par la première approximation, et développer ce second membre par la formule de Taylor, en négligeant les carrés et les produits des δ_1. Si l'on écrit, non pas le second membre lui-même, mais son accroissement, on trouvera ainsi l'expression de $\dfrac{d\delta_2 a}{dt}$.

Les valeurs de $\delta_1 a, \delta_1 a', \ldots$ sont de cette forme :

$$(3) \quad \left\{ \begin{aligned}
\delta_1 a &= \sum A \cos D, & \delta_1 a' &= \sum A' \cos D, \\
\delta_1 e &= bt + \sum E \cos D, & \delta_1 e' &= b't + \sum E' \cos D, \\
\delta_1 \lambda &= gt + \sum L \sin D, & \delta_1 l' &= \sum L' \sin D, \\
e\delta_1 \omega &= ct + \sum P \sin D, & e'\delta_1 \varpi' &= c't + \sum P' \sin D, \\
\delta_1 \eta &= \xi t + \sum F \cos D, & \eta\delta_1 \tau' &= \chi t + \sum Q \sin D,
\end{aligned} \right.$$

où D désigne l'un quelconque des arguments de la première approximation,

$$D = i_1 \lambda + i'_1 l' + k_1 \omega + k'_1 \varpi' + u_1 \tau'.$$

Le terme séculaire gt de $\delta_1 \lambda$ provient de $\tau' - \tau$ qui figure dans $\lambda = l + \tau' - \tau$; il sera le plus souvent insensible. Les coefficients A, A', ..., Q, b, b', ... χ sont connus, et contiennent tous une petite masse planétaire en facteur dans leurs diverses parties.

En opérant comme on l'a indiqué plus haut, on trouvera

$$
\begin{aligned}
(4) \quad \frac{d\delta_1 a}{dt} = -&\frac{m'}{\mu}\frac{na^2}{a'}\sum i e^h e'^{h'}\eta^f\left[\frac{A}{a}\left(\frac{1}{2}N + a\frac{\partial N}{\partial a}\right) - \frac{A'}{a'}\left(N + a\frac{\partial N}{\partial a}\right)\right.\\
&\left. + N\left(\pm iL \pm i'L' + \frac{h}{e}E + \frac{h'}{e'}E' + \frac{f}{\eta}F \pm \frac{k}{e}P \pm \frac{k'}{e'}P' \pm \frac{u}{\eta}Q\right)\right]\\
&\times \sin(i\lambda + i'l' + k\omega + k'\varpi' + u\tau' \pm D)\\
-&\frac{2m'a^2}{\mu a'}nt\sum\left(\frac{h}{e}b + \frac{h'}{e'}b' + \frac{f}{\eta}\xi\right)iN e^h e'^{h'}\eta^f \sin(i\lambda + i'l' + k\omega + k'\varpi' + u\tau')\\
-&\frac{2m'a^2}{\mu a'}nt\sum\left(\frac{k}{e}c + \frac{k'}{e'}c' + \frac{u}{\eta}\chi + ig\right)iN e^h e'^{h'}\eta^f \cos(i\lambda + i'l' + k\omega + k'\varpi' + u\tau'),
\end{aligned}
$$

formule dans laquelle on doit prendre ensemble, d'abord les signes supérieurs, puis les signes inférieurs, et faire la somme. Nous ferons observer que nous avons remplacé $a'\frac{\partial N}{\partial a'}$ par $-a\frac{\partial N}{\partial a}$.

On en déduira, en nommant w le coefficient de t dans D,

$$
\begin{aligned}
(5) \quad \delta_2 a = &\frac{m'a^2}{\mu a'}\sum \frac{in}{in + i'n' \pm w} e^h e'^{h'}\eta^f\\
&\times\left[\frac{A}{a}\left(\frac{1}{2}N + a\frac{\partial N}{\partial a}\right) - \frac{A'}{a'}\left(N + a\frac{\partial N}{\partial a}\right)\right.\\
&\left. + \left(\frac{h}{e}E + \frac{h'}{e'}E' + \frac{f}{\eta}F\right)N \pm \left(iL + i'L' + \frac{k}{e}P + \frac{k'}{e'}P' + \frac{u}{\eta}Q\right)N\right]\\
&\times \cos(i\lambda + i'l' + k\omega + k'\varpi' + u\tau' \pm D)\\
+&\frac{2m'a^2}{\mu a'}\sum\left(\frac{h}{e}b + \frac{h'}{e'}b' + \frac{f}{\eta}\xi\right)\frac{i}{i + i'\nu}N e^h e'^{h'}\eta^f\\
&\times\left[t\cos(i\lambda + i'l' + k\omega + k'\varpi' + u\tau') - \frac{1}{in + i'n'}\sin(i\lambda + i'l' + k\omega + k'\varpi' + u\tau')\right]\\
-&\frac{2m'a^2}{\mu a'}\sum\left(\frac{k}{e}c + \frac{k'}{e'}c' + \frac{u}{\eta}\chi + ig\right)\frac{i}{i + i'\nu}N e^h e'^{h'}\eta^f\\
&\times\left[t\sin(i\lambda + i'l' + k\omega + k'\varpi' + u\tau') + \frac{1}{in + i'n'}\cos(i\lambda + i'l' + k\omega + k'\varpi' + u\tau')\right].
\end{aligned}
$$

On voit que, pour le calcul de $\delta_2 a$, on aura à faire toutes les combinaisons deux à deux des arguments des fonctions perturbatrices. Si l'une des quantités $in + i'n' \pm \varpi$ était nulle, il faudrait remonter à la formule (4), dans laquelle le terme correspondant devrait être considéré comme constant. Il en résulterait dans $\delta_2 a$ un terme proportionnel au temps. Le théorème de l'invariabilité des grands axes, relativement aux inégalités séculaires, n'aurait donc lieu que dans la première approximation, et pas dans la deuxième. Nous verrons dans le Chapitre suivant qu'il n'en est rien; les divers termes en t se détruisent dans $\delta_2 a$.

162. Si l'on considère trois planètes, on aura dans $\delta_2 a$ des arguments de la forme

$$(jn + j'n' + j''n'')\,t + q,$$

q désignant une constante, j, j', j'' trois nombres entiers positifs ou négatifs. S'il arrive que, pour certaines valeurs de j, j', j'', la quantité $jn + j'n' + j''n''$ soit très petite par rapport à chacune des quantités n, n', n'', il en résultera dans la distance moyenne a des inégalités à longue période qui pourront être très sensibles en raison du petit diviseur $jn + j'n' + j''n''$ que l'on trouve dans la première partie du second membre de la formule (5). Ces inégalités seraient encore beaucoup plus fortes dans $\delta_2 l$, car le petit diviseur en question y figure au carré, et non plus à la première puissance.

Nous nous bornerons aux indications précédentes sur le calcul des perturbations des éléments, qui sont du second ordre par rapport aux masses, et, pour ce qui concerne $\delta_2 l$, $\delta_2 e$, $\delta_2 \varpi$, $\delta_2 p$ et $\delta_2 q$, nous renverrons le lecteur au tome II des *Annales de l'Observatoire*, p. 43-57, et au tome X, p. 192 et suiv., où Le Verrier a traité la question en détail; il nous suffira d'avoir indiqué le principe du calcul qui ne présente d'autre difficulté que sa longueur dans la pratique.

Dans les théories de Mercure, Vénus, la Terre et Mars, le nombre des inégalités du second ordre qu'il y a lieu de considérer est très restreint, et encore, le plus souvent, on n'a à en tenir compte que dans la longitude moyenne. Il n'en est pas de même, malheureusement, pour les autres planètes, et surtout pour Jupiter et Saturne, dont les théories sont, par cela même, extrêmement compliquées; il faut même tenir compte de certaines inégalités du troisième ordre. M. A. Gaillot a donné dans le tome V du *Bulletin astronomique*, p. 329, les formules générales pour le calcul des perturbations du troisième ordre.

Nous ferons, en nous bornant aux inégalités du second ordre, une remarque importante : les expressions générales de $\frac{de}{dt}$, $\frac{d\varpi}{dt}$, $\frac{d\varepsilon}{dt}$, $\frac{dp}{dt}$ et $\frac{dq}{dt}$ contiennent toutes des termes séculaires, c'est-à-dire des termes de la forme

$$\mathrm{M}\,e^{h}e^{'h'}\eta^{f}\,{\textstyle{\sin\atop\cos}}\,(k\omega + k'\varpi' + u\tau'),$$

la dérivée $\frac{da}{dt}$ étant la seule à n'en pas renfermer. Or, quand, pour obtenir la

seconde approximation, on remplacera dans ces termes séculaires a, e, ...,
respectivement par $a + \delta_1 a$, $e + \delta_1 e$, ..., on verra apparaître des termes en

$$l \, {\textstyle {\cos \atop \sin}} \, (k\omega + k'\varpi' + u\tau').$$

Dans l'intégration, comme l'argument $k\omega + k'\varpi' + u\tau'$ doit être considéré comme constant, il s'introduira des termes en l^2.

L'expression de l'un quelconque des éléments ε, e, ϖ, p et q fournie par la seconde approximation sera donc de la forme

$$(6) \qquad P + P'l + P''l^2 + \sum A \, {\textstyle {\cos \atop \sin}} \, (\alpha l + \beta) + l \sum A' \, {\textstyle {\cos \atop \sin}} \, (\alpha' l + \beta').$$

Quand il s'agit du grand axe, P' et P'' sont nuls; nous avons dit au n° 141 que l'on peut faire abstraction du terme $P'l$ dans l'expression de ε.

Les inégalités du second ordre des coordonnées héliocentriques se déduiront aisément des inégalités du même ordre des éléments. On pourra appliquer pour cela la remarque suivante : soit $F(l, a, e, ...)$ une fonction quelconque de l et des éléments (ce sera le rayon vecteur, la longitude ou la latitude héliocentrique); il faut y remplacer l, a, ... respectivement par $l + \delta_1 l + \delta_2 l$, $a + \delta_1 a + \delta_2 a$, ..., et ne conserver, dans le développement par la formule de Taylor, que les termes du second ordre. On trouve

$$\delta_2 F = \frac{\partial F}{\partial l} \delta_2 l + \frac{\partial F}{\partial a} \delta_2 a + \ldots$$
$$+ \frac{1}{2} \frac{\partial^2 F}{\partial l^2} (\delta_1 l)^2 + \frac{1}{2} \frac{\partial^2 F}{\partial a^2} (\delta_1 a)^2 + \ldots$$
$$+ \frac{\partial^2 F}{\partial l \partial a} \delta_1 l \delta_1 a + \ldots.$$

Nous ajouterons enfin que, dans les théories de Jupiter, de Saturne, d'Uranus et de Neptune, Le Verrier n'a pas calculé les perturbations des divers ordres des coordonnées héliocentriques, mais seulement celles des éléments. Les Tables font connaître les valeurs des éléments osculateurs à une époque quelconque; on calcule ensuite la position de la planète avec les éléments précédents, par les formules ordinaires du mouvement elliptique.

CHAPITRE XXV.

THÉORÈME DE POISSON.

INVARIABILITÉ DES GRANDS AXES DANS LA DEUXIÈME APPROXIMATION PAR RAPPORT AUX MASSES.

163. Il nous sera avantageux d'employer ici la forme symétrique que nous avons donnée dans le Chapitre IV aux équations différentielles du mouvement des planètes.

Soient x_i, y_i, z_i les coordonnées rectangulaires héliocentriques de l'une quelconque des planètes, m_i sa masse, m_0 celle du Soleil; nous avons posé dans le Chapitre IV

$$(1) \qquad \mu_0 = m_0, \qquad \mu_i = m_0 + m_1 + \ldots + m_i;$$

$$(2) \quad \begin{cases} x_1 = \mathrm{x}_1; & x_2 = \mathrm{x}_2 + \dfrac{m_1}{\mu_1}\,\mathrm{x}_1; & x_3 = \mathrm{x}_3 + \dfrac{m_2}{\mu_2}\,\mathrm{x}_2 + \dfrac{m_1}{\mu_1}\,\mathrm{x}_1; & \ldots; \\[2ex] y_1 = \mathrm{y}_1; & y_2 = \mathrm{y}_2 + \dfrac{m_1}{\mu_1}\,\mathrm{y}_1; & y_3 = \mathrm{y}_3 + \dfrac{m_2}{\mu_2}\,\mathrm{y}_2 + \dfrac{m_1}{\mu_1}\,\mathrm{y}_1; & \ldots; \\[2ex] z_1 = \mathrm{z}_1; & z_2 = \mathrm{z}_2 + \dfrac{m_1}{\mu_1}\,\mathrm{z}_1; & z_3 = \mathrm{z}_3 + \dfrac{m_2}{\mu_2}\,\mathrm{z}_2 + \dfrac{m_1}{\mu_1}\,\mathrm{z}_1; & \ldots. \end{cases}$$

C'est la définition des nouvelles variables x_i, y_i, z_i;

$$(3) \quad \begin{cases} \Delta_{0,j}^2 = x_j^2 + y_j^2 + z_j^2, \\[1ex] \Delta_{j,k}^2 = (x_j - x_k)^2 + (y_j - y_k)^2 + (z_j - z_k)^2, \\[1ex] \mathrm{U} = \mathrm{f}\,m_0 \sum \dfrac{m_j}{\Delta_{0,j}} + \mathrm{f} \sum \sum_k \dfrac{m_j m_k}{\Delta_{j,k}}; \end{cases}$$

et nous avons trouvé, d'une manière générale, les équations différentielles,

$$(4)\quad\begin{cases}\dfrac{\mu_{i-1}}{\mu_i}\,m_i\,\dfrac{d^2 x_i}{dt^2}=\dfrac{\partial U}{\partial x_i},\\[2ex]\dfrac{\mu_{i-1}}{\mu_i}\,m_i\,\dfrac{d^2 y_i}{dt^2}=\dfrac{\partial U}{\partial y_i},\\[2ex]\dfrac{\mu_{i-1}}{\mu_i}\,m_i\,\dfrac{d^2 z_i}{dt^2}=\dfrac{\partial U}{\partial z_i}.\end{cases}$$

On peut développer U suivant les puissances et les produits des petites quantités m_1, m_2, …; nous désignerons par U′ l'ensemble des termes du premier ordre; U′ proviendra seulement de la première partie de U, savoir $fm_0\sum\dfrac{m_j}{\Delta_{0,j}}$; en ayant égard aux formules (2) et (3), et posant

$$x_j^2+y_j^2+z_j^2=r_j^2,$$

on trouve aisément

$$U'=fm_0\sum_i\frac{m_j}{r_j}.$$

La différence U − U′ sera du second ordre, et il en sera de même de la quantité

$$(5)\qquad V=U-f\sum_j m_j(m_0+m_j)\,\frac{\mu_{j-1}}{\mu_j}\,\frac{1}{r_j}.$$

Or on tire de là

$$\frac{\partial U}{\partial x_i}=\frac{\partial V}{\partial x_i}-fm_i(m_0+m_i)\,\frac{\mu_{i-1}}{\mu_i}\,\frac{x_i}{r_i^3},$$

et, en portant, dans (4), il vient

$$(6)\quad\begin{cases}\dfrac{d^2 x_i}{dt^2}+f(m_0+m_i)\,\dfrac{x_i}{r_i^3}=\dfrac{\mu_i}{\mu_{i-1}}\,\dfrac{1}{m_i}\,\dfrac{\partial V}{\partial x_i},\\[2ex]\dfrac{d^2 y_i}{dt^2}+f(m_0+m_i)\,\dfrac{y_i}{r_i^3}=\dfrac{\mu_i}{\mu_{i-1}}\,\dfrac{1}{m_i}\,\dfrac{\partial V}{\partial y_i},\\[2ex]\dfrac{d^2 z_i}{dt^2}+f(m_0+m_i)\,\dfrac{z_i}{r_i^3}=\dfrac{\mu_i}{\mu_{i-1}}\,\dfrac{1}{m_i}\,\dfrac{\partial V}{\partial z_i}.\end{cases}$$

Ce sont les équations d'un mouvement elliptique troublé par une force perturbatrice; la fonction perturbatrice est ici

$$(7)\qquad R_i=\frac{\mu_i}{\mu_{i-1}}\,\frac{1}{m_i}\,V;$$

les fonctions analogues qui correspondent aux divers corps m_i ne diffèrent de R_i que par des facteurs constants.

Il est aisé de voir que le petit dénominateur m_i qui figure dans l'expression (7) disparaît dans les seconds membres des équations (6), parce que les dérivées partielles $\dfrac{\partial V}{\partial x_i}$, $\dfrac{\partial V}{\partial y_i}$, $\dfrac{\partial V}{\partial z_i}$ contiennent précisément ce facteur; il nous suffira pour cela de prouver que $\dfrac{\partial V}{\partial x_i}$ s'annule avec m_i, quelles que soient les autres masses m_1, m_2, ...

Remarquons d'abord que, pour $m_i = 0$, x_i disparaît de la partie

$$- f \sum_i m_j (m_0 + m_j) \frac{\mu_j - 1}{\mu_j} \frac{1}{r_j}$$

de l'expression (5) de V; il suffit de montrer que la même chose a lieu pour U. Or nous voyons sur les formules (2) que, pour $m_i = 0$, toutes les quantités x_j, sauf x_i, deviennent indépendantes de x_i; donc $\Delta_{0,j}$ ne contient pas x_i si j est différent de i, et $\Delta_{j,k}$ ne contient pas x_i si aucun des indices j et k n'est égal à i. Si donc on suppose $m_i = 0$ dans l'expression (3) de U, on fait disparaître d'un coup tout ce qui contenait x_i.

Il en résulte que si, dans le développement de V suivant les puissances entières et positives de m_1, m_2, m_3, ..., on représente un terme quelconque par

$$m_i^\lambda m_j^\mu m_k^\nu \ldots A,$$

A ne contiendra que les coordonnées x_i, x_j, x_k, ..., y_i, y_j, y_k, ..., z_i, z_j, z_k, ... des masses m_i, m_j, m_k, ... qui entrent en facteur dans ce terme; car autrement, si ce terme contenait par exemple $x_{i'}$, la dérivée $\dfrac{\partial V}{\partial x_{i'}}$ ne s'annulerait pas pour $m_{i'} = 0$, quelles que soient m_i, m_j, m_k, ...

164. Cela posé, quand on supprime les seconds membres des équations (6), ces équations représentent un mouvement elliptique dans lequel nous désignerons par a_i le demi grand axe, n_i le moyen mouvement, l_i la longitude moyenne et ε_i la longitude moyenne de l'époque; nous aurons

$$n_i^2 a_i^3 = f(m_0 + m_i), \qquad l_i = n_i t + \varepsilon_i.$$

Pour passer du mouvement elliptique au mouvement troublé, nous conserverons pour x_i, y_i, z_i, $\dfrac{dx_i}{dt}$, $\dfrac{dy_i}{dt}$, $\dfrac{dz_i}{dt}$ les mêmes expressions analytiques en fonction de l_i et des autres éléments; seulement nous prendrons $l_i = \int n_i \, dt + \varepsilon_i$; nous supposerons que l'on fasse de même pour les autres planètes.

Ayant développé, comme nous l'avons dit, V suivant les puissances des masses,

$$V = V' + V'' + V''' + \dots,$$

on substituera dans chaque partie pour x_1, y_1, z_1, x_2, y_2, z_2, … leurs valeurs
en fonction de l_1, l_2, … et des éléments, et l'on développera le résultat en
sinus et cosinus d'arcs de la forme $\alpha l_i + \beta l_j + \gamma l_k + \dots$, α, β, γ, … étant
des nombres entiers positifs ou négatifs. Si α n'est pas nul, le coefficient de
$\genfrac{}{}{0pt}{}{\sin}{\cos} (\alpha l_i + \beta l_j + \gamma l_k + \dots)$ contiendra m_i en facteur; de même pour β, …. Donc
la partie V' de V, qui est du second ordre par rapport aux masses, contiendra
au plus deux longitudes moyennes l_i, l_j, dans chacun des arguments qu'elle
renferme; la partie V'' du troisième ordre en contiendra au plus trois, etc.

Nous aurons, pour déterminer le demi grand axe dans le mouvement troublé,

$$\frac{da_i}{dt} = \frac{2}{n_i a_i} \cdot \frac{\partial R_i}{\partial \varepsilon_i} = \frac{2}{n_i a_i} \frac{\mu_i}{\mu_{i-1}} \frac{1}{m_i} \frac{\partial V}{\partial \varepsilon_i} = \frac{2}{n_i a_i} \left(1 + \frac{m_i}{\mu_{i-1}} \right) \frac{1}{m_i} \frac{\partial (V' + V'' + \dots)}{\partial \varepsilon_i},$$

ou bien, en développant et n'écrivant dans le second membre que les termes
qui sont des ordres 1 et 2,

$$(8) \qquad \frac{da_i}{dt} = \frac{2}{n_i a_i} \frac{1}{m_i} \frac{\partial V'}{\partial \varepsilon_i} + \frac{2}{n_i a_i} \frac{1}{m_0} \frac{\partial V'}{\partial \varepsilon_i} + \frac{2}{n_i a_i} \frac{1}{m_i} \frac{\partial V''}{\partial \varepsilon_i} + \dots.$$

Nous représenterons la valeur d'un élément quelconque dans le mouvement
troublé par $p_i + \delta_1 p_i + \delta_2 p_i + \dots$, p_i désignant une constante, $\delta_1 p_i$, $\delta_2 p_i$, …
des fonctions du temps qui soient des ordres respectifs 1, 2, … par rapport aux
masses; le demi grand axe dans le mouvement troublé sera représenté en particulier par

$$a_i + \delta_1 a_i + \delta_2 a_i + \dots;$$

le moyen mouvement devra également être remplacé par

$$n_i + \delta_1 n_i + \delta_2 n_i + \dots;$$

n_i et a_i sont deux constantes liées entre elles par la relation

$$n_i^2 a_i^3 = f(m_0 + m_i);$$

on doit avoir aussi

$$(n_i + \delta_1 n_i + \delta_2 n_i + \dots)^2 (a_i + \delta_1 a_i + \delta_2 a_i + \dots)^3 = f(m_0 + m_i) = n_i^2 a_i^3,$$

d'où

$$(9) \qquad \left\{ \begin{aligned} \delta_1 n_i &= -\frac{3 n_i}{2 a_i} \delta_1 a_i, \\[2ex] \delta_2 n_i &= -\frac{3}{2} \frac{n_i}{a_i} \delta_2 a_i + \frac{15}{8} \frac{n_i}{a_i^2} (\delta_1 a_i)^2, \\[1ex] &\dots\dots\dots\dots\dots\dots\dots\dots\dots \end{aligned} \right.$$

En faisant la substitution indiquée dans les deux membres de l'équation (8), tant pour les éléments de m_i que pour ceux de m_j, et continuant à n'écrire que les quantités des deux premiers ordres, il viendra

$$\frac{d\,\delta_1 a_i}{dt} + \frac{d\,\delta_2 a_i}{dt} + \cdots = \frac{2}{n_i a_i}\,\frac{1}{m_i}\,\frac{\partial V'}{\partial \varepsilon_i} + \frac{2}{n_i a_i}\,\frac{1}{m_i}\,\delta_1\,\frac{\partial V'}{\partial \varepsilon_i} + \frac{2}{m_i}\,\frac{\partial V'}{\partial \varepsilon_i}\,\delta_1\,\frac{1}{n_i a_i}$$

$$+ \frac{2}{n_i a_i}\,\frac{1}{m_0}\,\frac{\partial V'}{\partial \varepsilon_i} + \frac{2}{n_i a_i}\,\frac{1}{m_i}\,\frac{\partial V''}{\partial \varepsilon_i} + \cdots;$$

d'où, en égalant dans les deux membres les termes du premier ordre et ceux du second, et remarquant qu'on a, à cause de (9), $\delta_1\,\dfrac{1}{n_i a_i} = \dfrac{1}{2\,n_i a_i^2}\,\delta_1\,a_i$,

$$(10) \qquad \frac{d\,\delta_1 a_i}{dt} = \frac{2}{n_i a_i}\,\frac{1}{m_i}\,\frac{\partial V'}{\partial \varepsilon_i},$$

$$(11) \qquad \frac{d\,\delta_2 a_i}{dt} = \frac{2}{n_i a_i}\,\frac{1}{m_i}\,\delta_1\,\frac{\partial V'}{\partial \varepsilon_i} + \frac{1}{n_i a_i^2}\,\frac{1}{m_i}\,\frac{\partial V'}{\partial \varepsilon_i}\,\delta_1 a_i + \frac{2}{n_i a_i}\,\frac{1}{m_0}\,\frac{\partial V'}{\partial \varepsilon_i} + \frac{2}{n_i a_i}\,\frac{1}{m_i}\,\frac{\partial V''}{\partial \varepsilon_i}.$$

$\delta_1\,\dfrac{\partial V'}{\partial \varepsilon_i}$ représente la variation de la fonction $\dfrac{\partial V'}{\partial \varepsilon_i}$ quand on augmente les éléments de m_i et de m_j de leurs perturbations du premier ordre.

La formule (10) donne, pour les perturbations du premier ordre de a_i,

$$\delta_1 a_i = \frac{2}{n_i a_i}\,\frac{1}{m_i} \int \frac{\partial V'}{\partial \varepsilon_i}\,dt;$$

$\dfrac{\partial V'}{\partial \varepsilon_i}$ ne se compose que de termes périodiques, et $\delta_1 a_i$ n'a pas de partie séculaire; passons à l'examen des perturbations du second ordre; les deux dernières parties de l'expression (11) ne pouvant donner que des termes périodiques, nous devons nous borner, dans la recherche des termes séculaires, à

$$\frac{d\,\delta_2 a_i}{dt} = \frac{2}{n_i a_i}\,\frac{1}{m_i}\,\delta_1\,\frac{\partial V'}{\partial \varepsilon_i} + \frac{1}{n_i a_i^2}\,\frac{1}{m_i}\,\frac{\partial V'}{\partial \varepsilon_i}\,\delta_1 a_i.$$

Considérons d'abord la dernière partie du second membre; pour obtenir un terme non périodique, il faudra combiner deux termes de $\dfrac{\partial V'}{\partial \varepsilon_i}$ et de $\delta_1 a_i$ dont les arguments contiennent les mêmes multiples des longitudes moyennes; soit

$$(12) \qquad A \sin(\alpha l_i + \beta l_j) + B \cos(\alpha l_i + \beta l_j)$$

l'ensemble des termes de V' qui renferment $\alpha l_j + \beta l_i$; nous écrirons, suivant les cas, ces deux termes sous l'une ou l'autre des formes suivantes

$$A \sin\psi + B \cos\psi,$$
$$C \sin(\psi + \omega);$$

en posant

$$= \alpha l_i + \beta l_j,$$

et nous remarquerons que A, B, C et ω sont indépendants de ε_i et de ε_j ; ce sont des fonctions des éléments elliptiques autres que ε_i et ε_j.

On aura, en réduisant V′ à ces deux termes,

$$\delta_1 a_i = \frac{2\alpha C}{n_i a_i} \frac{1}{m_i} \int \cos(\psi + \omega)\, dt = \frac{2\alpha C}{m_i n_i a_i(\alpha n_i + \beta n_j)} \sin(\alpha l_i + \beta l_j + \omega),$$

$$\frac{\partial V'}{\partial \varepsilon_i} = \alpha C \cos(\alpha l_i + \beta l_j + \omega);$$

les deux termes considérés donneront donc dans le produit $\frac{\partial V'}{\partial \varepsilon_i} \delta_1 a_i$ la partie

$$\frac{\alpha^2 C^2}{m_i n_i a_i(\alpha n_i + \beta n_j)} \sin 2(\alpha l_i + \beta l_j + \omega),$$

laquelle est essentiellement périodique ; il nous reste donc seulement, au point de vue auquel nous nous plaçons, à considérer l'équation

$$(13) \qquad \frac{d\,\delta_2 a_i}{dt} = \frac{2}{m_i n_i a_i} \delta_1 \frac{\partial V'}{\partial \varepsilon_i}.$$

Soient p_i et q_i deux quelconques des éléments, autres que ε_i, du corps m_i, p_j et q_j les éléments correspondants pour m_j ; posons

$$p_i = \int n_i\, dt, \qquad p_j = \int n_j\, dt,$$

de manière que

$$l_i = p_i + \varepsilon_i, \qquad l_j = p_j + \varepsilon_j,$$

$$\frac{\partial V'}{\partial p_i} = \frac{\partial V'}{\partial \varepsilon_i} = \frac{\partial V'}{\partial l_i}, \qquad \frac{\partial V'}{\partial p_j} = \frac{\partial V'}{\partial \varepsilon_j} = \frac{\partial V'}{\partial l_j}.$$

Nous aurons

$$(14) \quad \left\{ \begin{aligned} \delta_1 \frac{\partial V'}{\partial \varepsilon_i} &= \frac{\partial^2 V'}{\partial \varepsilon_i^2}\, \delta_1 p_i + \left(\frac{\partial^2 V'}{\partial \varepsilon_i^2}\, \delta_1 \varepsilon_i + \frac{\partial^2 V'}{\partial \varepsilon_i \partial p_i}\, \delta_1 p_i + \frac{\partial^2 V'}{\partial \varepsilon_i \partial q_j}\, \delta_1 q_j + \dots \right) \\ &+ \frac{\partial^2 V'}{\partial \varepsilon_i \partial \varepsilon_j}\, \delta_1 p_j + \left(\frac{\partial^2 V'}{\partial \varepsilon_i \partial \varepsilon_j}\, \delta_1 \varepsilon_j + \frac{\partial^2 V'}{\partial \varepsilon_i \partial p_j}\, \delta_1 p_j + \frac{\partial^2 V'}{\partial \varepsilon_i \partial q_j}\, \delta_1 q_j + \dots \right). \end{aligned} \right.$$

Considérons d'abord le terme

$$\frac{\partial^2 V'}{\partial \varepsilon_i^2}\, \delta_1 p_i = \frac{\partial^2 V'}{\partial \varepsilon_i^2} \int \delta_1 n_i\, dt = -\frac{3 n_i}{2 a_i} \frac{\partial^2 V'}{\partial \varepsilon_i^2} \int \delta_1 a_i\, dt;$$

nous aurons, en considérant dans les deux facteurs $\frac{\partial^2 V'}{\partial \varepsilon_i^2}$ et $\int \delta_1 a_i\, dt$ les parties qui dépendent du même argument ψ déjà défini,

$$\frac{\partial^2 V'}{\partial \varepsilon_i^2} = -\alpha^2 C \sin(\psi + \omega),$$

$$\int \delta_1 a_i \, dt = \frac{2\alpha C}{m_i n_i a_i (\alpha n_i + \beta n_j)} \int \sin(\alpha l_i + \beta l_j + \omega) \, dt = -\frac{2\alpha C \cos(\psi + \omega)}{m_i n_i a_i (\alpha n_i + \beta n_j)^2},$$

$$\frac{\partial^2 V'}{\partial \varepsilon_i^2} \delta_1 p_i = -\frac{3\alpha^3 C^2}{2 m_i a_i^2 (\alpha n_i + \beta n_j)^2} \sin 2(\alpha l_i + \beta l_j + \omega),$$

quantité essentiellement périodique.

Nous allons nous occuper maintenant des autres termes de la première ligne de la formule (14).

On a les formules connues pour exprimer $\frac{d\varepsilon_i}{dt}$, $\frac{dp_i}{dt}$, $\frac{dq_i}{dt}$; dans leurs seconds membres figurent les dérivées partielles de R_i; en se reportant à (7), on voit qu'on peut réduire R_i à $\frac{1}{m_i} V'$, quand il s'agit d'obtenir les perturbations du premier ordre, $\delta_1 \varepsilon_i$, $\delta_1 p_i$, ... D'après les formules (h) du n° 62, on aura des expressions de cette forme

$$\frac{d\varepsilon_i}{dt} = \quad G \frac{\partial V'}{\partial p_i} + H \frac{\partial V'}{\partial q_i} + \ldots,$$

$$\frac{dp_i}{dt} = -G \frac{\partial V'}{\partial \varepsilon_i} + K \frac{\partial V'}{\partial q_i} + \ldots,$$

$$\frac{dq_i}{dt} = -H \frac{\partial V'}{\partial \varepsilon_i} - K \frac{\partial V'}{\partial p_i} + \ldots,$$

$$\cdots\cdots\cdots\cdots\cdots\cdots\cdots\cdots$$

G, H, K, ... sont ici des constantes; quelques-unes d'entre elles peuvent être nulles; on en conclut

$$\delta_1 \varepsilon_i = \quad G \int \frac{\partial V'}{\partial p_i} \, dt + H \int \frac{\partial V'}{\partial q_i} \, dt + \ldots,$$

$$\delta_1 p_i = -G \int \frac{\partial V'}{\partial \varepsilon_i} \, dt + K \int \frac{\partial V'}{\partial q_i} \, dt + \ldots,$$

$$\delta_1 q_i = -H \int \frac{\partial V'}{\partial \varepsilon_i} \, dt - K \int \frac{\partial V'}{\partial p_i} \, \partial t + \ldots,$$

$$\cdots\cdots\cdots\cdots\cdots\cdots\cdots\cdots\cdots;$$

$$(15) \quad \left\{ \begin{aligned} &\frac{\partial^2 V'}{\partial \varepsilon_i^2} \delta_1 \varepsilon_i + \frac{\partial^2 V'}{\partial \varepsilon_i \partial p_i} \delta_1 p_i + \frac{\partial^2 V'}{\partial \varepsilon_i \partial q_i} \delta_1 q_i + \ldots \\ &= \quad G \left(\frac{\partial^2 V'}{\partial \varepsilon_i^2} \int \frac{\partial V'}{\partial p_i} \, dt - \frac{\partial^2 V'}{\partial \varepsilon_i \partial p_i} \int \frac{\partial V'}{\partial \varepsilon_i} \, dt \right) \\ &\quad + H \left(\frac{\partial^2 V'}{\partial \varepsilon_i^2} \int \frac{\partial V'}{\partial q_i} \, dt - \frac{\partial^2 V'}{\partial \varepsilon_i \partial q_i} \int \frac{\partial V'}{\partial \varepsilon_i} \, dt \right) \\ &\quad + K \left(\frac{\partial^2 V'}{\partial \varepsilon_i \partial p_i} \int \frac{\partial V'}{\partial q_i} \, dt - \frac{\partial^2 V'}{\partial \varepsilon_i \partial q_i} \int \frac{\partial V'}{\partial p_i} \, dt \right) \\ &\quad + \cdots\cdots\cdots\cdots\cdots\cdots\cdots\cdots \end{aligned} \right.$$

Or, en réduisant, dans toutes les parties du second membre, V' aux deux mêmes termes $A \sin\psi + B \cos\psi$ considérées plus haut, ce qui est la seule manière d'obtenir un terme séculaire dans les produits tels que $\frac{\partial^2 V'}{\partial \varepsilon_i^2} \int \frac{\partial V'}{\partial p_i}\, dt$, ..., on trouve

$$\frac{\partial V'}{\partial \varepsilon_i} = \alpha\,(A \cos\psi - B \sin\psi), \qquad \frac{\partial V'}{\partial p_i} = \frac{\partial A}{\partial p_i} \sin\psi + \frac{\partial B}{\partial p_i} \cos\psi,$$

$$\int \frac{\partial V'}{\partial \varepsilon_i}\, dt = \frac{\alpha}{\alpha\,n_i + \beta\,n_j}\,(A \sin\psi + B \cos\psi),$$

$$\int \frac{\partial V'}{\partial p_i}\, dt = -\frac{1}{\alpha\,n_i + \beta\,n_j}\left(\frac{\partial A}{\partial p_i} \cos\psi - \frac{\partial B}{\partial p_i} \sin\psi\right),$$

$$\frac{\partial^2 V'}{\partial \varepsilon_i^2} \int \frac{\partial V'}{\partial p_i}\, dt = \frac{\alpha^2}{\alpha\,n_i + \beta\,n_j}\,(A \sin\psi + B \cos\psi)\left(\frac{\partial A}{\partial p_i} \cos\psi - \frac{\partial B}{\partial p_i} \sin\psi\right),$$

$$\frac{\partial^2 V'}{\partial \varepsilon_i \partial p_i} \int \frac{\partial V'}{\partial \varepsilon_i}\, dt = \frac{\alpha^2}{\alpha\,n_i + \beta\,n_j}\left(\frac{\partial A}{\partial p_i} \cos\psi - \frac{\partial B}{\partial p_i} \sin\psi\right)(A \sin\psi + B \cos\psi).$$

Chacun de ces termes donnerait une partie séculaire

$$\frac{\alpha^2}{2\,(\alpha\,n_i + \beta\,n_j)}\left(B \frac{\partial A}{\partial p_i} - A \frac{\partial B}{\partial p_i}\right);$$

mais les deux termes en question se détruisent identiquement dans le coefficient de G, au second membre de la formule (15); on trouvera de même, pour le coefficient de K,

$$-\frac{\alpha}{\alpha\,n_i + \beta\,n_j}\left(\frac{\partial A}{\partial p_i} \cos\psi - \frac{\partial B}{\partial p_i} \sin\psi\right)\left(\frac{\partial A}{\partial q_i} \cos\psi - \frac{\partial B}{\partial q_i} \sin\psi\right)$$

$$+\frac{\alpha}{\alpha\,n_i + \beta\,n_j}\left(\frac{\partial A}{\partial q_i} \cos\psi - \frac{\partial B}{\partial q_i} \sin\psi\right)\left(\frac{\partial A}{\partial p_i} \cos\psi - \frac{\partial B}{\partial p_i} \sin\psi\right) = 0.$$

Donc les termes de $\delta_1 \frac{\partial V'}{\partial \varepsilon_i}$ provenant des perturbations du premier ordre des éléments du corps m_i ne donnent aucun terme séculaire dans $\delta_2 a_i$; il nous reste à montrer qu'il en est de même pour les termes analogues provenant du corps m_j.

165. Nous allons donc considérer la seconde ligne de la formule (14), et d'abord la partie $\frac{\partial^2 V'}{\partial \varepsilon_i \partial \varepsilon_j} \delta_1 \rho_j$; or, en prenant toujours les deux mêmes termes $A \sin\psi + B \cos\psi$ de V', on a

$$\delta_1 a_j = \frac{2}{m_j n_j a_j} \int \frac{\partial V'}{\partial \varepsilon_j}\, dt = \frac{2\beta C}{m_j n_j a_j (\alpha\,n_i + \beta\,n_j)} \sin(\alpha\,l_i + \beta\,l_j + \omega),$$

$$\delta_1 \rho_j = \int \delta_1 n_j\, dt = -\frac{3 n_j}{2 a_j} \int \delta_1 a_j\, dt = +\frac{3\beta C \cos(\psi + \omega)}{m_j a_j^2 (\alpha\,n_i + \beta\,n_j)^2}$$

et

$$\frac{\partial^2 V'}{\partial \varepsilon_i \partial \varepsilon_j} = - C \alpha \beta \sin(\psi + \omega),$$

$$\frac{\partial^2 V'}{\partial \varepsilon_i \partial \varepsilon_j} \delta_1 p_j = - \frac{3 \alpha \beta^2 C^2}{2 m_j a_j^2 (\alpha n_i + \beta n_j)^2} \sin 2(\alpha l_i + \beta l_j + \omega),$$

quantité périodique.

On aura ensuite, sans qu'il soit nécessaire d'expliquer en détail les formules,

$$\frac{d\varepsilon_j}{dt} = \quad L \frac{\partial V'}{\partial p_j} + M \frac{\partial V'}{\partial q_j} + \dots,$$

$$\frac{dp_j}{dt} = - L \frac{\partial V'}{\partial \varepsilon_j} + N \frac{\partial V'}{\partial q_j} + \dots,$$

$$\frac{dq_j}{dt} = - M \frac{\partial V'}{\partial \varepsilon_j} - N \frac{\partial V'}{\partial p_j} + \dots,$$

$$\dots\dots\dots\dots\dots\dots\dots\dots\dots ;$$

d'où

$$\delta_1 \varepsilon_j = \quad L \int \frac{\partial V'}{\partial p_j} dt + M \int \frac{\partial V'}{\partial q_j} dt + \dots,$$

$$\delta_1 p_j = - L \int \frac{\partial V'}{\partial \varepsilon_j} dt + N \int \frac{\partial V'}{\partial q_j} dt + \dots,$$

$$\delta_1 q_j = - M \int \frac{\partial V'}{\partial \varepsilon_j} dt - N \int \frac{\partial V'}{\partial p_j} dt + \dots,$$

$$\dots\dots\dots\dots\dots\dots\dots\dots\dots ;$$

d'où encore

$$(16) \quad \left\{ \begin{aligned}
& \frac{\partial^2 V'}{\partial \varepsilon_i \partial \varepsilon_j} \delta_1 \varepsilon_j + \frac{\partial^2 V'}{\partial \varepsilon_i \partial p_j} \delta_1 p_j + \frac{\partial^2 V'}{\partial \varepsilon_i \partial q_j} \delta_1 q_j + \dots \\
& = \quad L \left(\frac{\partial^2 V'}{\partial \varepsilon_i \partial \varepsilon_j} \int \frac{\partial V'}{\partial p_j} dt - \frac{\partial^2 V'}{\partial \varepsilon_i \partial p_j} \int \frac{\partial V'}{\partial \varepsilon_j} dt \right) \\
& + M \left(\frac{\partial^2 V'}{\partial \varepsilon_i \partial \varepsilon_j} \int \frac{\partial V'}{\partial q_j} dt - \frac{\partial^2 V'}{\partial \varepsilon_i \partial q_j} \int \frac{\partial V'}{\partial \varepsilon_j} dt \right) \\
& + N \left(\frac{\partial^2 V'}{\partial \varepsilon_i \partial p_j} \int \frac{\partial V'}{\partial q_j} dt - \frac{\partial^2 V'}{\partial \varepsilon_i \partial q_j} \int \frac{\partial V'}{\partial p_j} dt \right) \\
& + \dots\dots\dots\dots\dots\dots\dots\dots\dots
\end{aligned} \right.$$

Or on a, en mettant toujours en évidence ce qui concerne l'argument ψ,

$$\int \frac{\partial V'}{\partial p_j} dt = - \frac{1}{\alpha n_i + \beta n_j} \left(\frac{\partial A}{\partial p_j} \cos\psi - \frac{\partial B}{\partial p_j} \sin\psi \right),$$

$$\int \frac{\partial V'}{\partial \varepsilon_j} dt = \quad \frac{\beta}{\alpha n_i + \beta n_j} (A \sin\psi + B \cos\psi)$$

et

$$\frac{\partial^2 V'}{\partial \varepsilon_i \partial \varepsilon_j} = -\alpha\beta(A \sin\psi + B \cos\psi),$$

$$\frac{\partial^2 V'}{\partial \varepsilon_i \partial p_j} = \alpha\left(\frac{\partial A}{\partial p_j}\cos\psi - \frac{\partial B}{\partial p_j}\sin\psi\right).$$

On en conclut que le coefficient de L dans l'expression (16) est identiquement nul ; il en est de même de M et N.

Il est donc démontré que $\dfrac{d\,\delta_2 a_i}{dt}$ ne contient que des termes périodiques et que, par suite, $\delta_2 a_i$ ne renferme aucun terme séculaire ; ainsi :

a_i n'a pas d'inégalité séculaire, quand on tient compte des premières et des secondes puissances des masses.

Mais, pour le corps m_1 en particulier, a_1 est le demi grand axe de l'orbite décrite autour du Soleil, et l'on peut prendre pour ce corps m_1 telle des planètes que l'on voudra. On a donc démontré le théorème de Poisson :

Les grands axes des orbites décrites par les planètes autour du Soleil n'ont d'inégalités séculaires, ni à la première ni à la seconde approximation.

Remarque I. — Bien que l'expression de $\delta_2 a_i$ ne comprenne pas de termes séculaires, elle n'est cependant pas non plus composée uniquement de termes périodiques. Reportons-nous, en effet, aux formules (13) et (14), et remplaçons-y $\delta_1 p_i$, $\delta_1 q_i$, ... par leurs parties séculaires, lesquelles sont de la forme

$$\delta_1 p_i = p'_i t, \qquad \delta_1 q_i = q'_i t, \qquad \dots,$$
$$\delta_1 p_j = p'_j t, \qquad \delta_1 q_j = q'_j t, \qquad \dots ;$$

si l'élément p_i coïncide avec a_i, on aura $p'_i = 0$; il n'y aura pas non plus à considérer les variations séculaires des éléments ε_i et ε_j, d'après ce que nous avons vu dans le n° 141. Cela posé, si nous envisageons toujours dans V' la partie $A\sin\psi + B\cos\psi$, l'expression $\dfrac{\partial^2 V'}{\partial \varepsilon_i \partial p_i}\,\delta_1 p_i$ nous donnera

$$\alpha p'_i t\left(\frac{\partial A}{\partial p_i}\cos\psi - \frac{\partial B}{\partial p_i}\sin\psi\right).$$

Nous trouverons donc dans $\delta_2 a_i$ la portion suivante

$$\frac{2\alpha p'_i}{m_i n_i a_i}\left(\frac{\partial A}{\partial p_i}\int t\cos\psi\,dt - \frac{\partial B}{\partial p_i}\int t\sin\psi\,dt\right) ;$$

or on a

$$\int t \cos\psi\, dt = \frac{t \sin\psi}{\alpha n_i + \beta n_j} + \frac{\cos\psi}{(\alpha n_i + \beta n_j)^2},$$

$$\int t \sin\psi\, dt = -\frac{t \cos\psi}{\alpha n_i + \beta n_j} + \frac{\sin\psi}{(\alpha n_i + \beta n_j)^2}.$$

Il y aura donc dans $\delta_2 a_i$ des termes en $t \sin\psi$ et $t \cos\psi$, savoir

$$\frac{2 p_i'}{m_i n_i a_i} t \sum_\alpha \sum_\beta \frac{\alpha}{\alpha n_i + \beta n_j} \left(\frac{\partial A}{\partial p_i} \sin\psi + \frac{\partial B}{\partial p_i} \cos\psi \right).$$

Ces inégalités des grands axes, qui sont de la forme $t \sin\psi$ ou $t \cos\psi$, sont en quelque sorte intermédiaires entre les inégalités séculaires et les inégalités périodiques; elles s'annulent pour des valeurs du temps qui forment une progression arithmétique de raison $\dfrac{\pi}{\alpha n_i + \beta n_j}$; mais leur valeur maxima va sans cesse en augmentant.

Remarque II. — La quantité

$$\rho_i = \int n_i\, dt,$$

qui figure dans la longitude moyenne du corps m_i, devra être remplacée par

$$\rho_i + \delta_1 \rho_i + \delta_2 \rho_i = n_i t + \int \delta_1 n_i\, dt + \int \delta_2 n_i\, dt,$$

expression qui devient, à cause des relations (9),

$$(17) \qquad n_i t - \frac{3}{2} \frac{n_i}{a_i} \int \delta_1 a_i\, dt + \frac{15}{8} \frac{n_i}{a_i^2} \int (\delta_1 a_i)^2\, dt - \frac{3}{2} \frac{n_i}{a_i} \int \delta_2 a_i\, dt.$$

D'après ce que l'on a vu plus haut, les intégrales $\int \delta_1 a_i\, dt$ et $\int \delta_2 a_i\, dt$ ne contiennent pas de termes séculaires; quant à l'intégrale $\int (\delta_1 a_i)^2\, dt$, elle comprendra des termes périodiques et un petit terme proportionnel au temps dont l'origine est la suivante : quand on élève au carré l'expression de $\delta_1 a_i$, laquelle est composée uniquement de termes périodiques, et qu'on transforme par les formules connues les carrés et les produits de sinus, on trouve un ensemble de quantités périodiques et une partie constante qui donne naissance à un terme proportionnel au temps dans l'intégrale $\int (\delta_1 a_i)^2\, dt$. Il en résultera donc que, en ayant égard aux deux premières approximations, le coefficient du temps dans l'expression (17) de ρ_i sera égal non pas à n_i mais à $n_i(1 + \sigma_i)$. Si la quantité σ_i était sensible, il en résulterait pour a_i un changement appréciable analogue à celui que l'on a rencontré quand on a réuni à $n_i t$ le

T. — I.

terme provenant des inégalités séculaires de ε_i; mais, en considérant le cas de Jupiter et de Saturne, lequel est très favorable pour augmenter σ_i, on verra aisément que cette quantité σ_i ne dépasse guère 0,000 01, de telle sorte que le changement qui en résulterait pour a_i est à peu près négligeable.

Nous avons vu, dans le Chapitre précédent, que les perturbations du second ordre introduisent dans l'élément ε_i un terme proportionnel au carré du temps, qui se reporte sur la longitude moyenne l_i; mais ce terme, qui joue un grand rôle dans la théorie de la Lune, est presque insensible pour les planètes.

Historique. — Laplace a le premier énoncé ([1]) le théorème de l'invariabilité des grands axes; mais il ne tenait compte que des premières puissances des masses et des quantités du premier et du second ordre par rapport aux excentricités et aux inclinaisons. Lagrange démontra ([2]) ensuite, d'*un trait de plume*, pour employer l'expression de Jacobi ([3]), que le théorème subsiste quand on a égard à toutes les puissances des excentricités et des inclinaisons, mais en se bornant toujours aux premières puissances des masses. Dans un beau Mémoire ([4]) Poisson réussit à étendre le théorème en tenant compte des termes qui sont du second ordre par rapport aux masses; mais son calcul était long et compliqué. Lagrange ([5]) a cherché à le simplifier, en considérant les mouvements des corps célestes autour de leur centre de gravité commun; mais il avait commis une faute de calcul qui réduit sa démonstration à néant; cette faute de calcul, signalée d'abord, croyons-nous, par M. Houël, a été indiquée par M. Serret, dans le tome VI de son édition des *OEuvres de Lagrange*. C'est la remarque de M. Serret qui m'a engagé à étudier de nouveau la question, et j'ai réussi ([6]) à donner à la démonstration la forme exposée dans ce Chapitre. Je dois dire que M. É. Mathieu est arrivé de son côté ([7]) à une démonstration presque identique. Dans une Thèse soutenue à la Sorbonne en 1878, M. Spiru C. Haretu a suivi la voie que j'avais indiquée; il a repris, en outre, une ancienne démonstration dans laquelle Poisson ([8]) croyait avoir prouvé que les grands axes n'ont pas d'inégalités séculaires du troisième ordre par rapport aux masses, quand on a égard seulement aux variations des éléments de la planète troublée. M. Haretu arrive à montrer que les

---

([1]) Mémoire présenté à l'Académie des Sciences de Paris en 1773.

([2]) *Mémoires de l'Académie de Berlin pour* 1776.

([3]) *Vorlesungen über Dynamik*, p. 29, édition de Clebsch.

([4]) *Journal de l'École Polytechnique*, XVe Cahier, p. 1-56.

([5]) *OEuvres complètes de Lagrange*, t. VI, p. 741-749.

([6]) *Mémoires de l'Académie de Toulouse*, 7e série, t. VII, et *Comptes rendus de l'Académie des Sciences de Paris*, t. LXXXII.

([7]) *Journal de Borchardt*, t. LXXX.

([8]) *Mémoires de l'Académie des Sciences*, t. I, p. 55-67, année 1816.

grands axes ont des inégalités séculaires du troisième ordre par rapport aux masses ; mais il n'a pas cherché à se faire une idée de la grandeur de ces inégalités. Enfin, dans le tome XI des *Annales de l'Observatoire* (Additions au Chapitre XXI, p. 126), Le Verrier a trouvé un petit terme du troisième ordre en t^2 dans le développement de la partie $\int n\,dt$ de la longitude moyenne de Saturne troublé par Jupiter, ce qui confirmerait le résultat de M. Haretu. Toutefois, Le Verrier n'obtient le terme en question que par un calcul d'interpolation, calcul purement numérique. Il y aurait lieu de chercher l'expression analytique du terme en question ; peut-être pourrait-on y arriver en partant des formules de M. Haretu.

CHAPITRE XXVI.

EXPRESSIONS GÉNÉRALES DES INÉGALITÉS SÉCULAIRES.

---

166. On a vu, dans le n° 162, que les inégalités séculaires de cinq des éléments elliptiques se présentent sous la forme

$$(1) \qquad\qquad P' t + P'' t^2 + \ldots;$$

grâce à la petitesse des coefficients P'', les formules obtenues peuvent être étendues à un assez grand nombre de siècles, dans le passé et dans l'avenir. On peut toutefois se demander, et cette question intéresse à un haut degré nos connaissances sur la stabilité du système planétaire, si les expressions générales des éléments elliptiques osculateurs d'une planète contiennent effectivement des termes de la forme (1), ou bien si leur introduction dans les formules ne provient pas uniquement de la marche qu'on a suivie pour l'intégration. Admettons, en effet, que les termes qui ne renferment pas le temps explicitement dans les équations différentielles introduisent, par l'intégration rigoureuse des équations, des termes périodiques dont les arguments varient proportionnellement aux masses perturbatrices : ces termes, quand on développera les intégrales suivant les puissances des masses perturbatrices, feront apparaître dans la solution approchée du problème des expressions de la forme (1).

Dans cet ordre d'idées, en l'absence d'une intégration complète et rigoureuse qui est impossible, il serait très intéressant de chercher à intégrer les équations différentielles dont dépendent les éléments des diverses planètes, en y réduisant les fonctions perturbatrices à leurs parties séculaires, c'est-à-dire aux termes qui ne contiennent pas le temps explicitement. Mais, même dans ce cas, on se butte à des difficultés analytiques qui n'ont pas encore été surmontées ; Lagrange n'a pu résoudre la question qu'en négligeant, dans les parties séculaires des fonctions perturbatrices, les termes qui sont du quatrième ordre par rapport aux excentricités et aux inclinaisons mutuelles supposées être, à un moment donné, de petites quantités du premier ordre, comme cela arrive en réalité pour les anciennes planètes.

167. Considérons d'abord la fonction perturbatrice $R_{0,1}$ relative au mouvement de la planète P, en tant qu'il est troublé par la planète P'. On a vu au n° 125 que la différence $R_{0,1} - R_1$ ne contient pas de partie séculaire; on peut donc prendre ici $R_{0,1} = R_1$. D'ailleurs, la formule (37) du n° 123 donne, en ne prenant que la partie séculaire de R_1 et négligeant dans cette partie les termes du quatrième ordre,

$$(2) \quad \left\{ \begin{aligned} R_1 &= \frac{1}{2} A^{(0)} - \frac{1}{2} \eta^2 B^{(1)} + \frac{1}{4} (e^2 + e'^2) \left(a \frac{\partial A^{(0)}}{\partial a} + \frac{1}{2} a^2 \frac{\partial^2 A^{(0)}}{\partial a^2} \right) \\ &\quad + \frac{1}{2} \left(A^{(1)} - a \frac{\partial A^{(1)}}{\partial a} - \frac{1}{2} a^2 \frac{\partial^2 A^{(1)}}{\partial a^2} \right) ee' \cos(\omega - \varpi'). \end{aligned} \right.$$

Puisqu'on néglige le quatrième ordre, on pourra remplacer ω par ϖ. On a d'ailleurs

$$\cos J = \cos \varphi \cos \varphi' + \sin \varphi \sin \varphi' \cos(\theta - \theta'),$$

et l'on pourra prendre, avec la même précision,

$$4 \eta^2 = 4 \sin^2 \frac{J}{2} = 2 - 2 \cos J = 4 \sin^2 \frac{\varphi}{2} + 4 \sin^2 \frac{\varphi'}{2} - 2 \sin \varphi \sin \varphi' \cos(\theta - \theta')$$

ou même

$$4 \eta^2 = \tan^2 \varphi + \tan^2 \varphi' - 2 \tan \varphi \tan \varphi' \cos(\theta - \theta').$$

Il convient de transformer les coefficients de $e^2 + e'^2$ et de $ee' \cos(\omega - \varpi')$ dans la formule (2); on a, en introduisant les notations du Chapitre XVII,

$$a' \left(a \frac{\partial A^{(0)}}{\partial a} + \frac{1}{2} a^2 \frac{\partial^2 A^{(0)}}{\partial a^2} \right) = \alpha \frac{db^{(0)}}{d\alpha} + \frac{1}{2} \alpha^2 \frac{d^2 b^{(0)}}{d\alpha^2},$$

$$a' \left(A^{(1)} - a \frac{\partial A^{(1)}}{\partial a} - \frac{1}{2} a^2 \frac{\partial^2 A^{(1)}}{\partial a^2} \right) = b^{(1)} - \alpha \frac{db^{(1)}}{d\alpha} - \frac{1}{2} \alpha^2 \frac{d^2 b^{(1)}}{d\alpha^2}.$$

Remplaçons $b^{(0)}$ et $b^{(1)}$ par leurs développements en séries

$$\frac{1}{2} b^{(0)} = 1 + \left(\frac{1}{2} \right)^2 \alpha^2 + \left(\frac{1 . 3}{2 . 4} \right)^2 \alpha^4 + \ldots + \left[\frac{1 . 3 \ldots (2i - 1)}{2 . 4 \ldots 2i} \right]^2 \alpha^{2i} + \ldots,$$

$$b^{(1)} = \alpha + \frac{1}{2} \frac{3}{4} \alpha^3 + \ldots + \frac{1 . 3 \ldots, (2i - 1)}{2 . 4 \ldots 2i} \frac{3 . 5 \ldots (2i + 1)}{4 . 6 \ldots (2i + 2)} \alpha^{2i+1} + \ldots,$$

et nous trouverons, après des réductions faciles,

$$a'\left(a\frac{\partial A^{(0)}}{\partial a} + \frac{1}{2}a^2\frac{\partial^2 A^{(0)}}{\partial a^2}\right)$$

$$= \frac{3}{2}\alpha^2\left[1 + \frac{3}{2}\frac{5}{4}\alpha^2 + \ldots + \frac{3.5\ldots(2i+1)}{2.4\ldots 2i}\frac{5.7\ldots(2i+3)}{4.6\ldots(2i+2)}\alpha^{2i} + \ldots\right],$$

$$a'\left(A^{(1)} - a\cdot\frac{\partial A^{(1)}}{\partial a} - \frac{1}{2}a^2\frac{\partial^2 A^{(1)}}{\partial a^2}\right)$$

$$= -\frac{3.5}{2.4}\alpha^3\left[1 + \frac{3}{2}\frac{7}{6}\alpha^2 + \ldots + \frac{3.5\ldots(2i+1)}{2.4\ldots 2i}\frac{7.9\ldots(2i+5)}{6.8\ldots(2i+4)}\alpha^{2i} + \ldots\right];$$

on en conclut, en se reportant aux formules et notations du Chapitre XVII,

$$a\cdot\frac{\partial A^{(0)}}{\partial a} + \frac{1}{2}a^2\frac{\partial^2 A^{(0)}}{\partial a^2} = \frac{1}{2a'}\alpha c^{(1)} = \frac{1}{2}B^{(1)},$$

$$A^{(1)} - a\frac{\partial A^{(1)}}{\partial a} - \frac{1}{2}a^2\frac{\partial^2 A^{(1)}}{\partial a^2} = -\frac{1}{2a'}\alpha c^{(2)} = -\frac{1}{2}B^{(2)}.$$

La formule (2) deviendra donc

$$(3)\quad\left\{\begin{array}{l}R_1 = \frac{1}{2}A^{(0)} + \frac{1}{8}B^{(1)}[e^2 + e'^2 - \tan^2\varphi - \tan^2\varphi' + 2\tan\varphi\tan\varphi'\cos(\theta - \theta')] \\[2mm] \qquad - \frac{1}{4}B^{(2)}ee'\cos(\varpi - \varpi').\end{array}\right.$$

On obtiendra la fonction perturbatrice R qui doit être substituée dans les équations différentielles en multipliant l'expression (3) de R_1 par fm', et ajoutant à l'expression obtenue les quantités analogues qui répondent aux actions des planètes P'', P''', ... Il convient de poser

$$(4)\qquad\qquad \frac{1}{2}A^{(0)} = M_{0,1}, \qquad \frac{1}{8}B^{(1)} = N_{0,1}, \qquad \frac{1}{8}B^{(2)} = P_{0,1};$$

on pourra écrire

$$(5)\quad\left\{\begin{array}{l}R = \sum fm^{(v)}M_{0,v} \\[2mm] \quad + \sum fm^{(v)}N_{0,v}[e^2 + (e^{(v)})^2 - \tan^2\varphi - \tan^2\varphi^{(v)} + 2\tan\varphi\tan\varphi^{(v)}\cos(\theta - \theta^{(v)})] \\[2mm] \quad - 2\sum fm^{(v)}P_{0,v}ee^{(v)}\cos(\varpi - \varpi^{(v)}).\end{array}\right.$$

168. Il faut substituer cette valeur de R dans les équations (h) du n° 62; la première de ces équations nous donnera

$$\frac{da}{dt} = 0;$$

ainsi a, a', a'', ... sont constants; il en sera de même de n, n', n'', ... et des quantités $M_{0,v}$, $N_{0,v}$ et $P_{0,v}$.

Il convient de faire le changement de variables indiqué au n° 63, en posant

$$(6) \quad \begin{cases} e \sin\varpi = h, & e' \sin\varpi' = h', & \dots, \\ e \cos\varpi = l, & e' \cos\varpi' = l', & \dots; \end{cases}$$

$$(7) \quad \begin{cases} \tang\varphi \sin\theta = p, & \tang\varphi' \sin\theta' = p', & \dots, \\ \tang\varphi \cos\theta = q, & \tang\varphi' \cos\theta' = q', & \dots. \end{cases}$$

Les nouvelles variables dépendront des équations différentielles (16) et (19) du n° 63; en négligeant dans ces équations les quantités du troisième ordre, ce qui revient à négliger le quatrième dans R, on peut les écrire simplement

$$(8) \quad \begin{cases} \dfrac{dh}{dt} = \dfrac{1}{na^2} \dfrac{\partial R}{\partial l}, & \dfrac{dl}{dt} = -\dfrac{1}{na^2} \dfrac{\partial R}{\partial h}, \\[2ex] \dfrac{dp}{dt} = \dfrac{1}{na^2} \dfrac{\partial R}{\partial q}, & \dfrac{dq}{dt} = -\dfrac{1}{na^2} \dfrac{\partial R}{\partial p}. \end{cases}$$

L'expression (5) de R devient d'ailleurs

$$(9) \quad \begin{cases} R = \sum f m^{(v)} M_{0,v} \\ \quad + \sum f m^{(v)} N_{0,v} [h^2 + l^2 + (h^{(v)})^2 + (l^{(v)})^2 - p^2 - q^2 - (p^{(v)})^2 - (q^{(v)})^2 + 2(pp^{(v)} + qq^{(v)})] \\ \quad - 2 \sum f m^{(v)} P_{0,v} (hh^{(v)} + ll^{(v)}). \end{cases}$$

Il n'y a plus qu'à substituer cette valeur de R dans les équations (8); si nous posons

$$(10) \quad \frac{2 f m^{(v)} N_{\rho,v}}{n^{(\rho)} (a^{(\rho)})^2} = (\rho, v), \qquad \frac{2 f m^{(v)} P_{\rho,v}}{n^{(\rho)} (a^{(\rho)})^2} = [\rho, v],$$

nous trouverons sans peine

$$(A) \quad \begin{cases} \dfrac{dh}{dt} - \big\{ (0,1) + (0,2) + \dots \big\} l + [0,1] l' + [0,2] l'' + \dots = 0, \\[2ex] \dfrac{dl}{dt} + \big\{ (0,1) + (0,2) + \dots \big\} h - [0,1] h' - [0,2] h'' + \dots = 0, \\[2ex] \dfrac{dh'}{dt} - \big\{ (1,0) + (1,2) + \dots \big\} l' + [1,0] l + [1,2] l'' + \dots = 0, \\[2ex] \dfrac{dl'}{dt} + \big\{ (1,0) + (1,2) + \dots \big\} h' - [1,0] h - [1,2] h'' + \dots = 0, \\[2ex] \quad \dotfill \end{cases}$$

et

$$
(\mathrm{A'})
\begin{cases}
\dfrac{dp}{dt} + \big| (0,1) + (0,2) + \ldots \big| q - (0,1)q' - (0,2)q'' - \ldots = 0, \\[2mm]
\dfrac{dq}{dt} - \big| (0,1) + (0,2) + \ldots \big| p + (0,1)p' + (0,2)p'' + \ldots = 0, \\[2mm]
\dfrac{dp'}{dt} + \big| (1,0) + (1,2) + \ldots \big| q' - (1,0)q - (1,2)q'' - \ldots = 0, \\[2mm]
\dfrac{dq'}{dt} - \big| (1,0) + (1,2) + \ldots \big| p' + (1,0)p + (1,2)p'' + \ldots = 0, \\[2mm]
\quad \cdots\cdots\cdots\cdots\cdots\cdots\cdots\cdots\cdots\cdots\cdots\cdots
\end{cases}
$$

Les quantités $(0,1)$, $(0,2)$, $(1,2)$, $\ldots$, $[0,1]$, $[0,2]$, $[1,2]$, $\ldots$ définies par les formules (10) dépendent des masses et des grands axes; ce sont des constantes qui sont positives, parce que, toutes les planètes tournant dans le même sens, $n^{(p)}$ est réellement positif; elles vérifient les relations

$$
(11)
\begin{cases}
m^{(\rho)} n^{(\rho)} (a^{(\rho)})^2 (\rho, \nu) = m^{(\nu)} n^{(\nu)} (a^{(\nu)})^2 (\nu, \rho), \\[2mm]
m^{(\rho)} n^{(\rho)} (a^{(\rho)})^2 [\rho, \nu] = m^{(\nu)} n^{(\nu)} (a^{(\nu)})^2 [\nu, \rho];
\end{cases}
$$

on le voit immédiatement en partant des formules (10) et remarquant que $N_{\rho,\nu}$ et $P_{\rho,\nu}$ sont des fonctions symétriques de $a^{(\rho)}$ et $a^{(\nu)}$.

Soit N le nombre des planètes; la détermination de e, e', $\ldots$, ϖ, ϖ', $\ldots$ est ramenée à l'intégration d'un système (A) de $2N$ équations linéaires simultanées du premier ordre, à coefficients constants.

De même, la connaissance de φ, φ', $\ldots$, θ, θ', $\ldots$ dépend du système analogue $(\mathrm{A'})$.

169. Occupons-nous d'abord du système (A). Posons, pour effectuer l'intégration,

$$
(12)
\begin{cases}
h = \dfrac{M}{a\sqrt{mn}} \sin(gt + \beta), \qquad l = \dfrac{M}{a\sqrt{mn}} \cos(gt + \beta), \\[3mm]
h' = \dfrac{M'}{a'\sqrt{m'n'}} \sin(gt + \beta), \qquad l' = \dfrac{M'}{a'\sqrt{m'n'}} \cos(gt + \beta), \\[3mm]
\quad \cdots\cdots\cdots\cdots\cdots\cdots\cdots\cdots\cdots\cdots\cdots\cdots,
\end{cases}
$$

en désignant par g, β, M, M', $\ldots$ des constantes.

Si nous substituons ces expressions dans les $2N$ équations (A), nous ne trouverons que N conditions distinctes; en les multipliant respectivement par $-a\sqrt{mn}$, $-a'\sqrt{m'n'}$, $\ldots$, il viendra

$$
\big| (0,1) + (0,2) + \ldots - g \big| M - \frac{a\sqrt{mn}}{a'\sqrt{m'n'}} [0,1] M' - \frac{a\sqrt{mn}}{a''\sqrt{m''n''}} [0,2] M'' - \ldots = 0,
$$

$$
- \frac{a'\sqrt{m'n'}}{a\sqrt{mn}} [1,0] M + \big| (1,0) + (1,2) + \ldots - g \big| M' - \frac{a'\sqrt{m'n'}}{a''\sqrt{m''n''}} [1,2] M'' - \ldots = 0,
$$

$$
\cdots\cdots\cdots\cdots\cdots\cdots\cdots\cdots\cdots\cdots\cdots\cdots\cdots\cdots
$$

ou bien encore

$$(13) \quad \begin{cases} (A_{0,0} - g)\,M + A_{0,1}M' + A_{0,2}M'' + \ldots = 0, \\ A_{1,0}M + (A_{1,1} - g)\,M' + A_{1,2}M'' + \ldots = 0, \\ A_{2,0}M + A_{2,1}M' + (A_{2,2} - g)\,M'' + \ldots = 0, \\ \ldots\ldots\ldots\ldots\ldots\ldots\ldots\ldots\ldots\ldots\ldots\ldots\ldots\ldots\ldots\ldots\ldots, \end{cases}$$

où l'on a posé

$$(14) \quad \begin{cases} A_{0,0} = (0,1) + (0,2) + \ldots, \\ A_{1,1} = (1,0) + (1,2) + \ldots, \\ \ldots\ldots\ldots\ldots\ldots\ldots\ldots\ldots\ldots, \\ A_{i,k} = -\dfrac{a^{(i)}\sqrt{m^{(i)}n^{(i)}}}{a^{(k)}\sqrt{m^{(k)}n^{(k)}}}\,[i,k]. \end{cases}$$

La définition précédente de $A_{i,k}$ suppose les indices i et k essentiellement différents; si l'on remplace $[i, k]$ par sa valeur (10), il vient

$$(15) \quad A_{i,k} = -\frac{2f\sqrt{m^{(i)}m^{(k)}}}{a^{(i)}a^{(k)}\sqrt{n^{(i)}n^{(k)}}}\,P_{i,k};$$

on en conclut

$$(16) \quad A_{i,k} = A_{k,i}.$$

Cela posé, considérons le déterminant

$$(17) \quad G = \begin{vmatrix} A_{0,0} - g & A_{0,1} & A_{0,2} & \ldots & A_{0,N-1} \\ A_{1,0} & A_{1,1} - g & A_{1,2} & \ldots & A_{1,N-1} \\ A_{2,0} & A_{2,1} & A_{2,2} - g & \ldots & A_{2,N-1} \\ \ldots & \ldots & \ldots\ldots\ldots & \ldots & \ldots \\ A_{N-1,0} & A_{N-1,1} & A_{N-1,2} & \ldots & A_{N-1,N-1} - g \end{vmatrix};$$

il est symétrique par rapport à la diagonale, d'après la relation (16). Si ce déterminant n'est pas nul, la théorie des équations homogènes du premier degré montre que l'on ne pourra satisfaire aux équations (13) qu'en prenant en même temps

$$M = M' = M'' = \ldots = 0,$$

ce qui ne saurait nous convenir, puisque notre solution (12) disparaîtrait alors.

Pour que cette solution existe, il faut donc que g vérifie l'équation

$$(B) \quad G = 0.$$

Le degré de cette équation est égal au nombre N des planètes; car, dans le produit des termes de la diagonale du déterminant (17) se trouve le terme $(-1)^N g^N$ qui ne peut être détruit par aucun autre. Nous représenterons par g,

T. — I. 52

g_1, g_2, ..., g_{N-1} les racines de cette équation; ces quantités seront des constantes dont les valeurs dépendront de m, m', ..., $m^{(N-1)}$, a, a', ..., $a^{(N-1)}$; N — 1 des équations (13) détermineront les rapports de N — 1 des quantités M, M', ... à la $N^{\text{ième}}$; cette dernière sera l'une des constantes arbitraires qui figureront dans la solution (12); l'autre sera β. A la racine g_1 correspondront des équations que l'on déduira de (13) en changeant g, β, M, M', ... en g_1, β_1, M_1, M'_1, ...; de là une seconde solution renfermant deux constantes arbitraires, β_1 et l'une des quantités M_1, M'_1, ... On trouvera ainsi N solutions particulières, chacune avec deux constantes arbitraires; les équations (A) étant linéaires, on aura une nouvelle solution composée avec les précédentes en ajoutant les diverses valeurs de h, l, h', l', ... Ce sera donc

$$
\text{(C)}\quad
\begin{cases}
ah\sqrt{mn} = M\sin(gt+\beta) + M_1\sin(g_1 t+\beta_1) + \ldots + M_{N-1}\sin(g_{N-1}t+\beta_{N-1}),\\
al\sqrt{mn} = M\cos(gt+\beta) + M_1\cos(g_1 t+\beta_1) + \ldots + M_{N-1}\cos(g_{N-1}t+\beta_{N-1}),\\
a'h'\sqrt{m'n'} = M'\sin(gt+\beta) + M'_1\sin(g_1 t+\beta_1) + \ldots + M'_{N-1}\sin(g_{N-1}t+\beta_{N-1}),\\
a'l'\sqrt{m'n'} = M'\cos(gt+\beta) + M'_1\cos(g_1 t+\beta_1) + \ldots + M'_{N-1}\cos(g_{N-1}t+\beta_{N-1}),\\
\ldots\ldots\ldots\ldots\ldots\ldots\ldots\ldots\ldots\ldots\ldots\ldots\ldots\ldots\ldots\ldots\ldots\ldots
\end{cases}
$$

Cette solution comprend $2N$ constantes arbitraires et donne les intégrales générales des équations (A).

Remarque. — En différentiant par rapport à g l'expression (17) de G, on trouve évidemment

$$
\frac{\partial G}{\partial g} = -\left(\frac{\partial G}{\partial A_{0,0}} + \frac{\partial G}{\partial A_{1,1}} + \ldots \right).
$$

On en conclut que, si la racine g n'est pas une racine multiple, on ne peut pas avoir simultanément

$$
\frac{\partial G}{\partial A_{0,0}} = 0, \qquad \frac{\partial G}{\partial A_{1,1}} = 0, \qquad \ldots
$$

Donc les N déterminants que l'on déduit de G en supprimant la ligne et la colonne qui aboutissent à chacun des éléments de la diagonale, ne peuvent pas être tous nuls en même temps. Supposons par exemple $\dfrac{\partial G}{\partial A_{0,0}} \gtrless 0$; alors, en supprimant la première des équations (13), il en restera N — 1 autres qui détermineront les N — 1 inconnues $\dfrac{M'}{M}$, $\dfrac{M''}{M}$, ..., car le dénominateur commun de ces inconnues n'est autre chose que $\dfrac{\partial G}{\partial A_{0,0}}$, et il est essentiellement différent de zéro.

170. Lagrange a remarqué que, si quelques-unes des racines de l'équation G = 0 étaient imaginaires, les expressions de h, l, h', l', ... contiendraient des exponentielles qui, en croissant indéfiniment, auraient pour effet de rendre les

orbites très excentriques, et de détruire la stabilité du système planétaire. Les planètes connues alors étaient au nombre de six (Herschel n'avait pas encore découvert Uranus) ; les influences de Mercure, de Vénus et de Mars sur Jupiter et Saturne étant faibles, Lagrange a pu remplacer très approximativement l'équation $G = o$ par deux autres, l'une du second degré, l'autre du quatrième. Avec les valeurs numériques dont il disposait pour m, m', ..., a, a', ..., il trouva que les deux équations ci-dessus avaient leurs racines réelles et inégales. Mais certaines des masses employées étaient entièrement hypothétiques : ainsi, celles de Mercure, de Vénus et de Mars avaient été calculées en partant de leurs volumes et tirant leurs densités d'une loi empirique d'après laquelle les densités des planètes seraient inversement proportionnelles aux grands axes de leurs orbites. On pouvait donc se demander si, avec d'autres données notablement différentes, on trouverait encore seulement des racines réelles : « Il faudrait, disait Lagrange, pouvoir démontrer que, quelles que soient les valeurs des masses, pourvu qu'elles soient positives, les racines de l'équation dont il s'agit sont toujours nécessairement réelles et inégales, et il ne paraît pas impossible de parvenir, par quelque artifice particulier, à résoudre cette question d'une manière générale (¹). »

Laplace répondit bientôt au *desideratum* exprimé par Lagrange ; il prouva en effet que, quelles que soient les données numériques supposées pour les masses et les distances moyennes des planètes au Soleil, l'équation $G = o$ a toujours toutes ses racines réelles, pourvu que les planètes tournent toutes dans le même sens. Nous allons reproduire la démonstration de la *Mécanique céleste*.

Ajoutons les équations (A), après les avoir multipliées respectivement par mna^2h, mna^2l, $m'n'a'^2h'$, $m'n'a'^2l'$, .. ; nous trouverons

$$mna^2\left(h\frac{dh}{dt} + l\frac{dl}{dt}\right) + m'n'a'^2\left(h'\frac{dh'}{dt} + l'\frac{dl'}{dt}\right) + \ldots$$
$$+ (hl' - lh')\left\{mna^2[0,1] - m'n'a'^2[1,0]\right\} + \ldots = o,$$

ou bien, en vertu de la seconde des relations (11), et remarquant que n et a sont constants,

$$(18) \qquad \frac{d}{dt}\left\{mna^2(h^2 + l^2) + m'n'a'^2(h'^2 + l'^2) + \ldots\right\} = o.$$

On aura donc, en désignant par C une constante arbitraire,

$$(D) \qquad mna^2(h^2 + l^2) + m'n'a'^2(h'^2 + l'^2) + \ldots = C$$

ou bien

$$(D_1) \qquad mna^2e^2 + m'n'a'^2e'^2 + \ldots = C;$$

(¹) *Voir* les Mémoires de Lagrange sur les inégalités séculaires des planètes, t. V et VI de ses *OEuvres*.

on a ainsi une intégrale des équations (A). On peut l'écrire comme il suit, en prenant la masse du Soleil pour unité,

$$m \sqrt{1 + m} \sqrt{a}\, e^2 + m' \sqrt{1 + m'} \sqrt{a'}\, e'^2 + \ldots = \text{const.},$$

ou bien, en négligeant m^2, m'^2, …,

(D$_2$) $$m \sqrt{a}\, e^2 + m' \sqrt{a'}\, e'^2 + \ldots = \text{const.}$$

Supposons maintenant que deux des racines de l'équation (B) soient imaginaires, g et g_1; on aura donc

(19) $$g = u + \sigma \sqrt{-1}, \qquad g_1 = u - \sigma \sqrt{-1},$$

u et σ étant réels, et $\sigma > 0$. Si l'on pose

$$\frac{1}{2}(M\cos\beta + M_1\cos\beta_1) = \mathfrak{M}\cos\gamma, \qquad \frac{1}{2}(M\sin\beta + M_1\sin\beta_1) = \mathfrak{M}\sin\gamma,$$

$$\frac{\sqrt{-1}}{2}(M\cos\beta - M_1\cos\beta_1) = \mathfrak{M}_1\cos\gamma_1, \qquad \frac{\sqrt{-1}}{2}(M\sin\beta - M_1\sin\beta_1) = \mathfrak{M}_1\sin\gamma_1,$$

on voit aisément que le résultat de la substitution des valeurs (19) de g et g_1 dans les deux premières formules (C) est le suivant

$$ah\sqrt{mn} = \mathfrak{M}\sin(ut+\gamma)(E^{\sigma t}+E^{-\sigma t}) + \mathfrak{M}_1\cos(ut+\gamma_1)(E^{\sigma t}-E^{-\sigma t}) + M_2\sin(g_2 t+\beta_2) + \ldots$$

$$al\sqrt{mn} = \mathfrak{M}\cos(ut+\gamma)(E^{\sigma t}+E^{-\sigma t}) - \mathfrak{M}_1\sin(ut+\gamma_1)(E^{\sigma t}-E^{-\sigma t}) + M_2\cos(g_2 t+\beta_2) + \ldots$$

$\mathfrak{M}$, $\mathfrak{M}_1$, γ et γ_1 sont quatre constantes arbitraires qui doivent être réelles pour que h et l le soient aussi. On aura des expressions analogues pour h', l', h'', l'', … en mettant des accents aux lettres $\mathfrak{M}$, $\mathfrak{M}_1$, γ et γ_1.

Si l'on substitue ces valeurs de h, l, h', l', … dans l'équation (D), on trouvera un résultat de la forme

(20) $$(\mathfrak{M}^2 + \mathfrak{M}_1^2 + \mathfrak{M}'^2 + \mathfrak{M}_1'^2 + \ldots) E^{2\sigma t} + \mathfrak{b} E^{\sigma t} + \mathfrak{A} + \mathfrak{C} E^{-\sigma t} + \mathfrak{D} E^{-2\sigma t} = C.$$

Or, si la quantité positive σ n'est pas nulle, quand t croîtra indéfiniment, le terme en $E^{2\sigma t}$ arrivera à être infiniment plus grand que tous les autres, et comme il croît au delà de toutes limites et que son coefficient $\mathfrak{M}^2 + \mathfrak{M}'^2 + \ldots$ est essentiellement positif si toutes les planètes tournent dans le même sens (auquel cas n, n', … sont positifs), la relation (20) ne pourra pas être vérifiée. On doit donc avoir $\sigma = 0$, et les racines g et g_1 ne peuvent pas être imaginaires.

Si l'on admettait plusieurs couples de racines imaginaires dans l'équation (B), il y aurait d'autres quantités σ', σ'', … analogues à σ; en supposant

$$\sigma > \sigma' > \sigma'' > \ldots,$$

on verra sans peine que le premier membre de l'équation analogue à (20) fini-

rait par grandir indéfiniment avec le terme en $E^{2\sigma'}$; on devra donc avoir $\sigma = o$;
on démontrera ensuite que $\sigma' = o$, ...

L'équation générale que l'on obtient en égalant à zéro le déterminant (17)
a toutes ses racines réelles, quelles que soient les quantités réelles $A_{i,i}$ et $A_{i,k}$;
parmi les démonstrations qui ont été données de ce beau théorème, nous cite-
rons celle de M. Sylvester (*voir* BALTZER, *Théorie des déterminants*), et celle de
Borchardt (*Journal de Mathématiques*, t. XIII).

171. Voici maintenant comment Laplace prouve que l'équation $G = o$ ne peut
pas avoir de racines égales; supposons en effet $g = g_1$. Les expressions de
h, l, h', l', ... seront de la forme

$$(21) \quad \begin{cases} ah\sqrt{mn} = (\mathfrak{K}t + \mathfrak{K}_1)\sin(gt + \beta) + M_2\sin(g_2 t + \beta_2) + \ldots, \\ al\sqrt{mn} = (\mathfrak{K}t + \mathfrak{K}_1)\cos(gt + \beta) + M_2\cos(g_2 t + \beta_2) + \ldots, \\ \ldots\ldots\ldots\ldots\ldots\ldots\ldots\ldots\ldots\ldots\ldots\ldots\ldots\ldots\ldots\ldots \end{cases}$$

En substituant dans la formule (D), on aura une équation dont le premier
membre contiendra un terme prépondérant en t^2, avec le coefficient essentiellement positif $\mathfrak{K}^2 + \mathfrak{K}'^2 + \ldots$; ce premier membre ne pourra donc pas conserver
une valeur constante, et il est impossible que les racines g et g_1 soient égales.

Cette démonstration de Laplace prouve seulement que les expressions de h, l,
h', l', ... ne peuvent pas contenir le temps en dehors des signes sinus et cosinus,
comme le supposaient les formules (21), et qu'elles sont formées par la réunion
de termes périodiques; c'est là l'essentiel au point de vue de la stabilité du
système planétaire. Mais il n'en résulte pas nécessairement que l'équation
$G = o$ ne puisse jamais avoir de racines égales, car on sait aujourd'hui $(^1)$
qu'il peut arriver dans ce cas que les intégrales générales des équations (A) ne
renferment pas le temps en dehors des signes sinus et cosinus.

On peut donc se poser la question suivante :

Pourrait-on disposer des masses des planètes et de leurs distances moyennes
au Soleil de manière que l'équation (B) ait des racines égales?

Cela est impossible quand il n'y a que deux planètes. En effet, l'équation (B)
se réduit à

$$\begin{vmatrix} A_{0,0} - g & A_{0,1} \\ A_{1,0} & A_{1,1} - g \end{vmatrix} = o,$$

et, pour que ses deux racines soient égales, il faut qu'on ait

$$(A_{0,0} - A_{1,1})^2 + 4A_{0,1}^2 = o;$$

$(^1)$ *Voir* THOMSON et TAIT, *Treatise on natural Philosophy*, 2e édit., t. I, Partie I, p. 381; —
E.-J. ROUTH, *Stability of a given State of Motion*, 1877; — *OEuvres de Lagrange*, t. XI, Note VIII de
M. G. Darboux.

en remplaçant $A_{0,0}$, $A_{1,1}$ et $A_{0,1}$ par leurs valeurs qui résultent des formules (10), (14) et (15), il vient

$$\left(\frac{m'}{na^2} - \frac{m}{n'a'^2}\right)^2 N_{0,1}^2 + \frac{4mm'}{nn'a^2a'^2} P_{0,1}^2 = 0 ;$$

$N_{0,1}$ et $P_{0,1}$ étant essentiellement différents de zéro, la condition précédente ne peut pas être remplie; il pourrait en être autrement si les planètes se mouvaient en sens contraire, car alors le produit nn' serait négatif.

M. Seeliger a examiné le cas de $N = 3$ dans le n° 2231 des *Astronomische Nachrichten*, t. 93, 1878, et il a réussi à prouver directement que, si l'équation $G = 0$ avait deux racines égales, une certaine équation de condition

$$\mathcal{A}m + \mathcal{A}'m' + \mathcal{A}''m'' = 0$$

devrait être satisfaite, dans laquelle $\mathcal{A}$, $\mathcal{A}'$, $\mathcal{A}''$ sont des quantités essentiellement positives; cela est impossible ([1]). Je ne sache pas qu'on ait encore démontré la même impossibilité pour $N > 3$.

172. Laplace a tiré de l'intégrale (D_1) une conséquence importante au point de vue de la stabilité du système planétaire : puisque tous les termes du premier membre sont de même signe, l'une quelconque des excentricités, e par exemple, ne pourra jamais acquérir une valeur supérieure à celle qui serait donnée par la formule

$$mna^2 e^2 = C,$$

d'où

$$e^2 = \frac{C}{mna^2} \cdot$$

A cause de la petitesse actuelle des excentricités, la constante C a une valeur

---

([1]) Le cas de $m = 0$ doit être excepté; car alors, d'après la formule (15), on a

$$A_{0,1} = A_{1,0} = 0, \qquad A_{0,2} = A_{2,0} = 0,$$

et l'équation (B), qui se décompose dans les deux suivantes

$$g - A_{0,0} = 0,$$
$$(g - A_{1,1})(g - A_{2,2}) - A_{1,2}A_{2,1} = 0,$$

aura des racines égales si l'on peut déterminer a par la condition

$$(A_{0,0} - A_{1,1})(A_{0,0} - A_{2,2}) - A_{1,2}A_{2,1} = 0,$$

qui équivaut à

$$\left\{(0,1) + (0,2) - (1,2)\right\}\left\{(0,1) + (0,2) - (2,1)\right\} - [1,2][2,1] = 0.$$

Si l'on suppose, par exemple, que les planètes P' et P'' soient Jupiter et Saturne, et qu'on remplace a', a'', m' et m'' par les valeurs numériques correspondantes, on trouve que la condition ci-dessus est satisfaite par $a = 1,85$.

très petite. Par conséquent, l'excentricité e elle-même restera toujours fort petite, si la masse m correspondante constitue une partie considérable de la somme des masses du système. Mais on ne peut tirer de l'intégrale (D_1), aucune conclusion analogue pour les planètes dont les masses sont faibles. Pour savoir si leurs excentricités resteront toujours comprises entre d'étroites limites, il faut avoir recours aux formules (C). On en tire

$$mna^2 e^2 = M^2 + M_1^2 + M_2^2 + \ldots + 2MM_1 \cos[(g - g_1)t + \beta - \beta_1]$$
$$+ 2MM_2 \cos[(g - g_2)t + \beta - \beta_2]$$
$$+ \ldots \ldots \ldots \ldots \ldots \ldots \ldots \ldots ;$$

la plus grande valeur de e^2 répond au cas où tous les cosinus sont égaux à ± 1, de manière que les termes où entrent ces cosinus soient tous positifs; on aura donc

$$(22) \qquad e < \frac{|M| + |M_1| + |M_2| + \ldots}{a\sqrt{mn}} :$$

on trouvera ainsi une limite supérieure de l'excentricité e. Cette limite pourra-t-elle être réellement atteinte? C'est une question d'analyse indéterminée que nous ne chercherons pas à approfondir. Il paraît vraisemblable qu'on pourra trouver des époques où les différents angles, tels que

$$(g - g_1)t + \beta - \beta_1,$$

approcheront autant qu'on voudra de certains multiples pairs ou impairs de π; alors e atteindrait sa limite. On n'a pas d'expressions générales des quantités (22), susceptibles d'une discussion analytique, et l'on ne peut se prononcer sur les limites des excentricités qu'après avoir effectué tous les calculs numériques.

173. Nous avons à montrer maintenant comment on pourra calculer les valeurs des $2N$ constantes qui figurent dans les formules (C), en fonction des données initiales; ces données seront les valeurs $e_0, e'_0, \ldots, \varpi_0, \varpi'_0, \ldots$ des excentricités et des longitudes des périhélies à l'époque $t = 0$. On en déduira d'abord les valeurs correspondantes $h_0, l_0, h'_0, l'_0, \ldots$ de $h, l, h', l', \ldots$ par les formules

$$(23) \qquad \begin{cases} h_0 = e_0 \sin\varpi_0, & h'_0 = e'_0 \sin\varpi'_0, & \ldots, \\ l_0 = e_0 \cos\varpi_0, & l'_0 = e'_0 \cos\varpi'_0, & \ldots. \end{cases}$$

Si l'on fait $t = 0$ dans les formules (C), il vient

$$(24) \qquad \begin{cases} M \sin\beta + M_1 \sin\beta_1 + \ldots + M_{N-1}\sin\beta_{N-1} = ah_0\sqrt{mn}, \\ M'\sin\beta + M'_1 \sin\beta_1 + \ldots + M'_{N-1}\sin\beta_{N-1} = a'h'_0\sqrt{m'n'}, \\ \ldots \ldots \ldots \ldots \ldots \ldots \ldots \ldots \ldots \ldots \ldots \ldots \ldots \ldots \end{cases}$$

et

$$(25) \quad \begin{cases} M \cos\beta + M_1 \cos\beta_1 + \ldots + M_{N-1} \sin\beta_{N-1} = a l_0 \sqrt{mn}, \\ M' \cos\beta + M'_1 \cos\beta_1 + \ldots + M'_{N-1} \cos\beta_{N-1} = a' l_0 \sqrt{m'n'}, \\ \ldots\ldots\ldots\ldots\ldots\ldots\ldots\ldots\ldots\ldots\ldots\ldots\ldots\ldots\ldots \end{cases}$$

Nous supposons que l'on a calculé les racines g, g_1, ... de l'équation (B) dont tous les coefficients ont des valeurs numériques connues.

$N - 1$ des équations (13) donnent les rapports $\frac{M'}{M}$, $\frac{M''}{M}$, ...; en changeant dans ces équations g en g_1, on aura de même les rapports $\frac{M'_1}{M_1}$, $\frac{M''_1}{M_1}$, ..., et ainsi de suite, de telle sorte que les N équations (24) contiennent au premier degré les N inconnues $M\sin\beta$, $M_1\sin\beta_1$, ..., $M_{N-1}\sin\beta_{N-1}$; de même, on a le système (25) pour déterminer les N inconnues $M\cos\beta$, $M_1\cos\beta_1$, ..., $M_{N-1}\cos\beta_{N-1}$.

Nous allons établir des relations qui rendront très facile la résolution des équations précédentes. Reprenons la première des formules (13) et celle qu'on en déduit par le changement de g en g_1,

$$(A_{0,0} - g) M + A_{0,1} M' + A_{0,2} M'' + \ldots = 0,$$
$$(A_{0,0} - g_1) M_1 + A_{0,1} M'_1 + A_{0,2} M''_1 + \ldots = 0;$$

on en déduit, par l'élimination de $A_{0,0}$,

$$(26) \quad (g_1 - g) MM_1 = A_{0,1}(MM'_1 - M'M_1) + A_{0,2}(MM''_1 - M''M_1) + \ldots$$

La seconde des formules (13) et les suivantes donnent de même

$$(27) \quad \begin{cases} (g_1 - g) M'M'_1 = A_{1,0}(M_1 M' - MM'_1) + A_{1,2}(M'M''_1 - M''M'_1) + \ldots, \\ \ldots\ldots\ldots\ldots\ldots\ldots\ldots\ldots\ldots\ldots\ldots\ldots\ldots\ldots\ldots\ldots \end{cases}$$

Si l'on ajoute les équations (26), (27), ... et que l'on ait égard à la relation (16), il vient

$$(g_1 - g)(MM_1 + M'M'_1 + \ldots) = 0.$$

On peut supprimer le facteur $g_1 - g$ qui est différent de zéro, et l'on trouve ainsi, en supposant maintenant que g et g_1 représentent deux racines quelconques g_r et g_s de l'équation (B), la relation

$$(28) \quad M_r M_s + M'_r M'_s + M''_r M''_s + \ldots = 0,$$

dans laquelle r et s désignent deux indices différents quelconques de la série $0, 1, 2, \ldots, N - 1$.

Cela posé, si l'on ajoute les équations (24) après les avoir multipliées par les facteurs M_r, M'_r, M''_r, ... et qu'on fasse de même pour les équations (25), on trouve, en ayant égard à la condition (28),

$$(M_r^2 + M_r'^2 + M_r''^2 + \ldots) \sin\beta_r = a h_0 \sqrt{mn}\, M_r + a' h'_0 \sqrt{m'n'}\, M'_r + \ldots,$$
$$(M_r^2 + M_r'^2 + M_r''^2 + \ldots) \cos\beta_r = a l_0 \sqrt{mn}\, M_r + a' l'_0 \sqrt{m'n'}\, M'_r + \ldots,$$

ce que l'on peut écrire ainsi

$$
\text{(E)}\quad
\begin{cases}
\mathrm{M}_r \sin\beta_r = \dfrac{a h_0 \sqrt{mn} + a' h'_0 \sqrt{m'n'}\,\dfrac{\mathrm{M}'_r}{\mathrm{M}_r} + \ldots}{1 + \left(\dfrac{\mathrm{M}'_r}{\mathrm{M}_r}\right)^2 + \left(\dfrac{\mathrm{M}''_r}{\mathrm{M}_r}\right)^2 + \ldots}\,, \\[4ex]
\mathrm{M}_r \cos\beta_r = \dfrac{a l_0 \sqrt{mn} + a' l'_0 \sqrt{m'n'}\,\dfrac{\mathrm{M}'_r}{\mathrm{M}_r} + \ldots}{1 + \left(\dfrac{\mathrm{M}'_r}{\mathrm{M}_r}\right)^2 + \left(\dfrac{\mathrm{M}''_r}{\mathrm{M}_r}\right)^2 + \ldots}\,.
\end{cases}
$$

Les rapports $\dfrac{\mathrm{M}'_r}{\mathrm{M}_r}, \dfrac{\mathrm{M}''_r}{\mathrm{M}_r}, \ldots$ sont connus par ce qui précède; ils seront donnés par la résolution de $\mathrm{N}-1$ des équations

$$
\text{(F)}\quad
\begin{cases}
\mathrm{A}_{0,0} - g_r + \mathrm{A}_{0,1}\dfrac{\mathrm{M}'_r}{\mathrm{M}_r} + \mathrm{A}_{0,2}\dfrac{\mathrm{M}''_r}{\mathrm{M}_r} + \ldots = 0, \\[2ex]
\mathrm{A}_{1,0} + (\mathrm{A}_{1,1} - g_r)\dfrac{\mathrm{M}'_r}{\mathrm{M}_r} + \mathrm{A}_{1,2}\dfrac{\mathrm{M}''_r}{\mathrm{M}_r} + \ldots = 0, \\[2ex]
\cdots\cdots\cdots\cdots\cdots\cdots\cdots\cdots\cdots
\end{cases}
$$

L'ensemble des calculs numériques à exécuter correspond donc :

1° A la résolution de l'équation (B) du degré N;

2° A la résolution des N systèmes d'équations du premier degré à $\mathrm{N}-1$ inconnues, que l'on déduit de (F) en attribuant à l'indice r les valeurs $0, 1, 2, \ldots, \mathrm{N}-1$.

Après quoi la solution sera fournie par les formules (C) et (E).

174. Il est souvent possible d'avoir une donnée importante sur la manière dont varient les longitudes $\varpi, \varpi', \ldots$ des périhélies.

Les deux premières des formules (C) peuvent, en effet, s'écrire

$$
a\sqrt{mn}\, e \sin\varpi = \sum_{i=0}^{i=\mathrm{N}-1} \mathrm{M}_i \sin(g_i t + \beta_i),
$$

$$
a\sqrt{mn}\, e \cos\varpi = \sum_{i=0}^{i=\mathrm{N}-1} \mathrm{M}_i \cos(g_i t + \beta_i).
$$

On en conclut, en désignant par j l'un des nombres $0, 1, 2, \ldots, \mathrm{N}-1$,

$$
\text{(29)}\quad
\begin{aligned}
a\sqrt{mn}\, e \sin(\varpi - g_j t - \beta_j) &= \sum \mathrm{M}_i \sin[(g_i - g_j)t + \beta_i - \beta_j], \\
a\sqrt{mn}\, e \cos(\varpi - g_j t - \beta_j) &= \mathrm{M}_j + \sum \mathrm{M}_i \cos[(g_i - g_j)t + \beta_i - \beta_j];
\end{aligned}
$$

dans le second membre, la valeur j est maintenant exceptée de celles que doit prendre l'indice i.

T. — I.

Supposons que la valeur absolue de M_j soit supérieure à la somme des valeurs absolues de M, M_1, ..., M_{j-1}, M_{j+1}, ..., M_{N-1}; la formule (29) montre que $\cos(\varpi - g_j t - \beta_j)$ ne pourra jamais s'annuler quel que soit t. On pourra donc poser

$$(30) \qquad \varpi = k\pi + g_j t + \beta_j + \upsilon,$$

la valeur de υ ne pouvant qu'osciller entre $-\frac{\pi}{2}$ et $+\frac{\pi}{2}$; $k\pi + g_j t + \beta_j$ sera donc la valeur moyenne de ϖ, dont le moyen mouvement sera, par suite, égal à g_j; ϖ oscillera autour de cette valeur moyenne et l'écart sera compris entre les limites $-\frac{\pi}{2}$ et $+\frac{\pi}{2}$.

La formule (29) donne ensuite

$$(-1)^k a \sqrt{mn}\, e \cos\upsilon = M_j + \sum M_i \cos[(g_i - g_j) t + \beta_i - \beta_j];$$

le signe du second membre est celui de M_j; $\cos\upsilon$ est essentiellement positif. Donc, l'entier k pourra être pris égal à zéro si M_j est positif et égal à 1 si M_j est négatif.

Donc, si le cas en question est réalisé, le périhélie tournera toujours dans le même sens, sauf les oscillations; si ce cas n'a pas lieu, on ne peut pas dire d'avance le sens du mouvement du périhélie.

Supposons maintenant que la même chose ait lieu pour une autre planète, la seconde par exemple, et que la valeur absolue de M'_j soit supérieure à la somme des valeurs absolues de M', M'_1, ..., M'_{j-1}, M'_{j+1}, ..., M'_{N-1}, j étant le même que précédemment; on aura de même

$$(31) \qquad \varpi' = k'\pi + g_j t + \beta_j + \upsilon',$$

la valeur absolue de υ' étant inférieure à $\frac{\pi}{2}$. On tirera des formules (30) et (31)

$$\varpi - \varpi' = (k - k')\pi + \upsilon - \upsilon';$$

donc la valeur moyenne de $\varpi - \varpi'$ sera égale à $(k - k')\pi$; d'après ce qui précède, elle sera nulle si M_j et M'_j sont de même signe, et égale à π si M_j et M'_j sont de signes contraires.

175. Les intégrales (C) peuvent donner, à la rigueur, toutes les circonstances des variations des éléments e, ϖ, e', ϖ', ...; mais elles sont d'une discussion difficile à plusieurs égards. On peut trouver N intégrales distinctes des équations (A), ne contenant pas explicitement le temps t, mais seulement les excentricités et les positions relatives des périhélies pour l'époque t. L'intégrale (D) est dans ce cas; c'est l'une de celles que nous allons faire connaitre.

Remarquons que les équations (C) ne diffèrent des équations (24) et (25) qu'en ce que h_0, l_0, h'_0, l'_0, ... sont remplacés par h, l, h', l', ... et $M_r \sin\beta_r$, $M_r \cos\beta_r$ par $M_r \sin(g_r t + \beta_r)$ et $M_r \cos(g_r t + \beta_r)$. On pourra donc appliquer les formules (E) en y faisant les changements indiqués ci-dessus, ce qui donnera

$$M_r \sin(g_r t + \beta_r) = \frac{ah\sqrt{mn} + a'h'\sqrt{m'n'}\,\dfrac{M'_r}{M_r} + \dots}{1 + \left(\dfrac{M'_r}{M_r}\right)^2 + \dots},$$

$$M_r \cos(g_r t + \beta_r) = \frac{al\sqrt{mn} + a'l'\sqrt{m'n'}\,\dfrac{M'_r}{M_r} + \dots}{1 + \left(\dfrac{M'_r}{M_r}\right)^2 + \dots}.$$

Si l'on ajoute ces équations après les avoir élevées au carré, le temps disparaît, et il reste l'intégrale

$$(32) \quad M_r^2 = \frac{\left(ah\sqrt{mn} + a'h'\sqrt{m'n'}\,\dfrac{M'_r}{M_r} + \dots\right)^2 + \left(al\sqrt{mn} + a'l'\sqrt{m'n'}\,\dfrac{M'_r}{M_r} + \dots\right)^2}{\left[1 + \left(\dfrac{M'_r}{M_r}\right)^2 + \left(\dfrac{M''_r}{M_r}\right)^2 + \dots\right]^2},$$

dans laquelle M_r est la constante arbitraire ; les valeurs des rapports $\dfrac{M'_r}{M_r}$, $\dfrac{M''_r}{M_r}$, ... sont déterminées par les formules (F) en fonction des données a, a', ..., m, m', ... et ne contiennent rien d'arbitraire. L'intégrale précédente peut s'écrire

$$(G) \quad M_r^2 = \frac{mna^2 e^2 + m'n'a'^2 e'^2 \left(\dfrac{M'_r}{M_r}\right)^2 + \dots + 2\sqrt{mm'nn'}\,aa'\,\dfrac{M'_r}{M_r}\,ee'\cos(\varpi - \varpi') + \dots}{\left[1 + \left(\dfrac{M'_r}{M_r}\right)^2 + \left(\dfrac{M''_r}{M_r}\right)^2 + \dots\right]^2};$$

il n'y figure plus que les positions relatives des périhélies.

Si, entre les N intégrales (G), on élimine les $N-1$ différences

$$\varpi - \varpi', \quad \varpi - \varpi'', \quad \dots, \quad \varpi - \varpi^{(N-1)},$$

on tombera sur une intégrale indépendante des périhélies, et qui devra coïncider avec (D_1).

Les intégrales (G) permettent de calculer directement les valeurs des excentricités qui répondraient à un état déterminé des positions relatives des périhélies, sans avoir à se préoccuper de l'époque à laquelle le phénomène peut arriver.

176. Venons maintenant à l'intégration des équations (A'); nous poserons, en gardant les mêmes lettres M, M', ..., β et g, afin de ne pas trop multiplier les notations,

$$(12')\quad \begin{cases} p = \dfrac{M}{a\sqrt{mn}}\sin(gt+\beta), & q = \dfrac{M}{a\sqrt{mn}}\cos(gt+\beta), \\[2ex] p' = \dfrac{M'}{a'\sqrt{m'n'}}\sin(gt+\beta), & q' = -\dfrac{M'}{a'\sqrt{m'n'}}\cos(gt+\beta), \\[2ex] \quad\cdots\cdots\cdots\cdots\cdots; & \quad\cdots\cdots\cdots\cdots\cdots \end{cases}$$

En substituant dans (A'), il viendra

$$(13')\quad \begin{cases} (A_{0,0}+g)M + A_{0,1}M' + \ldots = 0. \\ A_{1,0}M + (A_{1,1}+g)M' + \ldots = 0, \\ \quad\cdots\cdots\cdots\cdots\cdots\cdots; \end{cases}$$

on a fait

$$(14')\quad \begin{cases} A_{0,0} = (0,1) + (0,2) + \ldots, \\ A_{1,1} = (1,0) + (1,2) + \ldots, \\ \quad\cdots\cdots\cdots\cdots\cdots\cdots; \\ A_{i,k} = -\dfrac{a^{(i)}\sqrt{m^{(i)}n^{(i)}}}{a^{(k)}\sqrt{m^{(k)}n^{(k)}}}\,(i,k); \end{cases}$$

d'où

$$(15')\quad A_{i,k} = -\frac{2f\sqrt{m^{(i)}m^{(k)}}}{a^{(i)}a^{(k)}\sqrt{n^{(i)}n^{(k)}}}\,N_{i,k}$$

$$(16')\quad A_{i,k} = A_{k,i}.$$

On posera

$$(17')\quad G' = \begin{vmatrix} A_{0,0}+g & A_{0,1} & \ldots \\ A_{1,0} & A_{1,1}+g & \ldots \\ \cdots\cdots & \cdots\cdots & \ldots \end{vmatrix},$$

et l'on devra prendre successivement pour g les N racines de l'équation

$$(B')\quad\quad\quad\quad\quad\quad G' = 0.$$

Les intégrales des équations (A') seront

$$(33)\quad \begin{cases} ap\sqrt{mn} = M\sin(gt+\beta) + M_1\sin(g_1 t+\beta_1) + \ldots, \\ aq\sqrt{mn} = M\cos(gt+\beta) + M_1\cos(g_1 t+\beta_1) + \ldots, \\ a'p'\sqrt{m'n'} = M'\sin(gt+\beta) + M'_1\sin(g_1 t+\beta_1) + \ldots, \\ a'q'\sqrt{m'n'} = M'\cos(gt+\beta) + M'_1\cos(g_1 t+\beta_1) + \ldots, \\ \quad\cdots\cdots\cdots\cdots\cdots\cdots\cdots\cdots\cdots \end{cases}$$

177. Il y a ici une simplification tenant à ce que l'équation (B') a une racine nulle. Si l'on suppose, en effet, dans les formules $(13')$,

$$g = 0, \qquad \frac{M}{a\sqrt{mn}} = \frac{M'}{a'\sqrt{m'n'}} = \ldots,$$

en ayant égard aux relations $(14')$, on tombe sur des identités telles que

$$[(0,1) + (0,2) + \ldots] - (0,1) - (0,2) - \ldots = 0.$$

Les formules (33) peuvent donc s'écrire

$$(C') \quad \begin{cases} ap\sqrt{mn} = M\sin\beta + \displaystyle\sum_{i=1}^{i=N-1} M_i \sin(g_i t + \beta_i), \\[2mm] aq\sqrt{mn} = M\cos\beta + \displaystyle\sum_{i=1}^{i=N-1} M_i \cos(g_i t + \beta_i), \\[2mm] a'p'\sqrt{m'n'} = M'\sin\beta + \displaystyle\sum_{i=1}^{i=N-1} M_i'\sin(g_i t + \beta_i), \\[2mm] a'q'\sqrt{m'n'} = M'\cos\beta + \displaystyle\sum_{i=1}^{i=N-1} M_i'\cos(g_i t + \beta_i), \\[2mm] \ldots\ldots\ldots\ldots\ldots\ldots\ldots\ldots\ldots\ldots\ldots\ldots \end{cases}$$

Si l'on ajoute les équations (A') après les avoir multipliées respectivement par $mna^2 p$, $mna^2 q$, $m'n'a'^2 p'$, $m'n'a'^2 q'$, $\ldots$, on trouve, en vertu de la première des relations (11),

$$(18') \qquad \frac{d}{dt}[mna^2(p^2+q^2) + m'n'a'^2(p'^2+q'^2) + \ldots] = 0.$$

On a donc l'intégrale

$$(D') \qquad mna^2(p^2+q^2) + m'n'a'^2(p'^2+q'^2) + \ldots = C'$$

ou bien

$$(D'_1) \qquad mna^2 \tang^2\varphi + m'n'a'^2 \tang^2\varphi' + \ldots = C'$$

ou encore, en négligeant m^2, m'^2, $\ldots$,

$$(D'_2) \qquad m\sqrt{a}\tang^2\varphi + m'\sqrt{a'}\tang^2\varphi' + \ldots = \text{const.}$$

La démonstration de Laplace, pour la réalité des racines de l'équation (B'), se fait en partant de l'intégrale (D'); elle est identique à celle qui a été donnée pour l'équation (B). Il va sans dire que les démonstrations de Sylvester et de Borchardt sont aussi directement applicables.

Les valeurs actuelles des inclinaisons des orbites sur le plan de l'écliptique de 1850 étant petites, il en est de même de la constante C' de la formule (D'_i). L'une quelconque des inclinaisons, φ par exemple, ne pourra jamais acquérir une valeur supérieure à celle qui serait donnée par la formule

$$mna^2 \tang^2\varphi = C',$$

d'où

$$\tang^2\varphi = \frac{C'}{mna^2}.$$

Donc l'inclinaison φ restera toujours très petite; tel est le raisonnement de Laplace.

Mais cette conclusion n'est légitime que pour les planètes dont les masses constituent une fraction notable de la masse totale du système. Pour savoir si leurs inclinaisons resteront toujours comprises entre d'étroites limites, il faut avoir recours aux formules (C') qui donnent

$$mna^2 \tang^2\varphi = M^2 + M_1^2 + \ldots + 2MM_1 \cos(g_1 t + \beta_1 - \beta)$$
$$+ 2M_1 M_2 \cos[(g_1 - g_2)t + \beta_1 - \beta_2] + \ldots;$$

on en conclura

$$(22') \qquad \tang\varphi < \frac{|M| + |M_1| + \ldots}{a\sqrt{mn}}.$$

On pourra fixer ces limites des inclinaisons quand on aura fait tous les calculs numériques.

La détermination des constantes arbitraires à l'aide des données initiales se fera par les formules

$$(E') \qquad \left\{ \begin{aligned} M_r \sin\beta_r &= \frac{ap_0\sqrt{mn} + a'p'_0\sqrt{m'n'}\dfrac{M'_r}{M_r} + \ldots}{1 + \left(\dfrac{M'_r}{M_r}\right)^2 + \ldots}; \\[2em] M_r \cos\beta_r &= \frac{aq_0\sqrt{mn} + a'q'_0\sqrt{m'n'}\dfrac{M'_r}{M_r} + \ldots}{1 + \left(\dfrac{M'_r}{M_r}\right)^2 + \ldots}; \end{aligned} \right.$$

les rapports $\dfrac{M'_r}{M_r}$ sont donnés par des équations analogues à (F), que nous nous dispensons d'écrire. On a d'ailleurs

$$p_0 = \tang\varphi_0 \sin\theta_0, \qquad p'_0 = \tang\varphi'_0 \sin\theta'_0, \qquad \ldots,$$
$$q_0 = \tang\varphi_0 \cos\theta_0, \qquad q'_0 = \tang\varphi'_0 \cos\theta'_0, \qquad \ldots$$

Pour $r = 0$, les formules (E') se simplifient. On a vu, en effet, que l'on a dans ce cas

$$\frac{M'}{M} = \frac{a'\sqrt{m'n'}}{a\sqrt{mn}}, \qquad \frac{M''}{M} = \frac{a''\sqrt{m''n''}}{a\sqrt{mn}}, \qquad \ldots \; ;$$

il vient ainsi

$$(E'_0) \quad \begin{cases} \dfrac{M}{a\sqrt{mn}} \sin\beta = \dfrac{mna^2 \tang\varphi_0 \sin\theta_0 + m'n'a'^2 \tang\varphi'_0 \sin\theta'_0 + \ldots}{mna^2 + m'n'a'^2 + \ldots}, \\[2ex] \dfrac{M}{a\sqrt{mn}} \cos\beta = \dfrac{mna^2 \tang\varphi_0 \cos\theta_0 + m'n'a'^2 \tang\varphi'_0 \cos\theta'_0 + \ldots}{mna^2 + m'n'a'^2 + \ldots}. \end{cases}$$

178. Il est possible de donner une représentation géométrique très simple de M et β, en introduisant le *plan invariable* du système planétaire.

Reportons-nous aux intégrales des aires dans les mouvements relatifs des planètes autour du Soleil, telles qu'elles sont données par les formules (d') du n° 17. Soient a', b', c' les constantes de ces formules; le plan invariable aura pour équation

$$a'x + b'y + c'z = 0.$$

Si l'on néglige les carrés et les produits des masses, les formules que l'on vient de rappeler se réduisent à

$$a' = \sum m_i \left(y_i \frac{dz_i}{dt} - z_i \frac{dy_i}{dt} \right),$$
$$b' = \sum m_i \left(z_i \frac{dx_i}{dt} - x_i \frac{dz_i}{dt} \right),$$
$$c' = \sum m_i \left(x_i \frac{dy_i}{dt} - y_i \frac{dx_i}{dt} \right).$$

En les appliquant à l'époque $t = 0$ et ayant égard aux relations (k) du n° 38, on trouve

$$(34) \quad \begin{cases} a' = mna^2 \sqrt{1 - e_0^2} \sin\varphi_0 \sin\theta_0 + m'n'a'^2 \sqrt{1 - e_0'^2} \sin\varphi'_0 \sin\theta'_0 + \ldots, \\[1ex] -b' = mna^2 \sqrt{1 - e_0^2} \sin\varphi_0 \cos\theta_0 + m'n'a'^2 \sqrt{1 - e_0'^2} \sin\varphi'_0 \cos\theta'_0 + \ldots, \\[1ex] c' = mna^2 \sqrt{1 - e_0^2} \cos\varphi_0 + m'n'a'^2 \sqrt{1 - e_0'^2} \cos\varphi'_0 + \ldots. \end{cases}$$

Or, si l'on désigne par Π la longitude du nœud ascendant du plan invariable sur le plan fixe des xy et par γ son inclinaison, on a

$$\tang\gamma \sin\Pi = \frac{a'}{c'}, \qquad \tang\gamma \cos\Pi = -\frac{b'}{c'}.$$

Remplaçons a', b', c' par leurs valeurs (34) et négligeons, comme nous l'avons fait jusqu'ici, e_0^2, $e_0'^2$, $\ldots$, φ_0^2, $\varphi_0'^2$, $\ldots$ devant l'unité ; nous trouverons

$$(35) \quad \begin{cases} \tan\gamma \sin\Pi = \dfrac{mna^2 \tan\varphi_0 \sin\theta_0 + m'n'a'^2 \tan\varphi_0' \sin\theta_0' + \ldots}{mna^2 + m'n'a'^2 + \ldots}, \\[2ex] \tan\gamma \cos\Pi = \dfrac{mna^2 \tan\varphi_0 \cos\theta_0 + m'n'a'^2 \tan\varphi_0' \cos\theta_0' + \ldots}{mna^2 + m'n'a'^2 + \ldots}. \end{cases}$$

La comparaison avec les formules (E_0') donne

$$\beta = \Pi, \qquad -\frac{M}{a\sqrt{mn}} = \tan\gamma.$$

Telle est l'interprétation cherchée.

179. Nous allons rapporter les orbites au plan invariable ; soient, en se reportant à la *fig.* 20 du n° 147, NM l'orbite de la planète P, N'G le plan invariable. Nous ferons

$$N'G = \Theta, \qquad NGN' = \Phi;$$

nous avons déjà

$$xN' = \Pi, \qquad NN'G = \gamma, \qquad xN = \theta, \qquad yNG = \varphi.$$

Le triangle sphérique NN'G donne

$$\sin\Phi \sin\Theta = \sin\varphi \sin(\theta - \beta),$$
$$\sin\Phi \cos\Theta = -\cos\varphi \sin\gamma + \sin\varphi \cos\gamma \cos(\theta - \beta);$$

on peut prendre

$$\sin\Phi \sin\Theta = \tan\varphi \sin(\theta - \beta) = p\cos\beta - q\sin\beta,$$
$$\sin\Phi \cos\Theta = -\sin\gamma + \tan\varphi \cos(\theta - \beta) = -\frac{M}{a\sqrt{mn}} + p\sin\beta + q\cos\beta;$$

en remettant pour p et q leurs valeurs (C'), on trouve la première des formules suivantes :

$$(C_1') \quad \begin{cases} a\sqrt{mn}\,\sin\Phi\,\sin\Theta = \displaystyle\sum_{i=1}^{i=N-1} M_i \sin(g_i t + \beta_i - \beta), \\[2.5ex] a\sqrt{mn}\,\sin\Phi\,\cos\Theta = \displaystyle\sum_{i=1}^{i=N-1} M_i \cos(g_i t + \beta_i - \beta), \\[2.5ex] a'\sqrt{m'n'}\,\sin\Phi'\,\sin\Theta' = \displaystyle\sum_{i=1}^{i=N-1} M_i' \sin(g_i t + \beta_i - \beta), \\[2.5ex] a'\sqrt{m'n'}\,\sin\Phi'\,\cos\Theta' = \displaystyle\sum_{i=1}^{i=N-1} M_i' \cos(g_i t + \beta_i - \beta). \\[2ex] \cdots\cdots\cdots\cdots\cdots\cdots\cdots\cdots \end{cases}$$

On démontrera, comme au n° 174, que si la valeur absolue de M_j est supérieure à la somme des valeurs absolues de $M_1, \ldots, M_{j-1}, M_{j+1}, \ldots, M_{N-1}$, la valeur moyenne de Θ sera égale à $g_j t + \beta_j - \beta + k\pi$; le nœud de la première orbite sur le plan invariable se mouvra donc toujours dans le même sens, sauf les oscillations, et son moyen mouvement sera égal à g_j.

S'il arrive que la valeur absolue de M'_j soit supérieure aussi à la somme des valeurs absolues de $M'_1, \ldots, M'_{j-1}, M'_{j+1}, \ldots, M'_{N-1}$, $g_j t + \beta_j - \beta + k'\pi$ sera la valeur moyenne de Θ'. On aura ainsi

$$(36) \qquad \Theta = g_j t + \beta_j - \beta + k\pi + \upsilon,$$

$$(37) \qquad \Theta' = g_j t + \beta_j - \beta + k'\pi + \upsilon'.$$

υ et υ' sont deux quantités qui oscillent de part et d'autre de zéro entre des limites dont les valeurs absolues sont inférieures à $\frac{\pi}{2}$. On aura

$$\Theta - \Theta' = (k - k')\pi + \upsilon - \upsilon';$$

la valeur moyenne de la distance des nœuds des deux planètes sur le plan invariable sera donc égale à zéro ou à π, suivant que M_j et M'_j seront de même signe ou de signes contraires.

180. Nous avons dit que les calculs numériques effectués par Lagrange reposaient sur des valeurs fort peu exactes des masses ; de plus, Uranus n'y figurait pas. Le Verrier entreprit en 1839 de reprendre avec toute la précision désirable la détermination numérique des inégalités séculaires des sept grosses planètes connues alors. Je me bornerai à quelques indications sur la marche suivie et sur les résultats obtenus, renvoyant pour les détails au tome II des *Annales de l'Observatoire*, p. 105-170.

Si l'on remplace f par $\dfrac{n^2 a^3}{\mu}$, $\dfrac{n'^2 a'^3}{\mu'}$, $\ldots$, les formules (10) donnent

$$(0,1) = 2\,\frac{m'}{\mu}\,na\mathrm{N}_{0,1}, \qquad [0,1] = 2\,\frac{m'}{\mu}\,na\mathrm{P}_{0,1},$$
$$\ldots\ldots\ldots\ldots\ldots ; \qquad \ldots\ldots\ldots\ldots\ldots ;$$

les quantités $a\mathrm{N}_{0,1}$, $a\mathrm{P}_{0,1}$, $\ldots$ ne dépendent que des rapports $\dfrac{a}{a'}$; on prend pour unité de temps l'année julienne ; on devra mettre pour n, n', $\ldots$ leurs valeurs correspondantes exprimées en parties du rayon. A cause de la petitesse des rapports $\dfrac{m'}{\mu}$, les valeurs numériques de $(0,1)$, $[0,1]$, ... seront très petites. Il est préférable de les exprimer en secondes sexagésimales, et alors il en sera de même de g, g_1, ...

Quand on a calculé tous les coefficients numériques $A_{i,i}$ et $A_{i,k}$, on forme les sept équations (13); on constate que dans les trois dernières les coefficients de M, M', M'' et M''' sont très petits. On peut les négliger dans une première approximation, et l'on a ainsi trois équations homogènes entre lesquelles on élimine M^{IV}, M^{V} et M^{VI}, ce qui donne une équation du troisième degré en g que l'on résout. On trouve de la sorte les valeurs approchées de trois des racines de l'équation $G = 0$, celles qui proviennent de la présence des planètes Jupiter, Saturne et Uranus. Ces trois grosses planètes ne peuvent être que très peu dérangées par les quatre autres; on peut donc, dans les quatre premières équations (13), négliger les termes en M^{IV}, M^{V} et M^{VI}. On a ainsi quatre équations homogènes entre lesquelles on élimine M, M', M'' et M'''; il en résulte une équation du quatrième degré en g que l'on résout, ce qui donne des valeurs approchées des quatre racines de $G = 0$ qui proviennent de la présence des quatre premières planètes.

Avec ces valeurs approchées, Le Verrier détermine les valeurs exactes par un système d'approximations successives aisé à concevoir; il arrive à

$$(38) \quad \begin{cases} g = 2'',2584, & g_4 = 7'',5747, \\ g_1 = 3'',7136, & g_5 = 17'',1527, \\ g_2 = 22'',4273, & g_6 = 17'',8633; \\ g_3 = 5'',2989, \end{cases}$$

les valeurs approchées trouvées d'abord n'en diffèrent pas de $0'',001$.

Quelques-unes des masses planétaires pouvant recevoir dans la suite certaines corrections, Le Verrier a voulu que tous les résultats de ses calculs pussent être utilisés encore; il a représenté les vraies valeurs des masses par $m(1 + \nu)$, $m'(1 + \nu')$, ..., et il a développé les résultats suivant les premières puissances de ν, ν', ..., de sorte que, si l'on vient à corriger la masse de Mercure, par exemple, il suffira d'introduire dans les formules la valeur correspondante de ν, pour obtenir le même résultat que si l'on était parti de la masse exacte. Les rapports $\dfrac{M}{M^{\text{VI}}}$, $\dfrac{M'}{M^{\text{VI}}}$, ..., $\dfrac{M_1}{M^{\text{VI}}_1}$, ... sont exprimés de la même manière [1].

Le Verrier donne ensuite les expressions numériques des formules (C) et (C'), et l'on peut y lire immédiatement les limites supérieures des excentricités et des

---

[1] Au sujet de la résolution des équations (13), le lecteur pourra consulter avec fruit un Mémoire de Jacobi, *Zur Theorie der Saecular-Störungen* (*Journal de Crelle*, t. XXX).

inclinaisons; les voici :

	Limites	
	des excentricités.	des inclinaisons.
Mercure	$0,226$	9.17
Vénus	$0,087$	5.18
La Terre	$0,078$	4.52
Mars	$0,142$	7.9
Jupiter	$0,062$	2.1
Saturne	$0,085$	2.33
Uranus	$0,064$	2.33

On voit donc que les excentricités et les inclinaisons, qui sont actuellement petites, resteront toujours très petites.

Ce résultat et l'invariabilité des grands axes et des moyens mouvements constituent la stabilité du système planétaire.

Si l'on substitue les expressions ci-dessus de $e \sin \varpi$, $e \cos \varpi$, $\tang \varphi \sin \theta$, $\tang \varphi \cos \theta$, ... dans les coordonnées héliocentriques de chaque planète, ces coordonnées ne contiendront que des termes périodiques. Ainsi les inégalités séculaires sont en réalité périodiques; elles ne diffèrent des inégalités périodiques ordinaires que par la durée de la période, qui est, pour elles, extrêmement grande; c'est ce qui résulte des nombres (38) qui donnent les très petits angles dont les arguments augmentent en une année; le terme $\sin(gt + \beta)$ a une période de 574 000 ans environ.

181. Le Verrier n'avait pu faire entrer dans ses calculs la planète Neptune qu'il ne devait découvrir que six ans plus tard. M. Stockwell a publié en 1873, dans le tome XVIII des *Smithsonian contributions to knowledge*, un Mémoire important sur les variations séculaires des huit principales planètes, dans lequel il a tenu compte de l'action de Neptune. Ce travail, dont les calculs paraissent faits avec soin, renferme des remarques curieuses. Ainsi M. Stockwell trouve que, dans les formules (C), la valeur absolue de M_1^{IV} est supérieure à la somme des valeurs absolues de $M^{IV}, M_2^{IV}, \ldots, M_7^{IV}$; il en est de même pour M_1^{VI} comparé à $M^{VI}, M_2^{VI}, \ldots, M_7^{VI}$; enfin M_1^{IV} et M_1^{VI} sont de signes contraires. Il en résulte donc, d'après ce qui a été dit au n° 174, que :

Le moyen mouvement du périhélie de Jupiter est exactement égal au moyen mouvement du périhélie d'Uranus, et que les longitudes moyennes de ces périhélies diffèrent exactement de 180°.

Suivant les calculs de M. Stockwell, le périhélie de Jupiter peut osciller autour de sa valeur moyenne, $g_1 t + \beta_1$, entre les limites $\pm 24°10'$, et celui d'Uranus, autour de la même valeur moyenne, entre les limites $\pm 47°33'$. Les périhélies des deux planètes peuvent donc se rapprocher jusqu'à la distance $180° - (24°10' + 47°33') = 108°17'$.

M. Stockwell trouve de même, en partant des formules (C_1), que :

Le moyen mouvement du nœud de Jupiter sur le plan invariable est exactement égal à celui du nœud de Saturne, et que les longitudes moyennes de ces nœuds diffèrent exactement de $180°$.

Il trouve aussi que le nœud de Jupiter peut différer de sa valeur moyenne de $\pm 19°38'$; pour Saturne, ces limites deviennent $\pm 7°7'$. Les deux nœuds pourraient donc se rapprocher jusqu'à $153°15'$.

182. Parmi les inégalités séculaires importantes, il y a lieu de signaler celle qui concerne l'excentricité de l'orbite terrestre. Cette excentricité est actuellement décroissante ; elle continuera à diminuer pendant 24 000 ans, après quoi elle augmentera pendant très longtemps. Nous verrons dans le tome III de cet Ouvrage que c'est là la cause d'un phénomène resté longtemps inexpliqué, l'accélération séculaire du moyen mouvement de la Lune.

Nous n'avons pas parlé encore des inégalités séculaires du sixième des éléments elliptiques, ε. La dernière des formules (h) du n° 62 est

$$\frac{d\varepsilon}{dt} = -\frac{2}{na}\frac{\partial R}{\partial a} + \frac{e\sqrt{1-e^2}}{na^2(1+\sqrt{1-e^2})}\frac{\partial R}{\partial e} + \frac{\tang\frac{\varphi}{2}}{na^2\sqrt{1-e^2}}\frac{\partial R}{\partial\varphi}.$$

On peut prendre, au degré de précision adopté,

$$\frac{d\varepsilon}{dt} = -\frac{2}{na}\frac{\partial R}{\partial a} + \frac{e}{2na^2}\frac{\partial R}{\partial e} + \frac{\tang\varphi}{2na^2}\frac{\partial R}{\partial\varphi},$$

formule dans laquelle il faut remplacer R par son expression (5).

Si l'on fait cette substitution et si l'on met pour e^2, e'^2, ..., $e\sin\varpi$, $e'\sin\varpi'$, ..., $e\cos\varpi$, $e'\cos\varpi'$, ..., $\tang^2\varphi$, $\tang^2\varphi'$, ..., $\tang\varphi\sin\theta$, $\tang\varphi'\sin\theta'$, ..., $\tang\varphi\cos\theta$, $\tang\varphi'\cos\theta'$, ... leurs expressions séculaires fournies par les formules (C) et (C'), on trouve finalement une expression de la forme

$$\frac{d\varepsilon}{dt} = H + \sum K\cos(\varkappa t + \varkappa'),$$

d'où

$$\varepsilon = \varepsilon_0 + Ht + \sum \frac{K}{\varkappa}\sin(\varkappa t + \varkappa');$$

la longitude moyenne sera donc

$$\varepsilon_0 + (n + H)t + \sum \frac{K}{\varkappa}\sin(\varkappa t + \varkappa').$$

A cause de la petitesse des coefficients $\varkappa$, on pourra développer les termes

$\sin(\varkappa t + \varkappa')$ en séries très convergentes suivant les puissances de t; le terme en t^2 sera très petit et le plus souvent négligeable.

183. On a vu que les excentricités et les inclinaisons des orbites des planètes doivent toujours rester très petites. Cette conséquence importante ne se trouve toutefois établie que pour les valeurs numériques adoptées pour les grands axes, et nous ignorons ce qui se produirait pour d'autres distances moyennes des grands axes. Il est à regretter qu'on ne puisse pas discuter facilement les variations des limites (22) et $(22')$, quand on fait varier a, a', ... Toutefois, quand on ne considère que trois planètes, l'équation (B'), qui a une racine nulle, s'abaisse au second degré; la discussion devient facile. Le Verrier a montré (*Annales de l'Observatoire de Paris*, t. II, Addition III) « qu'il existe, entre Jupiter et le Soleil, une position telle, que si l'on y plaçait une petite masse, dans une orbite d'abord peu inclinée à celle de Jupiter, cette petite masse pourrait sortir de son orbite primitive, et atteindre de grandes inclinaisons sur le plan de l'orbite de Jupiter, par l'action de cette planète et de Saturne. Il est remarquable que cette position se trouve à peu près à une distance double de la Terre au Soleil, c'est-à-dire à la limite inférieure où l'on a rencontré jusqu'ici les petites planètes ».

J'ai moi-même cherché à étendre les conclusions de Le Verrier, en tenant compte de termes négligés par lui, dans un Mémoire auquel je renvoie le lecteur (*Annales de l'Observatoire*, t. XVI).

184. Il ne faut pas se faire d'illusion sur la généralité des conclusions énoncées ci-dessus relativement à la stabilité du système planétaire. En premier lieu, les équations différentielles (A) et (A') ont été obtenues en négligeant, dans les parties séculaires des fonctions perturbatrices, les termes du quatrième ordre; Le Verrier a cherché à tenir compte de ces termes en faisant varier les constantes arbitraires des formules (C) et (C') (*voir* l'Addition III du tome II des *Annales de l'Observatoire*). L'une des conséquences auxquelles il est arrivé est qu'on ne peut obtenir, par la méthode des approximations successives, aucune conclusion sur la stabilité du système formé de Mercure, Vénus, la Terre et Mars, à cause des incertitudes qui règnent sur les valeurs des masses et peuvent modifier du tout au tout les petits diviseurs qui interviennent dans les formules.

En second lieu, il n'est pas prouvé que l'on obtienne toutes les inégalités séculaires des éléments en réduisant, dans les équations différentielles, les fonctions perturbatrices à leurs parties séculaires; le contraire est même certain.

La théorie exposée dans ce Chapitre est importante, si je ne me trompe, surtout parce qu'elle nous met sur la trace d'une forme analytique générale des perturbations où le temps ne sort pas des signes sinus et cosinus, et dont l'usage s'impose dans les théories des satellites, notamment dans la théorie de la Lune.

Les termes en t^2, $t \genfrac{}{}{0pt}{}{\sin}{\cos} (\alpha t + \beta)$ trouvés dans les théories usuelles des planètes
sont introduits par les procédés de calcul ; ils n'existent pas réellement. Dans
cet ordre d'idées, quelques travaux importants ont été faits, et je crois devoir
les signaler.

En généralisant la belle méthode employée par Delaunay dans sa théorie de la
Lune et considérant le cas de deux planètes seulement, Jupiter et Saturne par
exemple, on arrive à se convaincre ([1]) que les éléments a, e, φ, a', e', φ' peuvent en général être exprimés par des séries de la forme

$$\sum A \cos(\alpha\lambda + \alpha_1\lambda_1 + \alpha_2\lambda_2 + \ldots),$$

dans lesquelles α, α_1, α_2, ... désignent des nombres entiers positifs ou négatifs,
et λ, λ_1, λ_2, ... des fonctions linéaires de t. La forme même de ces expressions
assurerait la stabilité, si la convergence des séries était démontrée.

Les autres éléments ε, ϖ, 0, ε', ϖ', θ' s'expriment par des séries telles que

$$\varkappa t + \varkappa' + \sum B \sin(\alpha\lambda + \alpha_1\lambda_1 + \alpha_2\lambda_2 + \ldots).$$

Enfin, M. S. Newcomb est arrivé à des résultats du même ordre, très curieux
et importants, pour un nombre quelconque de planètes, dans son Mémoire *On
the general integrals of planetary motions* (*Smithsonian contributions to knowledge*,
t. XXI, 1876).

Il faut dire toutefois que, si l'on essayait, dans la pratique, de mettre sous
cette forme les théories planétaires, on aurait des calculs presque inextricables,
en raison du nombre immense de termes qu'il faudrait considérer. Il est bien à
désirer que les géomètres s'occupent de ces questions et cherchent à faire béné-
ficier l'Astronomie des progrès récents qu'a faits l'intégration des équations
différentielles.

D'autre part, nous souhaitons vivement de voir couronnés de succès les efforts
persévérants de M. Gyldèn pour l'introduction efficace des fonctions elliptiques
dans les formules de la Mécanique céleste.

([1]) *Voir* mon *Mémoire sur le problème des trois corps* (*Annales de l'Observatoire*, t. XVIII).

CHAPITRE XXVII.

SUR LA MÉTHODE DE GAUSS POUR LE CALCUL DES INÉGALITÉS SÉCULAIRES.

Gauss a publié en 1818 un Mémoire remarquable ayant pour titre : *Determinatio attractionis quam in punctum quodvis positionis data exerceret planeta si ejus massa per totam orbitam ratione temporis quo singulæ partes describuntur uniformiter esset dispertita* (Gauss, *Werke*, t. III, p. 331). Ce Mémoire fournit un mode de calcul des inégalités séculaires autre que celui que nous avons indiqué et qui, dans certains cas, peut seul être employé. Aussi croyons-nous ne pouvoir nous dispenser d'en exposer les points fondamentaux ; mais il nous faut commencer par résoudre une question préliminaire.

185. Reprenons les formules (h) du n° 62 ; on peut les transformer très utilement en y introduisant les projections de la force perturbatrice sur trois axes rectangulaires, aux lieu et place des dérivées partielles $\dfrac{\partial R}{\partial a}$, $\dfrac{\partial R}{\partial e}$, ... Le résultat est très simple quand on prend pour ces trois axes : le prolongement du rayon vecteur de la planète troublée, la perpendiculaire menée à ce rayon vecteur dans le plan de l'orbite, du côté où croissent les longitudes, et enfin la normale au plan de l'orbite dirigée vers son pôle boréal. Soient fm' S, fm' T, fm' W les projections de la force perturbatrice sur ces trois axes ; ses projections sur les axes de coordonnées sont $\dfrac{\partial R}{\partial x}$, $\dfrac{\partial R}{\partial y}$, $\dfrac{\partial R}{\partial z}$. On trouvera, par le théorème des projections et à l'aide des formules de la Trigonométrie sphérique,

$$(1) \begin{cases} \dfrac{1}{fm'}\dfrac{\partial R}{\partial x} = S\,(\cos\upsilon\cos\theta - \sin\upsilon\sin\theta\cos\varphi) + T\,(-\sin\upsilon\cos\theta - \cos\upsilon\sin\theta\cos\varphi) + W\sin\theta\sin\varphi, \\[2mm] \dfrac{1}{fm'}\dfrac{\partial R}{\partial y} = S\,(\cos\upsilon\sin\theta + \sin\upsilon\cos\theta\cos\varphi) + T\,(-\sin\upsilon\sin\theta + \cos\upsilon\cos\theta\cos\varphi) - W\cos\theta\sin\varphi, \\[2mm] \dfrac{1}{fm'}\dfrac{\partial R}{\partial z} = S\sin\upsilon\sin\varphi \qquad\qquad\qquad + T\cos\upsilon\sin\varphi \qquad\qquad\qquad + W\cos\varphi, \end{cases}$$

où l'on a désigné par υ la distance de la planète à son nœud ascendant, c'est-à-dire l'argument de la latitude.

Soit σ l'un quelconque des éléments elliptiques ; on aura

$$(2) \qquad \frac{\partial R}{\partial \sigma} = \frac{\partial R}{\partial x}\frac{\partial x}{\partial \sigma} + \frac{\partial R}{\partial y}\frac{\partial y}{\partial \sigma} + \frac{\partial R}{\partial z}\frac{\partial z}{\partial \sigma}.$$

Les valeurs de $\frac{\partial x}{\partial \sigma}$, $\frac{\partial y}{\partial \sigma}$ et $\frac{\partial z}{\partial \sigma}$ seront tirées des formules du mouvement elliptique, savoir :

$$(3) \quad \left\{ \begin{array}{ll} x = r(\cos\upsilon \cos\theta - \sin\upsilon \sin\theta \cos\varphi), & y = r(\cos\upsilon \sin\theta + \sin\upsilon \cos\theta \cos\varphi), \\[1ex] z = r\sin\upsilon \sin\varphi, & \upsilon = \varpi - \theta + w, \\[1ex] u - e\sin u = nt + \varepsilon - \varpi, & r = a(1 - e\cos u) = \dfrac{p}{1 + e\cos w}, \\[2ex] \multicolumn{2}{c}{\tan\dfrac{1}{2}w = \sqrt{\dfrac{1+e}{1-e}}\,\tan\dfrac{1}{2}u.} \end{array} \right.$$

Les dérivées relatives à φ se calculent sans difficulté ; pour celles qui se rapportent à θ, il faut remarquer que θ figure explicitement dans les formules et implicitement par υ ; on aura ensuite

$$\frac{\partial}{\partial \varpi} = \frac{\partial}{\partial \upsilon} - \frac{\partial}{\partial \varepsilon}.$$

Enfin les dérivées relatives à a, e et ε s'obtiendront aisément, en remarquant que l'on a

$$\frac{\partial r}{\partial a} = \frac{r}{a}, \qquad\qquad \frac{\partial \upsilon}{\partial a} = 0,$$

$$\frac{\partial r}{\partial e} = -a\cos w, \qquad\qquad \frac{\partial \upsilon}{\partial e} = \frac{2 + e\cos w}{1 - e^2}\sin w,$$

$$\frac{\partial r}{\partial \varepsilon} = \frac{ae}{\sqrt{1-e^2}}\sin w, \qquad\qquad \frac{\partial \upsilon}{\partial \varepsilon} = \frac{a^2\sqrt{1-e^2}}{r^2}.$$

Nous ne faisons pas varier a dans $nt + \varepsilon - \varpi$, parce que nous supposons qu'on mette dans les formules $\int n\,dt$ au lieu de nt. Ayant donc $\frac{\partial x}{\partial \sigma}$, $\frac{\partial y}{\partial \sigma}$ et $\frac{\partial z}{\partial \sigma}$ par le calcul précédent, les formules (1) et (2) feront connaître les dérivées $\frac{\partial R}{\partial \sigma}$. Voici les résultats auxquels on arrive, après des réductions faciles,

$$(4)\quad\begin{cases}\dfrac{1}{\mathfrak{f}m'}\dfrac{\partial \mathrm{R}}{\partial a}=\mathrm{S}\dfrac{r}{a},\\[2ex]\dfrac{1}{\mathfrak{f}m'}\dfrac{\partial \mathrm{R}}{\partial \varphi}=\mathrm{W}\,r\sin v,\\[2ex]\dfrac{1}{\mathfrak{f}m'}\dfrac{\partial \mathrm{R}}{\partial e}=-\,\mathrm{S}\,a\cos w+\mathrm{T}\dfrac{2+e\cos w}{1-e^2}\,r\sin w,\\[2ex]\dfrac{1}{\mathfrak{f}m'}\dfrac{\partial \mathrm{R}}{\partial \varepsilon}=\mathrm{S}\dfrac{ae}{\sqrt{1-e^2}}\sin w+\mathrm{T}\dfrac{a^2}{r}\sqrt{1-e^2},\\[2ex]\dfrac{1}{\mathfrak{f}m'}\dfrac{\partial \mathrm{R}}{\partial \vartheta}=-\,2\mathrm{T}\,r\sin^2\dfrac{\varphi}{2}-\mathrm{W}\sin\varphi\,r\cos v,\\[2ex]\dfrac{1}{\mathfrak{f}m'}\dfrac{\partial \mathrm{R}}{\partial \varpi}=-\,\dfrac{1}{\mathfrak{f}m'}\dfrac{\partial \mathrm{R}}{\partial \varepsilon}+\mathrm{T}\,r.\end{cases}$$

Il n'y a plus qu'à porter ces expressions (4) dans les formules (h) du n° 62. On trouve aisément, en remplaçant $\mathfrak{f}$ par $\dfrac{n^2a^3}{1+m}$,

$$(\mathrm{A})\quad\begin{cases}\dfrac{da}{dt}=\dfrac{2\,m'}{1+m}\dfrac{na^3}{\sqrt{1-e^2}}\left(\mathrm{S}\,e\sin w+\mathrm{T}\dfrac{p}{r}\right),\\[2ex]\dfrac{de}{dt}=\dfrac{m'}{1+m}\,na^2\sqrt{1-e^2}\,[\,\mathrm{S}\sin w+\mathrm{T}(\cos u+\cos w)\,],\\[2ex]\dfrac{d\varphi}{dt}=\dfrac{m'}{1+m}\dfrac{na}{\sqrt{1-e^2}}\,\mathrm{W}\,r\cos v,\\[2ex]\sin\varphi\dfrac{d\vartheta}{dt}=\dfrac{m'}{1+m}\dfrac{na}{\sqrt{1-e^2}}\,\mathrm{W}\,r\sin v,\\[2ex]e\dfrac{d\varpi}{dt}=2e\sin^2\dfrac{\varphi}{2}\dfrac{d\vartheta}{dt}+\dfrac{m'}{1+m}\,na^2\sqrt{1-e^2}\left[-\mathrm{S}\cos w+\mathrm{T}\left(1+\dfrac{r}{p}\right)\sin w\right],\\[2ex]\dfrac{d\varepsilon}{dt}=-\dfrac{2\,m'}{1+m}\,na\,\mathrm{S}\,r+\dfrac{e^2}{1+\sqrt{1-e^2}}\dfrac{d\varpi}{dt}+2\sqrt{1-e^2}\sin^2\dfrac{\varphi}{2}\dfrac{d\vartheta}{dt}.\end{cases}$$

Si l'on ajoute au second membre de la dernière de ces équations la quantité

$$-\frac{3}{2}\int\frac{n}{a}\frac{da}{dt}\,dt=+\int\frac{dn}{dt}\,dt,$$

on aura la valeur de

$$\frac{d\varepsilon}{dt}+n=\frac{d}{dt}\left(\varepsilon+\int n\,dt\right),$$

c'est-à-dire de la dérivée de la longitude moyenne.

Les formules (A) sont très importantes, surtout quand on veut obtenir les valeurs variables des éléments à l'aide de *quadratures mécaniques*, car il est possible d'obtenir les valeurs numériques des quantités S, T et W, dans une première approximation, à l'aide des coordonnées (3) du mouvement elliptique, et il n'en est pas de même des formules (h) du n° 62 où figurent les dérivées $\frac{\partial R}{\partial a}$, $\frac{\partial R}{\partial e}$, ...

De plus, ces mêmes formules (A) mettent bien en évidence les influences des trois composantes S, T, W de la force perturbatrice sur les divers éléments. Les explications élémentaires données par J. Herschel et M. Airy des principaux effets de la force perturbatrice ne sont, au fond, qu'un commentaire des formules en question.

Enfin nous remarquerons les relations suivantes, que l'on déduit immédiatement des équations (A),

$$(\mathrm{B})\quad \left\{ \begin{aligned} \frac{d\sqrt{p}}{dt} &= \frac{m'}{1+m}\, na^{\frac{3}{2}}\,\mathrm{T}r, \\[2mm] \sqrt{\frac{d\varphi^2}{dt^2} + \sin^2\varphi\,\frac{d\theta^2}{dt^2}} &= \frac{m'}{1+m}\,\frac{na}{\sqrt{1-e^2}}\,\mathrm{W}r; \end{aligned} \right.$$

elles donnent des expressions très simples pour la dérivée de la racine carrée du paramètre et pour la vitesse du pôle boréal de l'orbite, dans sa trajectoire sur la sphère de rayon 1 ayant son centre au centre du Soleil.

186. La fonction perturbatrice R se compose de deux parties qui correspondent aux attractions de la planète P' sur la planète P et sur le Soleil ; nous avons dit au n° 125 que cette seconde partie ne donne pas de termes séculaires quand on ne considère, comme nous le faisons ici, que les perturbations du premier ordre par rapport aux masses. Nous pourrons donc nous borner à la première partie de R ; dès lors, S, T, W seront les projections, sur les trois axes définis plus haut, d'une longueur $\frac{1}{\Delta^2}$ portée sur la droite PP'. Les expressions de ces trois projections pourront être développées suivant les sinus et cosinus des multiples des anomalies moyennes ζ et ζ', et si, dans les formules (A), on remplace $\sin\varpi$, $\cos\varpi$, $\cos u$, r, $\frac{r}{p}$, $\frac{p}{r}$, $r\sin\upsilon$ et $r\cos\upsilon$ par leurs développements périodiques relativement à ζ, on aura, pour la dérivée d'un élément quelconque σ, une expression de la forme

$$(5)\qquad \frac{d\sigma}{dt} = \mathrm{A}_{0,0} + \sum \mathrm{A}_{i,i'}\cos(i\zeta + i'\zeta' + q);$$

les seconds membres de ces équations ont, du reste, déjà été obtenus dans le Chapitre XX. On en conclut, dans la première approximation,

$$\sigma = \text{const.} + \mathrm{A}_{0,0}\,t + \sum \frac{\mathrm{A}_{i,i'}}{in + i'n'}\,\sin(i\zeta + i'\zeta' + q);$$

si les moyens mouvements ne sont pas exactement commensurables, on n'aura jamais $in + i'n' = 0$, et $A_{0,0} t$ constituera toute l'inégalité séculaire de l'élément σ. Le calcul des inégalités séculaires est donc ramené à celui des coefficients $A_{0,0}$ que nous désignerons par $\left[\dfrac{d\sigma}{dt}\right]_{0,0}$; nous tirerons de l'équation (5),

$$\left[\frac{d\sigma}{dt}\right]_{0,0} = \frac{1}{4\pi^2} \int_0^{2\pi} \int_0^{2\pi} \frac{d\sigma}{dt}\, d\zeta\, d\zeta'.$$

Nous appliquerons cette formule aux cinq éléments e, φ, θ, ϖ, ε, puisque le sixième a n'a pas d'inégalités séculaires, et nous poserons, pour abréger,

$$(6) \quad \begin{cases} \dfrac{m'}{2\pi} \displaystyle\int_0^{2\pi} S\, d\zeta' = S_0, \\[2ex] \dfrac{m'}{2\pi} \displaystyle\int_0^{2\pi} T\, d\zeta' = T_0, \\[2ex] \dfrac{m'}{2\pi} \displaystyle\int_0^{2\pi} W\, d\zeta' = W_0; \end{cases}$$

nous trouverons alors

$$(7) \quad \begin{cases} \left[\dfrac{de}{dt}\right]_{0,0} = \dfrac{na^2\sqrt{1-e^2}}{1+m} \dfrac{1}{2\pi} \displaystyle\int_0^{2\pi} [S_0 \sin w + T_0(\cos u + \cos w)]\, d\zeta, \\[2.5ex] \left[\dfrac{d\varphi}{dt}\right]_{0,0} = \dfrac{na}{(1+m)\sqrt{1-e^2}} \dfrac{1}{2\pi} \displaystyle\int_0^{2\pi} W_0 r \cos v\, d\zeta, \\[2.5ex] \sin\varphi \left[\dfrac{d\theta}{dt}\right]_{0,0} = \dfrac{na}{(1+m)\sqrt{1-e^2}} \dfrac{1}{2\pi} \displaystyle\int_0^{2\pi} W_0 r \sin v\, d\zeta, \\[2.5ex] e\left[\dfrac{d\varpi}{dt}\right]_{0,0} = 2e\sin^2\dfrac{\varphi}{2}\left[\dfrac{d\theta}{dt}\right]_{0,0} + \dfrac{na^2\sqrt{1-e^2}}{1+m}\displaystyle\int \left[-S_0\cos w + T_0\left(1+\dfrac{r}{p}\right)\sin w\right] d\zeta, \\[2.5ex] \left[\dfrac{d\varepsilon}{dt}\right]_{0,0} = \dfrac{e^2}{1+\sqrt{1-e^2}}\left[\dfrac{d\varpi}{dt}\right]_{0,0} + 2\sqrt{1-e^2}\sin^2\dfrac{\varphi}{2}\left[\dfrac{d\theta}{dt}\right]_{0,0} - \dfrac{2na}{1+m}\displaystyle\int S_0 r\, d\zeta. \end{cases}$$

Nous serons donc ramenés, d'une part au calcul de S_0, T_0, W_0 par les formules (6), et d'autre part au calcul des diverses intégrales qui figurent dans les seconds membres des équations (7).

Concevons que l'on répartisse la masse de la planète P' tout le long de son orbite, de manière à former un anneau, la quantité $d\mu'$ distribuée sur l'élément ds' étant proportionnelle au temps dt que la planète emploie à décrire cet élément; on aura

$$\frac{d\mu'}{m'} = \frac{dt}{T'} = \frac{d\zeta'}{2\pi}.$$

et la première des formules (6) donnera

$$S_0 = \int S\, d\mu'.$$

$f m' S\, d\mu'$ est la projection, sur le rayon vecteur r, de l'attraction exercée sur la planète P par l'élément $d\mu'$; $f m' \int S\, d\mu'$ sera la projection sur la même droite de l'attraction résultante exercée sur la planète P par l'anneau elliptique infiniment mince considérée plus haut. Donc $f m' S_0$, $f m' T_0$ et $f m' W_0$ ne sont autre chose que les projections de cette attraction résultante.

187. Nous voici donc conduits au problème de Gauss :

Calculer l'attraction exercée sur un point P par un anneau elliptique infiniment mince, dans lequel la densité $d\mu'$ d'un élément quelconque est proportionnelle à l'aire Σ' du secteur ayant l'élément pour base et pour sommet l'un des foyers S de l'anneau.

Nous allons exposer la solution simple et élégante que vient de donner M. Halphen dans le tome II de son *Traité des fonctions elliptiques*.

Soient

P le point attiré ;
E' l'anneau ;
a' et b' ses demi-axes ;
P' et P'$_{\text{,}}$ les deux extrémités de l'élément $d\mu'$;
Δ la distance PP' ;

l'attraction de l'élément sur l'unité de masse placée en P sera $f m' \dfrac{\Sigma'}{\pi a' b'} \dfrac{1}{\Delta^2}$.

Prenons trois axes rectangulaires se coupant en P ; soient, relativement à ces trois axes,

x_0, y_0, z_0 les coordonnées du Soleil S ;
x', y', z' celles du point P' ;
$x' + dx'$, $y' + dy'$, $z' + dz'$ celles du point P'$_{\text{,}}$.

Si nous laissons de côté le facteur $f m'$, les composantes de l'attraction suivant les nouveaux axes seront

$$(8) \qquad \frac{\Sigma'}{\pi a' b'} \frac{x'}{\Delta^3}, \quad \frac{\Sigma'}{\pi a' b'} \frac{y'}{\Delta^3}, \quad \frac{\Sigma'}{\pi a' b'} \frac{z'}{\Delta^3}.$$

Soient V le volume du tétraèdre $PSP'P'_{\text{,}}$, h la distance du point P au plan de l'anneau ; on a pour V ces deux expressions

$$V = \frac{1}{3} h \Sigma',$$

$$V = \frac{1}{6} \left[x_0 (y'\,dz' - z'\,dy') + y_0 (z'\,dx' - x'\,dz') + z_0 (x'\,dy' - y'\,dx') \right];$$

en les égalant, on aura la valeur de Σ' que l'on portera dans les composantes (8) de l'attraction élémentaire. Si l'on pose ensuite

$$P_{x'} = \int \frac{x'(y'\,dz' - z'\,dy')}{\Delta^3}, \qquad P_{y'} = \int \frac{y'(y'\,dz' - z'\,dy')}{\Delta^3}, \qquad P_{z'} = \int \frac{z'(y'\,dz' - z'\,dy')}{\Delta^3},$$

$$Q_{x'} = \int \frac{x'(z'\,dx' - x'\,dz')}{\Delta^3}, \qquad Q_{y'} = \int \frac{y'(z'\,dx' - x'\,dz')}{\Delta^3}, \qquad Q_{z'} = \int \frac{z'(z'\,dx' - x'\,dz')}{\Delta^3},$$

$$R_{x'} = \int \frac{x'(x'\,dy' - y'\,dx')}{\Delta^3}, \qquad R_{y'} = \int \frac{y'(x'\,dy' - y'\,dx')}{\Delta^3}, \qquad R_{z'} = \int \frac{z'(x'\,dy' - y'\,dx')}{\Delta^3},$$

où l'on a $\Delta^2 = x'^2 + y'^2 + z'^2$ et où les intégrations s'étendent à toute l'ellipse, on aura, pour les composantes Φ_x, Φ_y, Φ_z de l'attraction exercée par l'anneau sur le point P,

$$(9) \quad \begin{cases} \Phi_x = \dfrac{1}{2\pi a'b'h} (x_0 P_{x'} + y_0 Q_{x'} + z_0 R_{x'}), \\[2ex] \Phi_y = \dfrac{1}{2\pi a'b'h} (x_0 P_{y'} + y_0 Q_{y'} + z_0 R_{y'}), \\[2ex] \Phi_z = \dfrac{1}{2\pi a'b'h} (x_0 P_{z'} + y_0 Q_{z'} + z_0 R_{z'}). \end{cases}$$

M. Halphen fait plusieurs remarques au sujet de ces formules ;

a. $P_{x'}, \ldots, R_{z'}$ sont homogènes et de degré zéro par rapport à x', y', z' ; si l'on fait pour un moment

$$\frac{x'}{z'} = u', \qquad \frac{y'}{z'} = v',$$

on trouve aisément

$$(10) \quad \begin{cases} P_{x'} = - \displaystyle\int \frac{u'\,dv'}{(1 + u'^2 + v'^2)^{\frac{3}{2}}}, & P_{y'} = - \displaystyle\int \frac{v'\,dv'}{(1 + u'^2 + v'^2)^{\frac{3}{2}}}, & P_{z'} = - \displaystyle\int \frac{dv'}{(1 + u'^2 + v'^2)^{\frac{3}{2}}}, \\[3ex] Q_{x'} = \displaystyle\int \frac{u'\,du'}{(1 + u'^2 + v'^2)^{\frac{3}{2}}}, & Q_{y'} = \displaystyle\int \frac{v'\,du'}{(1 + u'^2 + v'^2)^{\frac{3}{2}}}, & Q_{z'} = \displaystyle\int \frac{du'}{(1 + u'^2 + v'^2)^{\frac{3}{2}}}, \\[3ex] R_{x'} = \displaystyle\int \frac{u'(u'\,dv' - v'\,du')}{(1 + u'^2 + v'^2)^{\frac{3}{2}}}, & R_{y'} = \displaystyle\int \frac{v'(u'\,dv' - v'\,du')}{(1 + u'^2 + v'^2)^{\frac{3}{2}}}, & R_{z'} = \displaystyle\int \frac{u'\,dv' - v'\,du'}{(1 + u'^2 + v'^2)^{\frac{3}{2}}}; \end{cases}$$

l'équation du cône ayant E′ pour base et P pour sommet est de la forme

$$v' = F(u');$$

donc les intégrales $P_{x'}, \ldots, R_{z'}$ dépendent uniquement de la forme du cône; elles conserveraient les mêmes valeurs si, le cône restant le même, on remplaçait la courbe E′ par une section quelconque du cône.

On peut, en particulier, effectuer les intégrations le long de la courbe C′ que l'on obtient en coupant le cône par le plan $z = 1$; dans ce cas, u' et v' sont les coordonnées d'un point quelconque de C′.

b. Les formules (10) montrent que l'on a identiquement

$$(11) \qquad\qquad P_{x'} + Q_{y'} + R_{z'} = 0.$$

c. On a aussi

$$P_{y'} - Q_{x'} = -\int \frac{u'\,du' + v'\,dv'}{(1 + u'^2 + v'^2)^{\frac{3}{2}}} = \frac{1}{\sqrt{1 + u'^2 + v'^2}} + \text{const.},$$

de sorte que, si l'anneau E′ est fermé, u' et v' reprenant à la fin de l'intégrale les mêmes valeurs qu'au commencement, on trouve la troisième des relations suivantes; les deux autres s'en déduisent par des permutations de lettres :

$$(12) \qquad\qquad Q_{z'} = R_{y'}, \qquad R_{x'} = P_{z'}, \qquad P_{y'} = Q_{x'}.$$

Dans ce cas général d'un *anneau fermé quelconque*, les composantes (9) de l'attraction de cet anneau sont les dérivées partielles, prises par rapport à x_0, y_0, z_0, de l'expression

$$(13) \qquad \Phi = \frac{1}{4\pi a'b'h} \left(x_0^2 P_{x'} + y_0^2 Q_{y'} + z_0^2 R_{z'} + 2 y_0 z_0 R_{y'} + 2 z_0 x_0 P_{z'} + 2 x_0 y_0 Q_{x'} \right).$$

d. Supposons que le cône admette le plan des zx pour plan de symétrie; la courbe C′ aura un axe de symétrie parallèle à l'axe des x; si l'on compare deux éléments symétriques, on voit que u' et dv' restent les mêmes, tandis que v' et du' changent de signe; si donc on se reporte aux formules (10), on trouvera

$$P_{y'} = Q_{x'} = 0, \qquad Q_{z'} = R_{y'} = 0.$$

Si le cône admet en outre le plan des zy pour plan de symétrie, on aura en plus

$$P_{z'} = R_{x'} = 0.$$

L'expression (13) se réduit donc à

$$(14) \qquad \Phi = \frac{1}{4\pi a' b' h} (x_0^2 P_{x'} + y_0^2 Q_{y'} + z_0^2 R_{z'}),$$

où il n'y a que deux des intégrales $P_{x'}$, $Q_{y'}$, $R_{z'}$ à calculer, à cause de la relation (11). On a ensuite

$$(15) \qquad \Phi_x = \frac{P_{x'}}{2\pi a' b' h} x_0, \qquad \Phi_y = \frac{Q_{y'}}{2\pi a' b' h} y_0, \qquad \Phi_z = \frac{R_{z'}}{2\pi a' b' h} z_0,$$

et l'on en conclut

$$\frac{\Phi_x}{x_0} + \frac{\Phi_y}{y_0} + \frac{\Phi_z}{z_0} = 0,$$

ce qui montre que l'attraction est située dans le plan

$$\frac{x}{x_0} + \frac{y}{y_0} + \frac{z}{z_0} = 0,$$

dont la position, indépendante de la forme du cône, est entièrement déterminée par les deux points P et S.

188. Les résultats précédents ont lieu quelle que soit la nature de la courbe E'; admettons maintenant que ce soit une ellipse ayant pour foyer le point S. Alors, le cône est du second degré, et, rapporté à ses axes principaux, il aura pour équation

$$(16) \qquad \frac{x^2}{G'} + \frac{y^2}{G''} - \frac{z^2}{G} = 0;$$

on peut supposer G, G' et G'' positifs. En faisant $z = 1$, on aura la courbe C'; soit ξ l'anomalie excentrique d'un point quelconque de cette courbe ayant pour coordonnées u' et v'; on aura

$$(17) \qquad u' = \sqrt{\frac{G'}{G}} \cos\xi, \qquad v' = \sqrt{\frac{G''}{G}} \sin\xi.$$

Les formules (10), (15) et (17) feront connaître les composantes de l'attraction

$$(18) \qquad
\begin{cases}
\Phi_x = - x_0 \dfrac{\sqrt{G G' G''}}{\pi a' b' h} \displaystyle\int_0^\pi \frac{\cos^2\xi \, d\xi}{(G + G'\cos^2\xi + G''\sin^2\xi)^{\frac{3}{2}}}, \\[3ex]
\Phi_y = - y_0 \dfrac{\sqrt{G G' G''}}{\pi a' b' h} \displaystyle\int_0^\pi \frac{\sin^2\xi \, d\xi}{(G + G'\cos^2\xi + G''\sin^2\xi)^{\frac{3}{2}}}, \\[3ex]
\Phi_z = z_0 \dfrac{\sqrt{G G' G''}}{\pi a' b' h} \displaystyle\int_0^\pi \frac{d\xi}{(G + G'\cos^2\xi + G''\sin^2\xi)^{\frac{3}{2}}}.
\end{cases}$$

Ces composantes sont rapportées aux axes principaux du cône; elles s'expriment à l'aide des intégrales elliptiques.

. Supposons $G' > G''$, et posons

$$(19) \qquad k^2 = \frac{G' - G''}{G' + G}, \qquad F_1 = \int_0^{\frac{\pi}{2}} \frac{d\xi}{\sqrt{1 - k^2 \sin^2 \xi}}, \qquad E_1 = \int_0^{\frac{\pi}{2}} \sqrt{1 - k^2 \sin^2 \xi}\, d\xi;$$

la relation

$$\frac{d}{d\xi} \left(\frac{\sin\xi \cos\xi}{\sqrt{1 - k^2 \sin^2 \xi}} \right) = \frac{1 - 2\sin^2\xi + k^2 \sin^4\xi}{(1 - k^2 \sin^2 \xi)^{\frac{3}{2}}}$$

donne

$$(20) \qquad \int_0^{\frac{\pi}{2}} \frac{1 - 2\sin^2\xi + k^2 \sin^4\xi}{(1 - k^2 \sin^2 \xi)^{\frac{3}{2}}}\, d\xi = 0.$$

On tire aisément des formules (19) et (20)

$$\frac{(G + G')^{\frac{3}{2}}}{2} \int_0^\pi \frac{\cos^2\xi\, d\xi}{(G + G'\cos^2\xi + G''\sin^2\xi)^{\frac{3}{2}}} = \int_0^{\frac{\pi}{2}} \frac{\cos^2\xi\, d\xi}{(1 - k^2 \sin^2\xi)^{\frac{3}{2}}} = \frac{F_1 - E_1}{k^2},$$

$$\frac{(G + G')^{\frac{3}{2}}}{2} \int_0^\pi \frac{\sin^2\xi\, d\xi}{(G + G'\cos^2\xi + G''\sin^2\xi)^{\frac{3}{2}}} = \int_0^{\frac{\pi}{2}} \frac{\sin^2\xi\, d\xi}{(1 - k^2 \sin^2\xi)^{\frac{3}{2}}} = \frac{1}{k^2} \left(\frac{E_1}{1 - k^2} - F_1 \right),$$

$$\frac{(G + G')^{\frac{3}{2}}}{2} \int_0^\pi \frac{d\xi}{(G + G'\cos^2\xi + G''\sin^2\xi)^{\frac{3}{2}}} = \int_0^{\frac{\pi}{2}} \frac{d\xi}{(1 - k^2 \sin^2\xi)^{\frac{3}{2}}} = \frac{E_1}{1 - k^2};$$

après quoi les formules (18) donneront les composantes de l'attraction exprimées à l'aide des intégrales complètes F_1 et E_1 de Legendre.

Ces composantes se trouvent rapportées aux axes principaux du cône : on en déduira facilement les valeurs S_0, T_0 et W_0 des composantes de la même attraction par rapport aux axes définis au n° 185. On voit que, dans la solution précédente, il faut calculer la position et la grandeur des axes du cône ayant son sommet au point P et pour base l'ellipse E'; c'est une simple question de Géométrie analytique qui exige, comme on sait, la résolution d'une équation du troisième degré dont G', G'' et $-G$ sont les racines. M. Halphen a montré qu'on peut éviter la résolution de cette équation, en introduisant les fonctions elliptiques sous la forme moderne; nous renverrons le lecteur qui désirerait approfondir le sujet au Traité de M. Halphen.

189. Il résulte de ce qui précède que, pour chacune des positions du point P, on est à même de calculer S_0, T_0, W_0; pour obtenir les valeurs (7) de $\left[\dfrac{de}{dt}\right]_{0,0}$, $\ldots$, on aura à effectuer des intégrations telles que

$$(21) \qquad \frac{1}{2\pi} \int_0^{2\pi} \psi(\zeta)\, d\zeta.$$

L'expression analytique de la fonction ψ est très compliquée; aussi est-on obligé de déterminer numériquement les intégrales ci-dessus, par des formules de quadrature. Supposons la fonction ψ développée suivant les sinus et cosinus des multiples de ζ,

$$(22) \qquad \begin{cases} \psi(\zeta) = a_0 + a_1\cos\zeta + a_2\cos 2\zeta + \ldots \\ \qquad\qquad + b_1\sin\zeta + b_2\sin 2\zeta + \ldots\,; \end{cases}$$

divisons la circonférence en j parties égales et donnons à ζ les valeurs 0, $\dfrac{2\pi}{j}$, $\dfrac{4\pi}{j}$, $\ldots$, $(j-1)\dfrac{2\pi}{j}$; nous pourrons calculer les valeurs numériques correspondantes de $\psi(\zeta)$, ψ_0, ψ_1, $\ldots$, ψ_{j-1}. Nous aurons les relations

$$\psi_0 = a_0 + a_1 + a_2 + \ldots,$$
$$\psi_1 = a_0 + a_1\cos\frac{2\pi}{j} + a_2\cos 2\frac{2\pi}{j} + \ldots + b_1\sin\frac{2\pi}{j} + b_2\sin 2\frac{2\pi}{j} + \ldots,$$
$$\cdots\cdots\cdots\cdots\cdots\cdots\cdots$$

Si nous faisons la somme, nous trouverons, en vertu de formules bien connues,

$$\psi_0 + \psi_1 + \ldots + \psi_{j-1} = ja_0 + ja_j + ja_{2j} + \ldots.$$

On a d'ailleurs

$$\frac{1}{2\pi} \int_0^{2\pi} \psi(\zeta)\, d\zeta = a_0;$$

il viendra donc

$$(23) \qquad \frac{1}{2\pi} \int_0^{2\pi} \psi(\zeta)\, d\zeta = \frac{\psi_0 + \psi_1 + \ldots + \psi_{j-1}}{j} - (a_j + a_{2j} + \ldots).$$

Si le développement (22) est assez convergent, j ayant du reste une valeur notable, la somme $a_j + a_{2j} + \ldots$ pourra généralement être négligée, et la formule (23) se réduira à

$$\frac{1}{2\pi} \int_0^{2\pi} \psi(\zeta)\, d\zeta = \frac{\psi_0 + \psi_1 + \ldots + \psi_{j-1}}{j}.$$

On obtiendra donc ainsi des valeurs numériques très approchées des intégrales (21), et il aura suffi, pour les obtenir, de déterminer les valeurs numériques des fonctions $\psi(\zeta)$ qui répondent à j valeurs équidistantes de ζ. On trouve que, si P désigne l'une des anciennes planètes, il suffit de prendre

T. — I. 56

$j = 12$, pour obtenir toute la précision désirable; on aura donc, en somme, à calculer les composantes de l'attraction d'un anneau elliptique sur douze positions du point P.

On peut, dans les intégrales (21), mettre en évidence l'anomalie excentrique u au lieu de l'anomalie moyenne; on a

$$d\zeta = (1 - e\cos u)\,du = \frac{r}{a}\,du.$$

On sera donc amené à considérer des intégrales telles que

$$\frac{1}{2\pi}\int_0^{2\pi} \chi(u)\,du.$$

Si l'on donne à u les valeurs équidistantes 0, $\dfrac{2\pi}{j}$, $\dfrac{4\pi}{j}$, $\ldots$, les points correspondants de l'orbite de P formeront un polygone inscrit qui différera fort peu d'un polygone régulier; les différences seront en effet de l'ordre de e^2, comme le montrent les expressions

$$a\cos u, \qquad a\sqrt{1 - e^2}\,\sin u$$

des coordonnées d'un sommet quelconque, rapportées aux axes de l'ellipse. Ces mêmes coordonnées sont égales à

$$a(\cos\zeta - e\sin^2\zeta + \ldots), \qquad a\sqrt{1 - e^2}\,(\sin\zeta + e\sin\zeta\cos\zeta + \ldots);$$

si donc c'est à ζ qu'on attribue des valeurs équidistantes, le polygone inscrit différera plus que précédemment d'un polygone régulier; la différence sera de l'ordre e; aussi préfère-t-on donner des valeurs équidistantes à l'anomalie excentrique.

La méthode de Gauss a fait l'objet d'un assez grand nombre d'études ou d'applications, parmi lesquelles nous mentionnerons :

NICOLAÏ. — *Neue Berechnung der Secularänderungen der Erdbahn* (*Astronomisches Jahrbuch*, p. 224; 1820).

CLAUSEN. — *Alia solutio problematis a celeberrimo Gauss in opere « Determinatio attractionis... » tractati* (*Journal de Crelle*, t. VI, 1830).

ADAMS. — *On the orbit of the november meteors* (*Monthly Notices*, t. XXVII).

BOUR. — *Thèse de doctorat*, 1855.

SEELIGER. — *Ueber das von Gauss herrührende Theorem die Säcularstörungen betreffend* (*Astronomische Nachrichten*, t. XCIV, 1879).

G.-W. HILL. — *On Gauss's method of computing secular perturbations*, dans le tome I des *Astronomical Papers* de S. Newcomb, 1882.

O. CALLANDREAU. — *Calcul des variations séculaires des éléments des orbites* (*Annales de l'Observatoire de Paris*, t. XVIII, 1885).

CHAPITRE XXVIII.

SUR LE DÉVELOPPEMENT DE LA FONCTION PERTURBATRICE LORSQUE L'INCLINAISON MUTUELLE DES ORBITES EST CONSIDÉRABLE.

190. Le développement usuel de la fonction perturbatrice, étudié dans le Chapitre XVIII, suppose la quantité

$$\varkappa = \frac{4\,rr'\sin(v - \tau')\sin(v' - \tau')}{r^2 + r'^2 - 2\,rr'\cos(v - v')}\,\sin^2\frac{J}{2}$$

inférieure à l'unité. J'ai déjà dit que, dans le cas où les planètes considérées P et P′ sont Pallas et Jupiter, la condition ci-dessus n'est pas toujours satisfaite; pour la démonstration, je renvoie le lecteur à mon Mémoire *Sur les perturbations de Pallas par Jupiter* (*Annales de l'Observatoire*, t. XV).

Il faut donc, dans ce cas et dans les cas analogues qui peuvent se présenter pour quelques-uns des astéroïdes, recourir à un autre développement. Le Verrier avait donné quelques indications sur la marche à suivre, dans le tome I des *Annales de l'Observatoire*, p. 331-333. En partant de ces indications sommaires, je suis arrivé à trouver la forme analytique générale du développement qu'il convient d'adopter.

Soit R la fonction perturbatrice qui correspond à la planète P; on a, en se reportant aux n°s 117 et 118, dont on conservera les notations,

$$R = fm'\left(\frac{1}{\Delta} - \frac{r}{r'^2}\cos V\right) = fm'\left(\frac{1}{\sqrt{r^2 + r'^2 - 2\,rr'\cos V}} - \frac{r}{r'^2}\cos V\right),$$

$$\cos V = \sigma = \cos(v - \tau)\cos(v' - \tau') + \sin(v - \tau)\sin(v' - \tau')\cos J$$
$$= \cos^2\frac{J}{2}\cos(v' - v - \tau' + \tau) + \sin^2\frac{J}{2}\cos(v' + v - \tau' - \tau).$$

Posons maintenant

$$(1) \qquad \left\{ \begin{array}{l} v' - v - \tau' + \tau = x, \qquad v' + v - \tau' - \tau = y, \\[2mm] \cos^2 \dfrac{J}{2} = \mu, \qquad \sin^2 \dfrac{J}{2} = \nu, \qquad \text{d'où} \qquad \mu + \nu = 1 ; \end{array} \right.$$

il viendra

$$(2) \qquad \sigma = \cos V = \mu \cos x + \nu \cos y.$$

Faisons d'ailleurs

$$(3) \qquad \frac{1}{\Delta} = \frac{1}{\sqrt{r^2 + r'^2 - 2\,rr' \cos V}} = \frac{1}{2} \sum \mathcal{A}^{(n)} \cos n\,V ;$$

$\mathcal{A}^{(n)}$ sera une fonction homogène et de degré -1 de r et r' qui coïncidera avec la fonction $A^{(n)}$ du n° 104 quand on remplacera r et r' par a et a'.

Toute la question se réduit à trouver l'expression générale du développement de $\cos n\,V$ suivant les cosinus des multiples de x et y, en partant de la formule (2).

Avant de résoudre ce problème, nous allons aborder quelques questions préliminaires.

191. Considérons l'expression

$$(4) \qquad z^{(p)} = (1 - 2\beta\sigma + \beta^2)^{-p},$$

dans laquelle p désigne un nombre positif, et β une quantité positive inférieure à l'unité. Cette expression est développable en série convergente suivant les puissances entières et positives de β, car on peut écrire

$$z^{(p)} = \left(1 - \beta E^{V\sqrt{-1}}\right)^{-p} \left(1 - \beta E^{-V\sqrt{-1}}\right)^{-p},$$

et chacun des facteurs de cette expression peut se développer en série convergente suivant les puissances de β, par la formule du binôme, parce que les modules de $\beta\, E^{V\sqrt{-1}}$ et de $\beta\, E^{-V\sqrt{-1}}$ sont égaux à β, donc inférieurs à l'unité.

Nous pouvons donc faire

$$(5) \qquad z^{(p)} = 1 + \beta V_1^{(p)} + \beta^2 V_2^{(p)} + \ldots = \sum_{n=0}^{n=\infty} \beta^n V_n^{(p)},$$

et nous commencerons par chercher l'expression analytique de $V_n^{(p)}$. Nous pouvons écrire

$$z^{(p)} = \left[1 - 2\beta \left(\sigma - \frac{1}{2}\beta \right) \right]^{-p} = \sum \frac{p(p+1)\ldots(p+i-1)}{1.2\ldots i} (2\beta)^i \left(\sigma - \frac{1}{2}\beta \right)^i,$$

ou bien, en développant $(\sigma - \frac{1}{2}\beta)^i$ par la formule du binôme,

$$z^{(p)} = \sum_i \sum_j (-1)^j 2^{i-j} \frac{p(p+1)\ldots(p+i-1)}{1.2\ldots j \cdot 1.2\ldots(i-j)} \beta^{i+j} \sigma^{i-j}.$$

Si l'on donne à i et j toutes les valeurs entières et positives, telles que

$$i - j = n,$$

on aura, d'après (5),

$$V_n^{(p)} = \sum \sum (-1)^j 2^{i-j} \frac{p(p+1)\ldots(p+i-1)}{1.2\ldots j \cdot 1.2\ldots(i-j)} \sigma^{i-j}.$$

On en conclut, en donnant à j les valeurs 0, 1, 2, ... et à i les valeurs correspondantes, n, $n-1$, $n-2$, ...,

$$(6) \quad \left\{ \begin{aligned} V_n^{(p)} = {} & 2^n \frac{p(p+1)\ldots(p+n-1)}{1.2\ldots n} \left[\sigma^n - \frac{1}{2^2} \frac{n(n-1)}{1.(p+n-1)} \sigma^{n-2} \right. \\ & \left. + \frac{1}{2^4} \frac{n(n-1)(n-2)(n-3)}{1.2.(p+n-1)(p+n-2)} \sigma^{n-4} - \ldots \right]; \end{aligned} \right.$$

$V_n^{(p)}$ est un polynôme entier en σ et de degré n.

La quantité $z^{(p)}$ définie par la formule (4) est une fonction de β et de σ; on vérifie aisément qu'elle satisfait à l'équation

$$(1 - \sigma^2) \frac{\partial^2 z^{(p)}}{\partial \sigma^2} - (2p+1)\sigma \frac{\partial z^{(p)}}{\partial \sigma} + (2p+1)\beta \frac{\partial z^{(p)}}{\partial \beta} + \beta^2 \frac{\partial^2 z^{(p)}}{\partial \beta^2} = 0.$$

Si l'on porte dans cette équation l'expression (5) de $z^{(p)}$ et qu'on égale à zéro le coefficient de β^n, il vient

$$(7) \qquad (1 - \sigma^2) \frac{d^2 V_n^{(p)}}{d\sigma^2} - (2p+1)\sigma \frac{dV_n^{(p)}}{d\sigma} + n(2p+n) V_n^{(p)} = 0;$$

voilà une équation différentielle linéaire du second ordre, à laquelle satisfont les polynômes $V_n^{(p)}$.

Nous considérerons d'une manière spéciale les valeurs $p = \frac{1}{2}$ et $p = 1$, et nous ferons

$$V_n^{(\frac{1}{2})} = P_n, \qquad V_n^{(1)} = U_n.$$

Les formules (5), (6) et (7) nous donneront

$$(8) \quad \begin{cases} (1 - 2\beta\sigma + \beta^2)^{-\frac{1}{2}} = \sum \beta^n P_n, \\[1em] P_1 = \sigma, \qquad P_2 = \dfrac{3}{2}\sigma^2 - \dfrac{1}{2}, \qquad P_3 = \dfrac{5}{2}\sigma^3 - \dfrac{3}{2}\sigma, \qquad \ldots, \\[1em] P_n = 2^n \dfrac{1.3\ldots(2n-1)}{2.4\ldots 2n}\left[\sigma^n - \dfrac{n(n-1)}{2.(2n-1)}\sigma^{n-2} + \dfrac{n(n-1)(n-2)(n-3)}{2.4.(2n-1)(2n-3)}\sigma^{n-4} - \ldots\right], \\[1em] (1 - \sigma^2)\dfrac{d^2 P_n}{d\sigma^2} - 2\sigma\dfrac{dP_n}{d\sigma} + n(n+1)P_n = 0. \end{cases}$$

$$(9) \quad \begin{cases} (1 - 2\beta\sigma + \beta^2)^{-1} = \sum \beta^n U_n, \\[1em] U_1 = 2\sigma, \qquad U_2 = 4\sigma^2 - 1, \qquad U_3 = 8\sigma^3 - 4\sigma, \qquad U_4 = 16\sigma^4 - 12\sigma^2 + 1, \\[1em] U_n = 2^n\left[\sigma^n - \dfrac{n(n-1)}{2.2n}\sigma^{n-2} + \dfrac{n(n-1)(n-2)(n-3)}{2.4.2n(2n-2)}\sigma^{n-4} - \ldots\right], \\[1em] (1 - \sigma^2)\dfrac{d^2 U_n}{d\sigma^2} - 3\sigma\dfrac{dU_n}{d\sigma} + n(n+2)U_n = 0. \end{cases}$$

P_n est le polynôme de Legendre; il joue un rôle fondamental dans l'étude de la figure des corps célestes, et nous aurons à le considérer en détail dans le tome II de cet Ouvrage.

Les polynômes U_n sont susceptibles d'une autre expression remarquable. On peut écrire, en effet,

$$z^{(1)} = \frac{1}{1 - 2\beta\sigma + \beta^2} = \frac{1}{(1 - \beta E^{V\sqrt{-1}})(1 - \beta E^{-V\sqrt{-1}})}$$
$$= \frac{1}{E^{V\sqrt{-1}} - E^{-V\sqrt{-1}}}\left(\frac{E^{V\sqrt{-1}}}{1 - \beta E^{V\sqrt{-1}}} - \frac{E^{-V\sqrt{-1}}}{1 - \beta E^{-V\sqrt{-1}}}\right).$$

On en conclut

$$z^{(1)} = \frac{1}{2\sqrt{-1}\,\sin V}\left(E^{V\sqrt{-1}}\sum \beta^n E^{nV\sqrt{-1}} - E^{-V\sqrt{-1}}\sum \beta^n E^{-nV\sqrt{-1}}\right),$$
$$z^{(1)} = \frac{1}{\sin V}\sum \beta^n \sin(n+1)V.$$

On a d'ailleurs

$$z^{(1)} = \sum \beta^n U_n.$$

Il en résulte donc

$$(10) \qquad U_n = \frac{\sin(n+1)V}{\sin V} = \frac{\sin[(n+1)\arccos\sigma]}{\sqrt{1 - \sigma^2}}.$$

192. Revenons au problème que nous nous sommes proposé; $\cos nV$ s'exprime

à l'aide de $\cos^n V$, $\cos^{n-2} V$, ...; d'ailleurs une puissance quelconque de $\cos V$, $\cos^q V$ est composée d'un nombre limité de termes tels que

$$\mu^A \nu^B \cos^A x \cos^B y, \qquad \text{avec} \qquad A + B = q;$$

si l'on exprime $\cos^A x$ en fonction de $\cos A x$, $\cos(A - 2)x$, ... et si l'on fait de même pour $\cos^B y$, on voit que $\cos^q V$ est composé d'une série de termes, tels que $D \cos i x \cos j y$; le coefficient D contient en facteur $\mu^i \nu^j$ et les différences $q - i - j$ sont des nombres pairs, positifs ou nuls. On pourra donc supposer

$$(a) \qquad \cos n V = Q_{0,0}^{(n)} + 2 \sum Q_{i,0}^{(n)} \cos i x + 2 \sum Q_{0,j}^{(n)} \cos j y + 4 \sum Q_{i,j}^{(n)} \cos i x \cos j y;$$

i et j désignent des nombres entiers positifs, tels que

$$i + j = n - \text{un nombre pair};$$

$Q_{i,j}^{(n)}$ est une fonction de μ et de ν qui est de la forme

$$(11) \qquad \mu^i \nu^j \Phi(\mu^2, \nu^2).$$

Il s'agit de trouver la forme générale de la fonction Φ : elle est susceptible d'une expression analytique remarquable; mais, pour y arriver, il faut passer par un intermédiaire. On a l'identité

$$2 \cos n V = \frac{\sin(n + 1) V - \sin(n - 1) V}{\sin V},$$

qui devient, en vertu de la formule (10),

$$(12) \qquad 2 \cos n V = U_n - U_{n-2}.$$

Le développement de $\cos n V$ se trouve ainsi ramené à celui de la fonction U_n considérée au numéro précédent. Nous pouvons poser, en ayant égard à l'expression (9) du polynôme U_n et à ce qui a été dit du développement de σ^q,

$$(b) \qquad U_n = R_{0,0}^{(n)} + 2 \sum R_{i,0}^{(n)} \cos i x + 2 \sum R_{0,j}^{(n)} \cos j y + 4 \sum R_{i,j}^{(n)} \cos i x \cos j y;$$

$R_{i,j}^{(n)}$ sera de la forme (11) et les indices i et j remplissent les mêmes conditions que dans la formule (a).

La relation (12) donnera

$$(c) \qquad 2 Q_{i,j}^{(n)} = R_{i,j}^{(n)} - R_{i,j}^{(n-2)}.$$

Les fonctions $R_{i,j}^{(n)}$ s'expriment très simplement, comme on va le voir.

193. On trouve, par le calcul direct,

$$(12)\quad \begin{cases}
\sigma = \mu \cos x + \nu \cos y, \\[4pt]
2\sigma^2 = \mu^2 + \nu^2 + \mu^2 \cos 2x + \nu^2 \cos 2y + 4\mu\nu \cos x \cos y, \\[4pt]
4\sigma^3 = 3\mu(\mu^2 + 2\nu^2)\cos x + \mu^3 \cos 3x + 3\nu(\nu^2 + 2\mu^2)\cos y + \nu^3 \cos 3y \\[2pt]
\qquad\quad + 6\mu^2\nu \cos 2x \cos y + 6\mu\nu^2 \cos x \cos 2y, \\[4pt]
8\sigma^4 = 3(\mu^4 + 4\mu^2\nu^2 + \nu^4) + 4\mu^2(\mu^2 + 3\nu^2)\cos 2x + \mu^4 \cos 4x \\[2pt]
\qquad\quad + 4\nu^2(\nu^2 + 3\mu^2)\cos 2y + \nu^4 \cos 4y + 24\mu\nu(\mu^2 + \nu^2)\cos x \cos y \\[2pt]
\qquad\quad + 12\mu^2\nu^2 \cos 2x \cos 2y + 8\mu^3\nu \cos 3x \cos y + 8\mu\nu^3 \cos x \cos 3y, \\[4pt]
\quad\ \dots\dots\dots\dots\dots\dots\dots\dots\dots\dots\dots\dots\dots\dots\dots
\end{cases}$$

Si l'on porte ces valeurs de σ, σ^2, σ^3, σ^4, ... dans les expressions (9) des polynômes U_1, U_2, U_3, U_4, ... et que, dans la fonction $\Psi(\mu^2, \nu^2)$ qui figure dans le terme général

$$\mu^i \nu^j \Psi(\mu^2, \nu^2) \cos i x \cos j y,$$

on remplace μ par $1 - \nu$, on trouve, après des transformations faciles,

$$U_1 = 2\mu \cos x + 2\nu \cos y,$$

$$U_2 = (1 - 2\nu)^2 + 2\mu^2 \cos 2x + 2\nu^2 \cos 2y + 3\mu\nu \cos x \cos y,$$

$$\begin{aligned}
U_3 = {}& 2\mu(1 - 3\nu)^2 \cos x + 2\mu^3 \cos 3x + 2\nu(2 - 3\nu)^2 \cos y + 2\nu^3 \cos 3y \\
&+ 12\mu^2\nu \cos 2x \cos y + 12\mu\nu^2 \cos x \cos 2y,
\end{aligned}$$

$$\begin{aligned}
U_4 = {}& (1 - 6\nu + 6\nu^2)^2 + 2\mu^2(1 - 4\nu)^2 \cos 2x + 2\mu^4 \cos 4x + 2\nu^2(3 - 4\nu)^2 \cos 2y \\
&+ 2\nu^4 \cos 4y + 16\mu\nu^3 \cos x \cos 3y + 24\mu^2\nu^2 \cos 2x \cos 2y + 16\mu^3\nu \cos 3x \cos y,
\end{aligned}$$

$$\dots\dots\dots\dots\dots\dots\dots\dots\dots\dots\dots\dots\dots\dots\dots\dots\dots\dots\dots$$

L'inspection de ces valeurs particulières des polynômes U_n m'a conduit à penser que $R_{i,j}^{(n)}$ est égal au produit de $\mu^i \nu^j$ par le carré d'un polynôme entier en ν, de degré $\dfrac{n - i - j}{2}$. J'ai réussi, dans mon Mémoire déjà cité (*Sur les perturbations de Pallas*), à prouver que cela est bien général, et j'ai pu donner en même temps l'expression du polynôme en ν, qui se trouve être un des polynômes de Jacobi, contenus comme cas particuliers dans la série hypergéométrique.

Ma démonstration repose sur les propriétés de la série hypergéométrique données par Gauss; elle est rigoureuse, mais compliquée; M. Stieltjes (*Comptes rendus de l'Académie des Sciences*, t. XCV) en a donné depuis une autre très simple, que je vais reproduire.

194. M. Stieltjes remarque que la formule

$$\sigma = \cos^2 \frac{J}{2} \cos x + \sin^2 \frac{J}{2} \cos y$$

est un cas particulier de la suivante

$$\sigma = \cos\psi \cos\psi' \cos x + \sin\psi \sin\psi' \cos y,$$

quand on y fait

$$\psi = \psi' = \frac{J}{2}.$$

On peut donc prendre

$$(14) \qquad\qquad \sigma = a\cos\psi\cos x + b\sin\psi\cos y,$$
$$(15) \qquad\qquad a = \cos\psi', \qquad b = \sin\psi'.$$

Il faudra voir ce que devient le polynôme U_n de degré n en σ défini par l'une des formules (9), quand on y remplace σ par sa valeur (14) et qu'on développe le résultat suivant les cosinus des multiples de x et y. On va chercher, en partant de l'équation différentielle que vérifie le polynôme U_n considéré comme fonction de σ, à former une équation aux dérivées partielles pour U_n envisagé comme une fonction de ψ, x et y, à l'aide de la formule (14).

On trouve immédiatement

$$\frac{\partial U_n}{\partial \psi} = (- a\sin\psi\cos x + b\cos\psi\cos y)\frac{dU_n}{d\sigma},$$

$$\frac{\partial^2 U_n}{\partial \psi^2} = (- a\sin\psi\cos x + b\cos\psi\cos y)^2 \frac{d^2 U_n}{d\sigma^2} - (a\cos\psi\cos x + b\sin\psi\cos y)\frac{dU_n}{d\sigma},$$

$$\frac{\partial^2 U_n}{\partial x^2} = a^2\cos^2\psi\sin^2 x \frac{d^2 U_n}{d\sigma^2} - a\cos\psi\cos x \frac{dU_n}{d\sigma},$$

$$\frac{\partial^2 U_n}{\partial y^2} = b^2\sin^2\psi\sin^2 y \frac{d^2 U_n}{d\sigma^2} - b\sin\psi\cos y \frac{dU_n}{d\sigma}.$$

On a d'ailleurs, par la dernière des formules (9),

$$n(n+2)U_n = [(a\cos\psi\cos x + b\sin\psi\cos y)^2 - 1]\frac{d^2 U_n}{d\sigma^2}$$
$$+ 3(a\cos\psi\cos x + b\sin\psi\cos y)\frac{dU_n}{d\sigma}.$$

On en conclut sans peine, en tenant compte de la relation $a^2 + b^2 = 1$,

$$n(n+2)U_n + \frac{\partial^2 U_n}{\partial \psi^2} + \frac{1}{\cos^2\psi}\frac{\partial^2 U_n}{\partial x^2} + \frac{1}{\sin^2\psi}\frac{\partial^2 U_n}{\partial y^2}$$

$$= (-1 + a^2\cos^2 x + b^2\cos^2 y + a^2\sin^2 x + b^2\sin^2 y)\frac{d^2 U_n}{d\sigma^2}$$

$$+ \left(2a\cos\psi\cos x + 2b\sin\psi\cos y - \frac{a}{\cos\psi}\cos x - \frac{b}{\sin\psi}\cos y\right)\frac{dU_n}{d\sigma}$$

$$= \cos 2\psi\left(\frac{a}{\cos\psi}\cos x - \frac{b}{\sin\psi}\cos y\right)\frac{dU_n}{d\sigma} = -2\cot 2\psi\frac{\partial U_n}{\partial \psi}.$$

T. — I. 57

On a ainsi l'équation cherchée

$$(16) \qquad \frac{\partial^2 U_n}{\partial \psi^2} + 2 \cot 2\psi \frac{\partial U_n}{\partial \psi} + \frac{1}{\cos^2 \psi} \frac{\partial^2 U_n}{\partial x^2} + \frac{1}{\sin^2 \psi} \frac{\partial^2 U_n}{\partial y^2} + n(n+2) U_n = 0.$$

U_n est un polynôme entier en σ; une puissance entière et positive quelconque de

$$\sigma = a \cos\psi \cos x + b \sin\psi \cos y$$

se compose des termes de la forme

$$(a \cos\psi)^{i+2p} (b \sin\psi)^{j+2q} \cos ix \cos jy$$
$$= a^{i+2p} b^{j+2q} (1 - \sin^2\psi)^p \sin^{2q}\psi \times \cos^i\psi \sin^j\psi \cos ix \cos jy.$$

On en conclut que U_n est de la forme

$$(17) \qquad U_n = 4 \sum T_{i,j}^{(n)} \cos^i\psi \sin^j\psi \cos ix \cos jy,$$

où $T_{i,j}^{(n)}$ est une fonction entière de $\sin^2\psi$ et aussi de a et b; la différence $n - i - j$ est positive et paire.

Si l'on porte cette expression de U_n dans l'équation (16) et que l'on égale à zéro le coefficient de $\cos ix \cos jy$, on trouve, après réduction,

$$\frac{d^2 T_{i,j}^{(n)}}{d\psi^2} + \frac{1}{\sin\psi \cos\psi} [(2j+1) \cos^2\psi - (2i+1) \sin^2\psi] \frac{dT_{i,j}^{(n)}}{d\psi}$$
$$+ (n-i-j)(n+i+j+2) T_{i,j}^{(n)} = 0.$$

On peut enfin poser, d'après ce qui a été dit,

$$\sin^2\psi = t,$$

et l'équation précédente devient

$$(18) \quad (t^2 - t) \frac{d^2 T_{i,j}^{(n)}}{dt^2} + [(i+j+2)t - (j+1)] \frac{dT_{i,j}^{(n)}}{dt} + \frac{1}{4}(i+j-n)(i+j+n+2) T_{i,j}^{(n)} = 0$$

ou encore

$$(19) \qquad (t^2 - t) \frac{d T_{i,j}^{(n)}}{dt^2} + [(\alpha + \beta + 1)t - \gamma] \frac{dT_{i,j}^{(n)}}{dt} + \alpha\beta T_{i,j}^{(n)} = 0,$$

en faisant

$$(20) \qquad \alpha = \frac{i+j-n}{2}, \qquad \beta = \frac{i+j+n+2}{2}, \qquad \gamma = j+1.$$

Nous savons que l'on a

$$T_{i,j}^{(n)} = A^{(0)} + A^{(1)} t + A^{(2)} t^2 + \ldots = \sum A^{(p)} t^p,$$

avec un nombre limité de termes au second membre.

Si nous substituons cette valeur de $T_{i,j}^{(n)}$ dans l'équation (19), nous trouverons, en égalant à zéro le coefficient de t^p,

$$(p+1)(p+\gamma) A^{(p+1)} = (p+\alpha)(p+\beta) A^{(p)};$$

il en résulte

$$(21) \qquad T_{i,j}^{(n)} = A^{(0)} \left[1 + \frac{\alpha \cdot \beta}{1 \cdot \gamma} t + \frac{\alpha(\alpha+1)\,\beta(\beta+1)}{1 \cdot 2 \cdot \gamma(\gamma+1)} t^2 + \ldots \right].$$

On reconnaît dans le second membre la série hypergéométrique $F(\alpha, \beta, \gamma, t)$, ce qui devait être, puisque l'équation (19) n'est autre chose que l'équation différentielle linéaire que vérifie la série hypergéométrique.

Nous écrirons C' au lieu de $A^{(0)}$, de sorte que, en tenant compte des valeurs (20) de α, β, γ, la formule (21) deviendra

$$(22) \qquad T_{i,j}^{(n)} = C' F\left(\frac{i+j-n}{2}, \frac{i+j+n+2}{2}, j+1, \sin^2\psi \right);$$

C' est une fonction de a et b, donc de ψ'. On a dit plus haut que $n - i - j$ est positif et pair; il en résulte que $\dfrac{i+j-n}{2}$ est égal à un nombre entier négatif. Si l'on se reporte à la formule (21), on voit que F représente ici un polynôme de degré $\dfrac{i+j-n}{2}$ en $\sin^2\psi$.

Posons pour un moment

$$(23) \quad S_{i,j}^{(n)} = T_{i,j}^{(n)} \cos^i\psi \sin^j\psi = C' \cos^i\psi \sin^j\psi \, F\left(\frac{i+j-n}{2}, \frac{i+j+n+2}{2}, j+1, \sin^2\psi \right);$$

la formule (17) nous donnera

$$(24) \qquad U_n = 4 \sum S_{i,j}^{(n)} \cos ix \cos jy.$$

Or l'expression

$$\sigma = \cos\psi \cos\psi' \cos x + \sin\psi \sin\psi' \cos y$$

reste la même quand on échange entre elles les lettres ψ et ψ'; il doit en être de même de U_n et, par suite, de $S_{i,j}^{(n)}$. On aura donc, en se reportant à la formule (23) et désignant par C ce que devient C′ quand on y remplace ψ' par ψ,

$$C'\cos^i\psi\,\sin^j\psi\,F\left(\frac{i+j-n}{2}, \frac{i+j+n+2}{2}, j+1, \sin^2\psi\right)$$

$$= C\,\cos^i\psi'\sin^j\psi'F\left(\frac{i+j-n}{2}, \frac{i+j+n+2}{2}, j+1, \sin^2\psi'\right);$$

d'où

$$\frac{C'}{\cos^i\psi'\sin^j\psi'F\left(\dfrac{i+j-n}{2}, \dfrac{i+j+n+2}{2}, j+1, \sin^2\psi'\right)} = \frac{C}{\cos^i\psi\sin^j\psi\,F\left(\dfrac{i+j-n}{2}, \dfrac{i+j+n+2}{2}, j+1, \sin^2\psi\right)},$$

Le premier membre de cette équation est une fonction de ψ' seul; le second ne dépend que de ψ; ψ et ψ' sont arbitraires; donc ces deux membres doivent être égalés à une constante indépendante de ψ et ψ'. Désignons-la par $c_{i,j}^{(n)}$ et nous aurons

$$C' = c_{i,j}^{(n)}\cos^i\psi'\sin^j\psi'F\left(\frac{i+j-n}{2}, \frac{i+j+n+2}{2}, j+1, \sin^2\psi'\right),$$

après quoi la formule (28) donnera

$$(25)\quad\left\{\begin{aligned}S_{i,j}^{(n)} &= c_{i,j}^{(n)}(\cos\psi\cos\psi')^i(\sin\psi\sin\psi')^j\,F\left(\frac{i+j-n}{2}, \frac{i+j+n+2}{2}, j+1, \sin^2\psi\right)\\ &\qquad\times F\left(\frac{i+j-n}{2}, \frac{i+j+n+2}{2}, j+1, \sin^2\psi'\right).\end{aligned}\right.$$

Il n'y a plus maintenant qu'à supposer

$$\psi = \psi' = \frac{J}{2};$$

la formule (24) coïncidera avec (b) et $S_{i,j}^{(n)}$ avec $R_{i,j}^{(n)}$; on aura donc

$$R_{i,j}^{(n)} = c_{i,j}^{(n)}\left(\cos^2\frac{J}{2}\right)^i\left(\sin^2\frac{J}{2}\right)^j F^2\left(\frac{i+j-n}{2}, \frac{i+j+n+2}{2}, j+1, \sin^2\frac{J}{2}\right)$$

ou bien

$$(d)\qquad R_{i,j}^{(n)} = c_{i,j}^{(n)}\mu^i\nu^j F^2\left(\frac{i+j-n}{2}, \frac{i+j+n+2}{2}, j+1, \nu\right).$$

C'est la formule cherchée; elle est bien de la forme indiquée par l'induction. Il ne reste plus qu'à trouver l'expression de la constante $c_{i,j}^{(n)}$.

195. Cherchons le terme du degré le plus élevé en ν dans $R_{i,j}^{(n)}$, quand on y remplace μ par sa valeur $1 - \nu$. On voit aisément que le terme de degré le plus élevé en ν dans

$$F\left(\frac{i+j-n}{2}, \frac{i+j+n+2}{2}, j+1, \nu\right)$$

est

$$(-1)^{\frac{n-i-j}{2}} \frac{\left(\frac{i+j+n}{2}+1\right)\left(\frac{i+j+n}{2}+2\right)\ldots n}{(j+1)(j+2)\ldots \frac{j-i+n}{2}} \nu^{\frac{n-i-j}{2}}$$

$$= (-1)^{\frac{n-i-j}{2}} \frac{\Pi(n)\,\Pi(j)}{\Pi\left(\frac{n+i+j}{2}\right)\Pi\left(\frac{n-i+j}{2}\right)} \nu^{\frac{n-i-j}{2}},$$

où l'on a posé d'une manière générale

$$1.2.3\ldots q = \Pi(q).$$

Le terme de degré le plus élevé en ν dans $R_{i,j}^{(n)}$ sera donc, d'après (d),

$$c_{i,j}^{(n)}(-1)^{i}\nu^{i}\nu^{j}\left[\frac{\Pi(n)\,\Pi(j)}{\Pi\left(\frac{n+i+j}{2}\right)\Pi\left(\frac{n-i+j}{2}\right)}\right]^{2}\nu^{n-i-j},$$

et l'on pourra écrire

$$(26)\quad U_{n} = 4\nu^{n}\sum(-1)^{i}c_{i,j}^{(n)}\left[\frac{\Pi(n)\,\Pi(j)}{\Pi\left(\frac{n+i+j}{2}\right)\Pi\left(\frac{n-i+j}{2}\right)}\right]^{2}\cos ix\cos jy + \mathfrak{W}_{1}\nu^{n-1} + \mathfrak{W}_{2}\nu^{n-2} + \ldots.$$

On a, d'autre part,

$$U_{n} = 2^{n}\left[\sigma^{n} - \frac{n(n-1)}{2.2n}\sigma^{n-2} + \ldots\right],$$

$$\sigma = \mu\cos x + \nu\cos y = \cos x + \nu(\cos y - \cos x).$$

On en conclut

$$(27)\qquad U_{n} = 2^{n}(\cos y - \cos x)^{n}\nu^{n} + \mathfrak{C}_{1}\nu^{n-1} + \mathfrak{C}_{2}\nu^{n-2} + \ldots;$$

si l'on compare les expressions (26) et (27) de U_{n}, on trouve

$$(28)\quad 2^{n}(\cos y - \cos x)^{n} = 4\sum(-1)^{i}c_{i,j}^{(n)}\left[\frac{\Pi(n)\,\Pi(j)}{\Pi\left(\frac{n+i+j}{2}\right)\Pi\left(\frac{n-i+j}{2}\right)}\right]^{2}\cos ix\cos jy,$$

de sorte que le calcul des coefficients $c_{i,j}^{(n)}$ se trouve ramené au développement de $(\cos y - \cos x)^{n}$ suivant les cosinus des multiples de x et y.

Posons

$$(29) \qquad 2^n (\cos y - \cos x)^n = 4 \sum h_{i,j}^{(n)} \cos ix \cos jy,$$

et nous aurons

$$(30) \qquad c_{i,j}^{(n)} = (-1)^i h_{i,j}^{(n)} \left[\frac{\Pi\left(\dfrac{n+i+j}{2}\right)\Pi\left(\dfrac{n-i+j}{2}\right)}{\Pi(n)\Pi(j)} \right]^2 .$$

Nous allons chercher les coefficients $h_{i,j}^{(n)}$.

On a

$$2^n (\cos y - \cos x)^n = \left(2\sin\frac{x+y}{2}\right)^n \left(2\sin\frac{x-y}{2}\right)^n$$

$$= (-1)^n \left(E^{\frac{x+y}{2}\sqrt{-1}} - E^{-\frac{x+y}{2}\sqrt{-1}}\right)^n \left(E^{\frac{x-y}{2}\sqrt{-1}} - E^{-\frac{x-y}{2}\sqrt{-1}}\right)^n .$$

Or la formule du binôme donne

$$\left(E^{\frac{x+y}{2}\sqrt{-1}} - E^{-\frac{x+y}{2}\sqrt{-1}}\right)^n = \sum (-1)^{\rho_1} \frac{\Pi(n)}{\Pi(\rho)\Pi(\rho_1)} E^{\frac{\rho-\rho_1}{2}(x+y)\sqrt{-1}},$$

$$\left(E^{\frac{x-y}{2}\sqrt{-1}} - E^{-\frac{x-y}{2}\sqrt{-1}}\right)^n = \sum (-1)^{\rho'_1} \frac{\Pi(n)}{\Pi(\rho')\Pi(\rho'_1)} E^{\frac{\rho'-\rho'_1}{2}(x-y)\sqrt{-1}};$$

les nombres ρ et ρ_1, ρ' et ρ'_1, prennent toutes les valeurs entières et positives vérifiant les conditions

$$(31) \qquad \rho + \rho_1 = n, \qquad \rho' + \rho'_1 = n.$$

On conclut de ce qui précède

$$(32) \quad 4 \sum h_{i,j}^{(n)} \cos ix \cos jy = \sum \frac{(-1)^{n+\rho_1+\rho'_1}[\Pi(n)]^2}{\Pi(\rho)\Pi(\rho_1)\Pi(\rho')\Pi(\rho'_1)} E^{\frac{\rho-\rho_1+\rho'-\rho'_1}{2}x\sqrt{-1}} E^{\frac{\rho-\rho_1-\rho'+\rho'_1}{2}y\sqrt{-1}}.$$

Pour trouver dans le second membre le terme en $\cos ix \cos jy$, il faut poser les équations

$$(33) \qquad \frac{\rho-\rho_1+\rho'-\rho'_1}{2} = \pm i, \qquad \frac{\rho-\rho_1-\rho'+\rho'_1}{2} = \pm j;$$

si on les combine avec les équations (31), on en tire

$$\rho = \frac{n \pm i \pm j}{2}, \qquad \rho' = \frac{n \pm i \mp j}{2},$$

$$\rho_1 = \frac{n \mp i \mp j}{2}, \qquad \rho'_1 = \frac{n \mp i \pm j}{2}.$$

Les termes considérés dans le second membre de la formule (32) pourront s'écrire

$$(-1)^i \frac{[\Pi(n)]^2}{\Pi\left(\frac{n+i+j}{2}\right)\Pi\left(\frac{n-i-j}{2}\right)\Pi\left(\frac{n+i-j}{2}\right)\Pi\left(\frac{n-i+j}{2}\right)} \left[\begin{array}{l} E^{(ix+jy)\sqrt{-1}} + E^{(ix-jy)\sqrt{-1}} \\ + E^{-(ix+jy)\sqrt{-1}} + E^{-(ix-jy)\sqrt{-1}} \end{array}\right];$$

la somme des quatre exponentielles est égale à $4\cos ix \cos jy$ et la formule (32) donne

$$(34) \qquad h_{i,j}^{(n)} = (-1)^i \frac{[\Pi(n)]^2}{\Pi\left(\frac{n+i+j}{2}\right)\Pi\left(\frac{n-i-j}{2}\right)\Pi\left(\frac{n+i-j}{2}\right)\Pi\left(\frac{n-i+j}{2}\right)}.$$

Il convient d'examiner à part le cas de $j = 0$; on tire alors des équations (31) et (33)

$$\rho = \rho' = \frac{n \pm i}{2}, \qquad \rho_1 = \rho'_1 = \frac{n \mp i}{2};$$

on aura, dans le second membre de l'équation (32), à considérer les termes

$$(-1)^i \frac{[\Pi(n)]^2}{\left[\Pi\left(\frac{n+i}{2}\right)\Pi\left(\frac{n-i}{2}\right)\right]^2} \left(E^{ix\sqrt{-1}} + E^{-ix\sqrt{-1}}\right);$$

la somme des deux exponentielles est égale à $2\cos ix$, et il vient

$$(35) \qquad h_{i,0}^{(n)} = \frac{1}{2}(-1)^i \frac{[\Pi(n)]^2}{\left[\Pi\left(\frac{n+i}{2}\right)\Pi\left(\frac{n-i}{2}\right)\right]^2};$$

on trouverait de même

$$(36) \qquad h_{0,j}^{(n)} = \frac{1}{2} \frac{[\Pi(n)]^2}{\left[\Pi\left(\frac{n+j}{2}\right)\Pi\left(\frac{n-j}{2}\right)\right]^2}.$$

Il reste enfin à considérer le cas de $i = 0$ avec $j = 0$; le terme constant du second membre de la formule (32) est

$$\frac{[\Pi(n)]^2}{\left[\Pi\left(\frac{n}{2}\right)\right]^4},$$

et l'on trouve

$$(37) \qquad h_{0,0}^{(n)} = \frac{1}{4} \frac{[\Pi(n)]^2}{\left[\Pi\left(\frac{n}{2}\right)\right]^4}.$$

Il est possible de déduire les formules (35), (36) et (37) de la formule (34), en y supposant nuls l'un ou l'autre des indices i et j, ou tous les deux ; il suffit en effet d'écrire comme il suit la formule (29),

$$2^n (\cos y - \cos x)^n = 4 \sum h_{i,j}^{(n)} \cos ix \cos jy + 2 \sum h_{i,0}^{(n)} \cos ix + 2 \sum h_{0,j}^{(n)} \cos jy + h_{0,0}^{(n)} ;$$

on a d'ailleurs opéré ainsi dans l'équation (b).

Les formules (30) et (34) donneront

$$(e) \qquad c_{i,j}^{(n)} = \frac{\Pi\left(\dfrac{n+i+j}{2}\right)\Pi\left(\dfrac{n-i+j}{2}\right)}{[\Pi(j)]^2 \Pi\left(\dfrac{n+i-j}{2}\right)\Pi\left(\dfrac{n-i-j}{2}\right)} ;$$

cette formule est générale, à la condition d'y remplacer $\Pi(0)$ par 1.

Les relations (c), (d), (e) feront donc connaitre entièrement les quantités $Q_{i,j}^{(n)}$.

196. Si l'on combine le développement (3) avec l'expression (c) de $\cos nV$, on voit que la fonction $\dfrac{1}{\Delta}$ se composera d'une série de termes de la forme

$$2 b^{(n)} \cos ix \cos jy = b^{(n)} \cos(ix + jy) + b^{(n)} \cos(ix - jy),$$

chacun de ces termes étant multiplié par une fonction connue de J. Il faut arriver à développer toutes ces expressions suivant les puissances de e et e' ; on commencera par supposer $e = 0$, $e' = 0$, ce qui donnera $r = a$, $r' = a'$, $v = l$, $v' = l'$, $x = l' - l - \tau' + \tau = l' - \lambda$, $y = l' + l - \tau' - \tau = l' + \lambda - 2\tau'$; le terme $b^{(n)} \cos(ix + jy)$ deviendra donc

$$(38) \qquad A^{(n)} \cos[(i+j) l' - (i-j)\lambda - 2j\tau'].$$

Il faudra maintenant remplacer a, a', λ, l' respectivement par

$$a + a\mathrm{x}, \quad a' + a'\mathrm{x}', \quad \lambda + \mathrm{y}, \quad l' + \mathrm{y}',$$

x, y, x′ et y′ étant les quantités considérées au n° 93.

L'expression (38) est de la même forme que celle donnée pour R_0 par la formule (19) du n° 119. Nous rentrons donc dans une question connue, qui ne présente plus de difficulté, et le problème théorique que nous nous étions proposé peut être considéré comme résolu.

197. Lorsque le rapport $\dfrac{r}{r'}$ est assez petit, comme lorsqu'il s'agit des pertur-

bations de Pallas par Saturne, il convient de développer $\frac{1}{\Delta}$ suivant les puissances de $\frac{r}{r'}$. Les formules (3) et (8) donnent

$$\frac{1}{\Delta} = \sum \frac{r^n}{r'^{n+1}}\, \mathrm{P}_n(\sigma);$$

pour résoudre la question, il n'y aura qu'à trouver ce que devient le polynôme P_n de Legendre quand on y remplace σ par son expression (2), le résultat devant être développé suivant les cosinus des multiples de x et y; c'est ce qu'a fait Hansen dans le tome II des *Mémoires de la Société Royale des Sciences de Saxe*. M. Cayley a donné depuis une autre démonstration des formules auxquelles était arrivé Hansen, dans le tome XXVIII des *Mémoires de la Société Royale astronomique*.

Nous suivrons une méthode tout à fait analogue à celle employée dans les numéros précédents; nous pourrons faire tout d'abord

$$(f) \qquad \mathrm{P}_n(\sigma) = \mathrm{A}_{0,0}^{(n)} + 2 \sum \mathrm{A}_{i,0}^{(n)} \cos ix + 2 \sum \mathrm{A}_{0,j}^{(n)} \cos jy + 4 \sum \mathrm{A}_{i,j}^{(n)} \cos ix \cos jy,$$

où $\mathrm{A}_{i,j}^{(n)}$ est une fonction de J. Il y a lieu maintenant de chercher à former une équation différentielle que vérifie la fonction P_n, envisagée comme dépendant de x, y et J. On trouve sans peine

$$\frac{\partial \mathrm{P}_n}{\partial \mathrm{J}} = \frac{1}{2} \sin \mathrm{J}\,(\cos y - \cos x)\, \frac{d\mathrm{P}_n}{d\sigma},$$

$$\frac{\partial^2 \mathrm{P}_n}{\partial \mathrm{J}^2} = \frac{1}{2} \cos \mathrm{J}\,(\cos y - \cos x)\, \frac{d\mathrm{P}_n}{d\sigma} + \frac{1}{4} \sin^2 \mathrm{J}\,(\cos y - \cos x)^2\, \frac{d^2 \mathrm{P}_n}{d\sigma^2},$$

$$\frac{\partial^2 \mathrm{P}_n}{\partial x^2} = -\,\mu \cos x\, \frac{d\mathrm{P}_n}{d\sigma} + \mu^2 (1 - \cos^2 x)\, \frac{d^2 \mathrm{P}_n}{d\sigma^2},$$

$$\frac{\partial^2 \mathrm{P}_n}{\partial y^2} = -\,\nu \cos y\, \frac{d\mathrm{P}_n}{d\sigma} + \nu^2 (1 - \cos^2 y)\, \frac{d^2 \mathrm{P}_n}{d\sigma^2}.$$

On a d'ailleurs, par la dernière des formules (8),

$$n(n+1)\mathrm{P}_n = 2(\mu \cos x + \nu \cos y)\, \frac{d\mathrm{P}_n}{d\sigma} + (\mu^2 \cos^2 x + 2\mu\nu \cos x \cos y + \nu^2 \cos^2 y - 1)\, \frac{d^2 \mathrm{P}_n}{d\sigma^2}.$$

On tire aisément de là l'équation cherchée

$$\frac{\partial^2 \mathrm{P}_n}{\partial \mathrm{J}^2} + \cot \mathrm{J}\, \frac{\partial \mathrm{P}_n}{\partial \mathrm{J}} + \frac{1}{\mu}\, \frac{\partial^2 \mathrm{P}_n}{\partial x^2} + \frac{1}{\nu}\, \frac{\partial^2 \mathrm{P}_n}{\partial y^2} + n(n+1)\mathrm{P}_n = 0.$$

Si l'on substitue dans cette équation l'expression (f) de P_n et qu'on égale

T. — I. 58

à zéro le coefficient de $\cos ix \cos jy$, il vient

$$(40) \qquad \frac{d^2 A_{i,j}^{(n)}}{dJ^2} + \cot J \, \frac{dA_{i,j}^{(n)}}{dJ} + \left[n(n+1) - \frac{i^2}{\mu} - \frac{j^2}{\nu} \right] A_{i,j}^{(n)} = 0.$$

On voit directement que $A_{i,j}^{(n)}$ doit contenir le facteur $\mu^i \nu^j$; il y a donc lieu de faire

$$A_{i,j}^{(n)} = \mu^i \nu^j B_{i,j}^{(n)}.$$

En substituant dans (40), il vient, après des réductions faciles,

$$\frac{d^2 B_{i,j}^{(n)}}{dJ^2} + \frac{1}{\sin J} \left[(2i + 2j + 1) \cos J + 2j - 2i \right] \frac{dB_{i,j}^{(n)}}{dJ} + (n - i - j)(n + i + j + 1) B_{i,j}^{(n)} = 0.$$

Nous regarderons $B_{i,j}^{(n)}$ comme une fonction de $\nu = \sin^2 \frac{J}{2}$ et nous trouverons aisément que l'équation précédente devient

$$(\nu^2 - \nu) \frac{d^2 B_{i,j}^{(n)}}{d\nu^2} + \left[2(i+j+1)\nu - 2j - 1 \right] \frac{dB_{i,j}^{(n)}}{d\nu} + (i+j-n)(n+i+j+1) B_{i,j}^{(n)} = 0.$$

C'est l'équation

$$(\nu^2 - \nu) \frac{d^2 F}{d\nu^2} + \left[(\alpha + \beta + 1)\nu - \gamma \right] \frac{dF}{d\nu} + \alpha\beta F = 0$$

de la série hypergéométrique, en prenant

$$\alpha = i + j - n, \qquad \beta = i + j + n + 1, \qquad \gamma = 2j + 1.$$

On aura donc, en désignant par $k_{i,j}^{(n)}$ un coefficient numérique,

$$(g) \qquad A_{i,j}^{(n)} = k_{i,j}^{(n)} \mu^i \nu^j \, F(i+j-n,\, i+j+n+1,\, 2j+1,\, \nu).$$

Il reste à trouver l'expression de $k_{i,j}^{(n)}$; $i+j-n$ étant égal à un nombre entier négatif pair, F est un polynôme entier en ν, dans lequel le terme du degré le plus fort est

$$(-1)^{n-i-j} \frac{(i+j+n+1)(i+j+n+2)\dots 2n}{(2j+1)(2j+2)\dots(n-i+j)} \, \nu^{n-i-j};$$

d'ailleurs, le terme de degré le plus élevé dans $\mu^i \nu^j = (1-\nu)^i \nu^j$ est $(-1)^i \nu^{i+j}$: le terme du plus fort degré dans $A_{i,j}^{(n)}$ se met dès lors aisément sous la forme

$$(-1)^i k_{i,j}^{(n)} \frac{\Pi(2n)\Pi(2j)}{\Pi(n+i+j)\Pi(n-i+j)} \, \nu^n,$$

et l'on en conclut

$$(41) \qquad \left\{ \begin{aligned} P_n(\sigma) &= 4\nu^n \sum (-1)^i k_{i,j}^{(n)} \frac{\Pi(2n)\Pi(2j)}{\Pi(n+i+j)\Pi(n-i+j)} \cos ix \cos jy \\ &\quad + \mathfrak{B}_1' \nu^{n-1} + \mathfrak{B}_2' \nu^{n-2} + \dots \end{aligned} \right.$$

On trouve, d'ailleurs, en remplaçant dans

$$P_n(\sigma) = 2^n \frac{1.3\dots(2n-1)}{2.4\dots 2n}\left[\sigma^n - \frac{n(n-1)}{2(2n-1)}\sigma^{n-2} + \dots\right]$$

σ par $\cos x + \nu(\cos y - \cos x)$, et ayant égard à la formule (29),

$$(42)\quad P_n(\sigma) = 4\nu^n \frac{1.3\dots(2n-1)}{2.4\dots 2n}\sum h_{i,j}^{(n)}\cos ix\cos jy + \Theta_1'\nu^{n-1} + \Theta_2'\nu^{n-2} + \dots.$$

La comparaison des expressions (41) et (42) donne

$$k_{i,j}^{(n)} = (-1)^i h_{i,j}^{(n)}\frac{\Pi(n+i+j)\,\Pi(n-i+j)}{2^{2n}\Pi(2j)\,[\Pi(n)]^2},$$

et, en remplaçant $h_{i,j}^{(n)}$ par sa valeur (34), il vient finalement

$$(h)\quad k_{i,j}^{(n)} = \frac{\Pi(n+i+j)\,\Pi(n-i+j)}{2^{2n}\Pi(2j)\,\Pi\!\left(\frac{n+i+j}{2}\right)\Pi\!\left(\frac{n-i-j}{2}\right)\Pi\!\left(\frac{n+i-j}{2}\right)\Pi\!\left(\frac{n-i+j}{2}\right)}.$$

Les formules (f), (g), (h) résolvent la question.

198. Le développement de la fonction $\frac{1}{\Delta}$ se composera donc d'une série de termes de la forme

$$\frac{r^n}{r'^{n+1}}\cos ix\cos jy = \frac{1}{2}\frac{r^n}{r'^{n+1}}\cos(ix + jy) + \frac{1}{2}\frac{r^n}{r'^{n+1}}\cos(ix - jy).$$

Si l'on remplace x et y respectivement par

$$w' - w + \varpi' - \tau' - (\varpi - \tau),\quad w' + w + \varpi' - \tau' + \varpi - \tau,$$

on voit qu'on sera ramené à trouver les développements périodiques de

$$r^n \begin{array}{c}\sin\\\cos\end{array}(i\pm j)w,$$

$$\frac{1}{r'^{n+1}}\begin{array}{c}\sin\\\cos\end{array}(i\pm j)w';$$

on a obtenu ces développements dans le Chapitre XV.

199. Le développement de la fonction perturbatrice a donné lieu à un très

grand nombre de travaux; il nous est évidemment impossible d'en rendre compte. Nous nous bornerons à citer les Mémoires suivants :

CAUCHY. — *OEuvres complètes*, 1re série, t. V, plusieurs Mémoires.

V. PUISEUX. — *Journal de Mathématiques*, 2° série, t. V et VI, trois Mémoires.

BOURGET. — *Annales de l'Observatoire de Paris*, t. VII.

G.-W. HILL. — *On the development of the perturbative function in periodic series.*

S. NEWCOMB. — *Development of the perturbative function* (*Astronomical Papers*, t. III).

GYLDÈN. — *Undersökningar af Theorien för Himlakropparnas Rörelser*, II.

O. BACKLUND. — *Zur Entwickelung der Störungsfunction* (*Mémoires de l'Académie des Sciences de Saint-Pétersbourg*, 7° série, t. XXXII).

R. RADAU. — *Annales de l'Observatoire de Paris*, t. XVIII.

B. BAILLAUD. — *Annales de l'Observatoire de Toulouse*, t. II.

CHAPITRE XXIX.

TRANSFORMATION DE HANSEN POUR LES ÉQUATIONS DIFFÉRENTIELLES DES MOUVEMENTS DES PLANÈTES.

200. Hansen a donné pour les équations différentielles des mouvements des planètes une transformation importante qui forme la base de tous ses travaux. La force perturbatrice y figure par ses composantes S, T, W, rapportées au rayon vecteur r de la planète troublée, à la perpendiculaire au rayon vecteur, dans le plan de l'orbite et à la normale au plan de l'orbite. Dans l'ordre d'idées que nous avons adopté jusqu'ici, il nous paraît naturel de déduire la transformation de Hansen des formules (A) du n° 185, dans lesquelles se trouvent déjà les composantes S, T, W; il nous semble d'ailleurs qu'on pénètre ainsi assez profondément au fond des choses.

Commençons par rappeler celles des formules (A) ou de leurs combinaisons qui vont nous servir :

$$(a) \begin{cases} k^2 = f\mu = f(1+m) = n^2 a^3, \qquad \upsilon = w + \varpi - \theta, \\[1ex] \dfrac{dp}{dt} = \dfrac{2\,m'}{\mu} k \sqrt{p}\, \mathrm{T} r, \\[1ex] \dfrac{de}{dt} = \dfrac{m'}{\mu} k \sqrt{p}\,[\mathrm{S} \sin w + \mathrm{T}(\cos u + \cos w)], \\[1ex] \dfrac{d(\varpi - \theta)}{dt} = -\cos\varphi\, \dfrac{d\theta}{dt} - \dfrac{m'}{\mu}\, \dfrac{k\sqrt{p}}{e} \left[\mathrm{S} \cos w - \left(1 + \dfrac{r}{p}\right) \mathrm{T} \sin w \right], \\[1ex] \dfrac{d\varphi}{dt} = \dfrac{m'}{\mu}\, \dfrac{k}{\sqrt{p}}\, \mathrm{W} r \cos\upsilon, \\[1ex] \sin\varphi\, \dfrac{d\theta}{dt} = \dfrac{m'}{\mu}\, \dfrac{k}{\sqrt{p}}\, \mathrm{W} r \sin\upsilon. \end{cases}$$

Remarquons maintenant que, dans la méthode de la variation des constantes arbitraires, les expressions analytiques de x, y, z, $\dfrac{dx}{dt}$, $\dfrac{dy}{dt}$, $\dfrac{dz}{dt}$ sont les mêmes, dans le mouvement elliptique et dans le mouvement troublé; il en sera ainsi de r et $\frac{dr}{dt}$, puisque $r = \sqrt{x^2 + y^2 + z^2}$ est une fonction de x, y, z. On voit d'ailleurs aisément que, dans le mouvement elliptique, on a $\frac{dr}{dt} = \frac{na}{\sqrt{1-e^2}} e \sin w$. On aura donc aussi dans le mouvement troublé

$$1)\qquad r = \frac{p}{1 + e \cos w},$$

$$(2)\qquad \frac{dr}{dt} = \frac{k}{\sqrt{p}} e \sin w.$$

Formons l'expression de $\frac{dw}{dt}$ en différentiant la relation (1) et tenant compte de la formule (2); nous trouverons

$$e \sin w \frac{dw}{dt} = \frac{k\sqrt{p}}{r^2} e \sin w - \frac{1}{r} \frac{dp}{dt} + \cos w \frac{de}{dt}.$$

Remplaçons $\frac{dp}{dt}$ et $\frac{de}{dt}$ par leurs valeurs (a) et nous obtiendrons après des transformations faciles,

$$(3)\qquad \frac{dw}{dt} = \frac{k\sqrt{p}}{r^2} + \frac{m'}{\mu} \frac{k\sqrt{p}}{e}\left[S \cos w - \left(1 + \frac{r}{p}\right) T \sin w\right],$$

ou bien, en ayant égard à l'expression (a) de $\frac{d(\varpi - \theta)}{dt}$,

$$(4)\qquad \frac{d(w + \varpi - \theta)}{dt} = \frac{k\sqrt{p}}{r^2} - \cos\varphi \frac{d\theta}{dt}.$$

201. On est amené ainsi à introduire deux nouvelles variables v et σ, définies par les formules

$$(5)\qquad \frac{d\sigma}{dt} = \cos\varphi \frac{d\theta}{dt},$$

$$(6)\qquad v = w + \varpi - \theta + \sigma = v + \sigma.$$

Les relations (4), (5) et (6) donneront alors

$$(7)\qquad \frac{dv}{dt} = \frac{k\sqrt{p}}{r^2}, \qquad r^2 \frac{dv}{dt} = k\sqrt{p};$$

d'où, en différentiant et remplaçant $\frac{dp}{dt}$ par sa valeur (a),

$$(8)\qquad \frac{d}{dt}\left(r^2 \frac{dv}{dt}\right) = \frac{m'}{\mu} k^2 T r.$$

C'est l'une des formules fondamentales de Hansen.

Si nous différentions maintenant la relation (2), nous trouverons

$$\frac{d^2 r}{dt^2} = \frac{k}{\sqrt{p}} \sin w \, \frac{de}{dt} + \frac{k}{\sqrt{p}} e \cos w \, \frac{dw}{dt} - \frac{k}{2 p \sqrt{p}} e \sin w \, \frac{dp}{dt} ;$$

mettons pour $\frac{de}{dt}$, $\frac{dp}{dt}$ et $\frac{dw}{dt}$ leurs valeurs (a) et (3), et il viendra

$$(9) \qquad \frac{d^2 r}{dt^2} = \frac{k^2}{r^2} e \cos w + \frac{m'}{\mu} k^2 S ;$$

la composante T a disparu de cette équation, et c'est là un fait important.

On peut ensuite remplacer $e \cos w$ par sa valeur $\frac{p}{r} - 1$, déduite de la formule (1), ce qui donne

$$\frac{d^2 r}{dt^2} - \frac{k^2 p}{r^3} + \frac{k^2}{r^2} = \frac{m'}{\mu} k^2 S$$

ou bien, en vertu de la relation (7),

$$(10) \qquad \frac{d^2 r}{dt^2} - r \frac{dv^2}{dt^2} + \frac{k^2}{r^4} = \frac{m'}{\mu} S ;$$

c'est encore une des formules fondamentales de Hansen.

Si nous introduisons une notation spéciale pour représenter la quantité $\frac{k}{\sqrt{p}} = h$, les formules (a), (7), (8) et (10) nous donneront donc cet ensemble de relations :

$$(b) \qquad \left\{ \begin{aligned} \frac{d^2 r}{dt^2} - r \frac{dv^2}{dt^2} + \frac{k^2}{r^2} &= \frac{m'}{\mu} k^2 S, \\ \frac{d}{dt}\left(r^2 \frac{dv}{dt} \right) &= \frac{m'}{\mu} k^2 T r, \end{aligned} \right.$$

$$(c) \qquad h = \frac{k^2}{r^2 \dfrac{dv}{dt}} = \frac{k}{\sqrt{p}} ,$$

$$(d) \qquad \left\{ \begin{aligned} \frac{d\varphi}{dt} &= \frac{m'}{\mu} h W r \cos(v - \sigma), \\ \sin \varphi \, \frac{d\theta}{dt} &= \frac{m'}{\mu} h W r \sin(v - \sigma), \\ \frac{d\sigma}{dt} &= \cos \varphi \, \frac{d\theta}{dt}. \end{aligned} \right.$$

Ce sont bien les formules qui servent de base aux méthodes de Hansen.

202. Il est facile d'obtenir une représentation géométrique de l'inconnue auxiliaire σ.

Soient (*fig.* 22) NI et $N_1 I$ les grands cercles suivant lesquels la sphère de

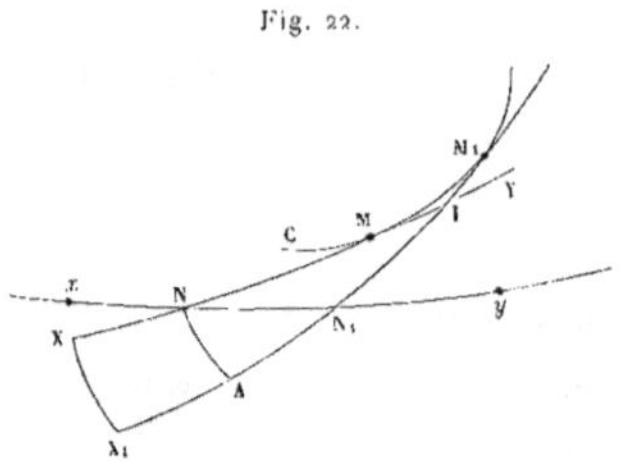

Fig. 22.

rayon 1 est coupée par les positions du plan de l'orbite aux époques t et $t + dt$; la position limite du point d'intersection I de ces deux grands cercles sera le point M où le rayon vecteur r de l'époque t perce la sphère. Abaissons le grand cercle NA perpendiculaire sur $N_1 I$; nous aurons

$$NN_1 = d\theta, \qquad AN_1 = \cos\varphi \, d\theta;$$

donc, d'après la relation (5),

$$AN_1 = d\sigma.$$

Soient X et X_1 des points pris sur les deux grands cercles NI et $N_1 I$, tels que

$$NX = \sigma, \qquad N_1 X_1 = \sigma + d\sigma;$$

on aura $AX_1 = NX$ et, aux infiniment petits près du second ordre,

$$IX = IX_1;$$

on obtiendra donc la série des points X sur la sphère en supposant que le grand cercle NM roule sans glisser sur la courbe C, lieu des points M, le point X restant fixe sur ce cercle mobile. La courbe C n'est autre chose que l'intersection de la sphère et du cône dont le sommet est le centre de la sphère et la directrice la trajectoire de la planète P. Dans ce mouvement, l'axe instantané de rotation coïncide à chaque instant avec le rayon vecteur SM; il est facile de calculer la vitesse angulaire ω de la rotation instantanée. On a, en effet,

$$XM = v + \sigma = v', \qquad MN = v' - \sigma, \qquad NA = \sin\varphi \, d\theta,$$

$$\omega = \frac{NA}{\sin MN \, dt} = \frac{\sin\varphi}{\sin(v' - \sigma)} \frac{d\theta}{dt},$$

d'où, en remplaçant $\sin\varphi\,\dfrac{d\theta}{dt}$ par sa valeur (d),

$$(e) \qquad\qquad \omega = \frac{m'}{\mu}\,h\,\mathrm{W}\,r,$$

L'angle σ n'étant donné que par sa différentielle, sa valeur σ_0 à l'époque zéro reste arbitraire; Hansen prend $\sigma_0 = 0_0$.

Remarque. — Prenons sur le grand cercle XM l'arc XY $= 90°$, et soient x et y les coordonnées de la planète P rapportée aux axes mobiles SX et SY. On aura

$$x = r\cos v, \qquad y = r\sin v.$$

Si l'on forme les expressions de $\dfrac{d^2x}{dt^2}$ et de $\dfrac{d^2y}{dt^2}$, et qu'on y remplace $\dfrac{d^2r}{dt^2}$ et $\dfrac{d^2v}{dt^2}$ par leurs valeurs tirées des équations (b), il vient, après réduction,

$$\frac{d^2x}{dt^2} = \left(-\frac{k^2}{r^2} + \frac{m'}{\mu}\,k^2\mathrm{S}\right)\cos v - \frac{m'}{\mu}\,k^2\mathrm{T}\sin v,$$

$$\frac{d^2y}{dt^2} = \left(-\frac{k^2}{r^2} + \frac{m'}{\mu}\,k^2\mathrm{S}\right)\sin v + \frac{m'}{\mu}\,k^2\mathrm{T}\cos v;$$

si l'on pose

$$(11) \qquad \begin{cases} (\mathrm{X}) = \dfrac{m'}{\mu}\,k^2(\mathrm{S}\cos v - \mathrm{T}\sin v), \\[2mm] (\mathrm{Y}) = \dfrac{m'}{\mu}\,k^2(\mathrm{S}\sin v + \mathrm{T}\cos v), \end{cases}$$

on pourra écrire

$$(b') \qquad \begin{cases} \dfrac{d^2x}{dt^2} + \dfrac{k^2x}{r^3} = (\mathrm{X}). \\[2mm] \dfrac{d^2y}{dt^2} + \dfrac{k^2y}{r^3} = (\mathrm{Y}). \end{cases}$$

Il résulte des formules (11) que (X) et (Y) sont les projections de la force perturbatrice sur les axes SX et SY. Les équations (b') sont les équations différentielles du mouvement relatif de la planète dans le plan de l'orbite; on voit qu'elles sont les mêmes que si les axes SX et SY étaient fixes. On aurait pu obtenir directement ces équations (b'), ainsi que les formules (d), par la théorie des mouvements relatifs, en appliquant le théorème de Coriolis [*voir* la Thèse de M. Périgaud, *Exposé de la méthode de Hansen*, etc. (*Annales de l'Observatoire de Paris*, t. XVII)].

203. Il nous faut montrer actuellement comment on calculera les composantes S, T, W.

Si l'on différentie par rapport à x, y et z l'expression connue de la fonction perturbatrice du mouvement de la planète P, on trouve, pour les projections de cette force sur les axes de coordonnées,

$$(12) \qquad \mathfrak{f}m'\left(\frac{x'-x}{\Delta^3} - \frac{x'}{r'^3}\right), \quad \mathfrak{f}m'\left(\frac{y'-y}{\Delta^3} - \frac{y'}{r'^3}\right), \quad \mathfrak{f}m'\left(\frac{z'-z}{\Delta^3} - \frac{z'}{r'^3}\right),$$

où Δ désigne la distance des planètes P et P',

$$\Delta = \sqrt{(x'-x)^2 + (y'-y)^2 + (z'-z)^2}.$$

Supposons maintenant que l'axe des x coïncide avec le rayon vecteur r, l'axe des y avec la perpendiculaire à r située dans le plan de l'orbite, et l'axe des z avec la normale au plan de l'orbite. Soient (*fig.* 23) M, P et Q les points où ces

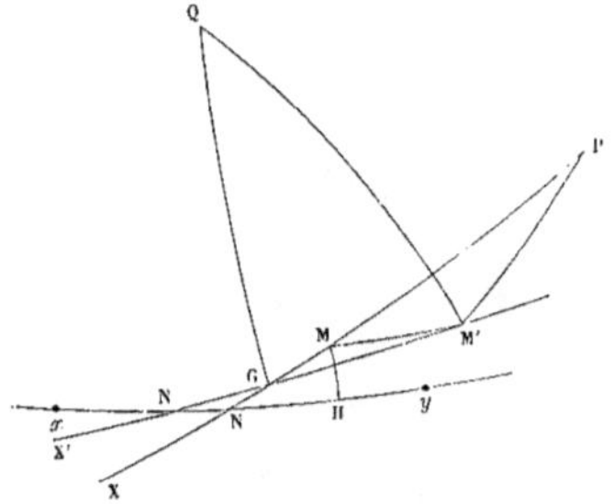

Fig. 23.

trois droites rectangulaires percent la sphère de rayon 1. On aura

$$x = r, \qquad y = 0, \qquad z = 0.$$

Les trois composantes (12) seront respectivement égales à $\mathfrak{f}m'\mathrm{S}$, $\mathfrak{f}m'\mathrm{T}$ et $\mathfrak{f}m'\mathrm{W}$; on aura donc

$$(13) \quad \mathrm{S} = x'\left(\frac{1}{\Delta^3} - \frac{1}{r'^3}\right) - \frac{1}{\Delta^3}, \qquad \mathrm{T} = y'\left(\frac{1}{\Delta^3} - \frac{1}{r'^3}\right), \qquad \mathrm{W} = z'\left(\frac{1}{\Delta^3} - \frac{1}{r'^3}\right).$$

Soient X le point considéré antérieurement sur le grand cercle MN, X' le point analogue pour M'N'; on aura

$$\mathrm{XN} = \sigma, \qquad \mathrm{XM} = \upsilon, \qquad \mathrm{X'N'} = \sigma', \qquad \mathrm{X'M'} = \upsilon'.$$

Nous poserons

$$\mathrm{XG} = \Theta, \qquad \mathrm{X'G} = \Theta';$$

il en résultera

$$MG = v - \Theta, \qquad M'G = v' - \Theta', \qquad NG = \Theta - \sigma, \qquad N'G = \Theta' - \sigma'.$$

L'application de la formule fondamentale de la Trigonométrie sphérique aux triangles M'GM, M'GP, M'GQ fera connaître les cosinus des arcs M'M, M'P, M'Q, lesquels sont égaux respectivement à $\frac{x'}{r'}$, $\frac{y'}{r'}$, $\frac{z'}{r'}$; si, dans les formules obtenues, on remplace $\cos J$ par $1 - 2\sin^2\frac{J}{2}$, il viendra

$$(14) \quad \begin{cases} \dfrac{x'}{r'} = \cos M'M = \cos(v' - v - \Theta' + \Theta) - 2\sin^2\dfrac{J}{2}\sin(v - \Theta)\sin(v' - \Theta'), \\[2mm] \dfrac{y'}{r'} = \cos M'P = \sin(v' - v - \Theta' + \Theta) - 2\sin^2\dfrac{J}{2}\cos(v - \Theta)\sin(v' - \Theta'), \\[2mm] \dfrac{z'}{r'} = \cos M'Q = -\sin J\,\sin(v' - \Theta'). \end{cases}$$

Le triangle NGN' donnera d'ailleurs

$$(15) \quad \begin{cases} \sin\dfrac{J}{2}\sin\dfrac{\Theta' - \sigma' + \Theta - \sigma}{2} = \sin\dfrac{\theta - \theta'}{2}\sin\dfrac{\varphi + \varphi'}{2}, \\[2mm] \sin\dfrac{J}{2}\cos\dfrac{\Theta' - \sigma' + \Theta - \sigma}{2} = \cos\dfrac{\theta - \theta'}{2}\sin\dfrac{\varphi - \varphi'}{2}, \\[2mm] \cos\dfrac{J}{2}\sin\dfrac{\Theta' - \sigma' - \Theta + \sigma}{2} = \sin\dfrac{\theta - \theta'}{2}\cos\dfrac{\varphi + \varphi'}{2}, \\[2mm] \cos\dfrac{J}{2}\cos\dfrac{\Theta' - \sigma' - \Theta + \sigma}{2} = \cos\dfrac{\theta - \theta'}{2}\cos\dfrac{\varphi - \varphi'}{2}. \end{cases}$$

On a aussi

$$\Delta^2 = r^2 + r'^2 - 2rr'\cos MM',$$

$$(16) \quad \Delta^2 = r^2 + r'^2 - 2rr'\cos(v' - v - \Theta' + \Theta) + 4rr'\sin^2\frac{J}{2}\sin(v - \Theta)\sin(v' - \Theta').$$

Les formules (13), (14), (15) et (16) déterminent S, T et W en fonction de r, r', v, v' et de σ, σ', θ, θ', φ et φ'.

Les équations (b) et (d) paraissent décomposer le mouvement en deux autres, le mouvement relatif dans le plan de l'orbite et le déplacement du plan de l'orbite; les premiers membres des équations (b) ne renferment en effet que r et v; mais il est bon de remarquer que les seconds membres contiennent θ, φ et σ, qui sont introduits par les expressions données plus haut pour S et T.

Nota. — Les formules (b), (c) et (d) ont été données aussi par Wronski (*voir*, dans le tome II des *Annales du Bureau des Longitudes*, un Mémoire de M. Yvon

Villarceau, *Sur une nouvelle forme des équations différentielles du mouvement des planètes et des comètes*); mais c'est Hansen qui les a publiées le premier.

204. Supposons effectuée l'intégration des équations (b), (c), (d); voyons comment on calculera pour une époque quelconque la longitude et la latitude héliocentriques L et B. Abaissons (*fig.* 23) l'arc de grand cercle MH perpendiculaire sur le grand cercle xy; nous aurons

$$\mathrm{NH} = \mathrm{L} - \theta, \qquad \mathrm{HM} = \mathrm{B}, \qquad \mathrm{MN} = v - \sigma, \qquad \mathrm{HNM} = \varphi,$$

et le triangle rectangle MHN nous donnera

$$(17) \qquad \begin{cases} \cos \mathrm{B} \sin(\mathrm{L} - \theta) = \cos \varphi \sin(v - \sigma), \\ \cos \mathrm{B} \cos(\mathrm{L} - \theta) = \cos(v - \sigma), \\ \sin \mathrm{B} = \sin \varphi \sin(v - \sigma). \end{cases}$$

Le calcul de L et B par ces formules présente cet inconvénient que les facteurs $\cos\varphi$ et $\sin\varphi$ sont variables à cause des perturbations et qu'on ne peut pas construire commodément des Tables pour le calcul des seconds membres de la première et de la troisième des formules (17). Hansen a surmonté cette difficulté par un artifice remarquable que nous allons expliquer.

Soient φ_0 et $\theta_0 = \sigma_0$ les valeurs initiales de φ et θ; Hansen cherche à déterminer les quantités Γ, ψ, ψ' et s, de manière à avoir

$$(18) \qquad \begin{cases} \cos \mathrm{B} \sin(\mathrm{L} - \theta_0 - \Gamma) = \cos \varphi_0 \sin(v - \theta_0) - \psi, \\ \cos \mathrm{B} \cos(\mathrm{L} - \theta_0 - \Gamma) = \cos(v - \theta_0) + \psi', \\ \sin \mathrm{B} = \sin \varphi_0 \sin(v - \theta_0) + s. \end{cases}$$

On peut écrire

$$\mathrm{L} - \theta_0 - \Gamma = \mathrm{L} - \theta + (\theta - \theta_0 - \Gamma),$$

développer $\genfrac{}{}{0pt}{}{\sin}{\cos}(\mathrm{L} - \theta_0 - \Gamma)$ et remplacer $\cos \mathrm{B} \sin(\mathrm{L} - \theta)$, $\cos \mathrm{B} \cos(\mathrm{L} - \theta)$ et $\sin \mathrm{B}$ par leurs valeurs (17); si l'on met en même temps $(v - \sigma) + (\sigma - \theta_0)$ au lieu de $v - \theta_0$, les relations (18) donneront

$$(19) \qquad \begin{cases} \psi = [\cos \varphi_0 \cos(\sigma - \theta_0) - \cos\varphi \cos(\theta - \theta_0 - \Gamma)] \sin(v - \sigma) \\ \quad + [\cos \varphi_0 \sin(\sigma - \theta_0) - \sin(\theta - \theta_0 - \Gamma)] \cos(v - \sigma), \\ \psi' = [\sin(\sigma - \theta_0) - \cos\varphi \sin(\theta - \theta_0 - \Gamma)] \sin(v - \sigma) \\ \quad + [-\cos(\sigma - \theta_0) + \cos(\theta - \theta_0 - \Gamma)] \cos(v - \sigma), \\ s = [-\sin \varphi_0 \cos(\sigma - \theta_0) + \sin\varphi] \sin(v - \sigma) \\ \quad + [-\sin \varphi_0 \sin(\sigma - \theta_0)] \cos(v - \sigma). \end{cases}$$

On va profiter de l'indétermination de Γ, donc de $\theta - \theta_0 - \Gamma$, de manière que, pour toutes les valeurs de $v - \sigma$, on ait

$$(20) \qquad \psi = A\,s, \qquad \psi' = A'\,s,$$

A et A' étant des quantités indépendantes de $v - \sigma$.

Si l'on se reporte aux expressions (19), les conditions (20) donneront

$$\cos\varphi_0\cos(\sigma - \theta_0) - \cos\varphi\cos(\theta - \theta_0 - \Gamma) = \quad A[\sin\varphi - \sin\varphi_0\cos(\sigma - \theta_0)],$$
$$\cos\varphi_0\sin(\sigma - \theta_0) - \sin(\theta - \theta_0 - \Gamma) \quad = - A\sin\varphi_0\sin(\sigma - \theta_0),$$
$$\sin(\sigma - \theta_0) - \cos\varphi\sin(\theta - \theta_0 - \Gamma) \quad = \quad A'[\sin\varphi - \sin\varphi_0\cos(\sigma - \theta_0)],$$
$$- \cos(\sigma - \theta_0) + \cos(\theta - \theta_0 - \Gamma) \quad = - A'\sin\varphi_0\sin(\sigma - \theta_0).$$

On tire de là deux valeurs de $\sin(\theta - \theta_0 - \Gamma)$; en les égalant, on aura une équation de premier degré entre A et A'; on fera de même pour $\cos(\theta - \theta_0 - \Gamma)$. On trouve ainsi

$$(21) \quad \begin{cases} \sin(\theta - \theta_0 - \Gamma) = (\cos\varphi_0 + A\sin\varphi_0)\sin(\sigma - \theta_0), \\ \cos(\theta - \theta_0 - \Gamma) = \cos(\sigma - \theta_0) - A'\sin\varphi_0\sin(\sigma - \theta_0), \end{cases}$$

$$(22) \quad \begin{cases} A\sin\varphi_0\cos\varphi\sin(\sigma - \theta_0) + A'[\sin\varphi - \sin\varphi_0\cos(\sigma - \theta_0)] \\ \qquad = (1 - \cos\varphi_0\cos\varphi)\sin(\sigma - \theta_0), \\ A[\sin\varphi - \sin\varphi_0\cos(\sigma - \theta_0)] - A'\sin\varphi_0\cos\varphi\sin(\sigma - \theta_0) \\ \qquad = (\cos\varphi_0 - \cos\varphi)\cos(\sigma - \theta_0). \end{cases}$$

L'élimination de A entre les deux équations (22) donne

$$(23) \quad A' = \sin\varphi\sin(\sigma - \theta_0)\,\frac{1 - \cos\varphi_0\cos\varphi - \sin\varphi_0\sin\varphi\cos(\sigma - \theta_0)}{[\sin\varphi - \sin\varphi_0\cos(\sigma - \theta_0)]^2 + \sin^2\varphi_0\cos^2\varphi\sin^2(\sigma - \theta_0)};$$

le dénominateur de cette expression peut s'écrire

$$(\sin^2\varphi_0 - \sin^2\varphi_0\cos^2\varphi)\cos^2(\sigma - \theta_0) - 2\sin\varphi_0\sin\varphi\cos(\sigma - \theta_0) + \sin^2\varphi + \sin^2\varphi_0\cos^2\varphi$$
$$= [1 - \sin\varphi_0\sin\varphi\cos(\sigma - \theta_0)]^2 - \cos^2\varphi_0\cos^2\varphi;$$

sous cette forme, on voit qu'il est divisible par le numérateur, et il reste seulement

$$A' = \frac{\sin\varphi\sin(\sigma - \theta_0)}{\varkappa},$$

en posant

$$\varkappa = 1 + \cos\varphi_0\cos\varphi - \sin\varphi_0\sin\varphi\cos(\sigma - \theta_0).$$

Portons cette valeur de A' dans la première des équations (22), et supprimons le facteur $\sin(\sigma - \theta_0)$; nous trouverons

$$\varkappa A \sin\varphi_0 \cos\varphi = 1 - \cos^2\varphi_0 \cos^2\varphi - \sin^2\varphi + \sin\varphi_0 \cos\varphi_0 \sin\varphi \cos\varphi \cos(\sigma - \theta_0),$$

$$A = \frac{\sin\varphi_0 \cos\varphi + \cos\varphi_0 \sin\varphi \cos(\sigma - \theta_0)}{\varkappa}.$$

En substituant ces valeurs de A et A' dans les formules (21), on obtient

$$\sin(\theta - \theta_0 - \Gamma) = \frac{(\cos\varphi_0 + \cos\varphi)\sin(\sigma - \theta_0)}{\varkappa},$$

$$\cos(\theta - \theta_0 - \Gamma) = \frac{(1 + \cos\varphi_0 \cos\varphi)\cos(\sigma - \theta_0) - \sin\varphi_0 \sin\varphi}{\varkappa},$$

et l'on vérifie sans peine que l'on a

$$\sin^2(\theta - \theta_0 - \Gamma) + \cos^2(\theta - \theta_0 - \Gamma) = 1;$$

les conditions (20) sont donc bien remplies.

Voici l'ensemble des formules qui résolvent la question :

$$(e) \qquad \varkappa = 1 + \cos\varphi_0 \cos\varphi - \sin\varphi_0 \sin\varphi \cos(\sigma - \theta_0),$$

$$(f) \qquad s = \sin\varphi \sin(v - \sigma) - \sin\varphi_0 \sin(v - \theta_0),$$

$$(g) \begin{cases} \cos B \sin(L - \theta_0 - \Gamma) = \cos\varphi_0 \sin(v - \theta_0) - \dfrac{s}{\varkappa}[\sin\varphi_0 \cos\varphi + \cos\varphi_0 \sin\varphi \cos(\sigma - \theta_0)], \\[2mm] \cos B \cos(L - \theta_0 - \Gamma) = \cos(v - \theta_0) + \dfrac{s}{\varkappa}\sin\varphi \sin(\sigma - \theta_0), \\[2mm] \sin B = \sin\varphi_0 \sin(v - \theta_0) + s; \end{cases}$$

$$(h) \begin{cases} \sin(\theta - \theta_0 - \Gamma) = \dfrac{(\cos\varphi_0 + \cos\varphi)\sin(\sigma - \theta_0)}{\varkappa}, \\[2mm] \cos(\theta - \theta_0 - \Gamma) = \dfrac{(1 + \cos\varphi_0 \cos\varphi)\cos(\sigma - \theta_0) - \sin\varphi_0 \sin\varphi}{\varkappa}. \end{cases}$$

On calculera Γ par l'une ou l'autre des formules (h).

Le but cherché est atteint, car on pourra construire trois Tables donnant les valeurs des premières parties des seconds membres des formules (g), savoir $\cos\varphi_0 \sin(v - \theta_0)$, $\cos(v - \theta_0)$ et $\sin\varphi_0 \cos(v - \theta_0)$; on entrera dans ces Tables avec l'argument $v - \theta_0$; les parties complémentaires des seconds membres des formules (g) sont petites, car elles contiennent en facteur la quantité s qui est de l'ordre de $m'\sin\varphi_0$; en effet, si l'on supposait $m' = 0$, on aurait $\varphi = \varphi_0$, $\sigma = \sigma_0 = \theta_0$ et la relation (f) donnerait $s = 0$; $\sigma - \theta_0$ est de l'ordre de m'. La valeur (e) de $\varkappa$ est égale à

$$1 + \cos\varphi_0 \cos\varphi - \sin\varphi_0 \sin\varphi = 1 + \cos(\varphi_0 + \varphi),$$

en négligeant m'^2; en négligeant m', on peut prendre $\varkappa = 1 + \cos 2\varphi_0 = 2\cos^2\varphi_0$.

On verra d'ailleurs dans un moment que Γ est de l'ordre de m'^2; si donc on peut laisser de côté les termes en m'^2, ce qui arrivera souvent, les formules (g) pourront être réduites à

$$(g') \quad \left\{ \begin{array}{l} \cos B \sin(L - \theta_0) = \cos\varphi_0 \sin(v - \theta_0) - s \tan\varphi_0, \\ \cos B \cos(L - \theta_0) = \cos(v - \theta_0), \\ \sin B = \sin\varphi_0 \sin(v - \theta_0) + s; \end{array} \right.$$

ayant construit les trois Tables dont on a parlé, il suffira de calculer dans chaque cas la petite quantité s et l'on obtiendra ainsi, avec la plus grande facilité, L et B.

205. Dans le cas général où l'on conserve les formules (g), Hansen trouve encore le moyen de présenter les résultats précédents sous une forme plus simple en introduisant deux quantités auxiliaires P et Q au lieu de φ et σ, par les formules

$$(k) \quad \left\{ \begin{array}{l} P = \sin\varphi \sin(\sigma - \theta_0), \\ Q = \sin\varphi \cos(\sigma - \theta_0) - \sin\varphi_0; \end{array} \right.$$

P et Q seront de l'ordre de $m' \sin\varphi_0$. L'expression (f) de s donnera, en y remplaçant $v - \sigma$ par $v - \theta_0 - (\sigma - \theta_0)$,

$$s = [\sin\varphi \cos(\sigma - \theta_0) - \sin\varphi_0] \sin(v - \theta_0) - \sin\varphi \sin(\sigma - \theta_0) \cos v - \theta_0$$

ou bien

$$(l) \quad s = Q \sin(v - \theta_0) - P \cos(v - \theta_0).$$

La valeur (e) de $\varkappa$ pourra du reste s'écrire

$$(m) \quad \begin{array}{l} \varkappa = 1 + \cos\varphi_0 \cos\varphi - \sin\varphi_0 (Q + \sin\varphi_0), \\ \varkappa = \cos\varphi_0 (\cos\varphi_0 + \cos\varphi) - Q \sin\varphi_0. \end{array}$$

On aura ensuite

$$\sin\varphi_0 \cos\varphi + \cos\varphi_0 \sin\varphi \cos(\sigma - \theta_0)$$
$$= \sin\varphi_0 \cos\varphi + \cos\varphi_0 (Q + \sin\varphi_0)$$
$$= \frac{\sin\varphi_0}{\cos\varphi_0} [\cos\varphi_0 (\cos\varphi_0 + \cos\varphi) - Q \sin\varphi_0] + \frac{Q}{\cos\varphi_0} = \varkappa \tan\varphi_0 + \frac{Q}{\cos\varphi_0},$$

de sorte que les formules (g) pourront s'écrire

$$(n) \quad \left\{ \begin{array}{l} \cos B \sin(L - \theta_0 - \Gamma) = \cos\varphi_0 \sin(v - \theta_0) - s \left(\tan\varphi_0 + \dfrac{Q}{\varkappa \cos\varphi_0} \right), \\ \cos B \cos(L - \theta_0 - \Gamma) = \cos(v - \theta_0) + s \dfrac{P}{\varkappa}, \\ \sin B = \sin\varphi_0 \sin(v - \theta_0) + s, \end{array} \right.$$

Calculons $\dfrac{dP}{dt}$ et $\dfrac{dQ}{dt}$ en partant des relations (k); nous trouverons

$$(23) \quad \begin{cases} \dfrac{dP}{dt} = \cos\varphi \sin(\sigma - \theta_0)\,\dfrac{d\varphi}{dt} + \sin\varphi \cos(\sigma - \theta_0)\,\dfrac{d\sigma}{dt}, \\[2ex] \dfrac{dQ}{dt} = \cos\varphi \cos(\sigma - \theta_0)\,\dfrac{d\varphi}{dt} - \sin\varphi \sin(\sigma - \theta_0)\,\dfrac{d\sigma}{dt}; \end{cases}$$

d'où, en remplaçant $\dfrac{d\sigma}{dt}$ par $\cos\varphi\,\dfrac{d\theta}{dt}$ et $\dfrac{d\varphi}{dt}, \dfrac{d\theta}{dt}$ par leurs valeurs (d),

$$(o) \quad \begin{cases} \dfrac{dP}{dt} = \dfrac{m'}{\mu}\,hr\,\sin(v - \theta_0)\,W\cos\varphi, \\[2ex] \dfrac{dQ}{dt} = \dfrac{m'}{\mu}\,hr\,\cos(v - \theta_0)\,W\cos\varphi. \end{cases}$$

Il nous reste à faire connaître une expression remarquable donnée par Hansen pour la quantité Γ. On tire des formules (h)

$$\tan(\theta - \theta_0 - \Gamma) = \frac{(\cos\varphi_0 + \cos\varphi)\sin(\sigma - \theta_0)}{(1 + \cos\varphi_0 \cos\varphi)\cos(\sigma - \theta_0) - \sin\varphi_0 \sin\varphi};$$

en différentiant et réduisant, il vient

$$\frac{d\theta}{dt} - \frac{d\Gamma}{dt} = \frac{[1 + \cos\varphi_0 \cos\varphi - \sin\varphi_0 \sin\varphi \cos(\sigma - \theta_0)]\left[(\cos\varphi_0 + \cos\varphi)\dfrac{d\sigma}{dt} + \sin\varphi_0 \sin(\sigma - \theta_0)\dfrac{d\varphi}{dt}\right]}{[1 + \cos\varphi_0 \cos\varphi - \sin\varphi_0 \sin\varphi \cos(\sigma - \theta_0)]^2};$$

il y a un facteur commun que l'on peut supprimer; on peut aussi remplacer $\dfrac{d\theta}{dt}$ par $\dfrac{1}{\cos\varphi}\,\dfrac{d\sigma}{dt}$ et il en résulte

$$\varkappa\,\frac{d\Gamma}{dt} = \frac{\sin\varphi - \sin\varphi_0 \cos(\sigma - \theta_0)}{\cos\varphi}\sin\varphi\,\frac{d\sigma}{dt} - \sin\varphi_0 \sin(\sigma - \theta_0)\,\frac{d\varphi}{dt}.$$

Portons dans cette équation les valeurs de $\dfrac{d\sigma}{dt}$ et $\dfrac{d\varphi}{dt}$ tirées des formules (23) et il viendra, après réduction,

$$\varkappa\cos\varphi\,\frac{d\Gamma}{dt} = [\sin\varphi \cos(\sigma - \theta_0) - \sin\varphi_0]\frac{dP}{dt} - \sin\varphi \sin(\sigma - \theta_0)\,\frac{dQ}{dt}$$

ou simplement, en vertu des relations (k),

$$(p) \quad \frac{d\Gamma}{dt} = \frac{Q\,\dfrac{dP}{dt} - P\,\dfrac{dQ}{dt}}{\varkappa\cos\varphi}.$$

Si l'on remplace $\dfrac{d\mathrm{P}}{dt}$ et $\dfrac{d\mathrm{Q}}{dt}$ par leurs valeurs (o), on trouve

$$\frac{d\Gamma}{dt} = \frac{m'}{\mu}\, h\, \frac{\mathrm{Q}\sin(v-\theta_0) - \mathrm{P}\cos(v-\theta_0)}{\varkappa}\, r\mathrm{W},$$

ou bien, à cause de la relation (l),

$$(q) \qquad \frac{d\Gamma}{dt} = \frac{m'}{\mu}\, \frac{hrs}{\varkappa}\, \mathrm{W}.$$

Cette expression est de l'ordre de m'^2, à cause des deux facteurs $\dfrac{m'}{\mu}$ et s; il résulte d'ailleurs des formules (h) que, pour $t=0$, on a $\Gamma=0$. Donc Γ est une très petite quantité de l'ordre de m'^2 : elle est aussi du second ordre par rapport aux inclinaisons. On pourra écrire

$$(r) \qquad \Gamma = \frac{m'}{\mu}\int_0^t \frac{hrs}{\varkappa}\, \mathrm{W}\, dt.$$

En négligeant m'^3, cela se réduit à

$$(r') \qquad \Gamma = \frac{m'}{\mu}\, \frac{h}{2\cos^2\varphi_0}\int_0^t rs\mathrm{W}\, dt.$$

206. Voici le résumé général des formules

$$(\mathrm{A}) \qquad \left\{ \begin{aligned} &\frac{d^2 r}{dt^2} - r\frac{dv^2}{dt^2} + \frac{k^2}{r^2} = \frac{m'}{\mu}\, k^2\mathrm{S},\\ &\frac{d}{dt}\left(r^2\frac{dv}{dt}\right) = \frac{m'}{\mu}\, k^2\mathrm{T}\, r, \end{aligned}\right.$$

$$(\mathrm{B}) \qquad h = \frac{k^2}{r^2\dfrac{dv}{dt}},$$

$$(\mathrm{C}) \qquad \left\{ \begin{aligned} \mathrm{P} &= \frac{m'}{\mu}\int_0^t hr\mathrm{W}\cos\varphi\sin(v-\theta_0)\, dt,\\ \mathrm{Q} &= \frac{m'}{\mu}\int_0^t hr\mathrm{W}\cos\varphi\cos(v-\theta_0)\, dt, \end{aligned}\right.$$

$$(\mathrm{D}) \qquad \left\{ \begin{aligned} &\sin\varphi\sin(\sigma-\theta_0) = \mathrm{P},\\ &\sin\varphi\cos(\sigma-\theta_0) - \sin\varphi_0 = \mathrm{Q}, \end{aligned}\right.$$

$$(\mathrm{E}) \qquad \theta - \theta_0 = \int_0^t \frac{\dfrac{d\sigma}{dt}}{\cos\varphi}\, dt,$$

T. — I.

et

$$(F) \qquad s = Q \sin(v - \theta_0) - P \cos(v - \theta_0),$$

$$(G) \qquad \varkappa = \cos\varphi_0 (\cos\varphi_0 + \cos\varphi) - Q \sin\varphi_0,$$

$$(H) \qquad \Gamma = \frac{m'}{\mu} \int_0^t \frac{hrs}{\varkappa} \, W \, dt,$$

$$(K) \quad \begin{cases} \cos B \sin(L - \theta_0 - \Gamma) = \cos\varphi_0 \sin(v - \theta_0) - s\left(\tang\varphi_0 + \dfrac{Q}{\varkappa \cos\varphi_0}\right), \\[2mm] \cos B \cos(L - \theta_0 - \Gamma) = \cos(v - \theta_0) + s\,\dfrac{P}{\varkappa}, \\[2mm] \sin B = \sin\varphi_0 \sin(v - \theta_0) + s, \end{cases}$$

formules auxquelles il faudrait joindre celles du n° 203, donnant les expressions de S, T et W.

M. Périgaud, dans sa Thèse déjà citée, a donné une démonstration géométrique assez simple des formules (*g*) et (*h*). On pourra aussi consulter sur le même sujet une Note intéressante de M. O. Callandreau, présentée en 1878 à l'Académie des Sciences de Stockholm, *Sur les rapports qui existent entre les méthodes de Hansen et de Laplace pour le calcul des perturbations.*

Nous avons ainsi présenté d'une manière assez complète la partie géométrique, on pourrait dire cinématique, du célèbre Ouvrage de Hansen, *Auseinandersetzung einer zweckmässigen Methode zur Berechnung der absoluten Störungen der kleinen Planeten.* Nous avons d'ailleurs exposé, chemin faisant, d'autres parties de ce travail dans les Chapitres XII, XV et XXVIII, de sorte qu'il nous restera relativement peu de chose à faire pour mettre le lecteur au courant d'une méthode importante, présentant de nombreux avantages, pour le calcul des perturbations des astéroïdes. Cette méthode a été appliquée déjà par plusieurs astronomes et notamment par M. G. Leveau, qui s'en est servi pour la Théorie de Vesta (*Annales de l'Observatoire de Paris*, t. XIV). Nous terminerons ce sujet dans le tome III de cet Ouvrage.

FIN DU TOME I.

13649   Paris. — Imprimerie GAUTHIER-VILLARS ET FILS, quai des Grands-Augustins, 55.